U0219082

国家出版基金项目
NATIONAL PUBLICATION FOUNDATION

现代农业高新技术成果丛书

蚕桑高新技术研究与进展

Research and Development of High-tech for Sericulture

鲁兴萌　主编

中国农业大学出版社
· 北京 ·

内 容 简 介

随着分子生物学等基础科学的快速发展和转基因等生物技术的日趋成熟,蚕桑高新技术的研究和开发正在成为科技工作者高度关注的热点。本书以蚕桑生产上亟待解决的问题为导向,生物技术的发展方向为引领,介绍利用组培与转基因技术在桑树品种培育中的应用研究;家蚕转基因载体、外源基因导入方法和转基因遗传新素材的培育研究;家蚕的营养需求和人工饲料养蚕技术的研究;家蚕激素在生长发育中的作用和产业上的应用技术研究;家蚕防御功能的利用、药物开发和药效评价研究;基于免疫学和分子生物学等技术的家蚕病害诊断技术研究;家蚕杆状病毒表达系统研究,及在蚕桑高新技术研发中的应用和表达外源基因产物的研究;桑(叶、椹和枝等)、家蚕(幼虫和蛹等)及相关生物产物的深度开发研究等。本书可作为以蚕或桑为主要研究材料的科教人员,以及蚕学、昆虫学、微生物学、植物学的研究生和高年级本科生的参考用书。

图书在版编目(CIP)数据

蚕桑高新技术研究与进展 / 鲁兴萌主编 . —北京:中国农业大学出版社,2012.2
ISBN 978-7-5655-0449-5

Ⅰ. ①蚕…　Ⅱ. ①鲁…　Ⅲ. ①蚕桑生产-研究　Ⅳ. ①S88

中国版本图书馆 CIP 数据核字(2011)第 251919 号

书　　名 蚕桑高新技术研究与进展	
作　　者 鲁兴萌　主编	

策划编辑 赵　中		**责任编辑** 洪重光	
封面设计 郑　川		**责任校对** 陈　莹　王晓凤	
出版发行 中国农业大学出版社			
社　　址 北京市海淀区圆明园西路 2 号		**邮政编码** 100193	
电　　话 发行部 010-62818525,8625		读者服务部　010-26732336	
编辑部 010-62732617,2618		出　版　部　010-62733440	
网　　址 http://www.cau.edu.cn/caup		**e-mail** cbsszs@cau.edu.en	
经　　销 新华书店			
印　　刷 涿州市星河印刷有限公司			
版　　次 2012 年 2 月第 1 版　　2012 年 2 月第 1 次印刷			
规　　格 787×1092　　16 开　　30.5 印张　　753 千字			
定　　价 108.00 元			

图书如有质量问题本社发行部负责调换

主　编　鲁兴萌　浙江大学

参　编　楼程富　浙江大学
　　　　谈建中　苏州大学
　　　　贡成良　苏州大学
　　　　缪云根　浙江大学
　　　　吴小锋　浙江大学
　　　　朱祥瑞　浙江大学
　　　　曹广力　苏州大学
　　　　薛仁宇　苏州大学

出版说明

　　瞄准世界农业科技前沿，围绕我国农业发展需求，努力突破关键核心技术，提升我国农业科研实力，加快现代农业发展，是胡锦涛总书记在 2009 年五四青年节视察中国农业大学时向广大农业科技工作者提出的要求。党和国家一贯高度重视农业领域科技创新和基础理论研究，特别是"863"计划和"973"计划实施以来，农业科技投入大幅增长。国家科技支撑计划、"863"计划和"973"计划等主体科技计划向农业领域倾斜，极大地促进了农业科技创新发展和现代农业科技进步。

　　中国农业大学出版社以"973"计划、"863"计划和科技支撑计划中农业领域重大研究项目成果为主体，以服务我国农业产业提升的重大需求为目标，在"国家重大出版工程"项目基础上，筛选确定了农业生物技术、良种培育、丰产栽培、疫病防治、防灾减灾、农业资源利用和农业信息化等领域 50 个重大科技创新成果，作为"现代农业高新技术成果丛书"项目申报了 2009 年度国家出版基金项目，经国家出版基金管理委员会审批立项。

　　国家出版基金是我国继自然科学基金、哲学社会科学基金之后设立的第三大基金项目。国家出版基金由国家设立、国家主导，资助体现国家意志、传承中华文明、促进文化繁荣、提高文化软实力的国家级重大项目；受助项目应能够发挥示范引导作用，为国家、为当代、为子孙后代创造先进文化；受助项目应能够成为站在时代前沿、弘扬民族文化、体现国家水准、传之久远的国家级精品力作。

　　为确保"现代农业高新技术成果丛书"编写出版质量，在教育部、农业部和中国农业大学的指导和支持下，成立了以石元春院士为主任的编审指导委员会；出版社成立了以社长为组长的项目协调组并专门设立了项目运行管理办公室。

　　"现代农业高新技术成果丛书"始于"十一五"，跨入"十二五"，是中国农业大学出版社"十二五"开局的献礼之作，她的立项和出版标志着我社学术出版进入了一个新的高度，各项工作迈上了新的台阶。出版社将以此为新的起点，为我国现代农业的发展，为出版文化事业的繁荣做出新的更大贡献。

中国农业大学出版社

2010 年 12 月

前　言

　　"七月流火,九月授衣。春日载阳,有鸣仓庚。女执懿筐,遵彼微行,爰求柔桑。"栽桑、养蚕和收茧构成了蚕桑产业的基本过程。蚕桑产业是我国农业社会的重要支柱产业,其悠久的历史积淀了灿烂而辉煌的文化;蚕桑产业作为纺织工业的基础产业在工业社会阶段依然是社会经济中的重要组成部分;在我国社会经济逐渐进入后工业时代的今天,蚕桑产业是否依然璀璨,既是国人更是从业者所关注的。

　　蚕桑产业是我国的特色农业产业之一。其一是蚕桑产地分布非常集中,在全国主要分布在苏浙、川渝和两广等区域,在浙江主要分布在杭嘉湖,在杭嘉湖又主要集中在几个县市之内,高度集中的产业特点为其产业集群和可持续发展提供了良好的基础。其二是蚕桑产业链较长,从栽桑到养蚕和收茧,涉及植物学和昆虫学、遗传育种与繁育学、栽培学和养殖学,以及病害防控等,桑和蚕两个主体横跨生物两个大界,以及相关的诸多领域。在今天,新经济以缩短产业链为快速盈利模式和农业产业通过延长产业链来增加农民收入的模式交错,以及多学科交叉的背景下,蚕桑产业这种特色同样孕育着巨大的发展机遇。其三是蚕桑产业是我国农业产业在世界农业中,规模和产量具有主导地位(蚕茧产量占世界的 70% 以上)、生产技术水平处于领先或先进的少数农业产业之一,由此也被国家列为 50 个现代农业产业技术体系建设产业之一。而它的历史和文化特色则可用"丝绸之路"一言以蔽之。

　　杂交蚕品种、一年多批次养蚕、防干纸养蚕、集团母蛾检验和蚕种即时孵化等技术的产生和推广都曾极大地推进了蚕桑产业的快速发展和技术水平的提高。在今天,蚕桑高新技术的发展水平在很大程度上决定着产业发展的未来,而生命、材料和信息等科学领域日新月异的发展,为蚕桑高新技术的诞生提供了肥沃的土壤,编写本书的基本目的也是期望通过介绍蚕桑高新技术发展现状和研究成果的同时,能为蚕桑高新技术的发展提供一些参考和思路。此外,随着国家高等教育人才培养体系的变化,蚕学专业本科生的数量正在逐渐减少,但大批生物学相关的学生和年轻学者正在不断加入蚕桑科学基础研究和高新技术研究队伍,也期望能为他们在蚕桑高新技术研究过程中提供些微有益的帮助。

　　《蚕桑高新技术研究与进展》分为 8 章,多数作者是从事蚕桑产业 30 多年,现仍在蚕桑教学和科研工作一线的蚕桑科教工作者。他们在长年的学术研究中,积累了丰富的科研成果和系统的学术思想,为本书的编写奠定了良好的基础。本书的第 1 章桑树生物工程,由浙江大学蚕蜂研究所楼程富教授和苏州大学谈建中教授合作编写，楼程富教授现为该校国家重点学科——特种经济动物饲养（含蚕蜂等）学科的负责人，两位教授长期从事桑树生理学、栽培学、组织培养、分子生物学和基因工程等的教学科研工作，两位教授的精诚合作取得了诸多的学术成果。第2章家蚕转基因技术与应用探索，由苏州大学贡成良教授、薛仁宇博士和曹广力副教授合作完成，三位学者在家蚕分子遗传学和遗传操作、动物（家蚕）基因表达和基因调控、家蚕转基因、家蚕生物反应器、基因工程、家蚕病理学研究及生物制药等领域开展了广泛的合作研究，也是国内该领域的一个充满活力和开拓性的研究团队。第3章家蚕营养与人工饲料育和第4章家蚕激素与生长发育调控，由浙江大学蚕蜂研究所缪云根教授编写，缪云根教授是首位国内培养的蚕学博士，长期从事家蚕生理生化学、分子生物学与生物技术、蛋白质组学、动物资源学等教学科研工作。第5章家蚕防御功能与养蚕用药物和第6章家蚕病害诊断与检测技术，由鲁兴萌教授完成，鲁兴萌教授主要从事家蚕病理学和病害控制技术的研究。第7章家蚕杆状病毒表达系统与重组蛋白生产技术，由浙江大学蚕蜂研究所吴小锋教授撰写，吴小锋教授长期从事家蚕生理生化和分子生物学及基因工程等研究，致力于昆虫病毒的分子生物学研究，并利用杆状病毒基因工程技术开发家蚕作为"生物反应器"生产重组蛋白、工程疫苗等的巨大潜能。缪云根教授、吴小锋教授和本人，以及相关老师组成的学术团队都是在吴载德先生、姜白民先生、金伟先生和徐俊良先生等前辈的直接培养下成长的一代蚕桑教学科研人员，前辈们求是创新的精神深深地注入了我们的血液，并源源不断地流淌在我们的教学与科研之中。第8章蚕桑资源利用技术，由浙江大学朱祥瑞博士编写，朱祥瑞博士是国内较早开始关注和研究蚕桑资源利用的学者，主要从事蚕业资源天然产物，包括桑资源、蚕蛹氨基酸以及蚕丝蛋白作用固定化酶和固定化细胞方面的基础和开发利用研究，非常熟悉蚕桑相关资源利用的发展过程和现状。

非常感谢中国农业大学出版社对蚕桑产业的大力支持，感谢他们为蚕桑高新技术和学科的发展提供了一个良好的学术交流平台，以及编者之间精诚合作的机会。编者在经过前期的初步交流和商讨后，确定了本书的框架结构和主要内容，在此也感谢部分虽然未参与本书的编写，但在本书编者的推荐和书稿框架的形成等方面给予大力帮助和指点的学者。在编写过程中，编者所在研究团队的部分教师和学生参与了资料的搜集和稿件的整理等工作。在此，表示衷心的感谢。由于编者学术水平和时间等客观上的局限性，该书定会留下诸多偏颇或遗误之处，在此也请读者谅解和指正。

鲁兴萌

2011 年 10 月 2 日于杭州启真湖畔

目　录

第 1 章　桑树生物工程 ……………………………………………………………… 1

1.1　桑树组织培养技术 …………………………………………………………… 1

1.1.1　培养基 ………………………………………………………………… 1

1.1.2　组织培养技术 ………………………………………………………… 3

1.1.3　桑树组织培养实例 …………………………………………………… 6

1.2　桑树原生质体培养 …………………………………………………………… 9

1.2.1　原生质体的分离 ……………………………………………………… 9

1.2.2　原生质体的培养 ……………………………………………………… 12

1.2.3　桑树体细胞杂交 ……………………………………………………… 12

1.2.4　桑树原生质体培养实例 ……………………………………………… 13

1.3　桑树基因工程 ………………………………………………………………… 14

1.3.1　植物基因工程研究概况 ……………………………………………… 14

1.3.2　桑树基因的克隆与功能研究 ………………………………………… 14

1.3.3　桑树转基因技术的进展 ……………………………………………… 19

1.3.4　桑树基因工程的研究进展 …………………………………………… 23

1.4　桑树 DNA 分子标记 …………………………………………………………… 26

1.4.1　桑树 RAPD 分子标记技术的研究 …………………………………… 26

1.4.2　桑树 AFLP 分子标记技术的研究 …………………………………… 28

1.4.3　桑树 SSR 及 ISSR 分子标记技术的研究 …………………………… 29

1.4.4　桑树 SRAP 分子标记技术的研究 …………………………………… 31

1.4.5　桑树核糖体基因内部转录间隔区(ITS)的研究 …………………… 32

1.4.6　桑树 *trnL* 基因内含子及 *trnL-F* 基因间隔区序列的研究 ………… 32

参考文献 ……………………………………………………………………………… 33

第 2 章　家蚕转基因技术与应用探索 ……………………………………………… 39

2.1　家蚕转基因研究主要历程 …………………………………………………… 40

　　2.1.1　转基因早期探索 ……………………………………………… 40

　　2.1.2　转基因体系建立 ……………………………………………… 40

　　2.1.3　转基因体系发展 ……………………………………………… 41

2.2　外源基因导入家蚕的方法 ……………………………………………… 42

　　2.2.1　显微注射法 …………………………………………………… 42

　　2.2.2　扎卵法 ………………………………………………………… 44

　　2.2.3　脉冲场电泳法 ………………………………………………… 44

　　2.2.4　压力渗透法 …………………………………………………… 44

　　2.2.5　电穿孔法 ……………………………………………………… 44

　　2.2.6　基因枪喷射导入法 …………………………………………… 45

　　2.2.7　精子介导基因转移法 ………………………………………… 45

　　2.2.8　重组病毒介导法 ……………………………………………… 46

　　2.2.9　性腺注射 ……………………………………………………… 47

2.3　家蚕转基因的载体 ……………………………………………………… 47

　　2.3.1　基于 *piggyBac* 转座子的转基因载体 ……………………… 47

　　2.3.2　基于 *minos* 转座子的转基因载体 ………………………… 55

　　2.3.3　基于 *mariner* 转座子的转基因载体 ……………………… 55

　　2.3.4　基因打靶载体 ………………………………………………… 56

　　2.3.5　其他类型载体 ………………………………………………… 56

2.4　转基因家蚕的筛选与鉴定 ……………………………………………… 58

　　2.4.1　转基因家蚕的筛选方法 ……………………………………… 59

　　2.4.2　转基因家蚕的鉴定内容与技术 ……………………………… 67

　　2.4.3　转基因家蚕中外源基因的稳定遗传 ………………………… 69

2.5　基于转座子转基因技术研究家蚕基因的功能 ………………………… 73

　　2.5.1　吐丝机理研究 ………………………………………………… 74

　　2.5.2　变态发育调节研究 …………………………………………… 75

　　2.5.3　浓核病抗性基因的鉴定 ……………………………………… 79

　　2.5.4　性腺发育调节研究 …………………………………………… 80

　　2.5.5　增强子、启动子捕捉 ………………………………………… 81

　　2.5.6　注射锌指核酸酶进行靶向突变 ……………………………… 85

2.6　基于同源重组的家蚕基因打靶技术探索 ……………………………… 89

　　2.6.1　基于丝素轻链基因为同源臂的基因打靶 …………………… 89

　　2.6.2　基于丝素重链基因为同源臂的基因打靶 …………………… 91

　　2.6.3　其他打靶载体 ………………………………………………… 92

2.7　家蚕转基因培育新遗传素材 …………………………………………… 94

　　2.7.1　转基因提高家蚕对病毒病的抗性 …………………………… 94

　　2.7.2　转基因改善蚕丝质特性 ……………………………………… 99

　　2.7.3　转基因提高家蚕的产丝量 …………………………………… 102

2.8　家蚕转基因生物反应器 ··· 103
　　2.8.1　家蚕生物反应器的类型 ··· 103
　　2.8.2　家蚕转基因生物反应器 ··· 104
2.9　家蚕稳定转化细胞筛选与建立 ··· 111
　　2.9.1　基于转座子载体介导的稳定转化细胞筛选与建立 ················ 112
　　2.9.2　基于非转座子载体的稳定转化细胞筛选与建立 ··················· 114
　　2.9.3　家蚕稳定转化细胞的特点 ·· 115
　　2.9.4　稳定转化细胞表达外源基因 ··· 115
2.10　问题与展望 ··· 116
参考文献 ·· 117

第3章　家蚕营养与人工饲料育 ··· 134
3.1　家蚕营养与人工饲料 ··· 134
　　3.1.1　空气 ··· 134
　　3.1.2　蛋白质和氨基酸 ·· 135
　　3.1.3　碳水化合物 ·· 135
　　3.1.4　脂质 ··· 136
　　3.1.5　维生素 ··· 137
　　3.1.6　无机盐 ··· 137
　　3.1.7　水 ··· 138
3.2　营养物质的消化和吸收 ·· 138
　　3.2.1　消化酶 ··· 138
　　3.2.2　消化生理 ·· 139
　　3.2.3　各种营养物质的消化和吸收 ··· 140
　　3.2.4　营养物质的利用 ·· 141
3.3　家蚕人工饲料育研究历史 ··· 146
　　3.3.1　低成本人工饲料的研发 ··· 146
　　3.3.2　家蚕人工饲料育品种的筛选和培育 ······································ 147
　　3.3.3　家蚕人工饲料育的应用 ··· 148
3.4　家蚕人工饲料 ·· 150
　　3.4.1　人工饲料要求 ··· 150
　　3.4.2　桑蚕的食性与饲料组成 ··· 151
　　3.4.3　人工饲料的组成 ·· 152
　　3.4.4　人工饲料的种类 ·· 153
3.5　家蚕人工饲料实用化 ··· 155
　　3.5.1　家蚕人工饲料育的现状 ··· 155
　　3.5.2　线性规划法设计饲料配方 ·· 155
　　3.5.3　低成本人工饲料的开发 ··· 157

3.5.4　人工饲料适应性蚕品种 ……………………………………… 158

3.6　家蚕人工饲料育应用展望 ………………………………………… 159

参考文献 …………………………………………………………………… 159

第4章　家蚕激素与生长发育调控 ………………………………………… 161

4.1　激素的研究概况 …………………………………………………… 161

4.1.1　激素的发现与命名 ……………………………………… 161

4.1.2　昆虫激素的研究简史 …………………………………… 162

4.1.3　内分泌的靶器官 ………………………………………… 162

4.1.4　昆虫激素研究的意义 …………………………………… 162

4.2　基因与激素 ………………………………………………………… 163

4.2.1　保幼激素与基因功能 …………………………………… 164

4.2.2　蜕皮激素与基因功能 …………………………………… 165

4.2.3　滞育激素与基因功能 …………………………………… 171

4.2.4　促前胸腺激素与基因功能 ……………………………… 172

4.3　家蚕生长发育的激素调控 ………………………………………… 173

4.3.1　脑激素 …………………………………………………… 173

4.3.2　咽下神经节激素——滞育激素 ………………………… 174

4.3.3　内分泌腺激素 …………………………………………… 175

4.3.4　内分泌对昆虫生理的调节 ……………………………… 180

4.4　昆虫激素的作用机制 ……………………………………………… 185

4.4.1　控制内分泌的基因 ……………………………………… 185

4.4.2　环境的影响 ……………………………………………… 186

4.4.3　激素的作用机制 ………………………………………… 187

4.5　激素的应用 ………………………………………………………… 189

4.5.1　内源激素的调控与应用 ………………………………… 189

4.5.2　外源激素的应用 ………………………………………… 190

4.5.3　防治害虫 ………………………………………………… 193

4.5.4　医药上的应用 …………………………………………… 193

参考文献 …………………………………………………………………… 193

第5章　家蚕防御功能与养蚕用药物 ……………………………………… 196

5.1　家蚕病原微生物的侵染机制与环境稳定性 ……………………… 197

5.1.1　病原微生物的感染途径 ………………………………… 198

5.1.2　病原微生物的增殖、排出和病害流行 ………………… 200

5.1.3　病原微生物的环境稳定性 ……………………………… 214

5.2　家蚕对病原微生物的防御功能 …………………………………… 218

5.2.1　机械性防御功能 ………………………………………… 218

　　5.2.2　细胞性防御功能 ･･ 219

　　5.2.3　体液性防御功能 ･･ 220

　　5.2.4　其他防御功能因子 ･･ 224

　5.3　养蚕用药的临床试验与评价 ･･ 227

　　5.3.1　消毒类药物的临床效果评价 ･･････････････････････････････････ 228

　　5.3.2　抗生素类药物的临床试验与评价 ･･････････････････････････････ 235

　　5.3.3　抗寄生虫药物和激素等其他药物的临床试验与评价 ･･････････････ 236

　参考文献 ･･･ 237

第6章　家蚕病害诊断与检测技术 ･･ 249

　6.1　个体诊断与群体分析的肉眼诊断技术 ････････････････････････････････ 250

　　6.1.1　基于病征和病变的肉眼诊断技术 ･･････････････････････････････ 250

　　6.1.2　基于光学显微镜的诊断 ･･ 254

　　6.1.3　基于化学分析与测试的诊断 ･･････････････････････････････････ 255

　6.2　免疫学诊断技术 ･･ 256

　　6.2.1　抗原的纯化 ･･･ 257

　　6.2.2　多克隆抗体的制备 ･･ 264

　　6.2.3　单克隆抗体的制备 ･･ 268

　　6.2.4　主要免疫学检测技术简介 ･･････････････････････････････････････ 284

　6.3　分子生物学诊断技术 ･･ 305

　　6.3.1　聚合酶链式反应的基本原理 ･･････････････････････････････････ 306

　　6.3.2　主要的 PCR 种类 ･･ 310

　　6.3.3　主要分子生物学检测技术简介 ････････････････････････････････ 320

　参考文献 ･･･ 329

第7章　家蚕杆状病毒表达系统与重组蛋白生产技术 ････････････････････････ 336

　7.1　昆虫杆状病毒生物学 ･･ 336

　　7.1.1　昆虫杆状病毒一般概述 ･･ 336

　　7.1.2　家蚕核型多角体病毒（BmNPV）生物学和分子生物学 ･････････ 339

　7.2　家蚕杆状病毒表达系统与重组蛋白生产 ････････････････････････････ 346

　　7.2.1　家蚕杆状病毒表达系统一般原理 ･･････････････････････････････ 346

　　7.2.2　构建重组病毒的一般技术 ････････････････････････････････････ 348

　　7.2.3　重组杆状病毒构建与筛选技术进展 ････････････････････････････ 349

　　7.2.4　重组病毒构建等操作指南 ････････････････････････････････････ 355

　　7.2.5　家蚕中表达外源目的产物的纯化 ･･････････････････････････････ 357

　7.3　家蚕杆状病毒表达系统的改进 ･･････････････････････････････････････ 359

　　7.3.1　家蚕 Bac-to-Bac 快速表达系统的构建 ････････････････････････ 359

　　7.3.2　家蚕 Polh$^+$ Bac-to-Bac 快速表达系统的构建 ････････････････ 365

7.3.3 提高杆状病毒表达效率的技术 ……………………………… 371

7.4 杆状病毒在其他领域的应用 …………………………………… 374

7.4.1 杆状病毒应用于表面展示系统 ……………………………… 374

7.4.2 杆状病毒作为哺乳动物细胞基因转运载体 ………………… 375

7.4.3 杆状病毒多角体晶体用于固定外源蛋白质 ………………… 376

7.4.4 杆状病毒应用于生物纳米材料 ……………………………… 376

7.5 家蚕杆状病毒 BmNPV Bac-to-Bac 表达载体系统操作指南 … 377

7.5.1 方法 ……………………………………………………… 378

7.5.2 常见问题、原因及解决方法 ………………………………… 383

7.5.3 其他参考信息 ……………………………………………… 385

7.5.4 供体质粒 MCS 图谱 ……………………………………… 394

参考文献 ………………………………………………………… 395

第8章 蚕桑资源利用技术 ……………………………………… 405

8.1 蚕沙叶绿素及其衍生物的分离技术 …………………………… 405

8.1.1 叶绿素的化学结构和性质 ………………………………… 405

8.1.2 蚕沙叶绿素及其衍生物的提取原理和测定方法 …………… 406

8.1.3 影响叶绿素降解的主要因素 ……………………………… 407

8.1.4 叶绿素衍生物的制备和标准 ……………………………… 408

8.1.5 叶绿素衍生物的用途 ……………………………………… 410

8.2 蚕蛹氨基酸及其纯化技术 ……………………………………… 410

8.2.1 氨基酸的化学结构和性质 ………………………………… 410

8.2.2 氨基酸的制备和测定方法 ………………………………… 413

8.2.3 蚕蛹氨基酸生产技术 ……………………………………… 416

8.2.4 氨基酸的生理活性和营养价值 …………………………… 417

8.2.5 氨基酸产品和用途 ………………………………………… 420

8.3 蚕类抗菌肽的制备技术 ………………………………………… 421

8.3.1 抗菌肽的分类和分子结构 ………………………………… 421

8.3.2 抗菌肽的活性和作用机理 ………………………………… 422

8.3.3 抗菌肽的分离纯化技术 …………………………………… 423

8.3.4 蚕类抗菌肽的特性 ………………………………………… 424

8.3.5 蚕类抗菌肽的用途 ………………………………………… 425

8.4 蚕丝蛋白及其产品制备技术 …………………………………… 427

8.4.1 蚕丝蛋白的组成及其化学成分 …………………………… 427

8.4.2 丝胶丝素的分离技术 ……………………………………… 428

8.4.3 丝素的生物材料特性和生物医药利用 …………………… 429

8.4.4 蚕丝化妆品原料 …………………………………………… 437

8.4.5 蚕丝的食用 ………………………………………………… 437

8.5　桑的利用技术 ……………………………………………………………… 439

8.5.1　桑叶的化学成分和生理活性 ……………………………… 440

8.5.2　桑叶的利用 ………………………………………………… 444

8.5.3　桑葚的化学成分和生理活性 ……………………………… 445

8.5.4　桑葚的利用 ………………………………………………… 450

8.5.5　桑枝的成分和性质 ………………………………………… 452

8.5.6　桑枝的利用 ………………………………………………… 455

参考文献………………………………………………………………………… 458

第 1 章

桑树生物工程

生物技术或生物工程学(biotechnology)是指利用生物体或者生物的细胞组织成分的特性和功能,并结合工程技术原理来加工生产,为人类提供产品和服务的一门新兴应用学科,它以生命科学为基础,具有涉及多门学科和多种技术的综合性科学技术体系。生物工程的主要内容包括组织培养、细胞工程、基因工程、酶工程和发酵工程等。

有关桑树生物工程方面的研究,起步较晚,研究报道得并不太多,尤其是细胞工程和基因工程的研究尚处起步阶段。但是,随着分子生物学和生物工程技术的快速发展,桑树生物工程的研究必将会进一步深入开展,为推动蚕桑科学技术进步起积极作用。

1.1 桑树组织培养技术

桑树组织培养是指分离树体的器官或组织的一部分(外植体)接种到培养基上,在无菌试管(培养瓶)和人工控制的条件下进行培养,使其生长发育,并再生成完整植株的过程。

自 20 世纪 70 年代日本学者首次报道桑根离体培养以来,桑树组织培养技术发展很快,研究内容广泛。尤其是近些年,在桑树组织培养实用化方面,如大规模试管苗的繁育,丰富育种素材和种质资源保存等作了许多有益的探索性研究。通过 30 多年来国内外许多学者的共同研究,目前已较好地建立起桑树组织培养技术体系,已能对桑冬芽、腋芽、茎尖、胚轴、子叶、花药、子房、胚和叶片等器官或组织进行离体培养,并获得完整植株。图 1.1 所示的是桑树组织培养研究概况及其应用领域。

1.1.1 培养基

1.1.1.1 **培养基的组成成分**

培养基是桑树组织培养最重要的外界条件。其组成成分与一般作物组织的培养大体相

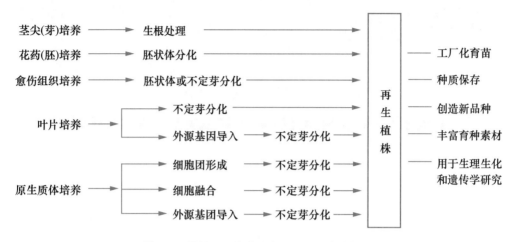

图 1.1　桑树组织培养研究概况及其应用领域

同,但根据桑树的特性及不同外植体等,在植物激素、糖类等的用量方面有一定差别。培养基的组成成分主要有以下几类。

1. 大量元素

大量元素有 N、P、K、C、H、O、Ca、Mg、S 等。

2. 微量元素

微量元素有 Fe、Mn、Cu、Zn、Mo、B 等。其中 Fe 的浓度若低于 3×10^{-6} mol/L 时,胚生长受阻碍。一般培养基中的 Fe 常使用 $FeSO_4 \cdot 7H_2O$ 与 Na_2-EDTA 螯合成有机态的乙二胺四乙酸二钠铁盐(Na_2-Fe-EDTA)。

3. 糖类

组织培养中的外植体,初期大多缺乏光合作用能力,因此在培养基中必须添加糖作为碳源。但因植物种类和外植体的不同,添加的糖类和糖浓度而有较大差别。如小麦、玉米、水稻和棉花等以蔗糖作碳源为最好,而桑树组织培养,如桑芽(冬芽、腋芽和顶芽)和叶片等的培养,则以添加 2%～3% 果糖效果好。

4. 维生素类

维生素类有维生素 B_1、维生素 B_5、肌醇、维生素 B_6、维生素 B_9 等。

5. 植物激素类

生长素有吲哚乙酸(indoleacetic acid,IAA)、吲哚丁酸(indolebutyric acid,IBA)、α-萘乙酸(1-naphthylacetic acid,NAA)和 2,4-二氯苯氧乙酸(2,4-dichlorophenoxy,2,4-D)等。细胞分裂素有 6-糠基氨基嘌呤(6-furfurylamino-purine,KIN)、6-苄氨基嘌呤(6-benzylaminopurine,BA)和玉米素(zeatin,ZT)等。在桑组织或器官的不同培养阶段,对这两类植物激素的浓度及配比有不同的要求。如桑芽离体培养时,添加 BA 浓度 0.1～1 mg/L 的效果较好;而叶片培养诱导不定芽分化时则需要有较高的 BA(2～5 mg/L)。生长素类能促进培养体不定根的形成,因此在生根培养基中添加 IAA 浓度以 0.1～1 mg/L 为好,能在较短时间获得完整植株。

6. 琼脂

琼脂为培养材料的支持物,其用量一般在 0.5%～1%。如用量过多,配制的培养基过硬,不能使培养材料很好地固定和适度接触,外植体容易干枯死亡。但用量过少,则培养基过软,会使接种材料固定不牢,甚至下沉。据大山(1984)报道,桑组织培养时的琼脂浓度达 0.8%~1%,茎尖和冬芽生长不良,在 0.4%~0.5%较低浓度时,则表现生长良好。因此一般桑组织培养时的常用浓度为 0.5%~0.6%。另据大西(1986)报道,在桑茎尖滤纸床液体培养时,初期的生长明显优于琼脂固体培养。

7. pH 值

不同的培养基和植物组织在培养时要求有不同的 pH 值,这是因为 pH 值的高低直接影响培养基的凝固程度和接种材料对营养物质的吸收。据冈成美(1986)报道,桑芽在 pH>7 的培养基上培养,生长受抑制,而在 pH 5~6 的范围内能使桑芽生长良好,故认为 pH 偏酸的培养基适合于桑芽的培养。一般桑组织培养时的培养基 pH 值为 5.6~5.8。

表 1.1 所示的是大山(1988)提出的桑组织培养时的植物激素、糖类、琼脂含量及 pH 值。

表 1.1　桑组培时的培养基与植物激素、糖类和琼脂含量(大山,1988)

培养材料	基本培养基	植物激素/(mg/L)	糖类/%	琼脂/%	pH 值
冬芽	MS	BA 1	果糖 3	0.6	5.6
	MS	BA 1	蔗糖 3	0.4	5.6
分离腋芽	MS	BA 1	果糖 3	0.4	5.6
腋芽茎部	MS	NAA 0.2	蔗糖 3	0.8	5.6
茎顶	MS	BA 1	果糖 3	0.6	5.6
	MS	BA 1	蔗糖 3	0.4	5.6
继代(茎顶)	MS	BA 1	蔗糖 3	0.8	5.6
茎叶(发根)	MS	不加或 NAA 0.01	蔗糖 3	0.8	5.6

1.1.1.2　培养基的种类

1. MS 培养基

MS 培养基(Murashiga Skoog,1962)是木本植物组织培养中应用最广的培养基。MS 培养基的无机盐成分对许多木本植物都是较适宜的。它的无机盐(如钾盐、铵盐及硝酸盐)含量均较高,微量元素种类较全,浓度也较高。近几年来,我国在桑及其他树种成功的离体培养中,多数选用 MS 培养基。据日本冈成美和大山胜夫(1986)的报道,桑树的各种芽外植体的培养(冬芽、腋芽、茎尖、试管内生长的节和新梢等)如减少或增加 MS 培养基原配方中的无机盐,都会导致芽生长减弱。说明 MS 培养基对桑树组织培养是比较适宜的培养基,其配方如表 1.2 所示。

2. SH 培养基

SH 培养基(Sckenk 和 Hildebrandt,1972)是矿盐浓度较高的一种培养基,吉林省蚕业研究所以桑幼苗茎尖为接种材料,用 SH 培养基培养,获得了完整的植株,其配方如表 1.3 所示。

1.1.2　组织培养技术

植物组织培养操作技术的基本要点:一是要创造无菌条件,即采用消毒灭菌和隔离防菌等方法,使桑树组织材料在无菌条件下培养。二是培养材料的选择,培养基的组成,激素的应用,培养方法和培养条件的选择等。其主要操作过程和技术如下。

表 1.2　MS 培养基的配方　　　　　　　　　　　　　　mg/L

无机盐		有机成分	
NH_4NO_3	1 650	肌醇	100
KNO_3	1 900	烟酸	0.5
$CaCl_2 \cdot 2H_2O$	440	甘氨酸	2
$MgSO_4 \cdot 7H_2O$	370	盐酸硫胺	0.1
KH_2PO_4	170	蔗糖	30 000
$FeSO_4 \cdot 7H_2O$	27.8	琼脂	10 000
Na_2-EDTA	37.3	pH 值	5.7
KI	0.83		
H_3BO_3	6.2		
$MnSO_4 \cdot 4H_2O$	22.3		
$ZnSO_4 \cdot 7H_2O$	8.6		
$Na_2MoO_2 \cdot 2H_2O$	0.25		
$CuSO_4 \cdot 5H_2O$	0.025		
$CoCl_2 \cdot 6H_2O$	0.025		

表 1.3　SH 培养基的配方　　　　　　　　　　　　　　mg/L

无机盐		有机成分	
KNO_3	2 500	肌醇	1 000
$CaCl_2 \cdot 2H_2O$	200	烟酸	5
$MgSO_4 \cdot 7H_2O$	400	盐酸硫胺	5
$NH_4H_2PO_4$	300	盐酸吡哆素	0.5
$FeSO_4 \cdot 7H_2O$	15	蔗糖	30 000
Na_2-EDTA	20	琼脂	-
KI	1	pH 值	5.8
H_3BO_3	5		
$MnSO_4 \cdot 4H_2O$	10		
$ZnSO_4 \cdot 7H_2O$	1		
$Na_2MoO_2 \cdot 2H_2O$	0.1		
$CuSO_4 \cdot 5H_2O$	0.2		
$CoCl_2 \cdot 6H_2O$	0.1		

1.1.2.1　培养前器皿的准备与灭菌

　　培养用的所有玻璃器皿和工具都要消毒灭菌。器皿先用清水冲洗干净,再泡入含洗衣粉或清洁剂的水中洗刷,直至器皿上冲水后不沾水珠,清水反复冲洗后的玻璃器皿晾干或烘干后,用报纸类将其和金属用具分别包裹好,在 $121\sim132℃$ 下灭菌 $30\sim60$ min,即可达到彻底灭菌效果,金属用具也可浸入 $70\%\sim80\%$ 的酒精中,使用前及使用过程中再用酒精灯之类进行燃烧灭菌。

1.1.2.2　棉花塞的准备及消毒

先做好一定大小的棉花塞，并在外面包一层纱布。在配制培养基前，先将棉花塞进行热压消毒 20～30 min，然后取出在 100℃ 左右的烘箱中烘干待用。近些年已逐渐用铝箔代替棉花塞进行封口。

1.1.2.3　培养基的配制

培养基的制作程序如图 1.2 所示。配制培养基时，为减少每次称取样品的麻烦和便于低温贮藏，一般先将化学药品配制成比所需浓度高 10～100 倍的母液，用时再取一定量按比例稀释。配制时，依次取所需的母液体积，放入大量筒或烧杯中，再加入糖类、植物激素和琼脂，然后加蒸馏水定容至所需体积，加热后不断搅拌直至琼脂完全溶解，最后用稀碱（1 mol/L NaOH 或 KOH）或稀酸（如 1 mol/L HCl）调整 pH 至所需数值。

pH 调整后，趁热将培养基用漏斗或虹吸法（也可直接分注）分注到试管或培养瓶内，注入的培养基量占试管或培养瓶体积的 1/3～1/4，随即塞上瓶口。

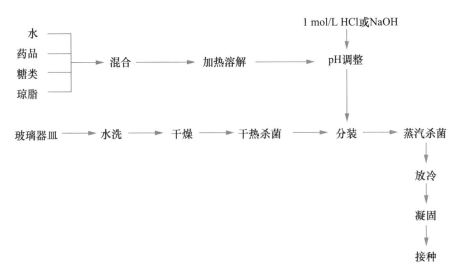

图 1.2　培养基的制作程序

1.1.2.4　培养基的消毒灭菌

培养基的灭菌采用高压蒸汽锅，一般在压力 0.8～1.1 kg/cm^2，保持 20 min 左右即可达到消毒灭菌的效果。如消毒的温度太高，时间过长，会使某些植物激素、维生素及糖类分解，影响培养基的有效性。灭菌后的培养基尽快取出，待其凝固后，放在培养室进行预培养 3 d，若无污染反应，即可使用。如暂时不使用，应将培养基贮藏于低温（10℃ 左右）条件下备用。

1.1.2.5　培养材料的消毒与接种

培养的材料在接种前需进行消毒，以防止接种时夹带微生物到培养基上，引起污染。要求使用的消毒药剂，既能杀死材料表面附着的菌类，又不会损伤材料。田间采集的材料经预处理后先在流水中漂洗 1～2 h，然后用 70%～75% 的酒精浸泡 30 s，再在 0.1% 的升汞（HgCl$_2$）液中浸泡 8～10 min，或者在 10% 的漂白粉上清液中浸泡 10～15 min，最后用无菌蒸馏水冲洗 5 遍以上，以除净残留的药液。酒精浸泡消毒后的材料也可用 2% 的次氯酸钠溶液浸泡 10～20 min，再用无菌水清洗 3 次，灭菌效果也较好。

接种工作要求在超净工作台或接种箱中进行。其方法是先铺上灭过菌的纱布,将接种器具和材料放在纱布上,按无菌操作要求,用镊子或接种钩等将灭菌过的材料直接接种到试管或培养瓶中。

1.1.2.6 接种后的培养

接种后的试管或培养瓶放在光照和温、湿度能调控的组织培养室或光照培养箱内进行培养,并定期观察和调查培养材料的生长发育情况。

1.1.3 桑树组织培养实例

1.1.3.1 花药与胚培养

将桑树的花药、胚或未受精子房接种到适宜的培养基上,可诱导形成愈伤组织或产生胚状体,进一步培养后可形成完整的植株。应用花药和胚培养技术有助于桑雌雄配子发育机理的研究,可获得单倍体桑树植株,加倍后还能得到纯合二倍体的桑树新品系,对扩大育种素材和提高育种效率都将有积极的意义。因此,近十多年来,国内外不少学者做了许多这方面的研究工作,取得了可喜的成果。

据林寿康(1984)报道,以荷叶白发育到单核中期的花粉为材料,以 MS 培养基为基本培养基,添加 IBA 1~2 mg/L、BA 1~2 mg/L 培养 55 d 后诱导出胚状体。然后转至分化培养基(含 IBA 0.1~0.5 mg/L、BA 1~2 mg/L)和生根培养基(含 IBA 0.5~2 mg/L 和不含任何激素)培养,形成苗梢和新根,长成完整植株,经移植盆钵练苗后,移栽大田成活。

陈爱玉等(1989)用添有水解酪蛋白的 MS 培养基培养桑幼胚,得到诱导率为 30% 的颗粒状愈伤组织,这些愈伤组织转移至 MS 分化培养基继续培养,诱导出分化率很高的不定芽,平均单芽增殖数达 12 个左右,最终继代培养后得到完整的再生植株。

近年来,以桑胚珠和雄花穗等作材料进行离体培养,也可诱导形成愈伤组织、胚状体或不定芽,并成功地获得了完整植株。

1.1.3.2 桑芽培养

用桑的顶芽、腋芽、冬芽或茎尖作材料,在含有一定浓度的生长素和细胞分裂素的 MS 培养基上培养,并给予适宜的温度和光照,可获得完整植株。20 世纪 80 年代以来,日本、中国和印度等都已相继建立起较完整的离体芽培养技术体系。

苏州蚕桑专科学校以春、夏伐桑(一之濑)的腋芽为材料,进行芽的离体培养。腋芽按常规灭菌后,解剖取出生长锥,置于培养基(MS+BA 1 mg/L+果糖 3%)上,初期用滤纸床液体培养后改用琼脂培养,在 28℃ 和明暗各 12 h 条件下,获得了具有幼茎的正常个体。根据对不同发育时期的腋芽进行分离培养,获得正常个体的成功率分别为:春伐桑绿色芽 33.3%,顶点褐色芽 75%,褐色芽 77.1%,顶芽 80%;夏伐桑除绿色芽为 33.3% 以外,其余各种腋芽均达 100%。

日本清水(1984)也曾用春伐桑(盛南)经摘心后长出的绿色腋芽为培养材料,MS 为基本培养基,进行了腋芽的离体培养,结果在第一培养基(MS+NAA 0.1 mg/L,pH 5.8)培养一段时间后,腋芽逐渐开放,待腋芽开放第 2 叶时转入第二培养基(MS+NAA 0.2 mg/L)促使发根。培养温度为 26~33℃,光照强度 5 000 lx 明暗各 12 h。经 30~90 d 的离体培养后获得了完整植株,并移至室外营养钵内进行炼苗。

中国林业土壤研究所用辽桑一号的幼茎为材料,在含 KT 0.5 mg/L、2,4-D 10 mg/L 的 MS 培养基上培养 20～30 d,形成无根苗。当苗长至 3～5 cm 时,将其从基部剪下,插入含 IBA 100 mg/L 的固体琼脂平板上,24 h 后移入不含任何激素的 MS 培养基上诱导生根,结果 25 d 后获得完整根系的桑试管苗,移植盆钵后进行人工驯化。

张建华等(2003)以果桑冬芽为材料,研究了其组织培养快速繁殖技术。外植体在 MS＋ BA 5 mg/L＋NAA 0.2 mg/L＋GA 0.1 mg/L 中可分化产生不定芽,丛生苗可通过微型扦插 方式快速繁殖,在 1/2MS＋NAA 0.5 mg/L ＋2％糖中壮苗生根 1 个月左右后移栽。

李瑞雪等(2010)对桑树顶芽组织培养快繁技术进行了优化,认为启动培养基的激素浓度 以 6-BA 1.5 mg/L、2,4-D 0.02 mg/L 和 IBA 0.1 mg/L 为好。

1.1.3.3　愈伤组织培养

桑愈伤组织培养主要包括以下几个阶段:

$$\text{外植体} \xrightarrow{\text{脱分化}} \text{愈伤组织} \xrightarrow{\text{继代培养}} \text{愈伤组织} \xrightarrow{\text{再分化}} \text{不定芽或胚状体} \xrightarrow{\text{生根}} \text{再生植株}$$

据报道,生长素是诱导桑外植体形成愈伤组织的必要条件,其中 2,4-D 和 IBA 的诱导效 果最好,NAA 较差,而细胞分裂素的作用远没有生长素明显。培养基中的糖类不仅与桑愈伤 组织的形成量有关,而且对器官分化也有一定的影响。不同糖类对桑愈伤组织的诱导作用表 现为蔗糖＞葡萄糖＞果糖。

继代培养中的愈伤组织性状常会发生一些变化,首先是对细胞分裂素的要求增加,即只有 在同时添加生长素和细胞分裂素情况下,桑愈伤组织才能保持旺盛的增殖。其次在继代培养 过程中桑愈伤组织易产生褐变现象,这主要是由培养细胞本身产生的一些代谢产物所致,如酚 类物质氧化为醌类物质。添加适量的对氨基苯甲酸(para-aminobenzoic acid,PABA)、维生素 C 和 1,4-二硫代苏糖醇(DTT)或降低培养温度(5～10℃)等可较有效地抑制愈伤组织的 褐化。

在桑愈伤组织培养过程中,培养细胞的形态及染色体会发生变异,在源于二倍体的桑愈伤 组织中可观察到多倍体和异倍体的现象。而且,这种突变类型的比例随继代次数的增加及培 养时间的延长而增加,从而有可能导致器官分化能力的丧失。但是,正由于桑愈伤组织在继代 培养过程中会发生染色体变异或者再施以辐射和化学诱变剂处理,增加突变几率,可望为桑树 品种改良开辟一条新的途径。

近些年大量研究表明,桑树植株上的任何器官组织均可诱导形成愈伤组织。但是,源于营 养器官的愈伤组织再生成植株却比较困难。经过近些年的研究,在植物激素的调整和培养条 件的改善后,已能成功地从桑愈伤组织诱导出不定芽和不定根,再生成完整植株。如谈建中 (1994)以湖桑 32 号的无菌苗为材料,将在脱分化培养基上形成的愈伤组织,转入分化培养基 (MS＋BA 2.0 mg/L＋ZT 0.2 mg/L＋NAA 0.2 mg/L)培养,17 d 后形成不定芽,再经过生 根培养基上培养,获得了再生植株。

陈爱玉等(1995)对桑子叶愈伤组织进行培养发现,虽然桑愈伤组织培养成植株尚有较大 困难,但经过多种组合试验,桑下胚轴、茎段和幼胚的愈伤组织培养后可再生成小植株。

王彦文等(2006)探讨了植物生长调节剂噻二唑苯基脲(thidiazuron,TDZ)、α-萘乙酸 (NAA)、桑品种、叶龄和叶位等 5 种因素对桑叶片愈伤组织诱导的影响,筛选出桑叶片愈伤组 织诱导的最佳条件为:21 d 苗龄的陕 305 组培苗叶片,培养基 MS＋TDZ 1.0 mg/L＋NZZ

0.2 mg/L,愈伤组织诱导率可达 93.9％。不定芽分化诱导的最佳培养基为 MS＋6-BA 3.0 mg/L＋IAA 0.1 mg/L＋2％果糖,愈伤组织不定芽分化率高达 100％。

1.1.3.4 叶片培养

许多植物的叶片组织在离体培养条件下,可直接诱导形成芽和根,或者经脱分化增殖形成愈伤组织,再分化出不定芽和不定根。桑树在自然条件下一般不能形成不定芽,但桑叶片组织在离体培养时,可直接诱导分化出不定芽,甚至花芽,最终获得再生植株。叶片培养不仅可用于叶形态建成的研究和快速育苗及品种保育,而且叶片培养技术体系的建立,还将有助于桑树转基因研究的开展。

孔令汶等(1990)以 MS 为基本培养基,添加一定量的植物细胞分裂素和生长素后,对 12 个桑品种的叶片作了培养试验,结果 12 个桑品种都从培养的叶片上分化出不定芽,高的桑品种不定芽分化率可达 85％。

谈建中(1994)以湖桑 32 号的试管苗幼叶为培养材料,在 MS 附加 BA 0.5 mg/L、ZT 0.2 mg/L、IBA 0.04 mg/L 和果糖 3％的分化培养基上进行叶片离体培养,结果使原来只有 5％～10％的不定芽分化率提高到 60％～70％,并得到若干完整植株。楼程富等(1997)探讨了氯吡苯脲[n-(2-chloro-4-pyridinyl)-n'-phenyl-ure,CPPU]对桑叶片培养不定芽分化的诱导效果,培养基中添加适度的 CPPU 有促进不定芽分化的作用。

据桑叶培养过程中影响不定芽分化的若干因素报道,认为细胞分裂中 BA 对桑叶片的不定芽诱导分化效果最好(浓度为 2.0～4.0 mg/L)。各类生长素之间的差异不明显(浓度为 0.2～0.5 mg/L),且单独使用时不能诱导桑叶片组织分化出不定芽。其他条件如培养基 pH 值为 5.6～6.0、琼脂 6 g/L 和外植体长度为 2～3 mm 时,不定芽的诱导率均表现较高。

王茜龄等(2005)以桑的子叶和下胚轴为外植体,对不同区程的离体培养再生植株进行了研究,结果表明:子叶基部和下胚轴的上段离体再生效果好,成苗率分别为 63.5％和 47.1％。王茜龄等(2008)利用桑树组织培养技术和化学诱导相结合,成功地获得了四倍体植株,但诱导比例不太高。

郑广顺等(2011)报道了颐和园古桑树的组织培养与快速繁殖研究,不仅分化率和生根率高,而且移栽成活率也高,建立了古桑树组织培养技术体系,对古木名树的保护和繁殖具有重要意义。

1.1.3.5 应用组培技术保存桑种质资源

桑树为风媒异花授粉植物,其种子呈杂合性状。因此,桑树的种质资源保存主要依靠营养繁殖并在大田品种圃进行,但是,田间保存每年需花费大量的人力和财力,而且有时还会因气象灾害或病虫危害而失去珍贵的种质资源。因此,开发新的桑种质资源保存方法越来越显得必要。近年来,随着桑生物技术研究的广泛开展和深入,在应用组织培养技术保存桑种质资源方面也作了些探索。

冈成美(1988)报道了 5℃暗条件下保存半年的桑茎尖,经组织培养后仍可 100％地再生成新的完整植株。Yakuwa(1988)报道了将自然条件下获得抗冻性的桑冬芽(带枝条),预冻处理后,保存在液态氮中一年,取出解冻后,经组织培养仍可获得再生植株。新野(1989)对组织培养得到的桑茎尖,经低温预处理和使用防冻剂(10％二甲基亚砜和 0.5 mol/L 山梨醇)后,在液态氮中进行保存,结果培养后仍有 30％～40％的个体能形成再生植株。

为了减少桑愈伤组织继代培养时更换培养基的次数,大西(1990)利用脱落酸(abscisic

acid，ABA)、对氨基苯甲酸(PABA)和低温，对桑愈伤组织的保存方法的效果作了探讨。结果在 5℃低温条件下，添加 ABA 10^{-5} mol/L 和 PABA 10^{-3} mol/L 可使保存 24 周后的桑愈伤组织中仍有 40.8% 保持黄色。但是，从桑愈伤组织再培养时的生长状况看，保存时间以 8 周左右为宜。

张美波等(1991)利用组培法对 20 个桑品种的冬芽和腋芽保存作了试验，在含 ABA 0.5 mg/L 的培养基中培养，并在低温(5～9℃)和低光照(2 000～4 000 lx)条件下，可维持桑试管苗的最小生长量，每 4 个月继代一次，保存两年半后仍能保持较旺盛的分化力。

1.2　桑树原生质体培养

植物原生质体(protoplast)是指通过质壁分离或酶法将细胞壁全部除去后的那部分物质，或是一个为质膜所包围的"裸露细胞"。植物原生质体能进行细胞的各种基本活动，如蛋白质和核酸的合成，光合作用、呼吸作用和通过质膜的物质交换等，可以在单细胞水平上研究植物细胞生物学的基本问题。同时，植物原生质体和其起源细胞一样仍具有细胞的"全能性"，在适宜的无菌培养条件下，能再生细胞壁，进行细胞分裂、生长及分化，最终再生为完整植株。因此，是研究植物细胞分裂、细胞全能性和遗传转化的良好材料。而且，原生质体的质膜经一定处理可以摄取外源遗传物质(如细胞器、病毒、DNA 等)，既是遗传转化的理想受体材料，也可用于诱导细胞融合，获得体细胞杂种，这为植物育种开辟了一条全新的途径。

自 1960 年英国植物学家 Cocking 用酶法分离出番茄根原生质体后，1970 年 Nagata 等利用烟草叶分离原生质体，经培养首次获得再生植株；1975 年 Vardi 等首次从木本植物 Shamonti 甜橙珠心组织诱导胚性愈伤组织，并从愈伤组织分离原生质体，经培养通过胚状体再生出植株。到目前为止，已有数百种植物的原生质体培养成功获得了再生植株。

木本植物的原生质体培养研究起步较草本植物晚，20 世纪 80 年代前期仅有柑橘和檀香等数种植物获得原生质体的再生植株，到了 80 年代后期，木本植物的原生质体培养技术取得了突破性进展，已有几十种植物通过原生质体培养获得了再生植株，如榆树、杨树、樱桃、野生梨、中华猕猴桃、咖啡、枸杞、楮等。

在桑树原生质体的分离培养和诱导分化等方面，国内外学者也作了不少探索性研究，积累了一定的基础性资料，并已在 20 世纪 90 年代通过桑叶肉原生质体离体培养成功获得了再生植株(卫志明等，1992)。

1.2.1　原生质体的分离

原生质体分离效果(得率和活力)受多种因素影响，其中包括植物材料、分离方法、酶制剂、酶解液组成、渗透稳定剂、生长激素、酶解时间及酸碱度等。

1.2.1.1　植物材料

植物的根、茎、叶、花、果实、愈伤组织和悬浮细胞等都可作为分离原生质体的材料，但在实验室常用的、并在短时间内能获得大量原生质体的主要还是叶肉细胞和由各组织器官培养后形成的愈伤组织或悬浮细胞。桑原生质体分离和培养时使用较多的材料是无菌苗叶片和愈伤组织,这些材料的优点是无需再经过表面灭菌处理,从而避免了灭菌剂对材料的伤害。同时,无菌苗严格地控制在人工培养条件下,可以减少培养基成分、光照与温度条件等对原生质体分离效果的影响,得到的实验结果具有较好的重复性。并且,由于所用材料并非取自田间,受季节的影响也可降低到最低程度。

陈爱玉等(1994)在适宜酶溶液浓度下,桑原生质体的释放速度和产量顺序为桑子叶＞幼叶＞悬浮培养细胞＞愈伤组织。酶液最适渗透剂浓度为 0.5～0.6 mol/L 的甘露醇。经预培养处理的材料,原生质体产量可以提高 12.9 倍。

1.2.1.2　分离方法

不同植物来源以及同一植物的不同组织部位细胞的细胞壁,其成分和结构是不同的。要获得满意的原生质体,需要针对使用材料的特点,选择合适的分离方法。分离原生质体的方法有机械分离法和酶分离法两种,目前采用最多的主要是酶分离法降解细胞壁以获得原生质体。

构成植物细胞壁的主要成分是纤维素、半纤维素和果胶等。因此,用于分离原生质体的酶主要是纤维素酶、半纤维素酶和果胶酶。为了避免在酶解过程中原生质体因渗透势差异造成吸涨破裂,或失水收缩,在原生质体的分离酶解液中需要加入一定量的渗透稳定剂,以维持原生质体内外一定的渗透压(倪国孚等,1988)。常用的渗透稳定剂有糖醇系统和盐溶液系统,前者如甘露醇、山梨醇、葡萄糖和蔗糖等组成的有机溶液,甘露醇和山梨醇常单独使用或混合使用,后者如 $CaCl_2$、$MgSO_4$、KCl 或培养基中的无机盐组成。此外,还需要加入二硫苏糖醇等抗氧化剂,以防止酶解过程中物质氧化的影响。表 1.4 所示的是分离桑原生质体时采用的酶液组成成分。

表 1.4　分离桑原生质体的酶液组成成分(大西,1989)

酶液组成成分	目的浓度	单位
纤维素酶(Onozuka R-10)	4.0	%
果胶酶(R-10)	2.0	%
二硫苏糖醇	2.0	mmol/L
甘露醇	0.6	mol/L
MES 缓冲液	20	mmol/L
$CaCl_2$	6.0	mmol/L
2,4-D	0.02	mg/L
BA	0.20	mg/L
pH	5.8	

1.2.1.3　分离程序

酶法分离原生质体时,先用果胶酶处理材料,降解细胞间层使细胞分离,再用纤维素酶水解胞壁释放原生质体,也可将果胶酶和纤维素酶等混合后直接处理外植体材料,均可在短时间内获得大量活力较高的原生质体。桑原生质体分离的主要程序如图 1.3 所示,具体操作方法是:桑树组织经酶解处理后,得到一个由未消化的细胞和细胞团、破碎细胞及原生质体等的混合物,然后用孔径 50～120 μm 筛或多层纱布进行过滤,除去未消化的单细胞、细胞团和维管束组织等。滤液中的原生质体和细胞碎片,在低速条件(100g 以下)离心 5 min,原生质体沉淀于离心管底,细胞碎片残留于上清液。吸去上清液,沉淀重悬于等渗的原生质体培养液中,收集原生质体悬浮液直接或经纯化后进行培养。

一般 1 g 新鲜桑叶酶解后可获得 $2\times10^7\sim3\times10^7$ 个原生质体,但原生质体的产量及活力受供体材料、酶液组成、酶解时间、纯化处理及分离技术等多种因素的影响,尤其需要注意原生质体的活力,这是后续培养能否成功的关键因素。一般外观球形、结构比较完整、含有饱满细胞质、颜色新鲜或含叶绿体的原生质体大多是有活力的。在难以确定活力状况时,可采用荧光素双醋酸盐、酚藏花红和伊文思蓝等染料进行染色鉴别。如伊文思蓝不为活原生质体吸收而为死原生质体吸收,在显微镜下检查时,显蓝色的为没有活力的原生质体。

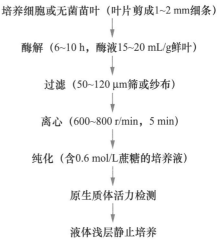

培养细胞或无菌苗叶（叶片剪成1~2 mm细条）

↓

酶解（6~10 h, 酶液15~20 mL/g鲜叶）

↓

过滤（50~120 μm筛或纱布）

↓

离心（600~800 r/min, 5 min）

↓

纯化（含0.6 mol/L蔗糖的培养液）

↓

原生质体活力检测

↓

液体浅层静止培养

图 1.3　桑原生质体分离程序

据调查,在以桑子叶愈伤组织的悬浮细胞为供体材料时,采用纤维素酶、果胶酶、半纤维素酶及改良 CPW-9M 培养基的酶液(表 1.5)进行酶解处理,可以在较短时间内获得形态正常的原生质体。在桑原生质体培养的早期研究中,采用含 1% 纤维素酶(Onozuka R-10)、0.2% 离析酶(Macerozyme R-10)、0.05% 果胶酶(Pectolyase Y-23)、改良 CPW-9M 培养基的酶液,可分离获得具有活力原生质体,并成功获得了再生植株(卫志明等,1992;陈爱玉等,1995)。

表 1.5　酶液不同配比对桑原生质体制备的影响(陈爱玉等,1993)

酶液组成	原生质体释放时间/h	原生质体活力
2%纤维素酶,1%果胶酶,0.5%半纤维素酶,改良 CPW-9M	>8	一般完整,形状正常
3%纤维素酶,2%果胶酶,1%半纤维素酶,改良 CPW-9M	6	完整,形状正常
3%纤维素酶,2%果胶酶,1%半纤维素酶,常用 CPW-9M	6	多数破碎,内含物溢出

注:CPW-9M 是含 9% 甘露醇的 CPW 盐溶液。

1.2.1.4　酶法注意事项

1. 酶的种类和用量

植物原生质体分离常用的果胶酶有 Macerozyme R-10、Pectolyase Y-23、Pctinase 等,纤维素酶有 Cellulase Onozuka R-10、Cellulase Onozuka RS、GA3-867 等,半纤维素酶有 Rhozyme HP-150、Hemicellulase 等,应根据植物材料的不同选择不同种类的酶类,并根据各种酶的活性强弱确定其用量,一般常用的酶制剂浓度分别为 0.1%~0.5% 的 Pectolyase Y-23,0.2%~5.0% 的 Macerozyme R-10,0.2%~2.0% Pctinase、Cellulase Onozuka R-10、Cellulase Onozuka RS、Hemicellulase。

2. 酶液的渗透势

原生质体在无稳压剂的介质中易破裂,因此需由甘露醇、山梨醇、葡萄糖和蔗糖等组成的有机溶液来平衡细胞内外的渗透压,一般在酶液中添加 0.5~0.8 mol/L 的糖醇为宜。

3. 酶液的酸碱度

酶液的 pH 对原生质体产量和活力有很大影响,pH 5.4～6.2 是许多植物组织原生质体分离的最适范围,桑树无菌苗幼叶分离原生质体时 pH 5.6～5.8 为宜。

1.2.2　原生质体的培养

将有生活力的原生质体在适当的培养基和培养条件下培养,不久原生质体即开始再生细胞壁并进行细胞分裂,一两个月后形成肉眼可见的细胞团。如果将细胞团转移到分化培养基上继续培养,则可进一步诱导出不定芽和不定根,最终长成完整的植株。

1.2.2.1　培养基

从制备好有活力的原生质体到培养形成再生植株,一般需更换数次培养基,即大致可区分为促使原生质体恢复形成细胞壁并维持细胞分裂的培养基,诱导愈伤组织发生的培养基以及诱导器官形成的培养基。大多数木本植物在原生质体培养阶段所采用的是 MS 培养基或 KM8P 培养基,只是不同培养阶段或不同材料,在无机盐、糖类和激素等的种类及浓度方面有所不同。表 1.6 所示的是不同培养基组成对桑原生质体的分裂和生长的影响。根据近些年的有关研究和报道,认为使用 KM8P 培养基对桑原生质体的培养效果优于 MS 培养基。

表 1.6　培养基组成对桑原生质体分裂和生长的影响(陈爱玉等,1993)

培养基	激素配比/(mg/L)	再生细胞分裂情况
KM8P1	6-BA 0.5＋NAA 1.0＋2,4-D 0.2	＋＋＋
KM8P2	6-BA 0.5＋NAA 0.5＋2,4-D 0.5	＋＋＋
MS1	6-BA 0.5＋NAA 1.0＋2,4-D 0.2	＋＋
MS2	6-BA 0.5＋NAA 0.5＋2,4-D 0.5	＋

注:＋＋＋表示生长最好,＋＋表示生长一般,＋表示生长差。

1.2.2.2　培养方法和条件

原生质体的培养方法很多,有液体浅层静置培养、固体平板培养、双层培养和混合培养等。但目前木本植物大多采用液体浅层静置培养法,桑原生质体培养采用的也是此法,即参照动物细胞培养的方法,将含有一定密度的原生质体悬浮培养液,放在玻璃或塑料培养皿中,形成一个液体薄层,封口后放在培养室中静置培养。它的优点是通气性好,接触层面大,排泄物易扩散,而且易于补加新鲜培养基。

桑原生质体培养时的温度一般为(25±1)℃,原生质体培养要求有一定的密度,接种密度以 5×10^{-4}～5×10^{-5} 个/mL 为宜。原生质体在培养的初期对光照条件有严格要求,需保持在黑暗条件下进行培养,一般在培养 2 d 后即可观察到细胞壁的再生,4 d 后细胞开始第一次分裂,10 d 可形成小细胞团,此时可移至弱光下继续培养,当培养形成愈伤组织块时,可转移至分化培养基继代培养,以诱导不定芽的分化,当不定芽长至 2 cm 左右时进行生根处理,最终可培育成完整的植株。

1.2.3　桑树体细胞杂交

细胞杂交是指两个细胞或原生质体融合成一个细胞并形成杂种细胞的过程。自 1972 年

Carlson 首次报道粉兰烟草和郎氏烟草原生质体融合后培养成杂种细胞以来,植物体细胞杂交研究进展很快,尤其是 1978 年 Melchers 等报道的番茄和马铃薯属间体细胞杂交成功,并获得再生植株(pomato),使植物细胞育种工程进入了一个新的发展阶段。至 1989 年约有 100 个组合的细胞杂种见诸报道,预测不久将会有若干实用性的体细胞杂种问世。

有关桑树体细胞杂交方面的研究,大西等(1989)对不同桑品种以及桑和楮的原生质体融合方法、条件以及融合液等作了探索性试验研究。在融合液温度 27℃、pH 6.5、CaCl$_2$ 浓度 75 mmol/L 和 PEG(聚乙二醇)浓度 35% 的条件下,桑与楮不同属间的原生质体混合后 30 min,即出现完全融合,且融合率很高。

除聚乙二醇可诱导原生质体融合外,利用一些物理手段,如采用电场处理也能促使植物原生质体的融合。大西等(1989)将分离获得的桑和楮叶肉细胞原生质体悬浮于 0.6 mol/L 山梨醇和 1.0 mol/L 氯化钙缓冲液中,利用电融合装置,以 1.0 MHz 频率,给予 160 V/cm 电压,90 s 后可使两种不同属的原生质体紧密接触,并排列成串球状,其串球状形成率高达 81%,经 20～60 min 后,排列成串球状的两种不同原生质体出现完全融合。

1.2.4　桑树原生质体培养实例

日本片桐(1989)以鸡桑(*Morus acidosa* Grill)的新梢叶为材料,利用 KM8P 培养基对分离的原生质体进行培养,结果培养 4 d 后就有部分原生质体开始分裂,到第 21 天已有 17% 的原生质体完成第一次细胞分裂,到培养第 30 天,约有 0.2% 的原生质体已形成 50 个细胞以上的细胞团。

卫志明等(1992)以试管苗幼叶为材料,酶解后得到的桑叶肉原生质体经 KM8P 培养液(含 2,4-D 0.2 mg/L、NAA 1.0 mg/L、BA 0.5 mg/L)浅层静置法培养,36 h 后原生质体已开始再生细胞壁。培养后第 10 天,细胞分裂的频率约为 24%,在弱光下继续培养 5～6 周后,形成了直径 0.5～1.0 mm 的细胞团和小愈伤组织,植板率约 8%。当这些小愈伤组织发育至 2～3 mm 大小时,转入 MS 分化培养基(含 NAA 0.1 mg/L、BA 1.0 mg/L)上培养 2～3 周后,诱导出不定芽,分化频率为 35% 左右。最后转至 MS 生根培养基上培养形成新根,再生成完整植株。

陈爱玉等(1993,1994)采用继代培养 3 个月的桑子叶悬浮细胞为材料,进行了原生质体的分离和培养。经酶解后获得的原生质体在 KM8P(附加 6-BA、NAA、2,4-D 和 LH)液体培养基中培养,再生细胞经多次分裂后得到肉眼可见的小愈伤组织块,进一步通过继代培养增殖,获得浅黄色颗粒结构的愈伤组织,但未诱导分化成苗(陈爱玉等,1993;陈爱玉等,1994)。陈爱玉等(1995)参照卫志明等的方法,将酶解分离得到原生质体转移到 KM8P 液体培养基,进行黑暗、静止、浅层培养,第 4 天细胞开始分裂,10 d 后形成细胞团,5～6 周后形成细胞团和小愈伤组织,在增殖及器官分化培养基继续培养,最终获得了桑原生质体的再生植株。

刘伟强(2006)从沙二×伦 109 即将成熟的桑叶中分离原生质体,并进行增殖和分化培养,约 1 个月后也获得再生植株。李勇等(2007)以桑品种大 10 为材料,探讨了 3 种液体培养基 B5、N6、MS 中的细胞密度变化及悬浮培养细胞的生长规律。以 B5 液体培养基较适合桑品种大 10 细胞的悬浮培养,在液体振荡培养条件下,桑叶细胞的生长周期为 14 d。

1.3 桑树基因工程

1.3.1 植物基因工程研究概况

植物基因工程是指某些基因从生物体中提出,通过特定的方法转移到植物中并使其表达的一项高新生物技术。它不但可以从理论上研究植物生长发育过程中基因表达调控等,而且还可以培育出具有优良品质或特殊性状的新品种,造福于人类。自1983年美国首次获得转基因烟草和1991年转基因番茄商业化种植以来,短短十余年来,已有22个国家种植转基因作物100余种。据统计,2006年全世界转基因作物种植面积达1亿万多公顷。主要转基因作物有大豆、玉米、棉花、油菜、马铃薯和番茄等。

木本植物基因工程起步较晚,但研究发展迅速,自1988年首例转基因杨树在比利时进入田间实验以来,已有100多种转基因树研究成功,并陆续释放到自然环境中进行试验。据统计,我国已种植140万株Bt抗虫转基因杨树。有关桑树基因工程方面的研究,近些年中国和日本的一些学者已着手这方面的工作,并取得了一定的进展。如平野(1988,1989)分离了大豆种子中含有的碱性7S球蛋白基因,并试图将其转入桑树。町井(1990)利用pBI 121载体,通过叶盘法将卡那霉素抗性基因和GUS基因导入桑叶片组织,经培养后诱导出含GUS活性的再生植株。夏本(1992)报道了桑科植物小楮树的叶片感染带有外源基因(35S-GUS)的根瘤农杆菌后,经培养获得含外源基因的再生植株。管志文等(1994)将人工合成的柞蚕抗菌肽D基因通过Ti质粒载体转入桑树叶盘,获得基因转化工程苗,为进一步培育抗青枯病桑品种打下基础。

1.3.2 桑树基因的克隆与功能研究

基因克隆及功能分析是植物生物技术的主要研究领域,它不仅可以帮助人们加深对植物生长、发育和分化等生命现象的理解,而且可以为人们利用基因工程技术改良植物品种提供理论依据和有价值目的基因。随着现代生物技术和植物分子生物学的快速发展,也促进了桑树基因研究工作的开展,与其他作物相比,桑树基因研究虽然起步较晚,但近十年来,国内外学者采用多种先进的分子生物学实验技术从桑树中克隆获得了大量的功能基因和DNA序列,基因功能研究也涉及桑树遗传变异、物质和能量代谢、逆境胁迫反应及生长发育调控等一系列生理生化和生命活动过程。

1.3.2.1 桑树光合生理相关基因的克隆

与其他高等植物一样,桑树干物质的90%以上来自光合作用,因此如何提高对光能的利用效率既是桑树栽培中一个根本性技术问题,也涉及植物光合作用复杂的理论问题,包括光能吸收和传递、CO_2固定、光合产物的运输与分配等生理生化过程。

光合作用的本质是将光能转变为稳定化学能的过程,而原初的光化学反应是在位于叶绿体类囊体的光系统Ⅰ和光系统Ⅱ中进行的,完成光能的吸收、传递和转换过程。林强等(2010)利用桑树表达序列标签(EST),采用RT-PCR方法克隆了桑树光合系统Ⅰ(PSⅠ)组分中psaE

基因的全长 cDNA 序列（*MpsaE*）。该基因序列全长 705 bp，存在 97 bp 的 5′端非翻译区和 170 bp 的 3′端非翻译区，其开放阅读框（ORF）长 438 bp，编码 146 个氨基酸残基，预测蛋白分子质量为 15.38 ku，等电点为 8.08。同源性分析表明，*MpsaE* 编码蛋白与柑橘（*Citrus sinensis*）、毛果杨苷（*Populus trichocarpa*）和欧美杨（*Populus eu-ramericana*）具有较高的同源性，相似性达到 98%。基于氨基酸序列构建的系统进化树显示，桑树与柑橘、蓖麻、毛果杨苷和欧美杨的亲缘关系较近。半定量 RT-PCR 分析表明，*MpsaE* 基因 mRNA 在桑树不同组织及部位的转录水平有明显差异，在叶片中的转录水平较高，其中幼叶（刚展开的第 1 片叶）和中部叶片（8～10 位叶）的转录水平最高，其次为上部叶片（2～3 位叶）、顶芽和下部叶片，而在根部的转录水平最低，但对这种差异的机理及其生物学意义尚不清楚。

在碳同化的羧化阶段，CO_2 与受体 1,5-二磷酸核酮糖（RuBP）的结合是在 1,5-二磷酸核酮糖羧化酶（Rubisco）的催化下进行的，而 Rubisco 活性又受到 1,5-二磷酸核酮糖羧化酶活化酶（RCA）的调节，因此 RCA 对光合速率具有直接的作用。冀宪领等（2009）以桑树幼叶 mRNA 为材料，根据 RCA 的保守区域设计 1 对兼并引物，经 RT-PCR 扩增获得了 *RCA* 基因功能区的中间片段。BLAST 分析表明，该 cDNA 片段编码的氨基酸序列与其他植物来源的 *RCA* 有较高同源性。在此基础上，将 *RCA* 的部分编码区插入原核表达载体 pET30a(+)，转化到大肠杆菌菌株 BL21 中获得了表达。并将得到的 *RCA* 基因片段反向插入植物表达载体，构建了 *RCA* 基因反义表达载体 pBI 121-RCA，为探讨桑树光合作用中 RCA 与 RuBP 的相互作用关系等光合作用机理问题奠定了基础性工作。

在碳同化的更新阶段，景天庚酮糖-1,7-二磷酸酶（SBPase）不可逆地催化景天庚酮糖-1,7-二磷酸去磷酸化，经一系列酶促反应转变为 CO_2 的受体核酮糖-1,5-二磷酸（Rubisco）。因此，SBPase 是碳同化卡尔文循环过程中的关键酶，也是植物光合作用主要限速酶之一。冀宪领等（2008）利用 RACE 技术得到了桑树景天庚酮糖-1,7-二磷酸酶基因全长 cDNA（*MSBPas*）。*MSBPase* 全长为 1 527 bp，含有 1 个 1 179 bp 的完整开放读码框，编码 393 个氨基酸，蛋白质理论分子质量约为 42.6 ku，等电点为 5.85，其氨基酸序列与其他植物中已分离的 SBPase 有很高的同源性。并将得到的 *MSBPase* 编码区插入植物表达载体 pBI 121 中，构建了 *MSBPase* 植物表达载体 pBI 121-SBP，以便进一步探讨桑树 SBPase 表达活性与光合效率的关系，为提高桑树光合效率的基因工程研究提供一定的理论依据。

1.3.2.2 桑树逆境生理相关基因的克隆

逆境会伤害植物，影响植物的正常生长发育，严重时会导致死亡。但同时植物对不良环境也具有一定的适应性。在生理上，以形成胁迫蛋白、增加渗透调节物质和脱落酸含量等方式，提高细胞对各种逆境的抵抗能力。如热休克蛋白（heat shock protein，HSP）是生物体在对各种物理、化学和微生物应激时启动的一类特殊蛋白质，它们能快速调整应激过程中细胞的存活机能，保护细胞抵御损伤并有助于细胞恢复正常的结构和机能。不同生物同种 HSP 氨基酸序列及基因核苷酸序列有高度同源性，而不同种类的 HSP 存在明显差异，具有不同的分子结构和生物学功能。小热休克蛋白（sHSP）是指分子量在 15～43 ku 之间的热休克蛋白，它们具有共同的 α 晶体蛋白结构域，但其亚细胞定位不同，在细胞内发挥的功能也不同。

Ukaji 等（2010）发现随着季节的变化在桑树皮层细胞内质网会积累多种蛋白，其中包括一种小分子热休克蛋白（sHSP），被称为 20 ku 冬季积累蛋白（WAP20）。WAP20 的分子生物学研究表明，由 *sHSP* 基因 cDNA 序列推导的氨基酸序列包含了内质网信号肽、定位信号肽和两个相同的保守区域。在大肠杆菌中表达的重组 WAP20 也显示了典型的 sHSP 生化特征，如在非变性条件下形成 $200 \sim 300$ ku 的高分子复合体、可促进经化学变性的柠檬酸合成酶的复性、防止酶在热激诱导下的聚集等。其次，桑树皮层组织中 $wap20$ 基因的转录水平会发生季节性变化，从 10 月中旬到 12 月中旬表达水平较高，并且转录水平因冷处理而增加，热处理后又减少；在季节性冷驯化过程中，$wap20$ 基因在皮层组织中大量表达，而在木质部和冬芽组织中转录较少；当使用外源植物激素脱落酸（ABA）处理时，在脱冷驯化嫩枝皮层中观察到 $wap20$ 的特异性积累；但夏季嫩枝经 37℃ 热激处理后，所有这些组织的 $wap20$ 转录就会增加，因此 ABA 可能与季节性冷驯化过程中桑树皮层组织中 $wap20$ 基因的表达有关，但尚无法确定 ABA 与 $wap20$ 基因转录因子之间是否以激素与激素受体的关系发挥作用。

桑树在低温诱导处理下会合成新的蛋白质，刘嘉琦等（2009）从蒙古桑幼叶中克隆了低温诱导基因 $wap25$，与 pGEX-4T-2 构建了原核重组表达载体，转化受体菌 $E.\ coli$ BL21。经 IPTG 诱导后，基因产物在大肠杆菌中得到了有效表达。在表达载体、诱导时间和诱导温度等的优化条件下，可以提高目的蛋白的表达效率，认为在 30℃ 培养条件下经 0.5 mmol/L 的 IPTG 诱导 8 h 为最优诱导条件。

陆小平等（2006）将蒙古桑于 -3℃ 诱导 48 h 后，提取幼茎 RNA 反转录合成 cDNA 第一链，利用 RT-PCR 技术克隆了桑树多聚泛素基因片段（mUb），克隆片段长为 459 bp，与菠萝、三叶胶树、烟草等物种的泛素基因序列有 84% 以上的同源性。王利芬等（2007）根据已报道的泛素基因序列设计引物，从丰驰桑幼叶中提取总 RNA，利用 3' RACE 技术扩增获得了 C-末端延伸泛素基因，克隆片段长为 690 bp，5' 端为编码 156 个氨基酸残基的阅读框，3' 末端有 219 bp 的非翻译区；同源性分析表明，该 cDNA 序列与马铃薯、烟草、陆地棉、黄瓜的泛素延伸蛋白以及苜蓿的核糖体 S27A 蛋白的同源性都在 96% 以上。业已清楚，泛素是一个由 76 个氨基酸组成的高度保守的多肽，它在细胞中以自由的方式或通过共价键与靶蛋白质结合，主要参与蛋白质的选择性降解过程，也与逆境胁迫下植物体内一些诱导型蛋白的降解有关。

1.3.2.3 桑树激素生理相关基因的克隆

目前公认的植物激素有生长素、细胞分裂素、赤霉素、脱落酸和乙烯等五大类，分别调节植物生长、发育和分化的不同生理过程，如乙烯一般表现为抑制生长、促进衰老及成熟器官的脱落，人工喷洒外源乙烯可应用于桑叶的脱落收获。潘刚和楼程富（2007，2008）以杂交桑（丰驰桑）幼苗叶片为材料，利用简并引物和 RACE 方法克隆了桑树 ACC 氧化酶基因（$MaACO1$）的 cDNA 序列，并初步分析了该基因在不同发育时空和逆境胁迫条件下的表达差异。结果表明桑树 $MaACO1$ 基因编码区与其他植物 ACC 氧化酶基因（ACO）的同源性很高，与蔷薇科李属植物的桃、李、杏、梅的相似性高达 85% $\sim$ 86%。该基因在幼嫩叶片中的表达量明显高于成熟叶片，在桑树花器官中的表达量依次为雌花授粉后柱头、授粉前柱头、子房和花序旁叶片；在受到机械损伤后，$MaACO1$ 表达量先增加而后恢复正常水平；在干旱胁迫条件下，个体间的表达量变化存在差异；在盐胁迫条件下，ACC 氧化酶表达量变化不明显，但不同叶位之间 $MaACO1$ 表达量有差异；在低温环境下，$MaACO1$ 表达量能够保持较高水平，因而认为 $MaACO1$ 表达量因组织器官、发育阶段及其胁迫敏感性不同而发生变化，也说明乙烯的生理作用是非常广泛的。

1.3.2.4 桑树次生代谢相关基因的克隆与功能研究

植物次生代谢及其产物在植物与环境互作和整个生命活动中行使着重要的功能，苯丙烷类代谢是植物主要的 3 条次生代谢途径之一,它起始于苯丙氨酸,与植物的抗病性和黄酮类色素等多种次生物质的生物合成密切相关,苯丙氨酸解氨酶(PAL)是该代谢途径中的关键酶和限速酶。张乐伟等(2009)利用同源克隆方法克隆了桑树苯丙氨酸解氨酶基因(pal)cDNA 片段,该片段长 1 105 bp,编码 367 个氨基酸,氨基酸序列的 34～50 区域为 PAL 的特征序列。同源性分析表明,桑树 *pal* 基因序列与甜樱桃的亲缘关系最近,同源性高达 82%,与树莓的同源性达 80%,与杨树和咖啡树也达到 75%。

植物的另一个次生代谢途径与萜类化合物合成有关,植物体内的萜类化合物有 30 000 种之多,它们不仅在植物生命活动中起着重要作用,而且被广泛应用于工业、医药卫生等领域。家蚕与其他昆虫一样,甾醇是必需营养成分,而且还具有促进家蚕摄食的效果,因此桑叶中类固醇和类异戊二烯化合物的种类及含量,对桑叶饲料的营养价值、蚕的生长发育及茧丝产量都有显著影响。在植物萜类化合物合成的甲羟戊酸(MVA)途径中,3-羟基-3-甲基戊二酰辅酶 A 还原酶(HMGR)催化 3-羟基-3-甲基戊二酰辅酶 A 转化为甲羟戊酸,是 MVA 途径中的第一个限速酶,是细胞质萜类化合物代谢中的重要调控位点。

Jain 等(2000)从桑叶(*Morus alba*)基因组中分离获得了 HMGR 基因(*Mahmg1*),在桑树中,*Mahmg1* 基因在嫩叶和花中表达量最多;将 *Mahmg1* 基因与 β-葡萄糖苷酸酶(GUS)报告基因构建成融合基因并导入到烟草中,结果在转基因烟草的胚中,初期仅在子叶、上胚轴和根尖伸长区检测到 GUS 的表达,尔后在花组织、保卫细胞、茎和叶柄的绒毛顶端也检测到了 GUS 的表达。转基因幼苗经 100 mmol/L 脱落酸处理后,*Mahmg1:GUS* 的表达活性增加了 3～4 倍,暗培养比光照条件下表达活性增加了 15～80 倍。这些结果表明,*Mahmg1* 基因的表达明显受到发育与环境因素的调控,也暗示了 HMGR 同工酶在桑树生长发育中为合成特定的类异戊二烯化合物提供了前体。

桑科植物的典型特征之一就是含有乳汁,桑树乳汁在其生长发育和抗虫防御过程中起重要作用,桑叶乳汁中富含 1-脱氧野尻霉素(1-DNJ)等糖苷酶抑制剂,被认为是治疗糖尿病的有效成分。关于植物乳汁功能产生的分子机制的研究报道主要集中在橡胶树方面,认为橡胶延伸因子是橡胶乳汁生物合成中最重要的酶之一。潘刚等(2009)通过桑树 cDNA 文库中的序列比对,发现一段与乳汁合成相关的基因片段,采用 RACE 方法获得该基因的全长序列,基因cDNA 全长 1 145 bp,编码区 759 bp,编码 252 个氨基酸残基,将该基因命名为桑树橡胶延伸因子基因(GenBank 登录号为 GQ466080.1)。为探究该基因的功能,通过 RT-PCR 的方法分析该基因在桑树不同组织器官的表达,结果表明该基因在桑树幼叶中的表达量最高,其次是茎和芽,在根中的表达量最低。对桑树叶片进行细胞分裂素处理,发现细胞分裂素处理后该基因表达量有减少的趋势,在细胞分裂素处理的叶片中,正在伸展的幼叶中该基因的表达量要高于刚出现的幼叶和成熟叶,与桑树中已知的其他功能基因相比,桑树橡胶延伸因子在桑树正常生长中的表达量远高于桑树 Na^+/H^+ 逆向转运蛋白基因 *MaNHX* 和桑树抗冻蛋白基因 *WAP27* 的表达量。从以上结果初步推测桑树橡胶延伸因子基因在桑树的生长发育中起重要作用。

1.3.2.5 桑树细胞信号转导相关基因的克隆

植物细胞信号转导涉及植物感受、传导环境刺激的分子途径及其在植物发育过程中调控基因的表达和生理生化反应,当环境刺激作用于植物体的不同部位时,就会发生细胞间的信号传递。其中钙调素(calmodulin,CaM)作为真核生物细胞内的多功能 Ca^{2+} 结合蛋白,在调节植物的生长发育、环境适应性和抗逆性方面具有重要作用。汪伟等（2008）为了揭示钙调蛋白在桑树抗逆性方面的作用，从丰驰桑幼苗 cDNA 文库中筛选获得 2 个钙调蛋白 cDNA 序列，2 条序列的读码框为 450 bp，均包括完整的 3′端非翻译区；序列比对分析发现，2 条序列 ORF 同源性为 86%，但氨基酸同源性却为 98%，分别命名为 *MCaM*-1 和 *MCaM*-2。其中 *MCaM*-1 与拟南芥 CaM7、胡萝卜 CaM4 的氨基酸同源性达 100%，表明钙调蛋白序列在植物中相当保守。

方荣俊等（2009）利用桑树表达序列标签克隆了一个编码桑树 CaM 基因的全长 cDNA 序列，命名为 *MCaM*-3。序列分析表明，*MCaM*-3 全长 951 bp，存在 143 bp 的 5′端非翻译序列（5′-UTR）和 358 bp 的 3′端非翻译序列（3′-UTR），其开放读码框（ORF）长 450 bp，编码 149 个氨基酸，预测蛋白质分子质量为 16.85 ku，等电点为 3.95。同源分析表明，CaM 基因在桑树与拟南芥、杨树、大豆、小麦、水稻、玉米各物种间具有很高的保守性。基于桑树和其他 19 个物种 CaM 基因的系统进化分析表明，桑树与蓖麻、烟草、大黄、樱桃的亲缘关系较近。半定量 RT-PCR 检测表明，与正常生长环境相比，在低温、干旱、盐胁迫条件下 *MCaM*-3 基因 mRNA 的转录水平均显著提高，初步推测 *MCaM*-3 基因与桑树的抗逆性有一定关联。

1.3.2.6　桑树发育与调控相关基因的克隆与功能研究

随着分子生物学和分子遗传学的迅速发展，尤其是各种基因克隆技术的不断完善，有关植物发育与调控的分子机理已成为新的研究热点。桑叶的性状是桑树育种的重要选择指标，对叶片发育相关基因的克隆可为桑树的早期筛选提供一种重要的分子标记。焦锋等（2003）建立了一套利用桑树变异株系寻找差异表达基因的技术体系，在此基础上，利用 cDNA-AFLP 技术对新一之濑和凤尾一之濑的顶芽进行基因表达差异分析，得到了大约 3 200 个条带，20 个条带存在差异表达，对其中的 15 个差异条带进行了克隆和测序。序列同源性检索显示，编号为 J12 的片段与脯氨酰 4-羟化酶亚基基因有较高的同源性，其余片段与现有基因资源相比没有同源性。

焦锋等（2004）对日本桑树叶形自然变异株"两面桑"的变异形态进行了分析，表明自然变异的"两面桑"是一个全新的背腹性突变类型，还没有在其他植物上观察到过。并利用同源序列法克隆了桑树叶形相关基因 *KNOX*1 和 *MaPHANTASTICA*1，比较了这两个基因在"两面桑"和原始品种"市平"上的序列和表达差异。Sopian 等（2008）也从新一之濑突变体中分离到了与叶形发育相关的基因（*MAPHAN*1）。前人研究结果表明，*PHANTASTICA*（*PHAN*）基因可以控制叶片的外形为羽状叶片或伞状叶片，在许多开花植物都有相同的叶片形状控制机制。因此，可以认为这类能够显著影响桑叶经济性状的基因在桑树种质资源创新及分子育种方面具有极其诱人的研究价值。

1.3.2.7　桑树基因分离与克隆技术的研究进展

随着分子生物学和植物基因工程的不断发展，植物基因的克隆技术也不断改进，新技术不断涌现，已建立了许多分离与克隆的方法，如功能克隆法、图位克隆法、差异表达筛选、同源序列法、转座子标签法、T-DNA 标记法、基因芯片技术及基因文库构建等。其中，利用适当的探针通过分子杂交从基因文库中分离出目的基因，这是应用最早、也是最为成熟的一种方法。迄今为止，在桑树基因工程研究中常用的克隆技术主要有 PCR、RT-PCR、RACE 等，其他克隆技术尚少应用。

最近，方荣俊等（2008）采用 RNA 转录 5′末端转换（SMART）法构建了桑树幼叶全长 cDNA 文库。该文库容量为 $1.02×10^6$ pfu/mL，重组率 95%，符合构建基因文库的质量要求。

从构建的桑树幼叶 cDNA 文库中随机挑取 48 个克隆进行表达序列标签（EST）测序，有效序列为 32 条，经 UniGene 数据库归并后为 32 条，UniGene 比率为 100％；与 NCBI 核酸数据库进行比对、查询和注释，在 32 条序列中有 29 条序列具有同源性，其中 16 条为全长序列，完整性比率为 55.2％；初步发现具有已知功能基因的 ESTs 6 个，具有推测功能基因的 ESTs 5 个，未命名或未知功能基因的 ESTs 21 个。研究结果为鉴定和克隆桑树功能基因提供了基础信息，对于基因组庞大的桑属植物来说，全长 cDNA 文库的构建可以高效、大规模获得基因序列，将有助于桑树功能基因和遗传育种的研究。

1.3.3　桑树转基因技术的进展

桑树转基因研究的技术路线和操作步骤如图 1.4 所示，主要可分为表达载体构建、遗传转化（如叶盘转化、PEG 介导转化等）、筛选培养及植株再生、活性检测等 4 个阶段。

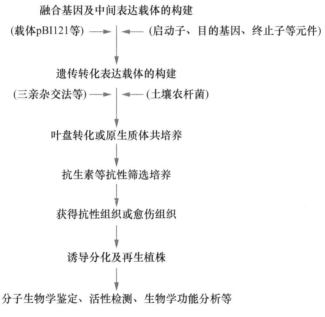

图 1.4　农杆菌介导的桑树转基因技术路线及操作步骤

1.3.3.1　融合基因及植物表达载体的构建

融合基因及植物表达载体的构建是植物基因工程的核心内容，它通常由植物特异性启动子、外源目的基因（或选择标记基因、报告基因等）和终止子等元件构建融合基因，再与 Ti 双元转化载体或共整合转化载体等构建遗传转化表达载体，经三亲杂交法或直接转化法导入土壤农杆菌用于后续的遗传转化工作，构建的遗传转化表达载体也可直接应用于基因枪转化法等。其中，融合基因的调控元件、农杆菌菌株及表达载体类型等都将显著影响桑树的转基因效率。因此，在桑树转基因研究中首先需要构建便于检测、易于转化的融合基因和表达载体，选择适合受体材料的土壤农杆菌种类（根癌农杆菌或发根农杆菌）、农杆菌菌株、载体类型及调控元件，这是提高外源基因转化效率的基础性工作。

Bhatnagar 和 Khurana（2003）以印度桑（*Morus indica* cv. K2）的胚轴、子叶、叶片和叶片

愈伤组织等为受体材料,就不同农杆菌菌株及表达载体对遗传转化效率的影响进行了探讨。根据报告基因 β-葡萄糖苷酸酶(GUS)活性的检测结果,认为农杆菌菌株 LBA4404 的感染性比菌株 GV2260 和 A281 强;在供试的各种质粒中,pBI 121 和 pBI 101:Act1 的 GUS 活性检测率接近 100%,其次是 p35S:GUS:INT,为 90%～100%。但是这种高水平瞬时表达活性在 15 d 后很快下降到初期的 20%～25%。在采用愈伤组织作为受体材料时,GUS 活性的表达最为稳定;当受体材料进一步在含卡那霉素 50～75 mg/L 的培养基上培养时,有 25%～50% 的愈伤组织可分化形成不定芽,进而筛选获得了卡那霉素抗性苗。经生根培养、驯化移栽,80% 的抗性苗可成为再生植株,对 1 年生转化再生植株的 Southern 杂交结果显示,外源基因已整合到部分再生植株的核基因组中,其阳性检测率为 55.5%(10/18),从外植体共培养到获得转基因植株的转化效率约为 6%。

1.3.3.2　遗传转化的方法

将外源基因导入植物组织或细胞的方法大致可分为直接导入法和间接导入法两大类,在桑树转基因研究中大多采用农杆菌 Ti 质粒介导的间接导入法。

1. 间接导入法

间接导入法属于载体介导的 DNA 转化法,包括农杆菌介导和病毒介导的转化法。前者如叶盘转化法,主要是利用根癌农杆菌中的 Ti 质粒作为载体,将 Ti 质粒上 T-DNA 区域中的致瘤基因切除后,插入人们所需的目的基因和选择标志基因等,构建遗传转化表达载体及工程农杆菌,并通过叶盘法或原生质体与农杆菌共培养,利用 T-DNA 可以高效整合进植物基因组的特性,将外源基因间接地导入植物组织或细胞,这是目前植物转基因研究中应用最多、效率最高的转化方法。发根农杆菌的 Ri 质粒同样具有较高的基因转移能力,也可用于遗传转化表达载体的构建,其原理及方法与 Ti 质粒基本相同。

Machii(1990)以质粒 pBI 121 携带的卡那霉素(Kan)抗性基因(NPTⅡ)和 β-葡糖苷酸酶(GUS)基因作为外源基因,通过载体-Ti 质粒将其导入桑叶片组织,经卡那霉素抗性筛选后的部分叶片组织,培养后诱导出若干不定芽,并得到 5 株小苗。经 GUS 活性检测,其中有 2 株小苗表现高的 GUS 活性,其他 3 株活性很低,而在未转化的小苗中没有检测到 GUS 活性,因而认为外源的 GUS 基因已转入桑树幼苗,在桑树转基因研究领域做了开创性基础工作。但是,该研究未能用 DNA 分子杂交等方法来进一步检测外源基因是否已整合进桑树基因组 DNA 中。

钟名其等(1999)对农杆菌介导的桑树遗传转化条件进行了比较详细的研究,结果表明农杆菌 LBA4404 的转化效率高于 C58C1,不同外植体转化效率存在差异,叶盘、茎尖和愈伤组织为受体的转化效率分别为 8.7%、5.6% 和 2.8%,农杆菌菌液浓度、感染时间、共培养时间等对桑树叶盘转化效率均有一定影响,适当浓度的 AgNO$_3$ 对遗传转化具有明显的促进作用,而且可以减轻农杆菌感染及 Kan 对桑叶盘造成的褐化死亡现象,对不定芽分化也有一定的促进作用。

在农杆菌 Ti 质粒介导的转化方法中,除了叶盘转化法和原生质体共培养转化法以外,整体植株接种共感染法因具有操作简便、实验周期短和成功率较高的显著特点,特别适合于野生型致瘤农杆菌的转化,在桑树上业已有若干研究报道。

陆小平等(2004,2005)用自然杂交桑种子的幼苗为受体材料,以野生型根癌农杆菌(*Agrobacterium mmefaciens*)的突变体 M-21 为转化工程菌,利用植株整体转化技术,将 GUS

基因导入桑苗,并得到了部分畸形植株。在获得的 4 个形态异常的转化株系中,将转化当代植株的新梢(T0)进行扦插繁殖时,T1 代表现出与 T0 代不同的形态特征,推测这种表型差异可能与 T-DNA 的插入有关,认为 T0 是由正常产生生长素及细胞分裂素的未转化部分(第 10 叶位以下)和产生高水平细胞分裂素的转化部分共同作用决定的嵌合体表型,而 T1 是 T0 代新梢的继续发育体,扦插后,它脱离了 T0 的作用,因此其表型发生不同于 T0 的变化。尽管如此,PCR 等分子生物学检测结果表明 4 个株系都有 T-DNA 插入,证明根癌农杆菌 T-DNA 导入了桑树基因组。

与根癌农杆菌 Ti 质粒介导法相比,发根农杆菌 Ri 质粒介导的桑树转基因研究相对较少。孔卫青等(2010)应用发根农杆菌 ACCC10060,以直接接种和共培养 2 种方法侵染桑树 10 d 龄子叶,并将 2 种处理的外植体分别接种于 MS 培养基＋AS(乙酰丁香酮,100 μmol/L)的平板上,暗培养 2 d 后转接至 MS 培养基＋Cef(头孢霉素 200 mg/L)平板,每 3 d 转接 1 次以除去其中所含的发根农杆菌菌体,培养 3 周后,2 种侵染方法均成功诱导桑树产生了毛状根,诱导效率分别为 14％和 17％。在无激素 MS 培养基上离体培养除菌后的毛状根,呈现旺盛的生长态势和典型的发状根结构特点。CTAB 法提取毛状根基因组并进行 PCR 检测,结果扩增出了 423 bp 的 *rolB* 基因片段,表明 Ri 质粒的 T-DNA 已经成功整合到桑树的基因组中。

由于 Ri 质粒 T-DNA 上的基因只是诱导植物产生不定根,并不影响植株再生,因此野生的 Ri 质粒可以直接作为转化载体,它与 Ti 质粒的配合使用可以拓展两类质粒在植物基因工程中的应用范围,特别是很多植物的发根在离体培养条件下仍可表现出原植株次生代谢产物的能力。因此,Ri 质粒在桑树基因工程中的应用,可望为桑根的特异性、有价值次生代谢产物生产提供新的途径。

2. 直接导入法

直接导入法主要是利用一些化学方法或物理手段将外源基因直接导入植物组织细胞,化学方法包括 PEG 和脂质体介导转化法;物理方法有电穿孔转化法、激光微束穿孔转化法、体内注射转化法、超声波法、基因枪转化法等。

(1) 化学转化法 目前最常用的化学转化法是 PEG(聚乙二醇)转化法,它以植物原生质体为受体,将其悬浮于含有 DNA 的介质中,在 PEG 的作用下,促进 DNA 直接进入原生质体,完成外源基因的细胞转化过程,这种已导入外源 DNA 的原生质体培养后可形成基因工程苗。

(2) 体内注射转化法 这是一种使用特制的显微操作装置(注射器),将外源基因直接注入植物组织或细胞中,从而获得转基因再生植株的技术,包括显微注射法和直接注射法。

(3) 电穿孔转化法 又称电击法,在高压电脉冲作用下,植物原生质体的质膜上可形成瞬间通道,从而发生外源 DNA 的摄取,使外源遗传物质直接进入受体,达到基因转移目的。

(4) 基因枪转化法 又称微弹轰击法,其基本原理是将高浓度的 DNA 溶液与微粒金属钨粉或金粉(直径 1～4 μm)混合,使溶液中的 DNA 附着在金属微粒表面,然后使用一种特制的装置(粒子枪)加速后,喷射到受体细胞或组织上,使外源基因穿壁进入细胞核中整合并表达,从而完成基因转移的过程。

在多种直接导入法中,目前应用最多、效果最好的当属基因枪转化法,但其转化效率受多种因素的影响,如金属微粒、DNA 纯度及用量、DNA 沉淀辅助剂、受体材料的基因型差异以及微弹轰击条件等。王洪利(2002)以水稻半胱氨酸蛋白酶抑制剂基因(*Oryzacystatin*)为目的基因,探讨了 PDS 1 000/He 型基因枪转化的技术参数,认为其适宜的转化条件是:金粉大小约 1 μm,金粉使用量为 500 μg/次,转化材料与微弹之间的距离为 7 cm 左右,真空度为 27～28 Pa,可裂膜压力采用 9 306.9 kPa。

Bhatnagar 等(2002)的基因枪转化研究也得到了类似的结果,他们以印度桑(*Morus indica* cv. K2)的胚轴、子叶、叶片和叶片愈伤组织为外植体,以 GUS 报告基因的组织化学定位和每个外植体的蓝色斑点(GUS)数量为指标,探讨了多种物理和生物参数对基因枪转化法的转基因效率的影响。结果在胚轴、子叶、叶片和愈伤组织中的转化都获得了成功;与使用金粉的转化率(36%)相比,钨粉的转化效率较低(20%),认为这是由于钨对植物组织具有毒性的缘故;采用氦气压力 7 583.4 kPa、轰击距离为 9 cm 的转化条件,可以得到最大的 GUS 活性;使用 10 μg DNA 加载在微载体上,对外植体进行两次重复轰击比单次轰击得到更好的效果,其转化率分别为 56% 和 30%;在供试的几种质粒载体中,pBI221 在叶片愈伤组织中的转化效率最高 GUS 阳性外植体的检测率达到了 100%。

1.3.3.3 受体材料及转化后的筛选培养

在植物的遗传转化过程中,外源基因导入植物细胞的频率非常低,而整合到植物基因组中并实现表达的转化细胞就更少。因此,提高受体材料的再生频率,同时对转化后的受体材料采取恰当的筛选技术,也是获得转基因成功的关键环节。其中,Kan(卡那霉素)选择剂的使用浓度及时期,对获得转化苗有决定性意义,这是因为转基因植株的筛选剂大多使用 Kan,而 Kan 的筛选效果又与新霉素磷酸转移酶Ⅱ(NPT-Ⅱ)基因的表达有关,若采用 Kan 浓度过高,或过早加入 Kan 筛选压,将会使尚未表达 NPT-Ⅱ基因的转化苗也被筛选掉。同时,桑树无菌苗诱导生根受 Kan 的影响最为敏感,因此,利用 Kan 作为筛选剂时,可采用渐次提高浓度和延迟筛选的技术措施。管志文等(1994)研究认为,Kan 选择性浓度以 25 μg/mL 为界,采用延迟时间并配合缩短周期,有利于转化芽体顺利分化、抽茎和发根。但也有不同的研究报道,王照红等(2010)以桑树无菌试管苗为材料,探讨了 Kan 对试管苗的影响,认为在培养基中添加 Kan 6 mg/L 是延迟筛选的适宜浓度。此外,桑叶对 Cef(头孢霉素)的敏感性较低,采用 300 μg/mL 的浓度条件,既能杀死附于叶盘表面的农杆菌以防止污染,同时能逐步降低新培养基中 Cef 的浓度,对芽体的生长分化比较有利。

钟名其等(1999)以桑品种"新一之濑"试管苗的叶片和茎尖为受体材料,采用根癌农杆菌介导的遗传转化法,调查了抗生素对不同培养阶段外植体生长、分化或生根的影响及其对农杆菌的抑制效果,确定了在叶盘转化筛选培养阶段,Kan 和 Cab(羧苄西林)的适宜浓度分别为 30～40 mg/L 和 200～400 mg/L(茎尖作为受体材料时分别为 60～80 mg/L 和 200～600 mg/L),在抗性芽继代培养阶段 Kan 和 Cab 分别为 40～50 mg/L 和 100～200 mg/L,在生根培养阶段分别为 5～10 mg/L 和 50～100 mg/L。此外,Cef 对桑树各种外植体的影响效果与 Cab 相似,但两者的抑菌效果因农杆菌菌株、外植体类型以及培养阶段的不同而存在差异,用含 Kan、Rif(利福平)和 Str(链霉素)的 LB 培养基浸渍叶盘会出现分化率下降、褐化死亡较严重的现象。

钟名其等(2002)研究还表明硝酸银对农杆菌介导的桑树(品种"新一之濑")遗传转化具有促进作用,在抗性筛选培养基中添加 2 mg/L 硝酸银,桑叶盘的褐化死亡率可减少 7.2%,抗性芽分化率增加 3.9%,外源基因转化率提高 9.6%,"假阳性"转化体减少 42.5%。另外,感染农杆菌的桑叶盘经 MS 培养基培养、农杆菌液体培养和固体培养基划线培养等实验证实,硝酸银对工程农杆菌 LBA4404 的生长具有抑制作用,这可能是硝酸银处理能够提高桑树转化率的原因之一。

Agarwal 和 Kanwar(2007)利用农杆菌介导转化法,探讨了外植体不同再生系统对受体材料转化效率的影响,根据新霉素磷酸转移酶(NPTⅡ)和 β-葡糖苷酸酶(GUS)基因表达的检测结果,在外植体直接诱导不定芽、经愈伤组织再生不定芽和通过体细胞胚再生植株的3个再生体系中,直接诱导不定芽的转化频率最高可达18%,而预处理和共同培养的持续时间对转化频率具有显著影响。Southern 杂交分析和 PCR 检测结果证实,稳定整合的外源基因存在2～4个拷贝,选择的转化植株在离体培养和大田栽培条件下都显示正常的表型。

1.3.3.4　抗性组织的植株再生及鉴定

为了从抗性组织的再生植株中鉴定携带外源目的基因并稳定表达的转化植株,目前已经发展了一系列的转基因植物的筛选和鉴定方法,如应用组织化学染色和生化方法检测报告基因(如 GUS 基因)的表达及活性,应用生物学方法检测转化植株的抗逆性,应用 PCR、Southern 杂交、PCR-Southern 杂交、系统 Southern 杂交技术等检测外源基因的整合状况,应用 Northern 杂交、RT-PCR、ELISA 和 Western 等技术检测外源基因的表达水平,在桑树转基因植株的鉴定中也大量应用了上述检测技术。

1.3.4　桑树基因工程的研究进展

自从日本学者 Machii(1990)报道农杆菌 Ti 质粒介导的桑树遗传转化获得初步成功以来,桑树基因工程研究在外源基因克隆与选择、遗传转化技术及分子育种基础应用等方面都取得了显著进展,涉及桑树生理生化及遗传育种学的许多领域。

1.3.4.1　抗病基因在桑树基因工程中的应用

桑树基因工程的研究早期主要集中在抗病基因的遗传转化方面,如昆虫抗菌肽基因和植物几丁质酶基因等。李丹清等(1990)报道了人工合成的柞蚕抗菌肽 D 基因克隆于 Bluesript/MB-质粒和过度质粒 Co24,并将其成功地导入根瘤农杆菌。吴成仓等(1992)将人工合成的天蚕抗菌肽 B 基因插入植物中间表达载体 pBI 121 的 CaMV-35S 启动子之后,与 GUS 基因和 NOS 终止子构成嵌合表达载体,并利用三亲杂交法获得转基因工程农杆菌,采用叶盘法对桑树无菌苗进行了天蚕抗菌肽 B 基因的转化研究。经卡那霉素(50 μg/mL)抗性筛选,获得了转化频率为1%的抗性愈伤组织块,初步表明桑树能为土壤农杆菌感染并可导入外源基因,但抗性愈伤组织块未能进一步再分化形成完整植株。

管志文等(1994)以新一之濑的顶芽幼叶为受体材料,用携带人工合成柞蚕抗菌肽 D 基因的根瘤农杆菌 SE 进行转化,经卡那霉素筛选后培养诱导出不定芽,最终获得了若干抗卡那霉素表型转化桑苗,经胭脂碱电泳检测和利用抗菌肽基因探针进行印迹点杂交,检测结果表明已成功获得抗菌肽基因转化桑苗。业已证实,柞蚕抗菌肽具有广谱杀菌作用,对桑树青枯病假单孢菌(*Pseudomonas solanacearum*)有明显杀菌作用,因此,桑树转柞蚕抗菌肽基因的研究为培育抗青枯病品种提供了新的途径。

王勇等(1998)用携带抗菌肽 shivaA 基因及其转录与表达增强序列的农杆菌处理桑子叶,在含有羧苄西林 400～500 mg/L 和卡那霉素 20 mg/L 的 MS 培养基上,有32.4%的子叶产生了不定芽,66.5%的不定芽在含有羧苄西林 300 mg/L 和 Km 30～40 mg/L 的培养基中,正常生长成2～3 cm 高的新梢,新梢在含有羧苄西林 50 mg/L 和 Km 10 mg/L 的生根培养基中有 72.6% 形成完整根系。3 次转化共获得 12 个株系 55 株 Km^R 植株,不同株系桑苗叶片 DNA 点杂交分析显示,7 个株系有阳性杂交信号,Km^R 株系桑苗的抗病性测定显示 5 个株系共 14 株桑苗对青枯病具有较强抗性。上述转基因研究成果为桑树抗细菌病品种的分子育种奠定了实验基础。

几丁质酶是一种能催化降解几丁质的糖苷酶,植物体内虽然不含有几丁质,但在植物所有的器官中都能发现几丁质酶,普遍认为几丁质酶是与植物体内防御系统有关的病程相关蛋白。因此,把几丁质酶基因转入植物体内,用基因工程方法提高植物的抗病性,为生物防治提供了一个新途径,业已成为植物抗病基因工程的研究热点之一。为使桑树获得抗真菌病特性,小山朗夫等(1997)将水稻几丁质酶基因(RCC2)导入桑冬芽幼叶中,在含有卡那霉素和利福平的培养基上进行筛选,并获得了具有卡那霉素抗性的试管苗,但未见转化植株的分子生物学及真菌病抗性鉴定的报道。

1.3.4.2 抗虫基因在桑树基因工程中的应用

植物抗虫基因工程是植物基因工程中最为重要的研究内容之一,自 1987 年首次报道外源抗虫基因转入烟草以来,迄今已有多种植物抗虫基因导入烟草、水稻、玉米、棉花、马铃薯等多种作物,并培育了一系列转基因抗虫品种,有的已申请到田间释放和商品化生产。由于桑叶是家蚕唯一的天然实用饲料,而家蚕又属于鳞翅目昆虫,因此在植物抗虫基因工程中应用最为广泛的三类抗虫基因(苏云金杆菌 Bt 基因、植物蛋白酶抑制剂基因、植物凝集素基因)大多不能直接应用于桑树的转基因研究。但不同类型的抗虫基因具有不同的杀虫机理,如水稻半胱氨酸蛋白酶抑制剂对鞘翅目害虫的蛋白消化酶具有显著的抑制活性,而对鳞翅目昆虫无特异性抑制作用,因此将此类基因导入桑树具有一定的应用价值。王洪利等(2003)利用基因枪轰击法转化桑树组织细胞,获得了 Kan 抗性转化苗,经 DNA 点杂交、PCR-Southern 杂交及 RNA 点杂交分析,都检测到了较强的杂交信号,而阴性对照株、负对照及非转化植株都没有检测到杂交信号,表明水稻半胱氨酸蛋白酶抑制剂基因已整合进再生植株的基因组中,并在 mRNA 水平上进行了表达。同时证实 RNA 的表达量在不同的转基因植株之间存在较大差异,即使是同一转基因植株的不同器官中也存在一定的差异。

1.3.4.3 抗逆基因在桑树基因工程中的应用

不良环境(如低温、高温、干旱、盐渍等)作用于植物,将会引起植物体内发生一系列的生理代谢反应,表现为代谢和生长的可逆性抑制。在各种胁迫中,干旱、盐碱、低温对植物的影响尤为突出,是影响植物生长和作物产量的最主要的环境因子。随着植物逆境胁迫机理的深入研究及分子生物学的发展,目前通过基因工程手段,采用转基因技术向栽培植物导入抗性外源目的基因,已发展成为改良植物抗性的新途径。如植物在低温胁迫条件下体内会被诱导合成一些抗冻蛋白,这些蛋白的存在能使植物组织的冰点降低,抗寒性提高,抗冻蛋白基因的导入有望提高植物的抗寒性。在桑树方面,陆小平等(2007)从蒙古桑幼叶中克隆了低温诱导基因 Wap25,并构建了工程菌株 LBA4404/pIG121/Wap25,利用植物遗传转化技术对矮牵牛的叶盘和桑苗的组织细胞进行了遗传转化,经分子生物学技术检测,在抗性组织中发现有阳性信号。这是桑树抗性基因应用方面非常有益的尝试,因为目前在我国北方蚕区栽植或推广的一些优质丰产型桑品种,由于抗寒性能较差而频遭低温危害,因此,利用基因工程技术对此类桑树资源的抗寒性进行分子改良,对培育优质高产且抗寒的新品种具有积极意义。

胚胎晚期丰富蛋白质(LEA)在逆境胁迫下也能被诱导迅速大量合成,参与植物的防御代谢,如大麦 $hva1$ 基因编码 LEA 家族 3 的一个蛋白,这种蛋白在 ABA 和水分缺乏条件下被诱导表达。Lal 等(2007)通过农杆菌介导法将 $hva1$ 基因转入桑树,并在转基因植株中得到超量表达。分子生物学分析显示,外源目的基因能在转基因植物中稳定地整合和表达。在试验设定的盐碱化和干旱胁迫条件下,与其他非转基因植物相比,转基因植物表现出细胞膜稳定性良好、光合产量较高、光氧化损失较少及水分利用效率较高的特征。在盐碱胁迫下,转基因植物的脯氨酸浓度比非转基因植物的高许多倍,而在水分胁迫条件下,脯氨酸只在非转基因植物中积累。结果还表明,HVA1 蛋白的产生有利于更好地保护转基因桑树叶绿体膜等质膜的稳定性而避免受非生物胁迫的损伤。尤其令人感兴趣的是,与非转基因植物相比,转基因植物在不同类型的胁迫条件下会表现不同的耐受性,如转基因植株 ST8 株系比较耐盐,ST30 和 ST31 株系更为耐旱,ST11 和 ST6 株系对盐碱和干旱胁迫的耐受性都比较强,显示 $hva1$ 基因在桑树中对非生物胁迫表现了多种耐受性。

Osmotin 最早是从受盐胁迫的烟草细胞培养物中发现的一种蛋白,属于植物病程相关蛋白(PR-5)家族的应激蛋白,它们在很多植物种类中都可以诱导产生,以用来应对不同类型的生物和非生物胁迫。Das 等(2011)将烟草 Osmotin 基因分别与组成启动子 $CaMV\ 35S$ 和胁迫诱导型启动子 $rd29A$ 构建植物表达载体,使其在转基因桑树植株中过量表达;转基因植物的 southern 分析显示外源基因已稳定整合于转化株中,实时、定量 PCR 分析证实了 Osmotion 蛋白质在由两类启动子调控的转基因植物中都得到了表达;生物学检测结果表明,在模拟盐分和干旱胁迫条件下,转基因植株比非转基因植株的细胞膜具有更好的稳定性,光合产量较高,腋芽萌发率也较高。与组成型启动子相比,携带胁迫诱导型启动子的转基因植株的脯氨酸含量相对较低,但对干旱和盐分的非生物胁迫以及对 3 种供试真菌的生物侵害具有更强的耐受性。由此可见桑树抗性基因工程研究确实显示了非常诱人的前景。

1.3.4.4　种子蛋白基因在桑树基因工程中的应用

种子蛋白质的含量、组分及其氨基酸组成等化学成分,直接关系到作物产品的营养价值或在工业上的用途。同时,种子蛋白的性质比酶蛋白稳定,数量大,很容易分离获得种子蛋白质基因,便于进行基因工程操作,因此,对植物基因工程研究具有重大意义。目前在豆科植物和禾谷类作物中已克隆了多种种子贮藏蛋白质基因及“家政蛋白”基因,为开展种子蛋白质基因工程的分子育种研究奠定了良好的基础。谈建中等(1999,2002)在优化桑叶盘培养再生技术的基础上,建立了农杆菌介导的桑树遗传转化系统,将大豆球蛋白 $A_{1a}B_{1b}$ 亚基基因转入桑叶组织细胞,经分子生物学技术检测,在抗性苗的幼叶中有大豆球蛋白 $A_{1a}B_{1b}$ 亚基基因(mRNA)的表达,首次实现了异种植物基因对桑树的遗传转移。楼程富等(2003)进一步经过组织培养、驯化移栽至田间,培育成若干转基因株系,利用蛋白质全自动测定仪对转基因桑苗不同株系的叶片蛋白质含量进行了初步分析,结果在 230 和 410 两个转基因株系与对照植株之间检测到了粗蛋白质含量存在一定的差异。

1.3.4.5　次生代谢相关基因在桑树基因工程中的应用

植物次生代谢及其产物在植物整个生命活动中行使着重要的功能,它们可构成植物防御体系的一部分,或参与植物的逆境胁迫反应等,许多植物次生代谢产物还具有重要的经济价值,如广泛存在于植物中的花青素和黄酮类化合物具有较高的抗氧化活性,富含这两种物质的植物食品有利于人类健康和疾病预防。因此,对植物次生代谢进行遗传改良,有望培育能够大量合成和积累目标次生代谢物的新品种。

Li 等(2010)在构建桑树遗传转化系统的基础上,对转基因组织的槲皮素合成活性进行了检测。他们应用根癌农杆菌 C58C1(*Agrobacterium tumefaciens*)感染桑幼苗的茎切段,在预培养 2 d,农杆菌感染 10 min、共培养 2 d 及添加 100 mg/L 乙酰丁香酮(As)的转化条件,感染10 d 后开始出现毛状根,30 d 后形成毛状根的外植体比率高达 92%,PCR 检测结果证实外源基因 *rol B* 和 *rol C* 已整合进桑树毛状根。在 1/2MS+IBA 0.05 mg/L 液体培养基中培养50 d 后,毛状根的槲皮素含量提高了 8.5 倍。可以认为桑科植物转基因毛状根培养实验技术体系的建立,为工厂化生产槲皮素等桑树活性物质提供了新的途径。

综上所述,桑树基因工程研究在目的基因克隆、基因功能鉴定、植物表达载体构建、遗传转化方法、受体材料再生系统、转基因植株鉴定等许多方面都获得了进展。但由于桑树木本植物生长周期长、植株再生困难的特点,并非转基因研究的理想材料。而且,在桑树基因功能及作用机理方面的基础研究相对薄弱,可利用的外源基因资源又比较有限,因此桑树基因工程研究成果与分子改良的最终目标尚存在较大差距。因此,今后还需要在桑树基因资源挖掘、有价值外源基因筛选、遗传转化技术改进、分子改良对象与目标的确定等方面进行更深入的研究,以便在转基因桑树新品种培育和有用物质生产方面取得突破性进展。

1.4 桑树 DNA 分子标记

遗传多样性包括分子、细胞和个体 3 个水平上的遗传变异度,相应地可以从形态特征、细胞学特征、生理生化特征及 DNA 序列特征等不同层次来标记区别。与形态标记、细胞标记和生化标记相比,DNA 分子标记具有许多明显的优势,如直接以 DNA 的形式表现,不受季节和环境的限制;数量极多,遍布整个基因组;多态性高;标记类型丰富,许多标记表现共显性,能区别纯合体和杂合体等。因此,自第一代 DNA 分子标记——限制性片段长度多态性(RFLP)标记诞生以来,到目前已经发展到几十种,被广泛应用于植物分子遗传图谱的构建、植物遗传多样性分析和种质鉴定、植物种属分类及亲缘关系分析、重要农艺性状基因定位与图位克隆、转基因植物鉴定和分子标记辅助育种等方面。伴随着植物分子生物学及 DNA 分子标记的发展,桑树 DNA 分子标记技术也取得了很快的发展,其应用研究已涉及上述许多重要领域,并显示出独特的应用前景。

1.4.1 桑树 RAPD 分子标记技术的研究

随机扩增多态性 DNA(randomly amplified polymorphic DNA,RAPD)标记技术是 1990年 Williams 等发现的一种检测核苷酸序列多态性的方法。RAPD 只需要一个短的随机引物,可以在被检测对象无任何分子生物学资料的情况下对其基因组进行分析,设计引物无须预先知道序列信息,也不需要 DNA 探针,DNA 样品需要量少,技术操作简单。并且,RAPD 产物经克隆和序列分析后,既可作为 RFLP 和原位杂交的探针,还可以转化为序列标记位点(STS)、序列特征化扩增区域(SCAR)标记。因此,在桑树上是研究较为深入的 DNA 分子标记,为进一步开展桑树遗传图谱构建、多倍体育种及杂交育种亲本筛选、重要农艺性状基因定位和系统分类等应用研究提供了新的理论依据。

向仲怀等(1995)首次利用 RAPD 技术构建了桑属 9 个桑种共 9 份材料的基因组 DNA 指纹图谱,探讨了不同桑种的花柱形态特征与 DNA 多态性的关系,对 RAPD 技术在桑属植物分类上的应用进行了探索性研究。

菅贵史等(1995)报道了利用 RAPD 技术评价桑树品种的研究,他们利用 7 种引物对 100 个桑品种的 DNA 多态性进行了检测,结果发现所有品种都表现出 DNA 多态性,只是不同桑品种对不同引物的反应有较大的差异,根据不同桑品种表现出的 DNA 多态性和遗传距离,初步绘制了供试桑品种的系统树状图。

楼程富等(1996)在系统研究了桑树 RAPD 技术条件的基础上,用 24 个随机引物对桑树有性杂交后代与双亲基因组 DNA 进行了 RAPD 分析,结果 12 个供试品种显示了较丰富的 DNA 多态性,即杂交后代与双亲间的基因组 RAPD 图谱比较,5 个 F_1 代的 DNA 片段绝大多数与双亲或单亲相同,但杂交后代中也出现了少数特异性片段,且不同杂交组合和不同引物之间存在较大差异。

冯丽春等(1996)通过 20 个随机引物的扩增结果,分析了 4 个桑种共 20 个栽培品种的 RAPD 多态性,计算了 20 份桑树材料的遗传相似系数和遗传距离,相同栽培种下不同品种的遗传相似系数可达 0.75 以上。聚类结果显示,除伦教 109 和川 5 以外,RAPD 多态性与形态分类上的相对一致性,在 DNA 水平上显示小官桑与鲁桑具有较近的遗传背景,并推测 4 个栽培种之间的亲缘关系由近及远依次为鲁桑—山桑—广东桑—白桑。认为桑属植物中丰富的 RAPD 多态性及其深入分析,可为桑树系统分类学、杂交组合选配及遗传育种提供更多的信息。

冯丽春等(1997)利用 RAPD 技术对桑属植物的种间亲缘关系进行了研究,通过 20 个随机引物的 PCR 扩增结果,得到了桑属 12 个种和 2 个变种的 RAPD 指纹图谱,在桑属植物中表现了丰富的 RAPD 多态性。根据扩增结果,计算了 12 个种和 2 个变种的 Nei 氏相似系数和遗传距离,建立了它们的 UPGMA 系统树。结果表明,川桑与其他种的亲缘关系最远,是分化较为独特的桑种之一。在 UPGMA 系统树上,由结合线划分的桑种类群与传统的形态分类基本一致,尤其是白桑(和田白桑)与其变种(垂枝桑)、蒙桑与其变种鬼桑之间显示了较高的相似系数和较小的遗传距离,说明在传统的分类基础上利用现代 DNA 分析技术可以为深入研究桑属植物的系统发育提供更可靠的依据。

赵卫国等(2000)用 RAPD 技术对桑属12 个种 3 个变种的 44 份材料和 1 份构属材料的基因组 DNA 进行了多态性分析。用筛选的 24 个随机引物扩增,共得到 157 条扩增谱带,其中桑属材料间共有 44 条谱带,占总带数的 28.0%,而桑属与构属材料之间共有谱带仅为 11 条,说明桑科植物属内与属间遗传组成上的差异;在 157 条扩增谱带中,有 113 条显示清晰稳定的多态性,平均每个引物多态性带数为 4.7 条,表明供试材料间存在较为丰富的遗传多样性;根据遗传相似系数和遗传距离,采用 UPGMA 法构建了 45 份材料间的系统树,结果表明基于 DNA 指纹图谱的亲缘关系与传统分类之间存在一定的差异。

杨光伟等(2003)用 RAPD 技术对我国桑树现行分类的 15 个种、4 个变种及 4 个近缘属共 48 份供试材料进行了桑属种群的遗传结构分析,结果表明桑树具有丰富的遗传多样性,经 10 个引物扩增,共检测到 76 个位点,在桑属植物种内检测到 60 个多态性位点,多态位点百分率为 78.95%;桑属植物不同种群间的多样性由大到小表现为蒙桑组>华桑组>白桑组>长果桑组>山桑组>长穗桑组>广东桑组>鲁桑组;由 Nei's 基因多样性指数与 Shannon 多样性指数具有相同的群体遗传多样性评价结果,种群组成差异越大,两类多样性指数越大,其指数值分别为 0.189 3 和 0.309 1;桑属种群总基因流值 Nm 为 0.522 0,基因分化系数为 0.475 3;AMOVA 分析表明种群内的变异百分率为 72.65%,种群内的变异大于种群间;UPGMA 聚类结果与基因流值、基因分化系数有密切的关系,研究结果为探讨桑属植物种群间遗传变异规律提供了分子水平的实验依据。

张有做等(1998)用 RAPD 技术对不同倍数性桑树的基因组 DNA 多态性进行了探讨,结果从 5 个桑品种的 11 份材料中检测到了丰富的 DNA 多态性,同一品种不同倍数体之间扩增的 DNA 片段数也存在差异,除荷叶白和湖桑 197 号有 5 个引物扩增的产物完全一致外,其余品种或用不同引物扩增后,二倍体和四倍体均发现有不同的特异性片段存在,由此推测秋水仙碱处理可能引起了基因组 DNA 的核苷酸碱基序列改变,形成可与引物杂交的新位点,或是同源四倍体的等位基因发生了飘移,从而表现出基因组 DNA 多态性。进而认为若能利用 RAPD 技术检测这些突变体和非突变体的基因组变化并进行基因定位,可望构建相应的桑树基因组 DNA 指纹图谱,为桑属植物的亲缘关系鉴定和诱变育种等提供理论依据。

焦锋等(2001)利用 91 个单独引物和 57 个混合引物对两个桑树品种及其变异株系基因组 DNA 扩增多态性进行了研究,结果在新一之濑的三倍体"陕桑 305"与二倍体和四倍体之间、707 二倍体与四倍体 403-2 之间检测到了差异条带的存在,但在新一之濑二倍体和四倍体之间、新一之濑相同倍数体的不同株系之间都没有检测到差异条带,进而分析了较少条带差异与显著形态差异之间不对称性的可能原因,为探讨不同倍数性桑树性状变异形成的分子机理提供了新的研究思路。

林强等(2011)的研究结果进一步证实了桑树二倍体及其同源四倍体的 DNA 遗传结构差异因处理材料不同而不同。并且认为,当用秋水仙碱处理二倍体桑进行诱变加倍时,其结果不仅是染色体数目的加倍,同时 DNA 分子序列结构也发生了一定程度的改变,导致部分材料的二倍体与同源四倍体间存在较高的 DNA 多态性和遗传距离。但同源四倍体桑树 DNA 多态性较低的结果表明,秋水仙碱处理后 DNA 序列的变化较小,同源多倍体的性状发生变异可能还与其他因素有关。

Naik 等(2002)利用 12 个随机引物对表型差异较大的两个桑品种 Mysore Local 和 V-1 进行了 RAPD 分析,结果仅在两种引物的 PCR 扩增图谱中检测出 V-1 品种的额外 RAPD 标记,基于 RAPD 分析的遗传距离为 0.292,与两个品种间的形态差异相比,遗传距离的差异较小。

楼程富等(2003)利用两个混合引物的不同浓度梯度配比对两个桑树品种及其变异株系进行 RAPD 扩增,得到明显不同的扩增图谱,当引物混用配比为 40%~60% 时,结果较为稳定可靠;认为引物混合后可以扩大在基因组中筛选的范围,从而有可能利用少量的引物组合扩增出大量的具多态性的条带。AMOVA 分析结果表明种群内的变异百分率为 72.65%,种群内的变异大于种群间。

1.4.2 桑树 AFLP 分子标记技术的研究

扩增片段长度多态性(amplified fragment length polymorphism,AFLP)标记技术是 1993 年荷兰科学家 Zabeau 和 Vos 发展起来的一种检测 DNA 多态性的方法,是基于 PCR 反应的一种选择性扩增限制性片段的方法。不同物种的基因组 DNA 经限制性内切酶酶切后,可以产生分子量大小不同的限制性片段;再使用特定的双链接头与酶切 DNA 片段连接作为扩增反应的模板,用含有选择性碱基的引物对模板 DNA 进行扩增,只有那些与引物的选择性碱基相匹配的限制性片段才可被扩增;扩增产物经放射性同位素标记、聚丙烯酰胺凝胶电泳分离后,根据凝胶上 DNA 指纹的有无来检验多态性。该技术具有多态性丰富、灵敏度高、稳定性好、可靠性高、不易受环境影响等优点,近年来广泛应用于植物科学的各项研究中,桑树 AFLP 分子标记技术研究主要集中在桑属植物的遗传多样性和亲缘关系分析、品种鉴定和指纹图谱构建、遗传图谱构建、基因定位与克隆等方面。

Sharma 等(2000)利用荧光 AFLP 标记对来自日本和其他国家的不同区域的 45 份桑种质资源遗传多样性进行了评价,构建了其 UPGMA 聚类图,45 份材料可聚为 4 个大类。丁农等(2005)采用 5 对引物对 7 个主栽桑品种进行了 AFLP 分析,证实了该方法能够产生较为丰富的多态性以及稳定的 AFLP 标记,为 7 个桑树品种的分子鉴定提供了实验依据。

王卓伟等(2001)用 AFLP 分子标记技术对 19 份多倍体桑树育种材料进行了遗传背景的研究分析,每个引物组合的扩增结果在不同材料间表现出丰富的多态性,每组引物的 AFLP 带最多可达 121 条,平均每个引物组合扩增带数为 96.8 条,其中也在不同材料间检测到了7~32 个共有条带。根据 AFLP 多态性分析,19 份育种材料可组配 70 个杂交组合,其中各材料间的 AFLP 相似系数大于 0.750 的有 54 个组合,认为它们不宜作亲本间杂交组合;相似系数小于 0.750 的有 16 个组合,认为它们适于作亲本间杂交组合,并构建了基于 AFLP 多态性的 UPGMA 聚类图,该研究结果从基因组 DNA 分子水平上为人工三倍体桑品种选育以及杂交亲本的选配提供了遗传背景依据。

徐立等(2005,2006)用 AFLP 技术对人工三倍体桑品种嘉陵 16 号及其亲本、嘉陵 20 号 $(2n=3x=42)$ 及其亲本、与三倍体桑品种相同亲本的 2 个三倍体 $(2n=3x=42)$ 桑品系以及 10 个二倍体 $(2n=2x=28)$ 桑树材料的遗传背景进行了分析,结果在多倍体桑的亲本之间、同亲本的各子代之间以及同品系的不同单株之间都检测到了 AFLP 多态性,并分析了它们的遗传距离及遗传相似系数,绘制了它们的 UPGMA 聚类图。根据 AFLP 多态性的分析结果,认为人工三倍体新桑品种选育中亲本间的遗传相似系数在 0.660 0 左右较为合适,这为人工三倍体桑品种选育中杂交亲本的选配原则提供了一种新的实验依据。

1.4.3　桑树 SSR 及 ISSR 分子标记技术的研究

简单序列重复(simple sequence repeats,SSR)标记是近年来发展起来的一种以特异引物 PCR 为基础的分子标记技术,也称为微卫星 DNA(microsatellite DNA),是一类由几个核苷酸(一般为 1~6 个)为重复单位组成的长达几十个核苷酸的串联重复。研究表明微卫星在植物中也很丰富,均匀分布于整个植物基因组中,但不同植物中微卫星出现的频率变化很大。由于 SSR 重复数目及序列的变化很大,所以 SSR 标记能揭示非常丰富的 DNA 多态性。

简单序列重复区间(inter-simple sequence repeats,ISSR)标记是由 Zietkiewicz 等于 1994 年创建的一种新型多态性分子标记。ISSR 标记根据植物中 SSR 的分别非常普遍以及进化变异速度非常快的特点,利用在植物基因组中常出现的 SSR 本身设计引物,对间隔不太大的重复序列间的基因组节段进行 PCR 扩增,以此检测基因组中的位点差异。通过 SSR、ISSR 分析可筛选出与目标基因(性状)紧密连锁的 DNA 片段,应用于遗传连锁图谱构建、种质资源鉴定、系谱及亲缘关系分析、品种及杂交种鉴定、基因定位及分子标记辅助育种研究等方面。

Aggarwal 等(2004)和 Zhao 等(2005)利用 SSR 富集技术,分离鉴定了一系列 SSR 分子标记,对供试桑树基因型的遗传多样性进行了鉴定。Awasthi 等(2004)利用 6 个固定引物对 15 个桑种的遗传多样性进行 ISSR 分析,结果发现 4 个引物共产生 93 个多态性标记。Vijayan 等(2003)用 20 个引物对原产于印度 6 个州的 11 个桑树品种进行 ISSR 指纹图谱分析,各品种间的遗传距离在 0.053~0.431 之间,采用逐级线性回归分析方法发现了两个 ISSR 分子标记与桑叶产量密切相关。

Vijayan 等(2004)利用 ISSR 和 RAPD 两种分子标记技术对桑属 5 个桑种的 19 份材料的多态性进行了分析,15 个 ISSR 引物和 15 个 RAPD 引物分别产生了 86% 和 78% 的多态性。在 ISSR 标记中,多态性变化在 50%~57% 之间,RAPD 多态性变化在 31%~53% 之间。鲁桑、山桑和白桑之间的相似系数较高。聚类分析将长果桑和印度桑与其他桑种区分为不同的类群。种群结构分析进一步表明,长果桑与其他桑种之间表现出较高的基因分化系数(GST)、两种类型间的杂合度(DST)、种群间的总杂合性(HT)以及很低的基因流值(Nm)。基于上述参数和聚类分析结果,认为长果桑可以作为一个独立的桑种,而其他 4 个桑种可归为同一类群,并以亚种单位作进一步区分。

赵卫国等(2005)用 ISSR 技术分析了不同倍数性桑品种间的遗传差异,发现桑树二倍体及其同源四倍体之间的 ISSR 多态性因品种不同而有显著差异,农桑 8 号、湖桑 197 号、育 2 号的二倍体及其同源四倍体间的扩增条带完全一致,未检测到差异条带,而湖桑 32 号二倍体及其同源四倍体的 ISSR 多态性最高,达到了 23.53%。

Zhao 等(2005)用 ISSR 技术分析了桑树野生群体和栽培品种的遗传多样性,在筛选的 15 个引物中,共扩增获得了 138 条 ISSR 条带,其中多态性条带 126 条,占 91.3%。遗传相似系数变化范围为 0.601 4(育 2 号和育 711 号)到 0.949 3(垂枝桑与德江 10 号)之间。基于 ISSR 数据的聚类分析表明,37 份不同基因型的桑树材料可以分为 2 个类群,类群 I 包含的栽培桑种有 *M. multicaulis* Perr.(鲁桑)、*M. alba* Linn.(白桑)、*M. atropurpurea* Roxb.(广东桑)、*M. bombycis* Kiodz.(山桑)、*M. australis* Poir.(冲绳桑)、*M. rotundiloba* Kiodz.(暹罗桑)、*M. alba* var. *pendula* Dipp.(垂枝桑)、*M. alba* var. macrophylla Loud.、*M. alba* var. *venose* Delile.;类群 II 包含的野生桑种有 *M. cathayana* Hemsl.(华桑)、*M. laevigata* Wall.(长果桑)、*M. wittiorum* Hand-Mazz.(滇桑)、*M. nigra* Linn.(黑桑)、*M. mongolica* Schneid.(蒙桑)。认为 ISSR 分子标记分析结果与传统的形态分类比较一致,可区分桑树野生种与栽培种间的遗传关系。

在品种鉴定、地方品种的遗传多样性分析及核心种质资源保存等方面,桑树 SSR 和 ISSR 标记技术的应用研究已有一系列报道。赵卫国等(2006)对 24 个选育桑品种的 ISSR 指纹图谱进行了分析,用 3 种独立的方法可以有效地鉴别桑树选育品种,认为 ISSR 标记在桑树品种的鉴别方面是一个有效的工具和方法;在 17 个 ISSR 引物所扩增的 80 个条带中,40 个条带具有多态性,占 50.0%;24 份选育桑树品种间的平均遗传相似系数、Nei's 基因多样性和 Shannon's 信息指数分别为 0.873 1、0.121 0 和 0.194 2,选育桑品种间的遗传多样性较低,说明这些选育桑品种间的遗传距离较小,亲缘关系较近,遗传基础较狭窄;UPGMA 法聚类和 PCA 分析都清楚地显示了 24 个桑树选育品种的亲缘关系,聚类结果与桑树品种的系谱基本一致。

赵卫国等(2008)采用 ISSR 分子标记技术对山东、河北地区的 24 个白桑(*Morus alba* L.)地方品种资源进行了遗传多态性分析,13 条 ISSR 引物共扩增 86 条扩增带,其中多态性条带 63 条,多态性比率为 73.25%,ISSR 标记遗传相似系数范围在 0.670 6～0.952 9 之间,显示出白桑品种基因组 DNA 存在一定的多态性,可以作为重要的桑树种质资源进行深入研究;经 UPGMA 法分析,24 份材料可聚分为两大类,基于 ISSR 标记的亲缘关系远近基本反映了各品种植株形态学上的差异,同时也发现聚类结果与形态分类之间存在的偏差。在对其他不同类型地方品种进行 ISSR 和 SSR 分析时也发现类似现象的存在(黄勇等,2008;彭波等,2010)。说明基于 SSR 或 ISSR 多态性分析的聚类结果与生态型之间具有一定的相关性,但在实际应用于桑树分类、亲缘关系及进化分析时还需要筛选更多合适的引物,并结合其他 DNA 分子标记进行综合分析。

陈俊百等(2008)根据 15 个 ISSR 引物扩增的 98 个 ISSR 分子标记的聚类结果和树状图,对来自山东、河北省区的 46 份鲁桑地品种资源采用逐步聚类随机取样法选择核心种质,最终选择了由 11 个样本组成的样本群作为核心种质,其观测等位基因数、有效等位基因数、Nei's 遗传多样性指数和 Shannon's 信息指数的分析结果表明构建的核心种质能够代表初始种质,这一领域的研究可望为高效保存和利用桑树种质资源提供新的技术途径。

1.4.4 桑树 SRAP 分子标记技术的研究

相关序列扩增多态性(sequence-related amplified polymorphism,SRAP)又称基于序列扩增多态性(sequence-based amplified polymorphism,SBAP),是由美国加州大学作物系 Li 和 Quiros 于 2001 年提出的一种新型分子标记技术,它通过独特的引物设计对开放阅读框(ORFs)进行 PCR 扩增,由于内含子、启动子和间隔序列在不同物种甚至不同个体间差异很大,就使得有可能扩增出基于内含子和外显子差异的 SRAP 多态性。该技术具有共显性标记、多态性丰富、DNA 需要量少、操作简单及标记分布均匀等优点,已被应用于植物遗传图谱构建、遗传多样性分析、重要性状基因标记及基因克隆等领域。

Zhao 等(2008)首次应用 SRAP 分子标记技术,对来自于中国、日本、韩国和泰国的 23 个桑树品种的遗传多态性进行了分析,12 对引物组合共扩增获得了 83 个条带,其中多态性条带 59 条,占 71.1%。平均基因多样性和多态性信息量分别为 0.161 1 和 0.135 3,遗传相似系数的变化范围在 0.690 5～0.952 4。并且,基于 SRAP 多态性分析的系统进化树与形态分类基本吻合。

最近,林强等(2010)以广西地方桑树种质资源"平武 1 号"为材料,以引物组合 Me8/Em3 对其 SRAP 反应体系的模板 DNA、引物、dNTPs 和 *Taq* DNA 聚合酶等条件进行优化。结果表明,最优反应体系为:在 25.0 μL 反应体系中含模板 DNA 45.0 ng、引物 1.0 μmol/L、dNTPs 0.3 mmol/L、*Taq* 酶 1.0 U;并用 42 个引物组合对 6 份桑树二倍体品系(农桑 8 号、璜桑 37 号、湖桑 197 号、湖桑 32 号、湖桑 199 号、育 711、桐乡青、国桑 20 号)及其同源四倍体进行扩增,其中引物组合 Me6/Em2 的扩增条带最为清晰,品种间检测到了不同程度的多态性。

1.4.5 桑树核糖体基因内部转录间隔区(ITS)的研究

核糖体 DNA 是由核糖体基因及与之相邻的间隔区组成,其中内部转录间隔区(internal transcribed spacer,ITS)作为非编码区,在绝大多数的真核生物中表现出了极为广泛的序列多态性,在不同的植物类群中可用来解决科内不同等级的系统发育和分类问题,包括科的界限和科内属间关系、属下分类系统、近缘种关系。而在有的植物类群中,即使是亲缘关系非常接近的 2 个种都能在 ITS 序列上表现出差异,因而 ITS 序列适用于属内种间或种内差异较明显的种群间的系统发育关系分析。史全良和赵卫国(2001)初步探讨了蒙桑(*M. mongolica* Schneid)核糖体 DNA 的 ITS 序列,PCR 扩增片段中 ITS-1 长度为 197 bp,ITS-2 长度为 207 bp,5.8S 区域长度为 154 bp,ITS 片段中 G+C 含量平均为 61.1%,其中 ITS-1 为 58.4%,ITS-2 为 63.8%,两者之间存在一定的差异。

赵卫国等(2004)进一步用 PCR 产物直接测序法对桑属 9 个种、3 个变种共 13 份种质材料以及构属构树的 ITS 序列进行了测定,结果是桑属植物 ITS-1 长度平均为 189 bp,5.8S rRNA 为 152 bp,ITS-2 长度平均为 212 bp,ITS 序列 G+C 含量为 60%左右,反映了桑树 ITS-1 和 ITS-2 的协同进化现象;与桑属植物的 13 份种质相比,构属植物的 ITS 序列长度和 G+C 含量都存在较大的差异,ITS 序列的同源性在 60%~75%,而大部分桑树材料间的相似系数在 90%以上。认为 ITS 序列及其系统发育树的分析,对探明桑属植物的系统发育和进化同样具有较高参考价值。

1.4.6 桑树 *trnL* 基因内含子及 *trnL-F* 基因间隔区序列的研究

亮氨酸和苯丙氨酸 tRNA 基因间隔区(*trnL-F*)和 *trnL* 内含子是位于叶绿体 DNA 上的两段非编码区序列,因其进化速率快,常被用于探讨属间或属下等级的亲缘关系。赵卫国等(2002)以桑属植物的育 71-1 和桑莲 2 个品种为材料,设计了桑树 *trnL-tmF* 基因间隔区序列的特异引物,扩增并分析了 *trnL-tmF* 基因间隔区序列,其长度分别为 414 bp 和 417 bp,且富含 A/T;该序列有 421 个分析性状,具有 17 个变异位点。在这些变异中主要以碱基的插入和缺失(主要是插入/缺失 dA)为进化形式,其余的发生了少数置换;除这些变异位点以外的核苷酸序列完全相同,说明两者有高度同源性;桑属与桑科中无花果属(无花果)和木菠萝属(木菠萝)有较高的同源性,分别为 81.8%和 74.4%,而与蔷薇科和菊科材料间的同源性较低,都在 65%以下,同源性差异及进化树分析与已有分类结果基本一致。

汪伟等(2008)利用 PCR 产物直接测序法对 12 份桑种质、1 份无花果和 1 份构属的亮氨酸转运 RNA 基因(*trnL*)内含子序列进行了测定,结果发现 *trnL* 序列长度变异范围为 534~561 bp,平均核苷酸组成为 0.391 00(A)、0.271 14(T)、0.176 79(C)、0.160 86(G),平均 A+T 含量为 0.662 14,说明该序列富含 A/T;基于 *trnL* 内含子序列的聚类结果表明,桑科的构属、无花果属和桑属分别单独聚为一类,与利用叶绿体 *trnL-trnF* 基因间隔区序列和 ITS 序列的研究结果相一致,但与形态分类相比,也存在一定差异。因此,今后尚需要利用多重序列来进行分析、补充和修订,为探明桑属植物的亲缘关系提供了更为稳定、可靠的分子生物学证据。

综上所述,最近十多年来,有关桑树 DNA 分子标记研究取得了很快进展,但在桑树遗传连锁图谱构建、重要性状基因定位与克隆、分子标记辅助选择育种等方面,今后仍需要进一步加强基础理论及应用技术的研究,以便在桑树的种质资源保存与创新利用、杂交育种理论与技术、新品种育成及鉴定等应用领域取得更多研究成果。

楼程富　谈建中

参 考 文 献

[1] 丁农,钟伯雄,张金卫,等. 利用 AFLP 指纹技术鉴定桑树品种. 农业生物技术学报,2005,13(1):119-120.

[2] 大西敏夫,柴山庆三,田边宏至. 用聚乙二醇法诱导桑与楮的原生质体融合. 日本蚕丝学杂志,1989,58(2):145-149(国外蚕业,1992).

[3] 卫志明,许智宏,许农,等. 桑树叶肉原生质体培养再生植株. 植物生理学通讯,1992,28(4):248-249.

[4] 孔令汶,郑淑湘,卞元生. 不同桑树品种的叶片培养及植株再生试验. 蚕业科学,1990,16(4):198-202.

[5] 孔卫青,杨金宏,卢从德. 发根农杆菌诱导桑树毛状根体系的建立. 西北植物学报,2010,30(11):2317-2320.

[6] 方荣俊,戚金亮,扈冬青,等. 桑树幼叶 cDNA 文库的构建及部分表达序列标签分析. 蚕业科学,2008,34(4)581-586.

[7] 方荣俊,扈冬青,杜伟,等. 桑树钙调素蛋白基因 MCaM-3 的克隆及序列分析与诱导表达. 蚕业科学,2009,35(4):711-717.

[8] 王勇,贾士荣,陈爱玉,等. 抗菌肽基因导入桑树获得抗病转基因植株. 蚕业科学,1998,24(3):136-140.

[9] 王照红,杜建勋,孙日彦,等. Kan 浓度对无菌苗生根影响的研究. 北方蚕业,2010,31(3):27-28.

[10] 王卓伟,余茂德,鲁成,等. 桑树多倍体育种材料遗传背景的 AFLP 分析. 蚕业科学,2001,27(3):170-176.

[11] 王茜龄,余茂德,徐立,等. 桑子叶与胚轴不同区段离体再生植株的研究. 蚕业科学,2005,31(3):334-336.

[12] 王茜龄,周金星,余茂德,等. 桑树组织培养诱导多倍体植株. 林业科学,2008,44(6):164-167.

[13] 王彦文,黄艳红,路国兵,等. 桑树叶片愈伤组织的诱导及不定芽分化影响因素的研究. 蚕业科学,2006,32(2):157-160.

[14] 王利芬,陈正凯,陆小平. 桑泛素延伸蛋白基因片段的克隆及序列分析. 生物技术,2007,17(4):6-10.

[15] 王洪利. 桑树转水稻半胱氨酸蛋白酶抑制剂(Oryzacystatin)基因的研究. 浙江大学博士学位论文,2002.

[16] 王洪利,楼程富,张有做,等. 水稻半胱氨酸蛋白酶抑制剂基因转化桑树获得转基因植株

的初报. 蚕业科学,2003,29(3):291-294.

[17] 史全良,赵卫国. 桑树 ITS 序列测定及特点的初步分析. 蚕业科学,2001,27(2): 140-141.

[18] 刘伟强. 桑树原生质体游离与培养. 中国蚕业,2006,27(2):20-21.

[19] 刘嘉琦,楼程富,袁红艳,等. 桑树低温诱导蛋白基因(Wap 25)的原核表达. 中国蚕业, 2009(3):25-28,30.

[20] 冯丽春,杨光伟,余茂德,等. 桑树栽培种的随机扩增DNA多态性(RAPD)研究. 蚕业科学,1996,22(3):135-139.

[21] 冯丽春,杨光伟,余茂德,等. 利用RAPD对桑属植物种间亲缘关系的研究. 中国农业科学,1997,30(1):52-56.

[22] 向仲怀,张孝勇,余茂德,等. 采用随机扩增多态性DNA技术(RAPD)在桑属植物系统学研究的应用初报. 蚕业科学,1995,21(4):203-208.

[23] 李丹清,徐飞,黄自然,等. 人工合成柞蚕抗菌肽D基因转入根癌农杆菌. 蚕业科学, 1990,15(2):110-112.

[24] 李瑞雪,等. 桑树顶芽组织培养快繁激素研究. 北方蚕业,2010,31(4):10-12.

[25] 李勇,邢辉,张金芳,等. 桑树悬浮细胞生长规律及其生理特性的研究. 蚕业科学,2007, 32(1):91-94.

[26] 汪伟,王兴科,汪生鹏,等. 桑树2个钙调蛋白亚型基因cDNA克隆和序列分析. 浙江大学学报:农业与生命科学版,2008,34(3):249-254.

[27] 汪伟,王兴科,朱昱苹,等. 基于 trnL 内含子序列的桑属植物分子系统学初探. 蚕业科学,2008,34(2):298-301.

[28] 吴成仓,徐静斐,曹勇伟,等. 天蚕抗菌肽B基因嵌合表达载体的构建及其对桑树和烟草的转化研究. 蚕业科学,1992,18(2):124-126.

[29] 陈爱玉,倪国浮. 桑树幼胚培养和试管苗快速繁殖技术的研究. 蚕业科学,1989,15(4): 1-4.

[30] 陈爱玉,王勇,倪国孚. 桑悬浮细胞原生质体培养的研究. 蚕业科学,1993,19(3): 135-138.

[31] 陈爱玉,王勇,倪国孚. 桑原生质体分离技术的研究. 蚕业科学,1994,20(3):141-144.

[32] 陈爱玉,王勇,倪国孚. 桑树原生质体培养再生植株. 蚕业科学,1995,21(3):154-157.

[33] 陈爱玉,王勇,倪国孚. 桑子叶愈伤组织的培养与植株再生. 蚕业科学,95,21(2): 120-121.

[34] 陈俊百,黄勇,张林,等. 利用ISSR分子标记构建山东、河北省区鲁桑地方品种核心种质. 蚕业科学,2008,34(4):587-596.

[35] 陆小平,楼程富,王波,等. 用植株转化法将GUS基因导入桑树幼苗的研究. 蚕业科学, 2004,30(2):129-132.

[36] 陆小平,楼程富,沈飞英,等. 农杆菌T-DNA转化桑树的表型分析. 农业生物技术学报, 2005,13(2):157-161.

[37] 陆小平,肖靓,陈正凯,等. 桑树多聚泛素基因的克隆及序列分析. 蚕业科学,2006,32 (3):301-306.

[38] 郑广顺,王瑾瑜,戴全胜,等. 颐和园古桑树的组织培养与快速繁殖. 中国农学通报, 2011,27(8):32-35.

[39] 林强,扈东青,方荣俊,等. 桑树光合系统 I psaE 基因的克隆及表达分析. 蚕业科学, 2010,36(3):377-382.

[40] 林强,邱长玉,朱方容,等. 桑树 SRAP-PCR 反应体系的建立与优化. 广西农业科学, 2010,41(11):1151-1154.

[41] 林强,邱长玉,朱方容,等. 桑树二倍体及其人工诱导同源四倍体遗传差异的 RAPD 分析. 南方农业学报,2011,42(1):11-15.

[42] 杨光伟,冯丽春,敬成俊,等. 树种群遗传结构变异分析. 蚕业科学,2003,29(4): 323-329.

[43] 赵卫国,潘一乐,黄敏仁. 属种质资源的随机扩增多态性 DNA 研究. 蚕业科学,2000,26 (4):197-204.

[44] 赵卫国,张志芳,潘一乐,等. 桑树 TrnL-trnF 基因间隔区序列的特点及分析. 蚕业科学, 2002,28(2):83-86.

[45] 赵卫国,潘一乐,张志芳. 桑属植物 ITS 序列研究与系统发育分析. 蚕业科学,2004,30 (1):11-14.

[46] 赵卫国,苗雪霞,黄勇平,等. 桑树二倍体及其同源四倍体遗传差异的 ISSR 分析. 蚕业科学,2005,31(4):393-397.

[47] 赵卫国,汪伟,杨永华,等. 我国不同生态类型桑树地方品种遗传多样性的 ISSR 分析. 蚕业科学,2008,34(1):1-5.

[48] 张乐伟,窦宏伟,王洪利,等. 桑树苯丙氨酸解氨酶基因克隆与序列分析. 蚕业科学, 2009,35(4):842-846.

[49] 张有做,楼程富,周金妹,等. 同倍性桑品种基因组 DNA 多态性比较. 浙江农业大学学报,1998,24(1):79-81.

[50] 钟名其,楼程富,周金妹,等. 农杆菌介导的桑树遗传转化条件的研究. 蚕桑通报,1999, 30(4):16-18.

[51] 钟名其,楼程富,谈建中. 桑树遗传转化技术中抗生素的浓度优化研究. 汕头大学学报: 自然科学版,2001,16(2):1-5.

[52] 钟名其,楼程富,谈建中,等. 硝酸银对桑树遗传转化的作用. 热带亚热带植物学报, 2002,10(1):74-76.

[53] 徐立,余茂德,鲁成,等. 人工三倍体新桑品种嘉陵 20 号的 AFLP 分析. 云南植物研究, 2005,27(2):187-192.

[54] 徐立,余茂德,周金星,等. 人工三倍体桑树新品种嘉陵 16 号遗传背景的 AFLP 分析. 中国农学通报,2006,22(5):46-48.

[55] 谈建中. 桑树组织培养研究综述. 江苏蚕业,1991(4):1-4.

[56] 谈建中,楼程富,钟名其,等. 大豆球蛋白基因表达载体的构建及对桑树的遗传转化. 蚕业科学,999,25(1):5-9.

[57] 谈建中,楼程富. 豆科作物种子中两种特殊蛋白质的分子生物学. 植物生理学通讯, 2000,36(1):60-63.

[58] 谈建中,楼程富,王洪利,等. 大豆球蛋白基因转化桑树获得转基因植株. 农业生物技术学报,2001,9(4):400-402.

[59] 倪国孚,陈爱玉. 桑原生质体产量与酶解时间和纤维素酶用量关系的调查. 蚕业科学,1988,15(3):156-157.

[60] 黄勇,张林,赵卫国,等. 24 个白桑(*Morus alba* L.)地方品种的遗传多样性分析. 蚕业科学,2008,34(2):302-306.

[61] 焦锋,楼程富,张有做,等. 树变异株系基因组 DNA 扩增多态性(RAPD)研究. 蚕业科学,2001,27(3):165-169.

[62] 焦锋,楼程富,张有做,等. 桑树叶片形态变异株 mRNA 的差异表达及差异片段 J12 的克隆. 农业生物技术学报,2003,11(4):375-378.

[63] 焦锋,苏超,楼程富,等. 植物叶片及桑叶的发育研究进展. 北方蚕业,2009,30(4):7-11.

[64] 彭波,胡兴明,邓文,等. 桑树种质资源 SSR 标记的遗传多样性分析. 湖北农业科学,2010,49(4):779-784.

[65] 管志文,张清杰,庄楚雄,等. 农杆菌携带柞蚕抗菌肽基因转入桑树的研究. 蚕业科学,1994,20(1):1-6.

[66] 楼程富,张有做,张耀洲. 桑树随机扩增 DNA 多态性研究. 浙江农业大学学报,1996,22(2):149-151.

[67] 楼程富,周金妹,钟名其,等. CPPU 对桑叶片培养不定芽分化的诱导效果. 蚕业科学,1997,23(5):232-233.

[68] 楼程富,张有做,周金妹. 桑树有性杂交后代与双亲基因组 DNA 的 RAPD 分析初报. 农业生物技术学报,1997,4(5):397-403.

[69] 楼程富,焦锋,张有做. 引物混用对桑树 RAPD 扩增条带的影响. 蚕业科学,2003,29(1):14-17.

[70] 楼程富,张有做,王洪利. 桑树转基因植株的叶片蛋白质含量分析. 蚕桑通报,2003,34(1):14-15.

[71] 潘刚,楼程富. ACC 氧化酶基因在桑树水分和盐胁迫条件下的表达研究. 蚕业科学,2007,33(4):625-628.

[72] 潘刚,韩舒睿,沈智超,等. 桑树橡胶延伸因子基因的克隆与表达分析. 蚕业科学,2009,35(4):718-721.

[73] 冀宪领,盖英萍,马建平,等. 桑树景天庚酮糖-1,7-二磷酸酶基因的克隆、原核表达与植物表达载体的构建. 林业科学,2008,44(3):62-69.

[74] 冀宪领,盖英萍,王洪利,等. 桑树 1,5-二磷酸核酮糖羧化酶活化酶基因 cDNA 片段的克隆及原核表达与植物反义表达载体的构建. 蚕业科学,2009,35(1):6-12.

[75] Agarwal S, Kanwar K. Comparison of genetic transformation in *Morus alba* L. via different regeneration systems. Plant Cell Rep,2007,26(2):177-185.

[76] Aggarwal R K, Udaykumar D, Hendre P S, *et al*. Isolation and characterization of six novel microsatellite markers for mulberry(*Morus indica*). Molecular Ecology Notes,2004,4(3):477-479.

[77] Awasthi A K, Naik N G M, Sriramana G V, *et al*. Genetic diversity and relationships in

mulberry(genus *Morus*)as revealed by RAPD and ISSR marker assays. BMC Genetics, 2004,5:1-4.

[78] Bhatnagar S,Kapur A, Khurana P. Evaluation of parameters for high efficiency gene transfer via particle bombardment in Indian mulberry. Indian J Exp Biol,2002,40(12): 1387-1392.

[79] Bhatnagar S, Khurana P. *Agrobacterium tumefaciens* -mediated transformation of Indian mulberry, *Morus indica* cv. K2: a time-phased screening strategy. Plant Cell Rep,2003,21(7):669-675.

[80] Das M,Chauhan H,Chhibbar A,*et al*. High-efficiency transformation and selective tolerance against biotic and abiotic stress in mulberry, *Morus indica* cv. K2, by constitutive and inducible expression of tobacco osmotin. Transgenic Res,2011,20(2): 231-246.

[81] Girish Naik V,Sarkar A, Sathyanarayana N. DNA fingerprinting of Mysore Local and V-1 cultivars of mulberry(*Morus* spp.)with RAPD markers. Indian J. Genet,2002,62 (3):193-196.

[82] Jain A K, Vincent R M, Nessler C L. Molecular characterization of a hydroxymethylglutaryl-CoA reductase gene from mulberry(*Morus alba* L.). Plant Mol Biol,2000,42(4):559-569.

[83] Jiao F,Sopian T,Kayamori M,*et al*. Developmental characterization of leaf dorsoventral mutant "Ryoumenguwa" in mulberry(*Morus alba* L.). Journal of Insect Biotechnology and Sericology,2004,73(3):141-149.

[84] Lal S,Gulyani V, Khurana P. Overexpression of HVA1 gene from barley generates tolerance to salinity and water stress in transgenic mulberry(*Morus indica*). Transgenic Res,2008,17(4):651-663.

[85] Li X,Zhu H,Sun Y,*et al*. Establishment of transformation system in mulberry and biosynthesis of quercetin. Zhongguo Zhong Yao Za Zhi,2010,35(11):1391-1394.

[86] Lu X P,Sun B Y, Lou C F. Cloning of low-temperature induced gene from *Morus mongolica* C. K. Schn and its transformation into *Petunia hybrida* Vilm. Afr J Bioteehnol,2008,7(5):579-586.

[87] Machii H. Leaf disc transformation of mulberry by *Agrobacterium* Ti-plasmid. J Seri Sci Jpn,1990,59(2):105-110.

[88] Nagata T, Takebe I. Cell wall regeneration and cell division in isolated tobacco mesophyll protoplasts. Planta,1970(92):301-308.

[89] Pan G, Lou C. Isolation of an 1-aminocyclopropane-1-carboxylate oxidase gene from mulberry(*Morus alba* L.)and analysis of the function of this gene in plant development and stresses response. J Plant Physiol,2008,165(11):1204-1213.

[90] Sharma A,Sharma R, Machii H. Assessment of genetic diversity in a *Morus* germplasm collection using AFLP markers. Theor Appl Genet,2000,101:1049-1055.

[91] Sopian T,Jiao F, Hirata Y. *Morus alba* genotype Shin-Ichinose leaf dorsal-ventral

developmental protein（PHAN1）gene. Accession：FJ227328. 1（Submitted on 20-SEP-2008）.

[92] Ukaji N,Kuwabara C,Takezawa D,*et al*. Cold acclimation-induced WAP27 localized in endoplasmic reticulum in cortical parenchyma cells of mulberry tree was homologous to group 3 late-embryogenesis abundant proteins. Plant Physiol,2001,126(4):1588-1597.

[93] Ukaji N,Kuwabara C,Kanno Y,*et al*. Endoplasmic reticulum-localized small heat shock protein that accumulates in mulberry tree(Morus bombycis Koidz.)during seasonal cold acclimation is responsive to abscisic acid. Tree Physiol,2010,30(4):502-513.

[94] Vardi A. Citrus cell culture：isolation of protoplast,planting density,effect of mutagens and regeneration of embryos. Plant Sci Lett,1975(4):231-236.

[95] Vijayan K, Chatterjee S N. ISSR profiling of Indian cultivars of mulberry(*Morus* spp.) and its relevance to breeding programs. Euphytica,2003,131(1):53-63.

[96] Vijayan K,Srivastava P P, Awasthi A K. Analysis of phylogenetic relationship among five mulberry(*Morus*)species using molecular markers. Genome,2004,47(3):439-448.

[97] Yamanouchi H, Oka S, Koyama A. Effect of three antibiotic and a herbicide on adventitious-bud formation in immature leaf culture and proliferation of multiple-body of mulberry. J Sericul Sci Jap,1997,66(6):493-496.

[98] Zhao W G,Miao X X,Jia S H,*et al*. Isolation and characterization of microsatellite loci from the mulberry,*Morus* L. Plant Science,2005,168(2):519-525.

[99] Zhao W G,Zhou Z H,Miao X X,*et al*. Genetic relatedness among cultivated and wild mulberry(Moraceae：*Morus*)as revealed by inter-simple sequence repeat(ISSR)analysis in China. Can J Plant Sci,2006,86(1):251-257.

[100] Zhao W G, Miao X X, Zang B, *et al*. Construction of fingerprinting and genetic diversity of mulberry cultivars in china by ISSR markers. Acta Genetica Sinica,2006,33(9):851-860.

[101] Zhao W G,Fang R J,Pan Y L,*et al*. Analysis of genetic relationships of mulberry (*Morus*L.) germplasm using sequence-related amplified polymorphism (SRAP) markers. Afr J Biotechnology,2009,8(11):2604-2610.

[102] 大西敏夫,等. 对桑和楮叶肉细胞原生质体的电融合试验. 日本蚕丝学杂志,1989,58(4):353-354.

[103] 大西敏夫,等. 用聚乙二醇法诱导桑与楮的原生质体融合. 日本蚕丝学杂志,1989,58(2):145-149.

[104] 片桐幸逸. 桑叶肉原生质体培养形成细胞团. 日本蚕丝学杂志,1989,58(3):267-268.

[105] 菅贵史,平田丰,堀内秀纪. 利用RAPD分析桑品种的评价. 日本蚕丝学会第65次学术讲演要旨集,1995:31-32.

第2章

家蚕转基因技术与应用探索

家蚕（*Bombyx mori*）属于鳞翅目家蚕蛾科，是由古代野蚕移入室内驯化而成的泌丝昆虫，以桑叶为食料，故又称桑蚕。中华民族是蚕丝业的发祥地，栽桑、养蚕、丝绸是我国传统的优势产业，在我国5 000多年的养蚕历史中，蚕丝业不仅在历史上一直与农并列，为中华民族经济的发展做出了巨大贡献，而且对民族文化的传播和弘扬也起了极为重要的作用。丝绸文化是中华民族文化宝库中的瑰宝，丝绸之路是华夏文明的象征之一。

目前我国蚕桑生产遍及除天津、青海、西藏以外的所有省（市、区），全国有1 000多个县、2 000万户农民栽桑养蚕，蚕茧年产量为78.2万t，占世界总产量的78%，连续30多年位居世界首位。工业总产值达1 670亿元，丝绸产品年出口达89亿美元，是在国际市场上处于绝对优势的特色产业，在农产品出口贸易中位居前列。蚕业是目前我国农村经济中的重要组成部分，是农民增收的重要渠道之一，蚕丝业将在解决"三农"问题、增加农民收入、调整农村产业结构等方面发挥越来越重要的作用。长期以来，养蚕是一种劳动力密集型产业，以获取蚕丝为唯一目的，但随着我国农业经济的蓬勃发展，蚕丝业的比较经济效益相对下降，严重影响了蚕农的积极性和蚕丝业的稳定持续发展。家蚕是蚕丝业的基础，因此通过改造家蚕，创造家蚕新素材，显著提高家蚕的产茧量和质量，开发家蚕的新功能，提高家蚕的经济效益，提升产业的水平一直是科学工作者追求的目标之一。

关于家蚕的改造，常规的方法主要通过杂交和诱变技术改造家蚕，特别是杂交技术为蚕丝产业的发展发挥了不可替代的作用。但常规方法存在定向性差、周期长、效率低等明显的缺陷，而且，由于种间隔绝，要将来源于其他生物的优良性状基因导入家蚕更是常规方法无法解决的问题。因此蚕业科学家们一直在寻找、探索定向、快速、高效直接改造家蚕的新方法。家蚕转基因技术体系的确立和完善，为人们根据预先的设计，直接将基因导入家蚕基因组，定向改造家蚕，为创造家蚕新素材提供了可能。

近十几年来，开辟家蚕的非绢丝产业，提高家蚕的利用价值受到愈来愈多有识之士的重视。科学家在探讨家蚕资源综合开发利用的同时，一直在家蚕生物反应器领域倾注了极大的热情。家蚕丝腺功能高度特异化，类似果蝇唾液腺，是合成、分泌丝蛋白的特殊器官，具有强大的合成和分泌丝蛋白的能力。一条家蚕经过 25 d 左右的生长发育,每条蚕生成丝蛋白质 0.35～0.6 g(吕鸿声,1990),因此,家蚕丝腺是一种良好的生物反应器,具有广阔的应用开发前景。

2004 年我国科学家夏庆友等在《Science》上发表家蚕基因组框架图,预测基因 18 510 个 (Xia 等,2004);2008 年在《Insect Biochem Mol Biol》上发表了家蚕基因组精细图谱,确定家蚕基因数目为 14 523 个,并将 90% 的基因定位到染色体上(International Silkworm Genome Consortium,2008);2009 年在《Science》上发表蚕类基因组重测序工作,对家蚕和野蚕共计 40 个基因组进行大规模的重测序,总覆盖深度 $10^8 \times$(Xia 等,2009)。因此,有大量基因的功能需要鉴定,而通过转基因过表达、抑制或缺失基因的表达是鉴定基因功能最重要方法。

总之,随着家蚕转基因体系的完善,转基因技术将在家蚕育种、家蚕丝腺生物反应器和家蚕基因功能鉴定方面发挥愈来愈重要的作用。

贡成良

2.1　家蚕转基因研究主要历程

2.1.1　转基因早期探索

早期对蚕转基因探索建于 20 世纪 70 年代,其主要的目的是探索家蚕转基因的可行性,并且希望在实现家蚕转基因的手段上有所体会,在经验上有所积累,并且在技术上有所突破,以便建立起一个真正的家蚕转基因技术平台。所有的研究集中在如何将外源基因有效地导入到蚕的基因组中。日本东京大学早先就利用转基因技术将原始的黄血基因引入到突变体家蚕体内,而我国科研工作者也早在 20 世纪 90 年代将天蚕丝质基因成功转移到家蚕基因中获得新的家蚕品种。这一阶段的整体研究结果显示了外源基因可以被导入家蚕,导入后也能引起蚕个体的某些性状的改变,但整个的转基因效率均非常低,转基因蚕的筛选方法也没有根本突破。由于所获得转基因蚕的数量极为有限,给转基因家蚕的初步筛选和育种带来了巨大的困难。表 2.1 列示了早期转基因蚕有关研究主要进展,由于缺乏合适的载体及稳定的转基因技术体系,转基因家蚕的研究一直处于摸索的阶段。

2.1.2　转基因体系建立

伴随着对生命科学认识的不断深入、研究手段的创新、研究技术的进步,以及在研究中所积累的经验,加之具划时代意义的家蚕基因组计划完成,自 21 世纪以来,转基因家蚕的研究取得了一系列重大突破,在转基因技术和应用方面呈现了手段多样性、筛选高通量性,转基因效率获得了比较高程度的提升。而且随着转基因家蚕技术的成熟,根据转基因的特点,现在的转基因已不仅仅是要求将一个外源基因导入到家蚕中,更重要的是能获得一个可以稳定传代、遗传背景清楚、并且可以按照事先的设想实现可控表达外源基因的人工变异系,从而最终产生能满足不同实际需求的人工家蚕新素材。

表 2.1　早期家蚕转基因研究的主要进展

研究者	时间/年	材料与方法	结　果
Nawa 等	1971,1978	将家蚕全 DNA 注入家蚕幼虫体腔	获黑眼、黑卵变异体
陈元霖等	1982	将家蚕全 DNA 注入蓖麻蚕幼虫体腔	获斑纹变异
赵季英等	1985	将栗蚕全 DNA 注入柞蚕蛹体	蚁蚕体色及茧形有变异
李振刚等	1986	将家蚕 TCA 以激光微束导入柞蚕卵	茧色、体色有变异
Tamura 等	1987	分离出天蚕丝心蛋白基因	在家蚕丝腺的无细胞提取液中进行转录
邹文云等	1988	将天蚕全 DNA 显微注射入柞蚕胚	蚁蚕有斑纹变异
李振刚等	1989	将天蚕 TCA 显微注射入家蚕卵	卵色有变异
李振刚等	1990	将家蚕 TCA 以激光微束导入柞蚕卵	蚕丝氨基酸成分有变异
Iatrou 等	1991	将含家蚕重复序列的质粒显微注射入家蚕胚	质粒已整合到 F_1 基因组
Chkoniia 等	1991	将劳氏肉瘤病毒长末端重复序列装载入 p1,5LTR 载体并导入蚕早期胚胎中	从 F_2 代的基因组中检测到导入的外源 DNA
Nikolaev 等	1993	将质粒 pPrC-LTR1.5 导入家蚕	跟踪至 F_2 代发现大部分外源基因以染色体外形式存在
李振刚等	1995	将天蚕丝素基因 YAC 克隆显微注射入家蚕卵	天蚕丝素基因整合入家蚕基因组并在 F_2 代中表达
Elick 等	1996	用 *piggyBac* 转座子（早先称 IFP2）产生了 TN-368 转化细胞	获得转化细胞
Moto 等	1999	将 *gfp* 基因用微注射方法注射进体外蚕脑组织中	观察到 GFP 的瞬时表达

20 多年来,家蚕转基因已从细胞内外源基因的瞬时表达发展到了能获得稳定遗传的生殖系转基因家蚕。2000 年以 Tamura 为代表的研究小组首次报道了利用鳞翅目昆虫 *piggyBac* 转座子构建以家蚕细胞质肌动蛋白基因（*B. mori* cytoplasmic actin gene,A3）启动子控制 *gfp* 报告基因的转基因载体,与表达转座酶供体质粒混合后用显微注射方法导入家蚕卵中,并从 G_1 代的 220 个蛾区中筛选出有 3 个蛾区共 120 头蚕能被激发荧光,Southern blot 分析证实外源 *gfp* 基因已经整合进家蚕基因组中,进一步的遗传学统计分析表明,所导入的 *gfp* 基因能够稳定传代,且后代分离比符合孟德尔定律（Tamura 等 2000）。至此才真正初步建立了有效的家蚕转基因技术体系。这个研究结果可以作为家蚕转基因研究从转基因家蚕探索阶段步入对家蚕转基因技术稳定性的转折点,从而为利用转基因家蚕开展基因功能研究、品种改良、转基因生产药物打下了基础。

2.1.3　转基因体系发展

随着对家蚕转基因技术研究的不断深入,将外源基因导入到家蚕的技术方法开始出现多元化,如基因枪轰击、显微注射、精子介导等基因导入方法被较多采用;同时用于转基因的载体也有所拓展,以 *piggyBac* 转座子介导的转基因方法被较为广泛地使用,同时利用同源重组技术进行定向基因打靶以及利用非转座子的 pIZT/V5 载体,进行转基因的研究也同时得到探索。而在转基因家蚕应用的目的上也各有不同,有以改良丝质为目的的转基因定向改造家蚕丝蛋白有关的基因,有以持续表达高附加值外源蛋白的转基因研究,也有通过不同手段增加产丝量的研究,有结合 RNAi 技术提高家蚕抗病力的研究,还有通过家蚕转基因来建立动物模型或是通过转基因研究基因功能,并且获得了很大的成功,有的已经显现了极佳的实用开发前景。

薛仁宇

2.2 外源基因导入家蚕的方法

事实上,要获得成功的转基因生物体首先就必须先把外源基因导入到细胞中,也就是依次使外源 DNA 穿过细胞膜和核膜,只有这样基因的转移才有可能发生。外源基因导入通常的做法是利用物理的、生物的或者是组合的方法,在一定条件下将外源 DNA 适时地送达细胞内。为获得能稳定传代的转基因系,一般要求导入的外源基因能够出现在性母细胞中。因此,在决定外源基因导入的时机时往往会选择在胚胎发育的早期,这样一旦导入才有可能整合进基因组中,便有希望获得转基因的个体。于是外源基因导入大多选择以早期受精卵为受体(Tan 等,2005)。外源基因导入到家蚕细胞内目前常用的方法有:显微注射法,基因枪,精子介导,压力渗透,电穿孔法,脉冲场电泳等。

2.2.1 显微注射法

显微注射(microinjection)法,顾名思义是在显微镜下将外源基因用注射的方法注入进受精卵的方法,其操作效果直观,是目前外源基因导入高等真核生物的一个有效途径,并且在其他转基因动物研究中较为普遍使用。显微注射法是在卵期囊胚层前时期由显微注射法将外源基因导入家蚕,使外源基因整合到家蚕染色体,获得能稳定遗传的转基因家蚕。与其他动物的受精卵不同的是蚕卵外有一层 $13\sim17~\mu m$ 厚度坚硬的外壳,且卵壳带有颜色、蚕卵较小,这些特点妨碍了显微操作者在操作过程中对细胞内部的观察,而且蚕卵的发育也有其特点,在蚕卵产下 $2\sim3~h$ 后会发生雌、雄核岛的融合,形成受精卵。以后每隔 $1~h$ 分裂 1 次,约 $12~h$ 后形成胞胚,$25~h$ 后形成囊胚,$10~d$ 后形成幼虫孵化。这些特点,注定了通用的显微注射装置对注射蚕卵的无能为力。

1985 年 Ninaki 等对家蚕早期受精卵的显微注射进行了尝试(Ninaki 等,1985)。此后根据蚕卵带壳的特点,首先改进了适用于蚕卵注射的显微注射装置。在普通的显微注射仪上加装一根极细的钨丝针,用以刺破蚕卵,再把显微注射器转换到注射位置,这个转换的精度要求极高,注射的毛细管进针的位置与角度必须与先前刺破卵壳的钨丝针完全相同,以便沿着钨丝针穿刺的路径将外源 DNA 送入蚕卵中,同时不扩大蚕卵的损伤,也减少注射用毛细管的破碎。注射过后的蚕卵随即用低熔点琼脂糖胶或石蜡封闭针刺伤口。Tamura 等在 1990 年对显微注射的进液器进行了改进,以脚踏开关的电磁阀控制外源基因的注入量,将含有家蚕丝素蛋白 H 链基因启动子驱动下的氯霉素乙酰转移酶(CAT)报告基因及 SV40 的 polyA 构成的表达质粒 pFbCAT 注入不同卵龄(0~20 h)的受精卵中,通过检测 CAT 的活性,来选择适合于基因导入的蚕卵发育时期,结果发现在 0~12 h 内导入了外源基因的蚕卵中都可以检测到 CAT 的活性,而在 12 h 以后再导入的外源基因的蚕卵中则检测不到活性,由此认为产出的卵在 12 h 以后卵内的分裂核已经形成核膜,外源基因难以进入核内(Tamura 等,1990)。这个研究意味着在蚕卵产后必须尽早适时地完成注射工作,这样获得转基因蚕的可能性就会增大,但是卵龄越早的受精卵其内压也越大,生命力脆弱,这给转基因操作带来了一定难度,稍有不慎极易造成损伤导致蚕卵死亡。

为了控制注射时的压力和注射量,并使注射过程能够在尽量短的时间内完成,以便在蚕卵产下后可以在有效的注射时间内对更多的蚕卵进行注射,稳定每次注射的压力与注射量,之后神田俊男和田村俊树(1991)进而开发了一套适合于家蚕早期胚胎半自动 DNA 微量注射装置,每小时可注射 60 粒卵,且在产卵后 20~24 h 注射,其孵化率与对照蚕卵接近。表明该注射装置对经注射操作的蚕卵损伤很小,而且注射的工作效率得到很大提高,这在一定程度上为转基因家蚕的研究提供了基因导入的强有力的武器。

为了能有效地进行注射,防止蚕卵在注射后产生感染,通常在对蚕卵注射前必须对蚕卵进行适当的处理。刘春等在注射蚕卵前先将产后 1 h 的蚕卵固定于载玻片上(卵孔均朝上,100 粒/片),先用 37% 的甲醛蒸气消毒 2~3 min。处理后的蚕卵再用微量注射仪(NARISHIGE)进行注射。并且蚕卵在注射后立即封口,并再次用甲醛蒸气消毒,最后才置于 25℃ 高湿条件下催青,使其正常发育(刘春等,2007)。

注射到蚕卵内的外源 DNA 在最初几小时,会被迅速大量降解,但仍会有部分线性 DNA 可在胚胎发育过程中保持稳定,线性 DNA 在卵内可发生环化。在注射的 534 个个体中,发现 1 个个体将外源 DNA 序列传递给子代,并且在子代的分离中有 42% 个体带有外源 DNA 序列,分离比符合孟德尔遗传规律(Nagaraju 等,1996)。

前面提到的 Tamura 等(2000)首次构建的来源于 *piggyBac* 转座子载体也是利用显微注射的方法将携带 *gfp* 表达盒转基因载体与 Helper 质粒按 1 : 1 混合后注入蚕卵,最终获得了产生绿色荧光的家蚕。接着 Thomas 利用显微注射也成功获得转基因蚕(Thomas 等,2002)。Mirka 等(2002)、代红久等(2005)以及 Imamura 等(2003)也先后用显微注射法进行了转基因家蚕的研究。

尽管显微注射法在家蚕转基因研究中得到越来越多的应用,技术也相对稳定,但是适用于家蚕卵注射用的显微注射仪器都为研究者自己通过对普通显微注射仪改装而来,再有实行具体显微注射操作有着相当的技术操作难度,相对的操作时间比较长,有时还会出现因卵体受损而感染等现象,因此通常这些注射操作由专门的技术人员负责,同时显微注射有时效性的瓶颈存在,此外注射一批蚕卵的数量也受到限制。以上这些问题限制了显微注射的广泛应用。

为此,日本国立农业生物科学研究所家蚕转基因研究中心在原来通过半自动细钨针打孔再以毛细管注射 DNA 的基础上,开发了通过电子控制可自动定位及精确移位的蚕卵显微自动打孔并进行 DNA 注射装置,该装置可将毛细管自动正确地插入到用钨针在蚕卵壳上打出的微孔中,从而在整体上提高基因注射的效率及蚕卵孵化率。

尽管如此,还有研究表明,在不同蚕品系中使用注射方法后,其孵化率与转化率是有一定差异存在的。徐汉福的研究表明用注射方法将 *piggyBac* 转座子导入蚕卵时,蚕品系大造在孵化率和转化率方面均优于 N4 品系,并且选择在产卵后 2~3 h 内进行显微注射最佳(徐汉福等,2008)。

2.2.2 扎卵法

将初产蚕卵以甲醛熏蒸 5 min,固定于工作台上,后将欲注射进蚕 DNA 涂于卵壳表面,用消毒后的针灸针,轻扎卵壳,使卵壳产生微孔,利用将针灸针回抽时产生的瞬时负压,使表面涂抹的 DNA 进入蚕卵中,再在卵壳表面涂以低熔点琼脂糖胶封口后再进行正常催青。此方法简便易行,无需专门的设备,但是受到操作人员的技术水平限制,蚕卵受损、污染比较严重,并且成功率不稳定。

2.2.3 脉冲场电泳法

将裸卵与外源 DNA 溶液一起放入特制的电脉冲处理槽中,利用脉冲场胶电泳(pulsed field gel electrophoresis,PFGE)施以一定强度的电脉冲从而使得外源 DNA 进入受精卵。目前外源 DNA 在电脉冲处理条件下进入受精卵的机制尚不十分清楚。该方法的优点是操作简单,可同时处理大批量的受精卵,缺点是外源 DNA 的导入无定向性,且转移率低。

利用该方法李振刚等(Li 和 Rong,1997)将约 1.1 kb 家蚕丝素基因和约 6.8 kb 天蚕丝素基因的重组质粒 pFb-AY 与产后 2 h 的蚕卵一同包埋在 1% 低熔点琼脂糖凝胶中,以 1.5% 琼脂糖凝胶做底层支持胶,在 0.5 倍 TBE 电泳缓冲液,5 V/cm,4℃下,用 1 s 或 2 s 的脉冲交变时间电泳 3～4 h,使 DNA 通过卵孔进入卵,结果通过点杂交确证外源 DNA 进入卵内。

2.2.4 压力渗透法

压力渗透法是利用了压力变化而将 DNA 导入到细胞内的一种方法。通常的程序是将刚产下的蚕卵浸入到配制好的外源 DNA 溶液中,并置于密闭压力容器中,用连接的真空泵抽真空,再缓慢地放,使气压回到正常大气压,如此反复数次,使卵孔在蚕卵本身的内压作用下形成短暂开放,外源基因在大气压作用下可经由卵孔进入蚕卵。曹广力等(2006)将 BmNPV 来源的 *ie*1 基因启动子控制下的粒/巨噬细胞集落刺激因子(hGM-CSF)基因克隆至转座子载体 pigA3GFP 中,通过压力渗透法也成功地将外源 DNA 导入蚕卵,并获得产生绿色荧光的蚕,比例为 0.17%,在 G_1 代转基因蚕中检测到了 *gfp* 和外源基因 hGM-CSF 的表达。

这种方法的优点是对设备要求简单,一般实验室均可开展,然而外源 DNA 导入的最适条件需要摸索,一方面压力差太小,外源 DNA 不易进入蚕卵,压力差太大,操作不慎会引起蚕卵因受压力变化太大致发育受到影响,同时压力渗透法不像显微注射那样,导入外源 DNA 的效果无法当场评估,其外源 DNA 导入的效率及实验的重现性也待用更多的实验来说明。

2.2.5 电穿孔法

电穿孔(electroporation)法是以瞬时高压造成细胞膜临时产生可修复膜穿孔,从而使外源 DNA 由所产生的细胞膜孔进入细胞内的一种基因转移方法。一般多用于转到细菌、酵母、培养细胞株等,是基因工程中较为成熟的技术之一。

Moto 等(1999)构建以家蚕素(Bombyxin)启动子驱动 gfp 报告基因的重组质粒,约 2 μg DNA,溶于 80 μL 昆虫培养基,以 50 V、50 ms 条件脉冲 5 次,结果外源 DNA 导入蚕脑细胞,通过荧光显微镜检测发现 GFP 得到了组织特异性表达。张峰等用电穿孔的方法,在 500 V/25 pF/200 Ω 的条件下,将以丝素重链基因 3′和 5′作为两侧同源重组臂的 BmNPV 立即早期启动子($ie1$)驱动下的 gfp 基因导入产后 0.5～2 h 的蚕卵,得到了丝素重链基因中部被 gfp 取代的转基因蚕。赵昀等(2001)以丝素蛋白重链基因构建带有 gfp 报告基因的基因打靶载体,并以电穿孔方法导入蚕卵,孵化发育的蚕结茧后以紫外灯检测,约 5 400 个茧发现有 73 个"亮茧",茧蛋白在 ELISA 反应中与 GFP 的多克隆抗体反应,对应的后代得到 Southern 杂交的确定。Guo 等(2004)以 200 Ω/25 μF,不同电压处理早期受精卵,结果在孵化初期和幼虫 3 龄期均可 PCR 检测到外源基因,并且 3 龄期外源 DNA 量约为孵化初期的 1/1 000。

2.2.6　基因枪喷射导入法

基因枪轰击又称粒子轰击技术(particle bombardment),它是先将外源 DNA 沉淀在微弹(钨粉或金粉)表面,通常以氯化钙、亚精胺(spermidine)为沉淀剂促进 DNA 与微弹结合,然后瞬间发生的电压或气压的强大改变驱动结合了 DNA 分子的微弹穿透卵壳进入卵内。

孟智启等(1990)尝试将基因枪应用于家蚕。结果表明 550～600 m/s 的轰击速度可使金属粒子穿透卵壳进入卵内,轰击后的卵多数发育正常,卵内可镜检到 2～12 粒金属粒子,并检测到报告基因的表达。Horard 等(1994)将丝素蛋白 Fhx/P25(fibrohexameri)基因启动子与 β-半乳糖苷酶(LacZ)报告基因拼接而成的 DNA 片段,以基因枪法体外导入家蚕绢丝腺,再移植入另一宿主蚕体内进行瞬时表达,48 h 后检测到报告基因表达产物 β-gal 的活性。之后赵昀等、张峰等都以基因枪轰击为手段成功地将外源 DNA 导入到蚕卵。Takahiro 等(2006)以果蝇热休克蛋白基因(heat shock protein,hsp)启动子控制的荧光素酶报告基因构建质粒载体 pHspLuc,以基因枪法体外导入家蚕 5 龄幼虫丝腺,并移植至蚕体,3 d 后检测到报告基因的表达。

基因枪轰击法影响转化效率的因素有很多,而且设备昂贵,对于不同的蚕卵轰击的条件也需要建立。

2.2.7　精子介导基因转移法

精子介导基因转移法(sperm-mediated gene transfer,SMGT),简称精子介导,是将精子与外源 DNA 一起"孵育"后利用精子入卵时机通过精子将外源 DNA 携带进入受精卵。最先尝试该方法并在小鼠转基因研究中获得成功的是 Labitrano 等(1989),他们将小鼠精子与线状或环状 pSV2CAT 一起孵育 15 min 后再与成熟的卵子进行体外受精,通过 Southern 杂交证实了在 250 只体外受精小鼠中有 30% 为阳性个体。其研究结果引起了广泛的关注,尽管尚不完全清楚精子介导的确切机制,用此方法获得转基因系的重复性也存在质疑,但并不影响研究人员对使用该方法的热情。陈元霖等(1993)、竹村洋子等(1996,1998)、桂慕燕等(1997)、代方银等(2000)、郭秀洋等(2001)、赵越等(2009)分别在蚕的转基因研究中利用精子介导成功地将外源 DNA 导入到蚕卵中。

利用精子介导将外源 DNA 导入到蚕卵中的具体方法可以归纳为：①将交配 30 min 后的雌雄蛾拆对，解剖雌蛾，将取自交尾囊中的精液与外源 DNA 混匀，再注入处女蛾交尾囊再行交配；②将外源 DNA 用以毛细管拉成的玻璃针注入处女蛾交尾囊后再完成交配；③将交配 30 min 后的雌雄蛾拆对，再往雌蛾交配囊注入外源 DNA；④将外源 DNA 直接注入 5 龄雄蚕幼虫精巢部位，由此产生的雄蛾与处女蛾交配（郭秀洋等，2001）。

一般认为精子介导是利用精子头部正电荷捕获具负电性的外源 DNA，从而在受精过程中将外源 DNA 一并带入受精卵（Shamila，1998）。有试验报告指出，兔、小鼠、猪、牛、羊、鸡、人等的精子具有吸取外源 DNA 的能力。吸收的速度在 20 min～1 h。把外源 DNA 用同位素或荧光素标记 DNA 探针后，可以探出 DNA 已进入精子头部。研究者实验证明 DNA 确实能与精子结合，并且有一部分 DNA 进入精子头部。Nakanishi 等研究表明使用电穿孔方法可以提高 DNA 与精子结合的效率，可能因为电穿孔可以利用高电场暂时性破坏精子质膜，使外源DNA 比较容易进入细胞内。

由于精子能够极准确地游向雌原核并与之结合，因此，若以精子为载体可将外源基因较顺利并正确地输送到相应细胞的位置，且操作简单易行，不需昂贵设备，一次注射，有可能产生很多转基因蚕，具省时、省力、高效等特点。明显的缺点是可重复性差，转基因大多以附加体形式存在，同时此种注射也需要专门的特殊训练。如果能对精子介导从技术上再进行改进和完善，相信在家蚕转基因研究中一定会有更好的发展前景。

2.2.8　重组病毒介导法

由于苜蓿银纹夜蛾核型多角体病毒（AcNPV）能感染家蚕，其 DNA 进入细胞核但不会大量复制从而不会引起细胞死亡，因此其具有将外源基因导入细胞并通过基因打靶使外源基因整合进家蚕染色体的潜力。但是病毒侵染的受体往往是早期胚胎，不是受精卵，所以第一代个体中一般嵌合体多。并且，由于受病毒衣壳大小的限制，被导入的外源 DNA 通常不能超过 15 kb。此外，尚需考虑复制型病毒载体的不利影响。

Mori 等（1995）首次用重组病毒将外源基因导入方法在蚕蛹上获得成功。他们将果蝇（*Drosophila melanogaster*）的 *hsp* 启动子控制下的 *luc* 报告基因克隆进 AcNPV，再将构建的重组病毒注射入蚕蛹，最终成功将外源基因导入家蚕基因组并传到了下一代。此后，森肇（1998）、山尾真史（1998）、Yamao 等（1999）也分别在 1998 年和 1999 年以 AcNPV 介导，实现向家蚕基因组的基因打靶（gene targeting）。河本夏雄（1999）在一次日本蚕丝学会会议中发表了利用反转录病毒将 *gfp* 导入蚕体，并对 G_0 代 5 龄幼虫 DNA 进行了 PCR 检测，发现病毒载体以高频率侵入了家蚕胚细胞并进行了反转录的结果。

Komoto 在 2000 年正式发表关于构建来自于莫洛尼氏鼠白血病病毒、带有 GFP 报告基因的假型反转录病毒载体。将此载体注射进蚕卵后，发现病毒基因组在蚕的发育过程中可以被反转录并扩增，反向 PCR 实验结果显示该载体中的序列被整合进家蚕基因组（Komoto 等，2000）。

Yamamoto 等（2004）将在果蝇热激启动子驱动下转座酶基因构建为专用的 AcNPV 重组病毒的 helper，另一个重组 AcNPV 装载了由 *B. mori* Actin 启动子控制的 *gfp* 基因，并且侧

翼有 *piggyBac* 的反向重复序列,结果获得了转基因的 G_0 代,并且在 G_1 代的转基因蚕中用 PCR 验证了插入的外源 DNA 序列,在 G_2 代蚕中还能观察到荧光。

2.2.9　性腺注射

精巢注射法是在家蚕即将上簇前 48 h,用水或乙醚将雄蚕麻醉,在无菌条件下,用 70% 的乙醇溶液对其表皮进行消毒处理后,用刀片划开第五节背面两侧表皮,暴露出一对乳白色的精巢,用显微注射针将外源 DNA 注入精巢中,然后用抗生素混合液进行消毒处理,最后用石蜡或低熔点琼脂糖胶封住伤口。羽化后的雄蛾再与雌蛾进行交配。

2.3　家蚕转基因的载体

目前已知的昆虫转座子主要有:P-转座子、*minos* 转座子、*hobo* 转座子、*Mosl(mariner)* 转座子和 *piggyBac* 转座子等(Tamura 等,1990)。虽然这些转座子都有转座的功能,通过其中的一些转座载体还获得了转基因昆虫,但在家蚕转基因研究中应用的只有 *minos* 转座子(神田俊男和田村俊树,1991)和 *piggyBac* 转座子,其中 *piggyBac* 转座子在家蚕转基因研究中比较普通,已有较多的成功报道,应用也趋于成熟(Tamura 等,1990)。

2.3.1　基于 *piggyBac* 转座子的转基因载体

piggyBac 转座子最初在鳞翅目昆虫中发现,最近的研究表明该转座子序列似乎普遍存在于动物中。*piggyBac* 在遗传操作上的重要性已得到很多人的欣赏,很多实验证明 *piggyBac* 是动物转化非常重要的工具,特别是在双翅目、鳞翅目、鞘翅目昆虫中,并且还能在哺乳动物(人和老鼠)以及老鼠生殖系中实现转座。

Fraser 等于 1983 年发现杆状病毒(AcMNPV)在 TN-368 细胞增殖复制时自然发生一种空斑形态突变,对该突变进行遗传分析时发现在病毒基因组中插入了来源于宿主的 DNA 片段,其中一些似乎是转座子。Handler 等于 2002 年在杆状病毒(baculovirus)侵染粉纹夜蛾(*Trichoplusia ni*)TN-368 细胞株系时首次分离得到了该转座子(Fraser 等,1983),该转座子属于第二类转座子。*piggyBac* 是个自主因子,全长 2.4 kb,含有 1 个 RNA 聚合酶Ⅱ启动子区和一个聚腺苷酸信号,该信号的侧面是一个约 2.1 kb 开放读码框(open reading frame,ORF),编码一个单一的长约 2.1 kb 的转录产物,即一个 68 ku 的转座酶,该转座酶为转座子高频率的切出和转座所必需。*piggyBac* 转座子的末端是长 13 bp 的反向重复序列(inverted terminal repeat,ITR),反向重复序列的 5′-末端为 2~3 个 C,3′-末端为 G,同时两端还不对称地分布着 19 bp 长的内部反向重复序列(IR)(Elick 等,1996),*piggyBac* 转座子在染色体的插入位点总是 TTAA,因而被归纳为 TTAA-特殊的可转移因子家族。*piggyBac* 转座子的准确切除会伴随着转座,在转座时,能够把外源基因导入基因组中,并且能在新基因组中表达。研究发现,*piggyBac* 转座子的转座不受物种和生殖种系的限制,携带的基因没有大小的限制,具有较广泛的适应范围。然而在 *piggyBac* 骨架表达载体中,两个臂(pBacR 和 pBacL)的长短对转化效率有重要影响,其中两臂组合为 1 050 bp 和 674 bp 的 *piggyBac* 骨架载体在家蚕中的转化率较为理想(徐汉福,2008)。

以转座子为基础构建转基因载体时,通常可以将外源基因插入转座子编码转座酶的序列内构成一个基因转移载体,利用载体本身内部的一个转座酶表达盒所表达的转座酶实现对外源基因的切出及转入宿主基因中,为了提高转移载体的装载容量,把整个转座酶编码区去掉,可以提高质粒的转染效率,而所需要的转座酶可以通过再构建一个表达转座酶的辅助质粒作为转座酶的供体,将这两种质粒同时导入受体昆虫,由辅助质粒提供转座酶,将引发基因转移载体中携带外源片段的转座子序列发生转移,插入宿主基因组内,得到外源基因稳定整合的转基因昆虫。自发现以来 *piggyBac* 转座子载体已经被用来转化了双翅目、鳞翅目、鞘翅目和膜翅目等很多昆虫(徐汉福等,2004)。目前,根据不同的研究需求已构建了多种不同类型各具特色的转基因载体。

2.3.1.1 基于 *piggyBac* 转座子的 Actin-GFP 载体

2000 年由 Tamaura 等基于 *piggyBac* 转座子构建了相应的载体,报告基因 *gfp* 基因被置于 A3 启动子的控制下,其后有一个 SV40 的多聚腺苷酸(polyA)加尾信号。转座酶由另一供体质粒提供,也处于 A3 启动子的控制下(图 2.1)。由于转基因载体中带有 *gfp* 报告基因,大大方便了转基因家蚕的筛选。但是,从现在的研究来看,这种载体也存在一定的缺点,主要是荧光的强度不高,不便于在卵期开展筛选。

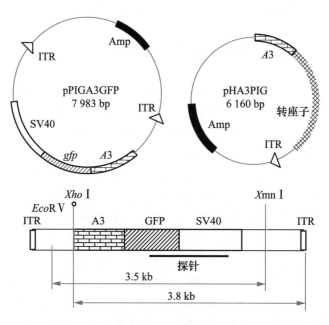

图 2.1 基于 *piggyBac* 转座子的 Actin-GFP 载体(Tamura 等,2002)

谢敏(2009)在此基础上,构建以家蚕热休克蛋白 hsp20.4 启动子控制来自于杆状病毒的 *egt* 基因的转基因载体,以转基因载体进行初步的家蚕转基因试验,幼虫 5 龄 1 d 观察到 2 条蚕体表具有绿色荧光斑点。2006 年曹广力等报道了将由家蚕核型多角体病毒 *ie*1 基因启动子控制下的 h*GM-CSF* 基因克隆到 pigA3GFP 载体中,构建了家蚕转基因载体 pigA3GFP[IE-GMCSF],利用压力渗透法和精子介导法将其与辅助质粒 helper pigA3 一起导入家蚕蚕卵,获得产生绿色荧光的家蚕,次代产生荧光蚕的比例分别为 0.17% 和 0.15%。将次代荧光蚕与正常蚕交配后代(G_1)的荧光蚕个体再相互杂交,连续进行多代选育,最终获得了稳定遗传的转 hGM-CSF 转基因家蚕品系(曹广力等,2006)。

有意思的是,杨惠娟等(2008)构建了缺失 A3 启动子的 $egfp$ 报告基因的 $piggyBac$ 转基因载体,通过注射方法获得了家蚕 Nistare 品种的转基因家蚕,以此平台用来研究启动子的组织特异性。

2.3.1.2 基于 $piggyBac$ 转座子的 3×P3-EGFP,EYFP,ECFP 增强型载体

Wimmer 实验室以 3 个串联的眼和神经系统特异性转录因子 PAX-6 结合序列组成的人工启动子 3×P3 控制 $egfp$、$eyfp$(enhanced yellow fluorescent protein)、$ecfp$(enhanced cyan fluorescent protein)构建的 $piggyBac$ 转座子载体(Horn 和 Wimmer,2000)。以该种载体获得的转基因家蚕在孵化前即可通过荧光观察筛选,从而,减轻了大量饲养家蚕幼虫的工作量(Sheng 等,1997)。现在以 3×P3 为启动子控制的 $egfp$ 基因或 $dsRed$ 基因作为报告基因的研究报道已非常普遍。由于 3×P3 启动子的特性,使得表达的报告基因在蚕卵中非常容易得到观察。代红久利用受含有 Pax-6 结合位点的 3×P3 启动子控制 $egfp$ 基因作为筛选标志,并能在家蚕的眼部组织中特异性表达的特性,将荧光筛选质粒和 $piggyBac$ 转座子表达质粒被以混合物的形式显微注射到家蚕受精卵,获得出生的 G_0 代蛾子 700 个,互相交配后,利用 EGFP 荧光筛选获得 111 个独立的转基因系。大部分转基因系在基因组上携有 2 个或多个插入拷贝,并且其中转基因的表型稳定遗传 6 代以上。对插入位点的序列鉴定发现,其插入位点两侧具有特异性 TTAA 序列,证实转基因的插入受到 $piggyBac$ 转座子的调控(代红久等,2005)。

陆杰分别将由 $ie1$ 启动子驱动和 A4 启动子驱动的 $Bmlipase$-1 克隆进带有 3×P3 驱动 EGFP 为报告基因的 $piggyBac$ 载体,经显微注射成功获得 $ie1$ 启动子启动 $Bmlipase$-1 表达的 iel+$lipase$-1 转基因系和 A4 为启动子启动 $Bmlipase$-1 表达的 A4+$lipase$-1 转基因系,基因表达量分析表明,转基因系统的病毒抗性蛋白 $Bmlipase$-1 的表达量明显高于非转基因系统。用 ID_{50} 统计对转基因系统进行病毒攻击的结果分别为 $2.66×10^4$ 和 $3.46×10^4$。结果显示,较之于非转基因系统,转基因系统对 BmNPV 的抗性均呈现不同程度的提高(陆杰,2009)。段建平将人脑源性神经营养因子($hBDNF$)基因克隆进带有增强型绿色荧光蛋白(EGFP)为筛选标记 $piggyBac$ 转座表达载体中形成 pBac[SerlhBDNF-3×P3EGFP]转基因载体,并注射入家蚕早期胚胎,在 G_0 代筛选获得了 54 头转基因阳性个体。RT-PCR 结果表明,$hBDNF$ 在 3 个转基因家蚕品系的丝腺中均有较高水平的表达,在转录水平上的表达并无明显差异。但 $hBDNF$ 在 3 个转基因品系中的插入位置不同,分别位于第 4 号、6 号和 16 号染色体上(段建平等,2009)。

2.3.1.3 基于 $piggyBac$ 转座子的 Actin-dsRed-HSP-GENE 类型

Tony 等于 2002 年构建了以红色荧光蛋白基因为报告基因的 $piggyBac$ 转基因载体,通过对红色荧光的观察可以方便地区分转基因结果,同时在转基因载体引进可诱导启动子控制外源目的基因的表达盒(图 2.2)(Tony 等,2002),这一设计为研究外源基因的超效表达提供了方便。

2.3.1.4 基于 $piggyBac$ 的丝胶启动子控制外源基因的转基因载体

以丝胶 $Ser1$ 启动子控制人血清白蛋白(human serum albumin,HSA)基因下游带有 fib-

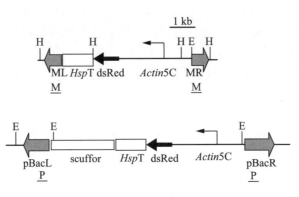

图 2.2　基于 *piggyBac* 的 **Actin-dsRed-HSP-GENE** 载体（Tony，2002）

L 来源的 polyA，为了增强转录活性，载体中同时克隆进 BmNPV 来源的增强子 *hr3* 以及 *Ser1* 启动子控制下的 *ie*1 基因（Ogawa 等，2007）。该类载体（图 2.3）可以实现外源基因在家蚕中部丝腺特异性表达。

2.3.1.5　基于 *piggyBac* 的丝素轻链基因融合表达转基因载体

在 Tony 的研究基础上，Tomita 等报道了以 3×*P*3 启动子控制红色荧光蛋白报告基因在眼睛中特异性表达，将丝素蛋白轻链基因（*fib*-L）融合目的基因（图 2.4），实现了在家蚕丝腺组织中表达外源基因（Tomita 等，2003）。

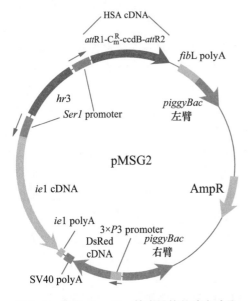

图 2.3　**基于 *piggyBac* 转座子的丝胶启动子转基因载体（Ser-1 型）**（Ogawa 等，2007）

注：带有 3×*P*3 启动子和 SV40 polyA 信号的 *DsRed* 表达元件；带有 *ser*1 启动子和 *ie*1 polyA 信号的 BmNPV *ie*1 表达元件；BmNPV *hr3* 增强子及 *ser*1 启动子位于 *att*R1 上游，在 *att*R2 下游丝素轻链的 polyA 信号，HSA 按箭头方向克隆进 *att*R1 与 *att*R2 间。

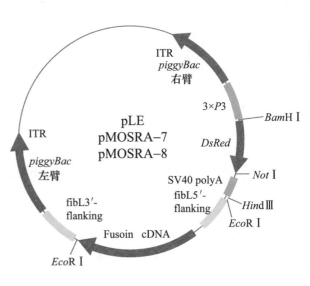

图 2.4　**基于 *piggyBac* 转座子的 3×P3-dsRed-fibL-GENE 转基因载体**（Tomita，2003）

2.3.1.6　基于 *piggyBac* 转座子的丝素重链基因融合载体

Kurihara 等以 *fib*-H 融合 FeIFN(feline interferon,猫科动物干扰素)基因构建基于 *piggyBac* 的转基因载体(图 2.5)。FeIFN 基因融合于 *fib*-H 上游序列(N-terminal domain, NTD)和下游序列(C-terminal domain,CTD),因 NTD 长短不同区别为 NTD-1 和 NTD-2-long(Kurihara 等,2007)。

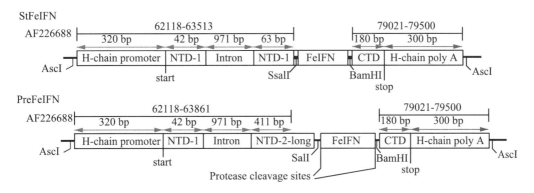

图 2.5　基于 *piggyBac* 转座子的丝素重链转基因载体(**fib-H** 融合型)(Kurihara 等,2007)

注:AF226688,丝素重链基因的 GenBank 登录号;62118-63513、79021-79500,片段在 AF226688 序列中的区域;H-chain promoter,H-链启动子;NTD,*fib*-H N 端结构域;CTD,*fib*-H C 端结构域;Intron,内含子;FeIFN,猫科动物干扰素;H-chain polyA,H-链加尾信号。

利用家蚕丝腺能高效合成蛋白质的特性,李春峰等(2009)利用 *piggyBac* 来源的两种载体 pPIGA3GFP 和 pBac{3×P3-EGFPaf}将一株黑曲霉来源的植酸酶基因插入后构建了 pBac[3×P3-EGFP+FibLphyA DsRed]表达载体,注射蚕卵后,在 53 个 G₁ 蛾区中检测到 3 个有荧光蚕的蛾区。Southern blotting 和反向 PCR 验证结果证实转基因表达盒整合到家蚕染色体上。RT-PCR 结果显示植酸酶基因特异性地在后部丝腺表达,且表达模式与家蚕轻链丝素基因一致。

2.3.1.7　基于 *piggyBac* 转座子的双元系统(GAL4/UAS)

GAL4(依赖于半乳糖的激活蛋白 4)是来自酵母的一个转录激活因子,UAS(Upstream Activation Sequence,上游激活序列)是人工得到的含有 5 个 GAL4 最佳结合位点的序列,UAS 下游基因可以被 GAL4 蛋白激活而转录。该系统中要建立两个转基因家蚕品系,一个是 A3、3×P3 或者 *fib*-L 等组织特异性启动子控制 *GAL4*,另外一个是 UAS 控制的报告基因以及需研究的目的基因(图 2.6)。两个品系杂交,其后代便可组织特异性启动表达报告基因以及所需研究的目的基因。GAL4/UAS 的双元系统于 2005 年由 Tan 等(2005)建立。该系统的建立为精确控制外源基因的时空性表达提供了新的方法。

代红久将编码 *egfp* RNAi 或 GAL4 转录调控因子的 DNA 序列载体分别与辅助质粒一起注射到家蚕的胚胎,得到激活系与受激活系转基因家蚕。分子生物学分析激活系转基因家蚕显示 *GAL4* 存在高水平的表达。荧光检测来源于激活与受激活系成虫交配后得到的后代胚胎,发现 EGFP 的荧光表达明显下调,而在相应的对照胚胎中没有变化,证实该系统获得预期效果。再利用 *piggyBac* 介导的转基因技术和果蝇热休克蛋白 70 基因表达框,在家蚕中建立热休克诱导的条件性 RNA 干扰方法。选择转基因 *egfp* 和内源性基因蜕壳激素(eclosion

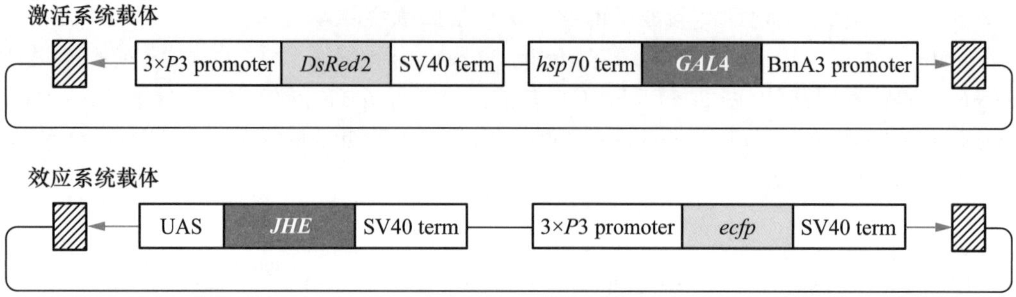

激活系统载体

| | 3×P3 promoter | DsRed2 | SV40 term | hsp70 term | GAL4 | BmA3 promoter | |

效应系统载体

| | UAS | JHE | SV40 term | 3×P3 promoter | ecfp | SV40 term | |

图 2.6　基于 *piggyBac* 转座子的双元转基因载体（Tan 等，2005）

注：上图为激活系统载体（activator constructs）pBac{A3-GAL4 - 3×P3-DsRed2}的结构，含有完整的家蚕 A3 启动子控制酵母转录激活因子 GAL4 基因的表达盒，标记基因 DsRed2 由 3×P3 启动子控制。下图为效应系统载体（effector constructs）pBac{UAS-JHE-3×P3-ECFP}的结构。含有 GAL4 的 DNA 结合基序（UAS），目的基因 BmJHE 位于 UAS 元件的下游。标记基因 *ecfp* 由 3×P3 启动子控制。箭头示 *piggyBac* 转座子的末端反转重复序列，斜纹盒为靶序列 TTAA。

hormone，EH）用于测试 RNA 干扰的效率和专一性。此外还构建了抑制 *egfp* 和 *EH* 的 RNA 干扰的载体，制备 RNA 干扰 *egfp* 和 *EH* 的转基因家蚕。42℃热休克诱导之后，专一性地抑制了 EGFP 和 EH 的表达。在蛹期，*EH* 基因表达的下调导致蛹-成虫的羽化缺陷，影响依赖于热休克诱导，这种影响是可遗传的，并且这种影响并不存在于受同样条件热休克诱导的野生型和 RNA 干扰 *egfp* 的转基因家蚕中。利用 *piggyBac* 介导的转基因技术和果蝇热休克蛋白 70 基因表达框，UAS/GAL4 双系统，在家蚕中条件性 RNA 干扰 *ETH* 基因的表达。2 龄幼虫经过 42℃热休克处理之后，3 龄、4 龄幼虫蜕皮行为延期，并导致 5 龄幼虫蜕皮受阻，最终死亡。激活系和受激活系的后代 2 龄幼虫蜕皮受阻，导致死亡（代红久，2007）。UAS/GAL4 双系统为条件性开启某些基因提供了极好的途径，特别对一些致死或影响繁殖相关的基因研究。

马俐于 2011 年报道了将丝素轻链启动子控制的 *GAL4* 基因克隆进带有 3×P3 驱动 *DsRed2* 基因的 *piggyBac* 载体中，通过注射蚕卵获得转基因家蚕系，再将 UAS 控制下的 *Ras1*[CA]基因克隆进带有 3×P3 驱动 *egfp* 基因的 *piggyBac* 载体中，通过注射蚕卵获得另一转基因家蚕系，将该两个转基因家蚕系进行杂交后，使得 *Ras1*[CA]基因在此杂交后代中过表达，从而造成转基因家蚕杂交后代的后部丝腺轻度肿瘤化，整个丝腺组织变大，丝腺细胞增大，细胞合成蛋白能力也大为增强。获得的转基因家蚕杂交后代的丝产量增加了 60%，而桑叶消耗仅增加了 20%（Ma 等，2011）。

2.3.1.8　基于 *piggyBac* 转座子的含 *neo* 基因的转基因载体

由于转基因蚕筛选的工作量巨大，为提高转基因蚕的筛选效率，方便筛选，将 *piggyBac* 转座子载体上加入了对 G418 有抗性的 *neo* 基因（图 2.7）。当外源基因被导入到细胞或蚕的基因组后，会对 G418 产生一定的抗性。该载体的优点在于 G418 的药物筛选作用与绿色荧光蛋白观察结合起来，在初期就可以用 G418 进行筛选，进而再配合绿色荧光的筛查。

薛仁宇等将 *ie*1 控制的 *neo* 基因克隆进 *piggyBac* 构成了能产生 G418 抗性的转基因载体（图 2.7），并利用 G418 对转化细胞进行了筛选（薛仁宇等，2008）。

利用 G418 对 G₀代用不同外源基因导入方式处理后，对孵化的蚕进行筛选的结果见

表2.2。

结果显示即使用浓度为 10 mg/mL 的 G418 对先注后交的处理组筛选 4 d,最后也没有能获得转基因蚕。扎卵法导入组经同样筛选没有能够获得最终存活蚕。先注后交与基因枪轰击联合组,经表中所描述的 G418 筛选,也没有蚕能最终存活。而以先交后注的实验组中,用 G418 筛选的强度增加了,最终存活的 5 龄蚕在荧光体视镜下均能观察到绿色荧光,当用 30 mg/mL G418 增加筛选 1 d,结果显示从约 1 500 头蚕中有 43 头蚕具有绿色荧光,但顺利化蛹并出蛾的只有 1 头,尽管以这种方法筛选的效率很高,但转基因蚕在这种强度的 G418 筛选下存活率非常低。同样以先交后注的方法进行基因导入,因不再用 30 mg/mL 的 G418 筛选,其筛选的效率有所降低,所有被筛选过的蚕存活率高了,最终化蛹并出蛾的有 3 头,且经 DNA 鉴定证实均为转基因蚕。显然有一些不能发荧光的蚕也能存活到 5 龄,但最终却无法化蛹。由于用 G418 筛选的结果是与外源基因导入方法相关联的,其结果不能单一地总结为对 G418 筛选单纯影响。并且,值得引起注意的是,在 G418 筛选过程中,绝大部分蚕会死亡,其中一部分是死于发育不正常,还有一部分是

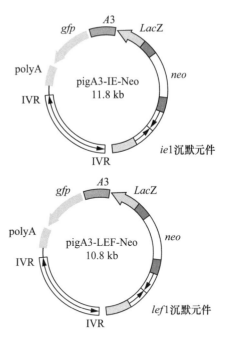

图 2.7 带有 *neo* 表达盒的 *piggyBac* 转基因载体(薛仁宇等,2008)

表 2.2 用 **G418** 对转基因蚕进行不同筛选的结果

外源基因导入方式	孵化数	筛选处理方式	至 5 龄存活数	至 5 龄荧光蚕数	化蛹数	出蛾数
先注后交,基因枪轰(1)	22	10 mg/mL,4 d	0	0	0	0
扎卵	7	10 mg/mL,4 d	0	0	0	0
先交后注(1)	约 1 900	10 mg/mL,4 d 20 mg/mL,1 d 30 mg/mL,1 d 15 mg/mL,1 d	38	38	0	0
先注后交,基因枪轰(2)	105	10 mg/mL,4 d 20 mg/mL,1 d	0	0	0	0
先交后注(2)	约 1 500	10 mg/mL,4 d 中间停 1 d 20 mg/mL,1 d 30 mg/mL,1 d	43	43	1	1(♂)
先交后注(3)	约 500	10 mg/mL,4 d 中间停 1 d 20 mg/mL,1 d	30	21	5	3(♂)

注:先注后交为先注射转基因载体再使蛾交配,先交后注为先使蛾进行交配 3 h 后再注射转基因载体。

因 G418 的作用导致抵抗能力下降,染病死亡。

因此,他们对 G418 筛选转基因蚕的策略进行了适应改变。将筛选出的 G_0 皓月转基因蚕与正常高白进行杂交后,再用 G418 对获得的 G_1 代转基因杂交蚕进行筛选效果进行详细比较。具体筛选方法调整为蚁蚕 1 龄蜕皮前 1 d 用 15 mg/mL G418 筛选到蚕眠,2 龄起蚕再用 20 mg/mL 的 G418 筛选 1 d。在蚕发育到 3 龄、4 龄和 5 龄时进行大小蚕分拣统计(表 2.3)。被分拣出的大蚕在以后的绿色荧光检查中全部表现为阳性,表明这种筛选方法的效率比较高,而且不影响转基因蚕正常的生长。所分出的大小蚕比例接近 1:1。

表 2.3　G418 对 G_1 代转基因蚕的筛选结果

分拣龄期	A/头		B/头		C/头*	
	大蚕	小蚕	大蚕	小蚕	大蚕	小蚕
2	31	25	33	31	71	34
3	29	27	27	37	61	44
4					58	46
5	27	29	26	38	46	58
大小蚕比例/%	48.2	51.8	40.6	59.4	44.2	55.8

* 表示有 1 头大蚕发生血液型脓病。C 区在 2 龄中期再补添 G418 筛选一次。

从筛选的结果中可以发现,杂交 G_1 代转基因蚕最终大小比例大致为 1:1,蚕的大小从 3 龄开始可能明显区分。由于蚕体大小差异明显,所以很容易从群体中分离得到对 G418 呈抗性的蚕。进而可以进行进一步的分子鉴定工作。

将经过 G418 筛选后发育到 3 龄的蚕通过大小差异分拣出来的生长较快的蚕置于荧光显微镜下观察,结果发现部分蚕能够发出绿色荧光,这些蚕化蛹后或羽化后仍能观察到绿色荧光。随机取一头经 G418 筛选后长至 5 龄、个体较大但没有能正常化蛹的蚕进行解剖,分别观察其丝腺,结果发现丝腺部分全部能发出绿色荧光(薛仁宇,2009)。这样不仅减少了 G418 的用量,也提高了对转基因蚕的获得率。

Zhao 等(2009)将家蚕丝胶基因启动子驱动的 hIGF-I 基因及 ie 控制下的 neo 基因分别克隆进了 piggyBac(图 2.8),同样用 G148 筛选后,可获得相应的转基因细胞和转基因家蚕,酶联免疫反应测定显示外源基因得到成功表达并具有生物学活性。显然联合了荧光报告基因及抗生素抗性基因 neo 后,在前期阶段就可以开始对转基因蚕的初步筛选工作,从而不仅极大地减少了养蚕的工作量,也大大简化了转基因家蚕的初步筛选和甄别工作。

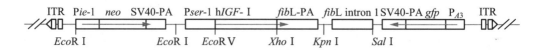

图 2.8　加入 *neo* 及 **h IGF-I** 表达盒的 *piggyBac* 转基因载体(Zhao 等,2009)

注:ITR,反向末端重复序列;P_{A3},家蚕 A3 启动子;gfp,绿色荧光蛋白基因;SV40-PA,SV40 polyA 信号;fib L intron 1,丝素轻链第一内含子;fib L-PA,丝素轻链 PolyA 信号序列;hIGF-I,人类胰岛素因子 I 基因;P_{ser}-1,ser1 启动子;neo,新霉素抗性基因;P_{ie-1},家蚕杆状病毒 ie1 启动子。

2.3.2　基于 *minos* 转座子的转基因载体

Minos 转座子是从海德尔果蝇（*D. hydei*）中分离得到的，并首次应用于果蝇以外的昆虫转基因。*Minos* 转座子长度为 1.4 kb，具有较长的 100 bp 的末端反向重复序列对（缪云根，2004）。

Shimizu 在 2000 年报道了将无内含子的 *minos* 转座酶基因克隆到辅助质粒中，与含待转移基因的质粒一起注射于家蚕的前胚盘胚胎，得到少量转基因家蚕。序列分析发现 *minos* 元件偏爱插入 TA 核苷酸处，但插入位点两侧的序列不固定。

基于 *minos* 转座子的家蚕转基因载体（图 2.9）由 Uchino 以类似于 *piggyBac* 转座子的方法构建，并首次成功应用于家蚕转基因（Uchino 等，2007）。

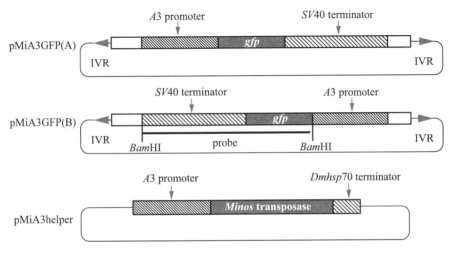

图 2.9　**基于 *minos* 转座子的转基因载体**（Uchino，2007）

注：A3 promoter，家蚕 A3 启动子；SV40 terminator，SV40 终止区序列；Dmhsp70 terminator，果蝇 *hsp*70 基因终止区序列；IVR，*Minos* 反向末端重复序列；*gfp*，绿色荧光蛋白基因。

2.3.3　基于 *mariner* 转座子的转基因载体

*Mos*1 元件属于 *mariner* 转座子家族果蝇次级家族。首次发现于毛里求斯果蝇（*D. muritina*）。长 1 286 bp，末端有 28 bp 不完整的反向重复，中间是编码 346 个氨基酸的转座酶基因。现在人们已在昆虫纲的鳞翅目、双翅目、鞘翅目、革翅目、缨尾目、蚤目等中发现了 *mariner* 转座子。

mariner 属于 DNA 介导的转座元件，它的转座机制与 P 因子相似，也是遵循一种"剪切-粘贴"的转座机制。其转座作用只与转座酶有关，与品种特定的宿主因素无关。*mariner* 转座子在转座时依赖其自身编码的转座酶结合在两端的反向重复序列上，将转座子从供体位点上切割下来，切除时常在 3′ 末端留下 3 bp 的反向重复；在供体位点留下的缺口通过宿主自身的缺口修复机制修补。切割下来的转座子插入到靶序列的 TA 处，并导致 TA 的重复。插入位点两侧的序列没有特别同源的地方。

Wang 等(2000)报道了他们用 $Mos1$ 元件成功地将外源基因转入家蚕 BmN 细胞中,表明 $Mos1$ 元件可应用于家蚕等鳞翅目昆虫的种系转移。

2.3.4 基因打靶载体

基因打靶技术以同源重组为基础,通过同源重组将外源基因定向地融合进靶细胞基因组中的某个位点,自 20 世纪 80 年代后兴起(Thomas 和 Capecchi,1987),人为地对某一预先确定的靶位点进行定点突变,可以达到定点修饰改造染色体上某一基因的目的。与 $piggyBac$ 转座子相比其特殊的优点是克服了随机整合的盲目性和危险性,因此是一种理想的修饰和改造生物遗传物质的方法。

Yamao 等(1999)将 gfp 基因与 fib-L 的第 7 外显子融合,构建含有丝素蛋白轻链基因的 5′端序列-gfp 序列-轻链基因 3′端序列的重组 AcMNPV,通过 gfp 两边的丝素轻链基因作为同源重组臂将 gfp 基因打靶进蚕卵母细胞基因组丝素轻链中,得到转基因蚕,检测确证 gfp 基因在丝素轻链第 7 外显子中得到融合表达。Zhang 等(1999)曾以家蚕丝心蛋白重链基因的 5′和 3′端部分序列为同源臂构建基因打靶载体,对重链基因进行打靶处理,所获得的转基因蚕不能吐丝和传代,并认为该结果可能与其二硫键的改变有关。随后,赵昀等对载体进行了改进,构建以丝素蛋白重链基因构建带有 gfp 报告基因的基因打靶载体,获得转基因蚕,并通过 ELISA 和 Southern blotting 实验进行了确认。

朱成钢等(2002)用 PCR 克隆了丝心蛋白轻链基因的 5 kb 和 0.5 kb 两个片段。再将加上凝血酶识别序列后的 gfp 基因克隆进克隆轻链基因 5 kb 和 0.5 kb 两个片段中间,使 gfp 基因具有正确的读码框,能和轻链蛋白融合表达。将这一融合的大片段克隆到 pBacPAK8 转移载体上,构建成一种新型的转基因家蚕打靶载体 pBacFL53TG,用于家蚕丝腺生物反应器的研究。

薛仁宇等将丝素轻链第 5 外显子 3′末端 89 bp、整个第 5 内含子以及第 6 外显子 5′末端的 29 bp 总共约 1.2 kb 的片段作为同源左臂,第 7 外显子 3′末端 406 bp 及其下游的 98 个碱基共约 0.5 kb 的片段作为同源右臂,将带有增强子的丝素重链启动子控制下的 hGM-CSF 克隆在这两个片段中,构建基因打靶载体,通过基因打靶将 hGM-CSF 整合进家蚕丝素轻链基因中,在 G_3 代转基因家蚕后部丝腺中可以检测到表达的 hGM-CSF,在 G_5 代转基因家蚕中可以检测到转入的外源基因;并且将此后部丝腺制成冻干粉通过口服对实验模型小鼠有明显的提升白细胞数目的功能(Xue 等,2011)。

2.3.5 其他类型载体

除上述两种转基因载体系统外,也有报道用 YAC 载体、反转录病毒等载体进行家蚕转基因的研究报道。李振刚用天蚕丝基因的 YAC 库介导天蚕丝基因整合于家蚕基因组中,获得绿茧转基因家蚕(李振刚等,1995)。河本夏雄利用反转录病毒的 LTR 序列将 gfp 基因导入家蚕体细胞,并对 G_0 代 5 龄幼虫进行了 PCR 检测,发现病毒载体以高频率侵入了家蚕胚细胞并转录成 cDNA(河本夏雄等,1999)。

pIZT/V5-His 是一种既非转座子也非打靶类型的转基因载体,该载体利用黄杉毒蛾核型多角体病毒(*Orgyia pseudotsugata* nucleopolyhedrovirus, OpNPV)的 *ie*1 和 *ie*2 启动子分别控制 Zeocin-GFP 的融合表达与外源基因的表达, 当构建好的重组质粒转染细胞后, 通过一定浓度的博莱霉素筛选可获得能表达外源基因的稳定转化细胞。该载体由 Invitrogen 公司开发, 适用于转化舞毒蛾、粉纹夜蛾、果蝇、蚊的细胞。近年来的研究表明 pIZT/V5-His 载体还可用于家蚕的 BmN 细胞以及直接用于家蚕转基因。

郭学双等(2010)报道了将红色荧光蛋白基因重组进 pIZT/V5-His 并转化家蚕 BmN 细胞。经抗生素持续筛选结果获得了能同时发出绿色荧光和红色荧光的 BmN 稳定转化细胞。同年陈慧梅等(2010)也报道了将家蚕核型多角体病毒极早期基因(*ie*1)启动子控制的人粒细胞-巨噬细胞集落刺激因子(hGM-CSF)基因的表达盒克隆至 pIZT/V5-His, 获得重组载体 pIZT-IE-hGM-CSF, 该载体转染家蚕 BmN 细胞后, 通过吉欧霉素(Zeocin)筛选获得稳定转化细胞系 IE-hGM-CSF。转基因细胞基因组经 PCR 鉴定, 可成功检测到 ie-hGM-CSF, Western blotting 分析结果显示转化细胞表达的重组 hGM-CSF 的大小为 22 ku, ELISA 检测结果显示 hGM-CSF 在转化细胞系里的表达水平大约为 2 814.7 pg/10^6 个细胞。崔琳琳等(2011)首次利用重组的 pIZT/V5 载体进行家蚕转基因尝试。他们将 hIL-28A 基因克隆进 pIZT/V5-His 载体, 构建了重组载体 pIZT/V5-His-hIL-28A; 利用精子介导法将该重组载体导入家蚕卵, 通过绿色荧光筛选并结合 PCR、DNA 杂交等分子鉴定, 证实成功获得了转基因家蚕; Western blotting 结果显示转基因家蚕表达重组 hIL-28A 的分子质量为 25 ku, ELISA 检测结果显示, hIL-28A 在 G_3 代转基因蚕、后部丝腺、脂肪组织冻干粉中的含量分别为 0.198 ng/g、0.320 ng/g 和 0.238 ng/g。表明通过非转座子载体介导可以将外源基因导入家蚕体内的基因组, 并实现外源基因的持续表达。

在现有的家蚕转基因技术中, 同源重组是可以实现定向插入外源基因的策略。但是, 通常在自然条件下发生同源重组实现某一特定位点的突变率仅为 10^{-6}。因此, 单纯的同源重组仅依靠同源染色体的随机交换, 其发生频率很低。如此低下的重组效率会极大地增加在转基因实际操作中包括基因导入、转基因个体筛选等方面的工作量。同时在构建同源重组时, 必须将相当长度的同源臂克隆进载体以形成同源重组载体, 这样势必大大增加载体的长度, 显然在导入家蚕卵的体积量一定的前提下, 过大的载体是不利的。

1996 年 Kim 等发现, 将已知的识别特异 DNA 序列的锌指结构与限制性内切酶 *Fok* I 中无特异性识别作用的切割结构域通过一个"linker"串联后, 可以组合成一个新的由锌指蛋白识别靶向序列的特异限制性内切酶——锌指核酸酶(zinc finger nuclease, ZFN)(Kim 等, 1996)。其识别和切割位点由其中的锌指结构决定, 切割作用由 *Fok* I 中的切割域完成。根据修复 DNA 双链断裂(double strand break, DsB)的主要途径是同源重组; 反之利用提高 DsB 也能一定程度上提高同源重组准确修复 DsB 损伤几率的原理(Paques 和 Haber, 1999; Syminton 等, 2002; West 等, 2003), 利用人为产生的 DsB 会有效激发利用同源重组产生的 DNA 修复, 从而提高基因组定向修饰的效率。锌指核酸酶(ZFN)的出现给基因组定向修饰技术带来了希望, 它能够通过锌指蛋白识别特异的 DNA 靶向序列, 并在此特异位点利用非特异性核酸内切酶产生一个 DNA 双链切口, 而后激发细胞固有的 DNA 修复机制通过同源重组或非同源末端连接修复切口, 从而达到 DNA 靶向修饰的目的(Porteus 和 Carroll, 2005; Wu, 等, 2007)。锌指核酸酶技术不仅将基因组靶向修饰的效率提高了 3~5 个数量级, 而且具有极高的特异性(Cathomen, 2008)。

人工构建的具有特异性的 ZFN 应由两部分组成：一部分是具有能够特异性结合到 DNA 上的锌指蛋白；另一部分是源于限制性内切酶 $Fok\text{I}$ 的一个亚基，能够无特异性地切割 DNA 双链以产生一个 DNA 双链切口。Bibikova 等早在 2002 年就设计了一对能识别果蝇黄色基因的锌指核酸酶，将此核酸酶在果蝇幼虫中进行表达，结果导致了能同时表达一对锌指核酸酶的雄性个体中有 1/2 具黄色基因突变的嵌合体的个体产生。其中有 5.7％个体发生了的完全的黄色基因突变(Marina 等,2002)。

锌指核酸酶技术一个比较出彩的地方在于它选取的是能够特异性识别三联体 DNA 片段的锌指基序(motif)而不是碱基作为识别特定 DNA 序列的基本单位。也即锌指识别的基本单位是 3 个连续的碱基，这种做法除了在思路上超越转座子和同源重组以外，还具有很多好处。首先，无论是从自身被降解角度还是从与靶 DNA 序列的结合角度考虑，锌指核酸酶本身作为一种蛋白质具有比用于同源重组的 DNA 序列具有更强的稳定性。其次，锌指磷酸酶技术的可操作性相当强。以家蚕基因组为例，其基因组大小约为 432 Mb，当 4 种碱基排列的长度平均达到 14～15 个核苷酸链的长度的探针时可以保证识别的序列在家蚕基因组中具有相当高的特异性($4^n = 4.32 \times 10^8$，$n \approx 14.344$)，以锌指基序作用识别序列作为基本单位计算，只需要单一的一个 5 个锌指串联，或者是两个分开的 3 个锌指串联。为了提高锌指核酸酶切割位置的准确性、降低锌指核酸酶由于错误识别则来带来的细胞毒性，Miller 等(2007)将 $Fok\text{I}$ 进行改造，分别形成两个不同的异型单体，并仅当两个异型单体的 $Fok\text{I}$ 相结合时才具有 DNA 切割活性。将两个异型单体分别与两个分别识别待切割序列两边的锌指相串联，只有当位于两边的锌指正确地识别了靶序列，两个异型的 $Fok\text{I}$ 才能相结合从而发挥核酸酶的切割作用。因此从理论上讲，我们可以利用这种方法完成对家蚕染色体上特定片段的识别并切割，进入通过同源重组的方式将外源基因重组进家蚕染色体中，定向地实现基因上敲除和插入操作。相信随着锌指核酸酶技术的不断成熟，家蚕转基因不久也会迎来新的突破。

薛仁宇

2.4　转基因家蚕的筛选与鉴定

利用转基因技术直接将外源目的基因引入个体，可以克服物种遗传壁垒和有限余种资源的局限，对改进育种方法，获得品质优良、抗逆或抗病品种有着深远的意义，另外，对高等动物个体形成中基因的时空表达程序及调控等研究也有着重要意义。

自 Marshall(1998)提出利用丝素启动子在丝腺中表达外源蛋白的构想之后，许多学者都在尝试构建理想的家蚕丝腺生物反应器表达载体。理想的家蚕丝腺生物反应器要求外源蛋白基因能够完整表达并且能够分泌到家蚕丝腺之中。这样家蚕丝腺之中外源蛋白的纯度就会很高，无须进行繁琐的下游浓缩、提纯处理。因此，相对于家蚕杆状病毒表达系统(baculovirus expression vecter system,BEVS)，利用家蚕丝腺生物反应器表达外源蛋白，不仅能够有效地避免 BEVS 中外源基因不可稳定传代，需反复大批量接种，工作量大，稳定性差以及表达产物难以分离纯化或分离纯化成本高等诸多难题，而且一旦外源目的基因转入家蚕以后即可能在家蚕中稳定遗传、持续表达。家蚕有着几千年的驯养历史，可大批量饲养，饲养周期短、成本低，因而更能够适应工业化发展的要求。并且，家蚕已完全驯化，在野外即使有足够的食物来源也无法存活,因而不存在转基因个体逃逸带来的安全隐患。因此,以转基因为手段的制作生产高附加值药用蛋白的转基因蚕的研究极具发展潜力。

近年来,中国和日本在家蚕转基因育种方面取得了阶段性的突破。日本农业生物资源研究所与群马县蚕丝技术中心等研究组于 2008 年 10 月 24 日宣布,他们利用转基因技术培育出能吐带绿色荧光和粉红色荧光的蚕丝。他们还培育出了一种能吐高细纤度丝的转基因蚕,该丝可以用于制造人造血管,在医学上具有较高的实用价值和市场前景。西南大学也于 2008 年 12 月份对外宣布,成功开发出一种转基因新型有色茧蚕品种;该品种蚕茧为绿色,是将绿色荧光蛋白成功地转入到家蚕基因组,并在丝腺中高量表达的结果,这是将转基因技术应用到家蚕实用性品种获得成功的例子。

2.4.1　转基因家蚕的筛选方法

制备转基因家蚕的基本步骤包括:获得目的基因,将目的基因向生殖细胞转移,受精卵的发育,转基因家蚕的筛选、鉴定及稳定系的培育。其中筛选鉴定过程从转基因家蚕的 G_0 代开始,一直延续到纯合子的获得,目前筛选的常规方法是依赖于报告基因的表达,结合外源目的基因的分子生物学鉴定进行。

2.4.1.1　标记基因

标记基因(marker gene)为已知效应的基因,能够使个体具备特定的特征并且通过生理学、形态学、生物化学或分子生物学检测能够发现其存在的基因。有选择基因和报告基因等不同类型。

选择基因(又称选择标记基因),主要是一类编码可使抗生素失活的蛋白酶基因,这种基因在执行其选择功能时,通常存在检测慢(蛋白酶作用需要时间)、依赖外界筛选压力(如抗生素)等缺陷。

报告基因(reporter gene)是一种编码易于检测蛋白或酶的基因,通过它的表达产物来标定目的基因的表达调控。选择合适的报告基因能灵敏地、非介入性地"报告"外源基因的导入、表达过程。作为报告基因,在遗传选择和筛选检测方面必须具有以下几个条件:①已被克隆和全序列已测定;②表达产物在受体细胞中不存在,即无背景,在被转染的细胞中无相似的内源性表达产物;③其表达产物能进行定量测定。目前在转基因蚕研究领域已发表的标记基因主要有:荧光素酶(luciferase,Luc)、荧光蛋白(fluorescent protein)标记、新霉素抗性基因(neomycin resistance gene,neo)、氯霉素乙酰基转移酶(chloramphenicol acetyltransferase,CAT)等。此外,在动物基因工程的研究中,报告基因已被广泛应用,常用的还有 β-半乳糖苷酶基因(Lac Z)、二氢叶酸还原酶基因等,这些报告基因在转基因家蚕研究中可作为候选的报告基因使用。

1. 荧光素酶

荧光素酶是能催化荧光素或者脂肪醛氧化发光的一类酶的总称,它能催化甲虫的荧光素的氧化性羧化作用,发射出光子,能被光度计或闪烁计数器捕获定量。目前研究最广泛并且成为商品酶的有细菌荧光素酶(bacterial luciferase,BL)和萤火虫荧光素酶(firefly luciferase,FL)。BL 在还原性黄素($FMNH_2$)、八碳以上长链脂肪醛(RCHO)和氧分子(O_2)存在时,发射出蓝绿光(450～490 nm)(张敏等,2007)。FL 在 Mg^{2+}、ATP、O_2 存在时催化 D-荧光素(Dluciferin)氧化脱羧发光(550~580 nm)(杨颖等,2006)。陈秀等(2000)用 *Luc* 做报告基因成功获得了转基因家蚕,表明荧光素酶基因是转基因蚕研究有效的报告基因之一。

2. 荧光蛋白

绿色荧光蛋白(green fluorescent protein,GFP)最早是在 1962 年从多管水母(*Aequorea victoria*)中发现的一种受蓝光激发可产生绿色荧光的蛋白(Prasher,1995),由 238 个氨基酸组成的单体蛋白,相对分子质量为 27 ku,其蛋白性质极其稳定,易耐受高温处理。该蛋白的激发光范围在 395~475 nm,发射光谱在 509~540 nm。Chalfie 等(1994)在异种背景下成功地表达了 GFP,同时阐明产生此种荧光活性分子不需外加底物或其他辅助因子。GFP 的检测极其方便,可用荧光显微镜、流式细胞仪或显微图像技术在活细胞中检测,且对细胞无伤害。鉴于这些优点,GFP 已广泛应用于基因的组织特异性表达、细胞分化研究、转基因动植物阳性克隆的筛选等领域。

红色荧光蛋白(red fluorescent protein,RFP)是 Matz 等(1999)首次从珊瑚虫分离出的与 GFP 同源的荧光蛋白。红色荧光蛋白(尤其是远红光红色荧光蛋白)所具有的较长激发和发射波长的特点成为其在个体或组织水平荧光标记中特有的优势。此外,红色荧光蛋白还可以和 GFP 系列荧光蛋白共用,进行多色标记,扩展了人们的视野。迄今所有的红色荧光蛋白都是从珊瑚纲下的类珊瑚目或海葵目的不同种中分离进化而来。到目前为止,发现的主要红色荧光蛋白见表 2.4。

表 2.4 主要红色荧光蛋白

名 称	来 源	发射波长/nm	特 点
DsFP593 (DsRed)	香菇珊瑚 (*Discosoma* sp.)	593	最常用且研究最深入的红色荧光蛋白
Ds/drFP616	突变获得	616	使最大发射波长进一步红移
AsCP	沟迎风海葵 (*Anemonia sulcata*)	595	最初没有荧光,但当受强绿光照射时可产生强烈荧光
GtCP	细致管孔珊瑚 (*Goniopora tenuidens*)		包含与 DsRed 化学结构一样的生色基团,属 DsRed 亚族
HcRED	紫点海葵 (*Heteractis crispa*)	645	唯一的远红荧光蛋白
EqFP611	拳头海葵 (*Entacmca quadricolor*)	611	结构类似于 DsRed,在很多应用方面可作为 DsRed 的替代品
EqFP578	拳头海葵 (*Entacmca quadricolor*)	578	亮度约为 DsRed2 的 1.5 倍
AsFP59	沟迎风海葵 (*Anemonia sulcata*)	595	又称为光开关(photoswitch)或可点燃的荧光蛋白(kindling fluorescent protein)

1994 年,华裔美国科学家钱永健(Roger Y Tsien)系统地研究了绿色荧光蛋白的工作原理,并对它进行了大刀阔斧的化学改造,不但大大增强了它的发光效率,还发展出了红色、蓝色、黄色荧光蛋白,有的可激活、可变色。目前生物实验室普遍使用的荧光蛋白,大部分是钱永健改造的变种,如增强型绿色荧光蛋白(enhanced green fluorescent protein,EGFP)。

3. 新霉素抗性基因

新霉素(neomycin)抗性基因(*neo*)有两种,分别来自细菌转座子 Tn5(transposon 5,Tn5)

和 Tn60,是编码新霉素氨基酸糖苷磷酸核糖转移酶(aminoglycoside phosphorisyltransferase, APH)的基因(Haas 和 Dowding,1975;Beck 等,1982),均可对氨基糖苷类抗生素产生抗性。Okano 等(1992)报道了应用 neo 为报告基因在家蚕细胞(BmN)中进行基因的瞬时表达的研究。获得了可在浓度为 0.75 mg/mL 的 neomycin 类似物 G418(geneticin)下筛选继代的细胞。陈秀等(1999)将 neo 基因导入蚕卵,获得了可以表达 neo 并能传代的转基因蚕。以 neo 为筛选标志,是转基因蚕研究中一种具有潜力的筛选标志,这种方法可减少后代饲养和检测的规模。

G418 是一种氨基糖类抗生素,其结构与新霉素、庆大霉素、卡那霉素相似,它通过影响 80S 核糖体功能而阻断蛋白质合成,对原核和真核等细胞都有毒性,包括细菌、酵母、植物和哺乳动物细胞,也包括原生动物和蠕虫,是稳定转染最常用的选择试剂。当 neo 基因被整合进真核细胞基因组合适的地方后,则能启动 neo 基因编码的序列转录为 mRNA,从而获得抗性产物氨基糖苷磷酸转移酶的高效表达,使细胞获得抗性而能在含有 G418 的选择性培养基中生长。G418 的这一选择特性,已在基因转移、基因敲除、抗性筛选以及转基因动物等方面得以广泛应用。

4. 氯霉素乙酰基转移酶基因

氯霉素乙酰基转移酶(chloramphenicol acetyltransferase,CAT)是由大肠杆菌 Tn9 转座子上的 cat 基因编码的,它能够催化乙酰基团从乙酰辅酶 A 转移到氯霉素分子上导致一个或两个羟基发生乙酰化作用,从而使其失去活性。尽管真核细胞不含有内源的 CAT 酶活性,但它的启动子却能够引发外源的 cat 基因进行表达,所以细菌的这个基因可以作为检测外源基因导入真核细胞的一种十分敏感的标记基因。Tamura 等(1990)将 cat 分别连接在家蚕丝素蛋白重链基因 fib-H(fibroin heavy chain,fib-H)启动子(-860/+10)、果蝇的 hsp70 启动子和 Copia 因子的长的末端重复序列(long terminal repeat,LTR)下游,采用显微注射的方法,导入家蚕早期受精卵。结果显示,fib-H 启动子引导的 cat 在 30 h 的卵内表达活性最高。用 cat 作为报告基因的优点是能适用于多种启动子,酶测定方法也相当可靠;缺点是需利用同位素,且 CAT 的 mRNA 积累水平往往很低。

5. 其他标记基因

一些标记基因在其他转基因动、植物的应用中非常有效,这些标记基因在家蚕基因组中也不存在对应的同源基因,如 hprt 基因、tk 基因等,因此,这些标记基因也是转基因家蚕研究中具有潜在应用价值的标记基因。

(1)吉欧霉素抗性基因　抗生素类选择基因在转基因家蚕或转基因家蚕细胞系中使用时,应注意该抗生素对野生型细胞或家蚕是否具有毒性,家蚕饲育时,对添加抗生素的桑叶或人工饲料是否会拒食。吉欧霉素(Zeocin)抗性基因(zeo)用于筛选转基因家蚕细胞系可以取得良好的效果(李曦等,2009),但在转基因家蚕饲育时,对添加该抗生素的桑叶或人工饲料会拒食,因而在转基因家蚕研究中不宜使用。

(2)潮霉素抗性基因　潮霉素(Hygromycin)抗性基因(hygro)或潮霉素 B 磷酸转移酶(hygromycin phosphotransferase,HPT)基因来源于 E.coli,对潮霉素有抗性,是转基因植物中传统的选择标记基因之一。

(3)β-半乳糖苷酶基因　β-半乳糖苷酶由大肠杆菌 lacZ 基因编码,可催化半乳糖苷水解。最大优势是易于用免疫组织化学法观测其原位表达,是最常用的监测转染率的报道基因之一。以邻硝基苯-β-D-吡喃半乳糖苷(ortho-Nitrophenyl-β-galactoside,ONPG)为底物可用标准的比色法检测酶活性,其检测动力学范围为 6 个数量级。氯酚红-β-D-半乳吡喃糖苷(chlorophenol red-β-D-galactopyranoside,CPRG)是另一个可用比色法检测酶活性的底物,其灵敏度比 ONPG 高近 10 倍。以 MUG(4-甲基伞形酮酰-β-D-吡喃糖苷,4-methylumbelliferyl β-D-galactopyranoside)和荧光素二半乳糖苷(fluorescein di-β-D-galactopyranoside,FDG)为底物则可用荧光法检测其活性。此法可检测单个细胞的酶活性,并可用于流式细胞学(FACS)分析。如以二氧杂环丁烷为底物,可用化学发光法检测酶活性,其检测动力学范围最大,灵敏度最高,与用生物发光法检测荧光素酶活性的灵敏度相似。

(4)分泌型碱性磷酸酶基因　分泌型碱性磷酸酶(secreted alkaline phosphatase,SEAP)是人胎盘碱性磷酸酶的突变体,无内源性表达。SEAP 缺乏胎盘碱性磷酸酶羧基末端的 24 个氨基酸。其优点是无需裂解细胞,只用培养介质即可检测酶活性,便于进行时效反应试验。以间硝基苯磷酸盐(p-nitrophenyl phosphate,PNPP)为底物时可用标准的比色法测定酶活性,操作简单,反应时间短,价格廉价,但灵敏度低。以黄素腺嘌呤二核苷酸磷酸为底物进行比色测定,其灵敏度增高。SEAP 可催化 D-荧光素-O-磷酸盐水解生成 D-荧光素,后者又可作为荧光素酶的底物,此即两步生物发光法检测酶活性的原理。此方法灵敏度高,接近于荧光素酶报告基因的检测。还可用一步化学发光法检测酶活性。

(5)二氢叶酸还原酶基因　二氢叶酸还原酶(dihydrofolate reductase thymidylate synthase,DHFR)是催化叶酸还原成四氢叶酸(H4FA)的酶。H4FA 形成过程分两步进行,由同一个酶催化,H4FA 作为一碳单位载体,为嘌呤核苷酸从头合成和胸嘧啶核苷酸合成等提供一碳单位。氨基喋呤和氨甲喋呤的结构类似叶酸,与二氢叶酸还原酶结合的平衡常数为 1～10 mol/L,比叶酸与该酶的结合能力强 1 000 倍,故是一种极强的竞争性抑制剂。肿瘤细胞经用氨甲喋呤处理,增殖停止,最终细胞死亡,正是因为核苷酸合成受阻,进而阻断核酸合成的结果。

(6)胸苷激酶基因　胸苷激酶(thymidine kinase,TK)能催化胸苷(T)转变成 dTMP,进而生成 dTTP。TK 选择系统将含有 tk 基因的表达载体导入无 tk 宿主细胞,再用含有次黄嘌呤(H)、氨基喋呤(A)和胸苷(T)的培养基培养细胞,其中 A 为叶酸类似物,可阻断 dATP,dGTP 的合成,及 dUMP 到 dTTP 的转化,但 H 可合成 IMP,再由 IMP 合成 dATP 和 dGTP,含有载体的 tk 细胞能利用 T 合成 dTTP,故可合成 DNA 使细胞存活,不含 tk 的细胞不能利用 T 合成 dTTP,无法合成 DNA 使细胞死亡。该系统中的 tk 基因能报告载体的导入,为报告基因,培养基中含有 H,A 和 T,故将这种胸苷激酶基因选择法称作 HAT 选择法。单纯疱疹病毒Ⅰ(herpes simplex virus typeⅠ,HSV-Ⅰ)胸苷激酶由于其良好的理化特性,适合作为报告基因而对其进行了深入、广泛的研究。tk 可使无毒性的丙氧鸟苷(ganciclovir,GANC)转变为毒性核苷酸而杀死细胞。Gross 等(1994)巧妙地利用 HSV1-tk 能催化核苷酸类似物成为 DNA 复制的抑制剂的特性,开发了一种重组杆状病毒筛选方法,表明 tk 基因在转基因家蚕/细胞的研究中具有应用的可能。

(7)次黄嘌呤鸟嘌呤磷酸核糖基转移酶基因　次黄嘌呤鸟嘌呤磷酸核糖基转移酶(hypoxanthine guanine phosphoribosyl transferase,HGPRT,HPRT),催化 5-磷酸核糖基-1-焦磷酸与次黄嘌呤、鸟嘌呤或 6-巯基嘌呤转变成相应的 $5'$-单核苷酸及焦磷酸的酶。属于嘌呤核苷酸的补救合成途径,带有 $hprt$ 基因的细胞在 HAT 培养基上能存活。如果存在 6-硫代鸟嘌呤(6-thioguanine,6-TG)、6-巯基嘌呤(6-MP)、8-氮鸟嘌呤(8-AG)等碱基类似物,则 HPRT 以这些物质为底物可生成相应的 NMP,参与 DNA 合成而导致细胞死亡。该标记基因在转基因家蚕/细胞的研究中具有潜在应用的可能。

2.4.1.2 载体构建策略

基于转基因载体的构建策略,可以减少转基因家蚕的筛选流程与工作量,增加转基因效率。

1. 报告基因的融合表达

pIZT/V5-His 是 Invitrogen 公司构建的一种能在昆虫 Sf 细胞稳定表达外源基因的载体,该载体利用 OpNPV 的 *ie*1 启动子控制 GFP 与吉欧霉素(Zeocin)抗性基因融合表达,利用 OpNPV 的 *ie*2 启动子控制外源基因表达,重组载体转染细胞后,通过吉欧霉素筛选可获得稳定表达外源基因的细胞系。Kempf(2002)利用该载体获得了可以稳定表达 human μ opioid receptor 的 Sf-9 细胞系。孙延波等(2006)利用该载体获得了可以表达 *mIL24* 的 Sf-9 细胞。李曦等(2009)将该载体运用于转基因家蚕 BmN 细胞系,并成功获得了可以稳定表达 hGM-CSF 的转基因家蚕 BmN 细胞,提出 OpNPV 的 *ie*1 启动子在家蚕 BmN 细胞也具有活性,plZT/V5-His 载体也可以用于转化家蚕细胞的筛选,并进一步推测该类载体也有可能用作转基因家蚕的研究。

2. 基于转座子载体的构建策略

转基因家蚕研究中,基于转座子载体所使用的载体主要为 *piggyBac*,但也有使用海德尔果蝇(*Drosophila hydei*)的Ⅱ型转座子 *Minos* 构建家蚕转基因载体(Shimizu 等,2000;Uchino 等,2007),以及毛里塔尼亚果蝇(*Drosophila mauritiana*)的 *Mariner* 转座子(*Mos1*)构建家蚕转基因载体(Wang 等,2000)。目前基于转座子载体的报告基因常常采用红色或绿色荧光报告基因,而荧光报告基因的启动子则主要为家蚕的管家基因 A3 肌动蛋白基因启动子,或眼和神经特异表达的人工合成启动子 $3 \times P3$,或热休克蛋白基因(*hsp*70)启动子(Yamamoto 等,2004;Dai 等,2007),或来源于苜蓿丫纹夜蛾多角体病毒的增强子及 *ie*-1 基因启动子组合(*hr5/ie*1)(如 pB-GT1 载体)等;报告基因的 poly(A)加尾信号序列则常采用 SV40 来源的加尾信号序列元件。对于表达的外源基因的启动子还包括家蚕丝心蛋白启动子,家蚕丝素蛋白启动子和抗菌肽启动子等,采用不同启动子可实现外源基因的时空表达调控。

3. 基于同源臂基因打靶载体的构建策略

基因打靶技术最先是在酵母细胞中发展起来的(Yu 等,2000)。基因打靶载体(targeting vector)的构建是进行基因打靶关键所在。打靶载体中不仅包括需要插入的目的 DNA 序列,其两端还要含有与靶基因座上的核酸序列相同的核苷酸片段,即同源重组序列(同源臂,homology arm,HA)。一般情况下同源重组序列为基因组 DNA,而不用 cDNA,以免造成基因组缺失或其他改变。根据同源重组时载体插入基因组的方式,可将打靶载体分为两种类型:插入型载体和替换型载体。这两种载体的区别在于载体 DNA 同源序列双链断裂位点的位置和交换次数的不同。插入型载体的断裂位点在同源重组序列内,目的基因可在载体的任何位置,载体与染色体靶位点进行一次交换完成同源重组,重组的结果是整个载体整合到染色体靶位点上;置换型载体的断裂位点在同源重组序列的两侧或外侧,目的基因在同源重组序列内,同源重组序列与染色体靶位进行两次交换完成同源重组,其结果是只有载体的同源重组序列及其内的部分取代染色体的靶位序列,同源重组指导序列以外的部分被切除(杨秀芹等,2001;生秀杰等,2001)。同源臂决定了被打靶的区域,也就是将插入筛选标记元件的区域。基因打靶载体可对细胞进行单拷贝基因定位修饰,并且能够稳定地遗传,解决了外源基因的定点整合问题,但一般依赖于胚胎干细胞。

基因同源重组的发生依赖于同源序列的长度,Thomas 和 Capecchi(1987)研究表明,当载体同源序列长度从 4 kb 增加至 9 kb 时,基因打靶效率增加 10 倍,但与此同时,非同源重组效率增加 40 倍。Zimmer 和 Gruss(1989)用显微注射法将含 20 kb 同源重组序列的载体插入小鼠基因组,破坏了 *Hox*1.1 基因,其效率是 1/150。Hasty 等(1991a)研究发现,同源序列达一定长度后,继续增加不能对同源重组效率产生显著影响。目前认为 30～40 bp 的同源序列长度是发生同源重组的保险线。实验表明,在哺乳动物细胞内,当同源序列长度在 295 bp 至 1.8 kb 时,重组率与同源序列长度呈正比,当同源序列长度在 200 bp 以下时,重组效率明显降低(Liskay 等,1987;Fujitani 等,1995)。此外,载体上的非同源序列、片段插入的数目和位点都可能对同源重组效率产生影响,但不是主要的影响因素。

在转基因细胞中,为了便于筛选重组阳性的细胞克隆,目前普遍采用正负双向选择策略(Horie 等,1994;Sedivy 等,1989),即打靶载体上同时携带正选择基因(如 G418 的 *neo*)和负选择基因(如 GANC,Hygro 等),当发生定点整合(同源重组)时,同源臂外侧的负向选择基因被切离,同源臂之间的正向选择基因整合入基因组(表现型为 G418$^+$/GANC$^-$);当随机整合时,正向和负向选择基因都插入到基因组内(表现型为 G418$^+$/GANC$^+$)。

同样,为防止打靶载体在家蚕染色体上的随机插入,出现假阳性转基因个体,除了在左右同源臂间带有报告基因(如 *gfp*)表达盒外,在同源重组序列之外带有另一报告基因(如 *DsRed*)表达盒。当打靶载体按预期方式发生同源重组后,只有一个报告基因得以表达,而双报告基因表达的个体可以认为是打靶载体在染色体上的随机插入,从而可以减少转基因个体的假阳性率。

4. 基于重组酶介导的位点特异性基因打靶

外源基因整合到动物基因组中带有随机性,表现为整合位点的随机性和拷贝数量的随机性,这使得转入目的基因的表达有很强的不可控性。然而,在实际运用中往往需要使目的基因在特定组织或细胞类型中进行表达,或者使其在动物发育的某个阶段进行表达,因此,外源基因的时空可控表达成为人们迫切需要解决的问题。而条件性基因打靶则是一个绝佳的策略,具有很大的应用价值。它主要是基于位点特异性重组酶系统从而使打靶产生的变异在时间、空间或时空上都具有特异性。

位点特异性重组(site-specific recombination)是发生在两条 DNA 链特异位点上的重组,重组的发生需一段同源序列即特异性位点(又称附着点,attachment site)和位点特异性的蛋白因子即重组酶参与催化。重组酶只能催化特异性位点间的重组,不能催化其他任何两条同源或非同源序列之间的重组,因而重组具有特异性和高度保守性。据此,位点特异性重组又称保守重组(conservation recombination),该重组过程不需 RecA 酶参与。基于重组酶的系统是以大肠杆菌噬菌体 P1 的 Cre-*loxP* 重组系统或酵母的 FLP 重组酶及其 FLP 重组靶序列(FLP recombination target,*FRT*)为基础。另外,包括鲁氏酵母(*Zygosaccharomyces rouxii*)的 R-RS 系统以及噬菌体 *Mu* 的 Gin 重组酶系统,但重组频率有待提高。其中 Cre、FLP 和 BP 均为特异性重组酶,属重组酶 λ 整合酶家族,它们催化的反应类型、靶位点及重组机制十分相似,*loxP*、*FRT* 和 *att*BP 为特异性位点,也有相似的结构。

根据氨基酸序列相似性和催化机制的差异,位点特异性重组酶主要分为两大家族,即整合酶系和解离酶/转化酶系,这两个家族相隔很远。整合酶家族催化重组的机制是进行酪氨酸介导的链交换,该家族包含有 Cre/*loxP*、FLP/*FRT* 等已经研究得比较清楚并广泛应用的重组酶系统。解离酶/转化酶家族催化机制是由丝氨酸介导的,当酶和 DNA 之间形成含磷的丝氨酸连接时,连接处 DNA 的 4 条链发生协调的交错断裂,然后重新结合,完成同源重组。该家族成员包括来自于链霉菌噬菌体的 φC31 整合酶、乳球菌 lactococcal 噬菌体的 TP901-1 整合酶、放线菌噬菌体的 R4 整合酶等。

Cre 重组酶于 1981 年从 P1 噬菌体中发现,属于 λ Int 酶超基因家族。Cre 重组酶基因编码区序列全长 1 029 bp(GenBank 登录号 X03453),编码 38 ku 蛋白质。Cre 重组酶是重组酶中的整合酶家族成员,可以介导在 34 bp 的重复单元 ATA ACT TCG TAT A-ATG TAT GC-TAT ACG AAG TTA T,被称为 loxP 之间的位点特异性 DNA 重组。Cre 重组酶介导两个 loxP 位点间的重组是一个动态、可逆的过程,可以分成 3 种情况:①如果两个 loxP 位点位于一条 DNA 链上,且方向相同,Cre 重组酶能有效切除两个 loxP 位点间的序列;②如果两个 loxP 位点位于一条 DNA 链上,但方向相反,Cre 重组酶能导致两个 loxP 位点间的序列倒位;③如果两个 loxP 位点分别位于两条不同的 DNA 链或染色体上,Cre 酶能介导两条 DNA 链的交换或染色体易位。另外,Cre 不仅可以识别 loxP 的 2 个 13 bp 的反向重复序列和 8 bp 的间隔区域,而且当一个 13 bp 的反向重复序列或者 8 bp 的间隔区发生改变时仍能识别并发生重组。利用这一特点,人们在构建载体时可以根据需要改造 loxP 位点序列,以用于特定的基因突变或修复,增加了该系统的应用范围。

来自于啤酒酵母(Saccharomyces cerevisiae)2 μm 质粒的重组酶 FLP 是一个由 423 个氨基酸组成的单体蛋白(GenBank 登录号 AAB59340)。与 Cre 相似,FLP 发挥作用也不需要任何辅助因子,同时在不同的条件下具有良好的稳定性。该系统的另一个成分 FLP 识别位点 FRT 与 loxP 位点非常相似,同样由两个长度为 13 bp 的反向重复序列和一个长度为 8 bp 的核心序列构成 GAA GTT CCT ATT C-TCT AGA AA-GTA TAG GAA CTT C。在该系统发挥作用时,FRT 位点的方向决定了目的片段的缺失还是倒转。这两个系统比较明显的区别是它们发挥作用的最佳温度不同,Cre 重组酶发挥作用的最佳温度为 37℃,而 FLP 重组酶为 30℃。因此,Cre-loxP 系统最适宜在动物体内使用。重组酶 FLP 催化的重组反应根据 2 个 FRT 位点的位置和方向不同而有所差异。同样,重组酶 FLP 催化:①位于同一分子内两个反向 FRT 位点间 DNA 片段的倒位;②位于同一分子内 2 个同向 FRT 位点间 DNA 片段的切除;③不同分子间 2 个 FRT 位点介导的 DNA 片段的整合(Morris 和 Schaub,1991;Jayaram 等,1988)。

尽管理论上 Cre 和 FLP 可以用于染色体的整合,但是它们发生的整合反应很快通过目的片段的删除而发生可逆反应,因此这些酶被广泛地应用于 DNA 片段的精确删除。链霉菌噬菌体 φC31 整合酶的以其作用优势——介导单向整合、整合率高、位点特异、表达稳定等特性而被青睐。链霉菌(Streptomyces)噬菌体 φC31 整合酶(Integrase,GenBank 登录号 X59938)能够有效地介导噬菌体基因组中 attP 位点与细菌宿主染色体上 attB 位点之间的重组反应。重组的特异位点称为 att 结合位点(attachment site),细菌的 att 称作 attB(Bacteria attachment site);噬菌体的称作 attP(phage attachment site)。φC31 整合酶识别的 attB 位点最小为 34 bp(GGT GCC AGG GCG TGC CCT TGG GCT CCC CGG GCG C),attP 位点最小为 39 bp(CCC CAA CTG GGG TAA CCT TTG AGT TCT CTC AGT TGG GGG)(Smith 等,2002),重组以两者间一段 3 bp 重叠序列"TTG"为铰链区(core area)(Groth 等,2000),将噬菌体基因组整合到细菌基因组中的 attB 特异位点,并形成杂和位点 attL 和 attR。在缺乏剪切蛋白存在的情况下，φC31整合酶不能催化杂合位点之间的重组，因而该整合不会产生可逆反应。真核生物基因组中存在着假 *att*P(pseudo-*att*P)位点，与野生 *att*P 序列有显著的相似性，同样可以由 φC31 整合酶介导定点整合反应。

5. 基于锌指蛋白核糖核酸酶技术的基因打靶

锌指蛋白核酸酶(zinc-finger nucleases，ZFNs)由一个 DNA 识别域和一个非特异性核酸内切酶构成。DNA 识别域是由一系列 C2H2 锌指蛋白串联组成(一般 3～4 个)，每个锌指蛋白识别并结合一个特异的三联体碱基。锌指蛋白源自转录调控因子家族(transcription factor family)，在真核生物中从酵母到人类广泛存在，形成 αββ 二级结构。其中 α 螺旋的 16 氨基酸残基决定锌指的 DNA 结合特异性，骨架结构保守(图 2.10A)。对决定 DNA 结合特异性的氨基酸引入序列的改变可以获得新的 DNA 结合特异性。现已公布的从自然界筛选的和人工突变的具有高特异性的锌指蛋白可以识别所有的 GNN 和 ANN 以及部分 CNN 和 TNN 三联体。多个锌指蛋白可以串联起来形成一个锌指蛋白组识别一段特异的碱基序列，具有很强的特异性和可塑性，很适合用于设计 ZFNs。与锌指蛋白组相连的非特异性核酸内切酶来自 *Fok* I 的 C 端的 96 个氨基酸残基组成的 DNA 剪切域(Kim 等，1996)。*Fok* I 是来自海床黄杆菌的一种限制性内切酶，只在二聚体状态时才有酶切活性，每个 *Fok* I 单体与一个锌指蛋白组相连构成一个 ZFN，识别特定的位点，当两个识别位点相距恰当的距离时(6～8 bp)，两个单体 ZFN 相互作用产生酶切功能，从而达到 DNA 定点剪切的目的(图 2.10B)。

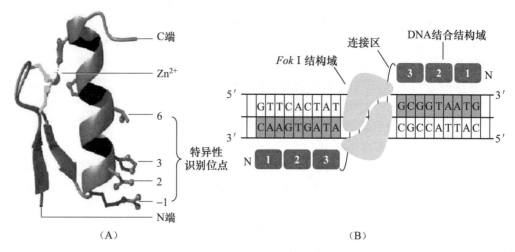

图 2.10　锌指蛋白结构域

(A) 锌指结构；(B) 人工 ZFN 的锌指蛋白结构域。

ZFNs 已先后用于增强非洲爪蟾卵细胞、线虫、果蝇、斑马鱼细胞和人类细胞的同源重组(Bibikova 等，2001；Morton 等，2006；Bibikova 等，2002；Doyon 等，2008；Moehle 等，2007)。在果蝇中 ZFNs 介导的同源重组频率相当可观，有时大于 1% 的子代发生了同源重组介导的基因打靶事件(Beumer 等，2006)。在斑马鱼中，30%～50% 的个体将 ZFN 诱导的突变传给了子代，而 7%～18% 的子代为突变型。通过测序发现，在形态正常的胚胎中，脱靶现象仅出现 1%。在植物上，Lloyd 等(2005)在拟南芥中用 ZFN 诱导了染色体基因的定点突变，后代的突变率高达 20%。Voytas 的研究小组证明 ZFNs 可以提高植物基因定点整合和置换频率。他们在实验中设计了一个缺失了 600 bp 的靶基因 $GUS : NPT \text{II}$（β-葡糖酸糖苷酶:新霉素磷酸转移酶），将含有该 600 bp 的同源 DNA 片段和 ZFNs 瞬时表达载体共同转化烟草原生质体，转化细胞的 10% 获得基因定点置换，比不用 ZFNs 时效率提高了 $10^4 \sim 10^5$ 倍。分子检测表明20% 的重组事件是精确的，没有伴随碱基的缺失或插入（Wright 等，2005）。这一结果表明利用 ZFNs 定点切割染色体 DNA，可以显著提高同源重组介导的基因定点整合效率，这为基因定点整合和置换提供了一个非常有潜力的工具。

锌指蛋白的设计与其他蛋白比较来说，在序列特异性设计方面存在有利条件。譬如说：结构上，锌指蛋白相对保守，设计新的锌指蛋白可以沿用已广泛应用的骨架氨基酸序列；其次，由于已有研究表明 C2H2 锌指蛋白的特异性识别 DNA 有规律可循，与 DNA 作用相对简单，只需替换 1,3,6 上的氨基酸即可改变其识别特异性。因此，利用天然锌指元件骨架为基准，改变少数氨基酸的设计是可行的。

2.4.2　转基因家蚕的鉴定内容与技术

外源性基因是否稳定转入动物染色体内并有效表达，需要在基因、转录和蛋白表达水平进行鉴定。基因检测方法有聚合酶链式反应（polymerase chain reaction，PCR），DNA 点杂交、Southern 杂交、染色体原位杂交、转基因拷贝数测定、转基因整合位点鉴定、纯合子鉴定等。转录水平检测方法有反转录 PCR（RT-PCR）、Northern 杂交等。蛋白水平检测主要采用Western 杂交法，同时需要考虑对表达产物的生物学活性分析。

在不导致转基因个体死亡的前提下，针刺幼虫（一般在 4 龄或 5 龄）获得少量蚕血淋巴，用常规基因组 DNA 的提取方法或总 RNA 的提取方法获得基因组 DNA 和总 RNA，同时也可获得总蛋白，基因组 DNA 供 PCR、Southern 杂交等分析，以确定转基因是否整合；获得的 RNA进行 Northern 杂交和 RT-PCR 鉴定；获得的蛋白用于 Western 杂交和生物学活性分析。为不影响繁殖制种，可采用交配和采卵后的蚕蛾进行基因组总 DNA 或总 RNA 的提取以及蛋白质的制备。

DNA 提取的方法有许多种，常用蛋白酶 K 法。其原理是在 SDS 和蛋白酶 K 的作用下，剪碎的组织和细胞被消化，基因组 DNA 从细胞核中释放出来，经酚、氯仿抽提和乙醇沉淀后，即可得到纯度较高的基因组 DNA。仅用于 PCR 鉴定的 DNA 提取可省略蛋白酶 K 的处理。

组织或细胞中总 RNA 提取包括 4 个步骤：①有效地破碎组织或细胞；②核蛋白复合物的变性；③内源性 RNase 的失活；④RNA 的分离和纯化。其中需要注意的是内源和外源 RNase的灭活，加入 RNase 强抑制剂和 DEPC 水处理即可达到此目的。用过饱和酚/氯仿抽提，可以将 RNA 与 DNA 和蛋白质分开，再用乙醇或异丙醇沉淀可分离出 RNA。为防止 DNA 对进一步鉴定实验的干扰，需 DNase 对样品进行消化。

由于 PCR 反应可在较短的时间内使模板扩增上百万倍，且具所需样品少、灵敏度高、操作简便等特点，因而被广泛用于转基因动物检测。主要过程有 DNA 模板解链、引物结合和模板指导下的链延伸。PCR 产物的直接测序，或克隆到载体后的测序结果能准确地反映实验的真实性。

Southern 杂交是通过探针和已结合在硝酸纤维素膜（或尼龙膜）上的经酶切、电泳分离的变性 DNA 链杂交，检测样品中是否存在目的基因序列的方法。该方法不仅灵敏，而且准确，因此广泛用于转基因动物的筛选和鉴定。主要步骤包括：①DNA 的酶切及电泳；②DNA 的碱变性;③印迹(把单链 DNA 片断从凝胶中按原来的位置转移到硝酸纤维素膜或尼龙膜上;④与探针分子杂交,放射性自显影或显色从而确定特定 DNA 的序列。

Northern 杂交(northern blotting,northern hybridization)是通过探针和已结合于硝酸纤维素膜(或尼龙膜等)上的 RNA 分子杂交,检测样品中是否存在目的 RNA 序列的方法。该技术操作简便,在转基因和内源基因的同源性较小时,可用于转基因表达的检测。主要步骤包括:①RNA 样品的变性胶电泳;②印迹,即将 RNA 转至硝酸纤维素膜或尼龙膜等固体支持物上;③和探针分子杂交,放射性自显影(或显色等),观察结果。

Western 杂交过程包括蛋白质经 SDS-聚丙烯酰胺凝胶电泳(SDS-PAGE),把已电泳过的凝胶平铺在固相基质(滤膜)上,在电场作用下凝胶中蛋白质转移至硝酸纤维素滤膜,可用抗体作探针和膜上的抗原蛋白发生特异性结合。滤膜上与蛋白质结合的抗体可直接进行染色或显影,或用第一抗体的二级免疫试剂检测第一抗体,从而对特定蛋白质进行鉴定和定量。

进行纯合子转基因家蚕的筛选,不仅能获得基因型完全一致的转基因家蚕个体,而且有利于保种。在基于转座子介导或基于随机插入型的转基因家蚕中,由于外源基因是随机地整合在染色体上的,转基因的整合大部分为单位点、少数为多位点整合;在基于基因打靶的转基因家蚕中,即使基于锌指蛋白核糖核酸酶技术的基因打靶的转基因家蚕中,也不一定都是纯合的转基因家蚕。每个原代转基因动物作为同一祖先繁殖产生的后代均为单系。因此,转基因家蚕纯合子的筛选必须以同胞(全同胞或半同胞)交配的方式进行,而这种方式会使种系近交系数增大,有可能造成近交衰退。研究人员利用分子生物学技术在常规育种的基础上提出新的方法来缩短纯合子动物的筛选过程,这些方法包括表型观察法、荧光实时定量 PCR 法(real-time PCR)、Southern 杂交法、荧光原位杂交法(FISH)等(祁兢晶和朱健平,2009),可以借鉴使用到转基因家蚕的纯系鉴定。

由于转基因载体不具备真核(家蚕)细胞的复制起点,而转入细胞的载体 DNA 如果没有整合到染色体很容易被降解,即使仍有残留,也不会导致灵敏度如 PCR 检测的假阳性,更不可能在重复实验中出现这种由载体 DNA 污染的假阳性;而家蚕体内存在荧光细菌的可能性更是微乎其微,导致 gfp 基因鉴定的假阳性完全不需要考虑。

由于基于转座子或基于基因打靶等不同方法获得的转基因家蚕,其遗传背景具有较大的差异,因此需要有不同的鉴定内容。

2.4.2.1 基于转座子转基因家蚕的鉴定

2000 年,Tamura 等首次以鳞翅目昆虫 piggyBac 转座子为基础,构建以家蚕细胞质肌动蛋白基因启动子控制 gfp 报告基因的转基因载体,和表达转座酶辅助质粒一起显微注射入家蚕卵,筛选出发荧光的转基因蚕,Southern blotting 等手段分析证实外源基因整合进家蚕基因组。进一步遗传分析表明,所导入的 gfp 基因能够稳定传代,且后代分离比符合孟德尔定律。从而,初步建立了家蚕转基因技术体系。此后的几年来,转基因家蚕研究迅速取得了突破性进展,发展了一系列的 piggyBac 转基因载体(Thomas 等,2002;Horn 等,2000;代红久等,2005;Uhlirova 等,2002)。Minos 转座子作为转基因载体先在果蝇中获得成功(Loukeris 等,1995),经过 Shimizu 等(2000)的探索,Uchino 等(2007)以来源于海德尔果蝇(Drosophila hydei)的Ⅱ型转座子 Minos 构建家蚕转基因载体,并成功获得转基因家蚕,也是 Minos 转座子首次在鳞翅目昆虫转基因研究中获得成功。该研究以家蚕 A3 启动子控制 gfp 报告基因构建基于Minos 转座子的转基因载体,另外以 A3 启动子控制转座酶基因构建协助质粒,当二者一同通过显微注射导入蚕卵时,获得转基因个体效率比 *piggyBac* 转座子介导的低得多,然而利用体外转录的转座酶 mRNA,则效率提高 40 倍以上。

基于转座子转基因家蚕的鉴定中,除了报告基因的筛选,目的基因的鉴定等常规项目的鉴定外,主要进行插入位点分析和拷贝数分析。基于 *piggyBac* 转座子的转基因家蚕中,利用反向 PCR 技术研究表明(Tamura 等,2000),具有 *piggyBac* 转座子转座的典型靶序列 TTAA 特征(Fraser 等,1996;Elick 等,1996),但也存在转基因载体以随机插入的方法进入基因组的可能(赵越等,2009)。Southern 杂交表明,载体可以以单拷贝或双拷贝进入家蚕基因组(Tamura 等,2000)。*Minos* 转座子的典型靶序列特征为 TA(Shimizu 等,2000)。

2.4.2.2　基于基因打靶转基因家蚕的鉴定

首先仍然需要报告基因的筛选,目的基因的鉴定等常规项目的鉴定。此外,还需要区分随机插入与定点整合,随机插入可采用类似于基于转座子转基因家蚕的插入位点分析方法进行鉴定,而定点整合采用 PCR 方法进行鉴定时应考虑引物的设计,其中一个应设计在打靶载体的选择标记基因内,另一个则应设计在打靶载体旁侧的内源性染色体基因内,如果产物为单一条带,则说明该转基因家蚕含有定点整合的标记基因,也可采用两次长片段 PCR 技术鉴定基因打靶;因为替换型基因打靶载体也可能发生插入型的转基因,因此还需要区别替换型载体是插入型还是替换型的转移,替换型基因打靶采用 PCR 方法进行鉴定时,应考虑左右臂均有阳性结果。即使正负双向选择策略获得的阳性转基因家蚕,也可能为随机插入或插入型整合而未按预期目标进入基因组,即为假阳性转基因家蚕而需要鉴定。

2.4.2.3　基于随机插入型转基因家蚕的鉴定

除了通过报告基因的首先筛选外,需要考虑其他目的基因是否同时整合到基因组。在 DNA 水平上,不仅对目的基因的检测,而且要对外源基因表达盒的所有元件进行检测,对拷贝数进行分析;在 RNA 水平及蛋白质表达水平均需要严格鉴定。

2.4.3　转基因家蚕中外源基因的稳定遗传

在家蚕转基因中,外源基因的稳定整合,连续多代保持一致的基因型一直是转基因家蚕的最终目的。为了达到这一目的,一般通过常规育种方法获得纯种。Grenier 等(2004)尝试通过人为的孤雌生殖的方法,达到连续几代都能保持一致的基因型。对于转基因家蚕同样涉及靶基因丢失的不稳定遗传问题,同样还涉及转基因逃逸及转基因的水平转移问题。

2.4.3.1　选择基因的选择压力

为了大规模筛选和鉴定转基因的细胞、组织、器官或个体,必须有供转化的选择标记基因,特别是阳性选择标记基因。阳性选择标记基因的表达产物使转基因细胞、组织、器官或个体具有某种特性,如对选择压力的抗性,以初步标记目的基因是否转入,即是否获得转化子,从而进一步在选择压力下,使真正的转化子大量繁殖起来,而非转化子死亡。作为选择基因,一般应满足以下几个条件:①选择基因应该是显性基因;②在选择介质存在下,野生型细胞或个体不能生长;③选择基因产物赋予了转化细胞对选择介质的抗性为非依赖型,故在选择介质存在下,转化细胞能继续生长,而野生型细胞生长受到抑制,从而使转化子得以富集;④选择基因产物本身不能对转化细胞的生长或发育有抑制作用;⑤选择介质价廉易得,且野生型细胞对其没有抗性或抗性极低。

在转基因家蚕中外源基因的丢失问题。Wu 等(2004)的研究指出,在 G_3 代群体外源基因的表达水平明显下降,认为有可能存在外源基因丢失现象,因此,保证外源基因在转基因家蚕中的稳定性是一个值得重视的问题。为防止靶基因的丢失,采用将外源靶基因表达盒置于双报告基因间的策略可增加外援靶基因在基因组上的稳定性,一般可采用 *gfp* 报告基因的选择以及 G418 对 *neo* 基因的选择压力进行控制。

2.4.3.2 外源基因的表达

外源基因导入宿主细胞,整合进入染色体后,有些基因并不能在宿主中表达。研究表明,影响表达的因素可能有以下几方面:

1. 启动子

外源基因能否成功地表达,选择适当的启动子尤为关键。对于非特异性的基因表达,一般选用组成性启动子;对于特异性的基因表达,必须选用时空特异性的启动子,如组织细胞特异性启动子、生长发育特异性启动子和诱导特异性启动子等。在家蚕中常用的高活性启动子有 A3 启动子、家蚕丝心蛋白基因启动子、*ie* 启动子、多角体基因启动子及抗菌肽启动子等。

2. 拷贝数

整合基因的拷贝数将影响基因的表达,一般整合基因的拷贝数太少将限制其表达,整合基因的拷贝数增加将更有利于表达(Thomas 等,1986)。

3. 内含子

真核细胞的阅读框被内含子间隔,内含子中可能存在一些基因表达的调控元件,若仅用 cDNA 作转基因时,该基因在宿主细胞中的表达可能受到影响。

4. 部分整合

Wagner 等(1981)将人 β-珠蛋白基因和 TK 基因转入小鼠,发现只整合一部分 β-珠蛋白基因的小鼠把该部分传给子代,但该基因未表达,说明整合不完整的基因在宿主体内是不表达的。

5. 分泌表达

从外源基因的表达策略来看,非分泌表达时,外源基因的表达量不高(赵越等,2009)。目前多数学者均采用丝蛋白基因与外源基因的融合实现外源基因在家蚕丝腺组织分泌表达(Tomita 等,2003;Adachi 等,2006;Hino 等,2006;Ogawa 等,2007;Kurihara 等,2007),但这策略有可能导致表达产物的生物学活性不高(Hino 等,2006;Kurihara 等,2007)。

6. 转基因沉默

迄今未见在转基因家蚕中的转基因沉默的报道,但来自其他转基因植物和转基因动物中的转基因的修饰、位置效应等转基因沉默现象值得关注。

2.4.3.3 转基因沉默

转基因植物和转基因动物中往往会遇到这样的情况,外源基因存在于生物体内,并未丢失或损伤,但该基因不表达或表达量极低,这种现象称为转基因沉默(transgene silencing)。转基因沉默在转基因植物是常见的现象。转基因沉默分为转录水平的沉默(transcriptional gene silencing,TGS)和转录后水平的沉默(post-transcriptional gene silencing,PTGS)。TGS 是指转基因在细胞核内 RNA 合成受到了阻止导致基因沉默,PTGS 是指转基因在细胞核中能够稳定的转录,但在细胞质中无对应的 mRNA 存在,在这两种水平上引起的基因沉默都与基因的同源性有关,称为同源依赖性的基因沉默(homology-dependent gene silencing,HDGS)。其他的似乎与转基因在染色体上插入的位置和插入位点周围的序列有关(位置效应,position effect），并不必依赖于基因组中其他位置同源序列的存在。Sarkar 等（2006）在 *piggyBac* 载体上加入一些绝缘子能够避免位置效应的产生。

外源基因如果以多拷贝形式整合到同一位点上，形成首尾相连的正向重复或头对头、尾对尾的反向重复，则不能表达，而且拷贝数越多，基因沉默现象越严重。这种重复序列诱导的基因沉默（重复诱导沉默）与在真菌与果蝇中发现的重复序列诱导的点突变相类似，均可能是重复序列间自发配对，甲基化酶特异性识别这种配对结构而使其甲基化，从而抑制其表达。

当外源基因整合到高度甲基化、转录活性低的异染色质区域时，外源基因一般表现沉默，这说明毗邻 DNA 的甲基化和异染色质化对插入的外源基因影响很大，可能导致外源基因在转录水平上失活。如果转基因插入转录不活跃区域或异染色质区域，转基因通常会融入该区域的染色质结构，使转基因进行很低水平的转录，或使转基因发生异染色质化而导致转基因沉默。这与果蝇中位置效应很相似，是一种顺式沉默（顺式失活，*cis*-inactivation）。

转录后共抑制（post-transcriptional cosuppression）是最常见的转录后水平基因沉默。这一现象首先由 Napoli（1990）在转查尔酮合成酶（chalcone synthase，CHS）基因的矮牵牛花中发现。共抑制现象普遍存在于转基因植物中。共抑制的发生是由于外源基因编码区与受体细胞基因间存在同源性而导致外源基因与内源基因的表达同时受到抑制。具有同源性的外基因和内源基因在细胞核内的转录速率很高，但在细胞质内无 mRNA 积累，是典型的转录后水平基因沉默。若导入的外源基因与内源基因无序列同源性，外源基因自身也常常会发生转录后水平基因沉默。有关研究发现，共抑制的产生不仅同内、外源基因间编码区的同源性有关，还与控制外源基因的启动子的强度等因素有关。一些转录上的沉默现象可以被同一转基因动植物中存在于基因组不同位置的同源启动子之间的相互作用所激发（也称反式沉默，或反式失活，*trans*-inactivation）。共抑制的存在提示了在研究某功能基因的转基因过量表达时，可能出现的是基因沉默。

Cogoni 等（1999）在粗糙脉孢霉的转化实验中发现，外源基因可以抑制自身和相应内源基因的表达，他们把这一现象定为基因压制。Cogoni 等是以类胡萝卜素生物合成基因 *albino*-1 作为视觉报道基因来研究基因压制的。他们发现，基因压制是可逆的，而且这种逆转会伴随有外源拷贝的丢失。基因压制发生在转录后水平，导致已复制的稳定态 mRNA 大量减少。

无论是转基因、转座因子还是病毒，对动植物而言都是诱发突变的外来侵入的核酸，动植物为保护自己，在长期的生物进化中，形成了基因沉默这种限制外源核酸入侵的防卫保护机制。

由于转基因家蚕的研究相对较少，迄今未见转基因沉默的报道，但一些研究表明，外源基因的表达量不高，这是否提示与转基因沉默有关？而在实验设计时是否也应适当考虑到转基因沉默？

2.4.3.4 转基因逃逸

基因漂移（gene flow）又称基因逃逸（gene escape）、基因漂流或基因流，指的是一种生物的目标基因向附近野生近缘种的自发转移，导致附近野生近缘种发生内在的基因变化，具有目标基因的一些优势特征，形成新的物种，以致整个生态环境发生结构性的变化。从生物进化论角度讲，基因漂移并不是从转基因才开始，历来都有，其本身就是生物进化的一种形式。

转基因逃逸（transgene escape）是指由基因工程的方法转移到某一生物有机的遗传信息（目的基因）在生物的个体，种群甚至是物种之间发生转移的过程，是外源转基因通过天然杂交（或异交）渗入到生物的非转基因品种或其野生近缘种的现象。通常转基因逃逸必须满足 3 个条件:①转基因生物和非转基因生物或野生近缘种在空间上分布重叠,相邻生长;②转基因生物和非转基因生物或野生近缘种在时间上生殖季节相遇;③转基因生物和非转基因生物与相关近缘野生种在生物学上有一定的杂交亲和性,且杂种后代能正常繁殖。转基因作物与其近缘野生种间的基因漂移是目前生物学界最为关注的基因漂移事件,问题是当转基因植物发生基因漂移时,会产生一些难以预料的严重后果。转基因植物研究表明,油菜、甘蔗、莴苣、草莓、向日葵、马铃薯以及禾本科作物均有向其近缘野生种的自发基因转移,甚至不同属间的基因漂移也有可能发生。人们普遍认为转基因逃逸到生物的野生近缘种可能直接影响这些野生种群的遗传和生态适应性,进而影响该野生种群的生态和进化方向。

近缘杂交可能使转基因动物中的基因向近缘物种转移。事实上,转基因动物与近缘物种成功实现基因流的可能性并不大,因为种属间远缘杂交困难,即便杂交成功,因其产生的后代生活力低下,杂种后代大都失去了有性繁殖能力。但是,在没有选择压力的自然条件下,转基因杂种后代并不具有竞争优势,不能形成优势群体。不少动物饲养远离多样性中心,没有相应的野生种存在。

家蚕(*Bombyx mori* Linnaeus)和野桑蚕(*Bombyx mandarina* Moore)不是严格的遗传学定义上的两个物种,因为杂交可育,家蚕育种过程中也常采用家蚕与野桑蚕进行杂交,以期家蚕获得某些优良性状;而转基因家蚕与家蚕和野桑蚕的关系显然满足转基因逃逸的条件。因此,在转基因家蚕的研究中必须考虑这样一些问题:一旦转基因家蚕与其野桑蚕形成天然杂种,该杂种是否可以存活并具有足够的繁殖能力形成自然种群?携带转基因的野生种群是否会比其亲本有更高的生态适合度?生态适合度的提高是否会影响到野生种群的进化过程,甚至影响到群落内物种之间的遗传生态关系?转基因的逃逸是否会造成长期的生态后果?

基因表达调控毕竟是一个复杂现象,有时虽然能够确保转入基因的安全性,但它对其他基因的影响却很难在当时弄清。因为每个基因产物是微量的,检测很困难,而它的影响具有广泛性、潜在性、长期性与严重性。如果忽视了生物进程的安全性,一旦影响生态环境安全的转基因生物释放到环境中去,便可能给人类社会带来无法挽回的损失。

2.4.3.5 转基因的水平转移

水平基因转移(horizontal gene transfer,HGT)又称基因水平转移、侧向基因转移(lateral gene transfer,LGT),是指在差异生物个体之间,或单个细胞内部细胞器之间所进行的遗传物质的交流。差异生物个体可以是同种但含有不同的遗传信息的生物个体,也可以是远缘的,甚至没有亲缘关系的生物个体。单个细胞内部细胞器主要指的是叶绿体、线粒体及细胞核。水平基因转移是相对于垂直基因转移(亲代传递给子代)而提出的,它打破了亲缘关系的界限,使基因流动的可能变得更为复杂。1959年,一系列的文章报道了大肠杆菌(*Escherichia coli*)的高频重组(Hfr)菌株可以将遗传信息传递给特定的鼠伤寒沙门氏菌(*Salmonella typhimurium*)突变菌株。同年,Tomochiro Akiba和Kunitaro Ochiai发现病原菌中的抗性质粒,而这一发现直接导致了携带抗性的质粒可以在不同菌种间转移现象的发现,这实际上就宣告了野生型菌株间存在着水平基因转移。已发现基因的转移不仅仅是发生在细菌之间,而且也发生在细菌与高等生物之间,甚至是高等生物之间。

细菌基因组上含有来自高等生物的基因,如耐放射异常球菌(*Deinococcus radiodurans*)含有几个只在植物中才有的基因;结核分枝杆菌(*Mycobacterium tuberculosis*)的基因组上至少含有8个来自人类的基因,而且这些基因编码的蛋白质能帮助细菌逃避宿主的防御系统,显然这是结核分枝杆菌通过某种方式从宿主那儿获得了这些基因为自己的生存服务。人类基因组测序工作的完成进一步证实了水平基因转移的普遍性和远缘性。在人类基因组上已发现了223个来源于细菌的基因,这些基因无疑是通过水平基因转移机制获得的。

这种基因转移到底发生在什么时候,目前有两种观点。一种观点认为水平基因转移发生在远古时候的早期生命,即单一的共同细胞祖先产生了所有的现代生物;另一种观点则认为,除了早期生命在进化过程中进行了大量水平基因转移外,现在的生命,即在物种形成清晰的谱系之后仍能毫无困难地交换基因。

由于微生物之间可以通过转导、转化、接合进行基因转移,家蚕体内的某些微生物(包括病源微生物)没有宿主的物种特异性,加之转座子的作用,家蚕基因组基因可能会通过水平转移的方法转移到其他物种基因组。家蚕核型多角体病毒(*Bombyx mori* nucleopolyhedrovirus,BmNPV)虽然具有较强的宿主物种特异性,但研究表明,BmNPV也可以将外源基因导入各种哺乳类的细胞,如人体细胞、小鼠细胞等,因而可能用于基因治疗;*piggyBac*转座子不仅在昆虫细胞中具有转座活性,而且在哺乳动物细胞中也具有转座作用。在转基因家蚕研究中,如果基于BmNPV为载体,或基于转座子的转基因载体,转基因的水平转移的可能性或许更大。由于家蚕也是人们食品资源之一,转基因家蚕中的目的基因是否会水平到人体中,给消费者造成健康危害是转基因家蚕研究中必须考虑的问题。

从另一方面考虑,作为转基因的目标基因进入原来没有该基因的物种后,进化上一般不具有选择优势(除非在人为的选择压力条件下,如抗除草剂的转基因植物在除草剂存在的情况下),因此在自然条件下易被淘汰,所以转基因家蚕的基因逃逸不会产生严重后果;其次,虽然有水平基因转移的报道,但发生的可能性还是值得怀疑的,举例来说,动物的食物中含有大量的异源DNA,包括动植物和微生物来源的,而按水平基因转移的机制假设,显然也存在这种转移条件,但在进化的事实上也未出现危害,因此转基因家蚕基因的水平基因转移也是不值得担心的。

曹广力

2.5 基于转座子转基因技术研究家蚕基因的功能

1990年,人类基因组计划正式启动,2001年人类基因组计划、美国塞莱拉遗传信息公司在美国《科学》杂志和英国《自然》杂志联合宣布,他们绘制出了准确、清晰、完整的人类基因组图谱,表明人类基因组序列图已经完成,生命科学的研究已进入后基因组时代,基因组的研究也从结构基因组学转向功能基因组学。目前,更大的挑战在于如何确定基因的功能和弄清全部的遗传信息,这将是21世纪生命科学研究的重要领域。研究基因功能的主要方法按照研究手段可分为比较分析和实验分析两大类。对于后者,按照分析时所研究的基因的数量和对象,可分为大规模基因功能研究和特定基因功能研究两类。

通过编码产物预测分析、序列同源性分析、蛋白质功能域分析等生物信息学的方法可以对未知基因的功能进行预测。在对某一基因的功能进行合理的预测后,需要根据预测所获得的信息,设计实验来进行研究和验证。基因功能的研究就是通过改变该基因的表达,观察其他基因表达、细胞生物学行为和个体表型遗传性状的变化,从而鉴定基因的功能,以及对表型的影响。改变基因的表达有两个方向：一个是增强其表达，另一个是减弱或者彻底终止其表达。涉及的主要技术有基因敲除（knock out）、敲入（knock in）、基于核酸的基因沉默（gene silencing）技术（主要包括反义寡核苷酸、核酶和 RNA 干扰技术等）和基因诱捕（gene trapping）技术等。

家蚕（*Bombyx mori*）是鳞翅目昆虫的模式种，又是饲养量最大的经济昆虫。2004 年我国科学家夏庆友等在《Science》上发表家蚕基因组框架图，预测基因 18 510 个（Xia 等，2004）；2008 年在《Insect Biochem Mol Biol》上发表了家蚕基因组精细图谱，确定家蚕基因数目为 14 523 个，并将 90％ 的基因定位到染色体上（International Silkworm Genome Consortium，2008）；2009 年在《Science》上发表蚕类基因组重测序工作，对家蚕和野蚕共计 40 个基因组进行大规模的重测序，总覆盖深度 $10^8 \times$（Xia 等，2009）。上述工作已积累了大量的序列数据，发现新基因、功能获得和功能利用是后基因组时代的重要研究课题。

2.5.1 吐丝机理研究

家蚕丝蛋白含有 3 种多肽，350 ku 重链（H-链）（Shimura，1983），26 ku 轻链（L-链）（Yamaguchi 等，1989）和 P25/FHX（Inoue 等，2000）。在后部丝腺（posterior silk gland，PSG），这些蛋白形成大的蛋白复合体，称为丝蛋白的基因单位（elementary unit），H、L 和 P25/FXH 的摩尔分子比为 6：6：1（Inoue 等，2000），L-链的 Cys-172 与 H 链 Cys-c20（羧基端第 20 个残基）形成二硫键（Tanaka 等，1999），一分子与六分子的 H-L 异源二聚体以非共价键的方式相互作用在内质网中形成丝蛋白基因单位（Inoue 等，2004），P25/FXH 的 3 个 N 连接寡糖链促使维持基本单位的完整性（Inoue 等，2000），这一复合物对丝蛋白的转运和分泌是必需的，能使丝蛋白在胞内有效转移，并促使丝蛋白大量分泌到丝腺腔（Inoue 等，2004）。

Nd-sD 突变品系，其后部丝腺萎缩，丝素蛋白分泌水平不到正常水平的 1％，形成几乎只含丝胶、非常薄的裸蛹茧（naked-pupa cocoon），该基因定位在 14 号染色体 L-链基因（*fib*-L）座位（Takei 等，1984）。正常的家蚕 L-链基因具有 7 个外显子，Nd-sD 突变品系是因缺失外显子Ⅲ下游区域所引起，从而导致第 3 内含子序列与远端下游区的序列重组，这一重组形成了一个嵌合基因，该嵌合基因含有 fib-L 的前 3 个外显子和 2 个来源于远端下游区的新的外显子Ⅳ′和Ⅴ′（图 2.11）。这个嵌合的 Nd-sDL-链缺乏由第 6 外显子编码的 Cys-172，因此不能 H 链形成二硫键（Mori 等，1995）。H-L 链间二硫键连接促成丝心蛋白在细胞内的转运和分泌，L-链缺陷的丝心蛋白在内质网中的积累有可能抑制后部丝腺细胞的发育。

Inoue 等（2005）报道，将正常的 L-链-*gfp* 融合基因表达盒克隆进 *piggyBac* 转座子载体 pBac($3 \times P3$-EGFPafm)，通过转座将 L-链-*gfp* 融合基因整合进 Nd-sD 突变品系的基因组（图 2.11），结果发现转基因 Nd-sD 品系的后部丝腺恢复发育正常，并形成正常的蚕茧（图 2.12）。生化分析结果显示，在转基因家蚕后部丝腺细胞中大量表达 L-链-GFP 融合蛋白，并能分泌到后部丝腺腔，并由此构建蚕茧，H：L-GFP：FHX 在丝腺腔和蚕茧中的摩尔分子比为 6：6：1，最终茧丝中的融合蛋白的量 10％。研究结果表明，丝蛋白基因的完整性保证了 H-L 链间二硫键的形成，从而促使丝心蛋白的在细胞内的转运和向腺腔分泌。

丝素重链基因（fibroin heavy chain gene）结构的破坏，也将影响蚕的吐丝结茧。Zhang 等（1999）研究报道，以家蚕丝素重链基因为同源臂，以杆状病毒的 *ie*1 启动子控制报告基因构建基因打靶载体（图 2.13），通过电穿孔将外源基因导入蚕卵，通过筛选获得基因打靶转基因，分

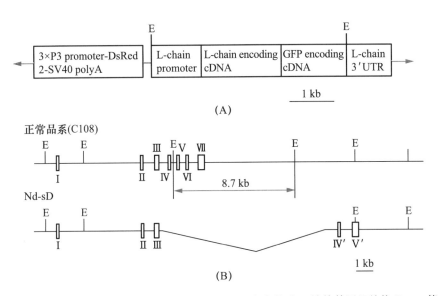

图2.11　转基因载体的结构及正常品系(C108)和 Nd-sD 突变品系 L-链的基因组结构(Inoue 等,2005)

(A) 带有 L-链-*gfp* 融合蛋白基因表达盒的转基因载体的结构。3×P3 promoter-DsRed2-SV40 polyA 为带有 SV40 加尾信号的 *DsRed2* 标记基因由 Pax-6 人工启动子序列 3×P3 控制,L-chain promoter 为 L-链启动子,L-chain encoding cDNA 为编码 L-链的 cDNA,GFP encoding cDNA 为编码 GFP 的 cDNA,L-chain 3′UTR 为 L-链基因的 3′非翻译序列,E 为 *Eco*R Ⅰ位点;(B)正常品系(C108)和 Nd-sD 突变品系 L-链的基因的物理图谱,normal breed 为正常品系,Nd-sD 为突变品系,正常的 Fib-L 基因含有 7 个外显子(外显子Ⅰ~Ⅶ),而 Nd-sD 的突变基因含有正常 Fib-L 基因的外显子 Ⅰ~Ⅲ以及来源于远端下游区的新的外显子Ⅳ′和Ⅴ′。

子生物学检测结果显示,丝素重链基因组中大小约 14 kb 区域被报告基因表达盒取代。这种转基因家蚕可正常发育至 5 龄,但不能吐丝结茧。

2.5.2　变态发育调节研究

家蚕属完全变态昆虫,一般认为昆虫的蜕皮与变态受激素调控,咽侧体分泌的保幼激素 (juvenile hormone,JH)维持幼虫形态,而前胸腺分泌的蜕皮激素(molting hormone,MH)促进幼虫蜕皮和变态,昆虫所处的生长发育阶段取决于血淋巴中这两类激素的相对滴度 (Nijhout,1994)。由脑内神经分泌细胞所生产的促前胸腺激素(prothoracicotropic peptide, PTTH),释放至血液后,刺激前胸腺,使前胸腺分泌 MH(Dorothy 和 Walter,1986),当有高浓度的 JH 存在时,MH 所诱导的为幼虫蜕皮;当有低度 JH 存在下,MH 诱导幼虫转变为蛹的变态蜕皮,当在缺乏 JH 的状态下,促使蛹向蛾的转变(Hammock,1985;Riddiford,1994)。在蛹向蛾的转变过程中,除激素调节外,幼虫期具有活性基因的关闭、蛹期特异性基因的激活以及蛋白酶活性的调节,在该过程中也起关键作用。昆虫体内激素的滴度是受严格控制的,JH 的生物合成受控于正调控的促咽侧体素(allatotropin,AT)和负调控的抑咽侧体素(allatostatin, AS),昆虫血淋巴中 JH 的滴度是由 JH 的生物合成和代谢共同维持平衡的(Hoffmann 等, 1999),JH 的代谢由保幼激素酯酶(juvenile hormone esterase,JHE)、保幼激素环氧水解酶 (juvenile hormone epoxide hydrolase,JHEH)和保幼激素二醇激酶(juvenile hormone diol kinase,JHDK)等催化完成(Maxwell 等,2002)。JHE 降解 JH 成为保幼激素酸(juvenile

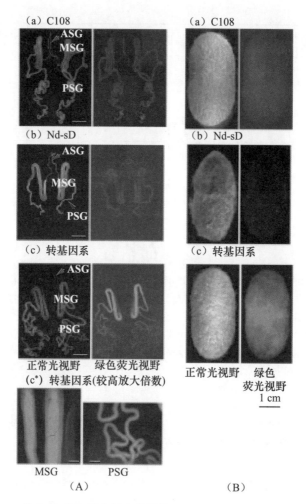

图 2.12　转 L-链-GFP 融合蛋白基因的 Nd-sD 突变品系（Inoue 等，2005）

（A）分别示 C108 5 龄第 5 天幼虫（a）、Nd-sD（b）、转基因品系（c）的一对丝腺，（c*）为转基因品系中部丝腺和后部丝腺的放大。ASG，前部丝腺；MSG，中部丝腺；PSG，后部丝腺。（B）分别示 C108 品种蚕茧（a），Nd-sD 品系蚕茧（b），转基因品系蚕茧（c）。

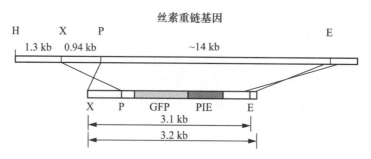

图 2.13　导入的 DNA 与丝素重链基因的重组（Zhang 等，1999）

注：H，*Hin* dⅢ；X，*Xho* Ⅰ；P，*Pst* Ⅰ；E，*Eco* RⅠ；PIE，杆状病毒 *ie* 启动子；GFP，绿色荧光蛋白。

hormone acid,Jha),JHEH 降解 JH 成为保幼激素二醇(juvenile hormone diol,JHd),JHE 降解 JHd,JHEH 降解 JHa 成为保幼激素酸二醇(juvenile hormone acid diol,JHad)。改变 JH 的水平,可以引起昆虫生长发育的异常或变态。在烟草天蛾(*Manduca Sexta*)中,通过使用 JHE 的抑制剂,减低 JH 的降解速率,从而延缓变态,导致巨大幼虫的产生(Hammock,1985);摘除咽侧体或使用抗保幼激素可诱导家蚕产生早熟蛹(Fukuda,1944;Kuwano,1985)。同样,昆虫体内 MH 的滴度也是严格控制的,MH 的生物合成不仅受到 PTTH 的促进作用(正调控),还受到抑前胸腺肽(prothoracicostatic peptide,PTSP)的抑制作用(负调控),即受到 PTTH 和 PTSP 的协同作用。前胸腺在神经肽(如 PTTH)的调节下,合成并释放 MH,神经肽刺激前胸腺涉及多种信号途径(cAMP 依赖途径、促分裂原活化蛋白激酶途径、S6 激酶途径),这些途径控制着 MH 的生物合成(Hua,1999;Marchal 等,2010)。尽管人们已对昆虫的蜕皮与变态已有大致的了解,但仍有很多不明之处。

已有许多研究结果显示,通过人为干预改变昆虫的内分泌状态,可人为调节昆虫的发育与变态。从外部对家蚕施加 JH 或保幼激素类似物(JHA)可以促进或抑制蜕皮,用 JHA 处理刚蜕皮的次末龄(4 龄)幼虫,可增加 1 次眠和蜕皮,诱导出 6 龄幼虫;同样施加 MH 也能改变家蚕的蜕皮次数,蚁蚕用含 MH(100 mg/kg)的人工饲料饲养,可明显增加蜕皮次数,个别蚕可以蜕皮 12 次;对家蚕施加早熟素可以诱导 3 眠蚕出现;而用咪唑类化学物质 KK-42 处理 4 龄幼虫,能诱导早熟化蛹;对 5 龄 129~132 h 的家蚕施加 fenoxycarb 可诱导产生永久蛹(Dedos,2002)。上述方法都是通过施加某种化学物质干预家蚕发育变态的,没有涉及通过基因操作改变蚕的发育变态。

家蚕变态与发育的人为调控是蚕丝业科学的根本性问题之一,人为调节家蚕的变态与发育对蚕丝业的生产结构与整体生产效益有重大影响。家蚕是完全变态昆虫,蛹期很短,仅为 2 周。现行的鲜茧收购、烘干以及缫丝模式都是以此为基础的。由于蛾口茧不适合于缫丝,生产上必须在蛹化蛾之前完成鲜茧的收购和烘干工作,所以,鲜茧收购和烘干时间紧、任务重、要求高,由于鲜茧的收烘环节不能及时到位以及烘茧过程的高温对丝蛋白的破坏,导致原料茧的品质严重下降。人们希望通过人为调节家蚕的变态与发育,延长蛹期,减轻鲜茧收购和烘干的工作压力及强度,甚至希望蛹期发育中止,实现鲜茧缫丝。这样,不仅可以解决鲜茧收烘与蛹期过短之间的矛盾,使提高生丝品位成为可能,而且还可以大大节约烘茧所需的能源。蛹期的长短受蚕品种、环境因子等方面的影响,鲜茧低温保存可以较长时间抑制蚕蛹的发育,但该方法显然不适合生产实际,而其他常规的方法也难以实现蛹期有较长时间的延长。人们希望通过人为控制关键基因的表达,调节家蚕的发育,解决鲜茧收烘与蛹期过短之间的矛盾,改革蚕茧收购-烘干-缫丝模式,从而提高蚕丝质量。家蚕转基因技术为这一问题的解决提供了可能。

Anjiang(2005)等报道,利用双元 GAL4/UAS 系统,研究了过度表达 JHE 对家蚕变态发育的影响。在 GAL4 系统,用家蚕的 A3 启动子控制 GAL4 基因,在 UAS 系统用 UAS 元件控制 JHE 基因(见图 2.6)。通过 *piggyBac* 转座子,将 A3-GAL4 表达盒、UAS-JHE 表达盒分别导入家蚕基因组构建转基因家蚕,通过杂交获得了从胚胎时期就过度表达 JHE 的 GAL4/UAS 双元系统。结果显示,GAL4、UAS 系统家蚕发育正常,而 GAL4/UAS 双元系统中,34% 的蚕在 3 龄死亡,28% 的蚕 3 龄后直接化蛹,38% 的蚕 3 龄后发育成幼虫和蛹的中间态。Real-time PCR 结果显示,GAL4、UAS 系统中 JHE mRNA 水平正常,而 GAL4/UAS 双元系统中 JHE mRNA 水平显著降低(图 2.14);JHE 活性检测和 Western blotting 检测结果同样显示 GAL4、UAS 系统中 JHE 活性、JHE 蛋白水平与正常家蚕相仿,但在 GAL4/UAS 双元系统中 JHE 活性、JHE 蛋白水平明显高于正常家蚕。说明鳞翅目昆虫中 JH 对胚胎发育以及第 2 次蜕皮前发育不是至关重要的。转基因技术使我们能细细研究从胚胎期就发生的关键生理事件的功能,以往这类研究只能在幼虫后期通过咽侧体切除或外施用 JH 类似物进行,因此有理由相信转基因技术在研究家蚕生长、发育方面将发挥越来越重要的作用。

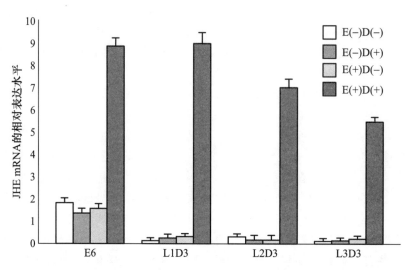

图 2.14　JHE 在 GAL4/UAS 系统中的表达(Anjiang 等,2005)

注:从胚胎或家蚕整体抽提总 RNA,用 real-time PCR 测定 JHE 的相对表达水平,内参为家蚕 *rp*49 基因。E(－)D(－)示正常蚕,E(－)D(＋)示 GAL4 系统;E(＋)D(－)示 UAS 系统;E(＋)D(＋)示 GAL4/UAS 双元系统;E6 为胚胎阶段第 6 天;L1D3 示 1 龄第 3 天;L2D3 示 2 龄第 3 天;L3D3 示 3 龄第 3 天。

MH 是昆虫中研究最为详细和深入的激素,对昆虫生长、变态和性成熟相关基因有调节作用(Karim 和 Thummel,1992),下调 MH 的水平也许可以延缓家蚕的发育。至今对杆状病毒的全基因组测序结果显示,杆状病毒含有蜕皮甾醇葡萄糖苷转移酶(ecdysteroid glucosyltransferase,EGT)(Ahrens 等,1997;Gomi 等,1999;Kuzio 等,1999)基因。有研究报道,首蓿银纹夜蛾的核型多角体病毒(*Autographa californica* nucleopolyhedrovirus,AcMNPV)的 EGT 能使 MH 失活(O′Reilly 和 Miller,1989),使昆虫保持幼虫取食状态,增加子代病毒的产量(Francisco 等,2003),家蚕注射出芽型 AcMNPV 能使幼虫发育延缓或使蛹发育中止(Shikata 等,1998)。因此将 *egt* 基因导入家蚕基因组或许可以延缓家蚕的发育。为了理解 *egt* 基因功能获得对家蚕发育的影响,我们曾用热激蛋白启动子 *hsp*23.7 控制 *egt* 基因,用杆状病毒的极早期基因 *ie*1 启动子控制新霉素抗性基因(*neo*)构建转基因载体 pigA3GFP-IE-NEO-hsp23.7-egt-polyA(图 2.15),通过 *piggyBac* 介导将 *hsp*23.7-egt 表达盒和 *ie*-1-*neo*

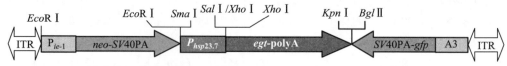

图 2.15　转基因载体 pigA3GFP-IE-NEO-hsp 23.7-egt-polyA 的结构

注:*gfp*,绿色荧光蛋白基因;A3,家蚕细胞质肌动蛋白 A3 启动子;SV40PA,SV40 病毒 polyA 信号;*p*hsp23.7,热休克蛋白 23.7 启动子;*egt*-polyA,带有 polyA 信号序列的 *egt* 基因;*p*ie1,杆状病毒 *ie*1 启动子;*neo*,新霉素抗性基因。

表达盒导入家蚕基因组,发现转基因家蚕的卵的孵化率下降 60% 以上;转基因家蚕幼虫延迟,蛹期延长 4 d 以上,G_2 代 3 龄眠蚕血液中 MH 的水平下降 90%,说明 MH 不仅对幼虫、蛹蜕皮有重要作用,而且对胚胎的正常发育也有至关重要的影响。

2.5.3　浓核病抗性基因的鉴定

家蚕浓核病病毒(BmDNV)宿主域非常窄,并有严格的组织特异性。在不同的家蚕品系中已发现 4 种无关联的基因 *nsd*-1(Watanabe 和 Maeda,1981),*Nid*-1(Eguchi 等,2007),*nsd*-2(Ogoyi 等,2003)和 *nsd*-Z(Qin 等,1996),它们控制家蚕对两种不同类型病毒 BmDNV-1 和 BmDNV-2(或 BmDNV-Z)的非易感性。先前曾将 BmDNV-1 和 BmDNV-2 归属于细小病毒科(Parvoviridae)、浓核病毒属(*Densovirinae*),但最近将 BmDNV-2 排除在细小病毒科之外。因为与普遍接受的细小病毒科的特征相比,它的基因组分开在两个分子,并含有自己的 DNA 聚合酶的基序(Tattersall 等,2005)。通过表型或 DNA 标记已对突变基因进行了作图(Goldsmith 等,2005),并通过图位克隆获得了 *nsd*-2 基因的候补序列。比较易感品种、抗性品种之间二序列间的差异(图 2.16),发现在易感品系(No.908)中,*nsd*-2 基因有 14 个外显子,推测编码具有 12 个跨膜结构域的膜蛋白(一种氨基酸转运蛋白),而抗性品系(J150)中 *nsd*-2 基因发生突变($+^{nsd-2}$),缺失 5~13 外显子。

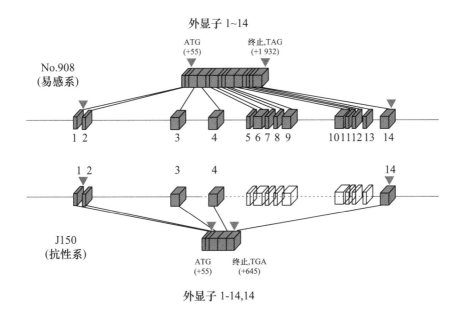

图 2.16　***nsd*-2 和 $+^{nsd-2}$ 基因组的结构**(Itot 等,2008)

注:上、下分别示易感系(No.908)、抗性系(J150)外显子/内含子的相对位置和大小,箭头示起始密码和终止密码;点线示在 J150 中基因组的缺失区域。

将野生型基因通过转基因导入抗性品系,并使其在中肠组织中表达,发现原抗性品系转为易感品系(转基因品系),说明这种有缺陷的跨膜蛋白负责家蚕对 BMDNV-2 的抗性(Ito 等,2008)。

2.5.4　性腺发育调节研究

性别决定系统在不同的生物中存在很大的差异,即使在昆虫中性别决定遗传系统也呈现高度差异,在果蝇中,称为"性别决定阶梯(sex determination cascade)"的相关基因已有较好的研究,它们控制体细胞性别决定和分化(Baker,1989;Cline,1989;Slee 和 Bownes,1990;Steinmann-Zwicky 等,1990),主要的性别决定信号是 X 染色体与常染色体的比率(X：A),当该比率为 1 时导致雌性发育,而当该比例为 0.5 时导致雄性发育,总开关基因(master switch gene)*Sxl*(sex lethal)只有在 X：A 达到 1 时才能被激活。*Sxl* 作为一种剪接因子作用于 *tra* 基因的 RNA,在雌性中形成活性 TRA 蛋白,TRA 和 TRA-2 决定 *doublesex*(*dsx*)RNA 雌性特异性剪接产生雌性特异性 DSX 蛋白(DSXF),而在雄性中,形成雄性特异性的 *dsx* 产物(DSXM),DSXF 和 DSXM 调节编码体躯性别特征靶基因的特异性转录。至今,DSX 在分子水平上调节卵黄蛋白基因表达的功能研究的最为清楚(Garabedian 等,1986)。果蝇的生殖盘含有雌性和雄性的生殖原基,在雌性中,DSXF 导致雌性生殖原基的发育,抑制雄性生殖原基的发育;在雄性中,DSXM 的存在引起雄性生殖原基的发育,抑制雌性生殖原基的发育(Steinmann-Zwicky 等,1990)。在雌性生殖盘抑制的雄性生殖原基中,DSXF 阻止由 Hedgehog 引起的 dpp(decapentaplegic)的诱导,而在雄性生殖盘抑制的雌性生殖原基中 DSXM 阻止 Wingless 途径(Sanchez 等,2001)。

家蚕是雌性异型配子生物,雄为 ZZ 型,雌为 ZW 型,在 W 染色体上有一个(*Fem*)基因(Hashimoto,1933)。自然界中,性别决定存在多种机制,调节这些机制的基因已高度分化,并因生物体所处的环境或相关遗传因素而以独特的方式迅速进化(Kuwabara,1996;Marin 和 Baker,1998)。

为了鉴定与家蚕性别决定相关的调节成分,人们以研究非常清楚的果蝇的性别调节级联作为参考,进行比较分析。基于与果蝇性别决定基因的同源性,分离家蚕的性别决定基因,并测试它们在性别决定中的作用。这种类型的分析希望揭示两种类型的性别决定途径的关联程度。2003 年 mita 等通过搜寻家蚕 EST 数据库,从家蚕中鉴定出了 *dsx* 基因的同源体,并命名为 *Bmdsx*(Ohbayashi 等,2000)。*Bmdsx* 在家蚕幼虫、蛹、成虫时期不同组织中性别特异性表达(Ohbayashi 等,2000),*Bmdsx* 基因的初级转录本在雄蚕和雌蚕中经过选择性剪接,形成编码雄性特异性(BmDSXM)和雌性特异性(BmDSXF)蛋白的性别特异性 mRNA(Ohbayashi 等,2000;Suzuki 等,2001)。

Bmdsx 含有 5 个外显子,其中外显子 3 和 4 是雌性特异性的,只出现在雌性 *Bmdsx* 中,*Bmdsx* pre-mRNA 通过默认的加工方式形成雌型 mRNA。已有的研究结果显示 *doublesex* 基因在果蝇和家蚕中的剪接机制存在不同。内含子 4 太长,利用 *Bmdsx* minigenes(内含子以不同方式截短)难以鉴别内含子内 *Bmdsx* pre-mRNA 雄性特异性剪接顺式作用元件。为了探明顺式作用元件,构建了 *Bmdsx* 微基因(图 2.17),该基因含有外显子 1 和 5 以及内部截短的内含子 2~4,通过转基因获表达这一构建的转基因家蚕。由转基因家蚕转录的 *Bmdsx* pre-mRNA 能被性别特异地剪接,这一结果显示微基因中含有可变剪接正确调节的必需信息(Funaguma 等,2005)。

为了理解 BmDSX 在性别分化调节中的作用,有必要鉴定由雄或雌的 BmDSX 控制表达

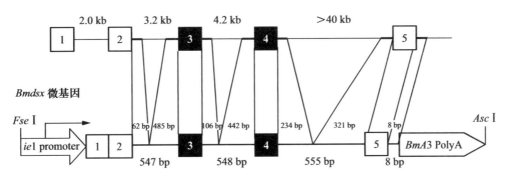

图 2.17　*Bmdsx* 微基因系统

注：微基因（没有按比例显示）含有 *Bmdsx* 外显子 1、2、3、4 和 5，编码完整开放读码框。内含子 2、3 和 4 在内部被截短，微基因有一个 8 bp 的片段，它是内含子 5 的 5′末端。箭头示 *ie*-1 序列中的转录起始位点，每一个内含子的长度用核苷数表示。空盒示普通的外显子，阴影盒示雌性特异性外显子，两个盒子之间的线条示内含子。

的靶基因。业已明确，BmDSXF 在雄性中表达能显著激活原本在雌性表达的两个基因（卵黄蛋白和雌特异性 hexamerin）的表达，抑制原本在雄性个体优先表达的一个基因（信息素结合蛋白，PBP）的表达（Suzuki 等，2003），BmDSX 蛋白在体外能特异性地直接与卵黄蛋白基因相对转录起始位点上游-95、-89 的序列（ACATTGT）结合。但仍不清楚 BmDSX 基因产物对调节性别特异性的性态分化是否必须，因为在雄性个体中 BmDSXF 的表达对雄性特异性形态特征的发育无影响（Suzuki 等，2003）。Suzuki 等 2005 年用果蝇的 hsp70 热激蛋白启动子或家蚕的肌动蛋白启动子 A3 控制雄性特异性 BmDSX cDNA，并通过转基因将其导入家蚕基因组，观察了 BmDSXM 在雄性和雌性个体中表达所引起的表型差异，并调查了 BmDSXM 的转基因表达对卵黄蛋白和 PBP 基因表达的影响。结果显示，雄性 BmDSX cDNA 在雌性中异位表达引起雌性特异性生殖器官的异常分化，导致雌性生殖器出现部分雄性生殖器的特性；BmDSXM 在雌性中表达抑制雌性特异性表达基因——卵黄蛋白基因，同样也引起雄性优先表达信息素结合蛋白的激活。这一结果说明 BmDSXM 有使雄性分化方面基因激活和雌性分化方面基因的抑制作用。

可以断定，*Bmdsx* 是一个双开关基因，位于家蚕性别级联控制的最后一步。

2.5.5　增强子、启动子捕捉

家蚕已被作为鳞翅目昆虫的模式种进行研究，家蚕完整的基因组序列已被测定（Mita 等，2004；Xia 等，2004），有大量的基因需进行注释。但为了分析每一个已注释基因的功能，需开发一种合适的研究基因功能的实验系统。要达到这一目的，通过转座子的重转移开发增强子捕捉、插入突变以及基因捕捉技术是非常有必要的。基于转座子的增强子捕捉系统是在分析基因功能中非常有用的手段。该系统可用于打靶的转基因以时期、组织特异性的方式表达，增强子捕捉系统最初在果蝇中建立，已成功用于产生控制转基因表达的株系（Bellen 等，1989）。最近，转基因插入到染色体的位点可以用基因组序列信息库（FlyBase；http://flybase. bio. indiana. edu/blast/）进行分析。通过转座转基因的插入打断内源基因。创造一个新的突变基因,从而可以研究原基因的功能。在果蝇中构建的大量的增强子捕捉和插入系 (Bellen 等,2004;Thibault 等,2004)已成功用于后基因组研究。最近在斑马鱼、青鳉、赤拟谷 盗、水稻、拟南芥建立的相似系统(Ellingsen 等,2005;Parinov 等,2004;Lorenzen 等,2003、 2007;Liu 等,2005;Ito 等,2004)证明该技术可用于多个物种。

尽管家蚕的转基因体系已建立,但常规的方法难以获得后基因组分析所需的大量突变,因 此,人们希望开发例如 Jumpstart 法(Cooley 等,1988)。在 Jumpstart 方法中,一种要素 (jumpstarter)编码转座酶,通过 jumpstarter 和 *mutator* 系的杂交能够有效地转移第 2 个转子 载体(*mutator*),为了为果蝇系统开发如此的一个系统,Horn 等(2003)建议利用 *piggyBac* 转 座子重新转移 *mutator*,该 *mutator* 带有通过其他转座子(例如 *minos*),插入 *piggyBac* 转座酶 基因进 jumpstarter 株。Uchino 等(2008)基本采用该方案创制了家蚕的增强子捕捉系统,

首先为获得 jumpstarter 系,构建基于 *minos* 转座子元件的带有家蚕细胞质肌动蛋白 A3 基因启动子(*BmA3*)控制的 *piggyBac* 转座酶基因的转座子载体(A),次之为获得 *mutator* 系 构建基于 *piggyBac* 转座子的带有 BmA3 控制 *GAL4* 结构(B)或带有 UAS-EGFP 结构(C)的 转基因载体(图 2.18)。

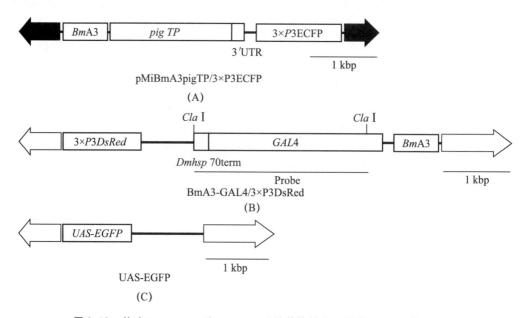

图 2.18　构建 jumpstarter 和 *mutator* 系的载体的物理图谱(Uchino 等,2008)

(A) 用于制作 jumpsrarter 系的 pMiBmA3pigTP/3×P3ECFP 载体的物理图;(B) 用于制作 *mutator* 系 BmA3-GAL4/3×P3DsRed 的示意图;(C) 用于制作 *mutator* 系的 UAS-EGFP 的示意图;*BmA3*,家蚕肌动蛋白基因启动子 区域;*pigTP*,*piggyBac* 转座酶基因;3'-UTR,*piggyBac* 转座酶基因的 3'-非翻译区;*Dmhsp70term*,果蝇 *hsp70* 基因 的末端区域;黑色箭头,*Minos* 转座子的反转重复序列;空白箭头,*piggyBac* 转座子的左右臂;3×P3ECFP,带有 3× P3 启动子的 ECFP;3×P3*DsRed*,带有 3×P3 启动子的 DsRed;黑线条,质粒 DNA 序列。

通过 jumpstarters 与带有 *BmA3* 控制 *GAL4* 结构的突变品系杂交,对 13 个 jumpstarter 品系各自的能力进行了测试,筛选出 4 个具有高度再移动活性的品系,然后通过突变品系与带 有 UAS-EGFP 杂交 F_1 后代杂交产生了增强子捕捉系(图 2.19)。在后代,检测了几个增强子 捕捉系在胚胎、幼虫、蛹、成虫期的特征性表达模式(图 2.20)。在杂交后代接近 10%～40% 的

家蚕具有再移动突变。利用家蚕基因组序列的信息,通过反向 PCR 对 105 个系统的插入位点进行了分析,发现重转移随机发生在每条染色体上,重转移突变插入到推测的外显子、内含子、基因间序列以及重复序列的频率分别为 12%、9%、36%和40%,可以认为该研究开发的基于 *piggyBac* GAL4 外显子捕捉系统可应用到大规模的家蚕中的增强子捕捉。

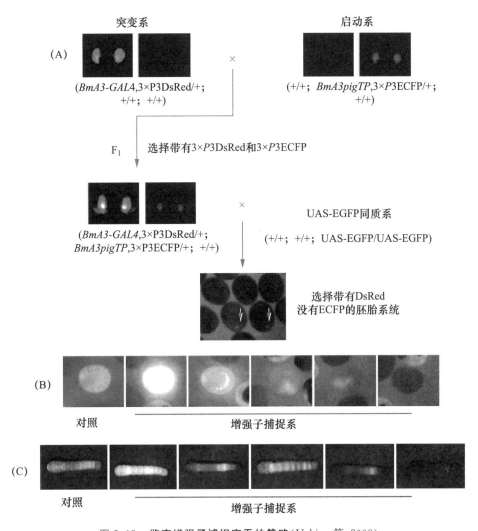

图 2.19　鉴定增强子捕捉家蚕的策略(Uchino 等,2008)

(A) 通过再转移 BmA3-GAL4/3×P3DsRed 的鉴定增强子捕捉家蚕的杂交安排,Mutator 193-2 系被用作 BmA3-GAL4 的原始系(对照);(B) 在产卵后第 6 至第 8 天,通过 *egfp* 在胚胎中表达模式的变化检测增强子捕捉家蚕;(C) 在 1 龄幼虫阶段,通过 *egfp* 表达模式的变化检测增强子捕捉家蚕。

在成虫中复眼荧光用于检测 mutator 和 jumpstarter 构建的存在。(A) 左右图分别显示 DsRed 和 ECFP 的表达,在圆括号中的文字表示基因型,*DsRed* 在 G_2 代胚胎中表达用箭头表示。在 G_2 代胚胎和幼虫观察的 *egfp* 表达模式用于检测移动性,用(B)和(C)表示。对照显示了原始株系的表达模式。Mutator 株 193-2 与含有 BmA3pigTP/3xP3ECFP 构建的 jumpstarter 株杂交,基于在成虫复眼 DsRed 和 ECFP 的表达,鉴定这些 G_1 代蚕含有 BmA3-*GAL4* 和 BmA3pigTP 构建。然后 G_1 代蛾与纯合的 UAS-EGFP 株杂交,选择在胚胎阶段表达 *DsRed* 的 G_2 代蚕,然后在选择的胚胎和幼虫中检测 *egfp* 的表达模式。这些具有独特 *egfp* 表达模式的家蚕可以认作为是新的增强子捕捉家蚕。

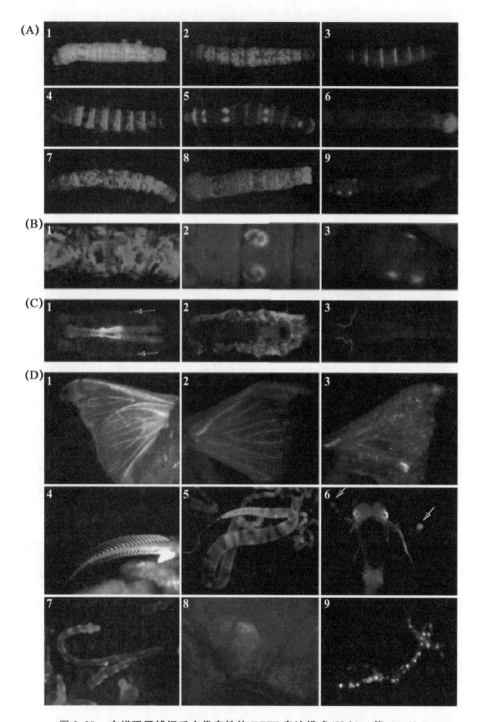

图 2.20　在增强子捕捉系中代表性的 **EGFP** 表达模式（Uchino 等，2008）

（A）5 龄幼虫的背部，1～9 为不同的 BmA3 系统；（B）5 龄幼虫放大的背部图，1～3 为不同的
BmA3 系统；（C）增强子捕捉系中的器官和组织专一性表达；1，在中肠和精巢（箭头）中表达；2，脂
肪体表达；3，唾腺中表达；（D）在不同的增强子捕捉系中的器官和组织专一性表达，1～3，翅；4，
触角；5，丝腺；6，咽侧体（箭头）；7，精子束；8，皮腺；9，前胸腺。

发现新的启动子、研究启动子的活性具有重要意义,杨惠娟等(2008)构建了 A3 启动子缺陷的 *piggyBac* 质粒,以增强型绿色荧光蛋白基因 EGFP 为标记基因对家蚕品种 Nistar 进行转基因检验,发现具有表达 EGFP 的转基因家蚕,证明启动子缺陷转基因可以捕捉家蚕组织特异性启动子。

为了通过转基因研究启动子的特性,Imamura 等(2006)构建了 cecropin B 启动子(P-CecB)控制 EGFP 表达的基于 *piggyBac* 转座子的转基因载体,通过转基因获得转基因家蚕,发现注射 *E.coli* 可诱导 EGFP 在脂肪体和所有血球细胞中的表达,在脂肪体中 EGFP 的 mRNA 水平与内源性 cecropin B 的水平关联,血细胞的流式细胞检测分析显示 EGFP 的表达因细菌注射而增加,但对注射酵母无应答,表明在转基因家蚕中 EGFP 的表达特征与内源性 cecropin B 的一致,cecropin B 启动子对细菌感染有应答。

2.5.6　注射锌指核酸酶进行靶向突变

通过大量的突变株和标记基因已较好地建立了家蚕遗传学,关键的分子遗传操作包括稳定的种系转基因(Tamura 等,2000),利用 GAL4/UAS 系统的靶基因表达(Imamura 等,2003)和增强子陷阱筛选(Uchino 等,2008)。已有几个报道涉及 RNAi 基因沉默,包括注射 dsRNA 到家蚕胚胎(Quan 等,2002;Tomita 和 Kikuchi,2009)和通过重组 Sindbis 病毒(Uhlirova 等,2003)或在转基因家蚕中(Isobe 等,2004)表达发夹状的 RNA。然而通过 RNAi 下调基因的表达,由于基因沉默不彻底故有严重缺陷。在家蚕研究中,借助基因打靶通过反向遗传学的研究探讨基因的功能无明显的进展。尽管通过苜蓿银纹夜蛾核型多角体病毒(*Autographa californica* nucleopolyhedrovirus,AcNPV)介导,利用同源重组实现了对丝素轻链基因的打靶,但该方法的效率太低(Yamao 等,1999)。

在果蝇中,已建立了两种基因基因打靶的方法(Rong 和 Golic,2000;Bibikova 等,2002),一种方法是基于一对位点专一性的来源酵母的 DNA 修饰酶,即重组酶和核酸内切酶,能将含有靶基因修饰序列的线型化片段释放原生殖细胞,这种方法可以通过同源重组对基因进行改造,但要求表达酵母酶的转基因果蝇传代和通过多杂交步骤将多个转基因集中的一起。这一技术在其他昆虫中至今仍没有建立。另一种方法是基于用户设计的锌指核酸酶,该酶是一种嵌合酶,含有锌指 DNA 识别域(zinc finger DNA recognition Domain)和 *Fok* I 限制酶非特异性核酸酶结构域(Kim 等,1996)。该方法可以通过非同源末端连接(non-homologous end joining,NHEJ)使靶序列发生简单的改变,另外通过提供一个带有突变靶序列的供体质粒(可以恢复同源修复机制)。然而,早先描述 ZFN 诱变的方案也要求转基因果蝇及其广泛杂交(Bibikova 等,2002),目前在果蝇(Beumer 等,2008)、斑马鱼(Doyon 等,2008)和大鼠(Geurts 等,2009)中的简化方案是直接向胚胎注射编码 ZFN 的 mRNA。这一新方法不要求酶的异位表达,避免艰苦的遗传操作。注射进去的 RNA 翻译成功能性的 ZFN,在基因组的特异性区域断开双链 DNA,然后切开的 DNA 的游离端启动修复过程,从而导致突变。为进行同源重组,带有突变的供体序列也可以一起进行注射。

为了评价运用上述方案进行家蚕基因打靶的可能性,Takasu 等(2010)选择位于家蚕体色标记基因(控制尿酸颗粒在幼虫皮肤的形成,突变导致皮肤透性增加)*BmBLOS2* 和 *Bmwh3* 的 3 个靶位点(图 2.21),直接将设计的编码 ZFN mRNA(表 2.5)注射进家蚕胚胎,结果显示:通过非同源末端连接(non-homologous end joining,NHEJ),注射 ZFN mRNA 能有效地诱导体细胞、生殖系细胞在靶基因的突变(图 2.22)。发现 ZFN 诱导的 NHEJ 突变缺乏末端补平和平末端连接产物,主要包括 7 bp 或更长的缺失以及单核酸插入(图 2.23)。表明家蚕双链断裂修复系统(double-strand break repair system)依赖于微同源性(microhomology)胜过经典的依赖于连接酶 IV 的机制,在 G₁ 代的种系突变频率(表 2.6)足够被用于依靠基于独特分子方法筛选的基因打靶。

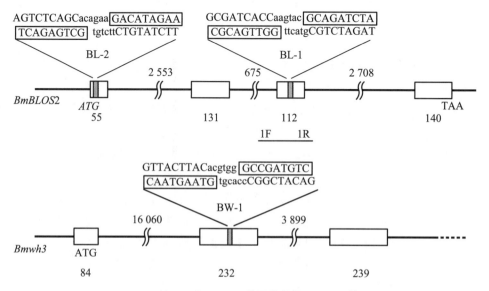

图 2.21 *BmBLOS2* 和 *Bmwh3* 基因的结构(Takasu 等,2010)

注:空白框代表外显子,ZFN 的靶位点用灰色框表示,其上方为其序列,框中的字母为锌指识别的 9 个核苷酸基序,它们中的 2 个在 *BmBLOS2* 基因(分别为 BL-2 和 BL-1)的第 1 和第 3 外显子,另外 1 个在 *Bmwh3* 的第 2 外显子。外显子和内含子的大小分别在图的上和下方标明。引物对 1F-1R 扩增出 1 个 683 bp 的片段(含 BL-1)靶位点。

表 2.5 靶三联体和对应的 ZFN 序列(Takasu 等,2010)

ZFN	DNA 密码子			识别序列/特异性等级		
	F1	F2	F3	F1	F2	F3
BL-1R	CTA	GAT	GCA	QNSTLTE++	TSCNLVR+++	QSGDLTR++
BL-1L	CGC	GAT	GGT	HTGHLLE++	TSGNLVR+++	TSGHLVR++
BL-2R	GAA	ATA	GAC	QSGNLAR++	QKSSLTA+	DRSNLTR+
BL-2L	ACT	GAG	GCT	THLDLTR+++	RSDNLAR+++	QSSDLTR+++
BW-1R	GTA	AGT	AAC	QSSSLVR+++	HRTTLTN+	DSGNLRV++
BW-1L	GCC	GAT	GTC	DCRDLAR+++	TSGNLVR+++	DPGALVR++

注:1,2 或 3"+"为根据 Carroll et al. 系统估计的 ZFN 靶向作用的相对特异性等级。

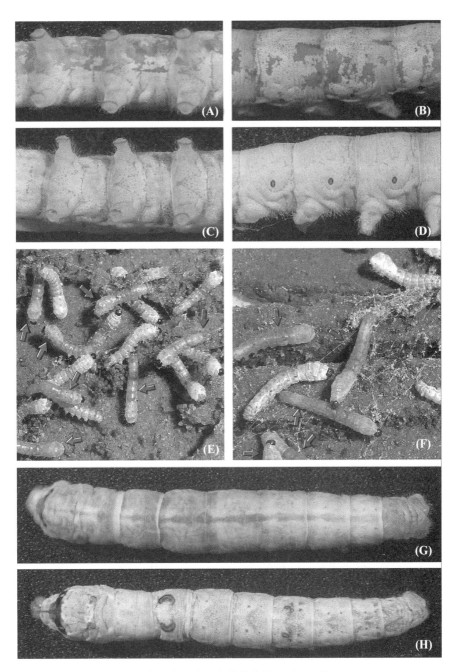

图 2.22 体细胞和种系突变的家蚕(Takasu 等,2010)

(A) G_0 代家蚕表皮细胞突变(5 龄家蚕油性嵌合体,腹面);(B) G_0 代家蚕表皮细胞突变(5 龄家蚕油性嵌合体,背面);(C) 和(D)正常家蚕表皮的腹面和侧面;(E) G_1 代油型种系突变(1 龄);(F) G_1 代油型种系突变(2 龄);(G) 油型种系突变 5 龄家蚕;(H) 正常 5 龄家蚕。

对照 (BL-1)

✂

TC AAC AGA CTC GCG ATC ACC AAG TAC GCA GAT CTA AGG AGC
AG TTG TCT GAG CGC TAG TGG TTC ATG CGT CTA GAT TCC TCG

✂

系统9

TC AAC AGA CTC GCG ATC AC- --- --- -CA GAT CTA AGG AGC   (20)

TC AAC AGA CTC GCG ATC ACC AAG TAC⌐A GCA GAT CTA AGG AGC   (2)

系统19

TC AAC AGA CTC GCG ATC - - - --G --G GAT GAT CTA AGG AGC   (8)

AA ATT TCG AAA TCC AGT ATT TTA GTT GCA GAT CTA AGG AGC   (1)*

系统65

TC AAC AGA CTC GCG ATC ACC AAG TAC⌐A GCA GAT CTA AGG AGC   (5)

系统69

TC AAC AGA CT- - - - --- --- --- ---A GAT CTA AGG AGC   (1)

无扩增   (4)

混合系统

TC AAC AGA CTC GCG ATC ACC AAG TAC⌐A GCA GAT CTA AGG AGC   (1)

TC AAC AGA CTC GCG ATC ACC AAG TAC⌐A GCA GAT CTA AGG AGC   (3)

无扩增   (1)

图 2.23　新 **BmBLOS2** 等位基因序列分析（Takasu 等，2010）

注：BL-1 位点（二条链）序列显示在图的顶端，G_1 突变从来源于 5 个种系，其中 4 个（No. 9、19、65
和 69）被独立分开饲养，剩下的为混合系统（mixture of broods）来源于一起饲养的几个蚕的单独
混合物，从而保护转化系统的测定。每个系统通过 PCR 片段的测序决定，虚线表示碱基的缺失，
绿色表示插入或取代残基，右边圆括号中的数字代表某一种表型的个体数，* 代表这一插入序列
与来源于染色体 8 的序列匹配。

表 2.6　直接注射胚胎产生的 **ZFN-NHEJ** 突变的有效性比较（Takasu 等，2010）

试验	试验胚胎数	产量	嵌合体/%	种系 NHEJ 突变/%	在靶位点非 GNN 密码
B. m. BL-1	480	5～9	72	0.28[a]	2
B. m. BL-2	480	0	0	0	2
B. m. BW-1	144	0	22	0	2
D. m. pask	14	5	N. D.	6	1
D. m. rosy	99	41	N. D.	8.2	0
D. m. coil	45	5	N. D.	5～8	1

注：B. m. ，家蚕；D. m. ，蝇；a，通过表型筛选仅在雌性中检测到。

贡成良

2.6　基于同源重组的家蚕基因打靶技术探索

基因打靶（gene targeting）也称为位点专一性同源重组（site-specific homologous recombination）或基因敲除（gene knocking out），是 20 世纪 80 年代发展起来的一项重要的、新兴的分子生物学技术，是利用基因转移方法，将外源 DNA 序列导入靶细胞后，通过外源 DNA 序列与受体细胞内染色体上同源 DNA 序列之间的重组，将外源 DNA 定点整合入靶细胞基因组上某一确定的位点，或对某一预先确定的靶位点进行定点突变，从而改变细胞遗传特性的方法（Thomas 和 Capecchi，1987；Koller 和 Smithies，1989）。基因打靶通过 DNA 分子同源重组，特异性改变基因组中靶基因序列，以研究目标基因的体内功能或相关疾病发病机制的一种基因操作技术。通过对生物活体遗传信息的定向修饰包括基因灭活、点突变引入、缺失突变、外源基因定位引入、染色体组大片段删除等，并使修饰后的遗传信息在生物活体内遗传，表达突变的性状，从而可以研究基因功能等生命科学的重大问题，以及提供相关的疾病治疗、新药筛选评价模型等。基因打靶技术的发展已使得对特定细胞、组织或者动物个体的遗传物质进行修饰成为可能。

基因打靶技术是一种定向改变生物活体遗传信息的实验手段，它的产生和发展建立在胚胎干细胞（embryonic stem cell，ESCs，简称 ES 或 EK 细胞）技术和同源重组技术成就的基础之上，并促进了相关技术的进一步发展。基因打靶技术将广泛应用于基因功能研究、人类疾病动物模型的研制、经济动物遗传物质的改良和动物反应器研制等方面。

打靶载体中不仅包括需要插入的目的 DNA 序列，其两端还要含有与靶基因座上的核酸序列相同的核苷酸片段，即同源重组序列。理想的打靶位点应该具备下列特点：①该位点处于开放和活跃转录的状态；②该位点的破坏不会造成动物死亡或致残；③该位点不会影响外源基因的组织特异性；④该位点具有较高的打靶效率。

2000 年首次报道家蚕转基因成功（Tamura 等，2000），目前家蚕的转基因研究主要以转座子介导的方式进行，虽然在理论上也可以获得丝素蛋白与其他蛋白的融合表达，但不能替换基因组原有丝素蛋白基因，即不能排除基因组原有丝素蛋白基因的表达，最终的蚕丝中带有的外源蛋白含量具有不确定性和不可控性，因而该转基因方法存在一定的局限性。通过基因打靶是获得转基因家蚕的另一种途径，但研究报道相对较少，技术体系还不完善，对外源基因的表达而言，均采用丝蛋白与外源基因的融合分泌表达。

基因打靶转基因家蚕系统具有定位性强、打靶后新的基因随染色体 DNA 稳定遗传的特点，克服了整合的盲目性和危险性，它能对家蚕基因组进行定点、定量的修饰，从而精细改变家蚕本身整体的遗传结构和特征，甚至可以实现组织特异性、发育阶段特异性的基因突变。利用基因打靶转基因家蚕系统不仅为家蚕生物工厂生产具高附加值的蛋白及其产业化提供更加广阔的开发前景，而且有助于家蚕功能基因组的研究和家蚕遗传特性改良，为养蚕业注入新的活力。

2.6.1　基于丝素轻链基因为同源臂的基因打靶

1999 年 Agrawal 利用杆状病毒将家蚕丝心蛋白基因与 GFP 融合后感染家蚕，通过同源重组替代家蚕的内源丝心蛋白基因,表明家蚕丝腺和蚕丝都可发出绿色的光泽,这一研究首次表明家蚕中基因打靶以及外源基因与丝素蛋白融合表达的可行性。

Yamao(1999)用丝蛋白的轻链基因的外显子 7 的上游 5 kb 序列作为重组的长臂,下游 0.5 kb 序列作为短臂,报告基因 gfp 插在两者之间。整个嵌合的轻链-gfp 基因,通过同源重组引入到 AcNPV 基因组的多角体蛋白基因区(图 2.24),5×10^5 pfu 重组 AcNPV 感染 5 龄起蚕,AcNPV 选择阳性子代进行纯化固定,获得了转基因蚕,整合率在 0.16% 左右,测序及 Southern 杂交和 Western 杂交分析的结果均表明,轻链-gfp 嵌合基因已经定点整合在家蚕基因组并能正确表达。Mori(2002)进行了相似的研究。吴小锋(Wu 和 Cao,2004)等用同样的方法融合表达了酸性成纤维细胞生长因子,但 3 代后检测不到基因的表达。

polh 上游序列	*fib*-L 左臂	*EGFP* 表达盒	*fib*-L 右臂	*polh* 下游序列

图 2.24　基于杆状病毒的基因打靶载体(仿 Yamao 等)

2001 年,赵昀等将 gfp 基因和人工合成丝心蛋白样基因克隆到打靶载体,利用电穿孔方法导入蚕卵中,获得了基因组中发生了预期的同源重组事件的转基因家蚕。

朱成钢(2002)把 gfp 基因前端加上凝血酶的识别序列,克隆到轻链基因的 5 kb 和 0.5 kb 两个片段中间,使 gfp 基因具有正确的读码框,能和轻链蛋白融合表达。将这一融合的 DNA 大片段克隆到 pBacPAK8 转移载体上,构建成一种新型的转基因家蚕打靶载体 pBacFL53TG,用于家蚕丝腺生物反应器的研究。

薛仁宇(2009)利用克隆的丝素轻链基因的两个片段作为同源臂,成功构建了带有 A3 启动子驱动 gfp 的表达盒、丝素重链启动子驱动 hGM-CSF 打靶载体(图 2.25);转基因家蚕中检测结果显示,该基因打靶转基因家蚕可以在后部丝腺组织中表达 hGM-CSF,在丝腺可以检测到 GFP 的表达。研究结果证实丝素轻链蛋白的 C 端部分缺失至少不影响家蚕的吐丝结茧。研究结果为利用丝腺生物反应器合成外源蛋白提供了有效方法。

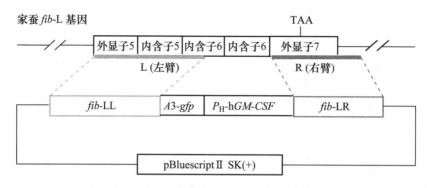

图 2.25　基于轻链基因打靶载体表达外源基因的载体结构 1(仿薛仁宇等)

杨李阳等(2011)利用克隆的丝素轻链基因的两个片段作为同源臂,成功构建了将 gfp 的 ORF 与丝素轻链基因 3′端融合表达的打靶载体(图 2.26),该载体的 gfp 基因由于不带有启动子元件,在转基因家蚕中只能依赖打靶后的丝素轻链基因的启动子来启动表达;通过精子介导获得的转基因家蚕中检测结果显示,该基因打靶转基因家蚕已经融合表达了 GFP。该方法避免了筛选重组杆状病毒的过程,省时简单。研究结果为改良丝素蛋白提供了可靠方法。根据薛仁宇(2009)的基于轻链基因打靶载体的设计,杨李阳等(2011)利用克隆的丝素轻链基因的两个片段作为同源臂,成功构建了将 gfp 的 ORF 与丝素轻链基因 $3'$ 端融合表达的另一打靶载体(图 2.27),该载体的右臂的侧翼同时设计了以家蚕核型多角体病毒的早期基因 $ie1$ 启动子(P_{ie-1})控制下的红色荧光蛋白报告基因($DsRed$),以及带有丝素蛋白轻链基因加尾信号序列(PA_{fib-L})的表达盒,该 $DsRed$ 作为负选择标记,通过基因打靶得到的转基因家蚕只表达绿色荧光,而随机插入型则表达红色荧光。既表达红色荧光,又表达绿色荧光的转基因家蚕则可能是随机插入在某特异启动子后,且融合表达了 GFP。通过荧光筛选,结合分子生物学鉴定,同样获得了丝素轻链融合 GFP 表达的转基因家蚕。

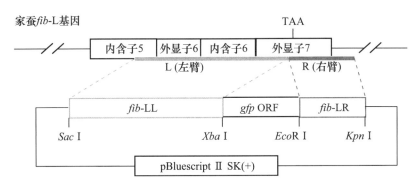

图 2.26 基于轻链基因打靶载体表达外源基因的载体结构 **2**(仿杨李阳等)

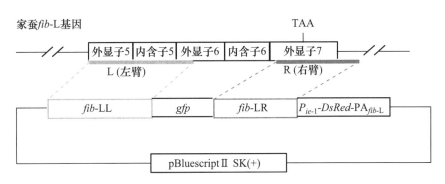

图 2.27 基于轻链基因打靶载体表达外源基因的载体结构 **3**(仿杨李阳等)

2.6.2 基于丝素重链基因为同源臂的基因打靶

张峰等(1999)曾以家蚕丝心蛋白重链基因的 $5'$ 和 $3'$ 端部分序列为同源臂构建基因打靶载体(pG350),对重组基因进行打靶,获得了 3 条带有绿色荧光斑块的转基因家蚕,转基因蚕能生长至 5 龄,与对照蚕没有明显差别,但获得的转基因蚕不能吐丝和传代,可能与二硫键的改变有关。赵昀等(2001)对该载体进行了改建,获得了可表达 GFP 的转基因蚕。

李艳梅等(Li 等,2010)利用克隆的丝素重链基因的两个片段作为同源臂,成功构建了带有 A3 启动子驱动 gfp 的表达盒、丝素轻链启动子驱动 hGM-CSF 打靶载体(图 2.28);转基因家蚕中检测结果显示,该基因打靶转基因家蚕可以在后部丝腺组织中表达 hGM-CSF,在丝腺可以检测到 GFP 的表达。结果表明外源基因进入基因组后,转录产物中外源基因可以同重链基因的内含子一起切下,因外源基因带有完整表达盒而得以表达,同时不影响家蚕的吐丝结茧。

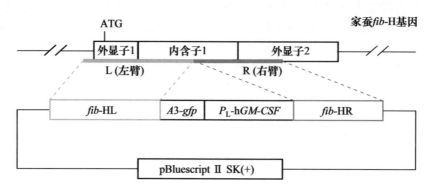

图 2.28　基于重链基因打靶载体的结构(仿李艳梅等)

2.6.3　其他打靶载体

由于转基因技术可以实现家蚕功能基因的过量表达或者基因功能的缺失,因此将成为研究家蚕基因功能的重要方法之一。基于同源臂的基因打靶,或基于重组酶介导的位点特异性基因打靶,或基于锌指蛋白核酸酶技术的基因打靶在家蚕功能基因研究、家蚕生物反应器研究上具有重要应用前景。国内已有几家实验室启动这一方面的探索研究。

2.6.3.1　基于功能基因同源臂的基因打靶

基因打靶是在生物活体研究基因功能的有效手段。通过基因打靶可以对家蚕染色体组进行特异性的遗传修饰,包括简单的基因剔除,点突变的引入,染色体组大片段的删除和重排,以及外源基因的定位整合等。研究表明,对基因打靶进行时间和空间上的调控已成为可能。自1987 年早期胚胎干细胞技术建立及第一例基因剔除小鼠诞生以来,基因打靶的研究进展迅速,成为后基因组时代研究基因功能最直接和最有效的方法之一。利用基因打靶转基因家蚕系统有助于家蚕功能基因组的研究和家蚕遗传特性改良。基因打靶的发展趋势是:①通过条件基因剔除技术在时间和空间上对基因剔除进行调控;②发展满足大规模基因功能研究需要的随机基因剔除技术。

由于插入型和置换型基因打靶的缺点是靶位点上最终留下了有转录活性的外源标记基因,这对于研究基因组中更加精细、复杂的改变十分不利;如对于点突变(碱基替换)或启动子、增强子的研究来说,在染色体基因定点修饰的位置上不留下异源辅助基因是非常必要的。可采用"Hit and Run"法或"In-Out"法(Hasty 等,1991b;Valancius 和 Smithies,1991),该方法分两步进行,第一步设计一种含有 HSV-tk 基因、neo 基因和所需突变序列的插入型打靶载体,转染入宿主细胞后用 G418 富集同源重组细胞,打靶载体将整个插入靶位点;第二步,插入的重复序列区将自发进行第二次染色体内同源重组,将标记基因、载体序列和一个拷贝的同源序列切除,仅留下一个拷贝的带有理想突变的靶基因,然后可以用负选择基因 tk 基因的丧失来筛选染色体内重组的细胞。由于第二步染色体内重组无法控制,可能最后留在基因组中的仍是无突变的原始基因,则可采用发展了的标记和交换法(tag and exchange)以及双置换法(double replacement),先后两个打靶载体的两步同源重组方法(施家琦等,1999)。

2.6.3.2　基于重组酶介导的位点特异性基因打靶

利用重组酶介导的位点特异性重组技术（Andreas 等,2002;Frank 等,2003;Kolb,2002）可进行基因敲除和基因敲入的基因打靶研究。有 Cre-loxP 系统和 FLP/FRT 系统,Cre/loxP 系统来自 P1 噬菌体,Cre 重组酶基因和 loxP 序列位于 P1 噬菌体基因组内,loxP 是 Cre 酶的识别序列;FLP/FRT 系统来自酵母,FRT 是 FLP 酶的识别序列。Cre（FLP）重组酶有删除/整合、倒位、转位等功能。常见的重组酶（recombinase）有 Cre 和 FLP,它们的识别位点分别是 loxP 和 FRT 核酸序列。通过在靶基因序列的两侧装上两个同向排列的 loxP 或 FRT 序列,之后经过导入 Cre 或 FLP 重组酶,介导靶基因两侧的两个 loxP 或 FRT 位点发生重组,结果将靶基因和其中的一个 loxP 或 FRT 序列切除（窦薇,2005）。在常规基因打靶的基础上,利用重组酶介导的位点特异性重组技术,建立条件性基因打靶（conditional gene targeting）,由于其对生物基因组的修饰在时间和空间上的可调控性而获得了广泛应用。

条件性基因打靶可定义为将某个基因的修饰限制于转基因某些特定类型的细胞或发育的某一特定阶段的一种特殊的基因打靶方法。Cre/loxP 系统通过两种方式保证了目的基因表达的时间可控性:一种是在 Cre 重组酶基因的上游置入诱导剂依赖性的启动子,如四环素调控蛋白启动子、干扰素诱导性启动子等,根据需要在不同的时间给予诱导剂,启动转录使 Cre 重组酶表达,从而调控基因表达;另一种是将 Cre 重组酶基因与类谷醇受体的配体结合域（ligand binding dormain,LBD）基因结合,表达出的融合蛋白的重组酶活性需要在激素类诱导剂作用下才能被激活。总之,该系统利用组织专一性启动子对转基因表达保证了空间专一性,同时利用药物诱导系统对转基因表达保证了时间可控性,实现了定时、定位地对外源目的基因进行精确调控,达到了人为控制其表达的目的。可以利用此技术建立时空表达可控的转基因模型调控体系,对基因功能的研究具有十分重要的价值。

Nakayama 等（2006）利用 φC31 重组酶首次在家蚕培养细胞 BmN4 中进行了位点专一性重组,表明外源 DsRed 基因进入家蚕细胞基因组。目前,利用重组酶介导的位点特异性重组技术在转基因家蚕研究中尚未见报道,但来自小鼠的基因打靶研究为转基因家蚕研究提供了参考。在小鼠的基因打靶研究中,建立条件性基因敲除需要分三步进行:①通过同源重组的方法在待删除片断的两侧引入同向的 loxP 位点,用 Cre 的瞬时表达载体转染细胞,在 Cre 酶下发生 DNA 重排。②构建一个在特定组织和发育阶段表达 Cre 酶的转基因小鼠。③将前两步获得的小鼠杂交,在子代小鼠转筛选特定组织中基因敲除的小鼠。基因敲入有两条途径删除选择标记基因:第一条途径是引入 loxP 位点的同源重组后,引入 Cre 基因瞬时表达载体,在 ES 细胞内瞬时表达 Cre,删除两个 loxP 位点之间的序列,然后用该 ES 细胞建立相应的小鼠品系。第二条途径是先引入 loxP 位点的 ES 细胞建立一个小鼠品系,与一种 Cre 转基因小鼠品系杂交,最后建立基因敲入的小鼠品系。

2.6.3.3　基于锌指蛋白核酸酶技术的基因打靶

人工构建的具有特异性的 ZFN 由两部分组成:一部分是具有能够特异性结合到 DNA 上的锌指蛋白;另一部分是源于限制性内切酶 Fok I 的一个亚基,能够无特异性地切割 DNA 双链,产生一个 DNA 双链切口（double strand break,DSB）。人工 ZFN 的锌指蛋白结构域通常含有 3 个锌指结构,每个锌指可特异识别并结合 DNA 链上的 3 个连续碱基。因此,ZFN 与 DNA 的结合具有高度特异性。

基于锌指蛋白核酸酶技术的基因打靶的一大优势是不需要使用选择标记。另外,在基于同源重组的传统基因敲除过程中,通常目的基因只有一个等位基因发生了突变,还需要将选择标记切除掉,进行重复处理以获得纯合的基因敲除克隆,这需要花费很多的时间。而使用这一方法进行敲除时,令人惊喜的是两个等位基因都发生突变的频率相对较高。

Takasu 等通过锌指蛋白核酸酶技术的基因打靶首次在家蚕中对表皮颜色基因 *BmBLOS 2* 进行了诱变研究,表明发生了非同源末端连接(non-homologous end joining,NHEJ)而导致靶基因的突变,ZFN 诱导的 NHEJ 突变导致主要为 7 bp 或更长的碱基缺失,也包含单核苷酸插入突变(Takasu 等,2010)。

曹广力

2.7　家蚕转基因培育新遗传素材

2.7.1　转基因提高家蚕对病毒病的抗性

家蚕(*Bombyx mori*)已有 5 000 多年驯化历史,是一种重要的经济昆虫。家蚕是蚕丝业的基础,有关家蚕的研究为现代蚕丝业技术体系的建立与发展发挥了不可替代的作用。家蚕性别决定、丝蛋白的生物合成、发育变态调节和对病原微生物的抗性为家蚕四大重要性状。在养蚕生产中,家蚕细菌病、真菌病、病毒病和微孢子虫病所引起的危害严重影响了蚕茧稳产高产,是蚕农歉收的主要因素之一。有关家蚕疾病的研究不仅极大地促进了昆虫病理学的发展,而且为现行生产中的蚕病防治提供了理论指导和技术支撑。家蚕属无脊椎动物,由于不具备脊椎动物的高度专一性的获得性免疫机制,再加上家蚕生命周期短,无足够的治疗周期,因此,目前生产上主要通过综合防治和饲养抗病品种两大措施防治传染性蚕病的发生。人们一直希望在充分认识家蚕抗病分子机制的前提下,通过增强家蚕的先天性免疫能力,提高家蚕对疾病的抵抗性。尽管有关家蚕先天性免疫已有较系统的研究,但至今没有通过增加家蚕先天性免疫水平,提高家蚕抗性的报道。

家蚕核型多角体病毒病又称血液型脓病,是影响养蚕产茧量的主要因素之一。在养蚕生产中,通过采取彻底消毒、消灭传染源、加强饲养管理、提高蚕体对病毒的抵抗性以及饲养抗病性品种等方面的综合措施,对家蚕血液型脓病进行防治,具有明显的效果。尽管如此,在实际生产过程中,血液型脓病还是经常发生。因此,如何有效地防治家蚕核型多角体病毒病是一个亟须解决的重要课题。培育抗病品种是防治传染性蚕病传播与发生的关键措施。国内、外已有许多研究人员在家蚕抗病品种选育方面做了很多有益的探索。一般认为,家蚕对 BmNPV 的抗性属水平抗性,因此通过常规方法进行抗 BmNPV 品种选育存在定向性差,并且育种周期长、效率低等缺点。因此,有必要探索培育对 BmNPV 有较高抗性家蚕品种的新方法。

核型多角体病毒 DNA 复制以及基因表达是一种有序的级联事件,前一阶段的基因产物直接或间接的反式作用于下一阶段的基因转录。业已明确,极早期基因(*ie*1)、晚期表达因子基因(*lef*1)、DNA 聚合酶基因(*dna pol*)、DNA 解旋酶基因(*dnahel*)和囊膜糖蛋白基因(*g p*64)等是杆状病毒感染复制的必需基因,缺失这些基因,病毒将不能增殖复制,因此,抑制这些必需基因的功能性表达可能是防止家蚕感染 BmNPV 的一种有效策略。

RNAi(RNA interference)是一种依赖于双链 RNA(dsRNA)抑制其互补同源基因活性的

现象,在生物体中普遍存在。已有多项研究表明利用 RNAi 技术可以抑制病毒在培养细胞内的复制。Valdes 等(2003)在体外转录分别与病毒复制必需基因 $ie1$ 和 $gp64$ 互补的 dsRNA,发现这两种 dsRNA 对苜蓿银纹夜蛾核型多角体病毒($Autographa\ californica$ multiple nucleopolyhedrovirus,AcMNPV)在细胞内的增殖复制有强烈抑制作用;徐颖等(2004)将体外转录的与 DNA 解旋酶基因和 DNA 聚合酶基因相对应的长片段 dsRNA 转染家蚕培养细胞(BmN)后,较好地抑制了 BmNPV 的复制;夏定国等(2006)用体外转录的 $ie1$ 和 $gp64$ 对应的 dsRNA 转染家蚕培养细胞 BmN,结果显示出明显的病毒增殖抑制效果;张鹏杰等(2008)和鲁银松等(2009)分别将构建带有短 $ie1$ dsRNA 和短 $lef1$ dsRNA 的表达盒转基因载体 piggyantiIE-Neo 和 pigA3-LEF-Neo 转染家蚕 BmN 培养细胞,结果显示稳定转化 Bm 细胞对 BmNPV 的增殖均表现出抑制作用;Isobe 等(2004)的结果显示,转染瞬时表达长片段 $lef1$ dsRNA 的 BmN 细胞对 BmNPV 表现出抵抗性;Kanginakudru 等(2007)将 $ie1$ 基因作为靶基因进行 RNAi 抑制病毒增殖的研究。结果显示,在感染早期(36~48 h)病毒的增殖被强烈抑制,在转化细胞中出芽型病毒的滴度下降了 7 倍。上述研究结果表明,通过 RNAi 沉默 BmNPV 复制必需基因可以抑制 BmNPV 在家蚕细胞中增殖复制,进一步可以认为,如果将转基因技术与 RNAi 技术有机结合,即通过转基因将 BmNPV 复制增殖必需基因的 dsRNA 表达盒导入家蚕基因组,如此转基因家蚕表达的 dsRNA 就可以特异性地降解 BmNPV 复制必需基因的 mRNA,从而抑制 BmNPV 的增殖复制,增加蚕的抗性,减少脓病的发生。

2004 年 Isobe 等构建了带长片段 $lef1$ dsRNA 表达盒基于 $piggyBac$ 转座子的转基因载体(图 2.29),家蚕卵注射转基因载体后,通过筛选、鉴定获得转基因家蚕,利用 pigA3GFP-hsplef1 获得的转基因家蚕 G_2 代孵化率低,因此,利用载体 pigA3GFP-SK18lef1 重新注射蚕卵,筛选获得转基因家蚕。转基因家蚕人工接种 BmNPV 72 h 和 96 h 后,取蚕血用 real-time PCR 检测血液中病毒 DNA 的水平。结果如图 2.30 所示。病毒感染 72 h 后,血淋巴中病毒 DNA 的水平只为对照的 10%;接种 96 h 后,对照组病毒的水平上升了 10 倍,但转基因组病毒的 DNA 水平几乎不变。病毒感染 8 d 后,转基因组与对照组之间家蚕的死亡率二者之间无明显差异。

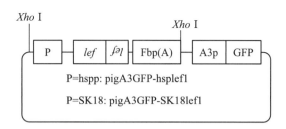

图 2.29　带长片段 lef-1 dsRNA 表达盒的转基因载体(Isobe 等,2004)

注:P,启动子,其中 hspp 为热激蛋白启动子;SK18 为杆状病毒 $ie1$ 启动子;lef,$lef1$ 基因读码框的部分序列,$lef1$ 的读码框以相反方向连接;Fbp(A),家蚕丝素蛋白 poly A 加尾信号;A3p,家蚕肌动蛋白 A3 启动子;GFP,绿色荧光蛋白。

Kanginakudru 等(2007)构建了带长片段 $ie1$ dsRNA 表达盒的基于 $piggyBac$ 转座子的转基因载体(图 2.31)。转基因载体注射 Nistari 蚕卵后,筛选获得 5 个独立的转基因家蚕,通

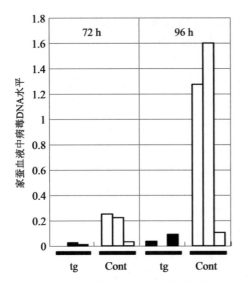

图 2.30 **接种 BmNPV 72、96 h 后转基因家蚕与
非转基因家蚕血液中病毒 DNA 的水平**

(Isobe 等，2004)

注：tg，转基因家蚕；Cont，对照家蚕 pnd-$w1 \times w1$；实心
框、空框分别为转基因家蚕和对照家蚕 real-time PCR 检
测病毒 DNA 的结果。每个幼虫分别经口感染 1×10^5 的
病毒多角体。

过兄妹交配，建立了 6 个独立的转基因纯系。其中 3 个系统（1126A、126B 和 58E）经口接种病毒，评价转基因家蚕对病毒的抗性。3、4 龄蚕经口感染 6 000、12 000 个多角体/头，对照品种 NM、TAFib6，转基因系统 126A、126B 和 58E 在 4 龄的死亡率分别为 92%、80%、29%、65% 和 90%，3 龄蚕的死亡率也呈现出相同的趋势（图 2.32），3 个转基因系统呈现出不同的抵抗性，126A 抵抗性最强，而 58E 增加的抗性可以忽略不计。与亲本品种相比，126A 的存活率提高了 3 倍。126A、126B 家蚕血液中病毒多角体的数量减小，病毒粒子的数量比亲本种或对照系统少 45 000 倍和 2 000 倍，而 58E 与对照明显差异。Real-time PCR 结果显示，126A、126B 中病毒 $ie1$ 的表达水平比对照下降了 60% 和 40%，而 58E 中的 $ie1$ 的表达水平与对照无明显差异。

如上所述，Isobe 等利用 $piggyBac$ 转座子，通过转基因使家蚕表达 $lef1$ 的长片段 dsRNA（430 bp），赋予家蚕对 BmNPV 呈中

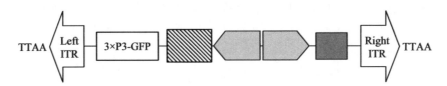

图 2.31 **基于 $piggyBac$ 的 RNAi 载体 pPIG3×P3-GFP-FF**（Kanginakudru 等，2007）

注：3×P3-GFP，3×P3 启动子控制的 gfp 报告基因；Left ITR、Right ITR，分别为左右末端重复序列。浅色
示 470 bp $ie1$ 序列以反向排列，阴影线示 630 bp 的 $ie1$ 启动子，深色示 200 bp 的加尾信号序列。

度抗性，尽管病毒在转基因家蚕中的增殖受到明显抑制，但接种病毒的转基因家蚕最终仍未逃脱因病毒感染而导致的死亡。Kanginakudru 等（2007）的研究结果显示，表达 $ie1$ 的长片段 dsRNA（470 bp）的转基因接种病毒后，其发病率比对照组降低了 40%。可以推测 $ie1$ dsRNA 对 BmNPV 增殖的抑制效果可能优于 $lef1$ dsRNA。接种高浓度病毒时导致转基因家蚕的死亡率明显升高，导致 RNAi 的效果被掩盖，同样也表明通过 RNAi 抑制 BmNPV 增殖的能力是有限的。

业已明确，在线虫和果蝇中，长的 dsRNA 与短的 dsRNA 具有同样的 RNAi 效果，但在哺乳类细胞中，一般认为只有 21～23 nt 的 dsRNA 才能发挥作用（Hammond，2001）。但在 Sf 细胞内，长的 dsRNA 转为 siRNA 的能力欠佳（Flores-Jasso，2004）。对转化家蚕 BmN 细胞的研究结果显示，长的 $ie1$ dsRNA（>325 bp）与短的 $ie1$ dsRNA（21 bp）在抑制病毒增殖方面的效果相仿，可以推测家蚕细胞将长的 dsRNA 转为 siRNA 的能力也不佳（张鹏杰等，2008；薛仁

宇等,2006;薛仁宇等,2008)。

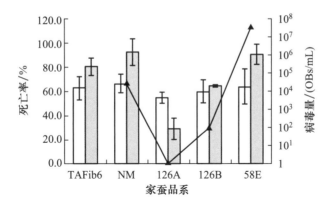

图 2.32　转基因家蚕纯系对 BmNPV 的抗性(Kanginakudru 等,2007)

注:*Nistari*(NM),新本非转基因对照;TAFib6,表达非靶基因不相关的 dsRNA 的转基因家蚕;
126A、126B、58E,表达 *ie*1 dsRNA 转基因系,3 或 4 龄蚕经口感染 BmNPV-p10GFP 病毒,每头幼虫
分别为 6 000 或 12 000 个多角体。白色和绿色分别指在 3 龄、4 龄感染不同家蚕系统的死亡率,黑
线示 4 龄感染病毒每毫升血淋巴中的多角体数量。

　　为了探讨表达短 dsRNA 的转基因家蚕对 BmNPV 的抗性,作者曾构建转基因载体
pigA3-LEF-Neo(薛仁宇等,2008;鲁银松等,2010),该载体为带有家蚕 A3 启动子控制的短
(21 nt) *lef* -1 dsRNA 表达元件(*GGATCC*GCACCGTACAGCTATAATTATTCAAGAG
ATAATTATAGCTGTACGGTGC*ttttt*AAGCTT,其中斜体分别为 *Bam* HⅠ和 *Hin* dⅢ的
酶切位点)、*ie*-1 启动子控制新霉素抗性基因(*neo*)表达元件和 A3 启动子控制的 *gfp* 报告基
因的 *piggyBac* 转座子载体(图 2.33)。

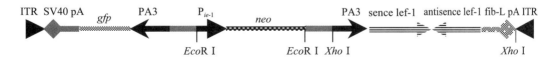

图 2.33　转基因载体 pigA3-LEF-Neo 的结构(鲁银松等,2010)

注:ITR,反转末端序列;PA3,家蚕肌动蛋白 A3 启动子;*gfp*,绿色荧光蛋白基因;SV40 pA,SV40 加尾信号;*fib*-L pA,
丝素蛋白轻链加尾信号;*neo*,新霉素抗性基因;$P_{ie\text{-}1}$,BmNPV 极早期基因启动子;*lef*-1,BmNPV 晚期表达因子基因。

　　pigA3-LEF-Neo 载体导入家蚕(品种:皓月)后通过 GFP 和 G418 双重筛选,获得 2 个转
基因家蚕系统,G_6 代 2 龄起蚕口服不同浓度的 BmNPV 多角体 8 h,结果如表 2.7 所示。在接
种高浓度病毒(10^8 个/mL)时,转基因家蚕的存活率与正常家蚕无明显差异,当接种 10^7
个/mL 和 10^6 个/mL 的多角体后,而转基因家蚕死亡率与对照组相比下降了 10%~30%;A、
B 二系对 BmNPV 的抗性相似。

　　G_6 代将转基因 5 龄起蚕,添食 BmNPV 后,从血液中提取 RNA,Q-PCR 检测 *lef*1 水平,
结果显示,转基因家蚕 G6-A,G6-B 中 BmNPV 的 *lef*1 转录水平平均下降了 72 倍和 26.5 倍,
最高降低了 104 倍。表明 BmNPV 的增殖在转基因家蚕中受到了明显抑制。

表 2.7　表达 *lef*1 dsRNA 的 G₆ 代转基因家蚕对 BmNPV 的抗性

多角体浓度/(mL⁻¹)	组别	对照	G6-A		G6-B	
			1	2	1	2
10⁸	供试蚕数/头	20	20	20	20	20
	存活蚕数/头	0	0	0	1	0
	感染蚕数/头	20	20	20	19	20
	死亡率/%	100	100	100	95	100
10⁷	供试蚕数/头	20	20	20	20	20
	存活蚕数/头	3	9	5	8	6
	感染蚕数/头	17	11	15	12	14
	死亡率/%	85	55	75	60	70
10⁶	供试蚕数/头	20	20	20	20	20
	存活蚕数/头	9	14	12	14	11
	感染蚕数/头	11	6	8	6	9
	死亡率/%	55	30	40	30	45

对 G₆ 代转基因卵的孵化率、幼虫龄期经过、产丝量的调查结果如表 2.8 所示。与对照组家蚕比较,转基因家蚕发育稍快,整个世代的发育经过快 2 d,但全茧量、茧层量和茧成率与对照蚕相仿。表明转基因家蚕的经济性状并没有因为转入外源基因而受到显著影响。

表 2.8　G₆ 代转基因家蚕的经济性状调查

品系	孵化率/%	龄期经过/d					全茧量/g	蛹重/g	茧层量/g	蛹期经过/d
		1	2	3	4	5				
转基因家蚕	92.38	4	4.2	4.4	4.3	7.3	1.61	1.24	0.37	16.3
正常家蚕	92.69	4.5	4.5	4.6	4.5	7.5	1.67	1.28	0.38	16.8

作者等获得了两个表达短 *lef*1 dsRNA 转基因系统,BmNPV 在两个系统中增殖水平存在差异,可以认为 dsRNA 表达元件在基因组的拷贝数或在基因组的位置不同导致细胞 dsRNA 水平不同所引起。在同一系统中,对 BmNPV 的抗性表现也不一致,这可能是家蚕个体差异所致。因此,需在分子育种的水平上结合传统育种的方法,来获得呈高度抗性的转基因家蚕品系。

一般认为 RNAi 的效果与 dsRNA 的长短、序列特异性、细胞内 dsRNA 的水平以及细胞中 Dicer 酶的活性等多种因素有关。提示通过筛选合适的启动子或者增加 dsRNA 表达盒在基因组中的拷贝数提高 dsRNA 的表达水平,有可能进一步改善转基因家蚕对 BmNPV 的抑制作用。RNAi 具有严格的序列特异性,病毒有可能通过突变对 RNAi 产生逃逸,从而影响 RNAi 的效果,或许通过双元或多元的 dsRNA 可以提高 dsRNA 对病毒增殖的抑制效果。

通过 RNAi 和转基因技术有机结合,可以使家蚕原种对 BmNPV 的抗性有较大程度提高,同时对转基因家蚕的经济性状调查结果显示,转基因家蚕除发育稍快外,其全茧量、茧层量和茧成率与对照蚕相仿。表明转基因家蚕的经济性状并没有因为转入外源基因而受到显著影响,这为转基因家蚕育种及抗病品种的推广应用提供了保证。

除了通过转基因提高家蚕对病毒病的抵抗性研究外,Tanaka 等(2005)还研究了转基因提高家蚕对细菌的抵抗性。家蚕中具有两种 Rel 蛋白(RelA 和 RelB),RelB 为 RelA 的截短型,缺失 5′端区域 52 个氨基酸残基。在抑制 *BmRel* 基因表达的转基因家蚕中,感染藤黄微球菌(Micrococcus luteus)后抗菌肽基因的表达被强烈抑制,表明 BmRel 表达与抗菌肽基因的激活有关。共转染实验指出,BmRelB 强烈激活 Attacin 基因,BmRelA 强烈激活 Lebocin 4 基因。过表达 BmRelB 的转基因家蚕对藤黄微球菌显示较强的抗性。

2.7.2　转基因改善蚕丝质特性

蚕茧丝蛋白的主要成分是丝素和丝胶,丝素蛋白由后部丝腺(posterior silk gland,PSG)合成,然后进入后部丝腺腔,向中部丝腺(middle silk gland,MSG)腔移行并积累;丝胶由中部丝腺合成,尔后,丝胶蛋白包裹丝素蛋白,通过前部丝腺的经吐丝孔(anterior silk gland,ASG)吐出形成茧丝。丝素蛋白含有 3 种多肽:350 ku 的重链(H-链)(Shimura,1983),26 ku 轻链(L-链)(Yamaguchi 等,1989)和 fibrohexamerin(fhx),起先称 P25(Inoue 等,2000),在 PSG 这些蛋白形成一个称丝素蛋白初级单位(elementary unit of fibroin)的大的复合物,该复合物中,H-链:L-链:fibrohexamerin 的分子比(molar ratio)为 6∶6∶1(Inoue 等,2000)。L-链通过 L-链 Cys-172 和 H-链 Cys-c20(羧基端第 20 个碱基)之间的形成的二硫键连接(Tanaka 等,1999),在内质网中,一分子的 fhx 以非共价链的形式与 6 个 H-L 异源二聚体相互作用(Inoue 等,2004)形成丝素蛋白初级单位(Inoue 等,2004)。Fhx 的 3 个 N-连接的寡糖链促使维持丝素蛋白初级单位的完整性(Inoue 等,2000)。该分子复合物对丝蛋白的胞内运输以及大量向丝腔分泌是必不可少的(Inoue 等,2004)。

蚕丝被誉为纤维皇后,但也存在明显的缺陷,例易黄变、皱缩,机械性能差、色牢度差、不耐洗涤等,因此,发挥蚕丝的优越性、克服蚕丝的不足、开发具有新性状蚕丝,进一步提升蚕丝的魅力是蚕丝科技工作者一直想解决而未曾有效解决的问题。

蚕丝的特性是由丝蛋白组分和丝蛋白的结构所决定,丝蛋白的氨基酸序列是丝蛋白高级结构形成的基础,通过改变丝蛋白基因可从源头改善丝的品质。基因定点突变技术和基因打靶的家蚕转基因技术已为定向改造蚕丝蛋白基因、从而改善蚕纤维的性状提供了可能;基于转座子的转基因技术,使丝素蛋白基因与目标基因在后部丝腺融合表达已获得具有新功能的蚕丝。

天然蚕丝在自然光线下大多呈白色。近年来为了满足人们对多样化蚕丝产品的需求,人们开展了天然彩色蚕茧品种的开发,并取得了有关部门的关注。蚕茧的色素主要来源于桑叶,家蚕通过对桑叶中色素选择性吸收、加工、转运后进入丝腺腔,并随蚕丝蛋白一起最终形成蚕茧。由于色素大多存在于丝胶中,通过常规缫丝,大部分色素在脱胶过程脱除,因此天然彩色蚕茧要加工成彩色丝需通过特殊的固色工艺。天然彩色丝相对色素单调,因此有人通过给家蚕添食不同的染料、通过生物自身染色获取彩色丝,但这一方式因染料对环境造成严重污染而难以大面积应用。

因此,人们希望通过转基因的方法将丝蛋白基因与荧光蛋白基因获得不同色彩的荧光蚕丝。目前,有两种策略已成功获得吐光丝的转基因家蚕。一种策略是通过基因打靶,用丝素蛋白轻链和荧光蛋白的融合基因取代原丝素蛋白轻链基因(*fib*-L)。Yamao 等(1999)克隆了家蚕丝素蛋白轻链基因,然后将 GFP 基因插入进第 7 外显子,用嵌合体 fib-L-GFP 基因取代 AcNPV 中的多角体蛋白基因构建重组病毒,通过该重组病毒将嵌合体 fib-L-GFP 基因打靶至家蚕基因组的 fib-L 基因区域。分析显示 fib-L-GFP 基因已通过同源重组整合进基因组 fib-L 基因,fib-L-GFP 基因在后部丝腺表达,并通过吐丝进入茧层,该蚕茧在荧光照射下发出强烈的绿色荧光。该种方案从基因组水平改变了丝蛋白基因的结构。杨李阳等(2011)用丝素蛋白轻链基因终止密码子 TAA 上游 1.2 kb 片段和 TAA 下游 0.5 kb 左右的片段为同源臂,将绿色荧光蛋白(GFP)基因的 DNA 序列克隆进两同源臂之间,使 gfp 基因的读码框与丝素蛋白轻链基因的读码框一致,构建基因打靶载体 pSK-FibL-L-GFP-FibL-R。将该载体用精子介导法转入家蚕卵,通过荧光观察和一系列分子生物学鉴定(PCR,RT-PCR,Western blot)。结果表明获得了转基因家蚕,所获得蚕丝具绿色荧光(图 2.34),相关结果为分子设计改变蚕丝的性状奠定了基础。

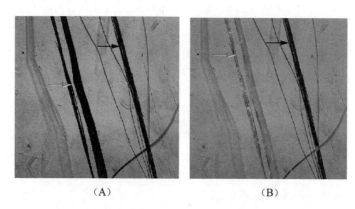

(A)　　　　　　　　　　　(B)

图 2.34　基因打靶转基因蚕茧经缫丝后进行荧光观察(杨李阳等,2011)

注:(A) 正常光线;(B) 荧光;➡黑色箭头示转基因蚕丝,➡绿色箭头示普通蚕丝。

获得荧光蚕丝的第 2 种策略是将丝蛋白基因与荧光蛋白基因融合,通过转基因将融合基因导入基因组,融合基因产物分泌到丝腺腔,然后随吐丝进入茧层,该策略不改变原有丝蛋白基因的结构。Mori(2002)报道在转基因家蚕中表达了丝素蛋白轻链与绿色荧光蛋白的融合基因。Royer 等(2005)报道将一种红色荧光蛋白(DsRed)基因融合进一种主要蚕丝 Fhx (fibrohexamerin)基因的第 2 外显子,然后通过 $piggyBac$ 转座子的转座,获得了一系列转基因系统,检测结果显示,融合基因与内源性 Fhx 基因一样仅在后部丝腺细胞中表达,并随丝素蛋白一起分泌到腺腔,进一步与丝蛋白一起输出形成茧丝。干燥后的蚕丝发出红色荧光。

Zhao 等(2010)将丝素蛋白重链基因 5′端部分序列与 gfp 基因融合,通过基于 $piggyBac$ 转座子的转基因系统,获得具绿色荧光的蚕茧。已有的研究结果显示,通过基因打靶改造蚕丝基因或通过转基因家蚕表达丝素蛋白-有色蛋白融合基因技术体系已基本建成。

2007 年 Kojima 等开发了一种新改造家蚕丝素重链基因的策略。构建了含有重链(H)基因(fib-H)启动子、H 链 N 端编码结构域和 C 端编码结构域以及编码基因 3′端区域质粒 pHC-null,将 $egfp$ 基因插入 pHC-null 质粒的 N 端编码结构域和 C 端编码结构域之间,成功构建表达修饰 H 链(HC-EGFP)的转基因家蚕,表达的 HC-EGFP 分泌至茧层。

家蚕丝是一类性能优良的天然蛋白纤维,却在抗皱、耐磨性、固色性等方面存在不足。天蚕丝和蜘蛛丝的许多性能优于家蚕丝,但天蚕对环境要求苛刻,饲养难度大;而蜘蛛可以产生纤维韧性比钢还强的丝,但蜘蛛具有攻击性难以规模饲养。因此,研究人员一直致力于通过基因工程方法改造家蚕,通过人工构建蜘蛛丝、天蚕丝获得具有优良丝质性状的转基因家蚕。

Zhao(2001)参考了家蚕丝心蛋白基因中密码子的偏爱,合成了一个编码了包含有多聚丙氨酸(A)n 序列,(GPGXX)序列和(Gly-Gly-X,X 为 Ala,Gln 和 Thr)序列的 321 bp 仿蜘蛛牵丝的单体基因,$E. coli$ 中逐步加倍至约 2 400 bp 后,与 gfp 基因融合,插入至家蚕丝心蛋白重链基因 5′和 3′端序列之间,利用电穿孔方法导入蚕卵中。卵孵化、发育和结茧后,用紫外灯检查,在约 5 400 个茧中有 73 个"亮茧",茧蛋白在 ELISA 反应中可以与 GFP 的多克隆抗体反应。"亮茧"对应的蚕蛾进行交配、制种。对其后代进行了基因鉴定,Southern 杂交的结果表明:gfp 基因和人工合成丝心蛋白样基因都存在于家蚕基因组 DNA 中且发生了预期的同源重组事件。结果说明"亮茧"这一表型能用于筛选转基因蚕,融合基因已通过同源重组进入家蚕基因组,同样也表明通过基因打靶可以对重链基因进行定向改造。

2006 年刘辉芬等利用 DNA 重组技术对络新妇蛛($Nephila\ clavipes$)拖牵丝蛋白基因 $MaSp1$ 高度重复序列进行多次重组,人工构建成 1.6 kb 的蜘蛛拖牵丝蛋白人工基因 $Sil-E$,DNA 序列分析证明了人工基因序列的正确性。将家蚕 L 链基因启动子片段、L 链 cDNA、L 链基因终止子融合在一起,构建成丝腺特异性表达单元。再与 Sil-E 融合构建成蜘蛛拖牵丝蛋白基因家蚕丝腺特异表达单元。将该表达单元克隆到转座子 $piggyBac$ 的转基因载体中,获得了蜘蛛拖牵丝蛋白转基因表达载体。采用显微注射法将其与辅助质粒共导入到家蚕蚕卵中。筛选转基因阳性个体,经 PCR 和 Southern 杂交鉴定,结果表明目的基因整合到家蚕基因组中,为进一步研究家蚕生产蜘蛛拖牵丝奠定了基础。

2010 年 Wen 等采用了类似的策略研究转基因家蚕获得优良性状蚕丝的可能性。他们用丝胶蛋白基因启动子控制蜘蛛拖牵丝(MaSp1)cDNA,通过基于 $piggyBac$ 转座子介导获得了基因组带有 $MaSp1$ 基因的转基因家蚕,丝蛋白分析显示 MaSp1 分泌进茧层,比较普通蚕丝与转基因蚕丝发现,转基因蚕丝具有更高拉伸强度(图 2.35)。

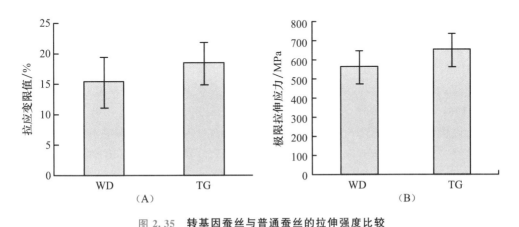

图 2.35 **转基因蚕丝与普通蚕丝的拉伸强度比较**
(A) 拉应变限值;(B) 极限拉伸应力。WD,野生型;TG,转基因型。

家蚕丝蛋白不仅用于纺织,同样也可用生物材料的研发。由于丝具有对培养细胞的生物相容性,可用于细胞培养板表面包裹,但其对细胞的吸附能力低于胶原蛋白和纤维连接蛋白,为了增加丝的生物相容性,Yanagisawa 等(2007)对丝素轻链基因进行改造,使丝素轻链蛋白拥有部分胶原蛋白和纤维连接蛋白的序列[GERGDLGPQGIAGQRGVV(GER)3GAS]8GPPGPCCGGG 或[TGRGDSPAS]8(图 2.36),通过转基因获得生产重组丝蛋白的转基因家蚕(图 2.37),结果显示两种重组转基因蚕丝具有更好的细胞吸附能力。尤其是由转基因 Nd-sD 突变蚕生产的带有[TGRGDSPAS]8 序列的丝其对细胞的吸附能力提高了 6 倍。

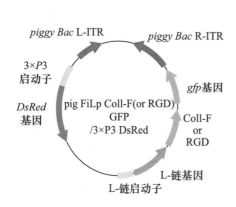

图 2.36 转基因载体 pBacFiLpGFPColl-F/3XP3DsRed 和 pBacFiLpGFPRGD-/3×P3DsRed 的物理图谱

(Yanagisawa 等,2007)

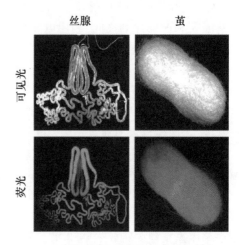

图 2.37 转基因蚕的丝腺和蚕茧

(Yanagisawa 等,2007)

2.7.3 转基因提高家蚕的产丝量

杂交育种已给蚕丝带来了巨大的利益,在过去的 40 年中,家蚕的吐丝量已达到一个平台期,通过杂交育种已很难使蚕丝产量有明显的提高。为了打破这一瓶颈,必须开发一些新的技术,如分子育种。分子育种有两种策略,即标记辅助选育(marker-assisted selection,MAS)和标记辅助回交(marker-assisted backcrossing,MABC)。转基因育种是最重要的 MABC 技术(Ribaut,2010),具有改善蚕丝产量的巨大潜力。

家蚕丝蛋白合成主要由 2 个因素决定,即腺体大小和后部丝腺丝素蛋白的合成能力(Yoshiaki,1964;Tashiro,1968;Shigematsu,1978)。Ras 肿瘤基因编码一种与正常发育和异常生物学过程相关的小分子鸟苷三磷酸酶(GTPase),例如肿瘤发生和发育障碍。Ras 激活能使其与下游效应蛋白包括 Raf 和 PI3K110 相互作用,Raf-MAPK 和 PI3K-Akt-TORC1-S6K/4EBP 通路参与多种细胞和分子事件,特别与细胞的生长和蛋白的合成相关(Karnoub,2008)。例如在果蝇中,Ras[CA]在前胸腺过表达,通过增加腺体细胞的大小和促进蜕皮激素的生产,明显减小体躯(Caldwell,2005)。

在家蚕基因组中有 3 个 Ras 基因,但它们的生物学意义仍不清楚。在家蚕后丝腺过表达特异性表达也许可以通过增加丝腺的细胞体积、提高丝蛋白的合成能力,从而改善家蚕的吐丝量。

在家蚕中,Ras1 突变 Ras1[v12](命名为 Ras1[CA])有组成性活性,为了在杂交一代的后部丝腺

过表达 $Ras1^{CA}$,Ma 等(2011)构建了 GAL4/UAS 双元载体系统(图 2.38)。在 GAL4 系统中,红色荧光蛋白($DsRed2$)基因由 $3 \times P3$ 启动子控制,$GAL4$ 由丝素轻链启动子控制;在 UAS 系统,绿色荧光蛋白(EGFP)基因由 $3 \times P3$ 启动子控制,$Ras1^{CA}$ 由 UAS 控制。

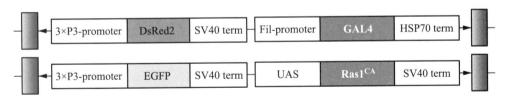

图 2.38　**GAL4(pBac{Fil-GAL4-3-XP3-DsRed})和**

UAS(pBac{UAS-Ras1^{v12}-3XP3-EGFP})质粒结构(Ma 等,2011)

注:$3 \times P3$-promoter,$3 \times P3$ 启动子;DsRed,红色荧光蛋白;EGFP,绿色荧光蛋白;Fil-promoter,丝素轻链启动子;SV40 term,SV40 加尾信号序列;$HSP70$ term,热激蛋白 70 加尾信号序列。

与对照蚕相比,Gal4 系统转基因家蚕与 UAS 系统转基因家蚕杂交后代后部丝腺的大小增加了 60% 以上,但中部丝腺大小几乎一致,全茧量增加 40%;尽管双元系统杂交后代蚕体重增加了 20%,但蛹体重没有发生变化。双元系统杂交后代蚕 5 龄经过比正常蚕延长了 6 h,但食桑量仅增加 20%,估计叶丝转化率提高了 30%。

Q-PCR 结果显示,双元系统杂交后代家蚕后部丝腺中的 $Ras1$ mRNA 水平比对照提高了 10 倍,Ras 的活性明显提高,而且 Ras 的激活提高了 MAPK、Akt、S6K 和 4EBP 的磷酸化水平,Ras 下游的效应蛋白 Raf 和 PI3K110 因 $Ras1^{CA}$ 的过表达而直接激活。转基因家蚕丝产量增加的分子机制研究显示,在双元系统的杂交后代,Ras 的激活提高了丝素蛋白 mRNA 水平和总 DNA 含量,提高了丝腺细胞的体积和蛋白的合成能力。

这一研究结果表明,通过转基因可大幅度提高家蚕的产丝量性,但这种转基因家蚕所生产丝的丝质性状如何? 还需有待于进一步调查。

贡成良

2.8　家蚕转基因生物反应器

2.8.1　家蚕生物反应器的类型

家蚕($Bombyx\ mori$)属于鳞翅目家蚕蛾科,是由古代野蚕移入室内驯化而成的泌丝昆虫。几千年来,人们利用家蚕能吐丝结茧这一生物机能,大量生产生丝。但是,传统的蚕丝业一直以获取蚕丝为唯一目的,是一种劳动密集型产业。随着我国农业经济的蓬勃发展,传统蚕丝业的比较经济效益相对下降,严重影响了蚕农的积极性和蚕丝业的稳定持续发展。因此,开发蚕的新功能,提高蚕的经济效益,提升产业水平成为了科学工作者追求的目标之一。随着科学技术的发展,很多新的技术和试验方法在家蚕新用途和基础研究中得到应用和推广。其中,以家蚕作为生物反应器生产高价值物质等新用途也不断被研究开发出来。

目前,家蚕生物反应器表达外源基因主要通过两条途径进行,一条途径是基于家蚕重组杆状病毒的表达系统(baculovirus expression vector system,BEVS),另一条途径是基于转基因家蚕的表达系统。BEVS 系统已非常成熟,已成功表达上千种基因。BEVS 是将外源目的基因克隆至家蚕核型多角体病毒(BmNPV)构建重组病毒,并感染家蚕从而表达外源蛋白。事实上仅是将家蚕作为营养源,实际生产外源蛋白的是病毒自身。而转基因系统则是以家蚕自身表达外源蛋白和有用物质。二者相比各具优越性(表 2.9)。

表 2.9 杆状病毒表达系统与转基因系统比较

项 目	杆状病毒表达系统	转基因系统
技术成熟度	高	低
技术难度	低	高
技术周期	短	长
表达水平	高	因表达方式而异
表达类型	瞬时	持续
产物加工	不完善	完善
潜在危险	病毒安全性	转基因安全性

家蚕幼虫具有一对发达的绢丝腺,能够大量合成蛋白质,特别是 5 龄期食下桑叶干物约 5.5 g,消化吸收 2.0 g 左右,其中 1/4 以上用于丝腺生长与丝蛋白合成。因此,建立转基因家蚕丝腺生物反应器技术平台并进行产业化开发已引起国内外许多有识之士的强烈关注。已有一些学者在家蚕转基因方面进行了探索,但由于研究手段的局限性和研究材料的特殊性,直到最近几年,家蚕丝腺生物反应器才被逐步建立并完善。

2.8.2 家蚕转基因生物反应器

根据外源基因在蚕体中的表达部位,可分为家蚕转基因表达整体生物反应器、丝腺生物反应器、脂肪体生物反应器。

2.8.2.1 家蚕丝腺生物反应器常用启动子

启动子的选择在外源基因表达方面具有举足轻重的作用,它决定了外源基因的表达部位、表达时期及表达水平等。肌动蛋白 A3 启动子、杆状病毒极早期基因 $ie1$ 启动子等为组成型表达启动子,在家蚕各个组织均有启动子活性,但其控制的外源基因表达水平相对较低。曹广力(2006)等用家蚕杆状病毒 $ie1$ 启动子控制人粒细胞-集落细胞刺激因子(hGM-CSF)基因导入家蚕基因组,$hGM\text{-}CSF$ 基因在家蚕整体表达,其表达水平为 95 ng/100 mg 冻干粉,只有重组杆状病毒表达水平的 1%。崔琳琳等(2011)用黄杉毒蛾核型多角体病毒(Orgyia pseudotsugata nucleopolyhedrovirus,OpNPV)的 $ie2$ 启动子控制人白介素-28A 基因(hIL-28A),hIL-28A 在 G_3 代转基因蚕、后部丝腺、脂肪组织冻干粉中的含量分别为 0.198 ng/g、0.320 ng/g 和 0.238 ng/g。家蚕丝腺是表达外源基因的最佳器官之一,通常可以选择的启动子有丝素轻链、重链、P25 以及丝胶蛋白启动子等,选用不同的丝蛋白启动子以及采用的表达方式对表达水平有很大影响,例如 Ogawa 等(2007)用丝胶蛋白 $ser1$ 启动子控制人血清白蛋白(human serum albumin,HSA)基因,转基因蚕茧中含有 3.0 $\mu g/mg$ 的重组 HSA;而用 $ser1$ 控制人类胰岛素生长因子 I(human insulin-like growth factor-I,hIGF-I)转基因表达时,丝腺组织中的含量仅为 2 440 pg/g。*BmLP3*、*BmLP3s* 等启动子可在脂肪体特异性表达,可以用于在脂肪体特异性表达外源基因。多种热激蛋白启动子可用于外源基因的诱导表达。

2.8.2.2　家蚕生物反应器载体

目前,用于家蚕生物反应器的载体主要有 3 种:①基于 *piggyBac* 转座子载体;②基因打靶载体;③非转座子非打靶载体。其中 *piggyBac* 转座子载体应用最为广泛。

1. 基于 *piggyBac* 转座子的转基因载体

除需具有一般载体的特点外,该类载体的主要还需包括以下元件:①*piggyBac* 的反转末端序列(ITR);②可供筛选的标记基因;③目的基因表达元件;④其他一些特殊的元件。

目前可供选择的载体偏少,也缺乏通用型,且载体相对偏大,克隆外源基因过程较繁琐。为了减少载体的体积,研究者曾探讨截短转座子元件对转座效率的影响,发现 55 bp 的插入序列对获得理想的转座效率是必要的,当低于 40 bp 时,转座效率明显下降(Elick 等,1997;Li 等,2001)。

可供筛选的标记基因主要为荧光蛋白基因,例如 *gfp*、*egfp*、*dsred* 和 *ecfp* 等,控制荧光蛋白基因的启动子大多为家蚕 A3 启动子或 3×P3 启动子(3 个串联的眼和神经系统特异性转录因子 PAX-6 结合序列组成的人工启动子),3×P3 启动子在神经组织有良好的活性,在胚胎发育早期就可以指示荧光蛋白基因的表达。由于家蚕转基因效率较低,荧光筛选仍是一项非常艰苦的工作,赵越等(2009)将新霉素抗性基因克隆进转基因载体,通过 G418 压力筛选,提高筛选效率,降低劳动强度。

目的基因表达元件是决定转基因表达的核心元件。该元件的主要类型有:①非分泌表达型,例 *ser-1* 启动子控制 hIGF-I(Zhao 等,2009),*phx*/P25 启动子控制 hIGF-I(Li 等,2011)。②分泌表达型,将外源基因与信号肽序列融合。例如丝素重链基因及其下游的编码 16 个氨基酸残基的信号肽序列控制 hIGF-I 基因(Liang 等,2011)(图 2.39)。③融合表达型载体。将外源基因与丝素蛋白基因的部分序列融合,使融合表达产物进入丝腺腔,并经吐丝作用与其他蚕丝蛋白一起形成蚕茧。例如以 3×P3 启动子控制 *DsRed* 在眼睛中特异性表达,丝素蛋白轻链基因(*fib-L*)融合人Ⅲ型胶原蛋白原基因在家蚕丝腺组织中表达,并转移至蚕茧(Tomita 等,2002)。Kurihara 等(2007)以 *fib-H* 融合猫科动物干扰素(Feline interferon,FeIFN)基因构建基于 *piggyBac* 的转基因载体。FeIFN 融合于 *fib-H* 上游序列(N-terminal domain,NTD)和下游序列(C-terminal domain,CTD),并在 FeIFN 序列两侧引入了蛋白酶切割位点,因

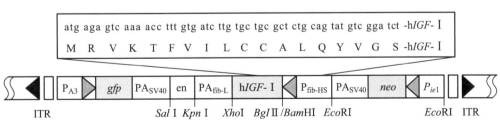

图 2.39　一种分泌表达转基因载体 **pigA3GFP-fibHS-hIGF-ie-neo**(Liang 等,2011)

注:转基因载体带有丝素重链基因及其下游的编码 16 个氨基酸残基的信号肽序列控制 hIGF-Ⅰ基因表达盒 fibHS-hIGF-Ⅰ,家蚕杆状病毒 *ie1* 启动子控制的 *neo* 基因,家蚕丝素轻链基因内含子 1 部分序列,A3 启动子控制的荧光蛋白基因。ITR,*piggyBac* 末端反向重复;P$_{ie1}$,家蚕杆状病毒 *ie1* 启动子;P$_{A3}$,家蚕 A3 肌动蛋白基因启动子;P$_{fib-HS}$,fib-H 启动子及其下游信号序列;hIGF-Ⅰ,人类胰岛素生长因子-Ⅰ基因;*neo*,新霉素抗性基因;*gfp*,绿色荧光蛋白基因;*en*,家蚕丝素轻链基因内含子一部分序列;PA$_{fib-L}$,家蚕丝素轻链基因 polyA 加尾信号序列;PA$_{SV40}$,SV40 3′非翻译序列。

NTD 长短不同区别为 NTD-1 和 NTD-2-long。

为了提高外源基因在转基因家蚕中的表达水平，可以在构建转基因载体时引进一些增强子元件，Liang 等(2011)在构建分泌表达转基因载体 pigA3GFP-fibHS-hIGF-ie-neo 时将丝素轻链基因第 1 内含子的部分序列克隆进了转基因载体；Tomita 等(2007)将杆状病毒起源的增强子以及反式调控因子 IE1 序列克隆转基因载体，期望提高表达水平，结果显示 *ser*1 的启动子活性提高了近 30 倍。Ogawa 等(2007)用同样的策略构建了表达人血清白蛋白的转基因载体(图 2.40)，结果显示所结蚕茧中含有 3.0 μg/mg 的重组产物。

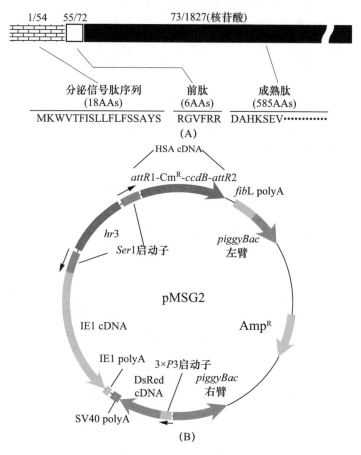

图 2.40　**HSA cDNA 和转基因载体 pMSG2 的结构**(Ogawa 等,2007)

(A) *HSA* cDNA。克隆的 *HSA* cDNA 编码 18 aa 的分泌信号肽,6 aa 前肽和 585 aa 的成熟肽。

(B) 转基因载体 pMSG2。pMSG2 在 *piggyBac* 左右臂之间含有的表达单位为(1)3×P3 启动子控制的带有 SV40 加尾信号序列的 DsRed 基因,(2)*Ser*1 启动子驱动的带有 IE 1 加尾信号序列(IE 1 polyA)的 BmNPV IE 1 基因。

2. 基于基因打靶的转基因表达载体

尽管 *piggyBac* 转座子插入基因组的位点偏好 TTAA，但外源基因插入基因组的位置仍具有不确定性,因此研究者希望外源基因在基因组定点整合并表达。目前研究者大多利用家蚕家蚕丝素基因的构建打靶载体以实现对丝素基因的改造或外源基因的表达。该类载体主要由 3 部分组成:①左右同源臂;②选择性标记基因表达盒;③外源基因表达盒。吴小锋等

(2004)将酸性成纤维细胞生长因子aFGF(human acidic fibroblast growth factor,aFGF)基因与丝素轻链基因的第7外显子融合构建基因打靶载体,通过基因打靶获得了表达aFGF的转基因家蚕,但随着转基因家蚕传代次数的增加,表达水平下降,推测外源基因有丢失的可能性。该载体不具选择性标记基因,打靶家蚕筛选工作量巨大。

Li等(2010)以家蚕丝素重链基因第1外显子及下游第1内含子的部分序列,第1内含子的部分序列及第2外显子的部分序列为同源臂构建了具A3启动子控制 gfp 基因、丝素轻链启动子控制 hGM-CSF 基因的打靶载体 pSK-HL-A3GFP-FLP-GM-CSF-FLPA-HR(图2.41),通过打靶获得了转基因家蚕,在 G_4 代转基因家蚕表达的 hGM-CSF 的分子量为22 ku,新鲜后部组织中 hGM-CSF 的含量为 1.26 ng/g。

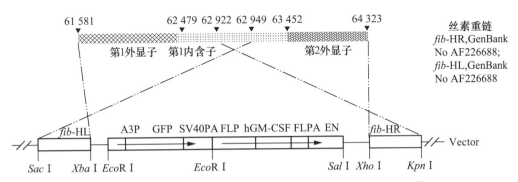

图2.41　**pSK-HL-A3GFP-FLP-GM-CSF-FLPA-HR 打靶载体的结构**(Li 等,2010)

注:GFP,绿色荧光蛋白;A3P,家蚕 A3 启动子;SV40PA,SV40 加尾信号序列;hGM-CSF,人粒细胞-集落细胞刺激因子;FLP,丝素轻链启动子;FLPA,丝素轻链基因加尾信号;EN,丝素轻链增强子;fib-HL,左臂同源序列(GenBank No AF226688,61 581~62 949),fib-HR,右臂同源序列(GenBank No AF226688,62 922~64 323)。

Xue等(2011)报道,用家蚕丝轻链基因构建打靶载体,同源左臂为 1.2 kb,右臂为0.5 kb;A3 启动子控制 gfp 基因及丝素重链启动子控制 hGM-CSF 基因插入至二同源臂之间获得打靶载体 pSK-FibL-LA3GFP-PH-GMCSF-LPA-FibL-R(图2.42),通过体内同源重组获得了打靶家蚕,G_3 代 hGM-CSF 的表达水平达 2.70 ng/g 丝素冻干粉。

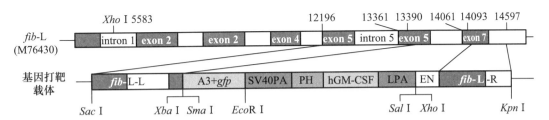

图2.42　**pSK-FibL-L-A3GFP-PH-GMCSFLPA-FibL-R 载体的结构及打靶载体**(Xue 等,2011)

注:fib-L-L,丝素轻链基因(GenBank:M76430)左臂(12 196~13 390);fib-L-R,丝素轻链基因(GenBank:M76430)右臂(14 093~14 597);A3,家蚕 A3 启动子;gfp,绿色荧光蛋白基因;SV40PA,SV40 poly A 加尾信号;LPA,丝素轻链基因加尾信号;intron,内含子;exon,外显子。

3. 非转座子非打靶载体

目前,主要通过转座子介导和体内同源重组两种策略将外源基因导入家蚕基因组。$piggyBac$ 属Ⅱ类可移动元件(Horn 和 Wimmer,2000),由 $piggyBac$ 转座子介导的家蚕转基因已有较多的研究报道。在转座酶的存在下，*piggyBac* 转座子通过剪贴的方式，将外源基因整合进基因组，尽管转座偏爱发生在基因组的 TTAA 位点，但外源基因整合在基因组的位置仍具有不确定性；通过体内同源重组可以将外源 DNA 精确导入基因组，尽管已有通过体内同源重组获得基因打靶家蚕的报道，但总体来看，该技术在家蚕中的运用仍不成熟。pIZT-V5-His 是一种非转座子、非基因打靶昆虫细胞转化载体，该载体利用黄山毒蛾核型多角体病毒（*Orgyia pseudotsugata* nucleopolyhedroviruss，OpNPV）*ie1* 启动子和 *ie2* 启动子分别控制融合报告基因 *zeo-gfp* 和外源基因，重组载体转染昆虫细胞后，通过吉欧霉素（zeocin）抗性标记筛选可获得持续表达外源基因的转化细胞。李曦等（2009）和陈慧梅等（2010）分别利用该载体获得了稳定表达 hGM-CSF 的家蚕 BmN 细胞系，Lu 等（2011）利用该载体获得了表达人白介素 28A（hIL-28A）家蚕 BmN 细胞系，并推测该载体有可能用于转基因家蚕的研究。

为了探讨非转座子载体介导转基因家蚕表达外源基因的可能性，崔琳琳等（2011）将 hIL-28A 克隆进昆虫细胞表达载体 pIZT/V5-His，构建了重组载体 pIZT/V5-His-hIL-28A；利用精子介导法将该重组载体导入家蚕卵，通过绿色荧光筛选并结合 PCR、DNA 杂交等分子鉴定，证实成功获得了转基因家蚕；Western blotting 结果显示转基因家蚕表达重组 hIL-28A 的分子量为 25 ku，ELISA 检测结果显示，hIL-28A 在 G_3 代转基因蚕、后部丝腺、脂肪组织冻干粉中的含量分别为 0.198、0.320 和 0.238 ng/g。表明通过非转座子载体介导可以将外源基因导入家蚕基因组，并实现外源基因的表达。

李艳梅（2010）用同样的策略，通过非转座子载体 pIZTGM-CSF 介导，获得了转基因家蚕，对 G_4 代转基因家蚕中的 hGM-CSF 蛋白进行 SDS-PAGE 与 Western blotting 检测显示，有一条约 22 ku 的特异性条带；ELISA 检测显示，hGM-CSF 蛋白的表达水平为每克鲜组织 4.7 ng。

4. 外源基因在转基因家蚕中的表达方式和表达水平

外源基因在转基因家蚕中可以采取整体和局部两种主要不同的表达形式，而局部表达主要是在丝腺组织，而表达策略主要有非分泌表达、分泌表达和融合表达 3 种方式。目前为止，采用不同的策略方案已有较多成功表达外源基因的报道（表 2.10）。不同的表达部位、采取的表达策略、控制基因的启动子等对外源基因的表达水平均有明显的影响。从已有研究分析可见，在丝腺生物反应器中，以与丝蛋白基因融合分泌表达的方式表达水平最高，次之为分泌表达，以非分泌表达的方式表达水平最低。尽管启动子相同，但因基因不同，外源基因的表达水平也存在差异；启动子相同、基因相同，但因转基因载体种类差异表达水平也存在明显差异，推测与外源基因在基因组中的拷贝数、整合位点等有关；另外，同样的转基因家蚕，外源基因在不同组织的表达水平也有差异，这与启动子在不同组织中的活性有关。

表 2.10　转基因家蚕主要表达的外源基因

基　　因	表达区域	启动子	表达水平	载体类型	来源
部分胶原蛋白序列-EGFP 与 *fib*-L 链融合	后部丝腺	*fib*-L	8.4 μg/mg 蚕茧	*piggyBac* 载体	Tomita et al. (2003)
DsRed 与 Fhx/P25 融合	后部丝腺	*Fhx/P25*	0.13 μg/mg 蚕茧	*piggyBac* 载体	Royer et al. (2005)

续表 2.10

基　　因	表达区域	启动子	表达水平	载体类型	来源
部分脯氨酰羟化胶原蛋白序列与 *fib*-L 链融合	后部丝腺	*fib*-L		*piggyBac* 载体	Adachi et al. (2006)
碱性成纤维细胞生长因子与 *fib*-L 链融合	后部丝腺	*fib*-L	0.4 μg/mg 蚕茧	*piggyBac* 载体	Hino et al. (2006)
人血清白蛋白	中部丝腺	*hr*3-IE1 增强的 *Ser*-1	3.0 μg/mg 蚕茧	*piggyBac* 载体	Ogawa et al. (2007)
猫干扰素与 *fib*-H 链融合	后部丝腺	*fib*-H	10-60 μg/mg 蚕茧	*piggyBac* 载体	Kurihara et al. (2007)
egfp	中部丝腺	*hr*3-IE1 增强的 *Ser*-1	7.0 μg/mg 蚕茧	*piggyBac* 载体	Tomita et al. (2007)
egfp 与 *fib*-L 链融合	后部丝腺	*fib*-H	占总丝素蛋白 L 链的 9.5%～14.5%	*piggyBac* 载体	Shimizu et al. (2007)
部分胶原蛋白或纤维连接蛋白与 *fib*-L 链融合	后部丝腺	*fib*-L	2－4 μg/mg 蚕茧	*piggyBac* 载体	Yanagisawa et al. (2007)
egfp 与 *fib*-H 链融合	后部丝腺	*fib*-H	24 μg/mg 蚕茧	*piggyBac* 载体	Kojima et al. (2007)
带有多角体蛋白 5′-UTR 的 *egfp*	中部丝腺	*hr*3 增强的 *Ser*-1		*piggyBac* 载体	Iizuka et al. (2008)
鼠单抗	中部丝腺	*hr*3-IE1 增强的 *Ser*-1	11 μg/mg 蚕茧	*piggyBac* 载体	Iizuka et al. (2009)
egfp 与 *fib*-H 链融合	后部丝腺	*fib*-H	131～170 μg/mg 蚕茧	*piggyBac* 载体	Zhao et al. (2010)
蜘蛛丝蛋白与 *fib*-H 链融合	后部丝腺	*fib*-H		*piggyBac* 载体	Zhu et al. (2010)
人胶原蛋白 α 链	中部丝腺	*hr*3-IE1 增强的 *Ser*-1	80 μg/mg 蚕茧	*piggyBac* 载体	Adachi et al. (2010)
可溶性人粒细胞-集落细胞刺激因子 α 受体	中部丝腺	*hr*3-IE1 增强的 *Ser*-1		*piggyBac* 载体	Urano et al. (2010)
人粒细胞-集落细胞刺激因子	整体	BmNPV *ie*-1	95 ng/100 mg 蚕体冻干粉	*piggyBac* 载体	曹广力等 (2006)
人类胰岛素生长因子-I	中部丝腺	*Ser*-1	2.4 ng/g 丝腺冻干粉	*piggyBac* 载体	Zhao et al. (2009)
人粒细胞-集落细胞刺激因子	后部丝腺	*fib*-L	1.26 ng/g 新鲜后部丝腺	基因打靶载体	Li et al., (2010)
人粒细胞-集落细胞刺激因子	后部丝腺	*fib*-H	2.70 ng/g 后部丝腺冻干粉	基因打靶载体	Xue et al., (2011)

续表 2.10

基　　因	表达区域	启动子	表达水平	载体类型	来源
人粒细胞-集落细胞刺激因子	后部丝腺	fib-H	5.15 ng/g 后部丝腺冻干粉	piggyBac 载体	曹广力等（待发表）
人类胰岛素生长因子-I	后部丝腺	Fhx/P25	150 ng/g 新鲜后部丝腺	piggyBac 载体	Li et al.，(2011)
白介素 28A	整体	OpNPV ie-2	0.198 ng/g 蚕体冻干粉	非转座子 非打靶载体	崔琳琳等 (2011)
	后部丝腺	OpNPV ie-2	0.320 ng/g 丝腺冻干粉	非转座子 非打靶载体	崔琳琳等 (2011)
	脂肪体	OpNPV ie-2	0.238 ng/g 脂肪体冻干粉	非转座子 非打靶载体	崔琳琳等 (2011)
人类胰岛素生长因子-I	中部丝腺	fib-H-信号肽	1.84 lg/g 蚕茧 19.18 lg/g 后部丝腺冻干粉	piggyBac 载体	Liang et al.，(2011)
人粒细胞-集落细胞刺激因子	整体	OpNPV ie-2	4.7 ng/g 鲜组织	非转座子 非打靶载体	李艳梅 (2009)
蝎毒素（BmKIT$_3^R$）	整体	Bmhsp20.4		piggyBac 载体	Wang et al.，(2011)
脱皮甾醇-UDP-葡萄糖转移酶	整体	Bmhsp23.7		piggyBac 载体	Zhang et al.，2011
酸性成纤维细胞生长因子	后部丝腺	fib-L 融合		打靶载体	Wu et al.，(2004)
肿瘤基因 Ras	后部丝腺	fib-L		piggyBac 载体	Ma et al.，2011
细胞质分子伴侣	整体	Gal4NFkBp65 驱动的 UAS·hsp		piggyBac 载体	Hong et al.，(2010)

5. 转基因家蚕表达产物的生物学活性

表达产物是否具有生物学活性是生物反应至关重要的一个问题。目前家蚕丝腺生物反应器均倾向于使外源基因表达产物分泌至腺腔，再通过吐丝进入蚕茧。由于在吐丝过程丝蛋白被纤维化，因此表达产物有可能因变性而缺乏生物学活性；外源基因往往又与丝蛋白基因融合表达，因此也有可能因重组蛋白的高级结构发生变化而影响表达水平。

Hino 等(2006)在转基因表达人碱性成纤维细胞生长因子(human basic fibroblast growth factor，bFGF)时，bFGF 与 Fib-L 融合表达产物分泌至茧层中，纯化后对其进行了生物学活性鉴定。由于表达产物融合于茧壳中，分离纯化时需以 CaCl$_2$/乙醇/水（比例 1：2：8）溶解丝蛋白再以尿素透析，表达产物基本完全变性；通过谷胱甘肽氧化还原系统进行表达产物的折叠再加工复性。由于是融合蛋白，在复性过程中融合的丝蛋白可能会影响其空间构象，因此，复性后的表达产物生物学活性不高。

Kurihara 等(2007)以 fib-H 融合 FeIFN 基因。FeIFN 的 N 端融合两种不同长度的 fib-H 序列，构成两种表达元件 StFeIFN 和 PreFeIFN，并在 FeIFN 两端引入蛋白酶水解位点，转

基因载体通过 *piggyBac* 系统导入蚕体获得的转基因蚕能正常结茧。茧壳以 LiSCN 溶解,尿素透析纯化表达产物,Western blot 证实外源基因的表达。生物学活性试验表明:融合表达产物几乎没有活性,但经蛋白酶水解去掉两端的 *Fib*-H 多肽序列后则表现出很高的活性。

因此,在转基因表达外源基因时,通过与丝素蛋白基因融合分泌表达外源基因,其产物有可能没有生物学活性。

与丝素不同的是,包裹丝素外层约占丝蛋白总量 20%～30% 的丝胶蛋白具有良好的亲水性,在中部丝腺中合成分泌。因此将外源表达产物分泌至丝胶层对产物纯化及保持产物的生物学活性可能有重要帮助。Ogawa 等(2007)以 *Ser* 1 启动子控制人血清白蛋白基因(*HSA*)构建基于 *piggyBac* 转座子的转基因载体。其中为了提高外源基因的表达水平,在 *HSA* 下游引入 *fib*-L 的 polyA 加尾信号序列,并在载体中克隆进来源于 BmNPV 的增强子 *hr*3,以及 *Ser*1 启动子控制下的 BmNPV 的 *ie*1 基因及其下游 polyA 加尾信号序列。转基因载体导入蚕卵获得转基因蚕个体,研究显示所结蚕茧中含有 3.0 μg/mg 的重组 *HSA*(r*HSA*),其中 83% 能够以温性 PBS 提取。以硫酸铵沉淀法从 2 g 蚕茧中纯化得到 2.8 mg 纯度达 99% 的 rHAS,经圆二色谱测定其空间构象以及对其进行生物活性试验表明该 rHSA 与血浆中天然的 *HSA* 相同。

Iizuka 等(2009)等在家蚕的中部丝腺表达了鼠单抗,并分泌至丝胶层,研究结果显示,从蚕茧中纯化的单抗与天然单抗具同样的结合活性。Adachi 等(2010)报道,转基因家蚕中部丝腺表达的重组人胶原蛋白 α 链可替代胶原蛋白或动物胶,用于包裹细胞培养板(瓶),促进细胞的吸附。

由于家蚕可以食用,选择一些口服有效的活性蛋白用转基因表达具有特殊意义。Liang 等(2011)在转基因家蚕后部丝腺成功表达了 hIGF-I,为了检验表达产物的生物学活性,将转基因家蚕后部丝腺制成冻干粉,对糖尿病模型小鼠进行口服治疗,发现口服 1 周后,糖尿病模型小鼠的血糖值下降 13%～35%,表明转基因家蚕丝腺冻干粉有可以能可以直接用于降糖药物的开发。Xue 等(2011)在后部丝腺表达了 hGM-CSF,并发现口服丝腺冻干粉可提升环磷酰胺诱导小鼠的白细胞水平,表明家蚕丝腺表达的 hGM-CSF 口服具有生物学活性。

贡成良

2.9　家蚕稳定转化细胞筛选与建立

几千年来,人们利用家蚕能吐丝结茧这一生物机能,大量生产生丝,但是,传统的蚕丝业经济效益相对较低,为了充分挖掘家蚕的利用价值,许多研究人员一直致力于通过家蚕表达外源基因的研究。通过杆状病毒表达系统在家蚕或家蚕培养细胞表达外源基因已是一种非常成熟的技术,但杆状病毒表达系统是一种瞬时表达系统,家蚕因病毒感染而死亡,外源基因不能在家蚕中实现连续、传代表达。另外,尽管杆状病毒进入哺乳动物细胞不能产生有效感染,但我们仍然不能排除杆状病毒潜在的危害。因此,人们希望通过新的方法在家蚕或家蚕细胞中表达外源基因。家蚕丝腺功能高度特异化,是合成、分泌丝蛋白的特殊器官,具有强大的合成和分泌丝蛋白的能力,是一种良好的生物反应器,具有广阔的应用开发前景。家蚕培养细胞在基因功能鉴定、重组蛋白生产、杆状病毒的分子生物学研究等方面具有广泛的应用,尽管利用昆虫培养细胞系进行的转基因操作相对简单、便捷,但相关的稳定转化家蚕培养细胞的研究报道却不多见。事实上,稳定转化的家蚕细胞系,在持续稳定表达外源基因、通过突变细胞系鉴定基因功能等方面具有重要作用。

现代生物技术中最重要的手段之一就是利用昆虫细胞表达外源基因。转基因技术是实现利用家蚕或家蚕细胞合成有用蛋白质、开发家蚕生物反应器的技术关键。昆虫细胞培养条件简单,它可以贴壁培养,不需要 CO_2 培养箱,成本较低。通过杆状病毒表达系统已在鳞翅目昆虫细胞中成功表达了许多基因,但在感染杆状病毒的细胞中表达的重组蛋白往往不能完全被加工(Jarvis 和 Finn,1996),为了克服这一问题,已经开发了一种基于载体的稳定表达系统(Harrison 和 Jarvis,2007)。利用转化昆虫细胞表达外源基因相对于利用杆状病毒表达系统(BEVS)更有其自身的优势,BEVS 系统中外源基因的表达一般多在病毒感染的晚期,此时由于细胞状态的异常,往往导致表达产物不能得到有效的加工从而影响其天然活性。而通过转化细胞表达,整个过程中没有病毒蛋白的表达和病毒基因组 DNA 的污染,生物安全性相对提高,并且,外源基因整合进细胞基因组,不会出现因病毒感染而影响细胞功能的现象,因此,表达产物能够得到更为有效的加工,如果借助无血清昆虫细胞培养技术和分泌表达技术,表达产物将非常容易纯化。已有几种昆虫细胞系实现了稳定转化,但至今有关家蚕稳定转化细胞的报道却不多见(Tomita 等,2001),几种类型的表达载体,包括起源于转座子元件的表达载体已用于稳定转化细胞的构建。

2.9.1 基于转座子载体介导的稳定转化细胞筛选与建立

基于转座子载体介导的稳定转化细胞的建立,需考虑所采用的转座子类型,选择适当的启动子与报告基因,外源基因是否为分泌表达及融合表达等,最终实现外源基因的高效表达。

2.9.1.1 转座子

转座子是两端具有反向重复结构,能够插入到寄主基因组新位点的一段特异 DNA 分子。在细菌和真核生物中都大量存在。可以从染色体的一个位置转移到另一位置,又可在不同的染色体之间跃迁,因此也可称之为可移动基因(movable genes)或跳跃基因(jump genes)。转座子是所有生物遗传的重要组成部分(10%～20%),对突变的产生有着重要贡献。据估计,有70%～80% 的自然突变是有转座子修饰的插入、缺失和染色体重排引起。目前已知的昆虫转座子主要有:P 转座子、minos 转座子、hobo 转座子、Mosl(mariner)转座子和 piggyBac 转座子等(缪云根,2004)。在家蚕转基因研究中的应用较为成熟的是 piggyBac 转座子,有较多的成功报道。此外,minos 转座子应用于家蚕转基因研究也有报道(Uchino 等,2007)。piggyBac 转座子属于第 Ⅱ 类转座子,最初在鳞翅目卷心菜粉纹夜蛾中发现(Horn 和Wimmer,2000)。piggyBac 不仅在宽范围的昆虫中包括鞘翅目、双翅目、膜翅目以及鳞翅目中起作用,还能在哺乳动物中实现转座(Ding 等,2005),piggyBac 转座子全长 2476 bp,含有RNA 聚合酶Ⅱ启动子区和 1 个聚腺苷酸信号,该信号的侧面是一个约 2.1 kb 的可读编码框(ORF),编码 1 个 68 ku 的转座酶,该转座酶是转座子高频率切出和转座所必需的。

2.9.1.2 启动子类型及启动子序列的完整性

转基因家蚕研究中,选择合适的转座子载体和启动子,是成功获得转化转基因蚕的关键。启动子是基因上游的一段 DNA 序列,它是活性蛋白(转录因子和 RNA 聚合酶)的结合位点。

同一基因在不同启动子的控制下表达水平会有很大差异,外源基因能否成功表达,启动子的选择尤为重要。对于非特异性的基因表达,一般选用组成性启动子;对于特异性的基因表达,必须选用时空特异性的启动子,如组织细胞特异性启动子、生长发育特异性启动子和诱导特异性启动子等。随着家蚕基因组序列的不断完善,现已发现的高活性启动子主要包括:A3 启动子、A4 启动子、BmNPV 极早期蛋白基因(immediately early gene,ie)启动子、多角体基因启动子、hsp 启动子及家蚕丝心蛋白基因启动子和抗菌肽启动子等。

A3 启动子和 A4 启动子为细胞质肌动蛋白启动子,家蚕 A3 基因最早由 Mounier 等(1986)于家蚕基因组库中分离得到,长 1.8 kb,存在于家蚕的各个组织和发育的各个时期。由于 A3 基因分布的广泛性,用 A3 启动子来构建表达质粒可以在各种组织中得到表达。ie1 启动子是病毒基因的反式调节因子,也是启始病毒 DNA 所必需的,构建以 ie1 为启动子的表达载体,可望外源基因能在蚕体或家蚕细胞内长期表达。

2.9.1.3　外源基因

目的基因能否有效地整合在宿主靶染色体上,以及能否在靶组织高效率地表达是转基因动物品系建立的关键。外源 DNA 进入家蚕细胞后,在整合进家蚕染色体之前有一个滞留期,在该期间内会发生一系列的修饰事件。一部分外源 DNA 可能会被降解,一部分将相互之间形成线状多联体,选择性地整合进入家蚕基因组中,还有一部分外源 DNA 将相互之间首位相连成为环状,随后可能会开裂成线状,以线状整合进入家蚕基因组中。在转基因家蚕研究中,外源 DNA 整合入家蚕基因组的主要方式有:转座重组,同源重组和随机整合等方式。

构建转基因载体时,外源基因必须插入到载体上恰当位置,否则就无法表达,且外源基因的产物为融合蛋白时就必须选用融合蛋白载体,否则必须选择非融合蛋白载体。除此之外,外源基因表达产物的性质对表达水平也有重大的影响。杆状病毒表达系统的研究表明,一般来说,定位于核内的蛋白或非结构蛋白表达效率最高,分泌蛋白居中,而膜蛋白表达效率最低(吕鸿声,1990)。另外,外源基因 5′ 及 3′ 端非编码区的长度要适宜,一般长度在 3~400 bp 内,且外源基因密码子的使用情况、mRNA 稳定性、蛋白质的稳定性也影响其表达水平。

2.9.1.4　稳定转化家蚕细胞筛选与建立

至今有关家蚕稳定转化细胞的报道却不多见。吴小锋等(2007)利用质脂体介导法将构建好的家蚕转基因载体转染家蚕培养胚胎细胞,RT-PCR 能在转染细胞 cDNA 中扩增出 egfp 片段,表明已在细胞水平表达。潘敏慧等(2008)利用阳离子脂质体(Lipofectamine)与转基因载体,对家蚕卵巢细胞进行了外源 DNA 量、脂质体量、转染细胞密度和转染孵育时间等转染条件的优化筛选实验,同时用抗生素 G418 筛选转染后的家蚕细胞,建立了 gfp 转基因细胞系。周文林等(2007)以 ie1 启动子元件驱动 neo 基因,构建基于 piggyBac 的转基因载体并以该载体转染家蚕 BmN 细胞,用终浓度 800 μg/mL 的 G418 筛选 3 个月,获得了稳定转化的细胞,呈现绿色荧光的细胞数达 75% 左右。通过 PCR 鉴定证实细胞基因组 DNA 中 neo 基因和 gfp 基因的存在。研究采用 G418 对转基因 BmN 细胞筛选 3 个月,但仍有近 20% 的细胞未表现绿色荧光,提示在这类 BmN 细胞中,gfp 基因没能表达或完整的 gfp 基因表达元件没有整合进基因组。不同的转化细胞所激发出的绿色荧光强度存在明显差异,暗示 gfp 基因的表达元件在不同细胞个体间可能存在拷贝数的差异或由于整合在基因组的不同区域而表现出表达水平的差异。王娜等(2010)为筛选较强的启动子用于提高 piggyBac 在家蚕细胞中的转化效率,采用双荧光素酶报告基因检测(dual-luciferase reporter assay)技术比较了 8 种启动子在家蚕细胞株 BmN 内的活性,同时实现了 *egfp* 基因整合到细胞基因组中。

转基因技术是利用功能基因开发新的蚕品种的关键。为了利用 RNAi 技术提高家蚕对 BmNPV 的抗性,徐颖等(2004)将体外转录的与 DNA 解旋酶基因和 DNA 聚合酶基因相对应的 dsRNA 转染到家蚕 BmN 细胞中,成功抑制了 BmNPV 的复制。Kanginakudru 等(2007)选择 BmNPV 的 *ie*1 基因作为靶基因进行 RNAi 抑制病毒增殖的研究,结果显示,在感染早期(36~48 h)病毒的增殖被强烈抑制,在转化细胞中出芽型病毒的滴度下降了 7 倍,但 120 h 后由于病毒恢复增殖导致 RNAi 的效果被掩盖。张鹏杰等(2008)构建带有 *ie*1 dsRNA 表达盒的转基因载体,在家蚕细胞水平的转基因结果显示,表达短 *ie*1 dsRNA 的稳定转化 Bm 细胞,对 BmNPV 的增殖表现出抑制作用,外源 DNA 可通过随机整合或按照 *piggyBac* 特定的转座位点 TTAA 插入细胞基因组。薛仁宇等(2008)根据 BmNPV 基因组中的病毒复制必需基因 *ie*1、*lef*1 设计相应的 RNA 干扰区段,并构建相应的转基因载体转入家蚕 BmN 细胞中,通过 G418 筛选后,转基因 IEdsRNA 细胞显示出对病毒的抑制作用,而转基因 LEFdsRNA 细胞对病毒有抑制作用,但只维持一个时段。

转基因技术是实现利用家蚕合成有用蛋白质、开发家蚕生物反应器的技术关键。李曦等(2009)以 *fib*-H 启动子驱动人粒细胞-巨噬细胞刺激因子(hGM-CSF)基因,以 *ie*1 启动子控制的 *neo* 表达盒,构建基于 *piggy*Bac 的转基因载体并与转座酶辅助质粒共同转染 BmN 细胞,以 G418 筛选,成功获得转基因细胞系,转染细胞后以其 ELISA 检测检测结果显示,hGM-CSF 的表达水平为 1.5 ng/10^6 个细胞。薛仁宇等(Xue 等,2009)以家蚕丝胶基因启动子驱动人胰岛素样生长因子(hIGF-I)基因,构建了带有 *ie*1 启动子控制的 *neo* 基因表达盒的转基因载体。在辅助质粒存在下,转染 BmN 培养细胞,G418 筛选获得了稳定转化细胞系。检测结果显示,hIGF-I 在 $5×10^5$ 个细胞中的表达水平约 7.8 ng。通过反向 PCR 分析表明,在转化细胞中外源 DNA 可通过随机整合或按照 *piggyBac* 特定的靶位点序列 TTAA 插入细胞基因组。与杆状病毒表达系统的表达水平相比,外源基因在转化家蚕 BmN 细胞的表达量相对较低。外源基因在转化细胞中的表达水平与基因种类、细胞状态、启动子的活性、基因的拷贝数以及是否分泌表达等多种因素有关。

2.9.2　基于非转座子载体的稳定转化细胞筛选与建立

业已明确由 *piggyBac* 转座子介导的转座发生在基因组的 TTAA 位点。周文林等(2007)通过 *piggyBac* 转座子所介导转基因家蚕细胞研究表明,测定反向 PCR 产物的序列没有检测到 *piggyBac* 转座子所介导的插入位点特征序列,推测基于 *piggyBac* 转座子介导的转基因家蚕细胞中存在随机插入事件,来自其他 *piggyBac* 转座子介导的转基因家蚕细胞研究也证实了这一点(Xue 等,2009)。事实上,在转基因家蚕研究的早期,研究者采用纯粹的基因组 DNA 注入蚕卵即可获得转基因家蚕,预示家蚕基因组随机插入外源基因的能力较强,因此,将具有家蚕细胞中能表达的外源基因表达盒构建到常规基因工程载体就有可能随机插入到家蚕细胞基因组,获得转基因家蚕细胞。这一过程中,利用较为理想的载体构建转基因载体则更为方便。

plZT/V5-His 是由 Invitrogen 公司开发的一种能在昆虫 Sf9 细胞稳定表达外源基因的载体,该载体利用黄杉毒蛾核型多角体病毒(*Orgyia pseudotsugata* nucleopolyhedrovirus,

OpNPV)的 *ie2* 启动子控制外源基因,通过吉欧霉素(zeocin)进行抗性标记筛选可获得外源基因随机整合进宿主细胞基因组并稳定表达的细胞系(Yu 等,2002)。孙延波等(2006)利用该载体获得了可以表达 mIL24 的 Sf-9 细胞。李曦等(2009)利用该载体获得了可以稳定表达人粒细胞-巨噬细胞集落刺激因子(hGM-CSF)的家蚕 BmN 细胞系,提出 OpNPV 的 *ie1* 启动子在家蚕 BmN 细胞也具有活性,plZT/V5-His 载体也可以用于转化家蚕细胞的筛选,并进一步推测该类载体也有可能用作转基因家蚕的研究。陈慧梅等(2010)建立了稳定表达人粒细胞-巨噬细胞集落刺激因子的 BmN 细胞系,陆叶等(2010)建立了稳定表达人白介素-28A(hIL-28A)基因的稳定转化家蚕卵巢细胞(BmN)系。

2.9.3　家蚕稳定转化细胞的特点

Jarvis 等(1990)用携带 *neo* 标记基因和 *ie1* 启动子控制 β-半乳糖苷酶基因表达元件的质粒转染 Sf9 细胞,通过 G418 压力筛选,获得转化 Sf9 细胞纯系,传代 50 次(约 6 个月)后的细胞仍保留整合的质粒序列,传代 100 次的细胞仍能表达同质的 β-半乳糖苷酶,表明外源基因在昆虫细胞中表达的稳定性。

表达外源基因的家蚕稳定转化细胞即转基因家蚕细胞的建立,外源基因在细胞培养条件下的表达水平因适当的启动子与报告基因,外源基因是否为分泌表达及融合表达等有关,外源基因与宿主染色体之间的整合是随机的而且不是单拷贝的,表达量与整合数目,上游序列特性,特定部位 DNA 立体结构等方面相关,也因宿主细胞种类的培养基成分的质量和数量而异,此外,宿主细胞的生长状态、培养条件等也能影响外源基因的表达水平。

犹如酵母的整合载体表达系统一样,在转基因家蚕细胞的筛选过程中,要进行单克隆化操作,使得到的均来自于同一祖先细胞,遗传性状尽量一致,也是对高表达细胞的保护。由于转染后每个细胞内目的基因与宿主染色体的整合状况不同,目的蛋白表达有多有少,而外源蛋白表达少的细胞由于代谢负荷较小,所以生长较快,在生长若干代之后,表达少的细胞会形成优势,长期之后,表达最弱的细胞会由于竞争优势占主要,转绿色荧光蛋白基因后,表达越来越暗就是这个原因。如果涉及 G418 筛选,则需要给予一定的选择压力,避免外源基因逃逸,一般 G418 维持浓度使用筛选浓度的一半。

基于荧光报告基因的筛选中,转化细胞的荧光达到一定比例(如 80%)后,继续筛选,荧光比例不再上升,还有细胞不发荧光,这可能是由于 *gfp* 表达框的不完全整合或者整合位点不合适造成 *gfp* 表达框沉默。

家蚕稳定转化细胞的特点包括:①与杆状病毒表达系统(BEVS)一样,可容纳相对较大外源片段 DNA 的插入,可同时表达 2 个或更多个外源蛋白;②相对 BEVS 而言,对转译后的产物能正确加工,且加工更加完善;③可连续性表达;④外源蛋白的纯度高,无需进行繁琐的下游浓缩和提纯处理;⑤技术成熟度低,技术难度高,技术周期长;⑥由于拷贝数、外源基因整合位点等影响,相对于 BEVS,外源基因的表达量不高;⑦由于细胞水平的操作,不存在转基因安全性的潜在危险。

2.9.4　稳定转化细胞表达外源基因

目前,在基础理论研究方面,包括建立表达外源基因的稳定转化家蚕细胞的平台,进一步建立转基因家蚕研究的平台,表达的外源基因主要为报告基因,而通过稳定转化的家蚕细胞表达的其他外源基因包括家蚕功能基因,家蚕病源性微生物基因,以及通过家蚕细胞研究家蚕或其他生物体基因的调控元件(如启动子,增强子,加尾信号序列等);在应用研究方面,通过稳定转化的家蚕细胞表达的外源基因主要为人类相关的药用蛋白基因。

建立表达外源基因的稳定转化家蚕细胞的平台方面,最初主要是利用 *piggyBac* 转座子系统建立了表达 *gfp* 基因的转基因家蚕细胞。其后,Wang 等(2000)研究表明来自毛里塔尼亚果蝇(*Drosophila mauritiana*)的 *Mariner* 转座子(*Mos*1)可在家蚕 Bm5 细胞中稳定转化,Nakayama 等研究表明噬菌体的整合酶可将报告基因 *dsred* 在家蚕 BmN4 细胞中进行位点特异性重组(Nakayama 等,2006)。Pan 等通过转 *gfp* 基因来验证建立的家蚕细胞系 BmN-SWU1(Pan 等,2010)。

利用稳定转化的家蚕细胞在研究家蚕功能基因方面,Zhou 等研究了家蚕核糖体蛋白 S3a(BmS3a)基因(Zhou 等,2010)。在研究蚕病源性微生物基因方面,Isobe 等(2004)利用 *piggyBac* 转座子系统建立了表达家蚕核型多角体病毒(BmNPV)的 *lef*1 基因的 dsRNA 的 BmN 细胞,该细胞系具有抗 BmNPV 特性;薛仁宇等(2008)研究了 *ie*1 和 *lef*1 基因的 dsRNA 表达元件转化细胞对 BmNPV 增殖的抑制作用,张鹏杰等(2008)研究了短 *ie*1 dsRNA 的转化细胞对 BmNPV 的抑制作用,鲁银松等(2009)研究了短 *lef*1 dsRNA 的转化细胞对 BmNPV 的抗性作用;Chen 等将 BmNPV 的多角体蛋白(polyhedrin)基因(*polh*)通过 pigA3GFP 转座子载体建立了转 *polh* 基因家蚕 BmN 细胞系,该转基因细胞系可对感染的无多角体蛋白的家蚕杆状病毒表达系统的重组病毒(BmPAK6 和 BmGFP)进行包装,获得的重组病毒可通过口服感染家蚕(Chen 等,2009)。在研究家蚕或其他生物体基因的调控元件方面,王娜等(2010)在比较了 8 种启动子活性后,构建含有 hr5-IE1 启动子和 *piggyBac* 的转座酶编码区的质粒作为辅助质粒,与 EGFP 载体质粒一起转染家蚕细胞 BmN 后,实现了 *EGFP* 基因整合到细胞基因组中,期望提高细胞转化的表达效率。

利用稳定转化的家蚕细胞表达的药用蛋白基因已有多种,包括 hGM-CSF(李曦等,2009;陈慧梅等,2010;Xue 等,2012),hIGF-Ⅰ(周文林等,2007;赵越等,2009;Xue 等,2009;Li 等,2011;Liang 等,2012),hIL-28A(陆叶等,2010),等等。

曹广力

2.10　问题与展望

家蚕是鳞翅目昆虫的模式生物,也是重要的经济昆虫。经过 20 多年的努力,已建立了基于转座子、基因打靶、随机整合、锌指核酸酶技术等重要的家蚕转基因体系。利用家蚕转基因技术,已在家蚕基础研究、家蚕转基因育种、转基因家蚕生物反应器等方面取得了重要进展。

在家蚕基础研究方面,已通过转基因过表达、转基因 RNAi 抑制表达研究、鉴定基因的功能;建立 UAS/Gal4 双元系统实现基因在特定组织、特定时期特异性表达;建立了 Tet-on 系统,实现了基因的可诱导表达;建立了增强子、启动子捕捉系统,为新基因功能研究提供了优良的平台。

利用已建立的家蚕转基因技术,开展了转基因改善提高家蚕重要经济性状研究,取得了多个品种素材,为实用性家蚕品种的培育奠定了基础。通过转基因技术与RNAi技术的结合,提高了家蚕对BmNPV的抵抗性;通过荧光蛋白与丝素蛋白的融合获得了吐荧光丝的转基因家蚕;通过转蜘蛛丝蛋白与家蚕丝蛋白融合基因获得了丝质性状有部分改善的转基因家蚕;通过在后部丝腺过表达Ras基因成功地提高了家蚕合成丝蛋白的能力和叶丝转化率;开展了转基因调节家蚕发育的探索,为培育适合于鲜茧缫丝的家蚕品种奠定了基础。

通过近几年研究,已基本建立了转基因家蚕生物反应器平台,成功表达了多个模式蛋白(GFP、DsRed)和有重要医用价值(猫干扰素、胶原蛋白、人血清白蛋白、人粒细胞-集落细胞刺激因子、人类胰岛素生长因子-Ⅰ、酸性成纤维细胞生长因子、碱性成纤维细胞生长因子)或生物材料蛋白(人胶原蛋白α链),为家蚕非绢丝产业的开发提供了新途径。

尽管家蚕转基因已取得了明显进展,但仍存在一些不容忽视的问题,例如基于转座子的转基因效率较低,转基因家蚕筛选、鉴定周期长;尽管有通过基因打靶敲除基因的成功报道,但通过该技术敲除基因仍面临巨大的挑战;蚕卵显微注射是转基因载体导入家蚕的关键技术,但该技术不太适用于现行实用品种(滞育卵),虽然可以通过精子介导等方法可以将转基因载体导入滞育品种蚕卵,但该技术稳定性较差,因此通过现行转基因技术对实用品种进行改造仍存在技术问题;转基因生物反应器表达外源基因的技术业已建立,但在家蚕转基因的安全性、表达产物的分离纯化、表达产物的特性、生物学活性等下游关键技术方面仍缺乏系统深入研究。因此,为了更好地开发利用家蚕转基因技术,有必要进一步改造和完善现有技术体系,探索开发新的家蚕遗传操作系统;积极开展家蚕基础研究,加快进行家蚕转基因育种实践,主动进行多学科联合攻关,推动家蚕转基因生物反应器的产业化进程。有理由相信随着家蚕转基因技术的成熟与利用,家蚕基础研究、家蚕蚕丝业和家蚕生物反应器制药将有突变性进展。

贡成良

参 考 文 献

[1] 王娜,杜希宽,蒋明星,等. 家蚕BmN细胞中8种启动子的活性比较及利用hr5-IE1启动子实现EGFP的稳定表达. 昆虫学报,2010,53(3):279-285.

[2] 刘春,徐汉福,陈玉琳,等. 家蚕转基因研究及肌动蛋白A3启动子的表达分析. 蚕学通讯,2007,27(3):1-6.

[3] 刘辉芬,李维,王宇,等. 蛛拖牵丝蛋白基因转家蚕表达质粒的构建. 湖南大学学报:自然科学版,2006,33(5):105-109.

[4] 代方银,陈智毅,陈元霖,等. 家蚕白卵突变新系BT924的遗传学研究. 遗传,2000,22(4):229-232.

[5] 代红久,徐国江,Thomas,等. 利用鳞翅目来源的转座子piggyBac建立高效稳定的转基因家蚕技术. 科学通报,2005,50(14):1470-1474.

[6] 代红久. 家蚕转基因条件性RNA干扰技术平台的建立及其应用. 中国科学院上海生命科学研究院植物生理生态研究所博士学位论文,2007.

[7] 生秀杰. 基因打靶的策略及其发展. 国外医学-遗传学分册,2001,24(1):8-10.

[8] 朱成钢,金勇丰,史锋,等. 用丝心蛋白轻链基因构建转基因家蚕基因打靶载体. 农业生物

技术学报,2002,10(2):171-175.

[9] 孙延波,李菁华,史红艳. mIL24 昆虫表达载体 pIZT/V5-His 的构建及其高效表达. 吉林大学学报:医学版,2006,3:194-195,198.

[10] 祁兢晶,朱健平. 常用纯合子转基因动物的筛选方法. 中外医疗,2009,27:30-31.

[11] 李春峰,黄科,甘进锋,等. 转植酸酶基因家蚕的制作及表达检测蒙炳超. 昆虫学报,2009,52(7):713-720.

[12] 李曦,赵越,周文林,等. 稳定转化家蚕 BmN 细胞表达人粒细胞-巨噬细胞集落刺激因子. 蚕业科学,2009,35(2):302-307.

[13] 李艳梅. 基于基因打靶载体和昆虫表达载体的转基因家蚕丝腺生物反应器表达 hGM-CSF 的研究. 苏州大学硕士研究生论文,2009.

[14] 李振刚,周丛照,唐恒立,等. YAC 介导的天蚕丝素基因向家蚕的转移及其在 F_2 代的表达. 科学通报,1995,40(24):2267-2269.

[15] 吕鸿声. 中国养蚕学. 上海科学技术出版社,上海,1990,184.

[16] 周文林,王崇龙,刘波,等. *piggyBac* 转座子介导的家蚕细胞转基因研究初探. 蚕业科学,2007,33(1):30-35.

[17] 杨惠娟,庄兰芳,范伟,等. A3 启动子缺陷 *piggyBac* 转座子在家蚕中的转基因研究. 蚕业科学,2008,34(1):41-44.

[18] 杨李阳. 基于基因打靶的绿色荧光丝转基因家蚕研究. 苏州大学硕士研究生论文,2011.

[19] 杨秀芹,刘娣,韩玉刚. 动物基因打靶技术的原理与应用. 国外畜牧科技,2001,28(5):30-33.

[20] 杨颖,张逢春. 荧光素酶的分类,结构与应用. 北华大学学报:自然科学版,2006,7(5):411-415.

[21] 吴雪锋,徐汉福,刘春,等. 家蚕转基因载体 pBacA3EG 在家蚕培养细胞中的表达. 蚕学通讯,2007,27(2):1-4.

[22] 张峰,赵昀,陆长德,等. 能发荧光的转基因家蚕. 生物化学与生物物理学报,1999,31(2):119-123.

[23] 张敏,任慧霞. 报告基因的应用研究进展. 食品与药品,2007,9:45-48.

[24] 张鹏杰,薛仁宇,曹广力,等. 表达短 *ie*-1 dsRNA 的转化细胞对家蚕核型多角体病毒的抑制作用. 蚕业科学,2008(3):459-465.

[25] 陈慧梅,曹广力,薛仁宇,等. 非转座子载体介导的稳定转化家蚕 BmN 细胞表达人粒细胞-巨噬细胞集落刺激因子. 生物工程学报,2010,26(6):830-836.

[26] 陈秀,张峰,赵昀. 荧光素酶报告基因在转基因蚕中的应用. 高技术通讯,2000,1:19-22.

[27] 陈秀,赵昀,张峰,等. 新霉素抗性基因在家蚕中的插入和表达. 生物化学与生物物理学报,1999,31(1):90-91.

[28] 陈元霖,桂慕燕,陈智毅,等. 家蚕和蓖麻蚕人工授精的初步研究. 厦门大学学报:自然科学版,1993,32(增刊1):9-15.

[29] 陆杰. 增量表达抗病毒蛋白 Bmlipase-1 的家蚕转基因系统的建立. 西南大学硕士学位论文,2009.

[30] 陆叶,郑小坚,薛仁宇,等. 构建稳定转化的 BmN 细胞表达白介素-28A 及表达产物的体

外抗肿瘤活性. 蚕业科学,2010,36(3):452-457.

[31] 孟智启,姚山麟,王为民,等. 基因枪喷射技术在家蚕外源基因转移中的应用. 浙江农业学报,1990,2(4):1-6.

[32] 郭秀洋,周泽扬,冯丽春,等. 利用精子介导向蚕卵导入外源基因的研究. 生物化学与生物物理进展,2001,28(3):423-425.

[33] 郭学双,曹广力,贡成良,等. BmNPV 多角体对稳定转化细胞表达荧光蛋白的包埋现象初探. 蚕业科学,2010,36(4):0625-0630.

[34] 施家琦,夏家辉. 真核生物中基因打靶的策略. 生命科学研究,1999,3(2):96-101.

[35] 段建平,徐汉福,马三垣,等. 人脑源性神经营养因子基因(hBDNF)在转基因家蚕丝腺中的特异表达. 蚕业科学,2009,35(2):248-252.

[36] 赵越,李曦,曹广力,等. 转基因家蚕丝腺组织和转化家蚕培养细胞表达 hIGF-Ⅰ. 中国科学 C 辑:生命科学,2009,39(7):677-684.

[37] 赵昀,陈秀,彭卫平,等. 利用同源重组改变家蚕丝心蛋白重链基因. 生物化学与生物物理学报,2001,33(1):112-116.

[38] 桂慕燕,陈元霖,刘志纬,等. 家蚕人工授精与精子超低温保存研究. 遗传,1997,19(增刊1):83-84.

[39] 夏定国,张国政,王文兵,等. dsRNA 对家蚕核型多角体病毒复制增殖的抑制效果. 蚕业科学,2006,32(2):206-210.

[40] 徐汉福. 家蚕内源性 *piggyBac* 转座序列分析和转基因家蚕技术应用研究. 西南大学博士学位论文,2008.

[41] 徐汉福,李娟,刘春,等. 昆虫转基因研究进展,应用和展望. 蚕学通讯,2004,24(4):19-26.

[42] 徐家萍,刘明辉,孙帆. 家蚕核型多角体的抗性机制研究进展. 中国蚕业,2006,27(2):8-14.

[43] 徐颖,朱成钢,金勇丰,等. dsRNA 对家蚕核多角体病毒(BmNPV)复制的抑制作用. 科学通报,2004,49(11):1073-1078.

[44] 谢敏. 控制家蚕发育的转基因研究. 苏州大学硕士学位论文,2009.

[45] 曹广力,薛仁宇,何泽,等. 基于 *piggyBac* 转座子转 hGM-CSF 基因家蚕的研究. 蚕业科学,2006,32(3):324-327.

[46] 崔琳琳,薛仁宇,陆叶,等. 非转座子载体介导的转基因家蚕表达 hIL-28A. 生物化学与生物物理进展,2011,38(8):724-729.

[47] 鲁银松,薛仁宇,曹广力,等. 表达短 *lef*-1 dsRNA 的转化细胞对家蚕核型多角体病毒的抗性. 生物化学与生物物理进展,2009,36(12):1356-1363.

[48] 窦薇. 基因打靶技术及其发展和应用. 国外医学-遗传学分册,2005,28(4):193-195.

[49] 潘敏慧,刘敏,刘佳,等. 阳离子脂质体转染家蚕培养细胞的技术体系研究. 蚕业科学,2008,34(4):684-688.

[50] 缪云根. 昆虫转座子及在家蚕中的应用. 蚕桑通报,2004,35(2):6-10.

[51] 薛仁宇,曹广力,王崇龙,等. *Ie*-1 和 *lef*-1 基因 dsRNA 表达元件转染及转化细胞对家蚕核型多角体病毒增殖的抑制. 蚕业科学,2008,34(2):250-256.

［52］薛仁宇,曹广力,王崇龙,等. *ie*-1 和 *lef*-1 基因 dsRNA 表达元件转染及转化细胞对家蚕核型多角体病毒增殖的抑制. 蚕业科学,2008,34(2):250-256.

［53］薛仁宇. 表达 dsRNA 转基因家蚕对 BmNPV 的抗性研究. 苏州大学博士学位论文,2009.

［54］Adachi T,Tomita M,Shimizu K,*et al*. Generation of hybrid transgenic silkworms that express Bombyx mori prolyl-hydroxylase alpha-subunits and human collagens in posterior silk glands:production of cocoons that contained collagens with hydroxylated proline residues. J Biotechnol. 2006,126:205-219.

［55］Adachi T,Wang X,Murata T,*et al*. Production of a nontriple helical collagen alpha chain in transgenic silkworms and its evaluation as a gelatin substitute for cell culture. Biotechnol Bioeng. 2010,106:860-870.

［56］Agrawal A. Glow-in-the-dark silk. Nature Biotech,1999,17(5):412.

［57］Ahrens C H,Russell R L,Funk C J,*et al*. The sequence of the Orgyia pseudotsugata multinucleocapsid nuclear polyhedrosis virus genome. Virol,1997,229:381-399.

［58］Andreas S,Schwenk F,Küter-Luks B,*et al*. Enhanced efficiency through nuclear localization signal fusion on phage C31-integrase:activity comparison with Cre and FLPe recombinase in mammalian cells. Nucl Acids Res,2002,30(11):2299-2306.

［59］Baker B S. Sex in flies:the splice of life. Nature,1989,340:521-524.

［60］Beck E,Ludwing G,Auerswald E A,*et al*. Nucleotide sequence and exact localization of the neomycin phosphotransferase gene from transposon Tn5. Gene,1982,19:327-336.

［61］Bellen H J,O'Kane C J,Wilson C,*et al*. P-element-mediated enhancer detection:a versatile method to study development in *Drosophila*. Genes Dev,1989,3:1288-1300.

［62］Beumer K J,Bhattacharyya G,Bibikova M,*et al*. Efficient gene targeting in Drosophila with zinc-finger nucleases. Genetics,2006,172(4):2391-2403.

［63］Beumer K J,Trautman J K,Bozas A,*et al*. Efficient gene targeting in Drosophila by direct embryo injection with zincfinger nucleases. PNAS USA,2008,105:19821-19826.

［64］Bibikova M,Carroll D,Segal D J,*et al*. Stimulation of homologous recombination through targeted cleavage by chimeric nucleases. Mol Cell Biol,2001,21(1):289-297.

［65］Bibikova M,Golic M,Golic K G,*et al*. Targeted chromosomal cleavage and mutagenesis in *Drosophila* using zinc-finger nucleases. Genetics,2002,161(3):1169-1175.

［66］Caldwell P E,Walkiewicz M and Stern M. Ras activity in the Drosophila prothoracic gland regulates body size and developmental rate via ecdysone release. Curr Biol,2005,15:1785-1795.

［67］Cathomen T and Joung J K. Zinc-finger nucleases:The next generation emerges. Mol Ther,2008,16(7):1200-1207.

［68］Chalfie M,Tu Y,Euskirchen G,*et al*. Green fluorescent protein as a marker for gene expression. Science,1994,263(5148):802-805.

［69］Chen L,Shen W,Wu Y,*et al*. The transgenic bmn cells with polyhedrin gene:a potential way to improve the recombinant baculovirus infection per os to insect larvae. Appl Bioche and Biotech,2009,158(2):277-284.

[70] Cline T W. The affairs of daughterless and the promiscuity of developmental regulators. Cell,1989,59:231-234.

[71] Cogoni C and Macino G. Gene silencing in Neurospora crassa requires a protein homologous to RNA-dependent RNA polymerase. Nature,1999,399:166-169.

[72] Cooley L,Kelley R and Spradling A. Insertional mutagenesis of the Drosophila genome with single P elements. Science,1988,239,1121-1128.

[73] Dai H,Jiang R,Wang J,et al. Development of a heat shock inducible and inheritable RNAi system in silkworm. Biomolecular Engineering,2007,24(6):625-630.

[74] Dedos S G,Szurdoki F and Szekacs A. Induction of dauer pupae by fenoxycarb in the silkworm,*Bombyx mori*. J Insect Physiol,2002,48(9):857-865.

[75] Ding S,Wu X,Li G,et al. Efficient transposition of the piggyBac(PB)transposon in mammalian cells and mice. Cell,2005,122:473-483.

[76] Dorothy B R and Walter E B. The release of the prothoracicotropic hormone in the tobacco hornworm,manduca sexta,is controlled intrinsically by juvenile hormone. J exp Biol,1986,120,41-58.

[77] Doyon Y,McCammon J M,Miller J C,et al. Heritable targeted gene disruption in zebra fish using designed zinc-finger nucleases. Nat Biotechnol,2008,26(6):702-708.

[78] Eguchi R,et al. Genetic analysis on the dominant non-susceptibility to densonucleosis virus type 1 in the silkworm,Bombyx mori. Sanshi-kontyubiotec,2007,159-163.

[79] Elbashir S M,Harborth J,Lendecbel W,et al. Duplexes of 21-nucleotide RNAs mediate RNA interference in cultured mammalian cells. Nature,2001,411:494-498.

[80] Elick T A,Bauser C A and Fraser M J. Excision of the piggyBac transposable element *in vitro* is a precise event that is enhanced by the expression of its encoded transposase. Genetica,1996,98(1):33-41.

[81] Elick T A,Lobo N and Fraser M J. Analysis of the cis-acting DNA elements required for piggyBac transposable element excision. Mol Gen Genet,1997,255(6):605-610.

[82] Ellingsen S,Laplante M A,Konig M,et al. Large-scale enhancer detection in the zebrafish genome. Development,2005,132,3799-3811.

[83] Fire A,Xu S Q,Montgomery M K,et al. Potent and specific genetic interference by double-stranded RNA in Caenorhabditis elegans. Nature,1998,391:806-811.

[84] Flores-Jasso C F,Valdes V J,Sampieri A,et al. Silencing structuraland nonstructural genes in baculovirus by RNA interference. Virus Res,2004,102:75-84.

[85] Francisco J R, Flavio M, Teresa L, et al. Inactivation of the ecdysteroid UDP-glucosyltransferase (egt) gene of Anticarsia gemmatalis nucleopolyhedrovirus (AgMNPV)improves its virulence towards its insect host. Biological Control,2003,27:336-344.

[86] Frank A C,Meyers K A,Welsh I C,et al. Development of an enhanced GFP-based dual-color reporter to facilitate genetic screens for the recovery of mutations in mice. PNAS

USA,2003,100(24):14103-14108.

[87] Fraser F C, Aymé S, Halal F, *et al*. Autosomal dominant duplication of the renal collecting system, hearing loss, and external ear anomalies: a new syndrome? . Am J Med Genet,1983,14(3):473-478.

[88] Fraser M J,Ciszczon T,Elick T,*et al*. Precise excision of TTAA-specific lepidopteran transposons piggyBac(IFP2)and tagalong(TFP3)from the baculovirus genome in cell lines from two species of Lepidoptera. Insect Mol Biol,1996,5(2):141-151.

[89] Fujitani Y, Yamamoto K and Kobayashi I. Dependence of frequency of homologous recombination on the homology length. Genetics,1995,140:797-809.

[90] Fukuda S. The hormonal mechanism of larval moulting and metamorphosis in the silkworm. J Fac Sci Tokyo Univ,(Sect. 4),1944,6:477-532.

[91] Funaguma S,Suzuki M G,Tamura T,*et al*. The Bmdsx transgene including trimmed introns is sex-specifically spliced in tissues of the silkworm, *Bombyx mori*. Journal of Insect Science,2005,5:17,Available online:insectscience. org/5. 17.

[92] Garabedian M J, Shepherd B M and Wensink P C. A tissuespecific transcription enhancer from the Drosophila yolk protein 1 gene. Cell,1986,45:859-867.

[93] Geurts A M,Cost G J,Freyvert Y,*et al*. Knockout rats via embryo microinjection of zinc-finger nucleases. Science,2009,325:433.

[94] Goldsmith M R,Shimada T and Abe H. The genetics and genomics of the silkworm, *Bombyx mori*. Annu Rev Entomol,2005,50:71-100.

[95] Gomi S, Zhou C E, Yih W, *et al*. Deletion analysis of four of eighteen late gene expression factor gene homologues of the baculovirus,BmNPV. Virol,1997,230:35-47.

[96] Gomi S, Majima K and Maeda S. Sequence analysis of the genome of *Bombyx mori* nucleopolyhedrovirus. J Gen Virol,1999,80(Pt 5):1323-1337.

[97] Grenier A M,Da Rocha M,Jalabert A,*et al*. Artificial parthenogenesis and control of voltinism to manage transgenic populations in Bombyx mori. J Insect Physiol,2004,50(8):751-760.

[98] Gross C H. Orgyia pseudolsugata baculovirus p10 and polyhedron envolope protein genes:analysis of their relative expression levels and role in polyhedron structure. J Gen Virol,1994,75:1:115-1123.

[99] Groth A C,Olivares E C,Thyagarajan B,*et al*. A phage integrase directs efficient site-specific integration in human cells. PNAS USA,2000,97:5995-600.

[100] Guo X Y,Dong L,Wang S P,*et al*. Introduction of foreign genes into silkworm eggs by electroporation and its application in transgenic vector test. Acta Biochimica et Biophysica Sinic,2004,36(5):323-330.

[101] Haas M J and Dowding J E. Aminoglycoside-modifing enzymes. Methods Enzymol,1975,43:611-628.

[102] Hammock B D. in Comprehensive Insect Physiology,Biochemistry,and Pharmacology,eds. Kerkut,G. A. & Gilbert,L. I. (Pergamon,Oxford),1985,7:431-472.

[103] Hammond S M, Caudy A A and Hannon G J. Post-transcriptional gene silencing by double-stranded RNA. Nature Rev Gen, 2001, 2:110-119.

[104] Handler A M. Use of the piggyBac transposon for germ-line transformation of insects. Insect Bioch Mol Biol, 2002, 32:1211-1220.

[105] Harrison R L and Jarvis D L. Transforming lepidopteran insect cells for improved protein processing. Methods Mol Biol, 2007, 388:341-356.

[106] Hasty P, Ramírez-Solis R, Krumlauf R, et al. Introduction of a subtle mutation into the Hox-2. 6 locus in embryonic stem cells. Nature, 1991a, 350:243-246.

[107] Hasty P, Rivera-Pérez J and Bradley A. The length of homology required for gene targeting in embryonic stem cells. Mol Cell Bio, 1991b, 11:5586-5591.

[108] Hino R, Tomita M and Yoshizato K. The generation of germline transgenic silkworms for the production of biologically active recombinant fusion proteins of fibroin and human basic fibroblast growth factor. Biomaterials, 2006, 27(33):5715-5724.

[109] Hoffmann K H, Meyering Vos M and Lorenz M W. Allatostatins and allatotropins: Is the regulation of corpora allata activity their primary function. Eur J Entomol, 1999, 96:255-266.

[110] Hong S M, Yamashita J, Mitsunobu H, et al. Efficient soluble protein production on transgenic silkworms expressing cytoplasmic chaperones. Appl Microbiol Biotechnol, 2010, 87:2147-2156.

[111] Horard B, Mangé A, Pélissie B, et al. Bombyx gene promoter analysis in transplanted silkgland transformed by particle delivery system. Insect Mol Biol, 1994, 3:261-265.

[112] Horie K, Nishiguchi S, Maeda S, et al. Structures of replacement vectors for efficient gene targeting. J Biochem, 1994, 115:477-485.

[113] Horn C and Wimmer E A. A versatile vector set for animal transgenesis. Dev Genes Evol, 2000, 210(12):630-637.

[114] Horn C, Offen N, Nystedt S, et al. piggyBac-based insertional mutagenesis and enhancer detection as a tool for functional insect genomics. Genetics, 2003, 163:647-661.

[115] Hua Y J, Tanaka Y, Nakamura K, et al. Identification of a prothoracicostatic peptide in the larval brain of the silkworm, Bombyx mori. J Biol Chem, 1999, 274(44):31169-31173.

[116] Iizuka M, Ogawa S, Takeuchi A, et al. Production of a recombinant mouse monoclonal antibody in transgenic silkworm cocoons. FEBS J, 2009, 276:5806-5820.

[117] Iizuka M, Tomita M, Shimizu K, et al. Translational enhancement of recombinant protein synthesis in transgenic silkworms by a 50-untranslated region of polyhedron gene of Bombyx mori Nucleopolyhedrovirus. J Biosci Bioeng, 2008, 105:595-603.

[118] Imamura M, Nakahara Y, Kanda T, et al. A transgenic silkworm expressing the immune-inducible cecropin B-GFP reporter gene. Insect Biochem Mol Biol, 2006, 36:429-434.

[119] Imamura M,Nakai J,Inoue S,*et al*. Targeted gene expression using the GAL4/UAS system in the silkworm Bombyx mori,Genetics,2003,165:1329-1340.

[120] Inouea S,Kanda T,Imamura M,*et al*. A fibroin secretion-deficient silkworm mutant, Nd-sD,provides an efficient system for producing recombinant proteins. Insect Biochem Mol Biol,2005,35:51-59.

[121] Inoue S, Tanaka K, Arisaka F, *et al*. Silk fibroin of *Bombyx mori* is secreted, assembling a high molecular mass elementary unit consisting of H-chain,L-chain,and P25,with a 6:6:1 molar ratio. J Biol Chem,2000,275:40517-40528.

[122] Inoue S,Tanaka K,Tanaka H,*et al*. Assembly of the silk fibroin elementary unit in endoplasmic reticulum and a role of L-chain for protection of a-1,2-mannose residues in N-linked oligosaccharide chains of fibrohexamerin/P25. Eur J Biochem,2004,271: 1-11.

[123] Inouea S,Kanda T,Imamura M,*et al*. A fibroin secretion-deficient silkworm mutant, Nd-sD,provides an efficient system for producing recombinant proteins. Insect Biochem Mol Biol,2005,35:51-59.

[124] Isobe R,Kojima K,Matsuyama T,*et al*. Use of RNAi technology to confer enhanced resistance to BmNPV on transgenic silkworms. Archives of Virology,2004,149(10): 1931-1940.

[125] Ito Y,Eiguchi M and Kurata N. Establishment of an enhancer trap system with Ds and GUS for functional genomics in rice. Mol Genet Genomics,2004. 271:639-650.

[126] Ito K,Kurako K and Hideki S. Deletion of a gene encoding an amino acid transporter in the midgut membrane causes resistance to a Bombyx parvo-like virus. PNAS USA, 2008,105(21):7523-7527.

[127] Jarvis D L and Finn E E. Modifying the insect cell N-glycosylation pathway with immediate early baculovirus expression vectors. Nat Biotechnol, 1996, 14 (10): 1288-1292.

[128] Jarvis D L,Oker-Blom C and Summers M D. The role of glycosylation in the transport of foreign glycoproteins through the secretory pathway of Lepidopteran insect cells. J Cell Biochem,1990,42:181-191.

[129] Jayaram M,Crain K L,Parsons R L,*et al*. Holliday junctions in FLP recombination: resolution by step-arrest mutants of FLP protein. PNAS USA, 1988, 85 (21): 7902-7906.

[130] Kanginakudru S,Royer C,Edupalli S V,*et al*. Targeting ie-1 gene by RNAi induces baculoviral resistance in lepidopteran cell lines and in transgenic silkworms. Insect Mol Biol,2007,16(5):635-644.

[131] Karim F D and Thummel C S. Temporal coordination of regulatory gene expression by the steroid hormone ecdysone. Embo J,1992,11:4083-4093.

[132] Karnoub A E and Weinberg R A. Ras oncogenes:split personalities. Nat Rev Mol Cell Biol,2008,9:517-531.

[133] Kempf J, Snook L A, Vonesch J L, et al. Expression of the human μ opioid receptor in a stable Sf9 cell line. J Biotechnol, 2002, (95):181-187.

[134] Kim Y G, Cha J and Chandrasegaran S. Hybrid restriction enzymes: Zinc finger fusions to Fok I cleavage domain. PNAS USA, 1996, 93:1156-1160.

[135] Kojima K, Kuwana Y, Sezutsu H, et al. A new method for the modification of fibroin heavy chain protein in the transgenic silkworm. Biosci Biotechnol Biochem, 2007, 71 (12):2943-2951.

[136] Kolb F. Genome engineering using site-specific recombinases. Cloning Stem Cells, 2002, 4(1):65-80.

[137] Koller B H and Smithies O. Inactivating the beta-micrnglobin locus in mouse embryonic stem cells by homologous recombination. PNAS USA, 1989, 86:8932-8935.

[138] Komoto N, Thibert C, Buolo V, et al. Gene introduction into silkworm embryos with a pseudotyped retroviral vector. Seric Sci Jpn, 2000, 69:55-61.

[139] Kurihara H, Sezutsu H, Tamura T, et al. Production of an active feline interferon in the cocoon of transgenic silkworms using the fibroin H-chain expression system. Biochem Biophy Res Commun, 2007, 355:976-980.

[140] Kuwabara P E. Interspecies comparison reveals evolution of control regions in the nematode sex-determining gene tra-2. Genetics, 1996, 144:597-607.

[141] Kuwano E, Takeya R and Eto M. Synthesis and anti-juvenile hormone activity of 1-substituted-5-[(E)-2,6-dimethyl-1,5-heptadienyl] imidazoles. Agric Biol Chem, 1985, 49:483-486.

[142] Kuzio J, Pearson M N, Harwood S H, et al. Sequence and analysis of the genome of a baculovirus pathogenic for Lymantria dispar. Virol. 1999, 253:17-34.

[143] Labitrano M, Camaioni A, Fazio V, et al. Sperm cells as vectors for introducing foreign DNA into eggs: genetic transformation of mice . Cell, 1989, 57:717-723.

[144] Ma L, Xu H, Zhu J, et al. Ras1CA overexpression in the posterior silk gland improves silk yield. Cell Research, 2011:1-10.

[145] Li X, Lobo N, Bauser C A, et al. The minimum internal and external sequence requirements for transposition of the eukaryotic transformation vector piggyBac. Mol Genet Genomics, 2001, 266(2):190-198.

[146] Li Y, Cao G, Chen H, et al. Expression of the hGM-CSF in the silk glands of gene-targeted silkworm. Biochem Biophys Res Commu, 2010, 391:1427-1431.

[147] Li Y, Cao G, Wang Y, et al. Expression of the hIGF-I gene driven by the Fhx/P25 promoter in the silk glands of germline silkworm and transformed BmN cells. Biotechnology Letters, 2011, 33(3):489-494.

[148] Li Z G and Rong R. A new technique of transgenesis by PFGE. Sericologia, 1997, 37 (3):429-435.

[149] Liang C, Cao G, Xue R, et al. Reducing blood glucose level in diabetes mellitus mice by orally administering the silk glands of transgenic silkworm with hIGF-I gene. Biochem

Biophys Res Commu,2011,DOI 10. 1007/s.

[150] Liskay R M,Letsou A and Stachelek J L. Homology requirement for efficient gene conversion between duplicated chromosomal sequences in mammalian cells. Genetics, 1987,115:161-167.

[151] Liu P P,Koizuka N,Homrichhausen T M,et al. Large-scale screening of Arabidopsis enhancer-trap lines for seed germination-associated genes. Plant J,2005,41:936-944.

[152] Lloyd A, Plaisier C L, Carroll D, et al. Targeted mutagenesis using zinc-finger nucleases in Arabidopsis. PNAS USA,2005,102(6):2232-2237.

[153] Lorenzen M D, Berghammer A, Brown S J, et al. piggyBac-mediated germline transformation in the beetle Tribolium castaneum. Insect Mol Biol,2003,12:433-440.

[154] Loukeris T G,Livadaras A B,Zabalou S,et al. Gene transfer into the medfly,Ceratitis capitata,with a Drosophila hydei transposable element. Science, 1995, 270 (5244): 1941-2194.

[155] Lu Y, Zheng X J, Xue R Y, et al. Antiproliferative activity of recombinant human interferon-λ2 expressed in stably transformed BmN cells. African Journal of Biotechnology. 2011,10(37):7260-7266.

[156] Marchal E, Vandersmissen H P, Badisco L, et al. Control of ecdysteroidogenesis in prothoracic glands of insects:a review. Peptides,2010,31(3):506-519.

[157] Marin I and Baker B S. The evolutionary dynamics of sex determination. Science, 1998,281:1990-1994,review.

[158] Marina B,Mary G,Kent G G,et al. Targeted Chromosomal Cleavage and Mutagenesis in Drosophila Using Zinc-Finger Nucleases. Genetics,2002,161:1169-1175.

[159] Marshall A. The insects are coming. Nature Biotech,1998,16(6):530-533.

[160] Matz M V, Fradkov A F, Labas Y A, et al. Fluorescent proteins from nonbioluminescent Anthozoa species. Nature Biotech,1999,17(10):969-973.

[161] Maxwell R A,Weleh W H and Schooley D A. Juvenile hormone kinase I. Purification, characterization, and substrate specificity of juvenile-hormone selective diol kinase from Manduca sexta. J Bio Chem,2002,277:21874-21881.

[162] Miller J C, Holmes M C, Wang J B, et al. An improved zinc-finger nuclease architecture for highly specific genome editing. Nat Biotechnol,2007,25(7):778-785.

[163] Mirka U, Masako A, Lynn M R, et al. Heat-inducible transgenic expression in the silkmoth Bmybyx mori. Dev Genes Evol,2002,212:145-151.

[164] Mita K, Kasahara M, Sasaki S, et al. The genome sequence of silkworm, Bombyx mori. DNA Res. 2004,11,27-35.

[165] Moehle E A,Rock J M,Lee Y L,et al. Targeted gene addition into a specified location in the human genome using designed zinc finger nucleases. PNAS USA,2007,104(9): 3055-3060.

[166] Mori H,Yamao M,Nakazawa H,et al. Transovarian transmission of a foreign gene in the silkworm, Bombyx mori, by Autographa califormica nuclear polyhedrosisvirus.

Biotechnology,1995,13(9):1005-1007.

[167] Mori H. Transgenic insects expressing green fluorescent protein-silk fibroin light chain fusion protein in transgenic silkworms. Methods in Molecular Biology,2002,183:235-244.

[168] Mori K,Tanaka K,Kikuchi Y,et al. Production of a chimeric fibroin light-chain polypeptide in a fibroin secretion-deficient naked pupa mutant of the silkworm Bombyx mori. J Mol Biol,1995,251:217-228.

[169] Morris A C,Schaub T L and James A A. FLP-mediated recombination in the vector mosquito,Aedes aegypti. Nucl Acids Res,1991,19(21):5895-5900.

[170] Morton J,Davis M W,Jorgensen E M,et al. Induction and repair of zinc-finger nuclease-targeted double-strand breaks in Caenorhabditis elegans somatic cells. PNAS USA,2006,103(44):16370-16375.

[171] Moto K,Salah E A,Sakurai S,et al. Gene transfer into insect brain and cell-specific expression of bombyxin gene. Dev Genes Evol,1999,209:447-450.

[172] Mounier N and Purdhomme J C. Isolation of actin genes in Bombyx mori:the coding sequence of a cytoplasmic actin gene expressed in the silk gland is interrupted by a single inrton in an unusal position. Biochemie,1986,68(9):1053-1061.

[173] Nagaraju J,Kanda T,Yukuhiro K,et al. Attempt at transgenesis of the silkworm (*Bombyx mori* L.)by egg-injection of foreign DNA. Appl Eutomol Zoo,1996,31:587-596.

[174] Nakayama G,Kawaguchi Y,Koga K,et al. Site-specific gene integration in cultured silkworm ceils mediated by φC31 integrase. Molecular Genetics and Genomics,2006,275(1):1-8.

[175] Napoli C,Lemieux C and Jorgensen R. Introduction of a chimeric chalcone synthase gene into petunia results in reversible co-suppression of homologous gene in trans. Plant Cell,1990,2:279-289.

[176] Nijhout H F. Insect Hormones,Princeton Univ. Press,1994,Princeton.

[177] Ninaki O,Maekawa H,Gamo T,et al. Hatchability of silkworm eggs injected with DNA at early embryonic stages. J Seric Sci Jpn,1985,54:428-432.

[178] Ogawa S,Tomita M,Shimizu K,et al. Generation of transgenic silkworm that secretes recombinant proteins in the sericin layer of cocoon:Production of recombinant human serum albumin. J Biotechnology,2007,128(3):531-544.

[179] Ogoyi D O,et al. Linkage and mapping analysis of a non-susceptibility gene to densovirus(nsd-2)in the silkworm,*Bombyx mori*. Insect Mol Biol,2003,12:117-124.

[180] Ohbayashi F,Suzuki M G,Mita K,et al. A homologue of the *Drosophila* doublesex gene is transcribed into sexspecific mRNA isoforms in the silkworm, *Bombyx mori*. Comp Biochem Physiol Part B,2000,128:145-158.

[181] Okano K,Miyajima N,Takada N,et al. Basic conditions for the drug selection and transient gene expression in the cultured cell lineof *Bombyx mori. In Vitro*Cell,*Dev*

Biol,1992,28A(11-12):779-781.

[182] O'Reilly D R and Miller L K. A baculovirus blocks insect molting by producing ecdysteroid UDP-glucosyl transferase. *Science*,1989,245:1110-1112.

[183] Pan M H,Cai X J,Liu M,*et al*. Establishment and characterization of an ovarian cell line of the silkworm,*Bombyx mori*. Tissue and Cell,2010,42(1):42-46.

[184] Paques F and Haber J E. Multiple pathways of recombination induced by double-strand breaks in *Saccharomyces cerevisiae*. Microbiol Mol Biol Rev,1999,63(2):349-404.

[185] Parinov S,Kondrichin I,Korzh V,*et al*. Tol2 transposon-mediated enhancer trap to identify developmentally regulated zebrafish genes in vivo. Dev Dyn, 2004, 231: 449-459.

[186] Porteus M H and Carroll D. Gene targeting using zinc finger nucleases. *Nat Biotechnol*,2005,23(8):967-973.

[187] Prasher D C. Using GFP to see the light. Trends Genet,1995,11:320-323.

[188] Qin J and Yi W Z. Genetic linkage analysis of nsd-Z,the nonsusceptibility gene of Bombyx mori to the Zhenjiang(China)strain densonucleosis virus. Sericologia,1996, 36:241-244.

[189] Quan G X, Kim I, Komoto N, *et al*. Characterization of the kynurenine 3-monooxygenase gene corresponding to the white egg 1 mutant in the silkworm *Bombyx mori*. *Mol. Genet*. Genomics,2002,267:1-9.

[190] Ribaut J M, de Vicente M C and Delannay X. Molecular breeding in developing countries:challenges and perspectives. *Curr Opin Plant Biol*,2010,13:1-6.

[191] Riddiford L M. Adv. Insect Physiol,1994,24:213-274.

[192] Rong Y S and Golic K G. Gene targeting by homologous recombination in *Drosophila*. Science,2000,288:2013-2018.

[193] Royer C, Jalabert A, Da Rocha M, *et al*. Biosynthesis and cocoon-export of a recombinant globular protein in transgenic silkworms. Transgenic Res,2005,14(4): 463-72.

[194] Sanchez L, Gorfinkiel N and Guerrero I. Sex determination genes control the development of the *Drosophila* genital disc,modulating the response to Hedgehog, Wingless and Decapentaplegic signals. Development,2001,128:1033-1043.

[195] Sarkar A, Atapattu A, Belikoff E J, *et al*. Insulated piggyBac vectors for insect transgenesis. BMC Biotechnol,2006,6:27.

[196] Sedivy J M and Sharp P A. Positive genetic selection for gene disruption in mammalian cells by homologous recombination. PNAS USA,1989,86(1):227-231.

[197] Shamila Y and Mathavan S. Sperm-mediated gene transfer in the silkworm *Bombyx mori*. Arch Insect Biochem Phys,1998,37:168-177.

[198] Sheng G,Thouvenot E,Schmucker D,*et al*. Direct regulation of rhodopsin1 by Pax-6/eyeless in *Drosophila*:Evidence for a conserved function in photoreceptors. Genes Dev,1997,11:1122-1131.

[199] Shigematsu H，Kurata K and Takeshita H. Nucleic acids accumulation of silk gland of *Bombyx mori* in relation to silk protein. Comp Biochem Physiol B，1978，61：237-242.

[200] Shimizu K，Kamba M，Sonobe H，*et al*. Extrachromosomal transposition of the transposable element Minos occurs in embryos of the silkworm *Bombyx mori*. Insect Mol Biol，2000，9(3)：277-281.

[201] Shimizu K，Ogawa S，Hino R，*et al*. Structure and function of 5'-flanking regions of *Bombyx mori* fibroin heavy chain gene：identification of a novel transcription enhancing element with a homeodomain protein-binding motif. Insect Biochem Mol Biol，2007，37：713-725.

[202] Shimm K，Kamba M，SonobeH，*et al*. Extrachromosomal transposition of the transposable element Minos occurs in embryos of the silkworm Bombyx mori. Insect Mol Biol，2000，(9)：277-281.

[203] Shimura K. Chemical composition and biosynthesis of silk proteins. Experimentia，1983，39：455-461.

[204] Slee R and Bownes M. Sex determination in *Drosophila melanogaster*. Q Rev Biol，1990，65：175-204.

[205] Smith MC，Thorpe HM. Diversity in the serine recombinases. Mol Microbiol. 2002，44 (2)：299-307.

[206] Steinmann-Zwicky M，Amrein H，and Nothiger R. Genetic control of sex determination in Drosophila. Adv Genet，1990，27：189-237.

[207] Suzuki M G，Funaguma S，Kanda T，*et al*. Role of the male BmDSX protein in the sexual differentiation of Bombyx mori. Evol & Deve，2005，7：58-68.

[208] Suzuki M G，Funaguma S，Kanda T，*et al*. Analysis of the biological functions of a doublesex homologue in *Bombyx mori*. Dev Genes Evol，2003，213：345-354.

[209] Suzuki M G，Ohbayashi F，Mita K，*et al*. The mechanism of sex-specific splicing at the doublesex gene is different between *Drosophila melanogaster* and *Bombyx mori*. Insect Biochem Mol Biol，2001，31：1201-1211.

[210] Syminton L S. Role of RAD52 epistasis group genes in homologous recombination and double-strand break pair. Microbiol Mol Biol Rev，2002，66(4)：630-670.

[211] Takahiro A，Masahiro T，Katsuhiko S，*et al*. Generation of hybrid transgenic silkworms that express *Bombyx mori* prolyl-hydroxylase α-subunits and human collagens in posterior silk glands：Production of cocoons that contained collagens with hydroxylated praline residues. J Biotech，2006，126：205-219.

[212] Takasu Y，Kobayashi I，Beumer K，*et al*. Targeted mutagenesis in the silkworm *Bombyx mori* using zinc finger nuclease mRNA injection. Insect Biochem Mol Biol，2010，40(10)：759-765.

[213] Takei F，Kimura K，Mizuno S，*et al*. Genetic analysis of the Nd-s mutation in the silkworm. JpnJ Genet，1984，59：307-313.

[214] Tan A，Tanaka H，Tamura T，*et al*. Precocious metamorphosis in transgenic

silkworms overexpressing juvenile hormone esterase, PNAS USA, 2005, 102（33）：11751-11756.

[215] Tamura T, Kanda T, Takiya S, et al. Transient expression of chimeric CAT genes injected into early embryos of the domesticated silkworm Bombyx mori. Jpn J Genet, 1990, 65：401-410.

[216] Tamura T, Thibert C, Royer C, et al. Germline transformation of the silkworm Bombyx moriL. using a piggyBac transposon-derived vector. Nat Biotechnol, 2000, 18：81-84.

[217] Tan A, Tanaka H, Tamura T, et al. Precocious metamorphosis in transgenic silkworms overexpressing juvenile hormone esterase . PNAS USA, 2005, 102(33)：11 751-756.

[218] Tanaka H, Yamamoto M, Moriyama Y, et al. A novel Rel protein and shortened isoform that differentially regulate antibacterial peptide genes in the silkworm Bombyx mori. Biochimica et Biophysica Acta, 2005, 1370(1)：10-21.

[219] Tanaka K, Kajiyama N, Ishikura K, et al. Determination of the site of disulfide linkage between heavy and light chains of silk fibroin produced by Bombyx mori. Biochim. Biophys. Acta, 1999, 1432：92-103.

[220] Tashiro Y, Morimoto T, Matsuura S, et al. Studies on the posterior silk gland of the silkworm Bombyx moriI. Growth of posterior silk gland cells and biosynthesis of fibroin during the fifth larval instar. J Cell Biol, 1968, 38：574-588.

[221] Tattersall P, et al. in Virus Taxonomy：VIIIth Report of the International Committee on Taxonomy of Viruses, eds Fauquet CM, Mayo MA, Maniloff J, Desselberger U, Ball LA(Academic/Elsevier), 2005, p. 1162.

[222] Thomas J L, Da Rocha M, Besse A, et al. 3×P3-EGFP marker facilitates screening of transgenic silkworm Bombyx mori L. from the embryonic stage onwards. et al, 2002, 32：247-253.

[223] Thomas K R and Capecchi M R. Site-directed mutagenesis by gone targeting in mouse embryo-derived stem cells. Cell, 1987, 51：503-512.

[224] Thomas K R, Folger K R and Capecchi M R. High frequency targeting of genes to specific sites in the mammalian genome. Cell, 1986, 44：419-428.

[225] Tomita M, Hino R, Ogawa S, et al. A germline transgenic silkworm that secretes recombinant proteins in the sericin layer of cocoon. Transgenic Res, 2007, 16（4）：449-465.

[226] Tomita M, Munetsuna H, Sato T, et al. Transgenic silkworms produce recombinant human type III procollagen in cocoons. Nature Biotechnology, 2003, 21：52-56.

[227] Tomita S, Kawai Y, Woo S D, et al. Ecdysone-inducible foreign gene expression in stably-transformed lepidopteran insect cells. In Vitro Cell Dev Biol Anim, 2001, 37(9)：564-571.

[228] Tomita S and Kikuchi A. Abd-B suppresses lepidopteran proleg development in

posterior abdomen. Dev Biol,2009,328:403-409.

[229] Tony N,Tom M B,Anthony E B,et al. piggyBac-mediated Germline Transformation of the Malaria Mosquito Anopheles stephensi Using the Red Fluorescent Protein dsRED as a Selectable Marker. J Biological,2002,277(11):8759-8762.

[230] Uchino K,Imamura M,Shimizu K,et al Germ line transformation of the silkworm, Bombyx mori,using the transposable element Minos. Mol Genet Genomics,2007,277: 213-220.

[231] Uchino K,Sezutsu H,Imamura M,et al. Construction of a piggyBac-based enhancer trap system for the analysis of gene function in silkworm Bombyx mori. Insect Biochem Mol Biol. 2008,38(12):1165-1173.

[232] Uhlirova M,Riddiford L M and Jindra M. Heat-inducible transgenic expression in the silkmoth Bombyx mori. Dev Genes Evol,2002,(212):145-151.

[233] Uhlirova M,Foy B D,Beaty B J,et al. Use of Sindbis virus-mediated RNA interference to demonstrate a conserved role of Broad-Complex in insect metamorphosis. PNAS USA,2003,100:15607-15612.

[234] Valancius V and Smithies O. Double-strand gap repair in a mammalian gene targeting reaction. Mol Cell Biol,1991,11:4389-4397.

[235] Valdes V J,Sampieri A,Sepulveda J,et al. Using double-stranded RNA to prevent in vitro and vivo viral infections by recombinant baculovirus. J Biol Chem,2003,278 (21):19317-19324.

[236] Wagner E F,Stewart T A and Mintz B. The human β-globin gene and a functional viral thymidine kinase gene in developing mice. PNAS USA,1981,78:5016-5020.

[237] Wang W,Swevers L and latrou K. Mariner(Mos1)transposase and genomic integration of foreign gene sequence in Bombyx mori cells. Insect Mol Biol,2000,(9):145-155.

[238] Wang X,Cao G,Xue R,et al. Effects of BmKIT3 R gene transfer on the development and survival of silkworm Bombyx mori. Journal of Bioscience and Bioengineering, 2011,doi:10. 1016/j. jbiosc. 2011. 08. 006.

[239] Watanabe H and Maeda S. Genetically determined nonsusceptibility of silkworm Bombyx mori to infection with a densonucleosis virus(Densovirus). J Invertebr Pathol,1981,38:370-373.

[240] Wen H, Lan X, Zhang Y, et al. Transgenic silkworms(Bombyx mori) produce recombinant spider dragline silk in cocoons. Mol Biol Rep,2010,37:1815-1821.

[241] West S C. Molecular views of recombination proteins and their Control. Nat Rev Mol Cell Biol,2003,4(6):435-445.

[242] Wright D A, Townsend J A, Winfrey R J, et al. High-frequency homologous recombination in plants mediated by zinc-finger nucleases. Plant J, 2005, 44 (4): 693-705.

[243] Wu J,Kandavelou K and Chandrasegaran S. Custom-designed zinc finger nucleases: What is next?. Cell Mol Life Sci,2007,64(22):2933-2944.

[244] Wu X F and Cao C P. Targeting of hum an aFGF gene into silkworm, *Bombyx moriL.* through homologous recombination. J Zhejiang Univ Sci,2004,5(6):644-650.

[245] Xia Q, Guo Y, Zhang Z, *et al.* Complete Resequencing of 40 Genomes Reveals Domestication Events and Genes in Silkworm(*Bombyx*). Science,2009,326(5951): 433-436.

[246] Xia Q, Zhou Z, Lu C, *et al.* A draft sequence for the genome of the domesticated silkworm(*Bombyx mori*). Science,2004,306:1937-1940.

[247] Xue R, Chen H, Cui L, *et al.* Expression of hGM-CSF in silk glands of transgenic silkworms using gene targeting vector. Transgenic Research,2011, DOI 10.1007/ s11248-011-9513-y.

[248] Xue R, Li X, Zhao Y, *et al.* Elementary research into the transformation BmN cells mediated by the piggyBac transposon vector. J Biotechnol,2009,144(4):272-278.

[249] YA Abdel-Aal and Hammock B D. A ransition state analogs as ligands for affinity purification of juvenile hormone esterase. Science,1986,233:1073-1076.

[250] Yamaguchi K, Kikuchi Y, Takagi T, *et al.* Primary structure of the silk fibroin light chain determined by cDNA sequencing and peptide analysis. J Mol Biol,1989,210: 127-139.

[251] Yamamoto M, Yamao M, Nishiyama H, *et al.* New and highly efficient method for silkworm transgenesis using Autographa californica nucleopolyhedrovirus and piggyBac transposable elements. Biotechnology and Bioengineering,2004,88(7): 849-853.

[252] Yamao M, Katayama N, Nakazawa H, *et al.* Gene targeting in the silkworm by use of a baculovirus, Genes Dev. 1999,13:511-516.

[253] Yanagisawa S, Zhu Z, Kobayashi I, *et al.* Improving cell-adhesive properties of recombinant *Bombyx mori* silk by incorporation of collagen or fibronectin derived peptides produced by transgenic silkworms. Biomacromolecules,2007,8(11):3487-92.

[254] Yoshiaki M, Hirovvo I, Kiyoshi S, *et al.* Studies on the protein synthesis in silkglands V. The relationof ribosomes to endoplasmic reticulum during fibroin synthesis. J Biochemi,1964;55:623-628.

[255] Yu A, Kneller B M, Rettie A E, *et al.* Expression, purification, biochemical characterization,and comparative function of human cytochrome P450 2D6.1,2D6.2, 2D6.10,and 2D6.17 allelic isoforms. J Pharmacol Exp Ther,2002,303(3):1291-1300.

[256] Yu D, Ellis H M, Lee E C, *et al.* An efficient recombination system for chromosome engineering in *Escherichia coli*. PNAS USA,2000,97:5978-5983.

[257] Zhang F, Zhao Y, Chen X X, *et al.* Fluorescent Transgenic Silkworm. Acta Biochimica et Biophysica Sinica,1999,1(2):19-123.

[258] Zhang X, Xue R, Cao G, *et al.* Effects of egt Gene Transfer on Development of Bombyx mori. Gene,2011,accepted.

[259] Zhao A, Zhao T, Zhang X Q, *et al.* New and highly efficient expression systems for

expressing selectively foreign protein in the silk glands of transgenic silkworm. Transgenic Res,2010,19:29-44.

[260] Zhao Y,Chen X,Peng W P,*et al*. Altering fibroin heavy chain gene of silkworm *Bombyx mori* by homologous recombination. Acta Biochim Biophys Sin,2001,33:112-116.

[261] Zhao Y,Li X,Cao L,*et al*. Expression of hIGF-I in the silk glands of transgenic silkworms and in transformed silkworm cells,Science in China Series C:Life Sciences,2009,52(12):1131-1139.

[262] Zhou W,Bao X,Xu J,*et al*. Subcellular localization of *Bombyx mori* ribosomal protein S3a and effect of its over-expression on BmNPV infection. African Journal of Biotechnology,2010,9(14):2056-2061.

[263] Zhu Z,Kikuchi Y,Kojima K *et al*. Mechanical properties of regenerated Bombyx mori silk fibers and recombinant silk fibers produced by transgenic silkworms. J Biomater Sci Polym Ed,2010,21:395-411.

[264] Zimmer A and Gruss P. Production of chimaeric mice containing embryonic stem(ES) cells carrying a Homoebox Hox1.1 allele mutated by homologous recombination. Nature,1989,338:150-153.

[265] 河本夏雄. 用莫洛尼氏鼠白血病病毒载体向家蚕体细胞导入外源基因. 日本蚕丝学会讲演要旨集,1999,53.

[266] 森肇. 在家蚕中的基因整合. 日本蚕丝学会讲演要旨集,1998,435.

[267] 山尾真史. 家蚕丝素基因的定向基因整合[C]. 日本蚕丝学会讲演要旨集,1998,436.

[268] 神田俊男,田村俊樹. 空気圧を利用したカイコ初期胚への微量注射法. 蚕糸・昆虫農業技術研究所研究報,1991(2):31-46.

[269] 竹村洋子,神田俊男,田村俊樹,等. 超低温凍結保存した精子によるカイコの人工受精. 日本蚕糸学会第66回学術講演要旨集,1998:44.

[270] 竹村洋子,神田俊男,田村俊樹,等. 家蚕の新しい人工受精開発. 日蚕雑志,1996,65:456-463.

第3章

家蚕营养与人工饲料育

家蚕人工饲料育是根据蚕的食性特点和营养要求,用适当原料配制成饲料代替桑叶的饲育方法。人工饲料育与普通桑叶育相比,具有如下优势:可根据生产和研究需要,结合蚕卵的人工孵化技术,灵活安排时间,做到全年饲养,不受自然气候条件和桑叶的限制;饲料经过高温灭菌,可有效防止病原菌侵染;饲料营养均衡,有利于蚕儿发育整齐;可提高生产效率,适合工厂化、机械化操作。因此,人工饲料育为现代蚕业发展开辟了一条新途径。自 1960 年日本的福田等进行家蚕全龄人工饲料育试验获得成功后,随着生理和病理学研究的深入,人工饲料育研究取得了重大进展。我国从 20 世纪 70 年代开展人工饲料研究,1974 年用人工饲料养蚕获得成功后,许多科研院所和院校都相继开展研究工作,取得了一定进展。

3.1 家蚕营养与人工饲料

由于人工饲料的研究,近年来查明了蚕所需要的营养物质种类和最低需要量。家蚕的主要营养要求如图 3.1 所示。

3.1.1 空气

空气中只有氧是蚕所需要的。蚕体的一切活动均需要能量,能量的来源为糖、脂肪、蛋白质等有机物在蚕体内的氧化。有机物在活细胞内氧化分解产生 CO_2 和 H_2O,并放出能量的过程称为生物氧化。氧在生物氧化中的作用是在呼吸链中最后得到电子,并与氢离子相结合变成 H_2O。

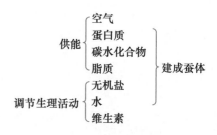

图 3.1　家蚕的主要营养要求

3.1.2 蛋白质和氨基酸

桑叶中既有蛋白质,又有游离氨基酸。桑叶的大分子蛋白质经中肠消化水解成氨基酸后,大部分从消化管转入血液,由于血液循环,将其输送到各组织器官,从而合成各组织器官的物质。其主要作用为:①细胞分子结构中最重要的组成部分;②作为酶体系,与其他物质结合后具有调节体内物质代谢的机能;③在某些情况下可供能。

根据应用人工饲料育的营养实验,氨基酸对蚕的营养作用可分为以下5类(伊藤,1967)。

1. 必需氨基酸(第一组)

必需氨基酸(第一组)在蚕体内不能合成(即使合成,量也极微),也就是说缺乏生物合成系,有精氨酸、组氨酸、异亮氨酸、亮氨酸、赖氨酸、蛋氨酸、苯丙氨酸、苏氨酸、色氨酸、缬氨酸。

2. 必需氨基酸(第二组)

必需氨基酸(第二组)通过氨基转移反应能在体内合成,但蚕体内的合成量不足;另一方面,这种酸性氨基酸通过氨基转移反应将自身的氨基转移给酮酸。主要有天冬氨酸、谷氨酸。

3. 半必需氨基酸

半必需氨基酸由精氨酸转变生成的,但其生成量不能满足蚕的需求量,如脯氨酸。

4. 非必需氨基酸(第一组)

非必需氨基酸(第一组)在蚕体内的合成量多,如丙氨酸、甘氨酸、丝氨酸。

5. 非必需氨基酸(第二组)

非必需氨基酸(第二组)分别以必需氨基酸为前体经转换而生成,如半胱氨酸、胱氨酸、酪氨酸、羟脯氨酸。

3.1.3 碳水化合物

碳水化合物(包括糖、寡聚糖、淀粉、糊精、纤维素等)见表3.1。

表 3.1 各种碳水化合物对蚕的营养价值比较

碳水化合物	营养价值			
种类	高	中	低	无或几乎无
戊糖			木糖	阿拉伯糖、核糖、鼠李糖
己糖	葡萄糖、果糖	甘露糖	半乳糖	山梨糖
二糖	蔗糖、纤维二糖、麦芽糖	蜜二糖、乳糖、海藻糖		
三糖	松三糖、棉子糖			
糖醇	山梨糖醇		甘露糖醇	肌醇、卫矛醇、赤藓醇
多糖		淀粉*、糊精*	淀粉*、糊精*	淀粉*、糊精*、菊糖*

*因蚕品种而异。

蚕从饲料中吸收的碳水化合物,其生理作用表现为:①作为能源在蚕体内消耗;②用于合成贮藏性碳水化合物,如糖原、脂质、几丁质等。

碳水化合物的利用形式:单糖、双糖均能吸收进入血液后直接利用,也可作为贮藏物质贮藏于血液、脂肪体、肌肉等处。桑叶中淀粉利用率低,纤维素则完全不能利用。

饲料中只要有一种高效的碳水化合物,就可以满足蚕的生长发育需要(表3.1)。

碳水化合物的需要量与饲料中蛋白质和氨基酸的含量比有关,C/N比适当时,蛋白质可以充分用于建成蚕体和合成丝蛋白,使蚕的生长良好,提高蚕茧产量(表3.2)。

表 3.2　饲料中蛋白质和碳水化合物的含量水平与茧质的关系

茧　　质	大豆蛋白质/葡萄糖/(%/%)			
	40/5	30/15	20/25	10/35
全茧量/g	1.15	1.29	1.27	0.97
茧层量/g	0.240	0.232	0.175	0.097
茧层率/%	20.9	18.0	13.8	10

3.1.4　脂质

脂质和蛋白质、碳水化合物一样,既是构成蚕体的重要成分(结构物质),又是一种能量贮备物质(供能物质)。但碳水化合物易于动用,而脂质不易动用。脂质的优点是供能强,贮藏能量多。如当蚕要化蛹时,脂类物质贮藏多。家蚕需要的脂质主要有:①甾醇;②脂肪,指甘油三酯(甘油＋脂肪酸);③蜡质、卵磷脂、脑磷脂。

蚕与其他昆虫一样,体内不能生成甾醇,当饲料中缺乏甾醇时第1龄中便全部死亡,所以甾醇是蚕的必需脂质(表3.3)。

表 3.3　各种甾醇及有关物质对蚕的营养效果

甾醇及有关物质(0.3%/饲料干物质)	饲育 15 d 后	
	生存数/头	平均体重/mg
不添加	0	—
β-谷甾醇	38	90.4
豆甾醇	33	62.3
胆甾醇	34	52.0
麦角甾醇	33	21.0
胆甾烷醇	23	4.4
维生素 D_2	0	—
火落均酸内酯	0	—
鱼肝油烯	0	—

脂肪酸的营养效果以不饱和脂肪酸为好,如亚油酸、亚麻酸等(表3.4)。

表 3.4　脂肪酸对蚕的营养效果

添加的脂肪酸(0.6%/饲料干物质)	脂肪酸纯度/%	饲育 15 d 后	
		生存数/头	平均体重/mg
不添加		31	89.7(100%)
豆蔻酸	99.0+	35	102.4(114%)
棕榈酸	99.0+	34	175.4(196%)
硬脂酸	99.0+	32	164.1(173%)
油酸	99.0	39	199.7(223%)
亚油酸	99.0+	40	327.2(365%)
亚麻酸	99.0	39	274.3(306%)

饲料中单有甾醇而缺脂肪酸时,蚕的生长仍受限制,有了脂肪酸就可显著促进甾醇的利用。甾醇的需要量与脂肪酸的有无有关。脂肪酸可显著促进甾醇的利用。

3.1.5　维生素

作为一类生物活性物质,主要作为辅酶或其他生物催化剂的组成部分,是调节生理机能所不可缺少的,在代谢中起重要作用。

桑叶中各种维生素含量足以满足蚕的需要,但人工饲料中应添加如表 3.5 所示的维生素。

表 3.5　必需维生素的最小需要量

维生素*	桑叶中含量*	最小需要量*
生物素	0.003 3	0.004
胆碱	11.10	5.37
肌醇	22.20	5.55
烟酸	0.73	0.16
泛酸	0.15	0.08
吡哆醇	0.24	0.02
核黄素	0.06	0.015
硫氨酸	0.02	0.001
抗坏血素	—	113.55
叶酸	—	—

*饲料干物 1 g 中的微克分子数。

3.1.6　无机盐

已知蚕必需的无机盐有 K、P、Mg、Zn、Mn、Ca 和 Fe 等 7 种(表 3.6)。

表 3.6　蚕对无机盐的最低需要量及桑叶中的含量

无机盐	最低需要量/(mg/g 饲料干物)	桑叶中含量/(mg/g 饲料干物)
K	9.0	25～35
P	2～3	1.6～3.4
Mg	—	20～4.9
Zn	0.02	0.021

3.1.7　水

水是构成蚕体物质中含量最多的成分。占蚕体组成的 75％～90％。水在蚕体内主要作为生化反应的溶剂,同时能保持体温的相对稳定。

3.2　营养物质的消化和吸收

所谓消化是指生物摄取食物,转变为生物自身的营养的机能,分子量较大的食物成分经物理的、化学的作用分解为小分子物质,被消化管组织吸收后,同化为生物体的组成成分。昆虫的消化管的形态和机能因昆虫的食性特征而异。本节就家蚕消化系统的消化吸收机能及所摄取的营养物质的利用作一概述。

3.2.1　消化酶

家蚕消化系统中具有强的消化酶活性,大致分为消化液中的酶和中肠组织中的酶两大类。前者最适 pH 为强碱性,是水解食物中大分子营养物质的酶,如蛋白酶、脂肪酶、淀粉酶、核酸酶等,后者分布于中肠组织内,分解食物中低分子量及经消化液酶分解吸收的物质,最适 pH 为弱酸性或中性,如寡聚糖分解酶、小分子量多肽分解酶等。

1. 蛋白酶

已基本查明消化液中的蛋白酶最适 pH 为 11.2 附近及其基质特异性、温度与活性的关系、蚕品种与活性的关系、同工酶与遗传性等问题。

消化液中的类胰蛋白酶不能将食物中的蛋白质直接分解为氨基酸。幼虫中肠上皮细胞内存在水解肽类的肽酶,包括作用于肽链羧基端的羧基肽酶,作用于氨基端的氨基肽酶,以及水解二肽的二肽酶,作用最适 pH 值为中性。桑叶中的蛋白质经消化液中类胰蛋白酶水解为比较简单的肽,分子质量为 600～4 000 u(约 10 个氨基酸组成),这些肽类由中肠上皮细胞内的肽酶继续水解而成为氨基酸。家蚕幼虫由中肠进入血液的肽仅占游离氨基酸总量的 20％～25％,说明在中肠上皮细胞内肽酶已将大部分肽水解为氨基酸。

2. 脂肪酶

脂肪酶是加水分解酯键的酯酶中的一种,它分解甘油三酯为脂肪酸与甘油。消化液中脂肪酶最适 pH 值 9.8,最适温度为 40℃。在 45℃ 中热处理 60 min,酶活性减半。绝食 1 昼夜后,消化液对脂肪的分解作用显著增大,但绝食 2 昼夜后,其作用力反而减小。消化液脂肪酶在 4、5 龄期的作用力随幼虫成长而显著增强,5 龄后半期又减弱。此外,此酶的活性雄蚕高于雌蚕。

3. 淀粉酶和糖酶

催化淀粉水解反应的酶称为淀粉酶。肠液淀粉酶是由中肠的前部和中部的圆筒形细胞合成分泌的,分泌出的淀粉酶颗粒密集在围食膜内侧,在围食膜表面作一短暂停留后透过围食膜进入肠液。肠液淀粉酶对直链淀粉的分解方式显示液化型淀粉酶的方式,同时也有糖化型的性状。反应生成物主要是麦芽糖、淀粉三糖和淀粉四糖。若延长反应时间,也有葡萄糖的产生。淀粉酶的活性因蚕品种而异,中国品种的肠液淀粉酶活性最高,日本种次之。而欧洲品系中某些品种几乎不存在淀粉酶。淀粉酶活性的强弱受遗传基因的支配,活性强对活性弱是显性。在同一品种中,雄蚕的淀粉酶活性比雌蚕稍高。同一龄期里,眠蚕最低,起蚕后逐渐增强,盛食期最强。在整个幼虫期,酶的作用力随龄而增,以 5 龄期最强。营养不良或患蚕病可导致淀粉酶活性降低。

由于蚕体内不存在纤维素分解酶,所以桑叶中所含有的大量纤维素不能被吸收利用。

4. 核酸酶

家蚕消化液中存在高活性的核酸酶,起着消化核酸的作用。此酶已被部分纯化,并探讨了酶学特征。最适 pH 为 10.3,核酸内切酶型。分解 RNA 及 DNA 时,不具有糖专一性,因此认为与其他核酸酶不同。另外,这种酶对 DNA 或 RNA 的碱基也非专一性,最终产物是 5′-末端有磷酸基的低聚核苷酸;当以 RNA 为基质时,大部分产物是二或三聚核苷酸。

5. 磷酸酶

家蚕中肠上皮细胞的内腔侧具有活性很强的碱性磷酸酶。此酶的最适 pH 为 9.6。这种磷酸酶能非基质专一性地作用于磷酸单酯键,在 60℃ 温度下处理 10 min,其活性约降低 1/2,70℃ 处理 10 min 活性丧失,在 3.5~40℃ 范围内,随温度升高酶活性增加。

缪云根(1989)研究了各种因素对家蚕中肠碱性磷酸酶活性变化的影响,认为此酶的活性与中肠组织的生理状况及家蚕的健康度有关。中肠碱性磷酸酶活性高表明中肠组织的生理状况正常,中肠组织对营养物质的消化、吸收和运输能力强,蚕体健康。

3.2.2 消化生理

3.2.2.1 摄食

家蚕对食物有选择性,这种选择性决定于食物的化学组成和物理性质,并由存在于幼虫头部的感觉器官来加以分辨。对食物的选择,由诱食、咬食、吞咽和是否存在摄食忌避物质等因素而决定。

1. 诱食因素

这是一类能激发蚕的食欲,使其发生趋食动作的挥发性物质,如桑叶中的青叶醇、青叶醛、柠檬醛和里那醇等萜烯类物质。其中以柠檬醛和里那醇的引诱作用最强,以上这些诱食物质也广泛存在于其他植物叶中。幼虫通过触角上的嗅觉感器来感受这类挥发性物质。

2. 咬食因素

能引起咬食动作的物质,如存在于桑叶表面角质层中的 β-谷甾醇。此外异槲皮苷和桑黄素等也具有咬食因素活性。幼虫通过下颚须上的嗅觉感器来感受这类物质。

3. 吞咽因素

吞咽因素是诱使蚕能连续就食的物质。主要是纤维素、蔗糖、肌醇、磷酸盐、硅酸盐等。此外，维生素C、绿原酸以及含硫氨基酸(蛋氨酸和胱氨酸)，也具有促进摄食作用。

家蚕对食物选择的感觉器官，主要是位于触角和下颚须上的嗅觉器官，以及下颚瘤状体上的味觉器官。食物的气味由触角上的嗅觉器官感知，促使蚕靠近食物，当蚕触及食物由下颚须感知，存在蚕喜好的气味，下颚须感受细胞自发放电解除摄食抑制，诱发咬食动作，但是否连续就食主要决定于下颚瘤状体有节突起上(栓锥感器)分布的味觉感受细胞。若食物味能使糖、肌醇感受细胞充分活化，且不含有刺激苦味感受细胞的忌避物质时，就能促进蚕摄食。

幼虫的摄食是间隙性的，各龄蚕发生食欲的时间不同。蚕食桑时，咬下的食片进入口腔后，通过咽喉壁肌肉有规律的蠕动，使食片不断向后移行，食片从口腔通过咽喉至吞下的时间需 $0.2 \sim 0.4$ s。

3.2.2.2 消化和吸收

进入口腔的食片，受涎腺的作用使某些物质初步消化，并起到润滑作用，通过咽喉、食道，进入中肠。桑叶的消化主要在中肠内进行，特别是中肠后部 1/3 处，是消化吸收的主要部位。桑叶进入中肠，首先由于桑叶在咀嚼过程中的机械作用和肠液的强碱性，杀死桑叶细胞，破坏其细胞膜的半渗透性。消化液即能自由地进入桑叶细胞内部，各种消化酶开始催化作用，将大分子的复杂物质分解成小分子的简单物质，通过肠壁而转入体液。消化后的食物残渣进入后肠，由于后肠肌肉收缩，使食物残余压出汁液，部分回入中肠进行再次消化吸收，部分水分和离子能通过直肠壁进入体液。

3.2.2.3 主动运输

体外试验直接测定家蚕消化管的吸收例子较少。Shyamala 等(1965)摘除 5 龄家蚕的中肠，体外测定了 ^{14}C-葡萄糖的吸收，认为中肠对葡萄糖的吸收并非主动运输，以后又以同样方法否定了氨基酸的主动运输。但 Nedergaard(1972)体外测定了惜古比天蚕(*Hyalophora cecropia*)中肠对 α-氨基酸的吸收，由中肠腔向血液的透过速度为 0.3 s，而且这种吸收在厌气条件下被阻碍，因此认为中肠的氨基酸吸收是一种主动运输过程。

为测定中肠各部位的吸收状况，将氧化铬(Cr_2O_3)均匀地与饲料混合后给饵，收集各部位的家蚕中肠内容物进行测定。研究表明葡萄糖的吸收中肠前、中部多，后部少(杉田等，1977)。

3.2.3 各种营养物质的消化和吸收

3.2.3.1 营养物质的消化

营养物质的消化包括机械消化和化学消化两个过程。所谓机械消化是指叶片的切碎和运输，桑叶细胞组织的破坏，食物和消化液的混合，食物残渣的排除等过程。

营养物质的化学消化过程是指食物中的大分子营养物质在消化酶的作用下所进行的水解过程。当食片由前肠进入中肠前部时，桑叶的细胞组织因机械的破坏和消化液的强碱环境而被杀死，此时桑叶细胞(无论海绵组织或栅栏组织)的细胞膜均失去原有的半渗透性能，从而肠液便可迅速而自由地渗入到每个细胞内部，进行充分的化学消化过程。桑叶所含的营养成分中，除水分、无机盐类、单糖和游离氨基酸等可直接由中肠上皮细胞吸收外，其余的凡能消化利用的大分子营养物质，均需在有关消化酶的作用下水解为较小的分子后，才能由中肠上皮细胞吸收。食物中的蛋白质在类胰蛋白酶的作用下水解为比较简单的肽,淀粉和糊精在淀粉酶的作用下水解并糖化成为麦芽糖。桑叶中含量较少的类脂在脂肪酶的作用下水解成甘油和脂肪酸。这些水解产物中尚有一些较大的分子,如肽类和二糖等,均需在有关消化酶的作用下,进一步在细胞内消化。

家蚕的消化酶又分为细胞外酶和细胞内酶两大类。前者是由中肠上皮细胞以肠液形态分泌到肠腔中,参与大分子营养物质的水解,如蛋白酶、脂肪酶、淀粉酶、核酸酶等。后者则存在于中肠上皮细胞内,参与较小分子营养物质的水解,如蔗糖酶、海藻糖酶、麦芽糖酶和肽酶等。因此,中肠的消化过程实际上包括细胞外(肠腔内)和细胞内两个阶段。

3.2.3.2　营养物质的吸收

家蚕幼虫食下桑叶中的大分子营养物,在消化液消化酶的作用下分解成较小的分子后,连同桑叶中原先存在的小分子物质被中肠吸收,据对取出中肠的 ^{14}C-葡萄糖的示踪试验,中肠葡萄糖的吸收不是通过主动运输进行的。用同样的方法测定氨基酸的吸收,其结果也否定了主动吸收。但在惜古比天蚕中肠的研究表明, α-氨基异丁酸(氨基酸的一种)由中肠内腔向体液的透过速度是 $17\ \mu\text{mol/h}$,而由体液向中肠内腔的透过速度是 $0.3\ \mu\text{mol/h}$。由于这种吸收在厌气条件下被阻塞,故认为氨基酸是主动吸收的。

为了测定中肠的吸收部位,把中肠不能吸收的氧化铬均一地混合到饲料中,然后收集给予这种饲料的中肠各部位的内容物以追踪葡萄糖的吸收。其结果表明,葡萄糖的吸收是随饲料在中肠内的移动而逐渐进行的,但中肠的前中部吸收多,后部少。

无论家蚕或蓖麻蚕,消化液中 K 的浓度都比体液高,但 Mg 和 Ca 的浓度却相反,如果在体外条件下测定家蚕等 3 种鳞翅目昆虫的中肠皮膜组织的电位差,其结果相类似,都是 $60\sim70\ \text{mV}$,短路电流是 $240\ \mu\text{A/cm}^2$。有趣的是,如果从中肠组织的外侧及内侧的溶液中除去 K,中肠组织的电位差就马上急减接近于零。由此可知,对中肠来说,存在着由体液向中肠内腔的与 K 的浓度梯度相反的 K 流动,而皮膜的电位差就是依存于这种流动的。据赤井(1975)的研究,杯形细胞的微绒毛内存在有线粒体,ATP 酶的活性在这个部位也很强,因此,杯形细胞很可能进行由体液向中肠内腔 K 的主动运送所引起的离子调节。

3.2.4　营养物质的利用

3.2.4.1　食下量和食下率

家蚕幼虫的食下量和食下率因蚕品种和饲育季节等条件的不同而有差异。据周双燕等试验,浙江省春用品种杭 7×杭 8,1 头蚕全龄的鲜叶食下量约为 24 g,其中第 5 龄的食下量约占全龄的 88%,而第 1~4 龄食下量的总和仅占 12% 左右。在同一龄期内,食下量以龄的中期最大,龄初和龄末均较少。对单位体重而言,则食下量约比体重大 2.5 倍,在盛食期亦即体重最重的时期,食下量大约为体重的 1 倍多。在雌雄之间,雌蚕食下量大于雄蚕。

食下率也随龄期而增大,到 5 龄期约为 70% 左右(蚕不能食下的桑叶叶脉约占叶片量的 20%)。食下量在一定范围内与桑叶的新鲜度和给桑量成正比,食下率与桑叶新鲜度成正比,与给桑量成反比。

3.2.4.2　消化量和消化率

消化量是食下量中被消化吸收的量,一般由食下量减去排粪量即得。消化率则指消化量占食下量的百分率。家蚕幼虫各龄的消化量和消化率随蚕龄而增大,但消化率却随蚕龄而减少,两者消长趋势完全相反的现象与幼虫的生长规律有直接关联。由于蚕龄的增大,蚕体重迅速增加,作为一个个体的食下量和消化量相应增大;消化率则因一定中肠容积的上皮表面积随着蚕龄减少,而且食下食物通过消化管一定长度的时间随蚕龄加快,所以食物中营养成分未能充分被消化吸收而使消化率逐渐减少。

同食下量一样,5龄期的消化量占全龄的绝大部分。这是由于第5龄蚕除本身生长发育所需外,还必须为以后发育阶段(蛹、蛾、卵)积累大量的营养物质,这就导致第5龄蚕的食下量和消化量远远超过其他龄期。就一个龄期来说,消化量在盛食期前逐日增加,此后则显著减少,而消化率却是龄初最大,以后逐渐减少。家蚕各龄食下干物累计量(x)与各龄消化干物累计量(y)之间的关系可用 $y=bx^a$(a,b 为常数)表示,消化干物累计量与体重增加量之间的关系也可用同式表示。消化量转化为体重的比例,是随着龄期的增进而递增,其实际数据大致是:第1龄37.0%,第2龄37.5%,第3龄58.4%,第4龄60.0%,第5龄61.9%。与此相反的是,能量消耗比率却以幼龄为高。

至于桑叶中各种营养成分的消化量和消化率则不仅各龄期不同,而且各种成分之间也不一致。就消化量来看,各种营养成分的总趋势随龄期而增加,尤以第5龄为显著。而消化率则在小蚕期是随龄渐减,至大蚕期则又回升。桑叶中蛋白质的消化率为67%,在5龄期每日可吸收约相当于体重4%的蛋白质,桑叶蛋白质中含量较多的是谷氨酸、天门冬氨酸、亮氨酸和赖氨酸等,其平均吸收率可达76%,但桑叶中组氨酸的消化吸收率比较低,家蚕不能利用桑叶中的纤维素,而对还原糖的消化率可达93%～97%,蔗糖也大体一样,但淀粉和糊精的消化率因蚕品种不同而有很大的差异。桑叶中粗脂肪的消化率为60%,但仅粗脂肪中的脂肪酸来说,其消化率可达80%～90%。甾醇的消化吸收率为55%,1 g体重1 d的甾醇食下量和消化量分别约为410 μg和220 μg。桑叶中灰分的消化率极低,这是由于家蚕吸收到体内的无机盐在第5龄后半期被大量排泄之故,这对于避免此期由于蚕体水分率的急速降低及水分吸收率下降所引起的无机盐的浓缩以及维持体内环境的平衡是有益的。无机物中Zn的吸收率较高,这与Zn能特异性地被生殖器官利用有关。B族维生素的利用率因品种不同而异,肌醇和叶酸的吸收率特别高,其次是胆碱、维生素B_1和核黄素,这与这些维生素以何种形态存在于桑叶有关。

3.2.4.3 桑叶营养物质的利用

1. 桑叶主要成分的吸收和利用

家蚕幼虫的桑叶食下量和消化量随着生长而增加,干物消化率反而随着龄期的经过而下降。5龄期间每头蚕的桑叶食下干物量为5.7 g左右,消化干物量为2.3 g左右,消化率为41%,每1 g体重1 d内的食下干物量与消化量在5龄初期较多,末期较少,平均值分别为0.24 g和0.11 g。

家蚕对饲料中的蛋白质消化率高达67%,5龄期间每天消化吸收相当于体重4%的蛋白质。桑叶中谷氨酸、天门冬氨酸的含量较多,其次为亮氨酸和赖氨酸,蚕体对这些氨基酸的吸收率为76%,对桑叶中组氨酸的吸收率较低。

蚕在幼虫期间所摄取的氮素量,对一条蚕不过12～14 mmol/L,其中大约85%为氨基态氮。食下氮的60%左右经消化而吸收到蚕体内,但实际上的氮素消化吸收率应远远超过60%,由于一部分含氮化合物被分解排泄,所以在表面上吸收率减少了。吸收到体内的氮的65%～70%利用于茧层的生产,其中雌蚕有15%左右用于卵的生产,所以雄蚕的茧层率比雌蚕高。

若核算从桑叶通过蚕体转变成茧丝的过程中氮的利用情况,设一亩桑园的全年桑叶收获量为 2 000 kg,折合干桑叶为 500 kg,其中含氮 $14×10^2$ mol/L,按上述转变为丝蛋白质的氮约为桑叶含氮量的 40%,则固定在茧层中的氮大约为 560 mol/L,以此换算为收茧量,全年产桑叶 2 000 kg 的桑园,每亩在理论上可产茧 250 kg 左右。目前我国平均亩产茧量还不到 50 kg,可见增产潜力很大。

桑叶中的碳水化合物含量变化很大,大致占桑叶干物量的 25%。其中葡萄糖、果糖、蔗糖和麦芽糖均能被蚕直接吸收利用,消化率高达 93%～97%;但蔗糖和麦芽糖则在中肠组织内经相应的糖苷酶分解为单糖后利用。淀粉和糊精因消化液中淀粉酶的活性因蚕品种有大小,现行蚕品种的淀粉酶活性一般很小,所以桑叶中淀粉和糊精的利用率很低。蚕体不能利用桑叶中的纤维素,因为消化液中不含有纤维素酶。

蚕体对主要食下物质的利用情况如图 3.2 所示,从图可见,蚕从桑叶中消化吸收的营养物质中,大约有 1/3 用作能源而被消耗,其中主要是碳水化合物,蛋白质的消耗极少,吸收蛋白质的近 1/2 用以生成丝物质,可见家蚕利用饲料蛋白质生成丝物质的效率极高。

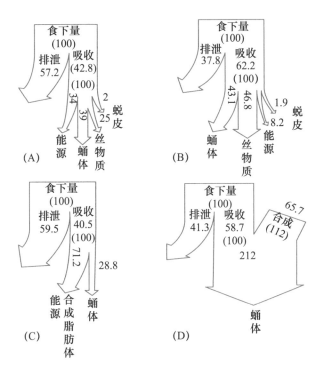

图 3.2　桑叶主要成分的吸收和利用
(A) 食下食物的利用;(B) 蛋白质的利用;(C) 碳水化合物的利用;(D) 脂类的利用。

2. 家蚕一生的热量收支

家蚕一生中的热量收支情况如图 3.3 所示。1 条蚕在一生中从饲料中吸收热量 33.5～37.7 kJ,在幼虫期间消耗了其中的 35%～37%。蛹期消耗热量大约为幼虫期的 1/3,成虫期再上升。转移到茧层中的热量约占吸收热量的 25%,雌蚕有 13% 的热量用于生成蚕卵。

3. 家蚕一生的碳素收支

蚕在一生中摄取和利用碳素的情况如图 3.4 所示。可见一条蚕一生中共摄取碳素 145～

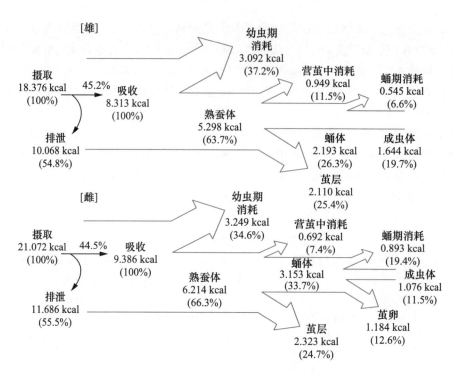

图 3.3　家蚕一生的热量收支

165 mmol/L,其中能被吸收利用的不到 40%。在幼虫期间吸收的碳素雌雄平均大约为 26%被消耗掉,28%分布在茧层,此时,雌蚕尚有 14%转移到蚕卵。

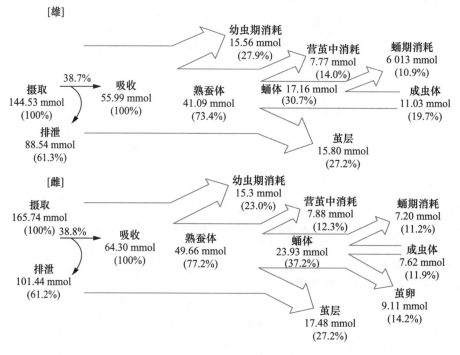

图 3.4　家蚕一生的碳素收支

3.2.4.4　饲料效率

饲料效率一般是指生产物与其生产所需的饲料消费量之比。

1. 饲料效率的构成因素及计算方法

蚕的饲料效率应根据所得的生丝量占幼虫期给予饲料量的比例大小来评价。然而,由于生丝量的测定较复杂,要处理大量的样品也不容易,故常用茧层量来代替生丝量。此外,又因幼虫期饲料总食下量的85%左右是在第5龄期,所以为研究方便,也可以用第5龄期的食下量代替总食下量。为此,以茧层量占第5龄期食下量的比例表示饲料效率,确切一点可叫做茧层生产效率。

家蚕幼虫期的生长,即以体重增加量为基础的饲料效率及其生长量中分配到蛹体和茧层的比例,是决定家蚕茧层生产效率的两大因素。

家蚕幼虫期的饲料效率可分为广义的和狭义的两种。"体重增加量/食下量"称为幼虫期的狭义饲料效率,而与食欲大体同义的摄食系数也一并考虑的饲料效率则称为广义的饲料效率。它们的表示方法如下:

$$狭义的饲料效率 = 消化率 \times 体质转换效率$$

即
$$体重增加量/食下量 = 消化量/食下量 \times 体重增加量/消化量$$

$$广义的饲料效率 = 狭义的饲料效率 \times 摄食系数$$

即
$$体重增加量/平均体重 = 体重增加量/食下量 \times 食下量/平均体重$$

$$茧层生产效率 = 消化率 \times 茧层转换效率 \times 茧层率$$

即
$$茧层量/食下量 = 消化量/食下量 \times 全茧量/消化量 \times 茧层量/全茧量$$

家蚕饲料效率的测定,通常采用指数限制给饵法。即首先对供试蚕体进行称重,并把此体重乘以特定的指数所得的数值作为一次给食量,然后调查食下量、消化量、全茧量和茧层量等。桑叶育时,反复进行1日2次的定时给桑,并继续到第5龄中期,给桑指数桑叶育以0.5为宜,但在第5龄末期因食下量急减,给桑量可减少。另一方面,给桑指数1.0以上为饱食状态,即使饱食状态的给桑指数在第5龄的后半期也可减至0.6。

2. 饲料效率的蚕品种间差异

在饱食状态下,摄食系数以第5龄前期较高,此后随经过时间而逐渐减少。但在指数限制给桑情况下,5龄期的摄食系数大体上维持在一定的值,且第5龄前半期摄食系数的品种间差异也相当显著。值得注意的是,摄食系数高的品种大多是目前的保存品种,而低的则为近年的改良种。由于指数限制给桑,摄食系数的品种间差异缩小,但消化率以及体重转换效率仍存在品种间差异。在构成茧层生产效率的三要素中,茧层率的品种间差异特别显著,消化率和茧层转换效率次之。就雌雄而言,茧层生产效率是雄>雌。若从各构成要素来看,茧层转换效率是雌>雄,茧层率是雄>雌,但消化率和摄食系数在雌雄间没有差异。第5龄前半期的摄食系数和第5龄后半期消化率存在负相关,但与5龄期全体消化率却存在正的显著相关。由于摄食系数和体质转换效率、茧层率、狭义的饲料效率及茧层生产效率都呈负相关,故摄食系数低的品种大多饲料效率较高。同时,茧层率和消化率、全茧量转换效率也存在负相关,但和茧层生产效率呈显著正相关。摄食系数及狭义饲料效率的品种特征,在幼虫期各龄也有不同的倾向。近年来,改良种与保存品种相比,虽然茧层率较高,但消化率和茧层转换效率较低,把三要素集合在一起的茧层生产效率不认为有所提高。

3. 饲料效率的叶质间差异

桑叶叶质的好坏直接影响到叶丝转化率的高低。吴载德等(1980)试验表明,凡第 5 龄给予嫩叶的发育快,用桑少,产茧量及全茧量均高,故叶丝转化率也极显著地高于老叶和成熟叶,至于嫩叶是哪一些成分在起决定作用,尚未探明。

不同桑品种桑叶的饲料效率也不相同,春季桑品种间的叶丝转化率达显著差异水平,秋季达极显著差异水平,且各品种在不同年份和季节所表现的相对高低顺序比较一致,这可归结于桑品种的特性。对氨基酸总量、粗蛋白、可溶性糖、粗脂肪、粗纤维和能量等 6 种成分进行方差分析表明,桑品种间的差异达极显著水平,且秋季品种间差大于春季;各种桑叶化学成分间也存在着复杂的相关性,其中水分与能量以及可溶性糖之间总表现为密切负相关,粗蛋白和氨基酸指标相互间为密切正相关,粗蛋白和可溶性糖的相关不稳定;春季桑品种的叶丝转化率与桑叶能量以及水分之间有极显著的一元直线回归关系,与可溶性糖为显著线性关系,其中能量和可溶性糖为正效应,水分为负效应。统计分析结果表明,春季叶丝转化率和化学成分不存在多元线性回归关系,而秋季桑品种叶丝转化率与叶质成分间表现为多元线性回归关系。在通过最优自变量集合筛选的最优方程中,粗蛋白和可溶性糖的作用最重要(通径系数大),且都表现为正效应,而粗纤维的作用较小。由此表明,秋季桑品种的叶丝转化率主要是粗蛋白和可溶性糖含量的影响(王志刚,1986)。

桑品种由于染色体倍数性不同,饲料效率也有差异。例如,四倍体一之濑与二倍体一之濑相比,四倍体的饲料效率明显提高。由此说明桑树多倍化后,可以提高桑叶的饲料效率。此外,也有试验表明,第 5 龄期添食适当浓度的尿素、维生素 B_6 等也能提高叶丝转化率(徐俊良等,1981)。

3.3　家蚕人工饲料育研究历史

人工饲料养蚕是蚕丝业一项划时代的技术革新,它从根本上改变了"育蚕必先种桑,桑成饲蚕"的传统格局,使养蚕不受季节和地域的限制,有利于养蚕合理布局,避免农药和氟化物中毒,有利于控制蚕病发生,有利于缓解栽桑与种粮及其他经济作物争地、争劳力的矛盾,可提高劳动力和降低劳动强度;随着蚕作为生物反应器生产多种生物产品的开发研究,人工饲料育可为这一系统随时随地提供家蚕,意义重大。

自 1960 年日本的福田进行家蚕全龄人工饲料育试验获得成功后,随着生理和病理学研究的深入,人工饲料育研究取得了重大进展。我国从 20 世纪 70 年代开展人工饲料研究,1974年用人工饲料养蚕获得成功后,许多科研院所和院校都相继开展研究工作,取得了一定进展。现就低成本人工饲料的研发,人工饲料品种的筛选和培育,以及人工饲料育在丝茧育、种茧育、基因工程产业化、蚕种杂交率检测等方面的应用进展作一简要论述。

3.3.1　低成本人工饲料的研发

20 世纪七八十年代,日本在稚蚕人工饲料的配方及其饲育技术领域开展过大量研究,并在生产上推广应用,约有 50% 的家蚕原种采用人工饲料饲养;90 年代后,又成功培育了广食性蚕品种,并开发了低成本(LP)饲料,实现了1~4龄工厂化人工饲料育,5龄分户桑叶育的"一周养蚕"新模式。我国在70年代初期成功进行了人工饲料养蚕。但是目前还没有在生产上得到大规模应用,究其原因除了我国的实际情况外,人工饲料成本过高是重要因素之一,因此开展低成本人工饲料的配方研究十分必要。在饲料配方中,成型剂决定饲料的物理性状和营养成分,对蚕的摄食性和生长发育有显著影响,选择不同类型的成型剂和用量是影响成本高低的重要因素。琼脂是人工饲料常用成型剂。用量一般在10%~15%,但其价格昂贵。常规配方每千克饲料干粉的原料成本高达20多元,而琼脂的成本就将近1/2。缪云根、黄健辉等(1996)研究认为,用卡拉胶可作为琼脂的替代物,在同等用量情况下,饲料的物理性状不比琼脂差,蚁蚕疏毛率也接近琼脂,而价格只有琼脂的1/2。用卡拉胶替代琼脂作为成型剂,饲料价格可大幅降低,并具实用价值;崔为正等(1998)研究认为,以玉米粉作为成型剂,具有良好的成型和保水性能,并具有促进摄食和生长发育的作用。稚蚕人工饲料中添加40%左右的玉米粉,取代琼脂、淀粉等传统成型剂,饲料成本只有普通琼脂饲料的30%。运用该配方在山东蚕区进行了1~2龄人工饲料育中试,累计饲养蚕种近100张,结果表明,蚕的疏毛率、全龄经过、生命力及茧丝质性状均与全龄桑叶育相似。日本的松原等开发了低成本人工饲料SS-2515,其组分中不含琼脂,饲料价格仅为日本同类饲料的50%。但是由于饲料中含有15%的豆腐渣粉末,饲料较松散,仅适合平板给饵法,在蚕座调整、饲料补充及眠起处理等方面操作不便。为此,张亚平等(2001—2003)在此基础上,针对我国品种及饲育特点,进行了反复试验,对原配方作了较大改进,结果表明用含量15%的桑绿枝粉代替原配方中的豆腐渣粉末,用9.4%玉米粉做成型剂,饲料成型效果很好。品种比较试验表明,稚蚕各项饲育成绩均比原配方有显著提高,更适于我国现行品种特性。改进后的配方生产成本比SS-2515下降了50%,稚蚕饲料成本价为4.98元/kg,张种1~2龄人工饲料成本为10元,且生产效率高。采用该饲料,在山东蚕区20人可一批次饲养500张蚕种,人均25张,并取得了良好的饲育成绩;针对蒸煮人工饲料加工调制复杂、贮存运输困难、给饵操作繁琐及易变质等问题,崔为正等(2005)用挤压膨化机制成低成本干型颗粒饲料,克服了以上切片饲料育的不足。由于不需要长时间蒸煮,有利于饲料中维生素等营养成分的保持。应用于杂交种饲养,结果表明成绩良好。综上所述,经过研究人员的努力,我国在低成本人工饲料研究上已取得了很大进展。其中一些饲料配方已优于日本,为人工饲料育今后在我国的大规模推广应用奠定了基础。

3.3.2 家蚕人工饲料育品种的筛选和培育

根据日本在人工饲料育上的成功经验,在重点研发低成本人工饲料同时,选育适合人工饲料育的蚕品种也是一项十分重要的工作。有关家蚕摄食性的遗传研究方面,国内外许多学者作了较为广泛的探索,并提出了有关摄食性的多种遗传模式。但是由于遗传的复杂性,目前还未得出统一的结论。研究发现,家蚕对人工饲料的摄食性具有很高的遗传力,具有很显著的选择效果。利用摄食性优良的种质资源为材料,有望培育出经济性状优良的实用人工饲料用蚕品种。

1982年中国农科院蚕业研究所用含50%桑叶粉的人工饲料,对342个家蚕品种进行了摄食性调查,结果表明不同品种的摄食性存在显著差异,其中完全拒食的品种有2个,摄食率达100%的品种有23个。张月华等(2002)运用不含桑叶粉的人工饲料对386个保存品种又进行了摄食性调查,蚁蚕48 h摄食率平均为1.74%,最低为0,最高为83.98%;48 h疏毛率平均为0.57%,最低为0,最高为66.48%;不同品种摄食性排序为:中一化＞欧一化＞日二化＞中二化＞日一化＞多化,疏毛率与摄食性呈高度正相关。由于所调查的386个品种中有272个品种与1982年相同,这些品种对两种人工饲料的摄食相关性统计分析表明:不同品种对无桑人工饲料和有桑人工饲料摄食性之间相关性不明显。张亚平等(2003)利用自主研发的低成本人工饲料,对国内24对杂交种、33个中系原种和30个日系原种进行了24 h疏毛率调查,杂交种24 h疏毛率在93%以上的有20对,98%以上的有13对,日系原种24 h疏毛率在93%以上的有22个,98%以上的有11个;中系原种24 h疏毛率在80%以上的有8个,饲育成绩理想。广东农科院袁金辉等(2005)对华南地区保存的167个品种和组配的19个杂交种,用桑叶粉含量30%的人工饲料进行了摄食性调查,摄食性高于91%的品种有82份,占调查资源的44.08%;摄食性在51%～90%之间的品种有43份,占23.11%;摄食性在11%～50%之间的品种有28份,占15.05%;摄食性在10%以下的品种有33份,占17.74%;从不同的地理品种来分析,日系品种最高,平均摄食率为86.63%,有67.44%的品种摄食率在91%以上;中系品种最低,平均摄食率为38.02%,只有18.57%的品种摄食率在91%以上;杂交种的摄食率较高,日×日平均为82.18%,摄食率在91%以上的品种占55.55%;中×日平均为77.04%,摄食率在91%以上的品种只有30%。姚耀涛等(2005)运用王冰的综合适应性指数方法(即以疏毛率、1龄眠体重、2龄起蚕率、1～2龄成活率4项指标的指数值与各自的权重值相乘累加。得出该品种的综合指数),对22个品种包括17个原种,5对杂交种进行了摄食性分析,结果表明:5对杂交种的综合适应性普遍好于其他品种,其中3对为良,2对品种达到优;17个原种差异较大,达到优的品种有2个,良的品种有8个,中等的品种1个,差的品种有6个。结果还表明,杂交种和日系原种对人工饲料具有较强的适应能力,而中系原种对人工饲料的适应能力差,有待于进一步的改良。

根据以上研究结果,虽然调查时所用的人工饲料配方、调查指标等不尽相同,但是我国的家蚕种质资源库中含有对人工饲料摄食性好的丰富种质资源,这些资源可用作培育实用化人工饲料品种的基础材料。目前,我国研究人员已选拔出对无桑叶低成本人工饲料摄食性好的品种,并进行实用化研究。崔为正等培育出了经济性状良好的广食性家蚕新品种“杂A”。该品种与普通品种杂交的F_1代仍为广食性,并配制了54 A×杂A等3个组合进行1～2龄颗粒人工饲料育,3～5龄桑叶育饲养,结果表明摄食性良好,小蚕存活率接近桑叶,1～4龄期蚕体重、全茧量、产茧量等稍低于桑叶。如果生产上采用以上技术,单位面积桑园产茧量比全龄桑叶育提高25%左右。徐孟奎等在80个品种资源调查基础上,筛选出对摄食性好的素材N92,并运用与优良现行品种进行杂交和回交方法,经6～8代选育,育成了中系品种GSC5和日系品种GSJ1,并组配成一代杂交种GSC5×GSJ1。该品种全龄人工饲料育结果表明,发育经过与桑叶育相仿,茧质成绩与夏秋期桑叶育相仿。因此,在我国大量种质资源摄食性调查基础上,从中筛选出优良的素材,采用定向选拔方法,有望培育出一批适合低成本人工饲料的实用化品种。

3.3.3　家蚕人工饲料育的应用

3.3.3.1　稚蚕人工饲料丝茧育

日本在成功开发低成本人工饲料LP和育成相关品种基础上,建立了稚蚕人工饲料共育技术体系,实现了"一周养蚕"新模式,并在生产上得到了很好的推广应用。在我国,许多研究人员也相继开展了稚蚕人工饲料丝茧育方面的研究工作,并取得了一定进展。1991—1994年,李秀艳等在海盐农村进行了1~2龄人工饲料育,3~5龄桑叶育试验,累计饲养菁松×皓月、薪杭×科明等品种34张,均获得了与桑叶育相似的成绩;1998—2001年,张亚平等采用添加桑绿枝粉的低成本稚蚕人工饲料,在山东农村也进行了小蚕1~2龄人工饲料育,3龄后桑叶育的试验,累计饲养杂交种500张,获得了良好的饲育成绩;冯建琴等从2003年春期开始,在湖州农村进行1~2龄人工饲料育,3龄饷食后进行大棚饲养试验,经过2年4期的试验,小蚕人工饲料育大蚕大棚育的张种产量、张种产值与室内常规育基本接近,无明显差异。尽管我国在稚蚕人工饲料育、大蚕桑叶育研究方面做了大量研究工作,并取得一定进展,但是至今未能在我国蚕区得到大规模推广,分析其原因,除了人工饲料成本高、无实用化人工饲料专用蚕品种、饲养方法复杂、缺乏专用养蚕设施外,还与我国特殊的国情有关。以前我国劳动力充足,价格低,劳动力成本占养蚕成本的比重小。但是,随着农村经济的不断发展,农村大量劳动力往城市的不断转移,社会主义新农村建设的不断深入,以及我国在低成本人工饲料及相关专用蚕品种培育方面的不断进步,推行小蚕人工饲料育、大蚕省力化桑叶育饲养,提高蚕业生产效率,进行现代化、规模化的蚕茧生产还是可以预期的。

3.3.3.2 稚蚕人工饲料种茧育

由于人工饲料育具有省工、减少蚕病、农药和氟污染等优点,还能有效减少蚕种生产过程中的微粒子感染问题。近几年来不少研究人员相继开展了种茧育人工饲料育研究。1998—2001年,张亚平等采用添加桑绿枝粉的低成本稚蚕人工饲料,在山东进行了800多张日系原种的稚蚕人工饲料育试验,获得了良好的成绩。许雅香等(2002)对14个现行原种进行了摄食性研究,结果表明疏毛率最低为12.75%,最高为97.10%。日系原种显著优于中系原种,中系品种疏毛率最高的原种菁松也只有40.96%,比日系原种最低的白云还低12个百分点。冯建琴等(2003)对镇珠、白玉、松白3个原种进行1~2龄人工饲料育,3龄后改为桑叶育的试验,结果表明:日系种茧育稚蚕人工饲料育与全龄桑叶育繁育的一代杂交种饲养成绩和生长发育情况无显著差异。由于采用稚蚕共育形式,便于管理,也解决了部分原蚕区生产条件差的问题,同时可减少微粒子病的感染机会。李化秀等(2005)对12个中日系原种进行了饲育试验,日系原种对低成本人工饲料有良好的摄食性,适宜于1~2龄人工饲料育,3~5龄桑叶育,饲育成本低,对制种成绩无不良影响。对中系原种来说,桑叶粉含量较多的人工饲料可显著提高其摄食性,但仍未能达到生产实用水平。综上所述,尽管研究人员在稚蚕人工饲料种茧育方面做了不少研究工作,但在人工饲料实用化品种成功应用前,还有很长的路要走,特别是在培育摄食性良好的中系原种方面需要做大量的工作。

3.3.3.3 在基因工程产业化上的应用

随着生物技术的深入,利用家蚕核型多角体病毒(BmNPV)作为生物反应器来生产基因工程产品,取得了飞速的发展。自1985年Maeda在蚕体内成功表达人干扰素以来,已有上百个不同的基因在该系统成功表达。但是,由于家蚕桑叶育存在季节性限制,易受病原菌的侵染,难以实现GMP及工厂化等不足,人工饲料育的开展,为此提供了很好的途径。计东风等开展了广食性家蚕生物反应器的研究与开发。根据家蚕的发育生理需要和宿主家蚕生物反应器的特点,研制了低成本的人工饲料,并筛选了相关的专用蚕品种,建立了广食蚕的饲养技术体系,并成功表达了草鱼生长激素;郑小坚等(2005)以皓月×菁松为材料,进行了全龄人工饲料育和 1～4 龄人工饲料育,5 龄桑叶育的对比试验。并用重组 BmNPV 表达了猪瘟病毒(classical swine fever vills,cSFv)囊膜糖蛋白 E2。结果表明,全龄人工饲料育家蚕接种重组病毒的成功率、采血量等指标均与桑叶育相近,SDS-PAGE 电泳表明在家蚕的幼虫和蛹血淋巴中均检测到所要表达的外源蛋白。因此,人工饲料育完全可以替代桑叶育应用于家蚕生物反应器的研究和产业化。

3.3.3.4　在蚕种质量检测上的应用

杂交率检验是蚕种质量检测的重要内容。由于受到季节和自然条件的限制,研究人员也在开辟一些新的检测方法。孙国俊等(2003)以江苏现行的 12 对一代杂交种为材料,将同品种同批次的杂交种进行人工饲料育,以桑叶育为对照,分区调查杂交率,并对试验结果进行方差分析,结果表明这两种饲育方式调查出的杂交率无显著差异,家蚕人工饲料育进行杂交率的调查是可行的。这样利用人工饲料育进行杂交率的调查,可以不受时间限制,该批蚕种在生产上大规模使用前,即可得知蚕种的质量,以免造成不必要的损失。

3.4　家蚕人工饲料

3.4.1　人工饲料要求

1. 饲料的质与量

人工饲料必须在质和量两个方面都满足蚕的营养要求。也就是说,加入适量的必需营养成分,而且在量方面维持营养成分于理想的平衡状态,这是组成设计的基本要求之一。在量方面的要求包括:①各营养成分的最小必需量;②碳水化合物和蛋白质的添加比例。

2. 饲料的物理性

人工饲料的物理性质(硬度、脆度、黏度等)通常是在饲料的组成要素之外左右其价值的因素。因为饲料是在粉状的原料中加入一定量的水,经过蒸煮调制而成的,所以有些因素就直接影响着调制成的饲料的物理性质。

其中最主要的因素是饲料含水率。适当的含水率一般为 75% 左右,高或低于这一数值,都会影响饲料的物理性,延缓蚕的发育,而且,随着蚕的生长发育,应逐渐减少饲料的含水率。

由于饲料的组成不同,其含水率也必须改变。例如,使水分一定,增加蔗糖的量,则饲料硬度下降,饲育成绩也下降,而且作为造型剂的琼脂、淀粉等的添加量与饲料水分持有量及其硬度有关,这些都是构成饲料物理性质的重要因素。

3. 饲料的防腐性

为使饲料的品质稳定,必须防止微生物的污染,因此在一般的条件下饲育,就有必要在饲料中加入有效的防腐剂和抗生物质。对于人工饲料的腐败菌,已经发现有多个种类,其中 *Streptococcus* 属的乳酸菌,不单使饲料腐败,还对蚕有致病性。现在已经查明几种对蚕生理无害的有效防腐剂和抗生物质,并且有报道说,在用添加了抗生物质的人工饲料连续养蚕的过程中,发现了耐抗生物质的乳酸菌。

乳酸菌对桑叶育蚕几乎不表现致病性,但对人工饲料育蚕有很高的致病性,其原因之一是桑叶育蚕的消化管中存在 3,4-二羟甲酸、P-羟基甲酸、咖啡酸等具抗菌作用的物质。

而且还有报告在桑叶育蚕的消化液中,有红色荧光蛋白质存在,但在人工饲料育蚕的消化液中其含量极少(甚至没有)。一般认为这种红色荧光蛋白质(RFP)是由桑叶中分化的叶绿体与中肠液反应而生成的。但以后又有报道认为是叶绿素 a 在叶绿素酶的作用下,转换成叶绿酸酯 a,它与中肠蛋白质结合形成复合体,接着在光和氧的存在下,叶绿酸酯 a 的朴啉环断裂,形成红色荧光蛋白质(林屋等,1981),这种蛋白质有使病毒不活化的作用。

3.4.2 桑蚕的食性与饲料组成

在单纯的营养素中,不少具有固有的味道,其中有的对蚕的取食起促进作用,有的起阻碍作用。蚕的食性范围很窄,在调制饲料时,首先要明确每种营养素的这种作用。

就蚕来说,在各种营养素中,对取食最有促进作用的是蔗糖。其次是糖类中的果糖、棉子糖、肌醇。一般认为,大多数的 L-氨基酸对蚕的取食有阻碍作用,但一部分氨基酸有极其微弱的促进作用。还认为,作为植物来源的甾醇也有促进取食的作用,只是其作用与蔗糖相比非常小。

大豆蛋白对蚕具有较高的营养价值,而且最近有报道认为精致的大豆蛋白质对蚕的取食有一定程度的促进作用。但是,在大豆粉中,含有阻碍蚕取食的水溶性物质,用 90% 的乙醇提取这种大豆粉末,将其提取物加入到人工饲料中,则阻碍蚕的取食,生长发育差。

饲料原料大豆粉中的摄食阻碍物质通常可采用水或乙醇加以提取,其步骤如图 3.5 所示。图中所示的由分离而得的提取物(3)有很强的取食阻碍作用。提取物(1)、(2)、(4)几乎没有阻碍作用。如果预先将大豆粉末用 90% 的乙醇洗涤,能除去大半阻碍物质。但是,必须注意在除去阻碍物质的同时,要防止洗去营养物质。

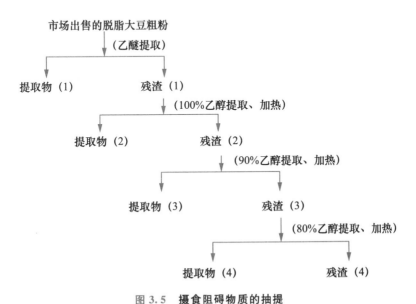

图 3.5 摄食阻碍物质的抽提

桑叶中有引诱蚕的气味物质(青叶醇、青叶醛及其他)。但是在取食人工饲料中,味道比气味具有更重要的作用。现在已经查明了在桑叶中有几种对蚕的取食具有促进作用的物质。

从结构上看,有一组种类不同的物质,其中之一是黄酮类物质。作为从桑叶中分离出来的黄酮配糖体(葡萄糖)的异槲皮苷及其结构相似的桑黄素都有取食促进作用。另外,黄酮类化合物的取食促进作用与其结构有关。

桑叶中有酚酸存在,其中之一的绿原酸也有取食促进作用,有的学者把绿原酸叫作成长因子。这种物质最初由咖啡豆中分离提取,此后又在双子叶植物的叶子、果实等中发现。桑叶的每单位干物量中含有绿原酸 $1‰\sim0.5\%$。另外,在桑叶中还存在有异构体异绿原酸和新绿原酸,还从桑叶中分离得到长链醇类 N-二十六烷醇($C_{26}H_{53}OH$)和 N-二十八烷醇($C_{28}H_{57}OH$)。现在已经知道,这两种物质对蚕有极强的取食促进作用,甚至对蚕的取食促进作用比桑黄素还要大。

从桑叶中分离出的对蚕的取食有促进作用的任何一种物质,在桑以外的植物中都存在。因此,严格地说,蚕不能说是寡食性昆虫。

3.4.3 人工饲料的组成

3.4.3.1 营养素的必需量

根据蚕在量方面的营养要求,已经查明了氨基酸、脂质、维生素、无机盐的最小需要量,而且还获得了糖与蛋白质的适当添加比等实践知识。

从营养试验中求得的最小需要量是满足蚕生理需要的最小限度的必需量,这时还没有考虑到安全系数。因此,给饲料的添加量当然比这个量要多。但是添加量若达到一定水平以上,则会表现出过量之危害。例如,在线性规划法的基础上设计饲料时,营养成分必需量要达到怎样水平,这是很重要的因素。与此同时,还要确立在蚕的一生中需给多少饲料量。

对于与桑叶的利用率有关的蚕茧生产,有许多测定值,其结果在探讨人工饲料的组成时有很大的作用。下面是一个杂交种的数据资料。每头蚕在一生中大约食下桑叶干物 5 g 左右,其中大约有 2 g 被消化,形成 $400\sim500$ mg 的茧层。但在最近的杂交种中,有许多品种的茧层量达到了 $560\sim600$ mg,其中还有茧层量达 900 mg 的品种。

总之,每生产 1 个单位重量的茧层,就需要 $10\sim12$ 倍的桑叶干物,被蚕消化的桑叶干物有 $15\%\sim25\%$ 变成了茧层。

用改进的人工饲料进行全龄饲育,蚕的体重通常比桑叶育重。但是相对于体重的茧层生产效率低,因此,茧层量低。关于茧丝生产的有效饲料组成还有待于进一步探讨。

3.4.3.2 组成改良与蚕的生理

人工饲料的组成与蚕生理关系方面的知识,对改良人工饲料组成有很大的作用。假如以桑叶育的蚕生理指标作为对照,若给予不良的营养条件,则在蚕体内产生一些特有的变化。因此,在改进组成的方法上,应把着眼点放在与对照不同之处,进行改良研究。

对经改进的人工饲料所养的蚕,调查其血液游离氨基酸组成,发现与桑叶育蚕中的氨基酸组成有着很大的差异。与桑叶的氨基酸组成相比,人工饲料育蚕的饲料中氨基酸类型相似率分别为 0.986、0.949 和 0.969,在 5 龄蚕的血液游离氨基酸组成与桑叶育蚕血液游离氨基酸组成相似率比较,得到的结果是:血液游离氨基酸的类型类似率非常低,分别为 0.755、0.582 和 0.753(井口,1969)。血液中游离氨基酸组成类型类似率的相差比饲料之间的氨基酸组成类型类似率的相差要大得多。

与桑叶育蚕相比,人工饲料育蚕的血液中,游离的鸟氨酸含量非常高。由于注意到了这一点,为了减少其含量而改进了人工饲料中维生素 B 混合物和无机盐混合物的组成,结果增加了全茧量和茧层量。因此,用改良的人工饲料喂养的蚕,其血液中游离氨基酸的组成也与桑叶育蚕的血液游离氨基酸组成趋向接近。

另外,对于血液中游离核酸碱基与核苷也进行了同样的试验,在人工饲料育蚕的血液中鸟嘌呤＋鸟苷及腺嘌呤＋腺苷的含量非常高,而尿嘧啶＋尿苷的量却很少。但如用上述改进的维生素 B 与无机盐混合物组成,其结果也使人工饲料育蚕血液的核酸碱基与核苷的组成接近于桑叶育蚕血液中的组成。

一般认为,在人工饲料育蚕中,如果蛋白质的利用率降低,会增加尿酸的排泄,因此,将尿酸排泄量作为标志,进行组成改良也是有效的方法之一。

3.4.4 人工饲料的种类

1～2 龄或 1～3 龄期间在共同饲育所用人工饲料育,3 龄或 4 龄以后在农户采用桑叶育这种饲育形式叫做小蚕人工饲料育-大蚕桑叶育形式,目前是普遍采用的饲育方式。

在实用饲料中,随着蚕的发育,其饲料组成要逐渐改变,其中要加入 20％左右的桑叶粉(表 3.7,表 3.8),近来还积极地推进使用畜产用饲料之原料,而降低饲料成本的试验研究非常活泼。

表 3.7　含有桑叶粉的人工饲料组成一例　　　　　　　　　　　％

物　质	添　加　量	
	其 1(1～4 龄用)	其 2(5 龄用)
桑叶粉	25	5
玉米淀粉	2	9
蔗糖	4	8
脱脂大豆粉	38	55
精制大豆油	1.6	3
大豆甾醇	0.2	0.4
维生素 C	2	2
无机盐混合物	2.7	3.5
纸浆沉淀物	13.3	3.9
琼脂	8	7.5
柠檬酸	3	2.5
山梨酸	0.2	0.2
合计	100	100

有关不含桑叶粉,即用准合成饲料进行的全龄饲育的情况已有报道(表 3.9)。用准合成饲料饲育,与桑叶育相比,有不少蚕体相当重,在这种情况下,相对于蚕体重来说,吐丝所得茧层量比较少,而蛹体很大。

表3.8　由简单的组成配方而成的饲料例　　　　　　　　　　　　　　　　　　　g

原料成分	添加量	原料成分	添加量
桑叶粉	50	淀粉	24
淀粉	20	脱脂大豆粉	70
脱脂大豆粉	20	其他	5.81
琼脂	12	大豆甾醇	
维生素	8	维生素系列	
其他	约5	维生素C	
维生素B混合物		无机盐	
维生素C		柠檬酸	
无机盐		防腐剂	
柠檬酸		（用于5龄饲育）	
防腐剂			
（用于全龄饲育）			

表3.9　不含桑叶粉的准合成饲料组成例　　　　　　　　　　　　　　　　　　　g

物　质	添　加　量		
	1龄用	2～4龄用	5龄用
马铃薯淀粉	10.0	10.0	20.0
蔗糖	10.0	10.0	—
葡萄糖	—	—	12.0
脱脂大豆粉	30.0	40.0	60.0
大豆油	3.0	3.0	3.0
KH_2PO_4	0.5	0.5	0.5
β-谷甾醇	3.5	3.5	2.0
无机盐混合物	1.0	1.0	—
维生素C	2.0	2.0	2.0
纤维素粉	34.0	34.0	—
琼脂	15.0	15.0	5.0
柠檬酸	0.5	0.5	0.5
桑黄素	0.2	0.1	—
山梨酸	0.2	0.2	0.2
合计	109.9	119.8	105.2
维生素B混合物	添加	添加	添加
防腐剂	添加	添加	添加
蒸馏水（mL/g）	3.0	3.0	2.6

要提高茧丝生产率,有必要对桑叶中是否含有一种未知物质,或者是准合成饲料的组成是否有问题等疑点进行探讨。

3.5 家蚕人工饲料实用化

3.5.1 家蚕人工饲料育的现状

人工饲料养蚕早在 1960 年由日本农林水产省蚕丝试验场福田纪文、伊藤智夫研究成功,1965—1975 年间,日本完成了人工饲料实用化技术研究,1977 年开始在农村以"小蚕共育"形式推广,主要是 1～2 龄人工饲料育,3 龄或 4 龄分蚕至农户进行桑叶育。进入 20 世纪 90 年代研制成功了采用低廉畜用饲料原料的低成本人工饲料,育成了能取食该种饲料的广食性蚕品种,以此为基础,提出了 1～4 龄人工饲料育,5 龄机械化条桑育的蚕业技术新体系。

我国自 1974 年中国农科院蚕业研究所成功地实现了全龄人工饲料饲养以来,全国蚕业科教单位在饲料改良、人工饲料适应性蚕品种选育、人工饲料育技术规范等方面开展了大量的工作,已建立了家蚕人工饲料加工工艺和技术及人工饲料育技术标准,还初步选出了适应人工饲料的数对现行家蚕品种。

家蚕人工饲料育作为一项新的技术革新,在实用化过程中还存在诸多问题,如饲料成本的低廉化,无菌蚁蚕的获得,收蚁方法的改进,摄食性的提高,蚕生长发育的整齐度,遗失蚕的减少,操作方法的简化等等。

3.5.2 线性规划法设计饲料配方

饲料配方设计的出发点是供给廉价的、蚕不可缺少的一定必需量的营养成分。因此,有必要具备一些有关营养要求及营养生理的正确知识。

蚕的必需营养成分有 50 种左右。因此,实际问题是如何将饲料原料组配,以满足蚕的要求。由于原料不同,有一些是蚕的忌食物质,对于这一点,在进行蚕的人工饲料配方设计时,应特别注意。

用 Y 种饲料的原料,设计只含有蚕必需量的 X 种必要营养成分的人工饲料,其最有效和容易的方法是线性规划法。因为进行饲料原料配方设计时的条件是用一次函数式(直线式)表示的,故称为线性规划法(linear programing,LP)。

以家禽为例,作简单的说明。如下表所示,将原料 A 和原料 B 进行配方,制成含有热能(TDN)、蛋白质(CP)、维生素 B_2(VB$_2$)必需量的供 1 000 只鸡用的廉价饲料。据试验,1 只鸡每天大约食下 100 g。

首先,将原料 AX_1 克、原料 BX_2 克进行配合,制成饲料的话,得到下式:

限制条件:

$$\left.\begin{array}{ll} \text{TDN:} & 0.78X_1+0.56X_2\geqslant66 \\ \text{CP:} & 0.12X_1+0.45\geqslant X_2 18 \\ \text{VB2:} & X_1+10X_2\geqslant300 \\ & X_1\geqslant0 \quad X_2\geqslant0 \end{array}\right\} \tag{3.1}$$

目的系数:

$$\text{价格:} \quad F=23X_1+46X_2 \tag{3.2}$$

以代数的解法表示。首先,只使单价便宜的原料 A 满足限制条件的话,这时 $X_2=0$,式(3.1)变为如下式:

$$\left.\begin{array}{llll} \text{TDN:} & 0.78X_1\geqslant66 & \text{所以} & X_1\geqslant84.6(\text{kg}) \\ \text{CP:} & 0.12X_1\geqslant18 & \text{所以} & X_1\geqslant150(\text{kg}) \\ \text{VB}_2\text{:} & X_1\geqslant300 & \text{所以} & X_1\geqslant300(\text{kg}) \end{array}\right\} \tag{3-3}$$

因为 1 只鸡一天吃不下 300 g 饲料,所以这是不实际的。但单用原料 A 时,各种营养成分表现或过量或不足。若求其价格。则如下式:

$$\left.\begin{array}{ll} \text{TND:} & 0.78\times300-66=168(\text{kg}) \\ \text{CP:} & 0.12\times300-18=18(\text{kg}) \\ \text{VB2:} & 1\times300-300=0(\text{mg}) \\ \text{价格:} & F=23\times300=6\,900 \text{ 日元} \end{array}\right\} \tag{3.4}$$

因此,TND 多给了 168 kg,CP 多给了 18 kg。但由于 1 只鸡一天只能吃下 100 g,所以,在这个配方中,维生素 B_2 的量约为 1/3,不足于理论值,因此,有必要将 A 的一部分用 B 原料来置换。

现在考虑到限制条件中要求最严格的是维生素 B_2,给以必需量,用 1 kg 原料 B 来替代 10 kg 原料 A,进行配方,得到如下式:

$$\left.\begin{array}{ll} \text{TND:} & 0.56\times1-0.78\times10=-7.24(\text{kg}) \\ \text{CP:} & 0.45\times1-0.12\times10=-0.75(\text{kg}) \\ \text{VB2:} & 10\times1-1\times10=0(\text{mg}) \\ \text{价格:} & F46\times1-23\times10=-184 \text{ 日元} \end{array}\right\} \tag{3.5}$$

这说明了每换入 1 kg 原料 B 时,TND 就减少 7.24 kg,CP 减少 0.75 kg,价格也便宜 184 日元,但 B 的置换是有限度的。若求其限度量 X_2,则如下式所示:

$$\left.\begin{array}{ll} \text{从原料 A 的总量中:} & X_2\leqslant300/10=30(\text{kg}) \\ \text{从 TND 的过剩量中:} & X_2\leqslant168/7.24=23.2(\text{kg}) \\ \text{从 CP 的过剩量中:} & X_2\leqslant18/0.75=24.0(\text{kg}) \end{array}\right\} \tag{3.6}$$

从 TND 的限制量来看,B 原料只能配制到 23.2 kg。因此将原料 A 减去 $23.2\times10=232$ kg,而配制的饲料,其价格将由 6 900 日元,降至 2 631 日元。

原料 A 的配制量:$X_1=68$ kg

原料 B 的配制量:$X_2=23.2$ kg

TND 的过剩量或不足量： $(0.78\times68+0.56\times23.2)-66=0(\text{kg})$

CP 的过剩量或不足量： $(0.12\times68+0.45\times23.2)-18=0.6(\text{kg})$

VB$_2$ 的过剩量或不足量： $(1\times68+10\times23.2)-300=0(\text{mg})$

价格： $F=23\times68+46\times23.2=2\ 631(\text{日元})$

$$(3.7)$$

3.5.3 低成本人工饲料的开发

在人工饲料被导入生产的初期,在小蚕共育室中就 1~2 龄人工饲料育与桑叶育之间饲育费用的不同进行过比较试验,得出结果如表 3.10 所示。但由于饲育时期的不同,有许多方面难以进行严格的比较。

表 3.10　小蚕的饲育经费

项　　目	人工饲料育		桑叶育	
	每盒经费/日元	比例/%	每盒经费/日元	比例/%
饲料费	1 866	60.7	682	22.4
劳务费	515	16.8	1 653	54.5
食料费	82	2.7	277	9.1
资材消耗费	74	2.4	53	1.8
药剂消毒费	18	0.6	45	1.5
保温光热费	120	3.9	17	0.6
物品消耗费	79	2.6	24	6.8
折旧费	182	5.9	186	6.0
搬运费	66	2.1	30	1.0
杂费	70	2.3	70	2.3
合计	3 072	100	3 033	100

其中较大的差异是:在人工饲料育中,饲料费用高,而劳务费低廉;在桑叶育中,劳务费高,而饲料费用低廉。因此,在推行人工饲料饲育时,降低饲料成本的问题就显得特别突出。

为了降低饲料成本,探讨了利用家畜饲料的原料作为蚕的人工饲料的组成。例如:玉米、高粱、玉米种皮、大豆种皮、小麦麦麸、米糠、发酵糖蜜等。将这些原料加入到人工饲料中进行蚕饲育的试验。而且在最近,又根据线性规划法进行了饲料配方的设计。

以下列举根据线性规划法设计的人工饲料组成的例子。表 3.11 所列是供杂交种用的,以降低饲料成本为目标设计的饲料(LP 饲料)组成。在这个例子中,是将 LP 饲料与除此以外蚕的不可缺少的其他物质混合而成的预混维生素类(表 3.12)按一定的比例混合,必要时还加些桑叶粉调制而成的人工饲料。

表 3.11　据线性规划法设计的人工饲料组成（掘江和渡边，1983）　　　%

饲料原料	饲　料　组　成		
	LP-4	LP-6	LP-7
小麦麸	—	6.17	20.92
米糠	11.45	38.50	43.67
大豆粉	13.80	39.32	13.39
鱼粉	2.00	5.00	5.00
谷蛋白粉	7.22	4.13	10.00
酵母	2.00	6.00	7.00
新维生素 B-C	3.04	0.55	0.03
新维生素 B-M	—	—	0.003
甲硫氨酸	0.132	0.133	—
赖氨酸	0.354	0.202	—
合计	99.996	100.005	100.010
价格（日元/kg）	84.12	71.89	56.97

表 3.12　预混维生素类的组成例

g

物　　质	含　　量
抗坏血酸	2.130
植物甾醇	0.210
肌醇	0.100
柠檬酸	5.030
蔗糖	4.030
角叉菜胶	5.000
大豆油	2.130
山梨酸	0.210
纤维素粉	7.050
丙酸	0.700
氯霉素	0.015
合计	26.605

3.5.4　人工饲料适应性蚕品种

由日本蚕丝昆虫农业技术研究所培育中的广食性蚕品种 NSJ-01 X CSJ-01 及 NSA82 XMCS26A 有广食性的特点，能取食鱼酵母、苜蓿等。若这种广食性能利用的话，对降低人工饲料的成本是非常有利的。

将广食性蚕批中与大蚕用低成本人工饲料进行组合，很容易将人工饲料育的时间延长至大蚕期，按照预想的饲育形式，其中之一就是 1～4 龄人工饲料共育，5 龄期分散到农户进行桑叶育。而且还设想了进行常年全龄人工饲料育，由人工饲料进行全年饲育，在几年前就已开始了，只是由于条件限制，至今还未实现。假如广食性蚕品种与低成本人工饲料能实用化，则就有更大的可能性进行全年人工饲料育。

我国适应人工饲料育的蚕品种研究起步较晚,目前使用的主要是从现行蚕品种中选择食性较好的品种。近年来中国农科院蚕业研究所、浙江大学、山东农业大学等科教机构正着力人工饲料育适应性蚕品种研究,并取得了较大的进展。

3.6 家蚕人工饲料育应用展望

我国家蚕人工饲料的开发研究,反映了我国养蚕技术的进步与革新,也是我国蚕业生产在21世纪取得更大发展空间所必须采用的关键技术之一,它符合国民经济发展和农村经济条件改善对省力化养蚕提出的要求。家蚕人工饲料的开发研究,应该在现行生产用品种中,筛选出比较适应人工饲料育的品种;研究开发适合这些蚕品种的小蚕人工饲料;优化人工饲料配方、加工工艺,对收蚁、养蚕、消毒和防病等技术体系进行规范化,解决人工饲料育蚕的发育整齐度和眠起处理技术;开发小蚕人工饲料育,使小蚕人工饲料育尽快实用化;开发研究适合目前多丝量品种的小蚕人工饲料,建立适合我国国情的人工饲料饲育体系,使人工饲料共育在生产中得到应用。人工饲料养蚕技术有着广阔的发展前景,它必将成为我国现代化蚕业技术的重要组成部分。

缪云根

参 考 文 献

[1] 王志刚,章和生,丁菊芳,等. 不同桑品种的饲料效率与桑叶物理性质及化学成分的关系. 蚕业科学,1986,12(4):234-236.

[2] 中国农业科学院蚕业研究所,中国养蚕学. 上海:上海科学技术出版社,1991.

[3] 孙国俊,潘丽芬. 用家蚕人工饲料育调查杂交率的可行性分析. 江苏蚕业,2003,4:53-54.

[4] 冯建琴,陈端豪,姚耀涛. 家蚕种茧育稚蚕人工饲料育的比较试验. 蚕桑通报,2003,34(1):31-31.

[5] 李化秀,张亚平,娄齐年. 家蚕原蚕人工饲料育研究初报. 山东农业科学,2005,3:65-66.

[6] 许雅香,沈卫德,缪云根,等. 现行原种对人工饲料摄食性的研究. 江苏蚕业,2002,1:9-10.

[7] 张月华,徐安英,韦亚东,等. 家蚕种质资源对无桑人工饲料的摄食性调查. 蚕业科学,2002,28(4):333-336.

[8] 张亚平,娄齐年,王安皆,等. 稚蚕人工饲料中桑绿枝粉的添加效果及加工特点. 蚕业科学,2001,27(4):326-328.

[9] 张亚平,娄齐年,李化秀,等. 人工饲料不同成型剂对稚蚕饲育的影响. 广西蚕业,2003,40(1):18-21.

[10] 张亚平,娄齐年,李化秀. 家蚕低成本稚蚕人工饲料对比试验. 江苏蚕业,2003,1:14-15.

[11] 郑小坚,缪竞诚,曹广力,等. 人工饲料育家蚕,杆状病毒表达猪瘟病毒囊膜糖蛋白 E2 基因. 苏州大学学报,2005,21(2):7-80.

[12] 林屋庆三,黄君霆. 关于家蚕消化液中红色荧光蛋白生物合成的研究. 中国蚕业,1981, 3:29-30.

[13] 姚耀涛,冯建琴,沈建华,等. 蚕品种对人工饲料育的适应性试验分析. 中国蚕业,2005, 26(3):85-86.

[14] 浙江农业大学主编(吴载德等). 蚕体解剖生理学(第二版). 北京:农业出版社,1981.

[15] 袁金辉,吴福泉,杨琼,等. 华南地区家蚕资源品种的人工饲料摄食性调查. 蚕业科学, 2005,31(1):91-93.

[16] 徐俊良,王观岳,吴载德. 关于提高叶丝转化率的研究:Ⅱ. 蚕品种和营养条件对叶丝转化率的影响. 蚕业科学,1981,7(4):197-207.

[17] 崔为正,张国基,王洪利,等. 以玉米粉为成型剂的稚蚕人工饲料的研究. 蚕业科学, 1998,24(4):210-214.

[18] 崔为正,季树敏,刘发余,等. 广食性杂交组合小蚕颗粒人工饲料育的研究. 山东农业大学学报,2005,36(1):13-18.

[19] 黄健辉,徐俊良. 人工饲料 pH 值和缓冲性能对家蚕($Bombyx\ mori$ L.)生长发育的影响. 科技通报,1996,12(6):324-328.

[20] 缪云根. 家蚕中肠碱性磷酸酶活性变化研究. 蚕业科学,1989,15(3):207-211.

[21] 缪云根,徐俊良,洪国延,等. 桑蚕人工饲料配方的改进研究. 浙江大学学报(农业与生命科学版),1996,2(5):511-514.

[22] 蔡幼民,王红林,刘大柏,等. 家蚕人工饲料育试验(初报). 蚕业科技资料,1975(6): 19-24.

[23] Akai H, Characteristic ultrastructural changes in the midgut cells of $Bombyx$ larvae following administration of cadmium chloride. Appl Entomol Zool,1975,10 (2): 67-76.

[24] Maeda S, Takashi Kawai, Masuo Obinata, $et\ al$, Production of human α-interferon in silkworm using a baculovirus vector. Nature,1985,315,592-594.

[25] Nedergaard S. Active Transport of α-Aminoisobutyric Acid by the Isolated Midgut of $Hyalophora\ Cecropia$. Journal of Experimental Biology,1972,46:235-48.

[26] Shyamala M B and Bhat J V. Intestinal transport of glucose in the silkworm, $Bombyx\ mori$ L. Indian J Biochem,1965,2(2):101-104.

[27] Sumida M. and Yamashita O, Trehalase transformation in silkworm midgut during metamorphosis. $Journal\ of\ Comparative\ Physiology\ B:\ Biochemical,\ Systemic,\ and\ Environmental\ Physiology$,1977,115(2):241-253.

[28] 井口民夫. 家蚕氨基酸营养研究(日文). 蚕丝试验场报告,1969,23:371-410.

[29] 伊藤智夫,荒井成彦,井口民夫. 家蚕的营养研究-饲料氨基酸含量对幼虫生长及茧质的影响(日文). 蚕丝试验场报告,1967,21:385-400.

[30] 伊藤智夫. 蚕儿的食性(日文). 日本蚕丝学杂志,1959,28(1):52-57.

[31] 松原藤好. 低成本人工饲料开发与全年无菌养蚕研究(日文). 平成 6~7 年度文部省科学研究成果报告书,1996,1-60.

[32] 福田纪文,须藤光正,等. 人工饲料蚕饲育(日文). 日本蚕丝学杂志,1960,29(1):1-3.

[33] 福田纪文,须藤光正,等. 家蚕的合成饲料(日文). 农业化学,1962,36:819-825.

第4章

家蚕激素与生长发育调控

4.1 激素的研究概况

4.1.1 激素的发现与命名

在动物体内不断地进行着各种生理和生化过程,如心脏的搏动使血液循环;肾脏过滤血液中的代谢终产物而排尿;肝脏分泌胆汁合成尿素、糖原和其他物质;消化管分泌消化液分解食物等。所有这些过程,都是彼此紧密地相互联系、协调进行的。很早学者们就产生了一个概念,认为机体内一定有一些特殊的机构在协调着生命过程,促进器官和系统的机能,调节着体内生化的方向、速度以及各化学反应之间的相互作用。

1775年法国学者博尔多(Bordo)首先认为动物体内的某些器官能分泌一些与其他器官有关的物质到血液中,促进或抑制他们的活动。此后,不断有人提出类似的看法。1890年法国学者布朗-谢卡德(Brown-Saquand)总结了科学上已有的材料,认为动物体内具有一种重要的刺激生活机能的物质存在,并用自己的实验证实了这个观点。他用生理盐水与公羊的睾丸一起研碎制成提取液,给生活机能衰退的年老动物皮下注射,发现老动物的生活机能显著提高,血压上升,食欲增大,动作灵活有力等。布朗-谢卡德并在自己身上试验,结果72岁高龄,仍变得朝气勃勃。据此,他提出性腺及其他腺体能直接向血液中分泌对整个机体及个别器官和系统有刺激作用的特殊物质,这一研究引起各国学者的注意,并沿着这个方向进行了大量实验。

20世纪初,英国学者贝利斯(Bayliss)和斯塔林(Starling)建议把所有这些机体内生成并对生命过程起刺激作用的物质,命名为"激素"。

现在科学上已完全肯定激素是一种化学刺激因素,它能调节各种生活机能。20世纪对生命过程的调节作用有了更深刻的了解,前苏联学者巴甫洛夫的工作确定了脑中枢神经系统在生命过程中的主导作用,中枢神经对激素的生成和分泌有很大的影响。他控制和调节着全部代谢过程,而在调节作用中,激素居首要地位。

4.1.2 昆虫激素的研究简史

长期以来误认为昆虫体内无激素调节机制存在,1899年威尔逊(Verson)首先在昆虫体内发现前胸腺,当时称索状腺;咽侧体在19世纪也被发现,但认为他是交感神经节,不能肯定其作用。直至20世纪初,1922年波兰学者柯比克(Kopec)通过对舞毒蛾幼虫(*Porthetria dispar*)的除脑、结扎试验,才指出咽侧体与昆虫的变态有关,证明脑产生的激素能控制幼虫的生长、发育和化蛹。

昆虫的神经分泌细胞(NSC)最早是1935年威尔(Weyer)在蜜蜂脑的实验中证明的。现在知道,在动物界中除原生动物门、海绵动物门之外,腔肠、扁形、线形、环节、软体、节肢、棘皮、脊椎动物8个门的动物,均有神经分泌细胞(巴林顿Barrington,1975)。1936年威吉尔斯华士(Wigglesworth)证明咽侧体是控制昆虫变态和生殖的内分泌器官。从此,昆虫的内分泌作用得到了肯定。

昆虫内分泌的研究受到了脊椎动物内分泌研究的启迪,同时,昆虫内分泌的研究,又对其他动物的内分泌研究工作起了促进作用。关于动物内分泌调节系统中神经激素的调节,首先就是在昆虫中发现并加以阐述的(Scharrer,1963)。1940年日本学者福田(Fukuda)最早在原蚕中证实前胸腺是主导蜕皮的内分泌器官;1958年吕鸿声研究证实,脑-咽下神经节激素对卵滞育起控制作用;1963年曹梅讯等研究脑对蓖麻蚕的人工滞育作用,并从雄蓖麻蚕腹部分离出了保幼激素;1962年吴融证实蓖麻蚕脑能打破樗蚕蛹滞育;1964年夏振铎、徐静斐观察到了原蚕脑分泌细胞的活动,并按染色法作了分类;1958年、1964年、1966年郭孚研究了咽侧体对生殖的调节作用,证实脑控制成虫生殖腺的发育。美国学者威廉姆斯(Williams,1946)证明前胸腺是蜕皮激素的来源器官;德国的布梯莱特(Butenandt)和卡尔逊(Karlson,1954)首先从原蚕蛹中分离出蜕皮激素(500 kg干蛹中分离出25 mg),1963年卡尔逊探明了蜕皮激素的化学结构。现在不仅从昆虫、甲壳动物等中分离出了蜕皮激素,而且从植物中分离出了许多蜕皮激素的类似物,后者统称为植物性蜕皮激素(phytoecdysone)。保幼激素的化学结构式是在1967年由罗尔(Roller)等探明的。近年已合成有2 000多种保幼激素类似物,最近又发现并合成了一些抗昆虫内分泌药物,能抑制昆虫某些内分泌器官的正常活动,使缩短寿命、发生畸形等的抗保幼激素(anti-juvenile hormone)。

4.1.3 内分泌的靶器官

家蚕的内分泌腺体包括脑神经分泌细胞、咽下神经节、前胸腺、咽侧体和胸腹部神经节分泌细胞等,主要分泌脑激素、滞育激素、蜕皮激素和保幼激素等,通过各自靶器官与生长发育、生殖、代谢等生理活动密切相关(图4.1)。

4.1.4 昆虫激素研究的意义

昆虫激素研究已成为当代生物学中进展较快的一个领域,这是因为激素在以下3个方面引起了人们的关注:

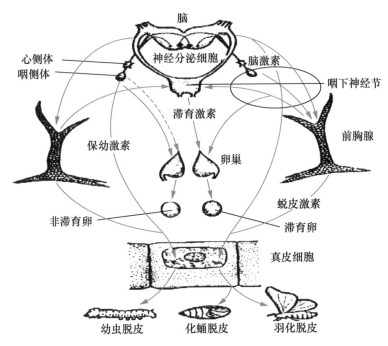

图 4.1　蚕的内分泌器官及其相互作用

①激素能调节昆虫的成长、变态和繁育,因此,可利用这些对昆虫高效、对人类无毒的调节剂,促进经济昆虫的生长、发育和繁殖,满足人类需要;同时,用之于害虫,可作为杀虫剂,控制其危害。

②激素能控制基因表达,说明有调节遗传物质的功能,对物种的人为创造提供了可能。

③激素的药用价值,引起了人类极大兴趣。据测蜂皇浆、青春宝的有效成分,主要是存在有天然保幼激素活性物质,可以使人精神振作、延缓衰老;以雄蛾制成的蛾公酒有强身作用。这些研究正在进一步深入。

4.2　基因与激素

近年来的家蚕激素研究重要进展表现在先后发现了多种激素的细胞质受体和细胞核受体,科学家通过分析家蚕基因组和基因表达谱,发现了丝腺中激素活动的证据,包括激素受体和激素调节相关基因,表明激素参与丝蛋白基因的调控,对于家蚕生长发育及丝蛋白合成过程中激素应答调控基因的功能和分子调控机理研究将为人们调节丝腺功能,生产更多更好的蚕丝奠定基础。

家蚕生长发育与变态过程中内分泌激素应答相关功能基因研究对于解明生长发育的分子机理具有十分重要的作用。控制家蚕发育变态,尤其是从蚕蛹到成虫(蚕蛾)阶段的关键基因,重点研究包括蛹变态期 MH 诱导下变态发育的分子机制,JH 与 MH 调控下幼虫蜕皮发育的分子机制,丝蛋白合成过程中激素应答调控机理,以及发育调控网络中相关激素信号传导的各种已知和未知的受体因子、转录因子和调控因子,及其结构、功能和相互作用关系的分子调控网络解析,将为最终阐明家蚕幼虫蜕皮与成虫变态发育及其丝蛋白合成的级联调控系统奠定基础,同时对激素调控的分子机理研究也具有普遍的生物学意义。

家蚕受硬化表皮的制约,幼虫生长的个体大小是一定的,每生长一段时间就要蜕皮一次,然后才能进入下一个龄期的生长。家蚕幼虫、化蛹及羽化时的蜕皮受一系列因素调控,包括外界光照和温度,还有身体本身生长尺度和营养状态等因素,在这些因素影响下,由脑合成和释放促前胸腺激素(prothoracicotropic hormone,PTTH),促进前胸腺合成和释放蜕皮激素前体,在血淋巴中转变成蜕皮激素(20-OH 蜕皮酮),启动一系列基因表达,调控蜕皮级联反应,包括启动蜕皮、完成蜕皮和蜕皮后体壁鞣化等生理过程。关于蜕皮激素合成的信号转导,目前已经阐明有 G 蛋白、钙离子通道蛋白、腺苷酸环化酶、蛋白激酶 C、核糖体蛋白 S6 激酶和细胞色素 p450 等的参与,但对参与该途径的其他蛋白质并不清楚。关于蜕皮激素启动和完成的蜕皮过程的分子机理,目前认为是由蜕皮激素结合在蜕皮激素受体(ecdysone receptor,EcR)和过剩气门蛋白(ultraspiracle protein,USP)上形成三聚体,再启动转录因子表达,从而调控下游基因表达。已经阐明的蜕皮调节转录因子包括 EcR、USP、E74、E75、βFTZF1(fushi tarazu factor)、激素接受子 3(HR3)等,除了这些大家研究报道较多的基因外,其他参与蜕皮的新基因鲜有报道。此外,蜕皮功能基因间的调控关系也了解不多,例如,EcR 可以结合在哪些转录因子基因的启动子上、转录因子调节哪些下游基因等并不清楚。关于蜕皮完成后新体壁的黑化和硬化的分子机理了解很少,现在已经从家蚕克隆到了鞣化激素基因(bursicon),但对表皮鞣化的其他基因了解很少。家蚕生长发育与变态过程中内分泌激素应答相关功能基因研究将为最终阐明家蚕幼虫蜕皮与成虫变态发育级联调控系统奠定基础。

4.2.1 保幼激素及基因功能

JH 是 Wigglesworth 等(1934)从昆虫头部首次发现的,被认为是一种阻止变态的因子,是由附着于脑的一对分泌器官-咽侧体合成并分泌到血液中的生理活性物质。JH 的化学结构是一种菇烯类化合物,目前已证明有 7 种天然 JH 的存在,它们分别是 JH0、JHⅠ、JHⅡ、JHⅢ、JHⅢ-bisepoxide 和 Methyl farnesoate 等。昆虫种类不同 JH 的结构也不同,JH0、JHⅠ、JHⅡ、4-methyl-JHⅠ只存在于鳞翅目昆虫,JHⅢ-bisepoxide 仅存在双翅目昆虫,Methyl farnesoate 只存在于蟑螂体内,JHⅢ是所有昆虫都存在的最普遍的一种 JH。JH 是节肢动物特有的激素,其他动物中尚未见有同类激素报道。

JH 的生物合成途径主要是:乙酸、丙酸→甲羟戊酸→焦磷酸法呢酯→法呢酸→JH,从法呢酸→JH,因昆虫种类不同而异。咽侧体合成 JH 的活性是受脑分泌的神经肽类物质-促咽侧体素(allatotropin,AT)和咽侧体抑制素(allatostatin,AS)调控的。烟草角蛾(*Manduca sexta*)幼虫咽侧体在体外培养时,向培养液中加入脑抽提物,发现脑抽提物中存在对 JH 合成有促进和抑制作用的物质。从大蜡螟(*Galleriamellonella*)脑中分离出 20 ku 的多肽,经生物活性测定,具有激活咽侧体合成 JH 的作用。此外,从烟草角蛾分离的 AT 对蟑螂、蝗虫等昆虫咽侧体的 JH 合成无促进作用,显示 AT 对昆虫种类的作用有一定特异性。

AS 是由脑背侧间部的 4 对大型神经分泌细胞合成,经由心侧神经分泌到咽侧体细胞周围,具有抑制咽侧体合成 JH 活性的作用。从太平洋折翅蠊(*Diploptera punctata*)脑中分离到 13 种 AS(Dip-AS 1~13),美洲大蠊(*Penplanetaaamericana*)分离到 14 种(Pea-AS 1~14),

德国蠊虫（*Blattella germanica*）分离到 4 种（Blg-AS 1～4），咖啡两点蟀（*Gryllus bimaculatus*）分离到 6 种（Grb-AS 1～6），反吐丽蝇（*cal-liphora vonitoria*）分离到 5 种（Cav-AS 1～5），从以上昆虫总计已分离得到 36 种 AS（有些昆虫 AS 与其他昆虫的 AS 相同），这些AS 全是肽类物质，分别由 6～18 个氨基酸残基组成，而且都具有相同的 YXFGL-amide。AS的作用可促使细胞内 cAMP 量上升，由于 AS 是一种肽类物质，当 AS 与细胞膜上的受体结合后，使受体活化再激活 G 蛋白，通过 G 蛋白进而刺激、活化细胞膜上的 AMP 环化酶，由 AMP环化酶把细胞内的 ATP 转化成 cAMP，达到在细胞内产生真正调控生理功能的二次信息-cAMP，进而抑制咽侧体对 JH 的合成、分泌（Stay 等，1996）。

从咽侧体合成的 JH 被分泌到血液，立即与血液中的 JH 载体蛋白（hemolymph JH binding protein，hJHBP）结合，形成 JH-载体蛋白质复合体随血液循环而输送到靶细胞。hJHBP 的功能主要是：①转运 JH 到靶细胞；②阻止 JH 与其他蛋白质或亲脂性表面发生非特异性结合，保持活性；③阻止 JH 被分解酶分解。

研究表明 JH 在血淋巴中的滴度很大程度上是受其合成和降解来平衡的。至少有 3 种酶参与了 JH 的降解反应，保幼激素酯酶（juvenile hormone esterase，JHE），保幼激素环氧化物水解酶（juvenile hormone epoxide hydrolase，JHEH）和保幼激素二醇激酶（juvenile hormone diol kinase，JHDK）（Maxwell 等，2002）。JHE 催化水解 JH 的甲酯形成 JH 酸（JHa），JHEH水解 JH 的环氧化物部分形成 JH 二醇（JHd）。JHE 水解 JHd，JHEH 水解 Jha 产生 JH 酸二醇（JHad）。而 JHDK 只将 JH 二醇转化为磷酸化的 JH 二醇（JHdp）（图 4.2）。JHE，JHEH和 JHDK 等代谢酶的活力和 JHa、JHd、JHad 和 JHdp 等代谢物的含量在不同昆虫，不同发育阶段和不同组织中都有所不同。

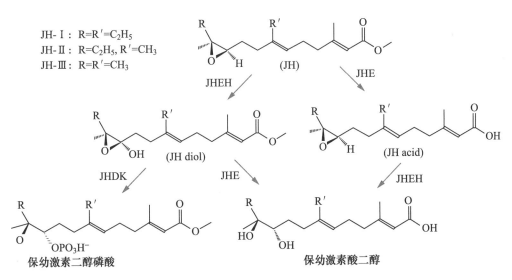

图 4.2　保幼激素的代谢途径（Maxwell 等，2002）

4.2.2　蜕皮激素及基因功能

蜕皮激素（ecdysteroids）是一类具有昆虫蜕皮活性的天然甾体化合物，主要由前胸腺合成。蜕皮激素是以胆固醇作为骨架来合成的，但昆虫本身并不能合成胆固醇，而是直接或间接地从植物中得到。大多数是以谷固醇为起点物质而进行再加工的。1954 年 Butenadt 和 Karlson 从家蚕蛹中分离到 α-蜕皮激素，并确定了其 α、β 不饱和烯酮的甾体化合物结构。1966 年 Nakanishi 等发现植物中存在 β-蜕皮激素及其类似物。随后中外科学家又在植物中发现了几十种新的含蜕皮激素的植物和新的蜕皮激素样结构，如蜕皮酮（ecdysone，又名 α-蜕皮激素）、蜕皮甾酮（ecdysterone，又名 β-蜕皮激素）、牛膝甾酮（inokosterone，又名英洛甾酮）、筋骨草甾酮 A、B、C（ajugasterone A、B、C）、松甾酮 A、B、C（panasterone A、B、C，又名百日青甾酮 A、B、C），松甾酮苷 A（ponasteroside A）、表蜕皮甾酮（epi-ecdysterine）、苋甾酮 A、B（amarasterone A、B）、杯苋甾酮（cyasterone，又名川牛膝甾酮）、头花杯苋甾酮（capiterone）、森告甾酮（sengosterone）、异杯苋甾酮（isocyasterone）等（图 4.3）。

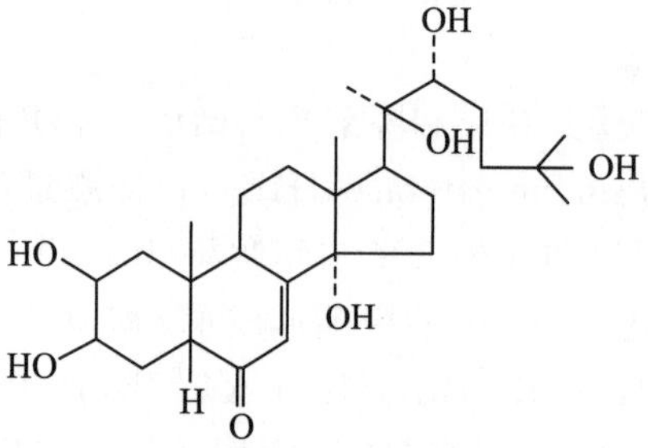

蜕皮甾酮（ecdysterone）

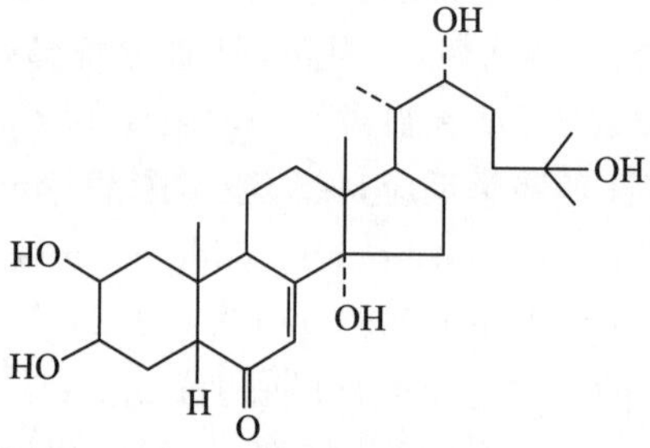

蜕皮酮（ecdysone）

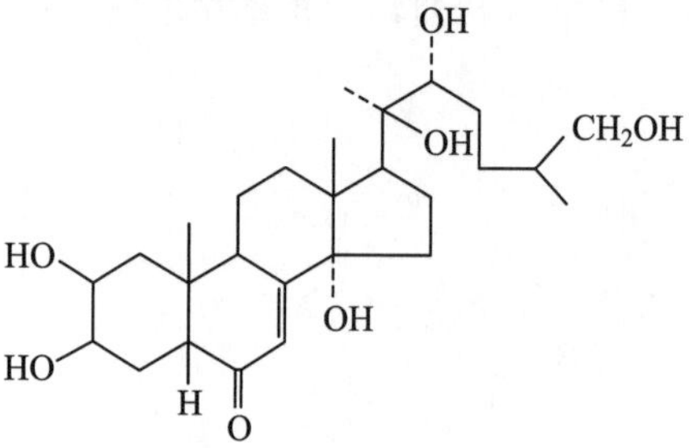

英洛甾酮（inokosterone）

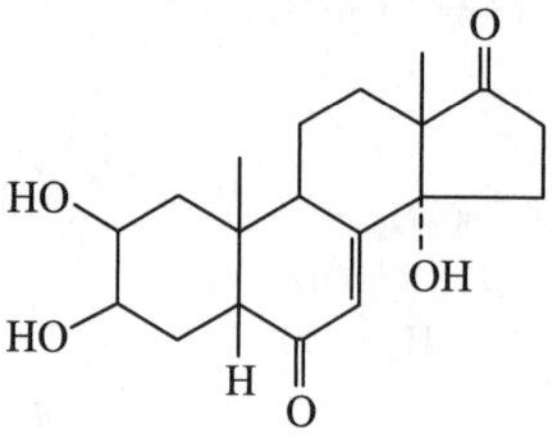

红苋甾酮（rubrosterone）

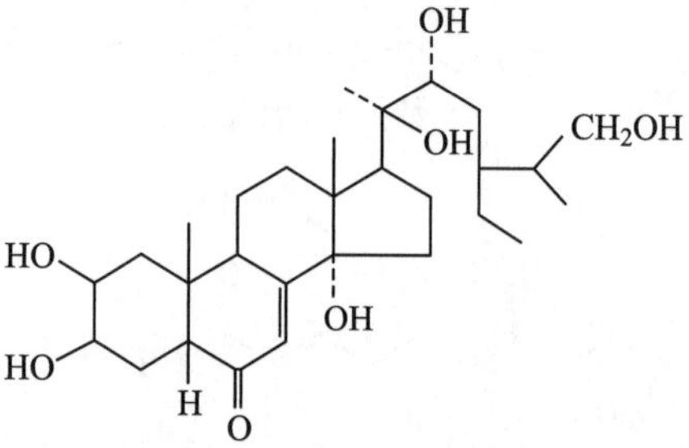

苋甾酮A（amarasterone A）

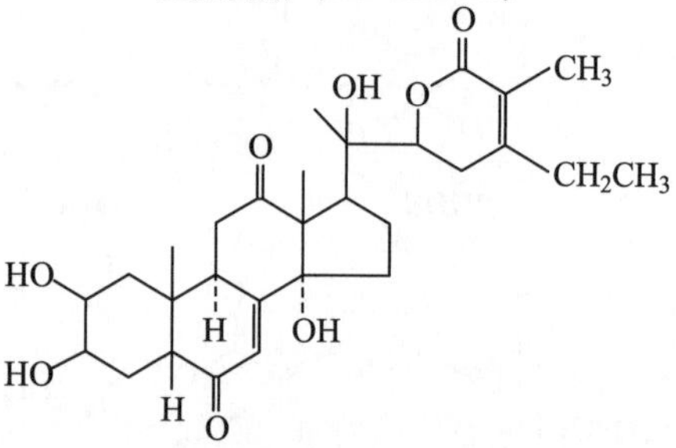

筋骨草甾酮（ajugalactone）

图 4.3 **部分蜕皮激素化合物的结构**（王龙等，2004）

昆虫的蜕皮过程包括表皮细胞的活动，分泌新的外表皮，新的内表皮的形成，蜕皮液的产生，老的外表皮的消化，新老皮层溶解、分离，老的表皮蜕去，新的表皮的膨胀、鞣化和内表皮的加厚等步骤，而蜕皮激素的分泌活动正好在蜕皮过程以前达到最高峰。蜕皮激素不仅触发蜕皮过程的开始,而且能确保整个蜕皮过程的持续进行,并促进新的表皮鞣化等步骤。

大量的属于不同门的无脊椎物种不能通过小分子如乙酸盐,从头合成甾醇,必须通过饮食来获取这些化合物。在缺乏甾醇合成的物种中,会出现一种代谢障碍使法尼基焦磷酸分子不能形成角鲨烯,从而造成凝集。在这些能合成甾醇和不能合成甾醇的物种间没有特别明显的亲缘关系。因此,如果假设在一些非脊椎分支的物种中不能合成甾醇是由于突变而造成通路过程中一种酶(角鲨烯合成酶)的缺失或严重的修饰,那就必须假设在进化过程中发生了数次突变,并且角鲨烯合成酶特别容易受到遗传损伤。

节肢动物门的生物自身普遍不能合成甾醇,其中昆虫的甾醇的饮食需求和新陈代谢方面已经做了大量的工作。大多数被研究的昆虫为了其自身的生产,发育和繁殖的需求需要一些胆固醇或可以转化成胆固醇的甾醇(Rees,1985)。然而肉食性的昆虫可以直接从它的饮食中获取胆固醇,而大多数的素食性和杂食性昆虫可以将食物中的 24-烷基甾醇,如谷甾醇、豆甾醇和菜油甾醇进行脱烷基作用,从而得到胆固醇或相关的 C_{27} 的甾醇。C_{28} 和 C_{29} 甾醇的脱烷基化作用的这种能力不仅仅局限于昆虫中,这种能力也在其他门的不同物种中被发现(Huw,1984)。到目前为止除了软体动物,能够对植物固醇进行脱烷基化的无脊椎动物很明显都缺乏从头合成胆固醇的能力。有关植物甾醇脱烷基作用和其进化方面的综述主要是涵盖在昆虫(Grieneisen,1994)。证据显示在一些昆虫中占大部分植物甾醇的谷甾醇(1),油菜甾醇(2)和豆甾醇(3)的脱烷基作用的通路很相似(图 4.4)。不考虑底物,起始步骤包括:氧化作用形成一个 $\triangle^{24(28)}$ 键,随后在脱烷基之前对 C_1 和 C_2 部分进行环氧化作用形成一个 $\triangle^{24}$ 键。当然豆甾醇的脱烷基作用除外,其还需要一步额外的步骤还原 22E-Cholesta-5,22,24-trien-3β-ol(11)的 $\triangle^{22}$ 键,形成共同的最终中间产物脱氢胆固醇(10)。某些植食性和杂食性昆虫物种,例如有些膜翅目、半翅目和双翅目,以及鞘翅目,不能对甾醇的侧链进行脱烷基作用。很多这样的物种利用油菜甾醇(2)作为蜕皮甾醇和马克甾酮 A 中 C_{28} 的前体。此外,在棉红蝽(Dysdercus fasciatus,半翅目)中已经证实 C_{29} 蜕皮甾醇和马克甾酮 C 是主要的胚胎蜕皮甾醇,暗示 C_{29} 类固醇可以作为蜕皮激素(Feldlaufer 和 Svoboda,1991)。

有趣的是刺肩蝽(Podisus maculiventris)从植食性的祖先进化成肉食性,虽然在其日常饮食中已经有足够的胆固醇但是还是产生马克甾酮 A 作为主要的蜕皮甾醇。在家蝇(Musca domestica)和果蝇(Drosophila melanogaster)中主要的蜕皮酮(ecdysteroids)是 C_{27} 蜕皮甾醇(C_{27} ecdysteroids)但是还能从油菜甾醇合成马克甾酮 A,其形成原因可能是饮食过程中的痕迹(Feldlaufer 和 Svoboda,1991)。因此,产生马克甾酮 A 可能是一种非常保守的生化机制。然而,烟草天蛾(Manduca sexta)的前胸腺却不能利用谷甾醇合成蜕皮甾醇(Grieneisen,1994)。我们可以假设,在进化过程中,昆虫和其他节肢动物,可以利用饮食中的甾醇并依赖于它,从而失去了从头合成甾醇的能力。但是这节省了大量的能量,即使是在植食性物种中也是如此。

早期的一些有关蜕皮激素生物合成的工作都包含在 Rees 的综述中(Rees,1985)。随后又有一些综述文章,其中包括有关蜕皮激素形成最后阶段的酶学(Kappler 等,1989)。

这些年来在研究蜕皮激素生物合成通路的过程中遇到一个特殊问题,即中间产物不发生积累,其原因可能是由于产生激素的量比较少。因此,研究主要集中于标记的推定中间物的去

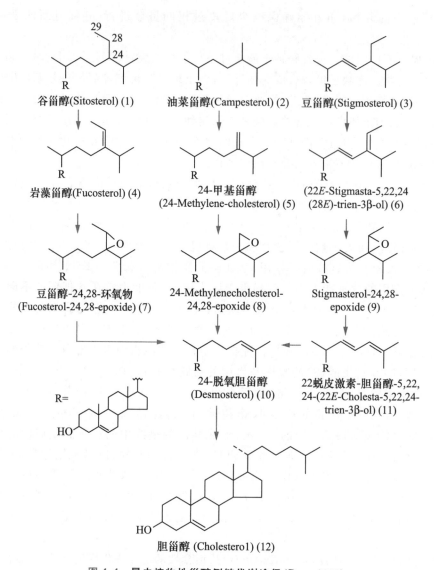

图 4.4　昆虫植物性甾醇侧链代谢途径（Rees，1995）

向。在考虑具体的通路之前，应该提醒我们自己对于胆固醇生物合成通路中假定化合物的中间性建立一个明确的标准。化合物必须是：①从组织中提取并且其结构已经确定；②形成于一定的前体；③能转化成最终产物；④形成于假定的直接前体；⑤能转化成假定的下一个化合物；⑥通路中的每一个步骤应该可以直接证明。此外，对于一个可能的通路建立一个定量的重要性还需要更多的信息，但是这些信息都很难得到。

　　考虑到假定的蜕皮甾醇合成的组织时就要区分真的从头合成和从储存结合物中释放激素。毫无疑问，前胸腺是昆虫胚胎后发育的生理上重要的蜕皮激素主要来源。然后又有证据表明在鞘翅目昆虫黄粉虫的腹部有蜕皮甾醇的生理合成，至少其表皮显然可以作为一个主要来源（Delbeque 等，1990）。相似的，蟋蟀（*Gryllus bimaculatus*）的表皮在体外可以从［¹⁴C］胆固醇进行蜕皮甾醇的合成。在烟草天蛾（*Manduca sexta*）中在没有前胸腺，睾丸和消化道的分离的腹部有明显的蜕皮甾醇的合成，但是具体的合成组织还不清楚（Sakurai 等，1991）。

已经在很多昆虫的睾丸中检测到了蜕皮甾醇的存在,特别是在鳞翅目昆虫中,可能对精子的发生起到一定的调节作用。在脑蜕皮激素因子的调节下睾丸鞘可以变成蜕皮甾醇的合成位置(Loeb等,1993)。检测 *Spodoptera littoralis* 的雌性个体的多数组织,只有在前胸腺和睾丸中可以检测到将[^{3}H]2,22,25-三羟基蜕皮激素进行羟基化从而生出蜕皮激素(Jarvis等,1994)。这个结果与上面的结果相吻合,但是睾丸的蜕皮甾醇合成还没有确定。相反的是已经确定在昆虫的雌性成体中蜕皮甾醇可以在卵巢囊细胞的上皮细胞中进行合成(Zhu等,1983)。

在其他一些研究比较透彻的节肢动物如甲壳类,已经确定 Y-organs 是蜕皮甾醇的合成组织。尽管在食草蟹(*Carcinus maenas*)的成熟卵巢中发现了高浓度的蜕皮甾醇和脱氢蜕皮甾醇前体,但是缺少在卵巢中从头合成蜕皮甾醇的确凿证据。

在壁虱中,有报道称在一种软蜱(*Ornithodoros parkeri*)中,外皮是蜕皮甾醇的主要来源,从而确定蜱的外皮从头合成激素还有待商榷。

昆虫当中,令人惊讶的最新研究发现,在一些鳞翅目种,前胸腺中主要的作用成分是 3-脱氢蜕皮激素伴随着不同剂量的蜕皮激素共同存在,并且受到血淋巴中还原酶的作用形成蜕皮激素。在甲壳类的不同物种中都检测到在蜕皮激素,3-脱氢蜕皮激素和 25-脱氧蜕皮激素按照不同的组合方式存在于 Y-organs 中。令人惊讶的是,在甲壳类中没有检测到 3-脱氢蜕皮激素向蜕皮激素的转变,其功能意义也不清楚。至少在果蝇的脂肪体中 25-脱氧蜕皮激素可以发挥与 20-羟基蜕皮激素相同的功能,能够诱导 P1 基因的转录(Lachaise等,1989)。

由于蜕皮甾醇产生的调控还不了解,因此只考虑前面提到的一些相关方面。有证据显示,在 *Manduca sexta* 的前胸腺中当形成 7-脱氢胆甾醇(15)后立刻就由促前胸腺激素(PTTH)对蜕皮甾醇的生物合成进行调控。此外,在 *Mamestra configurata* 和 *Pieris brassicae* 的前胸腺中 20-羟基蜕皮激素是一个产生蜕皮甾醇的反馈调节因子。有趣的是,在 *Manduca sexta* 的前胸腺中当相对活性较高时就会被蜕皮激素或 20-羟基蜕皮激素所抑制,活性较低时就会被激素特别是蜕皮激素促进。这个现象表明,当前胸腺被激活时,分泌的蜕皮甾醇就呈现出正反馈,以增加产量,最终 20-羟基蜕皮激素关闭腺体合成(Sakurai 和 Williams,1989)。据推测蜕皮甾醇在生物合成途径的早期发挥它们的反馈效应。事实上,在 *Manduca sexta* 的 5 龄前胸腺中三末端羟化酶的特异活性并没有发生太大变化。与此相一致,在体外的 5 龄期(*Locusta migratoria*)前胸腺中也没有发现蜕皮激素或 20-羟基蜕皮激素对这些羟化酶有反馈作用。

在 *Carcinus maenas* 中,由 Y 器官产生的 25-脱氧蜕皮激素/蜕皮激素的比率在蜕皮周期中不断发生变化。这显然是受不同蜕皮抑制激素所抑制。在蝗虫卵泡细胞中观察到另一种末端羟基化的途径,其主要终产物是 22-磷酸蜕皮激素和 22-磷酸-2-脱氧蜕皮激素。先前的证据表明,这是磷酸盐而不是蜕皮激素和 20-羟基脱皮激素,在合并[^{3}H]5β ketodiol 时显著抑制羟化酶的活性。奇怪的是当使用[^{3}H]2,22-双脱氧蜕皮激素时却观察不到这个现象。对于一些细胞色素 P450 的抑制剂来说,22-羟化酶是末端羟化酶中对它们最敏感的(Jarvis等,1994)。

蜕皮激素(molting hormones,ecdysteroids)对于昆虫的生长,发育以及生殖等方面发挥着重要作用,尤其对于蜕皮和变态。在昆虫的幼虫阶段主要是由前胸腺合成蜕皮激素,主要形式是 ecdysone。然而在大多数鳞翅目昆虫中前胸腺的主要产物是 3-去氢蜕皮酮(3-dehydroecdysone,

3DE），伴随着不同比例的 ecdysone。在 *Spodoptera littoralis* 的前胸腺中没有观察到 ecdysone 和 3DE 的互变，暗示在前胸腺中 3DE 有一个独立的生物合成路径。当 3DE 从前胸腺分泌出来以后，在血淋巴中由 NAD(P)H 结合 3DE 3β-reductase 的作用下被还原成 ecdysone。Ecdysone 随后在特定周边组织的 20-羟基化作用下生产 20-羟基蜕皮酮（20-hydroxyecdysone）。在大多数昆虫中 20-羟基蜕皮酮被认为是主要的活性蜕皮激素（Rees，1995）。

蜕皮激素的滴度在昆虫的发育过程中是不断发生变化的，有的时候会出现明显的高峰。这种变化主要是由蜕皮激素的生物合成率和失活率来调控的。蜕皮激素的失活有几种转化，包括 3-epi(3a-hydroxy)ecdysteroids 的形成，它被视为激素失活的标志。虽然许多昆虫中都会产生 3-epiecdysteroids，但其主要存在于鳞翅目昆虫的中肠细胞质中。在 ecdysone oxidase 的催化下形成 3-dehydroecdysteroid，然后又在 NAD(P)H 的存在下不可逆的形成 3-epiecdysteroid（图 4.5）。在这个过程中主要有 3 种酶参与了反应：ecdysone oxidase（EO），3-dehydroecdysone 3β-reductase（3DE 3β-reductase）和 3-dehydroecdysone 3α-reductase（3DE 3α-reductase）。3-dehydroecdysteroid 在 3DE 3β-reductase 的作用下发生可逆反应重新生成蜕皮激素。这种 ecdysone oxidase 和 3DE 3β-reductase 催化的竞争性可逆反应的意义还不清楚。

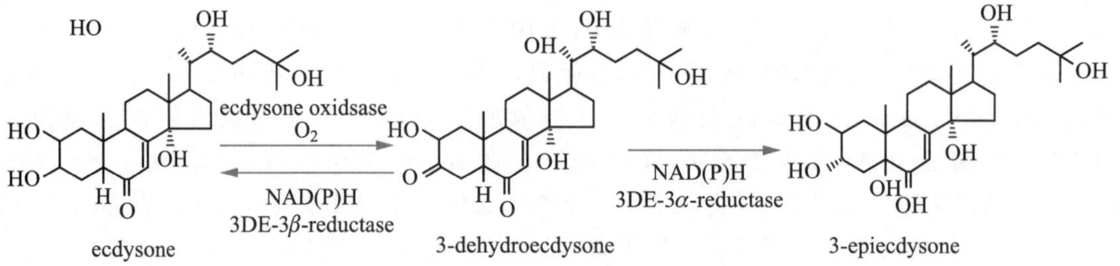

图 4.5　蜕皮激素的相互转变途径（Rees，1995）

Ecdysone oxidase（EC 1.1.3.16）在 *Calliphora icina* 中第一次被鉴定出来，主要作用是催化蜕皮激素的氧化（Koolman 和 Karlson，1975）。对 *Spodoptera littoralis* 的 ecdysone oxidase（SIEO）研究表明，该酶属于 GMC（glucose-methanol-choline）oxidoreductase superfamily 的一种 FAD flavoprotein。蛹前期的 Northern blotting 的结果显示 SIEO 主要在中肠中表达，并且在幼虫最后一个龄期蜕皮激素的滴度达到最大值的时候，SIEO 也表现出了最高的活性，这一结果暗示 SIEO 在蜕皮激素的灭活过程中发挥重要作用。注射 RH-5992（一种蜕皮激素促进剂）会诱导 EO 的表达，说明该基因是一个蜕皮激素应答型基因（Takeuchi 等，2001）。在其 5 非翻译区有一段序列与 Broad-Complex 和 FTZ-F1 的结合域相似。*Drosophila melanogaster* 的 ecdysone oxidase（DmEO）与 SIEO 的相似度只有 27％，但是主要的底物结合部位还是很保守的。定量 PCR 显示 DmEO 也是主要在中肠中表达，这与 SIEO 相似。在 COS7 细胞中表达的 DmEO，可以将 ecdysone 转变成 3-dehydroecdysone（Takeuchi 等，2005）。

很多方式的转变都会使蜕皮激素失活，其中的一种就是形成被认为是无激素活性的 3-epi(3a-hydroxy)ecdysteroids。在鳞翅目昆虫中，蜕皮激素的 3-差向异构化主要发生在中肠的细胞质中,ecdysone 在 ecdysone oxidase 的作用下形成 3DE,3DE 又在 3DE 3α-reductase 的作用下不可逆的形成 3-epiecdysone。在 *Spodoptera littoralis* 最后一个龄期的中肠中 ecdysone oxidase 在早期就达到最高值,而 3DE 3α-reductase 慢慢增加到最高值,ecdysone oxidase 的活性却不断降低。

在 *Spodoptera littoralis* 中 3DE 3α-reductase 可能存在 2 种形式,其中一种的分子质量大约为 26 ku,可能还会形成 76 u 的三聚体;另一种的分子量大小约为 51 u。对其进行序列分析发现该 3DE 3α-reductase 属于 short-chain dehydrogenases reductases superfamily,不同于脊椎动物的 3-dehydrosteroid 3α-reductases 属于 aldoketo reductase(AKR) superfamily (Takeuchi 等,2000)。

从 *Spodoptera littoralis* 的血液中纯化出了 3DE 3β-reductase,该蛋白属于 aldoketo reductase(AKR) superfamily,Northern blot 分析显示在很多组织中 3DE 3β-reductase 都有表达。

4.2.3　滞育激素与基因功能

所谓滞育是指周期性出现,比休眠更深的新陈代谢受抑制的生理状态,是对于有节奏重复到来的不良环境条件历史性的反应,是昆虫对环境条件长期适应的结果。在自然情况下滞育的解除要求一定的时间和一定的条件,并由激素控制。根据滞育所发生的虫态,可将其分为 4 种类型:卵滞育、幼虫滞育、蛹滞育和成虫滞育。滞育是昆虫的一大生理特征,其调控机理极其复杂,经过多年的研究,普遍认为外界的环境条件通过影响昆虫体内的神经内分泌系统而对滞育起到调控作用。

滞育激素(diapause hormone,DH)是蛋白质类物质,由咽下神经节分泌。在家蚕中, Fukuda 和 Takeuchi 已经鉴定出 DH 是由咽下神经节里的一对大神经分泌细胞所释放的。在产滞育卵的蚕蛾中,这对细胞能够大量释放分泌颗粒;而在产非滞育卵的蚕蛾中,这种颗粒不被释放。另一群毗连细胞具有较高的溶酶体活性,可能与释放 DH 的神经分泌细胞有功能性联系。

用甲醇-二氯甲烷从家蚕的头部抽提出包含有 DH 的固体。凝胶渗透柱层析将抽提物分成两个活性成分:DH2A 和 DH2B,相对分子质量分别为 3 300、2 000。DH2B 与 DH2A 相比有较高的活性:一个 DH 单位等于 2 μg DH2B 或 6 μg DH2A。DH2A 和 DH2B 具有相同的氨基酸部分,均由 14 种氨基酸组成,由于和其他物质结合程度不同而分子量相异,DH2B 缺乏 DH2A 中所具有的两种氨基糖并且没有自由的氨基或羟基末端。但 DH2A 中氨基糖的组分对于激素的活性并不是必需的(Isobe 等,1975)。DH 是由 24 个氨基酸所组成的神经肽,其氨基酸的排列序列为:Thr-Asp-Met-Lys-Asp-Glu-Ser-Asp-Arg-Gly-Ala-His-Ser-Glu-Arg-Gly-Ala-Leu-Cys-Phe-Gly-Pro-Arg-LeuNH$_2$,末端氨基酸次序与促性外激素生物合成的神经肽的非常相似。

DH 除了调节卵是否滞育之外,还能在家蚕的卵巢内引起几个明显的代谢反应。但这些代谢反应并不影响虫卵是否进入滞育状态,它们仅仅通过代谢的调节来提高滞育卵的存活率。 DH 可促进 3-羟基犬尿氨酸从血淋巴运输进卵巢,它在卵巢中积累并被转变成在滞育卵的浆膜上所发现的眼色素,从而使卵的颜色变暗。DH 也能提高海藻糖酶的活性,导致脂肪体中糖原储存减少而在卵巢中大量积累(Yamashita 和 Hasegawa,1976)。糖原在滞育卵中起初被转变成可抗冷冻的山梨醇等物质,因此对于滞育的胚胎来说起到了一种保护作用(Chino,1957);DH 还可轻微提高卵中的脂含量,但对于脂质合成的影响或许是激素对碳水化合物(糖类)的代谢所造成的影响的次生结果;DH 对酯酶 A 也产生有趣的抑制作用,这种酶可影响卵黄流通,是完成胚胎发生所必需的一种关键酶,因此通过阻断"酯酶 A",DH 可使卵的滞育能力加强;此外,在家蚕的卵巢中 DH 可导致环 AMP 上升和环 GMP 下降(Hasegawa 和 Yamashita,1967)。

4.2.4　促前胸腺激素与基因功能

促前胸腺激素(prothoracicotropic hormone,PTTH)因其能促进前胸腺(prothoracic glands,PG)合成和分泌蜕皮激素而得名,以前也称为脑激素,因为它是由脑部神经分泌细胞产生。PTTH 属神经肽类激素,其生理作用需经受体介导的信号转导以完成。PTTH 的靶器官是前胸腺,但成虫的前胸腺退化而脑部仍有 PTTH,表明还存在其他靶器官。在一些鳞翅目昆虫脑内含有二种不同类型的具有促前胸腺活性的分子。如烟草天蛾脑部分泌小分子质量(7 ku)和大分子质量(25.5 ku)两种 PTTH。它们都是从相应的神经血器官(咽侧体)释放到血淋巴,且前者释放早于后者,有龄期依赖性。大 PTTH 在刺激幼虫和蛹的 PG 活性上具有同等效力,而小 PTTH 刺激幼虫 PG 强于蛹。在家蚕中也有相似的情况,一种是 30 ku 的 PTTH,仅能活化其自身幼虫和蛹期的 PG;另一种是 5 ku 的家蚕素(bombyxin,曾叫 PTTH-S 或 4kD-PTTH),按其氨基酸组成序列,属于胰岛素超家族的一种肽类。

用家蚕 PTTH 单克隆抗体,经免疫组织化学研究发现,仅脑部 2 对背侧神经分泌细胞群能分泌 PTTH。同时发现,免疫反应物沿着细胞体的轴突经脑部中线到对侧的心侧体和咽侧体,表明 PTTH 是经此轴到咽侧体再释放到血淋巴的。用家蚕 PTTH cDNA 为探针的原位杂交也表明,仅在脑部背侧神经分泌细胞中能找到 PTTH mRNA,表明 PTTH 仅在这些细胞中合成。在轴突运输过程中,前体 PTTH 降解释放的 p2K 和 p6K 可能调节咽侧体的分泌活性。在烟草天蛾中也得到类似结果。PTTH 合成受内外环境影响,其释放机制可能与胆碱能途径有关。

PTTH 刺激前胸腺合成和分泌蜕皮甾类分子的作用信号途径已进行了详尽研究(Smith,1995)。PTTH 先启动胞内 Ca^{2+} 增加,接着激活在 Ca^{2+}-CaM 和 G-蛋白参与下的 AMP 环化酶的活性,促进 PG 胞内 cAMP 合成,导致依赖 cAMP 的蛋白激酶(PKA,蛋白激酶 A)活化,再磷酸化核糖体蛋白 S6 和其他特殊蛋白质如 β-微管蛋白,这些磷酸化的蛋白参与调节蛋白质合成。在这期间,如用蛋白质合成抑制剂(如放线菌酮)能抑制 PTTH 的生理作用。磷酸化的蛋白再促进一些调节蜕皮甾类合成的蛋白质和酶的合成,最终促进蜕皮甾类的合成和分泌(图 4.6)。PTTH 促进蜕皮甾类的合成和释放是在 Ca^{2+}、CaM、G-蛋白和 AMP 环化酶参与下的复杂动态事件。PTTH 刺激下的 PKA 活性是 PTTH 刺激蜕皮甾类产生所必需。

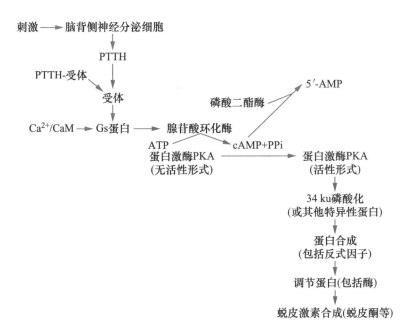

图 4.6　**PTTH 信号转导途径示意**

4.3　家蚕生长发育的激素调控

4.3.1　脑激素

脑激素的种类和作用如下：

1. 促前胸腺激素（PTTH）

1958 年小林、桐村用甲醇抽提蚕蛹时发现。1960 年石奇、市川研究指出该激素是水溶性的蛋白质类物质。1967 年 Williams 用天蚕蛹提出的脑激素活性物质，认为分子量很小，是多肽。1976 年田村、铃木用 72 万个蚕蛾头的丙酮粉末精制出脑激素，只要 $0.004 \sim 0.005\ \mu g$ 即能使一头去脑蓖麻蚕蛹成虫化，证明是分子量为 4 400 的多肽。

促前胸腺激素在家畜间脑部也大量存在，据计算一头牛脑约可提取 600 μg 脑激素，此外，肝脏也可提取很强的脑激素。

促前胸腺激素的化学结构还不太清楚，其作用是使前胸腺活化，对咽侧体活性则有抑制作用。各龄周期性分泌，对蜕皮和变态起控制作用。

2. 鞣化激素

1976 年铃木等以 23 g 蚕蛾的脑-咽下神经节联体用 30 mL 的 80％乙醇研磨，经一系列分离得到 60 mg 制品，用 2 000 μg（相当于 10 个蛾头的重），即能使黏虫腹部表皮鞣化、着色。该分泌物对蛋白质水解酶敏感，认为是蛋白类激素。

3. 羽化激素

1982 年铃木等用蚕蛾进行了羽化激素的精制,报告为是分子量为 8 400 的肽类激素。

蚕的羽化激素在蛹—蛾发育期间,由脑中央群神经分泌细胞产生(黄色、渡边,1978),蓄积于咽侧体(普后、岩田,1983),成虫发育完成后,通过光线的刺激,羽化激素在实际羽化发生前约 40 min 释放到血液中。

该激素无种间特异性。普后还发现,蚕卵内也有羽化激素,但滞育卵内没有活性,在孵化前 1 d 及蚁蚕的抽提物中有活性。因此,认为该激素与孵化有关,但与发育无关。

4. 利尿激素

Maddrell(1963)用吸血红蝽进行水分代谢研究时发现昆虫体内普遍存在着利尿激素。后来许多学者研究证明,利尿激素可从脑间部、咽下神经节、心侧体中生成分泌,而吸血椿象是由胸腹部神经节中的特定 NSC 生成和分泌的,是相对分子质量为 2 000~60 000 的蛋白质或多肽。

利尿激素的主要功能是促进马氏管从血液中吸取水分,通过直肠的协同作用,再在排泄物中回收水分,将体内的多余水分排出体外,以保持正常的血液渗透压。

利尿激素释放很快,在吸血昆虫中,吸血红蝽在吸血后 3 min 内释放,而樱蚊吸血后 1 min 内即释放。通常认为取食造成体壁膨胀,是一种刺激信号,腹壁上有张度受体,它能调节吸入血液的体积,也能控制排尿过程。当吸入大量血液腹部膨胀,张度感受器即通过周围神经系统将饱食信号传递到分泌利尿激素的神经分泌细胞而使释放利尿激素。

利尿激素在释放后 2 h 内即消失,它可由马氏管本身来降解,也可被中枢神经系统的一种酶分解失活。

4.3.2　咽下神经节激素——滞育激素

咽下神经节也是重要的神经中心,能分泌神经激素,其中较清楚的是滞育激素(DH)。

1. 滞育激素性质

1976 年矶部、久保田等分离测得纯化的滞育激素为两种多肽:一种是相对分子质量为 3 300 的 DH-A;另一种为相对分子质量 2 000 的 DH-B,均由 15 种氨基酸构成,而 DH-A 中仅多两种氨基糖(氨基葡萄糖和氨基半乳糖)(表 4.1)。

1976 年甲斐英则从 500 头越年性蛾卵巢(384 g)中,提取到约 71 mg DH,说明滞育激素能转入卵巢和发育完成的卵内。

2. 滞育激素的功能

①将人工提取的 DH 在蛹前、中期注入预定产非滞育卵的蛹体,结果产滞育卵。

②DH 能提高海藻糖酶活性,促使脂肪体糖原分解成海藻糖转入血液。

③能提高卵巢膜和卵膜的透性。

④能促使血液海藻糖和 3-羟犬尿氨酸转入卵内,合成卵糖原和卵浆膜色素。

⑤能影响卵内糖、脂质和蛋白质的代谢方向等。

实验用家蚕滞育激素注入预定产非滞育卵的天蚕蛹、舞毒蛾蛹等,发现均能产滞育卵,说明以卵滞育的鳞翅目昆虫的滞育激素无专一性。

表 4.1 **家蚕滞育激素的化学组成**(矶部,1976)

氨基酸	DH-A	DH-B	备 注
赖氨酸	1	1	
精氨酸	1	1	
天冬氨酸	1	1	
苏氨酸	1	1	
组氨酸	1	1	滞育激素的活性中心是酪氨酸和
谷氨酸	2	2	色氨酸;
脯氨酸	3	2	活性 DH-A＞DH-B 3 倍
甘氨酸	2	2	
丙氨酸	2	2	
缬氨酸	2	1	
异亮氨酸	3	1	
亮氨酸	1	3	
酪氨酸	1	1	
苯丙氨酸	1	1	
色氨酸	1	1	
氨基糖:			
氨基葡萄糖	1	0	
氨基半乳糖	1	0	

3. 不同虫态滞育的激素调节

前面以家蚕为例介绍了卵期滞育的激素调节,此外,还有幼虫、蛹、成虫期滞育的昆虫,即使在胚胎期滞育或幼虫期滞育,也还有不同的发育时期的区别,现将不同虫态激素调节的滞育类型列为表 4.2。

4.3.3 内分泌腺激素

4.3.3.1 心侧体及其机能

1. 形态和位置

位于头内背血管前端两侧,鳞翅目、鞘翅目昆虫均是 1 对乳白色小球体。高等的双翅目幼虫心侧体、咽侧体、后头神经节、围心腺等合并成围绕咽喉和背血管的环腺。

2. 机能

①作为脑神经体液器官贮存和释放某些脑激素;②生成和分泌心侧体激素,因昆虫种类不同,其作用有:调节心脏搏动频率;调节消化管的蠕动;刺激脂肪体释放海藻糖;激发磷酸化酶活性,供应生长所需的 6-磷酸葡萄糖;分泌类滞育激素,调节卵巢及卵内的糖和脂质代谢;分泌利尿激素,控制水分代谢;分泌产卵激素,促使蚕蛾迅速产卵。

雌雄蛾交配后,雌蛾交配囊与精子和其他睾丸产物接触后,分泌出一种交配囊因子,刺激心侧体细胞释放出产卵激素,使母蛾加速产卵。处女蛾产卵极其缓慢,若交配后的母蛾血液注入处女蛾,即能加速卵官蠕动和产卵。

表 4.2 不同虫态的滞育类型

滞育虫态		代表昆虫	内分泌器	滞育机理
卵期	胚胎初期	家蚕	脑-咽下神经节	滞育激素通过关键酶等使卵内一系列代谢发生变化,5℃低温60 d解除
	胚胎中期	飞蝗	同上	滞育激素通过关键酶等使卵内一系列代谢发生变化,5℃低温60 d以上解除
	胚胎后期	舞毒蛾	同上	滞育激素通过关键酶等使卵内一系列代谢发生变化
	孵化前期	天蚕	同上	滞育激素通过关键酶等使卵内一系列代谢发生变化
幼虫期	第1龄	云杉卷叶蛾	咽侧体	咽侧体活性过强,抑制了脑和前胸腺的分泌。经低温处理或长光照(16 h以上/d)可解除滞育。摘除咽侧体也可解除滞育
	第2龄	棕尾毒蛾	咽侧体	咽侧体活性过强,抑制了脑和前胸腺的分泌。经低温处理可解除滞育。摘除咽侧体也可解除滞育
	第3龄	乐叶枯叶蛾	咽侧体	咽侧体活性过强,抑制了脑和前胸腺的分泌。经长光照(16 h以上/d)可解除滞育。摘除咽侧体也可解除滞育
	末2龄	蟋蟀	咽侧体	咽侧体活性过强,抑制了脑和前胸腺的分泌。经长光照(16 h以上/d)可解除滞育。摘除咽侧体也可解除滞育
	末龄	红头蛾	咽侧体	咽侧体活性过强,抑制了脑和前胸腺的分泌
	老熟幼虫	玉米螟	后肠素分泌细胞	
蛹期		柞蚕、樗蚕	脑-前胸腺	缺PTTH引起,短光照脑不分泌PTTH,因而缺MH而滞育,10℃以下低温数日即可解除
成虫期		五斑按蚊、七星瓢虫	脑-前胸腺	缺JH。短光照引起脑不活动,致使CA不分泌JH,抑制了成虫发育和生殖,植入活动脑,或在长光照下数日即可解除滞育

4.3.3.2 保幼激素

1. 保幼激素的化学结构

1918年伊东最早阐明咽侧体为内分泌器官之一。1936年邦海尔(Bounhio)在家蚕3龄或4龄早期摘除咽侧体发现直接蜕皮化蛹。1936年威格尔斯翱思(Wigglesworth)将蜡蝽幼龄幼虫的咽侧体移植到5龄的幼虫体内,结果变成6龄或7龄幼虫。因此,定名为返幼激素,又称保幼激素。

1967年罗勒(Roller)在天蚕蛾中提取分离得到了第一种保幼激素JH-Ⅰ(C18-JH),是已

发现激素中唯一具有环氧基的激素。1968 年梅易
(Meyer)发现了 C17-JH,即 JH-Ⅱ,也是由天蚕蛾中取
得的,含量约为保幼激素总量的 13%～20%。1973 年
特迪(Tudy)等在烟草角蛾中,比勒(1973)从家蚕雄蛾
中除得到 JH-Ⅰ 外,还得到了第三种保幼激素,JH-Ⅲ
(C16-JH),并指出每头家蚕的含量约为 76 ng。1980 年
博戈特(Borgot)等又从烟草天蛾卵中发现了第 4 种
JH-0(C19-JH)。这 4 种保幼激素的结构如图 4.7
所示。

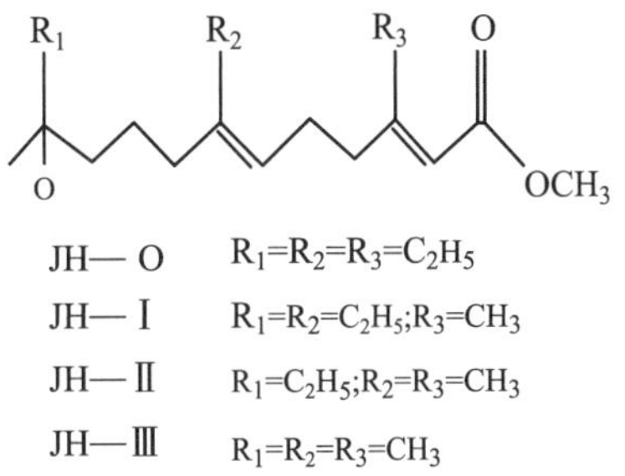

JH—O	$R_1=R_2=R_3=C_2H_5$
JH—Ⅰ	$R_1=R_2=C_2H_5;R_3=CH_3$
JH—Ⅱ	$R_1=C_2H_5;R_2=R_3=CH_3$
JH—Ⅲ	$R_1=R_2=R_3=CH_3$

图 4.7　4 种保幼激素的结构

保幼激素均为萜烯类物质,其分子量大小对活性表达起重要的作用,对家蚕来说,碳链 17-
18 的分子量最有效。在这 4 种 JH 中,昆虫普遍存在的是 JH-Ⅲ。JH-Ⅰ 和 JH-Ⅱ 几乎只限于
鳞翅目,JH-0 至今只在烟草天蛾卵中发现。

2. 保幼激素的生物合成

JH 是咽侧体糙面内质网合成的。在天蚕中还发现雌蛾生殖腺的附腺能合成 JH。1976
年斯库利(Schooley)等用标记的乙酸、丙酸及甲羟戊酸阐明了 JH 的生物合成过程。

3. 保幼激素的功能

(1) 在幼虫期具有保持幼虫形态,阻止成虫器官芽发育,阻止变态的作用。

(2) 能促进 DNA 合成,抑制 RNA、蛋白质合成。在 JH 分泌量少或停止分泌时,才见到
脂肪体内大量积累蛋白质,丝腺迅速生长,在无 JH 的情况下卵巢才能迅速长大。

(3) JH 达一定浓度能引起螟虫等不少昆虫发生幼虫滞育,这是因为 JH 抑制了脑和前胸
腺的活性,长光照使咽侧体活性下降,幼虫滞育解除。

(4) 粘虫等成虫期继续取食的昆虫,JH 能促使卵巢发育,卵黄积蓄和卵成熟,以及维持睾
丸的机能,故又称"促生殖腺素"。家蚕咽侧体活性与卵成熟无关,但与造卵数和化性有一定的
关系。

(5) 可使家蚕、蓖麻蚕等后部丝腺和脂肪体内的丙氨酸-乙醛酸转氨酶、丙氨酸-酮戊二酸
转氨酶、右-丙转氨酶、左-天转氨酶等的活性提高 10%～40%。这也许是添食 JH 增丝的
机制。

(6) JH 能影响黑色素前驱物质-酪氨酸向外胚层组织转移,或生成阻碍黑色素形成。实
验用 4 龄蚕催眠期结扎、摘除、移植或注射 JH 发现,凡使体内浓度降低则斑纹黑色化程度深,
浓度升高则黑色化程度浅。气管螺旋丝、气门筛板、触角等组织中黑色素也有同样影响。

有趣的是,JH 没有"种"和"目"的专一性,任何一种昆虫的咽侧体均可在其他昆虫体内起
作用。

4.3.3.3　前胸腺及蜕皮激素

1. 前胸腺的分泌活动

在幼虫期呈周期性分泌,均在各龄中期开始分泌,化蛹后也有分泌高峰,在潜成虫时退化。
据测定幼虫期前胸腺分泌的临界期,末龄幼虫是该龄经过的 2/5 左右,其他各龄在 3/5 前后,
随龄的增进,临界期逐龄提前。其迟早因蚕品种、饲育温度、营养等而有变化。

前胸腺的分泌受脑激素的控制,脑激素未分泌前,前胸腺无分泌活性,就像人的甲状腺分
泌甲状腺素,必须受脑下垂体分泌促甲状腺素活化甲状腺分泌一样,前胸腺必须在脑分泌的促

前胸腺素后方能活化分泌。

2. 前胸腺激素的化学结构

1940年福田首先发现前胸腺激素与家蚕的蜕皮有关。1954年德国的布特南特(Butenandt)等首先用蚕蛹分离提纯，从1 t干蛹(相当于4 t鲜蛹)中提取得250 mg蜕皮激素。1965年卡尔孙(Karlson)用X线衍射法测定出了它们的结构有α和β两种。其化学构造如图4.8所示。

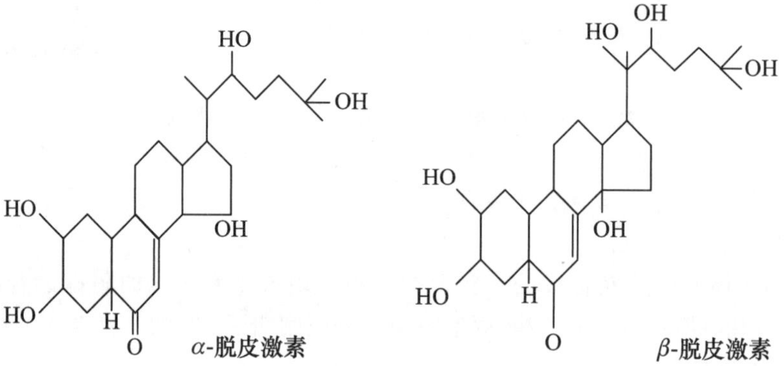

α-脱皮激素　　β-脱皮激素

图 4.8　蜕皮激素化学构造

α-蜕皮激素：可溶于甲醇、乙醇，微溶于丙酮，熔点为235～237℃，活性较弱(1丽蝇单位=10 mμg)。

β-蜕皮激素：易溶于水，熔点为237～239℃，活性较强(1丽蝇单位=5 mμg)。

总的说，蜕皮激素在235℃以下具有热的稳定性，但在碱性液中迅速水解失活。

近年研究知道，卵巢上皮细胞，也有分泌MH的能力。这是哈格唐(Hagedon，1979)以伊蚊的卵巢与脑-心侧体以及其他神经节、心侧体与卵巢一起培养研究卵巢对MH的合成能力，证明只有脑-心侧体有较高的促进卵巢合成MH的刺激作用。用蝗虫研究发现卵巢蜕皮激素保持在卵巢内，当卵黄发生时，才分泌结束并进入卵母细胞中。

3. 蜕皮激素的生物合成

昆虫MH是甾类化合物，但昆虫不能合成甾核，必须从食物中摄入，β-谷甾醇是家蚕合成蜕皮激素的原料。据Karlson(1976)、大西、茅野(1977)报道：蚕从桑叶中摄入β-谷甾醇后，在脱羟酶作用下，将C24的烃脱去乙基，成24-脱氢胆固醇(链甾醇)；在还原酶作用下，再还原成胆固醇。前胸腺以血液中胆固醇为原料，经一系列氧化，先后在5处碳位上(6、14、2、25、22)导入氧，生成α-蜕皮激素。α-蜕皮激素达靶细胞后，再在C20位上导入羟基成为β-蜕皮激素(图4.9、图4.10)。

据大西、茅野(1977)用威脱氏(Wyatt)培养液，加入樗蚕蛹血(不含MH)作为载体蛋白，放入家蚕前胸腺和胆固醇，同时通入足够的氧(50%的氧气)，进行前胸腺体外培养研究MH的生物合成过程，所产生的α-MH，每头家蚕的前胸腺约产生100～120 μg。有趣的是，莫里亚马(Moriyama，1970)、奈卡尼西(Nakanishhi，1972)的研究都证明家蚕腹部能从胆固醇合成蜕皮激素。格斯(Gersch，1971)发现天蚕蛾、斯塔格(Stadinger等，1975)发现家蝇腹部都能合成α-MH、β-MH。这些实验表明，似乎昆虫腹部还存在着另一个合成甾醇类激素中心。

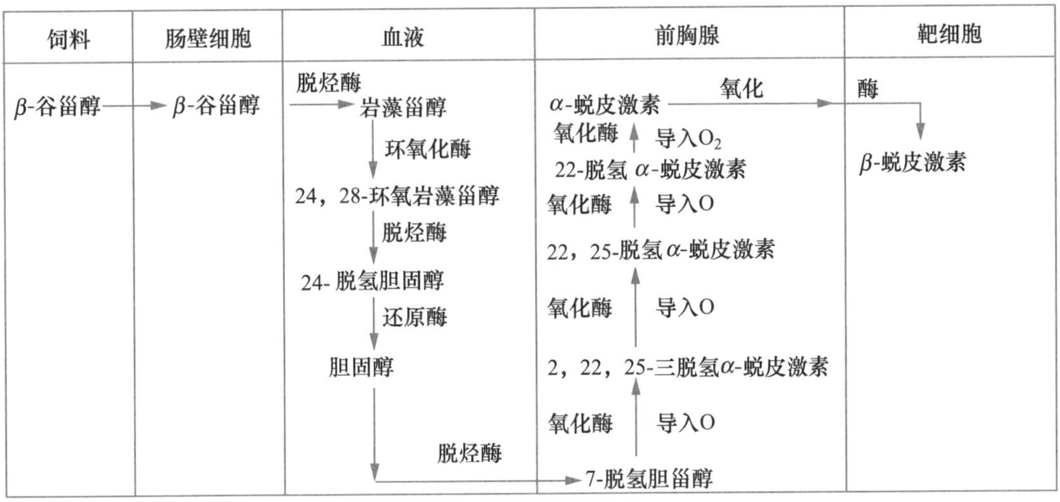

饲料	肠壁细胞	血液	前胸腺	靶细胞
β-谷甾醇 →	β-谷甾醇	脱烃酶 ──────→ 岩藻甾醇 　　　↓ 环氧化酶 24，28-环氧岩藻甾醇 　　　↓ 脱烃酶 24-脱氢胆固醇 　　　↓ 还原酶 胆固醇 　　　　脱烃酶 　　　　──────→	α-蜕皮激素 ──氧化──→ 氧化酶 ↑ 导入O₂ 22-脱氢 α-蜕皮激素 氧化酶 ↑ 导入O 22，25-脱氢 α-蜕皮激素 氧化酶 ↑ 导入O 2，22，25-三脱氢α-蜕皮激素 氧化酶 ↑ 导入O 7-脱氢胆甾醇	酶 　↓ β-蜕皮激素

图 4.9　蜕皮激素的生物合成

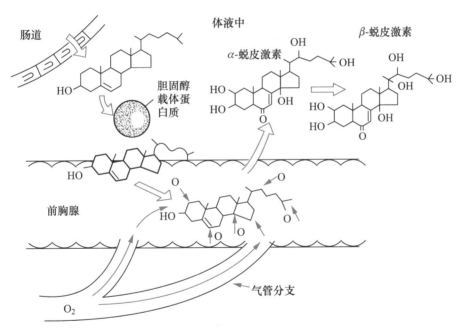

图 4.10　前胸腺合成并分泌 α-蜕皮激素示意图

4. MH 的失活和排泄

人为地给家蚕添食 MH,蚕能迅速引起反应,使之失活或排出体外。MH 在体内的失活机制是:

①进一步羟基化,在 β-MHC26 位上羟基化,使活性减半。

②脱氢作用,在甾核 C3、C4 位上脱氢,成脱氢蜕皮素。

③与葡萄糖苷或脂蛋白结合,降低生理活性。

④降解作用,在酶系作用下,使甾核侧链断裂,成失活性的降解物随粪尿排出体外。

179

5. MH 的功用

MH 直接作用于外胚层来源的组织器官,其主要功能是如下。

①激发新皮形成和脱下旧皮。其作用包括:激发外胚层源细胞中各种酶系的活性,促使细胞增大和细胞分裂;促使细胞分泌活动,产生新的上表皮,促进分泌蜕皮液,激活几丁蛋白酶溶解内表皮,使旧皮松脱;皮细胞继续在新上表皮下分泌表皮物质,促使形成二酚氧化酶,增加该酶浓度,促进酪氨酸代谢,使体型鞣化、着色。

②激发蛋白质和酶类的合成。实验将 MH 注入吸血椿象若虫体内数小时后,体型细胞核仁即增大,细胞质中 RNA 量增多,脂肪体细胞也有同样变化,说明 MH 是在细胞核水平上发生作用。RNA 和蛋白质的合成,均在前胸腺分泌 MH 后立即上升。

斯里特哈拉(Sridhara,1981)用多音天蚕蛹及翅表皮细胞培养研究证明:β-MH 能诱导一系列蛋白质和 m-RNA 的合成,在注射 β-MH 4h 内,RNA 多聚酶 I、II 的活性就有提高,注射 26 h 后,两种酶的活性增至最高。

③MH 有增强细胞呼吸代谢作用。当 MH 作用于细胞后,呼吸率立即升高,线粒体数量和体积随之增加,滞育昆虫和非滞育昆虫的能量供应系统的主要差别在于线粒体上某些特殊酶的多少,即是说,昆虫停止生长进入滞育状态,与激素平衡失调引起生理和生化反应停滞有关,其作用机理是:由于 MH 浓度减小,引起细胞色素 B 及 C 缺乏,而代之以另一种特殊氧化酶,即细胞色素 B5 所致。

4.3.4 内分泌对昆虫生理的调节

4.3.4.1 对生长发育的调节

蚕的生长发育是生理活动的综合表现,生长的表征是体重的增加,发育的表征是蜕皮、变态和性器官的成熟。

1. 生长和发育过程的激素调节

生长和发育受咽侧体激素、前胸腺激素和脑激素的调控。其中 JH 对生长起主导作用,MH 对发育起主导作用,但均受脑和脑激素的支配。

在幼虫生长发育过程中,这 3 种激素的分泌活性均呈周期性的变化。JH 从蚁蚕起,各龄均是前期分泌旺盛,促进体细胞的迅速增大;各龄中期出现脑激素短暂分泌,抑制 JH 的分泌而活化前胸腺分泌蜕皮激素,从而促进蛋白质的合成(包括结构蛋白和酶蛋白),促使细胞充实和细胞分裂、分化,达一定程度即诱导幼虫蜕皮。如此反复循环,经数次蜕皮,幼虫显著长大,幼虫期蜕皮次数即是 JH、蜕皮激素和脑激素在幼虫期的周期性分泌次数。1 个龄期的长短亦决定于该龄 JH 分泌量的多少,即咽侧体机能的强弱。

当幼虫至末龄时,咽侧体结束周期性变化,约在起蚕后 72 h 停止分泌活动,当血液中 JH 浓度减至一定阈值后,脑激素分泌,促使前胸腺分泌 MH 而使幼虫变态。

末龄幼虫开始 MH 分泌出现 3 次高峰:第一次高峰,促使幼虫停食,排空肠内容物,中肠组织解离,体壁细胞开始从幼虫型向蛹型转换,同时吐丝结茧;第二次高峰,促使丝腺细胞解离,蛹皮形成,进入"潜蛹期",不久蜕皮化蛹;第三次高峰,促使蛹组织解离,成虫器官芽发育,成虫体壁形成,成为"潜成虫",并使卵巢发育,化蛹第 6 天左右,前胸腺退化,此后,又恢复了咽侧体的分泌活性,认为这种恢复分泌 JH,对卵细胞的发育成熟和滞育性的决定有一定关系(图 4.11)。

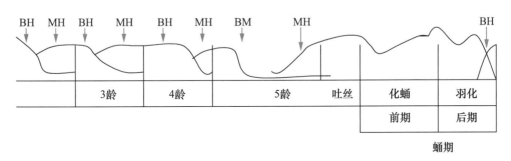

图 4.11　BH 和 MH 分泌相

已知家蚕幼虫期 JH 的分泌活性是第 1 龄最强,依次是 1 龄＞2 龄＞3 龄＞4 龄＞5 龄,因而幼虫期各龄的生长倍数,也是 1 龄最大,5 龄最小,呈正相关,生长倍数是 10＞8＞6＞5＞4(表 4.3)。

表 4.3　蚕体重、丝腺重的各龄成长倍数

幼虫期	丝腺重量		蚕体重量		丝腺占蚕体重量的百分率/%
	对蚁蚕倍数	各龄增长倍数	对蚁蚕倍数	各龄增长倍数	
1 龄中	20	20	10	10	5.3
2 龄中	120	6	80	8	4.6
3 龄中	600	5	500	6	2.9
4 龄中	4 000	6	2 500	5	2.4
5 龄中	160 000	40	10 000	4	45

2. 对幼虫蜕皮和变态蜕皮的调节

根据 Williams 和 Kafatos(1971)提出的激素对基因的作用要点:蚕体细胞中存在幼虫、蛹、成虫 3 个基因组,每个基因组均被自己的主调节基因所控制。在 JH 浓度高时,蛹与成虫的主调节基因的抑制物质与 JH 结合,对蛹与成虫的基因起抑制作用,当 MH 分泌达一定量时即引起幼虫的生长蜕皮。末龄幼虫咽侧体机能衰退,JH 在血液中浓度显著降低,MH 达一定量时,蛹主调节基因的抑制物质对蛹基因组的抑制作用解除,蛹基因组开始工作,而蛹基因组新合成的幼虫主基因抑制物质和成虫主基因抑制物质分别对幼虫基因组和成虫基因组起抑制作用,因此引起化蛹蜕皮。在蛹期的最初 2/3 期,咽侧体停止分泌活动,血液中不存在 JH,而只有 MH 单独作用时,成虫主基因抑制物质解除对成虫基因组的抑制作用。成虫基因组生成成虫型基因产物,包括其活性不受 JH 影响的幼虫抑制和蛹抑制因子,从而引起成虫蜕皮。简言之:

①咽侧体活性强,JH 分泌量多时为幼虫蜕皮;

②咽侧体活性衰退,JH 分泌量少时,诱导化蛹蜕皮;

③咽侧体停止活动,JH 完全不存在时为成虫蜕皮。

4.3.4.2 对丝腺生长和丝蛋白合成的调节

丝腺发生于胚胎发育的缩短期(戊 3 配子),由下唇基部的外胚层内陷而成。刚孵化的蚁蚕 1 条蚕体重约 0.45 mg,丝腺仅重 10 μg(为体重的 1/45)。在幼虫期丝腺细胞只是增大,而不再进行分裂。1 头蚕的丝腺细胞为 892～1 245 个(其中后部丝腺为 396～592 个)。

丝腺重量的增长远比体重增长显著,5 龄成熟蚕体重 4.5 g,至熟蚕时体重 3.5 g,丝腺 1.6 g。

丝腺生长的特点是 1 龄至 5 龄第 3 日生长慢,仅占体重的 2.5%～5% 以下,而第 5 龄第 4 日开始至熟蚕仅 3～4 d 即达体重的 45% 左右。

丝腺的这种异乎寻常的生长现象,是蚕体内激素平衡调节的结果,如前所述,蚕的生长、发育由咽侧体和前胸腺分泌的激素相互调节控制。咽侧体分泌的 JH 促进细胞 DNA 的合成(而抑制 m-RNA 和蛋白质的合成);MH 则促进 RNA(蛋白质)的合成。这两种核酸的合成是相互分离的,甚至是相互排斥的。当体内环境存在大量 JH 时,促进 DNA 合成,当咽侧体机能逐渐衰退,乃至停止分泌时,蜕皮激素起主导作用,促进细胞 RNA 的合成,而使丝腺迅速发达,极度生长,同时蛋白质大量合成充满腺腔,幼虫老熟吐丝,接着化蛹。当化蛹后由于咽侧体已不分泌 JH,残余的 JH 为 JH 酶所分解殆尽,作为幼虫器官的丝腺被解离。故 JH 的存在即限制丝腺的成长发达,又有维持丝腺形态机能的作用。

4.3.4.3 对生殖的调节

昆虫的生殖系发育与生长发育一样,有明显的阶段性,一般在成虫时才发育完全,交尾产卵。但不同类型的昆虫生殖系的发育具有不同的特点,大致可分为两类:

第一类昆虫,从幼虫期开始至成虫时不断发育,至成虫时卵巢及睾丸尚未完全成熟,需在成虫期再经一段时间的摄食,卵和精子才成熟,方可交尾产卵。如蝗虫、吸血椿象等。

第二类昆虫,从幼虫发育至蛹后期已基本成熟,羽化后,成虫不需取食,即可交尾产卵,如家蚕、柞蚕等。

在上述两类昆虫中,第一类即成虫期需摄食才产卵的昆虫,CA 所分泌的 JH,调节着昆虫的生殖生理过程,如蝗虫在羽化 7 d 左右表现交配活动,而羽化后 15 d 左右,卵巢内卵粒才发育成熟。若在羽化的第 1 d、2 d 内将雌蝗的咽侧体摘除,不管外界的条件怎样适宜,雌蝗的卵巢仍不能发育,直到死亡都不能产卵。如植入咽侧体,即可恢复卵巢发育和产卵。因此,这类昆虫的生殖生理必须有咽侧体分泌的 JH 调节,并认为这类 JH 是 JH-3,又称促生殖激素。

第二类为家蚕等昆虫,卵巢的生长及卵的发育、成熟主要在蛹期完成,过去许多实验证明,无论是在幼虫期或蛹期摘除咽侧体都不见有阻止卵成熟的现象发生(福田,1940)。但最近,山下、诸星、长岛、满井等许多试验认为:脑、咽侧体、前胸腺所分泌的激素对生殖细胞的成熟,对生殖行为均有一定影响。

1. 对卵巢及卵发育的影响

①山下发现,蛹期摘除 CA 后,产卵量大大减少,认为 JH 与卵的成熟发育有关。雌蛹摘除 CA 后只有少量卵能利用贮存的 JH 发育成熟,多数卵因 JH 缺乏不能完成发育。

②1973 年诸星用 JH 类似物,在 5 龄期的每头蚕注射 1 μg 和 10 μg,调查其数量性状,发现有增加茧重和产卵量的效果。

③1977 年、1978 年长岛荣一在蛹期注射 JH 也得到了类似的结果,他用 JH-1,在化蛹后第 1 d、4 d、8 d,每头注射 0.02 μg 和 0.2 μg 与对照比较,结果发现,在化蛹第 4 d,0.02 μg 注射区的造卵数比对照显著多,第 8 d 区也有增加倾向。但每头 0.2 μg 区造卵数减少,认为 JH 能增加造卵数,又能抑制卵黄蛋白的合成。

又在蛹期的第 1 d、4 d、7 d,每头用 5 μg MH 处理时,造卵数减少,尤以化蛹第 4 d 区减少最显著。与 JH 处理相反,电泳发现,经 MH 处理者卵内卵黄蛋白含量比 JH 处理者多。

再以 MH、JH 处理后,卵对摄取 3H-酪氨酸情况看,MH 处理者摄取量多于 JH 处理者。

可见,JH 对增加造卵数促进卵成熟有一定的作用;MH 则对卵黄蛋白的合成有促进作用。

2. 对睾丸及精子发育的影响

睾丸的初级精母细胞一般在 3 龄出现,4 龄初开始第 1 次成熟分裂,至 5 龄末进入第 1 次成熟分裂的中、后期,而第 1 次成熟分裂的后期到第 2 次成熟分裂结束很快,只需 1 日即完成。化蛹前大多已分裂成精细胞,以后再经 5~6 d 即成精子。

根据实验,脑、咽侧体、前胸腺对精母细胞的成熟分裂和精子的形成等有影响。

①1975 年,矢木从 4 龄 24~28 h 的虫体内取出睾丸培养在 5 龄第 4 日幼虫血液中发现:若加入 JH,则抑制了初级精母细胞的成熟分裂;若加入 MH 能引起精母细胞的成熟分裂,促进发育。

②1976 年满井在 5 龄起蚕后 24 h 以内(即开始形成精子前),用 JH 100 μg 涂于蚕体,发现精子的形成延迟,但在 3 龄时摘除咽侧体的蚕,则在手术后 4 d,即见有精子形成并早熟化蛹。又在 4 龄蜕皮 72 h 内,在胸腹部间结扎,分离的腹部只能形成少量精子,若再用每头 10 μg MH 涂于蚕体,则能促进精子迅速形成。

实验证明,JH 对精母细胞的成熟分裂和精子的形成有抑制作用,而 MH 对精子的形成有促进作用,是精子形成的必需条件。

③腾野(1977)用手术无脑蛹对睾丸作了观察研究,发现缺乏脑激素时多数精子束内包含无核精子。即使是有核精子束也不能穿过睾丸基室的底膜进入输卵管,人脑激素不但影响精子的发育,而且能影响精子的行动。

3. 对产卵行为的调节

认为脑激素能调节产卵行为,交配过程中,雌蛾脑的产卵中枢受到交配活动的刺激,能指令心侧体分泌产卵激素,促使卵管蠕动,蚕卵向产卵管末端输产出。

4.3.4.4　对滞育的调节

滞育现象是昆虫对环境的一种生理性适应。因种的遗传性可在不同虫态发生。滞育又分专性滞育(即内因性滞育)及兼性滞育(外因性滞育)两种。专性滞育是由内因决定,是必须发生的,一般一年只发生一次;兼性滞育是外因性引起的滞育,一年内可不经常也可发生 2 次或 2 次以上。

外因性滞育现象常由环境条件,如温度、光、湿度、饲料的变化而引起,内因性滞育决定于上个世代环境条件及遗传性。

1. 成虫滞育

成虫滞育指繁殖停止。更确切地说是卵黄的发生出现停滞。如马铃薯甲虫,短光照能诱发其成虫滞育,其机制是光首先刺激脑,脑再调节咽侧体活性,增加取食,在脂肪体中大量积累蛋白质和糖苷,然后钻入地下潜伏停止繁殖,开始滞育,潜伏几个月不动。经研究表明,成虫滞育的原因是由于 JH 缺乏。若将活化的 CA 或 JHA 注入该虫体,即可终止其滞育。

2. 蛹滞育

蛹滞育是因缺少脑激素,造成 PG 不活化所引起。若激活脑或注射 MH 即能解除蛹滞育。

柞蚕属蛹滞育,一般从夏末到春初滞育,经 10℃ 以下低温数周即可使滞育终止。若将滞育蛹脑摘除,则成永久蛹。

蛹滞育主要与光周期有关,我国东北地区是长日照,一年发生 2 代,第 2 代遇短日照发生蛹滞育;江南地区是短日照,一年只发生一代,每代均为蛹滞育。若将河南种移至东北养,则 1 化即变为 2 化;反之,东北种移至河南养,即成 1 化。

解除蛹滞育的条件:①将滞育蛹放在长日照条件下(1 日光照 16～18 h,25℃);②将滞育蛹接触数周低温(10℃ 以下);③注射无机盐或创伤。

3. 幼虫滞育

幼虫滞育是由于 JH 浓度过大而引起的。如各种螟虫均是。螟虫的体液 JH 浓度,在开始滞育时为 4 300 蜡螟单位/mL,第 120 d 后降至 200 蜡螟单位/mL,解除滞育时 70 蜡螟单位/mL,而非滞育幼虫一直保持在 140 蜡螟单位/mL。滞育幼虫比非滞育者 JH 浓度高 31 倍。

1980 年西伯特(Siebert)用脑离体培养证明,JH 浓度过高能抑制脑激素分泌,从而使 PG 不活化,缺 MH 而使幼虫不能化蛹。

解除幼虫滞育的条件:①将滞育幼虫移至长日照条件下,促使 CA 活性下降,JH 浓度降低;②移植脑或注射 MH;③孵化后的幼虫一直生活在长日照条件下,即不发生幼虫滞育。

4. 胚胎滞育(卵)

胚胎滞育是由其母代胚胎期或幼虫期、初期蛹的环境条件所决定的,总的说,胚胎期和幼虫期高温、长日照,能诱导胚胎滞育。

长谷川(1951)和福田(1952、1963)试验证明,受脑控制的咽下神经节能分泌 DH,分泌时期是在化蛹第 3 日以后。而温度和光照的物理信息,早在胚胎发育末期即已存在于脑细胞中,幼虫期及蛹初期继续贮存信息。但直至化蛹第 3 日后才将"指令"下达给咽下神经节。

(1) DH 的靶细胞。卵巢和脂肪体是 DH 的靶细胞。在产滞育卵的蛹体中,卵巢糖原的含量很高,较形成非滞育卵的蛹多约 1.6 倍;若摘去咽下神经节,卵巢糖原含量即直线下降;反之若将摘出的咽下神经节匀浆后注射到上述去咽下神经节的蛹体中,卵巢糖原含量又会增加。实验证明卵巢糖原的直接来源是血液海藻糖,而血糖的来源则是脂肪体糖原。

此外,DH 能使卵内的甘油三酯、胆甾醇和眼色素前体——3-羟犬尿氨酸的含量提高。1976 年山下兴亚等创造的生物检测滞育激素进入卵内的方法,即是以测定 3-羟犬尿氨酸进入蚕卵量的多少为指标的。

(2) DH 的作用机制:认为主要是调节物质代谢体系。

对蛹体碳水化合物代谢的调节:DH 作用于卵巢并促进卵巢糖的合成,同时血液海藻糖和脂肪体糖原量减少。这个合成体系由:①海藻糖酶;②己糖激酶;③磷酸葡萄糖变位酶;④UDP-葡萄糖焦磷酸化酶;⑤UDP-葡萄糖基转移酶等 5 种酶所构成。其中受 DH 调节的是海藻糖酶,其活性随 DH 的增加而显著增加,这就出现了蛹体内整个碳水化合物代谢方向和速度受到调节,即

$$脂肪体糖原 \rightarrow 血液海藻糖 \rightarrow 卵巢糖原$$

对蛋白质代谢的调节：卵黄原蛋白(Vg)是蚕卵重要的组成蛋白，约占总蛋白量的40％，但实验证明这种蛋白与滞育无关。而蚕卵中存在一种叫三氯乙酸不溶而可溶于酸性乙醇的清蛋白，与滞育有密切关系，这种蛋白称酯酶A，是激起胚胎发育的关键酶。滞育卵内酯酶A的活性非常低，解除滞育时其活性先升高。这种酶的消长与滞育的解除相对应，即DH不但抑制酯酶A的活性，还抑制其合成。

对脂质代谢的调节：根据摘除咽下神经节或注射滞育激素实验证明：DH在蛹中期能促进卵巢积累脂质，尤其是甘油三酯的含量，在家蚕蛹的脂肪体和卵巢的脂类主要是甘油三酯，而体液中则是甘油二酯。摘除咽下神经节后对脂肪体和卵巢脂肪的积累有明显影响，但对体液中脂肪量无影响。

色氨酸系色素代谢的调节：家蚕滞育卵中特异现象之一是浆膜色素的形成。这种色素经由：色氨酸→犬尿氨酸→3-羟犬尿氨酸(3-OHK)→眼色素这一代谢途径生成。刚产下的滞育卵，尚处于3-OHK阶段，其含量约比体液高10倍以上，故认为DH能使3-OHK主动向卵巢及卵内运输。给产非滞育卵的蛹注射DH，也能使卵巢显著增加3-OHK的含量。

核酸代谢的调节：滞育卵在受精后，DNA进行强烈合成，但到一定时期(24～25℃经48 h)，这种合成即变得非常微弱。在胚胎尚未进入滞育之前，蚕卵DNA的合成实际上已难以检测到，蚕卵DNA合成中止，直接影响到细胞分裂的进行，并成为胚胎滞育发生的直接原因。

被摘除咽下神经节的母蛾所产非滞育卵，则完全不同，受精后DNA的增加几乎呈直线上升，没有中止和降低的现象。强烈的DNA合成过程，是细胞分裂和胚胎发育的先决条件。

总之，滞育激素可对各种物质代谢产生影响，从而引起蚕卵滞育，同时表明，卵的代谢状态，不是在卵产下后才决定的，而是卵在卵巢内发育时，已大致被决定了。

4.4　昆虫激素的作用机制

昆虫生命过程中一切生理生化代谢过程、特征、特性的表现都离不开激素的调节，而这些调节又决定于遗传基因和环境的影响。

4.4.1　控制内分泌的基因

家蚕有28对染色体，其中常染色体27对，性染色体1对(ZZ,ZW)。其染色体上均存在支配蚕各种生理性质、形态特征和经济性状的基因。现已查明支配经济性状的基因主要有以下几种。

1. 眠性主基因

在第6染色体3位点上，$M^3 > +^M > M^5$，M^3为显性，M^5为隐性。1983年诸星提出眠性基因对CA分泌JH有支配作用，但田岛认为(1978)该基因是支配PG机能的。

2. 化性主基因

在第6染色体21.5位点上，$V^1 > +^V > V^3$，即V^1为显性基因，V^3为隐性，主要支配SG的分泌机能。

3. 成熟主基因

在 Z 染色体 2 位点上，Lm＞＋^{Lm}＞Lme，Lm 是迟熟基因，Lme 是早熟基因，主要支配脑的机能。

4. 3 种基因与激素的相互关系

图 4.12 是蚕中枢神经系统位置和支配脑及 CA、SG 机能的各主基因的机能。M^3 为 CA 激素分泌强，M^5 为 CA 激素分泌弱。支配 Br 机能的 LME 强烈抑制 CA，而刺激 SG 微弱；Lm 抑制 CA 微弱，刺激 SG 强烈。V^1 分泌 SG 机能强烈，V^3 分泌 SG 激素微弱。

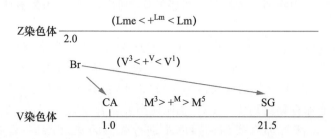

图 4.12　染色体上各基因的位置和内分泌器官的关系

注：Lme、＋^{Lm}、Lm 是支配脑(Br)机能的性成熟基因(早熟、中熟、晚熟)；M^3、＋^{M}、M^5 是支配(CA)的 3 眠、4 眠、5 眠性各主基因；V^3、＋^{V}、V^1 是支配 SG 机能的多化、2 化、1 化性各主基因。

滞育性主基因和伴性成熟基因的关系是：隐性早熟基因(Lme)微弱刺激 SG，但强烈抑制 CA，故最终幼虫的发育加快，将 V^1 向＋^{V} 方向，＋^{V} 向 V^3 方向变化。显性迟熟基因(Lm)不仅强烈刺激 SG，而且微弱刺激 CA，故最终幼虫的发育延迟，使 V^3 向＋^{V}，＋^{V} 向 V^1 方向变化。

眠性主基因和伴性成熟基因的关系表现为 Lme 强烈抑制 CA，故眠性 M^5 向＋^{M}，＋^{M} 向 M^3 方向变化。

4.4.2　环境的影响

脑对所有内分泌起支配作用，而脑机能在一定程度上又受环境的影响。脑前方二细胞，后方三细胞等接受环境的刺激，并以神经内分泌化学刺激和神经电刺激来调控 CA、CC、PG 和 SG 的机能。

1. 神经刺激强的条件

催青和小蚕期高温、长光照，大蚕期和蛹期低温、短光照，幼虫期营养的 C/N 比大，则 CA 分泌 JH 的机能强，幼虫经过延长，刺激 SG 分泌 DH 强烈，分泌 DH 量多，多产滞育卵，反之，经过短，产非滞育卵。

2. 脑激素分泌量多的条件

催青、小蚕期低温、短光照，大蚕期和蛹期高温、长光照，幼虫期营养 C/N 比小，则蚕脑激素分泌早，分泌量多，对 CA 的抑制作用大，对 PG 促进作用大，因此，经过短。凡脑激素分泌机能强者，经过短，发育快，蚕体小，茧重轻，产非滞育卵。

蛋白质营养状况与发育速度有很大的关系。小蚕期吃蛋白质营养丰富的嫩叶发育快。当蛋白质营养低于 8% 时,蚕不能发育就眠。

4.4.3　激素的作用机制

1. MH 的作用机制

MH 类能活化基因,引起染色体疏松,促使特定蛋白质的合成。根据观察结果,Karlson(1980)提出 MH 作用的模式:

①MH 在血液中与球蛋白结合输送到靶细胞时,与球蛋白脱开,进入细胞,立即由细胞质受体蛋白结合成复合物;

②受体蛋白复合物变构进入细胞核;

③MH 受体复合物与染色质 DNA 的特定部位结合,特定基因便开始转录生成信使 RNA;

④信使 RNA 经加工,产生 mRNA,转入细胞质内,与核糖体结合,进行转译,指导特定蛋白质的合成(图 4.13)。

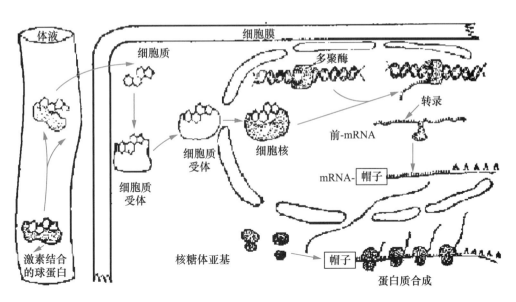

图 4.13　蜕皮激素作用机制的分子生物学图解(仿 Karlson,1980)

2. 保幼激素的作用机制

JH 对基因的作用,决定于幼虫蜕皮、化蛹蜕皮和成虫化蜕皮,图 4.14 主要介绍 JH 调控卵黄原蛋白合成机制(镇西,1983)。

卵黄原蛋白在脂肪体细胞中合成,合成后分泌到血液中,为卵母细胞所摄取(小野,1975),成为主要的卵黄蛋白和卵黄磷蛋白(由 16 种氨基酸组成)。

3. 滞育激素的调节卵巢糖原合成机理

国外学者大都集中注意力于 DH 与蚕卵碳水化合物代谢的关系(茅野,1958;山下,1984)。认为 DH 的靶组织为卵巢,促使卵巢糖原合成与积累,而体液与脂肪体内碳水化合物代谢的变

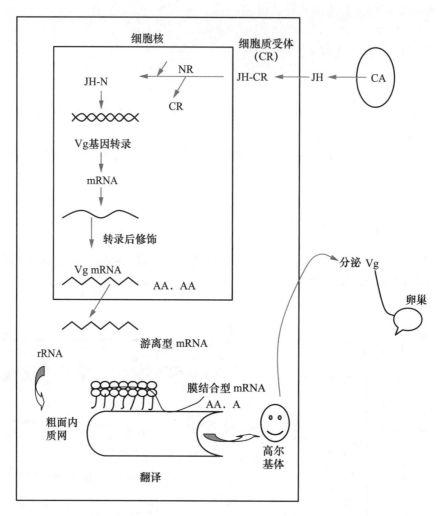

图 4.14　**JH 调控卵黄原蛋白合成机制**（仿镇西，1983，有修改）

化乃卵巢糖原合成引起的衍生性作用。图 4.15 表明了滞育激素调节家蚕卵巢糖原合成的机理。

①DH 首先与受体蛋白结合（DH 受体）；

②DH 受体复合物与 cGMP 调节物作用，以减低 cGMP 水平，由于 cGMP 含量降低的结果，细胞膜内的海藻糖酶活性增强，从而促进膜对血液中海藻糖的吸收速度，以及海藻糖经葡萄糖通过细胞膜向细胞质的转运过程；

③使卵母细胞内糖原大量合成。

此外，甲斐和长谷川等研究报道蚕卵内的酯酶 A_4，其活性受 DH 调节，且该酶活性的增长与滞育发生、持续、解除过程相对应。甲斐和缪云根提出 DH 对酯酶 A_4 起栓锁的作用（1988）。长谷川（1975）、山下（1982）的研究则证明，滞育与浆膜着色现象有关联，3-羟犬尿氨酸是形成浆膜色素的前体。DH 能促进 3-羟犬尿氨酸向卵巢透过并积累；还能促进卵巢内三酸甘油酯的积累（长谷川，1973），即 DH 有调节卵巢中脂肪代谢作用。

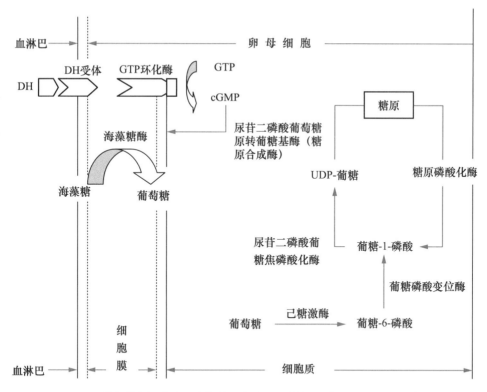

图 4.15　滞育激素调节家蚕卵巢糖原合成机理模式图（仿山下,1984,有修改）

4.5　激素的应用

4.5.1　内源激素的调控与应用

已知家蚕的发育经过时间、蚕体重、蚕茧重、茧丝量均是 Lm＞＋^{Lm}＞Lme;M^5＞＋M＞M3;V1＞＋^{V}＞V^3;体质则是 M^3＞＋^{M}＞M^5;V^3＞＋^{V}＞V^1;Lme＞＋^{Lm}＞Lm。

为此,生产上常采用 2 化或含 2 化血统的 4 眠蚕杂交种,利用其遗传的不稳定性,通过控制环境条件使其经济性状向 1 化性方向变化,既体质强健,又高产优质。具体做法如下。

1. 催青期

从胚胎突起发生即脑形成时开始,至转青,必须用 25～27℃高温,每日光照 16～18 h,可使脑机能向 1 化性方向转变;为保证蚁体健壮,相对湿度用 80％～85％为好。

2. 幼虫期

主要调控温度、光线与营养。

(1) 温度与光线　小蚕期高温、照明,脑激素分泌多,小蚕期经过短,则 CA 保持幼嫩状态,到大蚕期,特别是 5 龄期,仍能有较大的分泌活性,使 5 龄经过延长;大蚕期低温、遮光,脑激素分泌少,MH 分泌迟,则经过延长,蚕食下桑叶量多,全茧重、茧丝量多。反之,则 5 龄的经过短,蚕体小,茧丝量少。

（2）营养方面　主要是饲料的 C/N 比。C/N 比大，发育慢，但健康，C/N 比小，发育快，但蚕体虚弱。小蚕期主要是健康、好养，俗话说："养好小蚕一半收"，小蚕期抵抗力弱，且小蚕 C/N 比大有利于保持 CA 在大蚕期的活性，而使大蚕期经过延长，食下更多的桑叶，而增大蚕体和增产蚕茧。

4.5.2　外源激素的应用

外源激素的应用在昆虫方面开始主要是作为无公害的杀虫剂被研究的。

在蚕方面，自 1971 年赤井弘等发现 JH 能延长蚕的龄期经过，增加丝量以来，集中研究了人工合成各种 JH 类似物，以及从植物中提取各种 MH 类似物对蚕茧生产的作用。

目前从 1 000 余种植物中筛选，已提取到 40 余种化学结构不同的有 MH 活性的 MH 类似物，同时人工合成了数十种 JH 类似物。

有人发现 MH 有抑制哺乳动物肿瘤的作用，也有人发现 JH 有抗衰老作用等，于是引起了对昆虫激素应用研究的广泛重视。

在养蚕方面的应用研究也很多，应用情况主要介绍如下：

4.5.2.1　JHA 的应用

JHA 的应用主要有 ZR515（蒙达）、734、738、增丝灵等。

1. 增产茧丝

在 5 龄期饷食后的 72～84 h（春蚕期、5 龄期有 7～8 d）JH 停止分泌时（夏秋蚕期在 6 d 左右的品种，则在 5 龄饷食后 48～65 h），每头蚕用 ZR515，或增丝灵 1 μg，738、734 每头 1.5 μg 即可使 5 龄期延长 1～1.5 d，增加食桑时间和食桑量，增产蚕茧和茧丝。

可见，JH 处理虽能增产蚕茧和茧丝，但吃下的饲料多，且转化成蛹体的效率比转化成丝的效率高，因此其叶丝转化率低（表 4.4）。

表 4.4　保幼激素类似物的增产效果

用量	食下饲料量/g	蚕体重/(g/头)	后部丝腺重/(g/头)	脂肪体重/g	蚕茧重/g	蛹体重/g	茧层率/%	叶丝转化率/%
对照	19.4	3.88	0.386	0.272	2.16	1.70	20.91	2.33
2 μg/头	24.0	5.06	0.440	0.412	2.83	2.20	19.03	2.27
8 μg/头	26.2	5.08	0.430	0.414	3.01	2.47	17.78	2.04

2. 诱导超龄幼虫生产特大茧

若在 4 龄起蚕后 5 h，用 JHA 50 μg/头（ZR515）处理，可获得 6 龄幼虫结出特大蚕茧（表 4.5）。

表 4.5　保幼激素类似物对蚕生长发育的影响

用量	4 龄经过/d	5 龄经过/d	6 龄经过/d	全茧重/(g/头)
对照	4.5	6.5		2.56
JHA 区	4	5	8.5	3.58～3.34

3. 增加产卵数

诸星静次郎(1973)用 JHA 在 5 龄期以每头 1 μg 和 10 μg 处理,调查其滞育卵数,结果发现,在 5 龄第 48 h 用 10 μg/头处理,平均每蛾产卵数量多可达 763.4 粒,对照为 663.5 粒,为对照的 115.06%。但非滞育卵占 52.38%,生产上不宜应用。但若用 1 μg/头处理,则每蛾平均产卵 703.2 粒,为对照的 105.9%,且均产滞育卵。

4.5.2.2 MH 类似物应用

目前提取 MHA,江苏、浙江用筋骨草、牛膝,四川用龙胆草,云南用露水草等。从植物中提取的 MHA,一般称植源性 MH,能使蚕的龄期缩短,促进老熟变态。方法是在大批蚕中见熟 5% 左右时添食 MHA,1~2 μg/头(2 万头蚕用 20~40 mg,1 支)加水 2 kg,喷在 15~20 kg 桑叶上,可使 5 龄期缩短半天左右,且蚕老熟齐一。吐丝营茧速度加快。特别在缺叶时,可作应急措施。

一般在傍晚添食,第 2 天提熟蚕,或早晨添食,下午提熟蚕为好,一般添食后 10 h 左右即可老熟上蔟,但过早添食影响茧质。

4.5.2.3 AJH 的应用

AJH 包括 KK-42、KK-22、KK-84、SSP-11、SM-1 等。

1972 年村越重雄在调查真菌毒素类对家蚕幼虫的经口毒性时,发现 4 龄蚕添食曲酸,从 4 眠性杂交种中出现了 3 眠蚕。由于曲酸的添食与摘除咽侧体有相似的早熟化蛹现象,认为可能是抑制了 CA 引起,以后,村越重雄和松本正男等在调查出现 3 眠蚕的化学构造间的关系时,又发现了多种能诱发 3 眠蚕的化学物质。目前已知能诱导 3 眠蚕的化学物质有 20 多种。

目前在蚕茧生产上研究应用的主要是 KK-42、SSP-11、SM-1 等几种。AJH 水溶性者用混入饲料添食给予,脂溶性者则以体喷内吸,生产上应用者多为咪唑类化合物。应用的目的主要是诱导 3 眠蚕,生产超细纤度茧丝。

方法是在 1~4 龄任何龄期的饲食至 48 h,每次给予诱导剂处理,都能不同程度地诱导出 3 眠蚕,生产出不同细纤度茧丝,各龄的诱导结果如表 4.6,表 4.7 所示。

表 4.6　不同龄期诱导剂的效果与发育经过

处理时间	三眠化率/%	当龄经过/d	全龄缩短天数(与对照比)
第 1 龄	50	1~2.5	缩短 1 d 左右
第 2 龄	90	1~2.5	缩短 2 d 左右
第 3 龄	100	1~2.5	缩短 3 d 左右
第 4 龄	100	1~2.5	缩短 5 d 左右
第 5 龄	—	1~2.5	延迟 1 d 左右

发育经过与茧形大小、茧丝量呈正相关。5 龄期特别是中期处理者能显著提高叶丝转化率和茧层率(表 4.8)。

表 4.7　不同龄期处理对茧质的影响

处理时间	平均茧层量/(g/头)	平均茧层率/%	茧丝纤度/D
第 1 龄	0.50	20.81	
第 2 龄	0.45	19.60	
第 3 龄	0.38	17.89	2.0
第 4 龄	0.20	13.70	1.0
第 5 龄	0.67	22.01	3.2
对照	0.65	21.16	3.0

表 4.8　咪唑类化合物 300 mg/L 液对家蚕眠性、茧质和叶丝转化率的影响

项目	春期(菁松×皓月)0～48 h					夏期(浙农 1 号×苏 12)			
	2 龄	3 龄	4 龄	5 龄	对照	4 龄 (0～48 h)	5 龄 (0～48 h)	5 龄 (48～96 h)	对照
三眠率/%	100	100	100	0	0	100	0	0	0
经过/(日:时)	25:19	24:14	23:08	28:13	28:08	16:22	20:02	20:22	19:22
全茧量/g	0.990	0.814	0.781	1.657	1.590	0.670	1.620	1.843	1.556
茧层量/g	0.224	0.177	0.140	0.397	0.375	0.103	0.303	0.340	0.280
茧层率/%	22.63	21.74	17.93	23.96	23.58	15.37	18.70	19.45	17.99
茧丝长/m	1 118.3	1 103.00	1 072.9	1 430.00	1 398.50	588.89	933.33	1 033.33	900.0
茧丝纤度/D	2.03	1.53	1.26	3.04	2.41	1.21	2.33	2.47	2.20
叶丝转化率/%	2.04	1.97	1.94	2.04	2.34	1.53	1.52	1.71	1.67

　　表 4.9 中茧质调查均为 3 重复小区,雌雄各 15 头的平均值,丝质为 6 颗茧一粒缫平均值。目前也有应用于种茧育研究和作品种保育的研究。因为从 4 眠蚕品种均可诱导发生 3 眠蚕,而对子代不发生任何遗传性状影响,因此,可以在研究单位用于蚕品种原始材料的保育,可大大节省桑叶、劳力、财力。蚕种场用此法生产蚕种,也可降低成本,有应用开发前景。

表 4.9　家蚕饲育中诱导 3 眠蚕的效果

处理	产卵数/头	指数	F₁ 全茧量 /(g/粒)	茧层量 /(g/粒)	茧层率 /%	万蚕收茧量 /kg
对照	476	100	1.703	0.391	22.96	16.39
4 龄处理	250	52.5	—	—	—	—
3 龄处理	368	77.31	1.592	0.373	23.43	15.07

　　添食咪唑类杀菌剂诱导 3 眠蚕,一般用 500～1 000 倍液,过高过低诱导率均差;又添食时间与诱导率影响很大:3 龄起蚕第 1 日添食的 3 眠蚕诱导率 80%;第 2 日为 90%;第 3 日添食仅 55%。4 龄第 1 日添食发生率 90%,第 2 日为 10%,第 3 日 5%,第 4 日添食则完全不发生。

4.5.2.4　吲哚丁酸(IBA)和赤霉素(GA)的应用

　　在 4 龄第 3 日和 5 龄第 1 日(12 h 内),分别用 0.03 mg/L 和 0.3 mg/L 添食 2 次,发现发育经过不延长,又不增加食桑量,能提高产丝量 2%～2.9%。比较其添食效果,添食浓度以

0.03 mg/L＞0.3 mg/L;4 龄第 3 日处理＞5 龄第 1 日处理;桑叶育＞人工饲料育。

IBA 增产原因,由 5 龄蚕后部丝腺的核酸分析知道,处理后 DNA 比对照增加 2％～91％; RNA 增加 13％～83％。就是说是促进后部丝腺细胞的核酸和蛋白质合成所致。

4.5.3　防治害虫

高剂量蜕皮甾酮:杀灭害虫,在害虫刚孵化时,即用高剂量的蜕皮甾酮处理,使幼小害虫内分泌严重失调致死。此法保幼激素使用时易有副作用,会使幼虫期经过延长,增加对植物的危害。也可用 AJH,通过早熟减少食下量来作为害虫的防治剂。

用性信息素诱杀害虫:为以野蚕和桑毛虫雌蛾诱腺分别用丙酮提取性信息激素,制成诱捕其雄虫的诱杀剂,有一定效果。

用生理活性物质破坏害虫性细胞达到不育的目的。目前研究试用的抑制卵巢发育的不育剂有两类。一类是抗代谢剂:如甲基氨基蝶呤和 5-氟尿嘧啶等。另一类是烃化剂:如绝育磷、不育胺和不育特等。在自然界使用化学不育剂,由于其对所有生物都有不良影响,同时价格也较昂贵,不能广泛应用。

4.5.4　医药上应用

伯德特(Burdette,1972),应用家蚕 MH 粗提物,发现对机体和离体的肿瘤、癌细胞有抑制作用,但其机制尚待研究。

有强壮作用的滋补酒(蛾公酒)用家蚕雄蛾浸渍制成,内含多种天然激素。并在青春宝、蜂王浆中测得有保幼激素活性。

另外,在水产壳类动物饲养中,发现河蟹脱壳非常困难,严重影响生长发育,甚至成活,目前正试用 MH 研究,促使顺利脱壳,有很大希望。

缪云根

参 考 文 献

[1] 王龙、胥秀英,等. 蜕皮激素的研究进展. 重庆中草药研究,2004,2(50):67-72.

[2] Chino H, Carbohydrate metabolism in diapause eggs of the silkworm *Bombyx mori*. I. change of glycogen content. *Embryologia (Nagoya)*,1957,3:295-316.

[3] Delbeque J, Weidner K and Hoffmann K. Alternative sites for ecdysteroid production in insects. *Invertebrate Reproduction & Development*,1990,18(1-2):29-42.

[4] Feldlaufer M and Svoboda J. Sterol utilization and ecdysteroid content in the house fly, Musca domestica (L.). *Insect Biochem*,1991,21(1):53-56.

[5] Grieneisen M. Recent advances in our knowledge of ecdysteroid biosynthesis in insects and crustaceans. *Insect Biochem Mol Biol*,1994,24(2):115-132.

[6] Hasegawa K and Yamashita O. Control of metabolism in the silkworm pupal ovary by the

diapause hormone. *J Sericult Sci Japan*,1967,36:297-301.

[7] Huw H. Biosynthesis of steroid hormones-comparative aspects. *Nova Acta Leopoldina*, 1984,267.

[8] Isobe M,Hasegawa K and Goto T. Further characterization of the silkworm diapause hormone A. *J Insect Physiol*,1975,21(12): 1917-1920.

[9] Jarvis T,Earley F and Rees H. Inhibition of the ecdysteroid biosynthetic pathway in ovarian follicle cells of Locusta migratoria. *Pesticide Biochemistry and Physiology*, 1994,48(2): 153-162.

[10] Kappler C,Hetru C,Durst F. and Hoffmann J. Enzymes involved in ecdysone biosynthesis. Ecdysone-from chemistry to mode of action. Stuttgart. *Georg Thieme Verlag*,1989,161-166.

[11] Kobayashi M and Yamazaki M. Brain hormone. In Invertebrate Endocrinology and Hormone Heterophylly (Burdett,W. J. ,ed),1974,p29-42,Springer-Verlag,New York.

[12] Koolman J and Karlson P. Ecdysone Oxidase,an enzyme from the blowfly Calliphora erythrocephala (Meigen). *Hoppe Seylers Z Physiol Chem*,1975,356(7): 1131-1138.

[13] Lachaise F,Carpentier G and Somm G J. Colardeau and P. Beydon, Ecdysteroid synthesis by crab Y ©/organs. *Journal of Experimental Zoology*, 1989, 252 (3): 283-292.

[14] Loeb M,Gelman D and Bell R. Second messengers mediating the effects of testis ecdysiotropin in testes of the gypsy moth, Lymantria dispar. *Arch Insect Biochem Physiol*,1993,23(1): 13-28.

[15] Maxwell R A, Welch W H and Schooley D A. Juvenile hormone diol kinase. I. Purification,characterization,and substrate specificity of juvenile hormone-selective diol kinase from Manduca sexta. *J Biol Chem*,2002,277(24): 21874-21881.

[16] Rees H. Biosynthesis of ecdysone. Comprehensive insect physiology, biochemistry and pharmacology,1985,7: 249˙C293.

[17] Rees H H. Ecdysteroid biosynthesis and inactivation in relation to function. *Eur J Entomol*,1995,92: 9-39.

[18] Sakurai S,Warren J and Gilbert L. Ecdysteroid synthesis and molting by the tobacco hornworm,Manduca sexta,in the absence of prothoracic glands. *Arch Insect Biochem Physiol*,1991,18(1): 13-36.

[19] Sakurai S and Williams C. Short-loop negative and positive feedback on ecdysone secretion by prothoracic gland in the tobacco hornworm,Manduca sexta. *General and comparative endocrinology*,1989,75(2): 204-216.

[20] Smith W A. Regulation and consequences of cellular changes in the prothoracic glands of Manduca sexta during the last larval instar: a review. *Arch Insect Biochem Physiol*, 1995,30(2-3): 271-293.

[21] Stay B,Fairbairn S and Yu C G. Role of allatostatins in the regulation of juvenile hormone synthesis. *Arch Insect Biochem Physiol*,1996,32(3-4): 287-297.

[22] Svoboda J and Thompson M S. In Comprehensive Insect Physiology Biochemistry and Pharmacology. K. G. A. and G. L. I. ,Pergamon Press,Oxford. 1985,10：137-175.

[23] Takeuchi H，Chen J H，O'Reilly D R，*et al*. Regulation of ecdysteroid signalling：molecular cloning, characterization and expression of 3-dehydroecdysone 3 alpha-reductase，a novel eukaryotic member of the short-chain dehydrogenases/reductases superfamily from the cotton leafworm,Spodoptera littoralis. *Biochem J*,2000,349(Pt 1)：239-245.

[24] Takeuchi H,Chen J H,O'Reilly D R,*et al*. Regulation of ecdysteroid signaling：cloning and characterization of ecdysone oxidase：a novel steroid oxidase from the cotton leafworm,Spodoptera littoralis. *J Biol Chem*,2001,276(29)：26819-26828.

[25] Takeuchi H,Rigden D J,Ebrahimi B,*et al*. Regulation of ecdysteroid signalling during Drosophila development：identification, characterization and modelling of ecdysone oxidase,an enzyme involved in control of ligand concentration. *Biochem J*,2005,389(Pt 3)：637-645.

[26] Yamashita O and Hasegawa K. Diapause hormone action in silkworm ovaries incubated in vitro：14C-trehalose incorporation into glycogen. *J Insect Physiol*,1976,22：409-414.

[27] Zhu X,Gfeller H and Lanzrein B. Ecdysteroids during ogenesis in the ovoviviparous cockroach Nauphoeta cinerea. *J Insect Physiol*,1983,29(3)：225-235.

[28] 大西英尔. 昆虫的内分泌系统（日文）. 比较内分泌学序说（日本比较内分泌学会编）东京：东大出版社,1976.

[29] 山下兴亚. 昆虫的一生与激素,变态、滞育的激素控制（日文）. 化学与生物,1978,16：616-625.

[30] 长谷川金作. 昆虫变态的生理化学（日文）. 东京：南江堂,1979.

[31] 伊藤智夫. 家蚕生化学（日文）,东京：裳华房,1984.

[32] 樱井胜. 昆虫激素的调控机理（日文）. 化学与生物,1981,19：70-79.

第**5**章

家蚕防御功能与养蚕用药物

蚕桑业的发展已有5 000年的历史,该历史过程也是人类认识病原微生物或其他致病因素与家蚕相互作用及与病害斗争的历史。

家蚕是一种寡食性昆虫,嗜食桑叶,又名桑蚕,其分类学位置为:节肢动物门(Arthropoda)、昆虫纲(Insecta)、鳞翅目(Lepidoptera)、蛾亚目(Heterocera)、蚕蛾科(Bombycidae)、蚕蛾属(*Bombyx*)、桑蚕种(*mori*)。学名为:*Bombyx mori* Linnaeus,由希腊文"绢鸣(bombos)"和桑树属名(*Morus*)而来。家蚕是一种具有十分重要经济价值的大型泌丝昆虫。除了家蚕以外,大蚕蛾科(Saturniidae)的柞蚕(*Antheraea pernyi*)、蓖麻蚕(*Philosamia cynthia ricini*)、天蚕(*Antheraea yamamai*)、琥珀蚕(*Antheraea assama*)、樟蚕(*Eriogyna pyretorum*)、大乌桕蚕(*Attacus atlas*)、柳蚕(*Actias selene*)和栗蚕(*Dictyoploca japonica*)等也有较好的泌丝功能,其营茧所吐之丝也在被人类所利用。也有许多学者认为家蚕是由桑园鳞翅目害虫之一的野桑蚕(*Bombyx mandarina* Leech)(通称野蚕)长期驯化而来。

家蚕属完全变态昆虫,在一个世代中经过卵、幼虫、蛹和成虫(蛾)4个形态和机能上完全不同的发育阶段。化性(voltinism)和眠性(moltinism)是家蚕的两个重要生物学特征,是家蚕在长期进化过程中形成的遗传特性,是与蚕茧产量和质量有着十分密切关系的生理现象。

家蚕以卵繁殖,卵有非滞育(不越年)卵和滞育(越年)卵两类。非滞育卵在产下后继续发育并形成胚胎(embryo),经过10 d左右的发育后孵化(hatching)而成为幼虫(图5.1)。滞育卵在产下后经过7 d左右的胚胎发育,然后进入一个暂时停滞发育的"滞育期(diapause stage)"。在此期间,胚胎形态的变化很小,即使给予适宜的温度,胚胎仍然不会向前发育。一般需要经过5~10个月(次年)后,胚胎才会继续发育和孵化成幼虫。

刚孵化幼虫因体色和形态类似蚂蚁而俗称"蚁蚕(newly-hatched larva)"。蚁蚕通过摄食食物(桑叶)而快速生长,体色由褐色(或赤褐色)逐渐变淡而呈青白色。幼虫长到一定程度时,吐出少量丝,将足固定于蚕座(rearing bed),不食不动,体内发生较大的生理变化,并形成较为宽大新皮和蜕去旧皮,该过程称之为眠(molting),此时称之为眠蚕(molting larva),

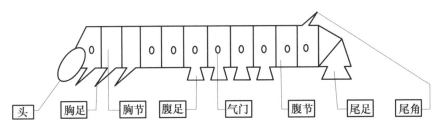

图 5.1　家蚕幼虫示意图

刚蜕皮尚未摄食桑叶的家蚕称之为起蚕（newly exuviated larva）。眠是家蚕划分龄期（instar）的界限,蚁蚕食桑后称 1 龄蚕,1 眠后食桑称 2 龄蚕,并依次类推。幼虫发育到最后一个幼虫龄期末期,逐渐停止食桑,蚕体收缩呈透明状,此时称熟蚕（mature larva）。

熟蚕吐丝营茧,经过剧烈的生理生化变化,在 3～4 d 内进行一次蜕皮,蜕去幼虫表皮后家蚕由幼虫变为蛹（pupa）,在蜕去幼虫表皮前也称之为预蛹（prepupa）。蛹期是幼虫向成虫过渡的变态阶段,外观上虽然没有明显的变化,但体内发生着急剧的生理变化,幼虫的组织器官解离,成虫的组织器官发生和形成。在经历 10～15 d 后羽化（emergence）成蛾,即成虫（moth）。

成虫（蛾）破茧而出,生殖器官发育成熟,交配产卵,约经 7 d 后自然死亡。

家蚕一个世代中的 4 个发育阶段,为卵、幼虫、蛹和成虫（图 5.2）。因品种和饲养环境等因素的不同而有较大差异。卵期是胚胎发生、发育和形成幼虫的阶段;幼虫期是摄食和储存营养的阶段;蛹期是幼虫向成虫发育变态的过渡阶段;成虫期是交配,产卵和繁衍后代的生殖阶段。4 个不同的发育阶段具有不同的生物学特征（图 5.2）,充分了解和利用这些生物学特征,是做好病害防控工作,保障养蚕安全,是家蚕有效为人类服务的重要基础。

图 5.2　家蚕生活史

注:卵期 5～10 个月;幼虫期 20～30 d;1 龄约 3 d,2 龄约 2 d,3 龄约 4 d,4 龄约 6 d,5 龄约 8 d;各龄最大体重较蚁蚕的增长倍数分别为 12.34、78.12、441.29、2 135.52 和 9 787.00;各龄最大体幅较蚁蚕的增长倍数分别为 2.09、4.88、7.07、13.40 和 17.70;各龄最大体长较蚁蚕的增长倍数分别为 2.61、4.96、8.79、15.31 和 27.80;各龄最大体面积较蚁蚕的增长倍数分别为 5.36、23.73、60.82、200.91 和 494.73;蚁蚕的体重、体幅、体长和体面积分别为 0.041 g、0.43 mm、2.50 mm 和 11.00 mm^3。

5.1　家蚕病原微生物的侵染与环境稳定性

蚕病是家蚕在受到侵害性因子（致病因子）通过各种方式侵害后与之抵御的过程表现,当侵害性因子扰乱了家蚕生理功能的平衡时,家蚕就会在形态、行为、摄食、排泄、蜕皮、营茧、变态、交尾、产卵和孵化等生命活动方面表现异常,即出现蚕病。可引起家蚕病害的致病因子有生物因子(传染性的病原微生物和非传染性的因子)、化学因子(农药和环境污染物等)、物理因子和生态因子(饲料、环境温湿度、体质等)。其中传染性的病原微生物(病毒、细菌、真菌和原生动物等)引起的蚕病是最为主要的蚕病,对养蚕生产的威胁也最大。病原微生物对蚕的致病作用特点是:①有特定的侵入途径,不同的病原微生物具有其特定侵入蚕体的途径。②病原微生物要使家蚕发病需要有一定的侵入数量和毒力(virulence),不同病原微生物对蚕的致病力不同;同一病原微生物的不同种群间致病力也不一定相同。③有特定的寄生繁殖部位和排出路径,病原微生物侵入蚕体后,需在特定的部位(组织、细胞或细胞器等)寄生和繁殖,并从特定的路径排出而传播。因此,不同病原微生物在蚕体内的寄生部位、繁殖速度、扩展途径和速度、引起蚕体某些组织的损伤和机能破坏,及排出路径等都不同。

5.1.1　病原微生物的感染途径

病原体侵入蚕体的过程是蚕病发生的首要环节,其侵入方式和所经途径称为感染途径,病原体感染家蚕并使家蚕发病的整个过程称为传染途径。蚕病病原体的感染途径有4种:食下(经口)感染、接触(经皮)感染、创伤感染和胚种(经卵)感染。病原体感染途径因病原微生物的种类而不同。有的病原体只有一种感染途径,有的病原体有多种感染途径。

5.1.1.1　食下感染

食下感染也称之为经口感染,是蚁蚕孵化时咬破染有病原体的卵壳或家蚕幼虫食下染有病原体的桑叶后,病原体进入蚕的消化道并引起家蚕的感染和发病的过程。在生产中因桑叶被病原微生物污染而使家蚕随食桑将病原微生物摄入的情况较多,因此食下感染也是生产中发生最多的一种感染。核型多角体病毒病多角体(或病毒,*Bombyx mori* Nuclear Polyhedrosis Virus,BmNPV)、质型多角体病毒病多角体(或病毒,*Bombyx mori* Cytoplasmic Polyhedrosis Virus,BmCPV)、浓核病病毒(*Bombyx mori* Densovirus,BmDNV)、病毒性软化病病毒(*Bombyx mori* Infectious Flacherie Vrius,BmIFV)、肠球菌(*Enterococcus*)、猝倒菌(*Bacillus thuringiensis*)毒素(insecticidal crystal proteins)和微粒子虫(*Nosema bombycis*)孢子等病原体被家蚕食下后,都可引起家蚕的感染和发病。不同病原微生物通过消化道的细胞路径或主要感染的细胞也不同(图5.3,图5.4,图5.5)。

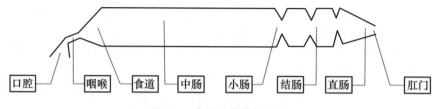

| 口腔 | 咽喉 | 食道 | 中肠 | 小肠 | 结肠 | 直肠 | 肛门 |

图5.3　家蚕消化道示意图

5.1.1.2　经皮感染

病原体通过家蚕的体壁侵入蚕体引起家蚕感染和发病的传染途径称接触(经皮)感染。家蚕病原菌中,只有各种真菌病可以通过体壁直接感染家蚕。真菌的分生孢子散落在家蚕的体壁后,当环境温湿度适宜时分生孢子就会发芽,并借助芽管伸长的机械作用力和外分泌酶的化学作用力,穿过体壁的几丁质外表层而侵入蚕体,引起蚕的感染和发病。

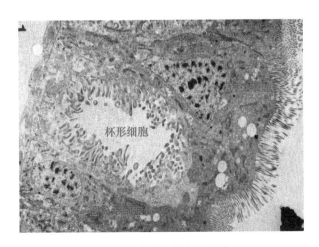

图 5.4 家蚕中肠上皮细胞

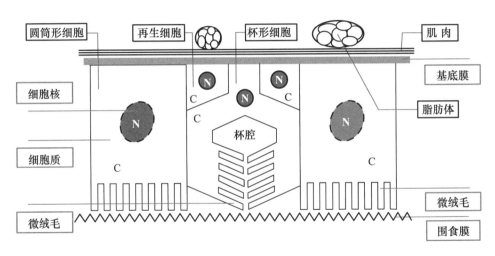

图 5.5 家蚕中肠结构示意图

5.1.1.3 创伤感染

病原微生物通过家蚕(幼虫、蛹和蛾)的创口侵入蚕体引起蚕感染和发病的传染途径称创伤感染。家蚕饲育过程中,给桑、除沙、扩座和匀座,以及种茧育过程中的削茧和雌雄鉴别等技术处理的不当,都会造成蚕体的创伤。饲养密度过高,往往使蚕与蚕之间胸足和腹足先端的锐利勾爪相互抓破体皮而造成创伤。创口的产生使本来不能通过体壁的病原体(如 BmNPV、败血病菌和微粒子虫孢子等)从创口进入蚕体,引起蚕的感染和发病。而且从创口侵入蚕体的情况下蚕的发病率高,发病快。

5.1.1.4 胚种感染

病原体通过家蚕的卵(或胚体)而使次代家蚕感染和发病的传染途径称胚种(经卵)传染。感染微粒子病的母蛾所产下卵中的部分蚕卵(蚕种),虽带有微粒子虫但仍可能发育成蚁蚕而造成胚种传染。这些有病的蚁蚕自身在 3 龄以前死亡,但在死亡之前其排泄的蚕粪和蜕皮壳等物体中都带有大量微粒子虫孢子,再通过食下感染能造成严重的蚕座内传染。

表 5.1 为各种蚕病的传染(感染)途径。

表 5.1　各种蚕病的传染(感染)途径

传染(感染)途径	经口(食下)	经皮(接触)	创伤	经卵(胚种)
核型多角体病	＋	－	＋	－
质型多角体病	＋	－	＋	－
浓核病	＋	－	＋	－
细菌性肠道病	＋	－	－	－
细菌性猝倒病(毒素)	＋	－	－	－
细菌性败血病	－	－	＋	－
微粒子病	＋	－	－	＋
真菌病(僵病)	－	＋	＋	－

注:"＋"表示有该种传染途径,"－"表示没有该种传染途径。

5.1.2　病原微生物的增殖、排出和病害流行

病原微生物通过不同途径进入蚕体后,在特定的组织器官进行繁殖,在繁殖过程中影响家蚕细胞和组织器官的正常功能,或导致毒害作用。

5.1.2.1　病毒的入侵、增殖与排出

家蚕病原性病毒主要有核型多角体病毒病多角体(或病毒,BmNPV)、质型多角体病毒病多角体(或病毒,BmCPV)、浓核病病毒(BmDNV)和病毒性软化病病毒(BmIFV)等。

1. 核型多角体病毒病

核型多角体病毒(BmNPV)分为游离病毒[细胞释放型病毒(cell-released virus,CRV)或称胞外病毒(extracellular virus,ECV)或称出芽型病毒(budded virus,BV)]和多角体病毒[多角体衍生病毒粒子(polyhedron-derived virus,PDV)或称包埋型病毒(occluded virus,OV)]两种。

(1) 病毒的入侵　多角体病毒(PDV)通过食下感染途径进入家蚕中肠(图 5.6),在中肠内多角体被碱性消化液分解,病毒被游离在消化液中。消化液中的 PDV 通过围食膜(peritrophic membrane)后,直接透过中肠细胞间隙进入家蚕体腔,或穿过中肠上皮细胞进入家蚕体腔。游离病毒(CRV)则可通过创伤直接进入体腔。多角体也可通过创伤进入体腔,但由于家蚕血淋巴为微酸性,不能溶解多角体而使病毒(PDV)释放,即不会发生感染。游离病毒(CRV)虽然可以通过食下感染进入中肠,但其致病性非常低。至今尚未有确切的实验证明BmNPV 可以通过胚种或经皮感染家蚕。

BmNPV 入侵细胞,大体包括附着(attachment)、融合(fusion)、脱壳(uncoating)和进入(entry)几个过程(图 5.7)。BmNPV 粒子进入易感的中肠细胞是通过病毒粒子的囊膜与肠腔内上皮细胞微绒毛膜的融合而实现的。病毒由细胞质进入细胞核的方式有两种:①核衣壳附着核膜,病毒核酸经核膜孔进入核内,而衣壳留在核膜外;②核衣壳以核膜出芽的方式进入核内,在核内脱壳并释放核酸。经过两次脱壳,病毒开始原发感染(primary infection)的增殖过程。在中肠细胞中形成的病毒粒子经基底膜进入血腔,随着血液的循环,侵染血细胞、气管上

皮、脂肪、体壁、丝腺、生殖器官和消化管细胞等。在 BmNPV 通过中肠上皮细胞感染其他细胞的过程(继发感染,secondary infection)中,CRV 可能通过与中肠质膜(plasma lemmas)直接接触的微气管端细胞(tracheoblast)和气管系统(Engelhard 等,1994)。

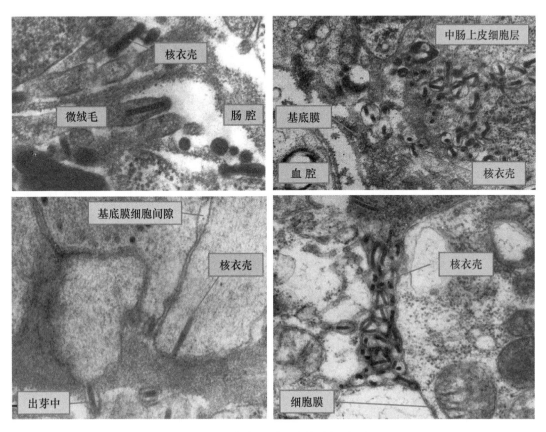

图 5.6 **BmNPV 从中肠到血腔的过程**(岩下,2001)

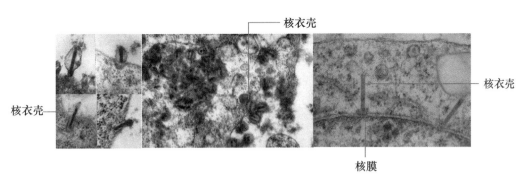

图 5.7 **BmNPV 侵入血细胞的过程**(岩下,2001)

(2)病毒的复制与多角体形成 复制:BmNPV 的核酸是闭合环状的双链 DNA,病毒 DNA 进入宿主细胞核后,以自身为模板,复制新的 dsDNA,与此同时,病毒 DNA 可转录成多种专一性的 mRNA,转移到细胞质中,利用宿主细胞的 rRNA 和 tRNA 翻译成病毒蛋白质及衣壳。BmNPV 的复制与表达可分为 4 个时期。①极早期(immediate early,α-phase)又称立

即早期或 α 期,大致在感染后 0~6 h。②晚早期(delayed early,β-phase)又称延迟早期或 β 期,在接种后 3~6 h。③晚期(late,γ-phase)或称 γ 期,大致在接种后 6~10 h。在 DNA 复制的同时或随后,开始合成另一组蛋白(γ 蛋白),主要是细胞释放型病毒装配所需的结构蛋白。晚期包括大量的病毒 DNA 复制和成熟 CRV 的产生。④晚晚期(very late,δ-phase)又称 δ 期,一般在病毒接种 10 h 以后。此期合成的病毒蛋白对加工包埋型病毒,并使之包埋进多角体是必需的。在感染细胞内,杆状病毒的基因表达以及 DNA 的复制是在一种有序的级联事件中发生的,在这个级联模型(cascade mode)中每个后续时相依赖于前一个时相,β 基因的表达依赖于一个或多个 α 基因的产物,γ 基因的表达依赖于 β 基因的表达,而 δ 基因的表达则依赖于 γ 基因的表达。由许多证据推测,病毒基因表达的级联是在转录水平上发生调节的,杆状病毒前一种时组的基因产物直接或间接地反式激活后一种时组的基因转录。

装配:病毒基因组与病毒核衣壳在成病毒基质(virogenic stroma,VS)中进行装配,核衣壳与囊膜结合就形成了完整的病毒粒子。BmNPV 获得囊膜的方式有四种。①由核内物质新生而成;②由内层核膜衍生而成;③核衣壳通过核膜出芽而从内层核膜获得囊膜;④核衣壳通过核孔进入细胞质,经质膜出芽而获得囊膜,或者由粗糙型内质网膜衍生而来。CRV 的囊膜具有糖蛋白 gp64,该糖蛋白在感染后期出现于细胞质内,并移至质膜,核衣壳在出芽过程中获得此蛋白。

多角体形成:随着新病毒粒子的不断形成,病毒粒子表面附着多角体蛋白晶粒,随着蛋白不断堆积,形成不定型的结晶小块,即所谓的"前多角体"。这些结晶小块不断增大,病毒粒子被包埋进去,最后形成呈一定形状的成熟多角体(图 5.8)。

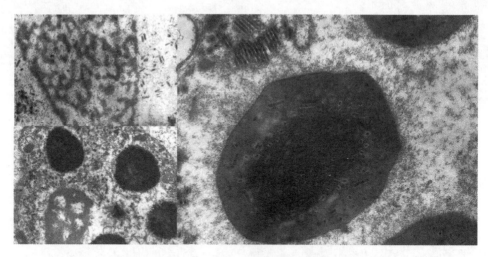

图 5.8　**BmNPV 多角体的形成过程**(岩下,2001)

(3)病毒的释放与排出　多角体充满感染细胞的细胞核,核变得异常肥大,最后破裂,细胞也随之解体而释放出多角体。体壁上皮细胞的大量破裂,使体壁成为易破的组织,体壁破裂后大量多角体(PDV)和 CRV 释放到蚕座和环境中,成为病毒扩散和病害流行的根源。

2. 质型多角体病毒病

(1)病毒入侵　质型多角体病主要通过食下感染,也可创伤感染。病毒或多角体随桑叶一起食下以后,经中肠碱性消化液的作用使多角体溶解而释放出病毒粒子,其中一部分可能受红色荧光蛋白(red fluorescent protein,RFP)等因子的作用而失活,随粪排出(见图 5.3)。

BmCPV 能通过围食膜而侵入中肠上皮细胞(见图 5.5),主要是圆筒形细胞。完善的围食膜对病毒的入侵有一定的抑制作用。因此起蚕饲食时接种 BmCPV 的发病率较高,当围食膜形成以后发病率就相应降低。BmCPV 对敏感细胞的入侵机理还不很清楚,推测病毒的入侵过程包括:①接种后 20 min,病毒粒子吸附在细胞微绒毛突起表面;②病毒粒子向细胞内释放髓核物质;③髓核物质进入细胞后,BmCPV 的空粒子仍留在微绒毛突起的表面。

(2)病毒的复制与多角体形成　BmCPV 粒子内具有转录酶(RNA 聚合酶)、核糖核酸酶(RNA 酶)、核苷酸磷酸水解酶、甲基化酶等四种酶系。当病毒吸附在敏感细胞表面后,在髓核中,以病毒 dsRNA 中负链为模板,复制 10 个片段的正链 ssRNA,通过管状突起释放到细胞内,而亲本的 dsRNA 仍然留在病毒衣壳内。释放到细胞质中的正链 ssRNA,其 5'-端具有帽子结构,此正链 RNA 具有 mRNA 的功能,在宿主细胞的细胞质中利用 rRNA、tRNA 合成病毒蛋白及衣壳等。新的正链 ssRNA 通过生化识别与病毒蛋白及衣壳装配成一个近似的新病毒粒子,在新链中的正链 RNA 合成相应的负链 RNA,而后正负链结合成双链的 RNA,并继续对粒子中的某些蛋白作必要的修饰,最后形成完整的病毒粒子。

病毒粒子内的基因组 dsRNA 正链不具有 mRNA 的功能,必须经过转录,即以负链为模板,转录加工成有功能的 mRNA。BmCPV 的基因组每个节段都可以分别独立转录,但多数节段只编码一种蛋白质,少数节段可编码一种以上的蛋白。

病毒起初是在细胞核的边缘形成,后来扩展到整个细胞质中,初期形成的病毒多角体蛋白是以无结构状态积聚在粒子的表面,以后形成晶格排列的结晶格子将病毒粒子包埋。在 VS 内还可以观察到许多空的或部分充实的粒子,这些粒子可能代表 BmCPV 增殖的不同阶段:裸体的空衣壳、含有少量髓核物质的核衣壳和含有较多髓核物质的衣壳。

(3)病毒的释放与排出　随着中肠细胞质中大量多角体的形成,细胞质膜破裂,多角体、病毒粒子以及细胞碎片散落在肠腔中随蚕粪一起排出,污染蚕座及环境,导致下一轮的感染。

3. 浓核病

(1)病毒入侵　BmDNV 主要通过食下感染。当病毒粒子进入敏感品种蚕的消化道后,可以通过围食膜而侵入圆筒形细胞。关于病毒的脱壳和入侵过程知之甚少,但一般认为 BmDNV 通过围食膜侵染中肠后端的圆筒形细胞,先吸附在纤毛层,然后通过吞噬或胞饮的方式进入细胞内。

(2)病毒的复制与增殖　BmDNV 的核酸为 ssDNA,其正负链分别包埋于不同的病毒粒子中,病毒核酸进入细胞核后利用宿主细胞的 DNA 聚合酶,复制其互补链,形成一个双链的复制型 DNA。由于 BmDNV 的核酸其末端具有回文结构,DNA 的合成可能是靠自我引发机制而起始的。复制型 DNA 不断复制,同时,一方面利用宿主的 RNA 聚合酶合成病毒的 mRNA,然后在细胞质内质网合成病毒蛋白,另一方面,复制型 DNA 产生正、负型 ssDNA,最后病毒蛋白和病毒核酸通过生化识别,形成分别包含有正、负链病毒核酸的病毒颗粒。

不同品种对 DNV 的抵抗性存在显著的差异。抗病性品种,即使接种高浓度的病毒液也完全不发病。一般认为这是一种感染抵抗性,而不是发病抵抗性。关于家蚕对浓核病的抵抗性,大部分是根据对 DNV-I 的研究结果所得出的。家蚕对 DNV-I 的非感受性是由两个基因起作用的,一个是隐性基因 nsd-1,另一个是显性基因,这两个抗性基因位于不同染色体上,无连锁关系。nsd-1 位于第 21 染色体的 8.3 座位。如苏 4 蚕品种对 BmDNV 的抗性受一对隐性基因控制。

(3)病毒的释放与排出　BmDNV 的不断增殖导致圆筒形细胞细胞核的膨大,细胞萎缩后失去生物学功能而脱离中肠上皮细胞层,脱落于消化道的萎缩细胞和 BmDNV 随蚕粪一起排出,污染蚕座及环境,导致下一轮的感染。

4. **病毒性软化病**

(1)病毒入侵　BmIFV 主要是通过食下感染,创伤传染的可能性极小。BmIFV 侵染的过程尚未完全明了。BmIFV 主要通过围食膜而侵染中肠前端的杯形细胞,推测病毒先附于其纤毛层上,然后将病毒核酸释放到细胞中。

(2)病毒的复制与增殖　BmIFV 含有 ssRNA,它具有双重性。一方面作为"＋"链,在细胞核内,由 RNA 复制酶复制成"－"链。然后以"－"链为模板,合成更多的"＋"链,并释放到细胞质中。另一方面,ssRNA 可以直接作为 mRNA,利用宿主细胞质中的 rRNA 及 tRNA,翻译成病毒蛋白和复制所需的非结构蛋白。结构蛋白的 VP1 和 VP4 是由前体蛋白 VP0 加工而成的。最后以"＋"链 RNA 及病毒蛋白在细胞质中装配成新的病毒粒子。

(3)病毒的释放与排出　BmIFV 在杯形细胞内的不断增殖,使杯形细胞萎缩而失去生物学功能,脱离中肠上皮细胞层,脱落于消化道。由于杯形细胞是分泌消化液的,既有分解消化桑叶的作用,同时又有抑菌、灭毒的功能。感染后的杯形细胞退化、崩溃,使得消化、杀菌功能受到影响,因此肠道内的细菌大量繁殖,在病毒与细菌共同侵染的情况下,加速了蚕的死亡。萎缩细胞和 BmIFV 随蚕粪一起排出,污染蚕座及环境,导致下一轮的感染。

5.1.2.2　细菌的入侵、增殖与排出

家蚕的病原细菌分为败血菌、猝倒菌和肠球菌,分别引起家蚕的败血病、细菌性中毒症和细菌性肠道病。

1. **败血病**

败血病的病原是细菌,但一般不是由某一种特定细菌引起的。能引起败血病的细菌种类很多,以能产生卵磷脂酶的细菌为主,包括大杆菌、小杆菌、链球菌和葡萄球菌等。但不同的细菌致病力不同,引起败血病的病征、病程有一定的差异。

引起细菌性败血病的细菌广泛分布于空气、水源、尘埃、土壤、桑叶、蚕座和蚕具上。生产中常见的有黑胸败血病菌(*Bacillus* sp.)、灵菌败血菌(*Serratia marcescens* Bizio,或称黏质沙雷氏菌)和青头败血菌(*Aeromonas* sp.)。败血病菌可通过伤口侵入蚕的幼虫、蛹、蛾而引起败血病。致病细菌进入血腔后,迅速在血淋巴中大量增殖,随着血液循环而遍布体腔,引起血淋巴的病变。由于病原细菌大量繁殖,夺取血淋巴中的养分,破坏血细胞和脂肪体,同时分泌蛋白酶和卵磷脂酶而导致血液变性,最终使蚕儿死亡。细菌性败血病是一种急性蚕病,快者 10 h 左右发病死亡,慢者 1～2 d 死亡,其时间与细菌种类和入侵数量有关。

病蚕、蛹、蛾濒死前,细菌一般不侵入其他组织。蚕病死后,细菌即侵入各组织器官,使之离解液化,细菌大量排出。

2. **猝倒病**

猝倒菌属芽孢杆菌科芽孢杆菌属苏云金芽孢杆菌(*Bacillus thuringiensis* Berliner,Bt),Bt 及其亚种作为细菌农药而被重视和广泛研究。Bt 有营养菌体、孢子囊及芽孢等几种形态,能产生 α、β、γ 外毒素及 δ-内毒素等多种毒素。

δ-内毒素作为伴孢晶体亚单位存在时是无毒的,但经家蚕消化液溶解或蛋白酶水解后,释放出 130～145 ku 的晶体蛋白,再被蛋白酶水解而激活变成有毒的多肽(分子质量为 50～70 ku),并被迅速吸收。δ-内毒素作用于家蚕中肠上皮细胞,会引起兴奋、麻痹、松弛、崩坏等

一系列的组织病理变化。

毒素首先作用于中肠前段 1/3 处的上皮细胞,然后向后发展。圆筒形细胞病变先于杯形细胞且受害比杯形细胞严重。受毒素作用后,微绒毛开始变形脱落。圆筒形细胞端部膨胀向肠腔突出,细胞核膨大,杯形细胞也开始拉长,杯腔变大;继而圆筒形细胞大量脱落、崩坏。严重时杯形细胞也脱落;中肠纵肌间距随病势发展而明显变小,因此外观蚕体第 1～2 腹节略伸长。由于肠壁肌肉中毒收缩和麻痹,蠕动减弱,食下的桑叶片在围食膜内包裹成团状,即为可触及到的硬块。在细胞的超微结构变化上,可见微绒毛变形、脱落,基膜内褶膨大并渐次消失,线粒体膨大、凝聚、变形,内质网膨胀呈空泡化,圆筒形细胞核膨大,杯状细胞杯腔增大。δ-内毒素还可作用于前突触部位,干扰神经传导物质的释放,使神经传导中断,出现痉挛性颤动及全身麻痹中毒症状,但对后突触及轴突无影响。

猝倒菌引起的细菌性中毒根据家蚕食下毒素的多少而分为慢性和急性两种,急性中毒时,Bt 没有在蚕体内明显增殖,其蚕粪中排出的病原菌较少。慢性中毒的情况下,由于 Bt 繁殖而蚕粪中排出的病原菌相对较多。

3. 细菌性肠道病

肠球菌(enterococci)是引起细菌性肠道病的病原细菌。至今发现对家蚕有致病性的肠球菌属(*Enterococcus*)细菌有 *Ent faecalis*、*Ent faecium* 和两者的中间型。肠球菌在自然界有着十分广泛的分布。在健康的家蚕消化道中存在着 Micrococcaceae、Bacillaceae、Brevibacteriaceae、Lactobacillaceae、Enterobacteriacae、Pseudomonadaceae 和 Achromobacteriaceae 等 7 个科以上的细菌。在健康家蚕的消化道中,这些细菌只是经由性存在而并不繁殖,只有部分肠球菌进行有限的繁殖。当家蚕受到一些影响其体质的因子冲击后,肠球菌首先增殖,并引起家蚕消化道酸碱度下降,其他细菌大量繁殖,最终导致家蚕发病和死亡。因此,肠球菌是一种条件致病菌(或称之为潜伏性病原细菌),也就是在普通桑叶育的健康家蚕幼虫消化道内存在(潜势)着肠球菌,但对蚕无致病作用。只有在家蚕的体质虚弱的前提下,肠球菌才会发挥致病作用,导致消化道内细菌的大量增殖和蚕体发病死亡。

5.1.2.3　真菌的入侵、增殖与排出

家蚕病原真菌主要由菌物界(Myceteae)的真菌门(Eumycota)、半知菌亚门(Deuteromycotina)、丝孢纲(Hyphomycetes)、丝孢目(Hyphomycetales)的真菌经皮侵入蚕体而引起。引起家蚕真菌病(或称僵病)的主要病原真菌有:丛梗孢科(Moniliaceae)、白僵菌属(*Beauveria*)的球孢白僵菌(*Beauveria bassiana*〔Bals.〕Vuill)和卵孢白僵菌(*Beauveria tenella*〔Delacr.〕Siem);野村菌属(*Nomuraea*)的莱氏野村菌(*Nomuraea rileyi*〔Farlow〕Samson,或称绿僵菌);曲霉属(*Aspergillus*),包括黄曲霉(*Asp. flavus*)、寄生曲霉(*Asp. parasiticus*)、溜曲霉(*Asp. tamarii*)和米曲霉(*Asp. oryzae*)等 10 多个种;以及金龟子绿僵菌(*Metarhizium anisopliae*)、粉拟青霉菌(*Paecilomyces farinosus*)和赤僵菌(*Paecilomyces fumosoroseus*)等。

该类真菌的生长发育周期有:分生孢子、营养菌丝、气生菌丝 3 个主要阶段。分生孢子附着于家蚕体壁(尚未疏毛的 1 龄蚕、皱褶较多的胸部等较易附着),在适宜的温度与湿度(相对湿度大于 75%,越高越适宜)下,吸水膨胀而发芽,并产生和形成发芽管,发芽管在向前伸长产生机械力的同时分泌一些蛋白酶和几丁质酶等,成为透过家蚕体壁侵入蚕体的动力。不同病原真菌分生孢子发芽所需的最佳温度存在差异,如球孢白僵菌为 24～28℃、卵孢白僵菌为

23℃、绿僵菌为 22～24℃、曲霉菌为 30～35℃。不同病原真菌分生孢子发芽管透过家蚕体壁侵入蚕体的能力也不同，一般情况下白僵菌强于绿僵菌和曲霉菌，曲霉菌最弱。这种能力与家蚕也有关，一般在家蚕体壁较薄的起蚕期或环节间和尾部环节等部位较易入侵。

发芽管透过家蚕体壁侵入蚕体血腔后，发芽管不断生长而成为营养菌丝，在营养菌丝增殖过程中大量吸收蚕体营养和水分，随着营养菌丝的大量繁殖，造成家蚕营养和水分的严重损失，以及血腔生理环境的破坏造成蚕体各项生理功能的衰退，最终导致死亡。真菌在增殖过程中分泌多种可分解家蚕身体成分的蛋白酶、几丁质酶和脂肪酶等，部分真菌还可产生一些对家蚕有毒的多肽（如白僵菌的 Beauvericin-Ⅰ 和 Beauvericin-Ⅱ 等），加快家蚕的死亡。部分真菌（白僵菌和绿僵菌）在营养菌丝增殖过程中产生大量芽生孢子（或称短菌丝、或称节孢子），并从营养菌丝上脱落和随家蚕血液循环迅速遍及全身，芽生孢子的生长即成为营养菌丝。

当家蚕病原真菌大量吸收蚕体营养和水分，以及破坏生理环境和生理功能的同时，往往为家蚕消化道内的细菌快速繁殖提供有利条件，而消化道内细菌的快速繁殖同样加速家蚕的快速死亡。

家蚕死亡和蚕体营养被寄生真菌掠夺殆尽时，营养菌丝穿出家蚕体壁，在尸体表面形成气生菌丝，由气生菌丝分化形成分生孢子梗和小梗等，最后形成大量新的分生孢子，从而完成一个生长发育周期。

家蚕病原真菌除在蚕体营寄生生活外，也可在许多昆虫营寄生生活（病理学上的交叉感染）。家蚕病原真菌病也是一类可营腐生生活，即利用其他有机体（物）的营养完成其生长发育周期。分生孢子在家蚕或其他昆虫体外或有机物外表的大量形成，使其极易在环境中扩散和广泛分布。

5.1.2.4　家蚕微粒子虫的入侵、增殖与排出

家蚕微粒子虫是微孢子虫门（Microsporidia）、双单倍期纲（Dihaplophasea）、离异双单倍期目（Dissociodihaplophasida）、微孢子虫总科（Nosematoidea）、微孢子虫科（Nosematidae）、微孢子虫属（*Nosema*），学名为家蚕微粒子虫（*Nosema bombycis* Naegeli，1857）的家蚕病原微生物，也是微孢子虫属的典型种（Sprague 等，1992；鲁兴萌和金伟，1999）。

家蚕微粒子虫可以通过食下、创伤和胚种感染家蚕。

1. 食下感染

食下感染包括孢子发芽、裂殖生殖和孢子形成 3 个过程。

（1）孢子发芽　家蚕微粒子虫孢子随家蚕食桑被摄入消化道中肠，在中肠碱性环境中，极膜层（polaroplast）和后极泡（posterior vacuole，PV）吸水膨胀，压迫极丝（polar tube）解螺旋，并从孢子壁较薄的极帽（polar cap）处弹出，完成发芽过程（Ishihara，1968；Malone，1984；Undeen 和 Vander，1994）。

孢子发芽过程如同橡皮手套翻出手指，极丝在孢原质（sporoplasm）通过时呈较粗状态，一旦孢原质通过之后，又变为较细的原状。在翻转过程中极丝蛋白发生重组（Weidner 等，1984）。孢子开始释放时，孢子的最前端突出，随着极膜层的膨胀，极帽翻转形成类似领口的一个结构，它可以保证极丝在弹出的时候保持合适的位置。随着极丝蛋白（polar tube protein，PTP）在极丝膜顶端的堆积和聚合，极丝的长度不断增加。当 PTP 聚合到接近极丝外端的时候，极膜层向中空的极丝管挤压，后极泡（PV）开始膨胀，产生压力促使孢原质进入极丝（Bigliardi 和 Sacchi，2001）。

释放的极丝长度从 $50\sim500\ \mu m$ 不等(一般为孢子长度的 100 倍),极丝末端可以以超过 $100\ \mu m/s$ 的速度在培养基中移动。孢原质被快速压出极丝,到达极丝顶部的时间只需要 $50\sim500$ ms (Frixione 等,1992)。此外,孢子被激发以后,孢原质立即和极丝相连,但释放几秒钟以后,就会脱离极丝。释放后的孢原质膜留在空的孢子壳内,进入宿主细胞内的胞原质由一层极膜层产生的膜包围(Weidner 等,1984)。尽管极丝直径仅有 $0.1\sim0.25\ \mu m$,但它具有很好的弹性,孢子内挤出的孢原质可以很快地通过它进入宿主细胞质中。

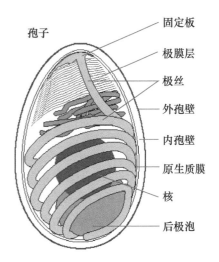

图 5.9　微孢子虫超微结构模式图
(Franzen,2004)

微孢子虫(图 5.9)孢子内部流体静力压(即渗透压)的升高是目前被普遍认同的孢子发芽的直接驱动力。至于渗透压升高的原因,一般有以下 3 种解释:一是孢子壁对水渗透性的增加(Lom,1963);二是外界离子的注入并在孢子内积累(Dall,1983);三是孢子内渗透质浓度的升高(Undeen,1990)。pH 值、离子种类及浓度、渗透压、温度和射线等环境因子对家蚕微粒子虫孢子的发芽可产生明显影响。环境因子对孢子发芽的影响被认为与孢壁蛋白有关(Zhang 等,2007)。

一种病原对宿主的感染、入侵以及致病过程中,其表面蛋白往往扮演着重要的角色。微孢子虫孢子在侵染宿主细胞的过程中,孢子表面蛋白是外界刺激因子激活孢子时最先接触的孢子结构,并且可以将外界刺激信号由孢外转移至孢内,从而导致孢子内部发生一系列变化,引发极丝的弹出和侵染的发生;在微孢子虫孢子以噬菌方式感染宿主细胞时,孢子表面蛋白也是孢子孢壁结构中最先、最直接与宿主细胞接触的部分。

微孢子虫孢子发芽需要外界水分由孢外流入孢内,造成极膜层和后极泡吸水膨胀,引发极丝的弹出。Frixione 等(1992)在研究按蚊微孢子虫($N.\ algerae$)发芽时,发现微孢子虫孢壁结构中可能存在类似的 CHIP28 水孔蛋白(Aquaporins,AQP),它可以特异地携带水穿过孢原质膜。Vivares 等(2002)从兔脑炎微孢子虫($E.\ cuniculi$)的基因组中预测到一个特殊水道 (water specific channel)功能基因,此基因产物有可能产生一个进入孢子的快速水流,而这一功能对孢子极丝的放射和孢原质注入细胞都非常重要。Ghosh 等(2006)抽提兔脑炎微孢子虫 ($E.\ cuniculi$)孢子基因组 DNA 作为模板,以正向引物 $5'$ GGACCTCCCG GGATGACCAGAGA GACATTGAAG $3'$,反向引物 $5'$ GACCCTCTAGACTA AAAGCTGAGCTTGTA CAG $3'$ 克隆了一个疑似水孔蛋白($EcAQP$)序列,并通过显微操作法将反转录得到的 55 ng mRNA 注入爪蟾卵母细胞中进行表达,发现表达后的爪蟾($Xenpus\ laevis$)卵母细胞对水具有很高的渗透性,但对甘油和尿素等小分子则没有渗透性。Ghosh 等克隆到的 EcAQP 分子质量大小为 26.8 ku,大小在已鉴定的 AQP 单体范围内($26\sim34$ ku)(Verkman 和 Mitra,2000)。具有 6 个跨膜片段和 2 个 NPA 基元的结构特点都显示 $EcAQP$ 属于 AQP 蛋白家族的成员。Hg^{2+} 能抑制 AQP 活性从而降低水的渗透性一直被认为是许多 AQP 的特点(Yang 等,2000),而表达 $EcAQP$ 的爪蟾卵母细胞经 Hg^{2+} 预处理后未能抑制其对水的渗透性,暗示了 $EcAQP$ 在 NPA 基元附近不含有对 Hg^{2+} 敏感的半胱氨酸残基,可能属于 AQP 4。而如果从孢子发芽的方面考虑,脑炎微孢子虫基因组中可能存在 AQP 家族中的其他成员,而 Hg^{2+} 能抑制微孢子虫孢子发芽也并非一定是 AQP 存在的原因,也有可能是 Hg^{2+} 影响了其他的含有半胱氨酸活性的发芽相关表面蛋白的功能所致。

某些侵染昆虫宿主的真菌可以通过其表面的蛋白酶或几丁质酶活性穿透宿主细胞膜及组织,以便进行对宿主细胞的进一步感染(Tiago 等,2002)。Sironmani(1999)发现 N. bombycis 孢子表面蛋白中有一金属蛋白酶活性很高,分子质量大小为 17 ku 的蛋白。Millership 等(2002)首次报道兔脑炎微孢子虫(E. cuniculi)、海伦脑微孢子虫(E. Hellem)、Vittaforma coreae(原名 Nosema coreae)3 种微孢子虫的孢子表面及孢内均有近中性的金属亮氨酸氨肽酶(leucine metalloaminopeptidase),且细胞寄生泡内的兔脑炎微孢子虫(E. cuniculi)孢子和标记有荧光的底物 7-氨基-4-三氟甲基香豆素(7-amino-4-trifluoromethyl coumarin, L-Met-AFC)发生反应后,荧光底物经金属亮氨酸氨肽酶酶解并沉积在孢子表面发出强烈的荧光,表明酶的活性很高。经非变性-PAGE 测定,3 种孢子的氨肽酶分子量略有不同,分别为 74 ku、72 ku 和 78 ku。此酶在分子量大小和活性 pH(均为近中性)方面与疟原虫(Plasmodium)中的同种酶很相近。而这种酶的抑制剂可以阻止诺氏疟虫(Plasmodium knowlesi)的裂殖子侵入细胞,表明这种酶在疟原虫中与侵染细胞有关(Hadley 等,1983),但在微孢子虫中的功能还不清楚。他们认为,它参与孢内代谢的可能性较大(Millership 等,2002)。这些研究结果暗示,孢子的发芽及侵染可能并不是一个完全被动的过程。具有酶活性的表面蛋白可能主动地参与发芽及侵染的某些化学过程,而昆虫肠道内丰富的酶、各种离子等也可能对孢子表面蛋白产生作用,从而改变与发芽及侵染有关的孢子表面蛋白的空间结构或化学结构(如蛋白水解),使孢子壁的通透性变化,水分子或重要离子(如 Ca^{2+} 等)被动或主动地通过孢壁进入孢内,引发孢子的发芽,而微孢子虫在以噬菌方式感染宿主细胞时孢子表面的蛋白酶活性可能会在孢子进入细胞时起到非常重要的作用。

鲁兴萌和汪方炜(2002)报道,家蚕来源肠球菌(Enterococcus)外分泌物对 N. bombycis 孢子发芽的体外抑制率达 48.18%~50.56%。进一步研究发现,肠球菌的外分泌蛋白(细菌培养上清硫酸铵盐析物)(>3.5 ku)对 N. bombycis 孢子体外发芽有显著的抑制作用,抑制率达 65.95%~70.08%(汪方炜等,2003)。家蚕中肠内肠球菌分泌的蛋白活性物质很可能也是因为影响了某些和孢子发芽相关的表面蛋白,从而抑制了 N. bombycis 孢子的发芽。

目前的研究表明微孢子虫孢子表面蛋白不仅参与孢子的发芽,而且还可能以其他方式影响孢子入侵细胞。Enriquez 等(1998)发现,用能识别脑炎微孢子虫属的兔脑炎微孢子虫(E. cuniculi)、肠脑微孢子虫(E. intestinalis)和海伦脑微孢子虫(E. Hellem)3 种孢子外孢壁的单抗 3B6,前处理兔脑炎微孢子虫(E. cuniculi)孢子 24 h 后,受感染的非洲绿猴肾细胞(African green monkey cell, Vero)比率显著下降。将 5 μg/mL 单抗、兔脑炎微孢子虫(E. cuniculi)孢子与 Vero 细胞共培养,受感染细胞比率也显著下降;将单抗浓度增加到 500 μg/mL,结果仍相似。用 500 μg/mL 单抗与肠脑微孢子虫(E. intestinalis)孢子,海伦脑微孢子虫(E. Hellem)孢子以及细胞共培养 12 h 后,也能显著降低受感染细胞的比率。进一步用荧光抗体法检查细胞中兔脑炎微孢子虫(E. cuniculi)孢子数,发现单抗处理组的培养细胞中孢子数显著少于对照。Sak 等(2004)也曾做过类似的报道。以上结果表明,单抗可能中和了微孢子虫孢子表面的一个或多个抗原决定簇,从而影响了孢子发芽;此外,单抗 3B6 还能识别发育过程中的母孢子(sporont),可能会抑制孢子在细胞内的自发感染现象,使兔脑炎微孢子虫(E. cuniculi)孢子在 Vero 细胞内的增殖受到影响。

脑炎微孢子虫(Encephalitozoon)属孢子表面蛋白与孢子对宿主细胞的粘合力有关(Southern 等,2006)。兔脑炎微孢子虫(E. cuniculi)和肠脑炎微孢子虫(E. intestinalis)孢子外壳的 EnP1(E. cuniculi ECU01_0820)同时存在于孢子内壁与外壁,可通过 N 端肝素结合基序(N-terminal birding motif)和 Vero 细胞表面黏多糖(Glycosominoglycans,GAGs)存在某种互作关系,无论是体外重组的 EnP1 蛋白还是纯化的 EnP1 抗体都可以显著降低兔脑炎微孢子虫和肠脑炎微孢子虫孢子在体外黏附细胞的能力,从而使孢子对 Vero 细胞感染率显著降低,但不论是外源硫酸多糖还是 EnP1 抗体都不能实现孢子对 Vero 细胞感染的完全抑制(Southern 等,2007),由此推断 EnP1 可能并不是宿主细胞 GAGs 的唯一的受体,可能孢子表面还具有类似 EnP1 功能的其他受体蛋白或者微孢子虫存在其他的并不依赖于 GAGs 的孢子黏附宿主细胞的机制。

通过极丝释放的孢原质也可能通过吞噬的方式被家蚕中肠细胞吞噬后,开始裂殖生殖(Sato & Watanabe,1986)。Couzinet 等(2000)发现兔脑炎微孢子虫(E. cuniculi)还存在宿主细胞吞噬微孢子虫,溶酶体快速成熟。大部分孢子被消化消失;少部分则从成熟溶酶体中逃脱,通过弹出极丝和将孢原质释放到宿主细胞而感染。

(2) 裂殖生殖　孢原质通过弹出极丝的管腔释放形成芽体。芽体自身界膜外侧还存在另一层膜,且这一层膜与极丝相连接,其细胞化学成分为糖蛋白,一旦进入宿主细胞内,其外侧膜便消失,成为只有一层界膜的感染体。由于芽体的界膜与极膜层的膜结构相同,因而认为当孢原质通过极丝释放形成芽体时,极膜层的膜成分便形成了芽体的界膜(Weidner 等,1984)。芽体在侵入宿主细胞后的几个小时内,大小逐渐增加,但仍具双核,随后两核合二为一形成具一个核的芽体,芽体通过吸收或利用宿主细胞的营养,逐渐增大发育为裂殖体(schizont),裂殖体以细胞核反复二分裂(binary fission)形成新的裂殖体。当细胞质的分裂在细胞核的分裂之后时产生多核变形体(plasmodium);当细胞质同时分裂时产生成对的裂殖体;而当细胞质的分裂慢于核的分裂时出现一串相连的裂殖体(Ohshima,1973)。在裂殖生殖期裂殖体的细胞核保持单核,在培养细胞中裂殖体常有 2 核性。裂殖体的特征是具有丰富的内质网(endoplasmic reticulum,ER)、核糖核蛋白体和高尔基体,没有线粒体。但存在与能量代谢相关的纺锤线体(mitosome)(Dyall 和 Johnson,2000;Christian 等,2002)。

家蚕微粒子虫在蚕体内的繁殖可引起一些生理生化的变化,如:消化液蛋白酶和碱性磷酸酶活性的明显下降,丝腺谷丙转氨酶活性的明显下降,以及体液蛋白质含量的下降(郭锡杰等,1996;沈中元等,1996)。感染不同浓度微孢子虫的家蚕,体内相同组织的微孢子虫数量存在显著差异。而感染相同浓度微孢子虫的蚕,不同组织中微孢子虫的数量也有差异,中肠的微孢子虫数量远高于其他部位。感染微孢子虫后,家蚕血液中的蛋白酶活性显著升高,中肠的蛋白酶的活性变化不显著,而感染微孢子虫的数量对血液和中肠中的蛋白酶的活性无显著影响(龚舒聪等,2008)。也有寄主细胞的线粒体在繁殖中的裂殖体四周的现象,推测可能与能量的提供有关。至今,尚未发现家蚕微粒子虫在家蚕体内繁殖时产生特异性毒素的现象。家蚕微粒子虫对蚕体的致病作用可能主要是掠夺蚕的营养。由于微粒子虫在细胞内的大量增殖,吸收和消耗了大量蚕的养分,使蚕缺乏营养;裂殖体在繁殖时分泌某些蛋白酶(龚舒聪等,2008),使寄主细胞的内容物溶解和液化,细胞产生空洞,引起蚕生理功能的障碍;裂殖体的大量增殖和大量孢子的形成,对寄主细胞产生机械破坏力,最终使细胞破裂和解体,细胞、组织或器官失去正常的生理功能。

家蚕微粒子虫感染家蚕培养细胞(*Bombyx mori* cell,BmN)时,芽体在感染 6 h 后逐渐增大,18 h 后增长发育为长裂殖体,裂殖体的首次二分裂在感染后 24 h 被观察到,在感染后 36 h 裂殖体最终变异为母孢子(sporont),从而进入孢子形成期(sporogony)(Ishihara,1969;Iwano 等,1994)。进入孢子形成期一般是以出现母孢子为标志。

(3)孢子形成　Iwano 和 Ishihara(1991)通过电子显微镜观察 *N. bombycis* 孢子在家蚕体内增殖过程时发现,接种后 48 h,进入孢子形成期,出现了母孢子和早生型孢子母细胞,后者极丝圈数为 3~5 圈,为洋梨形,孢子内壁较薄,后极胞内有空隙,在孢子后部出现大的内陷且与宿主细胞之间产生较大的空隙,内部有双核和发达的内质网(ER),同时在宿主细胞内发现大量孢子空壳(empty spore,Es);接种 66 h 后开始形成与早生型不同形态的孢子母细胞(晚生型孢子母细胞),其略为长圆形,呈肾形弯曲,内部形成极丝圈数为 10~18 圈,网膜结构和内质网不发达。*N. bombycis* 在家蚕体内可以形成两种类型的孢子——长极丝孢子(long polar tube type spore,LT)(极丝圈数 11~13 圈)和短极丝孢子(极丝圈数 4~6 圈。short polar tube type spore,ST)。短极丝孢子在宿主细胞内可自动发芽,形成二次感染体(secondary infective form,sif。或称芽体)(图 5.10)。

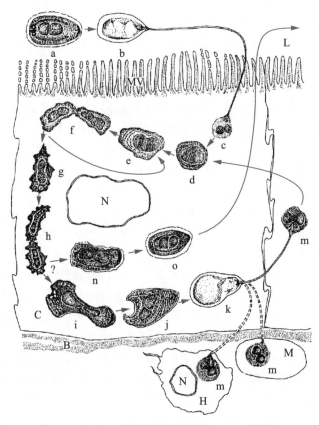

图 5.10　*Nosema bombycis* 的生活史模式图(Iwano 和 Ishihara,1991)

注:L,中肠肠腔;MV,微绒毛;C,中肠上皮细胞;N,细胞核;B,基底膜;M,肌肉细胞;H,血球细胞;a,长极丝孢子;b,发芽中的长极丝孢子;c,芽体;d 和 e,裂殖体;f,分裂中的裂殖体;g,母孢子;h,孢子母细胞;n,长极丝孢子母细胞;i,短极丝孢子母细胞;o,长极丝孢子;j,短极丝孢子;k,发芽中的短极丝孢子;m,二次感染体。

Iwano 和 Ishihara(1991)提出 *N.bombycis* 在家蚕体内和昆虫培养细胞内均具有孢子二型性。其生物学意义是短极丝孢子在增殖时有着重要作用,其功能是:在寄主体内迅速将极丝弹出,将二次感染体(sif)注入邻近组织,以扩大二次感染。因为短极丝孢子的被膜,特别是内壁远较长极丝孢子的薄,不是为适应寄主体外严酷的环境(如日照、干燥等)而形成的耐受性结构,而是进行体内传播的结构。常见短极丝孢子的电镜图像变形,而在同一操作条件下长极丝孢子都无卷曲变形,这是由于短极丝孢子的孢子壁较薄,抗机械强度的能力差所致。短极丝孢子对外界环境的变化也更加灵敏,在寄主体内容易发芽。推测 *N.bombycis* 的二型性孢子不仅在形态结构上不同,其机能也各不相同,因而可以认为短极丝孢子是参与体内传播(水平传播),而长极丝孢子则与个体间的传播即垂直传播有关,这也是微孢子虫对生存环境的一种巧妙的适应(Kawarabata 和 Ishihara,1984;钱永华和金伟,1997)。

2. 胚种感染

家蚕微粒子虫对蚕的感染是全身性的,除几丁质的外表皮、气管的螺旋丝及前后消化管壁外,能侵入蚕体的各种组织器官后寄生,包括生殖系统。生殖系统的感染是胚种传染的基础,早期感染的家蚕幼虫无法完成世代而不存在胚种传染,当家蚕在 4～5 龄感染家蚕微粒子虫后,就有可能发生经卵感染。

家蚕微粒子虫感染雌蚕以后,可侵入其卵原细胞,卵原细胞再分化为卵细胞和滋养细胞。在这过程中有 3 种情况:①卵细胞和滋养细胞都被感染的情况下,卵细胞最终不能发育成为胚子,成为不受精卵或死卵,不能进入下一世代。②卵细胞被感染而滋养细胞未被感染的情况下,卵细胞也不能发育成胚子,成为不受精卵或死卵,不能进入下一世代。③卵细胞未被感染而滋养细胞被感染的情况下,卵细胞有可能进一步发育到下一世代和导致经卵传染的发生。因微粒子虫孢子侵入胚子的时期不同,又可分为发生期经卵传染和成长期经卵传染。发生期经卵传染是指微粒子虫在卵产下后到胚子形成的过程中发生的感染。这种被感染的胚子不能继续发育,而成为死卵,也不能进入下一世代。成长期(发育期)经卵传染是指当胚子发育到反转期后,不再通过胚体渗透吸收养分,而是通过第二环节背面的脐孔吸收养分。此时,寄生在滋养细胞的卵黄球内的微粒子虫,可随养分的吸收而进入消化管,导致胚子的被感染。这种卵所孵化的蚁蚕则成为胚种传染的个体(图 5.11),或发生事实上的胚种传染。

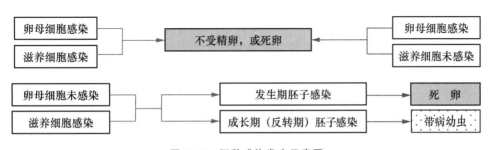

图 5.11　胚种感染发生示意图

同一有病母蛾所产的卵中,孵化的蚁蚕个体也并非都带有微粒子病。孵化个体的带病率因蚕品种、感染时期和感染剂量(病蛾所产卵的带病率在 0.5%～100% 之间)等因素的不同而不同(三谷,1929;徐杰等,2004)。

雄蛾感染本病以后,家蚕微粒子虫可侵染睾丸、精原细胞、精母细胞及精囊。精母细胞被寄生后,不能发育为正常的精子。成熟的精子不可能被寄生。在交配时,寄生在精囊中的微粒子虫可以随精液而进入雌蛾的贮精囊或受精囊,但微粒子虫不能通过卵孔或其他途径而进入卵内,所以不会造成经卵传染。当然,健康的雌蛾与有病的雄蛾交配后,虽然不会发生经卵传染,但其体内也有微粒子虫孢子,所以在母蛾检查时将被检出。

3. 家蚕微粒子虫的排出、蚕座内传播与交叉感染

(1)家蚕微粒子虫的排出 家蚕微粒子虫通过食下或胚种等途径感染家蚕后,蚕体各组织器官的上皮细胞被感染或发生病变和细胞破裂,家蚕微粒子虫随之释放到蚕座等外部环境。

家蚕微粒病由于其全身性感染的特点,感染个体向外部排出微粒子虫的途径也较多。如:中肠感染后,中肠上皮细胞破裂,微粒子虫释放到肠腔,随蚕粪排放到蚕座内;体壁上皮细胞感染后,感染细胞随蜕皮而将微粒子虫排放到蚕座内;感染家蚕个体创伤后体液的外流也可成为蚕座内的感染来源等等。成虫期感染个体蛾尿和鳞毛中的微粒子虫同样可以污染养蚕环境,而鳞毛的飞扬更是养蚕环境被微粒子虫污染重要途径。

(2)蚕座内传播 家蚕微粒病是一种慢性疾病,从感染到死亡的时间(病程)因感染时期和感染剂量不同而存在差异,但感染个体在死亡前或出现明显症状期间可将微粒子虫释放到蚕座内,群体中其他健康个体被感染而引发蚕座内传播。

胚种传染个体通过蚕座内传播对群体的影响可分为二期感染而不断扩大传播范围。群体中胚种感染的个体一般在3龄以前死亡,但在死亡前已向蚕座内排放家蚕微粒子虫,其他健康家蚕个体通过食下感染而发生蚕座内的第一期感染;第一期感染家蚕个体在死亡前向蚕座内排放微粒子虫,使更多的健康家蚕个体通过食下感染而发生蚕座内的第二期感染。部分第二期蚕座内感染的个体可以完成世代和产下导致下一轮胚种传染的个体(图5.12)。

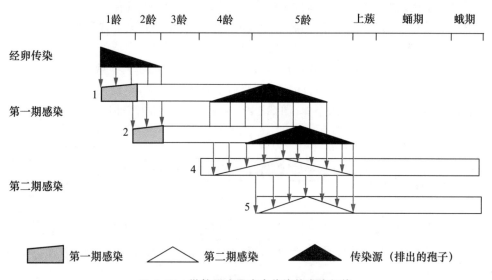

图 5.12　微粒子病蚕座内传染的发病规律

原种及以上级别蚕种中如有微粒子病胚种感染个体,将通过二期感染,导致群体大量个体患有家蚕微粒病而无法生产出合格蚕种(原原种、原种和一代杂交蚕种)。符合国家相关标准(GB/T 19178—2003、NY/T 327—1997)家蚕微粒病检疫要求的杂交蚕种有允许一定的患病个体存在,虽然经过蚕座内传播的二期感染,患病个体会有增加,但不会导致蚕茧产量的

明显下降。检疫不合格或蚕种群体中患病个体过多的蚕种,经过蚕座内传播的二期感染,患病个体明显增加,将导致蚕茧产量的明显下降,甚至颗粒无收。

(3)交叉感染 家蚕虽然是家蚕微粒子虫适宜寄主,但家蚕微粒子虫与其他许多家蚕病原微生物一样,可与桑园害虫(特别是一些鳞翅目),以及菜粉蝶等其他野外昆虫发生交叉感染(Maehay,1957;Abe 和 Kawarabala,1988;梅玲玲和金伟,1994)。感染的野外昆虫在桑园或其他植物,甚至在蚕室栖息、生活、发病和死亡,同时排出各种病原体污染桑叶,造成家蚕与昆虫间的交叉传染。

5.1.2.5 家蚕蝇蛆的入侵、生长与排出

多化性蚕蛆蝇(家蚕追寄蝇,*Exorista sorbillans* Wiedemann)又简称蚕蛆蝇。多化性蚕蛆蝇成虫羽化后,栖息于竹林、蔗地、桑园、花生、果树及野外树林草丛中,以植物的花蜜汁液为食饵。取食 1~2 d 后始行交配,一般情况下,雌蝇交配后的次日开始产卵,凭着家蚕的气味而接近,骤然降下,伏于蚕体上,用产卵管的感觉毛找寻适当的产卵位置,然后产卵,每产 1~2 粒卵后旋即飞去。蝇卵多产于蚕体腹部第 1~2 环节及第 9~10 环节,在同一环节中以节间膜及下腹线附近为多。雌蝇的产卵期可持续 4~6 d,高温干燥的天气产卵较多,低温阴雨则较少,大风雨天不产卵。白天以中午为多,早、晚则产卵较少。除蚕的第 1~2 龄外,其他龄期均可被产卵寄生,尤其蚕的 4~5 龄期易被产卵寄生。每头雌蝇可产 300 余粒卵,但产卵数则因食料、寄主及环境而异。一般产卵数十粒至 200 余粒,产卵结束后自行死亡。

刚产下的蝇卵易脱落,经一定时间后,卵壳变硬,收缩,粘吸在蚕体表面。蝇卵在 25℃ 经 36 h 即行孵化,20℃ 以下则需 2~3 d 或更长。孵化前卵背面略微凹陷,幼蛆用口钩在卵的腹面啮穿一孔,再挫开蚕体壁钻入其中寄生。以后,卵壳背面凹陷处成一小孔,即为蛆的呼吸孔。

幼蛆侵入蚕体后寄生在体壁及肌肉层之间,以脂肪体及血液为食,迅速成长。由于蛆对蚕体组织的破坏而引起蚕的抵御反应,蚕血液中的颗粒细胞及伤口附近的新增组织将蛆包围,形成一个喇叭形的鞘套。鞘套随着蛆体的增大而延长、加厚、变黑,鞘套尖的一端色深,另一端色淡。

在蚕体内,蛆经过 3 龄而成熟。寄生天数与蚕发育时期有关,如寄生在 3~4 龄蚕体内,发育较慢,寄生时间可长达 7~8 d;寄生在 5 龄蚕体内的蛆发育较快,每日可增长 1 倍以上。开始寄生的时间虽有早晚,但老熟和蜕出时期大体接近。家蚕 5 龄初期或之前寄生的蛆在上蔟前蜕出;在 5 龄中后期寄生的,蚕仍能上蔟结茧,蛆在茧内蜕出蚕体,成为蛆孔茧。如茧层厚,不能穿出则成为锁蛆茧。同一蚕体内,寄生多数蛆时,其寄生天数比仅寄生 1~2 蛆者为短,可能与营养有关。温度高,蚕发育快,蛆寄生的时间相应缩短,反之延长。使用保幼激素类似物使蚕的 5 龄期延长,同样也可以延迟蛆的成熟。

蝇蛆成熟后从病斑附近逆出,家蚕死亡后蛆不论成熟与否均离开尸体。蜕出蚕体的蛆,有背光性及向地性,借助环节间小棘的蠕动,头部作探索状,以寻找化蛹的场所。一般入土化蛹的深度为 2.5~4 cm,如土壤干燥,越冬期的幼虫则钻入较深的土层中化蛹,如找不到适合化蛹的场所亦可就地化蛹。从蜕出到形成围蛹的时间,在夏季需 5~6 h,春秋季则需 12~24 h。蛆化蛹时静止不动,体躯收缩,体色由淡黄变褐色。土壤湿度与蛹的生存有密切关系,以 25% 最适。过干或过湿均不利,特别是积水可使蛹窒息而死。

多化性蚕蛆蝇除危害家蚕外,亦可危害柞蚕、蓖麻蚕、天蚕及樗蚕,还可寄生于松毛虫、桑毛虫、野蚕、桑尺蠖、大菜粉蝶等十多种鳞翅目昆虫。

5.1.3 病原微生物的环境稳定性

5.1.3.1 病原的稳定性

家蚕的各种病原体都有尽可能长时间地维持其生命力(或称致病力)的特性。不同的病原体以其生活周期中的特定阶段的特定形态适应环境,多角体病毒(多角体内的病毒)比游离的病毒(没有多角体蛋白包埋的病毒)能存活更长的时间,细菌芽孢比营养体(繁殖体)能存活更长的时间,真菌(僵病)的分生孢子比营养菌丝或气生菌丝能存活更长的时间,微粒子虫的孢子也有较强的生命力(刘仕贤,1998),等等。

家蚕病原体的生命力与其所处的环境密切相关。核型多角体病毒病的多角体病毒,在室温下保存时生命力会逐渐下降,但经 2～3 年仍对家蚕有致病力,如在 4℃ 条件下保存,那么经 20 年还保持致病力。质型多角体病毒病的多角体病毒在室内条件下可生存 3～4 年,0℃ 条件下经数年致病力不变。真菌(僵病)的分生孢子在室内条件下可存活 2 年,曲霉菌的分生孢子更长。微粒子虫的孢子在阴暗潮湿处保存 2 年仍有致病力。

家蚕病原体存在于病死蚕的尸体、脓汁(病蚕血液)、蚕粪等有机物包埋(病源物)中时其生命力比裸露的病原体更强,这种情况下病原体对各种消毒法(物理或化学消毒法)消毒的抵抗能力也大大增强,这种情况在养蚕生产中也常有发生。因此,在养蚕消毒中十分强调要清洗干净,或尽可能使病原体从有机物的包埋中暴露出来。

家蚕的许多病原微生物被一些家畜、家禽、鱼和鸟类等动物食下后,所排泄的病原体对家蚕仍有致病力。如将患有病毒病或微粒子病等蚕病的病蚕或蚕沙,用作猪、羊、鸡和鸭等家畜家禽的饲料,并将这些家畜家禽的排泄物作为肥料施入桑园,因其中的病原体经过这些家畜家禽的消化道,随排泄而排出后,仍能使家蚕致病而成为重要的污染源。

5.1.3.2 病原的分布与扩散

从分布地来说,蚕座、蚕室地面、蔟室和蚕沙坑是病原体(病源物)分布最为集中的地方。蚕病首先发生于蚕座,病蚕的蚕粪、脓汁等首先在蚕座内出现,除沙或病死蚕的坠地(如核型多角体病毒病的病蚕有乱爬的病征),蚕室地面很容易被病原微生物(BmNPV)所污染。也有人曾调查过发生过蚕病的农户蚕室内病原微生物分布情况,发现蚕室地面和蚕具(未经消毒)中的病原体数量最多。上蔟期是一季蚕中,病死蚕最多的时期,蔟室和蔟具中自然有大量病原体的存在。蚕沙坑是病原体(病源物)最为集中的地方。

从时间上来说,在一季养蚕中,随蚕龄的增加,病蚕的数量增加,病原体的数量也增加,到上蔟期达到高峰。在一年的养蚕过程中,病原体的数量随养蚕次数的增加而增加(图 5.13)。有效的病原体(病源物)污染控制和消毒措施,可以减少养蚕环境中病原体的数量,减轻对养蚕生产的影响,做到无病高产。

5.1.3.3 理化因子对家蚕病原微生物的影响

1. 物理因素对病原微生物的影响

物理因素主要有热和紫外线,热和紫外线杀灭微生物的基本原理是破坏微生物的蛋白质、核酸、细胞壁和细胞膜,从而导致其死亡。

(1) 对蛋白质的作用　蛋白质是微生物的主要成分,是微生物基本结构的组成部分,与能量、代谢和营养等密切相关的酶等都是由蛋白质构成的。因此,破坏微生物的蛋白质,抑制一

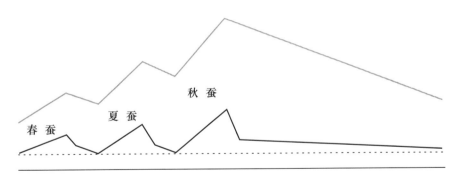

图 5.13　养蚕环境中病原微生物的增长规律

注:灰色折线为不进行消毒防病处理的病原增长规律,黑色折线为进行消毒防病处理的病原增长规律

种或多种酶的活性,即可导致微生物的死亡。

湿热主要是通过凝固蛋白质而使微生物死亡。微生物受到湿热的热力作用时,蛋白质分子运动加速,互相撞击,导致连接肽链的副键断裂,使其有规则的紧密结构变为无次序的松散结构,大量的疏水基暴露于分子表面,并互相结合成为较大的聚合体而凝固和沉淀。湿热灭菌对酶和结构蛋白的破坏是不可逆的。蛋白质凝固变性所需的温度随其含水量而变化,含水量越高,凝固所需的温度越低。

干热主要是通过氧化作用而使微生物死亡。干热即使到 100℃,蛋白质也不会变性。干燥的细胞没有生命功能。在缺乏水分的情况下,酶也没有活力,甚至停止内源性代谢,而使微生物死亡。

(2) 对核酸的作用　热不但可以破坏微生物的结构蛋白和酶蛋白,还可导致微生物单链RNA 中磷酸二酯键的断裂,以及导致单链 DNA 的脱嘌呤(depurination)和变性(denaturation),甚至发生断裂。

紫外线照射的能量较低,不足以引起被照射物的原子电离,仅产生激发作用。紫外线使微生物诱变和致死的主要作用是胸腺嘧啶的光化学转变作用。紫外线作用于 DNA 后,可使一条 DNA 链上相邻的胸腺嘧啶键合,形成二聚体,这种二聚体成为一种特殊的连接,使微生物DNA 失去转化能力并死亡。核酸中胸腺嘧啶和胞嘧啶、胞嘧啶和胞嘧啶,以及尿嘧啶和尿嘧啶二聚体等都会导致微生物的死亡。经紫外线照射的细菌可在光复活酶(photoreactivating enzyme)、水解酶和聚合酶的作用下,将损伤的 DNA 和 RNA 通过光复活作用进行逆转和修复。芽孢经紫外线照射后,因其核酸受损,5-胸腺嘧啶基-5,6-二氢胸腺嘧啶的累积而致死,其光复活的机制与繁殖体细菌也不同。

(3) 对细胞壁和细胞膜的作用　细菌的细胞壁和细胞膜是热力的主要作用位点。细菌可由于热损伤细胞壁和细胞膜而死亡。轻度热损伤的细胞壁和细胞膜对化学药物的敏感性大大增强。

2. 化学因素对病原微生物的影响

不同化学因素对不同微生物的影响是不同的,其影响机制也各不相同,主要通过氧化还原作用、或损伤微生物结构和活性物影响其生命力。

化学因素对细菌的影响主要包括对细胞壁、细胞浆膜及浆膜内组分的影响。在细胞壁的影响方面:阳离子表面活性剂对 Gram⁻ 细菌细胞壁具有解聚作用;含氯消毒剂可以破坏细胞壁的通透性。在细胞膜方面:季铵盐类阳离子表面活性剂通过解离细胞膜的结合蛋白,引起细胞内含氮和含磷化合物的漏出,最终导致其死亡;部分阳离子表面活性剂能抑制细菌电子传递链及可溶性 ATP 和 ATP 酶的活性。在浆膜内组分方面:高浓度消毒剂往往导致浆膜内组分的不可逆凝集;破坏酶的活性而影响代谢系统;影响核酸的合成和功能等。

化学因素对病毒的影响主要包括对囊膜的分解、衣壳蛋白的解聚和病毒内容物的泄漏等。

3. 抗生素对病原微生物的影响

(1) 抗生素的特点

①抗生素能选择性地作用于菌体细胞 DNA、RNA 和蛋白质合成系统的特定环节,干扰细胞的代谢作用,妨碍生命活动或使停止生长,甚至死亡。而不同于无选择性的普通消毒剂或杀菌剂。抗生素的抗菌活性主要表现为抑菌、杀菌和溶菌三种现象。这三种作用之间并没有截然的界限。抗生素抗菌作用的表现与使用浓度、作用时间、敏感微生物种类以及周围环境条件都有关系。

②选择性作用。一种抗生素只作用于一定的微生物,称作抗生素的选择性作用;抗生素对人和动植物的毒性小于微生物,称作选择性毒力。抗菌谱:各种抗生素的抗菌范围。仅对单一菌种/单一菌属有抗菌作用,这类抗生素称为窄谱抗生素,如青霉素只对革兰氏阳性菌有抑制作用,属于窄谱抗生素。不仅对细菌有作用,而且对衣原体、支原体、立克次体、螺旋体及原虫抑制作用,这类抗生素称为广谱抗生素,如四环素族(金霉素、土霉素等)对革兰氏阳性和阴性、立克次氏体以及一部分病毒和原虫等都有抑制作用,属于广谱抗生素。

③有效作用浓度。抗生素是一种生理活性物质。各种抗生素一般都在很低浓度下对病原菌就发生作用,这是抗生素区别于其他化学杀菌剂的又一主要特点。各种抗生素对不同微生物的有效浓度各异,通常以抑制微生物生长的最低浓度作为抗生素的抗菌强度,简称有效浓度。有效浓度越低,表明抗菌作用越强。有效浓度在 100 mg/L 以上的属作用强度较低的抗生素,有效浓度在 1 mg/L 以下是作用强度高的抗生素。

④选择性毒力。抗生素对人和动植物的毒性小于微生物,称作选择性毒力。抗生素对敏感微生物有专性拮抗作用,而且作用很强,一万倍以上的稀释液仍显著的抑菌和杀菌效果。

⑤耐药性。耐药性是指病原体或肿瘤细胞对反复应用的化学治疗药物敏感性降低或消失的现象。抗生素可能引起微生物的耐药性。抑菌药:仅抑菌的生繁而无杀灭作用的药物;杀菌药:既能抑菌,又能灭菌的药物;抗菌活性:是指抗菌药抑制/杀灭细菌的能力。

(2) 抗生素的作用机理 抗生素对微生物的作用位点大致有以下几种:抑制细胞壁的形成,影响细胞膜的功能,干扰蛋白质的合成,阻碍核酸的合成等(图 5.14)。

①抑制细胞壁的合成:有些抗生素如青霉素(penicillin)、杆菌肽(bacitracin)和环丝氨酸(cycloserine)等能抑制细胞壁肽聚糖的合成。细胞壁肽聚糖的 N-乙酰胞壁酸上的短肽链是带有 4 个氨基酸(即 L-丙氨酸,D-谷氨酸,L-赖氨酸,D-丙氨酸)的一条四肽链。而青霉素的内酰胺环结构与 D-丙氨酸末端结构很相似,从而能够占据 D-丙氨酸的位置与转肽酶结合,并将酶灭活,肽链彼此之间无法连接,因而抑制了细胞壁的合成。又如多氧霉素(polyoxin)是一种效果很好的杀真菌剂,其作用是阻碍细胞壁中几丁质的合成,因此对细胞壁主要由纤维素组成的藻类就没有什么作用。

②影响细胞膜的功能:某些抗生素,尤其是多肽类抗生素如多黏菌素(bacillus polymyxa)、短杆菌素(tyrothricin)等,主要引起细胞膜损伤,导致细胞物质泄漏。如在多黏菌

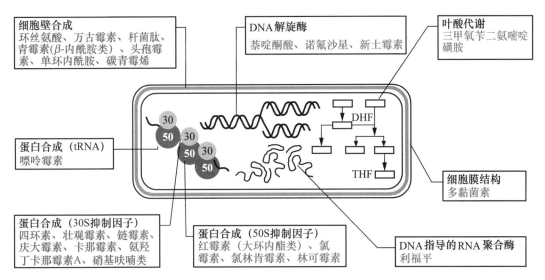

图5.14 主要抗生素生长因子类似物的作用模式

素分子内含有极性基团和非极性部分,极性基团与膜中磷脂起作用,而非极性部分则插入膜的疏水区,在静电引力作用下,膜结构解体,菌体内的重要成分如氨基酸、核苷酸和钾离子等漏出,造成细菌细胞死亡。作用于真菌细胞膜的大部分是多烯类抗生素,如制霉菌素(nystatin)、两性霉素(amphotericin)等。它们主要与膜中的固醇类结合,从而破坏膜的结构引起细胞内物质泄漏,表现出抗真菌作用。

③干扰蛋白质合成:干扰蛋白质合成的抗生素种类较多,它们都能通过抑制蛋白质生物合成来抑制微生物的生长,而并非杀死微生物。不同的抗生素抑制蛋白质合成的机制不同,有的作用于核糖体30S亚基,有的则作用于50S亚基,以抑制其活性。

④阻碍核酸的合成:这类抗生素主要是通过抑制DNA或RNA的合成而抑制微生物细胞的正常生长繁殖。如丝裂霉素(mitomycin)通过与核酸上的碱基结合,形成交叉连结的复合体以阻碍双链DNA的解链,影响DNA的复制。博莱霉素(bleomycin)可切断DNA的核苷酸链,降低DNA分子量,干扰DNA的复制。利福霉素(rifamycin)能与RNA合成酶结合,抑制RNA合成酶反应的起始过程。放线菌素D(actinomycin)能阻止依赖于DNA的RNA合成。

⑤增强吞噬细胞的功能:头孢地嗪(cefodizime)、亚胺培南(imipenem)等抗生素能增强中性颗粒细胞的趋化、吞噬和杀菌能力,杀死体内"感染微生物"。

(3)主要抗生素的作用机制　抗生素的种类有 β-内酰胺类(β-lactams)、氨基糖苷类(aminoglycoside antibiotic)、四环素类(tetracyclines)和大环内酯类(macrolide antibiotics)等。

①β-内酰胺类抗生素的作用机制是均能抑制细菌细胞壁肽聚糖合成酶的活性,从而阻碍细菌细胞壁的合成,使细菌细胞壁缺损,外环境水分渗入菌体膨胀裂解而死,若还具有触发细菌自溶酶活性的作用,则可杀灭细菌。由于哺乳动物细胞无细胞壁,不受β-内酰胺类抗生素的影响,故对人体的毒性小。青霉素结合蛋白(penicillin binding proteins,PBPs)是β-内酰胺类抗生素的作用靶点。

②氨基糖苷类抗生素的抗菌机制是抑制细菌蛋白质的生物合成,呈现杀菌作用。主要包

括5个方面:与细菌核糖体30S亚基结合,使其不能形成30S始动复合物;引起辨认三联密码错误;抑制70S始动复合物的形成,从而抑制了蛋白质合成的始动;抑制肽链延长,并使第1个tRNA从核糖体脱落,肽链中氨基酸顺序排错,导致错误蛋白质合成;抑制70S复合物解离,使核蛋白循环不能继续进行。人的某些细胞线粒体中的70S核糖体与细菌相同,因此氨基糖苷类抗生素可通过抑制其蛋白合成而引起各种副作用。

③氯霉素的作用机理是抑制细菌的蛋白合成而引起抑菌作用,它能与细菌的70S核糖体的50S亚基可逆性结合,从而特异性地阻断氨酰tRNA与核糖体上受体结合,抑制肽链的延长。人的某些细胞线粒体中的70S核糖体与细菌相同,因此氯霉素可通过抑制其蛋白合成供能引起骨髓抑制和灰婴综合征。

5.2 家蚕对病原微生物的防御功能

在自然界中,家蚕与许多病原微生物接触和共同进化。为了维持生命和延续物种,家蚕在长期的生物进化过程中形成了多种防御功能。主要包括外在性的机械性防御功能和内在性的细胞性防御与体液防御。家蚕作为昆虫免疫学研究的重要对象之一,以及作为重要的实验昆虫,已发现免疫现象的系统性相对不足,但这些发现在免疫机制进化的理解上展示了诱人的前景,因此其有关防御功能和免疫学机制正在受到更多学者的关注(吕鸿声,2008)。而充分理解和利用家蚕对病原微生物的防御功能和免疫学机理,对有效研发养蚕用药物和合理采取技术措施防止家蚕病害的流行都是十分有益的。

5.2.1 机械性防御功能

家蚕的体壁和消化道是其与外界环境直接接触的组织与器官,家蚕体壁与消化道因其结构的特殊性及其中所含的某些物质,对病原微生物的入侵具有一定的防御功能。

5.2.1.1 体壁表皮层的屏障作用

家蚕的体壁由底膜、真皮和表皮层构成。底膜是一层由中性黏多糖组成的透明薄膜,紧贴真皮层,是体壁的内部界限。真皮层由一层真皮细胞组成(包括由真皮细胞分化而来的毛原细胞、蜕皮腺和感觉器等)。表皮层(cuticle)是真皮层分泌的非细胞性层状结构物,在体壁的最外面,主要由几丁质、蛋白质和蜡质组成,有许多孔道(pore canal)贯穿其间。家蚕的体壁是防御病原微生物侵入的一道天然屏障。

表皮层从外向内依次由上表皮、外表皮和内表皮组成。上表皮的主要成分是蜡质层(wax layer)和壳脂蛋白(cuticulin)。外表皮由几丁质(chitin)和蛋白质构成,质地较坚硬,节间膜等柔软部位没有或很少,在蜕皮时不会被溶解。外表皮是在蜕皮后,真皮细胞产生的二元酚,在上表皮下被多元酚氧化酶氧化成醌,这种醌使蛋白质鞣化而形成。内表皮的构成与外表皮相同,蛋白质以共价键与几丁质结合,形成稳定的糖蛋白络合物,但在蜕皮时被溶解。幼虫、蛹和成虫表皮层的组成和结构基本相同。表皮层不仅包被在蚕体表面,而且是所有内陷生成的器官组织的里层(如前肠、后肠等器官)。表皮层的屏障作用使病毒、细菌和原虫等病原微生物不能直接通过表皮层侵入蚕体。

病原性真菌在适宜环境条件(温湿度)下,可穿过家蚕的体壁感染家蚕,但家蚕的体壁对真菌的侵入也有一定的屏障作用。病原性真菌一般较易在表皮层尚未形成的起蚕期,或者在气门周边、刚毛间隙、节间膜、尾部和腹足等表皮层较薄的部位侵入。

5.2.1.2 家蚕气门筛板的过滤作用

家蚕的气门中具有筛板,能将空气中的病原微生物隔离于体外。至今尚未发现有病原微生物可直接通过气门而感染家蚕的现象。

5.2.1.3 围食膜的屏障作用

围食膜(peritrophic membrane)是一层主要由几丁质与蛋白质组成的有一定弹性的无色透明薄膜(也可细分为微纤维层、粗糙层和精细颗粒层,总厚度约为 1 μm)。围食膜位于中肠上皮细胞与肠腔之间,呈管状包围在食物外面,把肠腔和中肠细胞壁隔开。

家蚕围食膜是一层致密平滑的膜,也是防御病原微生物的一大屏障,它使病原微生物难于顺利通过而直接与中肠细胞接触。低温等不良因子对家蚕进行冲击后,可以使围食膜出现较大的孔隙,导致病原微生物容易地与中肠细胞接触和侵入。一些酶(几丁质酶、胰蛋白酶和透明质酸酶等)也可以分解围食膜。BmNPV 中存在着可以使鳞翅目昆虫围食膜中的糖蛋白(gp68)消失的病毒感染促进因子(Derksen 和 Granados,1988)。

家蚕围食膜随幼虫的生长而增大,在眠期和熟蚕期逐渐缩小和破裂,旧的围食膜在眠起后随粪排出;各龄起蚕由中肠上皮细胞重新分泌形成新的围食膜。因此,各龄起蚕和将眠蚕的围食膜都是不完整的,对病原微生物的防御能力较差,而随着食桑和完整围食膜的形成,对病原微生物的防御能力大大增强。

5.2.2 细胞性防御功能

家蚕的体液(血液)充满于体腔和各组织器官之间,体液中包含了血球细胞、淋巴液和组织液,因此,又被称为血淋巴(hemolymph)。血球细胞中有颗粒细胞(granular cell)、浆细胞(plasmocytes)、拟绛色细胞(oenocytoids)、原白血球(prohaemocytes)和小球细胞(spherule cell)5 种细胞。各种血球细胞的比例因家蚕的发育阶段和营养状况不同而异。

5.2.2.1 血球细胞的吞噬作用

家蚕的血球具有将体内异物摄进细胞质内进行消化的吞噬作用(phagocytosis)。吞噬作用的过程是:识别异物;将异物吸附在细胞表面;摄入细胞内;排出或细胞内消化,共生或细胞崩坏。在大多数昆虫中浆细胞是起吞噬作用的主要血球,家蚕体液中颗粒细胞是起吞噬作用的主要血球,在异物侵入后其数量有所增加。

在家蚕体腔内血球与异物的接触是否与趋化性有关尚未肯定,也可能与一些体液因子有关。30%的家蚕颗粒细胞具有针对调理素(opsonin)的受体,能活化人的补体系统和具有调理素功能的 SAP(Staphylococcus aureus Protein),可以提高家蚕颗粒细胞对异物的黏着反应和吞噬作用。

5.2.2.2 血球细胞的包囊作用

当侵入蚕体的寄生物或异物比血球细胞更大或吞噬作用不能发挥作用时,血球细胞可在寄生物或异物周围聚集和包围它而形成厚层,该过程称之为包囊作用(encapsulation)。包囊作用的过程初期与吞噬作用基本相同,血球细胞黏着后即形成被囊(capsule)。早期参与包囊作用的血球细胞是颗粒细胞,后期也有浆细胞参与。被囊中的寄生物可能因缺氧而窒息,或者家蚕维持病态。如多化性蚕蛆蝇寄生于家蚕后,家蚕的体腔内就会形成一个黑褐色的鞘状物。

黑色素(melanine)也参与了包囊形成的过程,能使与寄生物接触的血球细胞崩坏。黑色素的形成与体液的多酚氧化酶系统有关,在防御中发挥作用。

5.2.2.3　血球细胞的免疫机制

对"非己"(no-self)的识别是免疫基本条件,家蚕血球细胞在对"非己"的识别过程中与凝集素(lectins)、酚氧化酶原激活系统(Pro-phenoloxidase activating system)的级联组分和类免疫球蛋白(hemoline)等有关。激素和类二十烷酸等在血球细胞的活化或免疫应答中发挥调制因子(modulators)的作用。

5.2.3　体液性防御功能

体液性防御功能是指体液中某些化学物质能钝化或杀死入侵病原体的功能。在家蚕中这些化学物质的产生有两种类型:一种是正常蚕体体液中存在的;另一种是家蚕在受到病原微生物侵染或异物进入(创伤)后诱导产生的体液性抗菌因子(humoral antibacterial factors),或者原有的防御功能得到进一步的加强。家蚕体液性抗菌因子中有酚氧化酶系统、抗细菌蛋白质、凝集素、类免疫球蛋白和溶菌酶等多种因子。

5.2.3.1　体液性抗菌因子

1. 酚氧化酶系统

昆虫的黑色素是酪氨酸和 3,4-二羟苯丙氨酸(多巴)因酚氧化酶(phenoloxidase,PO)的作用而氧化、重合形成的黑色素(melanine)。酪氨酸代谢与蛋白质合成有关,但在眠中和化蛹时合成 N-乙酰多巴胺。其氧化产物 O-苯醌具有鞣化表皮蛋白的作用。多巴因脱羧酶的作用而形成多巴胺,再经乙酰化而生成 N-乙酰多巴胺。寄生物的侵入导致昆虫酪氨酸和多巴的代谢偏向黑色素的形成。黑色素的形成过程与血球细胞的包囊作用过程密切相关。在黑色素形成的过程中几种中间产物(选择性毒性物)可能是昆虫排除侵入体内异己(微生物)的一种方法。

昆虫的酚氧化酶主要有两种类型,即漆酶型(laccase-type phenoloxidase)和酪氨酸酶型(tyrosinase-type phenoloxidase)。漆酶型 PO 在蜕皮、变态时的表皮层出现,与表皮层的着色和硬化有关;酪氨酸酶型 PO 包括存在于表皮层中的颗粒性 PO、壳脂蛋白中的伤害性 PO 和体液中的 PO。昆虫中所有的 PO 都以没有生物活性的前驱体酚氧化酶原(prophenoloxidase,proPO)的形式存在。

细菌和真菌细胞壁成分的肽聚糖(peptidoglycan,PG)和 β-1,3-葡聚糖(β-1,3-glucan)等可以引发昆虫体液中的 proPO 级联活化,在活化过程中一些蛋白酶、蛋白酶抑制因子、酚氧化酶原抑制因子和多巴色素转换因子等发挥了调控作用。从家蚕体液中已分离和纯化了对细菌和真菌细胞壁成分中的肽聚糖(peptidoglycan,PG)和 β-1,3-葡聚糖具有识别功能的肽聚糖识别蛋白(peptidoglycan recognition protein,PGRP)和 β-1,3-葡聚糖识别蛋白(β-1,3-glucan recognition protein,β-GRP),但它们在结合时如何显示活性尚不明了。因此,proPO 的活化也与细胞性的防御功能密切相关。

根据从家蚕血球细胞中克隆的 proPO 的 cDNA 的碱基序列推算出的全氨基酸序列表明,家蚕的 proPO 由两条多肽构成,其一级结构与节肢动物的血蓝蛋白(hemocyanin)相似

(Kawabata,1995)。

2. 抗菌肽

在 20 世纪 20 年代,已经发现将细菌注射昆虫后,其体液内产生与疫苗注射一样的防御反应。继 Boman 等(1972)在果蝇中发现了这种防御反应是抗菌蛋白质的作用之后,Steiner 等(1981)从天蚕蛾中分离和纯化了两种抗菌蛋白质,至今已有四大类(吕鸿声,2008),150 多种抗菌肽被发现或分离纯化(Yamakawa,1998)。

(1)昔古比抗菌肽 昔古比抗菌肽(cecropin)或称杀菌肽是一组碱性肽分子,由 31～39 个氨基酸组成,N-端具有强碱性,C-端是一疏水区,分子质量约为 4 ku,从 7 种昆虫和 2 种哺乳动物中分离到的 20 多种昔古比抗菌肽可分为 A、B、C、D、E、F 和 G 多个亚家族。根据家蚕基因组和 BLASTP 软件鉴定的 35 种抗微生物肽基因中,有 11 个昔古比抗菌肽家族(Cheng 等,2005)。

昔古比抗菌肽 B(ceropin B)和家蚕抗菌肽(lebocin)基因的碱基序列已被克隆和测定,同时还发现有 2 种异构型(isoform)的存在。这些具有同源性的基因形成了一个家族(Taniai 等,1992;Yamano 等,1994;Kato 等,1993;Sugiyama 等,1995;Chowdhury 等,1995)。基因活性控制部位的 TATA 盒、CAAT 盒上游的脂多糖(lipopolysaccharide,LPS)应答序列或 NF-κB 结合序列样基序区域和白细胞介素 6(interleukin 6,IL-6)应答序列等特征与脊椎动物急性免疫反应中的蛋白基因的特征相似,但脊椎动物在免疫应答中还有细胞因子(cytokines)的释放和介入(Taniai 等,1995;Furukawa 等,1997)。昔古比抗菌肽多数对 Gram$^+$ 细菌和 Gram$^-$ 细菌都有效。

(2)防御素 防御素(defensin)属阳离子肽类,由 34～43 个氨基酸组成,分子质量约为 4 ku。已从双翅目、膜翅目、半翅目、鞘翅目和蜻蜓目等昆虫发现了 20 多个成员,其共同特点是含有 6 个半胱氨酸和形成 3 个二硫键,在 α 螺旋与 β-折叠第一链之间都含有强阳离子氨基酸(精氨酸和赖氨酸)。主要对 Gram$^+$ 细菌有活性。

(3)富含脯氨酸抗菌肽 富含脯氨酸抗菌肽(proline-rich peptide)是一类对 Gram$^-$ 具有活性的小肽,分子量在 2～4 ku,富含脯氨酸,其活性结构往往与糖链有关,但不同于昔古比抗菌肽的溶胞机制(conventional lytic mechanism)。膜翅目和半翅目来源的 apidaecins 与 metalnikowin 是其主要家族成员。

(4)富含甘氨酸抗菌肽 富含甘氨酸抗菌肽(glycine-rich peptide)是一类分子质量较大(10～30 ku)富含甘氨酸的抗菌多肽,对 Gram$^-$ 细菌有活性,但有些对 Gram$^+$ 细菌也有较好杀菌作用。鳞翅目的昔古比天蚕和家蚕中的大蚕素(attacins)的 cDNA 序列同源性较高,但果蝇来源的则较低。此外,还有麻蝇毒素Ⅱ(sarcotoxins Ⅱ)、双翅素(diptericins)、pyrrhocoricin、hymenoptaecin、cleoptericin 和半翅素(hemiptercin)等。

抗菌肽虽然归为 4 类,也不断有新的抗菌肽发现,但总体而言由于有关抗菌肽结构和功能等方面的了解不够系统,归类相对难于严谨。

3. 凝集素

凝集素(lectin)是脊椎动物中一类特异性糖类结合蛋白,具有特异性地认识"非己"功能的防御活性物质。在许多昆虫和无脊椎动物的体液中也存在着病原微生物或其他因子诱导的凝集活性物质,特别是经体表损伤或细菌诱导后凝集活性明显升高(屈贤铭等,1985)。在家蚕体液中,存在着对羊的红细胞具有凝集活性的家蚕凝集素,在不同的蚕品种和雌雄之间的凝集活性不同。家蚕凝集素是一种 130 ku,含糖量 11.83% 的糖蛋白,有非活性型和活性型两种类型,在幼虫 5 龄初期为非活性型,5 龄后期(第 8 天)和蛹期为活性型。两种活性类型凝集素的糖和氨基酸组成相似,推测其活性的表现与高级结构的不同有关(Kato 等,1982;Kato 等,1983;Kato 等,1985a;Kato 等,1985b;Kato 等,1988)。

家蚕凝集素始终在老熟幼虫期表现较强的凝集活性,4 龄幼虫的凝集素和非活性化处理的凝集素与活性型凝集素相比,其糖链末端的唾液酸(sialic acid)含量都要高(Kato 等,1991;Kato 等,1994)。在老熟幼虫期或蛹期的体液和脂肪体中,130 ku 的家蚕凝集素都是活性型凝集素,在该时期的脂肪体成分可以使非活性型凝集素的活性上升。所以,家蚕凝集素可能来源于脂肪体,脂肪体的某些成分活化了非活性型的凝集素(Kato 等,1998)。因此,家蚕凝集素不断在分化和发育中发挥重要作用,而且在防御上也有重要的意义。

在柞蚕(*Antheraea pernyi*)、蓖麻蚕(*Philosamia cynthia ricini*)和樗蚕(*Philosamia cynthia*),以及其他昆虫中也有凝集活性物质的存在(李树英,1994)。

4. 类免疫球蛋白

昔古比天蚕和烟草角虫的类免疫球蛋白(hemoline)是最早被分离和克隆基因的类免疫球蛋白,由细菌感染或脂多糖(LPS)、或肽聚糖(PG)诱导而在昆虫体液中生物合成,由 4 个类免疫球蛋白结构域(Ig-like domains)组成。因其在感染应答中产生而推测具有识别细菌/或调控抗菌应答的功能;而根据其与昆虫及脊椎动物细胞黏连分子(adhesion molecules)的蛋白结构相似性,推测其在血细胞黏附到外源细胞或自身细胞表面的过程中起作用。

根据家蚕基因组克隆的家蚕类免疫球蛋白在基因结构上含有 5 个外显子和 4 个内含子,较昔古比天蚕和烟草角虫的类免疫球蛋白少 1 个,可被细菌或病毒诱导表达,但只在蛹期脂肪体内特异性转录和表达,体外表达物具有杀菌活性(何芳青等,2010)。

5. 溶菌酶

溶菌酶(lysozyme)广泛存在于植物和动物中,昆虫溶菌酶都是碱性蛋白,分子质量约为 14 ku 溶菌酶是家蚕等昆虫中最早发现的防御性蛋白质,主要来源于脂肪体,其氨基酸与鸡溶菌酶具有较高的同源性。昆虫来源的溶菌酶的主要功能是处理和分解经抗细菌蛋白质等抗菌因子杀灭后的细菌组分(如 PG),只对巨大芽孢杆菌(*Bacillus megaterium*)和黄色葡萄球菌(*Micrococcus luteus*)等极少部分 Gram$^+$ 细菌有直接的抗菌作用。溶菌酶存在于正常的家蚕体液中,但在细菌感染时溶菌活性得到提高。

5.2.3.2　体液性抗菌因子的基因调控

已有多数体液性抗菌因子的 cDNA 被克隆,基因结构分析发现其中不少因子由多基因家族编码,如 cecropins、atacins 和溶菌酶等。大部分体液性抗菌因子基因在诱导前是沉默的;少数体液性抗菌因子基因平常处于低水平表达,但诱导后大幅度上调,如家蚕的溶菌酶和昔古比天蚕的类免疫球蛋白。

诱导家蚕产生抗菌肽的主要成分是细菌细胞壁的 LPS。在诱导过程中,首先是家蚕的颗粒细胞和浆细胞吞噬细菌,并将 LPS 游离出来。将吞噬过大肠杆菌的颗粒细胞和浆细胞的体外培养系的培养液注射家蚕后,用 RNA 印迹法(Northern bolt)可检测到昔古比抗菌肽 B 基因活化的转录产物(Taniai 等,1997)。家蚕体液中分子质量为 43 ku 和 40 ku 的 Gram$^-$ 细菌细胞结合蛋白(Gram-negative bacteria-binding protein,GNBP)-BmLBP 能识别 LPS 的类脂 A (lipide A)并与之结合(Koizumi 等,1997)。

昆虫体液性抗菌因子基因的 κB 基序与哺乳动物同源序列具有高度的保守性，κB 基序是核因子 NF-κB 的结合位点，存在于许多免疫基因的启动子和增强子元件区域。κB、R1 和 GATA 基序也被认为体内诱导的脂肪体特异性表达 CecA1 基因所必需的，启动子区域上游的部分顺式调控元件对诱导表达的启动具有重要作用。同时，一些与 κB 基序（或 κB-like 位点）或含有锌指结构的 GATA 家族等具有 DNA 结合活性的因子。Rel 家族可识别和结合 κB 基序，即可作为激活因子（activator）又可作为抑制因子（inhibitor）在转录（核转运）水平进行调控。

根据推算的氨基酸残基序列与 CD14（脊椎动物体内巨噬细胞表面的一种蛋白质，能与 LPS 结合，并开始抗菌蛋白质诱导的细胞内信号传递过程）具有同源性（Lee 等，1996）。颗粒细胞细胞膜中的一种 11 ku 的蛋白质能与 LPS 特异性地结合（吞噬细胞中没有发现），该蛋白质是否是 LPS 的受体蛋白有待于进一步的研究（Xu 等，1995）。从家蚕血细胞还分离到一种 62 ku 的 β-1,3-葡聚糖识别蛋白，与 β-1,3-葡聚糖的结合引发血淋巴中酚氧化酶原的级联反应（Ochiai 等，1992）。Toll 则是 Rel 蛋白激活中核定位的调节因子作用。此外，一些蛋白激酶、活性氧和其他化学物质在免疫应答诱导的信号转导途径中也发挥作用。

LPS 诱导家蚕产生昔古比抗菌肽 B 基因表达的细胞内信号传递过程中与 G 蛋白、cAMP、钾离子、蛋白激酶 A 和 C 等有关（Choi 等，1995；Shimabukuro 等，1996），PG 在诱导中与脂肪体中的 eicosanoids 有关（Morishima 等，1997）。将标记的昔古比抗菌肽 B 基因的 5′-非翻译区（5′-UTR）和经诱导或未经诱导的幼虫脂肪体核抽提物进行电泳迁移率变动分析（electrophoretic mobility shift assay，EMSA），可观察到 LPS 和 IL-6 应答序列上核蛋白的结合（Tainai 等，1995）。

细菌诱导家蚕抗菌蛋白的合成是在转录水平上进行调控的（Hultmark，1993）。LPS 或 PG 诱导和活化杀菌肽 B、大蚕蛾素和家蚕抗菌肽（lebocin）等抗菌蛋白基因的表达，在数小时后达到表达量的高峰，以后逐渐下降。基因表达的持续时间因抗菌蛋白质的种类不同而异。昔古比抗菌肽 B 基因表达的终止机制与体液中存在的核糖体结合蛋白（ribophorin）和 LPS 的结合有关（Kato 等，1994a、1994b）。

家蚕的体液性抗菌因子具有组织特异性表达（tissue-specific expression）的特点，如 lebocin 基因仅在脂肪体内被诱导和表达；cecropin B 和 attacin 基因在脂肪体和血细胞中强烈表达；lysozyme 基因在脂肪体、血细胞、真皮组织内诱导表达等。昆虫体液性抗菌因子的主要表达场所为脂肪体和血液，少部分基因的表达可扩展到中肠、马氏管、围心细胞和真皮组织等。昆虫体液性抗菌因子及调控因子在结构、基因调控、信号转导途径和功能等方面与哺乳动物相似的例证，在昆虫免疫研究中不断发现。昆虫免疫与哺乳动物先天免疫具有共同起源的认识基础上，两个免疫系统间，在分子或亚分子水平具有共同祖先的证据正在不断增加。

5.2.3.3 体液性抗菌因子与细胞防御的相互关系

体液性抗菌因子与细胞防御共同构成昆虫免疫系统的主要成员。凝集素由脂肪体与/或血细胞产生后释放到血液，在血液中发挥免疫调节功能，使外来抗原与相关因子结合到血细胞表面；与此相似，proPO 系统的部分组分在血细胞内合成释放到血液，而各种控制 proPO 系统的抑制因子与激活因子都已从血液中分离，所以血液和控制 proPO 系统的血细胞组分以复合物的形式相互作用；部分抗菌肽不仅在脂肪体内合成，也可在血液细胞内合成并释放到血液发挥免疫应答作用。

大蜡螟的血细胞移植试验证明了血细胞在诱导体液性抗菌应答中的作用,由此推测血细胞在早期免疫应答后,体液免疫的诱导激活,并释放某些刺激脂肪体细胞产生抗菌肽,或某些血细胞因子的释放增强了脂肪体内抗菌肽的产生。类免疫球蛋白与细胞表面的一种 125 ku 血淋巴蛋白的结合形成复合物的现象,以及它与类似细胞识别分子的同源性,也可推测其免疫识别(识别信号产生)和免疫激活功能。而在血细胞凝集中,类免疫球蛋白可以发挥抑制作用(血细胞粘连负调因子)。

血细胞在包被作用中,显然与凝集素和 proPO 系统等的协同作用同样说明体液性抗菌因子与细胞防御的密切关系(吕鸿声,2008)。

5.2.4 其他防御功能因子

5.2.4.1 家蚕体壁的抗菌因子

1. 脂肪酸的抗菌作用

家蚕的表皮层中含有脂肪酸(主要存在于蜡质层),用机械或化学的方法去除家蚕幼虫表皮层的蜡质层后,黄曲霉菌(*Aspergillus flavus*)和白僵菌(*Beauveria bassiana*)的分生孢子对幼虫的感染速度和感染率有所增加。用乙醚从家蚕的蜕皮壳中抽提的游离短链脂肪酸(辛酸或癸酸)对黄曲霉菌显示了较强的抗菌作用,这种抗菌作用表现在对孢子发芽、菌丝伸长和孢子形成等方面的抑制作用。在离体条件下,己酸、癸酸和十二烷酸等短链脂肪酸对白僵菌的发芽和发育都有强烈的抑制作用(岩花,1982)。

家蚕表皮层游离脂肪酸组成中主要是中链脂肪酸,短链脂肪酸的含量极少。白僵菌对不同蚕品种的感染性和乙醚抽提物的测定结果表明,家蚕的抵抗性与表皮层中类脂物的含量和组成有关。表皮层中的苯醌、酚和 3,4—二羟基苯甲酸等物质也被认为对真菌分生孢子的发芽和生长有抑制作用。

2. 体壁真菌蛋白酶抑制剂的抑菌作用

病原性真菌分生孢子在发芽和芽管伸长时能外分泌蛋白酶、几丁质酶和脂肪酶等。白僵菌(*Beauveria bassiana*)、绿僵菌(*Metarrhizium anisopliae*)和曲霉菌(*Aspergillus*)外分泌的蛋白酶能分解家蚕表皮层的主要成分,这些酶在分生孢子穿透家蚕表皮层侵入体内的过程中发挥了重要的作用(Samsinakova 等,1971;Smith 等,1981;Leger 等,1988;Shimizu 等,1992)。

家蚕体液中存在着对胰凝乳蛋白酶、胰蛋白酶、枯草杆菌蛋白酶和真菌的外分泌蛋白酶具有抑制活性的多种蛋白酶抑制剂(protease inhibitor)(Eguchi 和 Furukawa,1970;Sasaki 和 Kobayashi,1984;Yamashita 和 Eguchi,1987;Fujii 等,1989)。家蚕体液中的真菌蛋白酶抑制剂有 6 种类型(电泳条带)。其中存在于表皮层的 F 型真菌蛋白酶抑制剂(fungal protease inhibitor-F,FPI-F)是最为主要的抑制剂。蛋白酶抑制剂的抑制活性随家蚕的发育和变态发生较大的变化,在幼虫 5 龄期开始明显增强,吐丝期达到高峰(Eguchi 等,1986)。

FPI-F 是一种低分子质量的蛋白质,相对分子质量为 6100,对热稳定,在较大的酸碱范围内都稳定(pH 3～11)。FPI-F 由 55 个氨基酸残基组成,其中包括 8 个半胱氨酸和大量的酸性氨基酸,氨基酸的组成与已知的微生物、植物和动物来源的蛋白酶抑制剂相比同源性很低,含有由 22 个氨基酸组成的信号肽,410 个碱基组成的 FPI-F cDNA 与其他的蛋白酶抑制剂碱基序列的同源性比较,表明其间的同源性也非常低。FPI-F 对 α-胰凝乳蛋白酶和胰蛋白酶的抑制作用很弱,但对真菌(白僵菌和曲霉菌)的外分泌蛋白酶有强烈的抑制作用,其抑制作用是非竞争性抑制,所以也是一种特异性的真菌蛋白酶抑制剂。在 pH 3.0 的条件下,枯草杆菌蛋白酶(BPN)可在 FPI-F 的 Thr(29)-Val(30)位点将其切断并使之失活,但在 pH 8.0 时,FPI-F 又能复活。FPI-F 的 8 个半胱氨酸形成 4 个二硫键。FPI-F 属于丝氨酸型蛋白酶抑制剂。用 FPI-F 的 cDNA 对几种家蚕组织内 RNA 转录水平的 RNA 印迹法分析表明,表皮层的转录水平最高,丝腺和脂肪体其次,中肠组织没有转录。另外,经 DEAE-Sephacel 等柱层析纯化的 FPI-F 对白僵菌分生孢子芽管的发育有明显的抑制作用(在 25℃,pH 7.0,培养 24 h 后,芽管长为 16.8 μm;而对照为 97.8 μm)(Yamashita 和 Eguchi,1987;Yoshida 等,1990;Eguchi 等,1993;Eguchi 等,1994;Pham 等,1996;Ito 等,1996)。

3. 其他

另外,家蚕的表皮层在受到损伤和细菌侵入时,通过合成抗菌肽和多酚氧化酶系统活性化使表皮层的抗菌活性大大提高(Brey 等,1993;Ashida 和 Brey,1995)。因此,家蚕的表皮层不但具有机械的屏障作用和化学抑制作用,而且具备更有积极意义的主动防御功能。

5.2.4.2 消化道的抗菌因子

1. 非特异性抗菌物质(小分子抗菌物质)

家蚕的中肠充满了强碱性的消化液,健康家蚕消化液的 pH 值一般为 10～11。在此强碱性条件下,家蚕消化管内主要菌丛为微球菌属(*Micrococcus*)、葡萄球菌属(*Staphylococcus*)、极毛杆菌属(*Pseudomonas*)、芽孢杆菌属(*Bacillus*)、明串珠菌属(*Leuconostoc*)和乳酸杆菌属(*Lactobacillus*)等细菌,常见病原菌中的苏云金杆菌(*Bacillus thuringiensis*)、黏质赛氏杆菌(*Serratia marcescens*)和真菌等都难于生长和繁殖。

家蚕消化液灰分中铜的含量为 1.2 mg/L,在消化液 pH 为 9.4 时对灵菌(黏质赛氏杆菌)等细菌都有杀菌作用,而 pH 7.2 时没有杀菌作用。铜离子以铜盐的形式发挥杀菌作用,并随其含量的增加而增强。

家蚕消化液中的粗叶绿素对其肠道内的细菌具有抗菌作用,主要成分是一些乙酸乙酯可溶的有机酸。这些有机酸按抗菌活性的强弱分别是对羟基苯甲酸(*p*-hydroxybenzoic acid,HA)、3,4-二羟基苯甲酸(protocatechuic acid,PA,原儿茶酸)和咖啡酸(caffeic acid,CA)。桑叶育家蚕的消化液中 HA 的含量较多,而没有 CA;人工饲料育蚕的消化液中 CA 的含量较高,HA 和 PA 的含量较少。同时,消化液中的 D-2,3 二氨基丙酸对 CA 的抑菌作用有增效作用(Iizuka 等,1976)。体外试验表明,CA 在强碱性和氧气充分的条件下,可转化成 3,4-二氧阴离子或其衍生物,由此推测是咖啡醌在起抑菌作用。在与家蚕消化液相同 pH 值的培养基中,绿原酸(chlorogenic acid)能大大增强 CA 的抗菌能力(Iizuka 等,1979)。Yasui 和 Shirata(1995)从丙酮或乙醇的抽提物中也发现了一些与 Iizuka 等所研究的抗菌物质不同的抗菌活性物。

2. 特异性抗菌物质(高分子抗菌物质)

将家蚕的消化液在 60℃下加热 1 h 或煮沸 1 h 后,其抗菌作用减弱和消失的试验预示了高分子抗菌物质的存在。内海(1982)在发现了经透析后的消化液仍有抑菌作用后,用柱层析等方法纯化得到了一种对肠球菌(*Enterococcus*)具有抑菌活性的蛋白质,并称之为抗肠球菌蛋白(Anti-*Enterococcus* Protein,AEP)。早期,因所抑制的细菌为链球菌属(*Streptococcus faecalis*)细菌,所以也称抗链球菌蛋白(Anti-*Streptococcus* Protein,ASP)(Utsumi 等,1982、1983)。

抗肠球菌蛋白是一种专一性的防御蛋白,它只对肠球菌属(*Enterococcus*)细菌有抑制作用,而对其他细菌没有抑菌作用。凝胶过滤和 disc 电泳分析,AEP 由 3 种蛋白质单体组成,其分子质量分别为 40 ku、20 ku 和 1 ku(Utsumi 等,1983;鲁兴萌和金伟,1990)。经进一步纯化后的 AEP,其 SDS-PAGE 测定的分子质量为 108 ku。经 SDS-PAGE 和 HPLC 纯化的 AEP 的氨基酸组成分析表明,AEP 由 101 个氨基酸残基组成,疏水性氨基酸残基较多,有 46 个(Gly、Ala、Val、Leu、Ile 和 Pro 等),含硫氨基酸残基(Cys 和 Met)只有 2 个(Utsumi 等,1989)。对蛋白酶和热的反应敏感(Utsumi 等,1982)。

桑叶中未发现与 AEP 类似的蛋白质存在,但它与桑叶中的某些成分密切相关。家蚕不同品种和幼虫 5 龄期不同发育时期 AEP 的含量和抑菌活性也不同,5 龄起蚕过度饥饿、饲料不良(桑叶贮存时间过长、人工饲料或晚秋期桑叶等),或饲养中受高温多湿等不良环境的影响等都会导致消化液中 AEP 含量或抑菌活性的下降(Utsumi 等,1983;吴福泉和吴鹏抟,1986;鲁兴萌和金伟,1990)。

5.2.4.3 抗病毒因子与细胞凋亡

1. 红色荧光蛋白

家蚕中肠前部向消化液中分泌一种能使家蚕 BmNPV 失活的红色荧光蛋白(red fluorescent protein,RFP)。家蚕在食下叶绿体(chloroplast)后,叶绿体中的叶绿素 a(chlorophyll,Ch-a)与中肠分泌的蛋白质形成复合物,在强碱性和有光的条件下,叶绿素酶(chlorophyllase)作用于该复合物,使 Ch-a 的卟啉环打开而形成 RFP(Hayashiya 等,1971;Nishida,1974;Hayashiya 等,1976;Uchida 和 Hayashiya,1981)。

体外试验中,当 pH 7.5～8.5 时,RFP 能与 BmNPV 或 BmIFV 产生特异性的沉淀反应,而与烟草花叶病毒(TMV)、苜蓿丫纹夜蛾核型多角体病毒(AcNPV)、多角体蛋白、牛血清蛋白和组蛋白等没有沉淀反应(Hayashiya 等,1978)。

叶绿体是 RFP 产生的必要条件,缺乏叶绿体的人工饲料育蚕不会形成 RFP,而在人工饲料中加入叶绿体后,家蚕又会产生 RFP;4 龄或 5 龄蚕在暗饲育条件下也将使家蚕不产生或停止产生 RFP(Hayashiya 等,1968;Hayashiya 等,1976)。

2. 酯酶 1

家蚕酯酶 1(Bmlipase-1)是一种分子质量为 29 ku,仅在中肠上皮细胞内(主要在中肠前部和中部)表达的抗病毒因子。纯化蛋白处理 BmNPV 的 ODV 后经口接种 5 龄起蚕的化蛹率明显高于对照(Ponnuvel 等,2003)。

3. 丝氨酸蛋白酶 2

家蚕丝氨酸蛋白酶(*B. mori* serine protease-2,BmSP-2)的分子质量为 24 ku,pI 为 10～11,只在中肠表达,在大眠期和熟蚕期不表达,病毒感染也不能诱导其表达。纯化 BmSP-2 处理 BmNPV 的 ODV 经口接种家蚕幼虫后,通过检测血淋巴荧光素酶活性试验和直接生物试验都表明 SP-2 具有明显的抗病毒作用(Nakazawa 等,2004)。

4. 细胞凋亡

细胞凋亡(apoptosis)或程序性细胞死亡(programmed cell death,PCD)是指生物体由基因控制的细胞自主的有序的死亡。细胞凋亡与细胞坏死不同,细胞凋亡不是一件被动的过程,而是主动过程,它涉及一系列基因的激活、表达以及调控等的作用,它并不是病理条件下,自体损伤的一种现象,而是为更好地适应生存环境而主动争取的一种死亡过程,该过程对于组织或机体维持内环境的稳定和抵御包括病毒在内的病原体的入侵和大量繁殖。

在发现 AcMNPV 的 $p35$ 基因缺失的 vAcAnh 突变体感染 sf21 细胞系后,出现质膜小泡与凋亡小体、核浓缩、核物质出芽进入凋亡小体、线粒体保持完整直到细胞凋亡后期,以及细胞 DNA 进行核小体间的切割等细胞凋亡的典型形态特征,感染细胞的死亡速度比野生型病毒更快,由此证明 AcMNPV 的 $p35$ 基因具有拦截或阻断病毒诱导的细胞凋亡的功能(Clem 等,1991)。其后 BmNPV 的 $p35$ 及其他杆状病毒具有类似功能,或与细胞凋亡的诱导和过程相关的基因或因子相继被发现(吕鸿声,2008;Zoog 等,2002)。

5.3　养蚕用药的临床试验与评价

我国蚕业生产中,每年因传染性蚕病而造成蚕茧减产和质量下降的情况普遍发生,个别蚕区甚为严重。传染性蚕病的发生,必然有病原体的存在。我国目前的养蚕生产过程是一个开放的系统,也就是在养蚕的过程中,病原体可随时通过各种途径进入蚕室,接触家蚕和发生感染;同时养蚕的过程在一定程度上也是一个向环境排放病原体的过程。随着养蚕过程的进行和养蚕次数的增加,养蚕环境中的病原体数量也增加。所以,在养蚕生产中除了做好病原体(病源物)扩散、污染的控制工作外,消毒工作是切断病原体扩散和传播的有效方法。通过有效的消毒工作可以使养蚕环境中的病原体数量降低到不会使蚕感染发病或不会影响蚕茧产量和质量的程度。因此,消毒工作是贯彻"预防为主,综合防治"的方针,控制和预防各种传染性蚕病的发生,夺取蚕茧、蚕种优质高产的重要措施。

养蚕用兽药包括用于养蚕生产的消毒剂(如用于蚕室蚕具、蚕种卵面、蚕体蚕座消毒等)、蚕病预防与治疗(抗生素等)和调节蚕生长发育等的各类化学药品及其制剂。养蚕生产上使用的兽药,按用途和作用可分为消毒剂类(含氯制剂、甲醛制剂等)、抗菌类药、激素类药、杀原虫药和杀线虫药等。

养蚕用兽药在管理上已归入兽药,称之为蚕用兽药。在兽药管理、研发和使用等方面国家相继制定了中华人民共和国国务院令(404 号)《兽药管理条例》(2004)、农业部令第 44 号《兽药注册办法》(2004)、农业部令第 55 号《新兽药研制管理办法》(2005),以及农业部令第 442 号中有关《兽药生物制品注册分类及注册资料要求》、《化学药品注册分类及注册资料要求》、《中兽药、天然药物分类及注册资料要求》、《兽医诊断制品注册分类及注册资料要求》、《兽用消毒剂分类及注册资料要求》、《兽药变更注册事项及申报资料要求》和《进口兽药再注册申报资料项目》。相关政策和法规正在逐步完善。

蚕用兽药与预防医学或养殖业中的兽药有类似之处,但也有很多不同的地方。从使用量和使用范围而言养蚕用兽药以消毒剂为主,目前尚无生物制品类养蚕用兽药;从对人的安全性而言药品使用的安全性两者相同,但对用于丝绸工业原料的蚕茧生产而言,养蚕用兽药用药后的产品安全性要求相对不会太多,所以也不存在休药期等问题。如养蚕产品(卵、幼虫、蛹、蛾和蚕粪)用于食品或医药原料则必须按照其他兽药和食品医药方面的安全性要求。养蚕用兽药大部分都为工业原料、兽药或人药的移植应用,有效引用这些领域的基础资料,进行改变靶动物的有效性研究和评价,可而缩短研发时间和节约研发成本。

"安全、可靠、有效"是兽药研发的基本原则,蚕用兽药也不例外。

5.3.1　消毒类药物的临床效果评价

5.3.1.1　消毒的基本概念和养蚕消毒的方法

1. 消毒与消毒剂

消毒(disinfection)是指应用化学或物理的方法清除或杀灭外环境中的病原微生物及其他有害微生物。消毒是相对的,而不是绝对的,它只要求也只能达到将有害微生物的数量减少到相对无害的程度,而并非杀灭所有有害微生物。养蚕消毒是指清除或杀灭蚕体外环境中的家蚕病原微生物。消毒剂是指能达到消毒目的的化学药剂。

灭菌(sterilization)是指应用化学或物理的方法清除或杀灭一切微生物,包括病原微生物和非病原微生物。灭菌的概念是绝对的。灭菌广泛应用于制药工业、食品工业、微生物实验室、医疗器具和传染病疫源地处理等,但在实际工作中往往因各种原因难以达到完全无菌的条件。如在工业灭菌上可接受的无菌标准为一百万分之一以下。灭菌剂(sterile agent)是指能杀灭一切微生物的药剂。灭菌剂均为高效消毒剂。

消毒剂(disinfectant)在低浓度的情况下往往具有杀灭或抑制微生物生长和繁殖的作用,具有杀灭或抑制微生物生长和繁殖作用的化学药剂也称之为防腐剂(antiseptic)。能破坏或杀灭病毒的化学药剂可称之为杀病毒剂(virucide),能杀灭真菌的化学药剂可称之为杀真菌剂(fungicide)。这些只有单一或有限杀灭作用的化学药剂,也可称之为专用消毒剂或低水平消毒剂。

2. 养蚕消毒的种类

养蚕消毒的种类很多,大致可按消毒方法、消毒范围和消毒时期等来划分。

从消毒方法上来分,养蚕消毒可分为物理消毒和化学消毒。

按消毒范围或对象,养蚕消毒可分为蚕室、蚕具、蚕体、蚕座、蚕卵和叶面等的消毒。消毒的范围或对象物的不同,消毒的要求也不同。如:蚕具的消毒,就要求和能够达到较为彻底的消毒效果和目的;在方法上,既能采用物理的消毒方法,也能采用化学的消毒方法。而蚕体蚕座的消毒则要考虑消毒对蚕体的影响,所以很难达到彻底消毒的效果,在消毒方法的采用上限制也较多。蚕室、蚕具、蚕体、蚕座、蚕卵和叶面等的消毒,都属于预防性消毒(preventive disinfection),其消毒目的为预防与蚕接触的物品,或被蚕食下的饲料(卵壳)可能被病原微生物所污染。

按消毒时期,养蚕消毒可分为养蚕前消毒、养蚕期中消毒和养蚕后消毒(回山消毒)。养蚕前消毒主要包括蚕室蚕具和蚕室周边环境的消毒,属于一种预防性消毒。养蚕前消毒对消毒的彻底性要求较高,要求蚕室蚕具上残留病原微生物的数量,不能引起因发病而影响蚕茧或蚕种产量。养蚕期中消毒的内容较多,有蚕具消毒、蚕体蚕座消毒和蚕室地面消毒等,属于一种随时消毒(concurrent disinfection)。养蚕期中消毒主要是针对养蚕过程中,可能出现或已出现的病蚕个体所造成的蚕座内污染和蚕室蚕具污染,通过消毒工作控制病原体和病源物的进一步扩散和污染,达到切断传染途径等目的。养蚕后消毒在生产上常称回山消毒,主要包括蚕室蚕具消毒和养蚕废弃物消毒等。养蚕后消毒属于一种疫源地终末消毒(terminal disinfection of epidemic focus),主要目的在于杀灭或消除在养蚕过程中难以避免的病蚕发生所造成的养蚕环境的污染。养蚕后消毒是在较易取得彻底消毒效果的时期进行的消毒,也是防止养蚕环境被病原微生物污染和切断垂直传播的有效时期。

3. 养蚕消毒的特点

家蚕的生理学特征和在免疫进化上的地位,以及养蚕过程的开放形式和养蚕生产的防病要求,决定了养蚕消毒不同于预防医学和其他的一些消毒,具有其自身的特点。

(1)环境消毒的要求高　家蚕是一种无脊椎动物,不具备人等免疫系统高度进化的脊椎动物的高效免疫机构和防御功能。33个家蚕品种对5种传染性蚕病的抵抗性测定表明:不同的蚕品种对同一病原微生物的感染性不同,易感染的蚕品种在食下 1 mg/L 浓度的猝倒菌毒素就会使一半的蚕发病(表 5.2)。少量的细菌通过创口侵入蚕体以后就会引起细菌性败血病,各龄不同发育时期对 BmCPV(以多角体的量来计算)的 LD_{50} 为 $1.64\sim3.97$,白僵菌的 LC_{50} 为 $1.95\times10^3\sim9.42\times10^3$(分生孢子/mL)。而且同一蚕品种龄期和发育时期的不同,以及饲养条件等的不同都会影响蚕对病原微生物的易感性(张远能等,1982;吴友良等,1986)。

表 5.2　家蚕对 5 种传染性蚕病的抵抗性(张远能等,1982)

蚕病种类	最大 IC_{50}	最小 IC_{50}
核型多角体病	333×10^6/mL	0.38×10^6/mL
质型多角体病	200×10^6/mL	0.1×10^6/mL
空头性软化病	$>10^1$	$<10^{-5}$
猝倒病(毒蛋白)	134 mg/L	<1 mg/L
微粒子病	$>100\times10^4$/mL	$<1.1\times10^4$/mL

注:表中空头性软化病的浓度表示为病蚕原液的稀释梯度液。

家蚕的饲养是密集了大量的个体在有限的空间中进行的一个过程。群体中难免会出现有病的个体,患传染性蚕病的个体不但其自身的终结是死亡,而且通过蚕粪、蜕皮壳和血液等排放病原体,造成蚕座内感染。质型多角体病和微粒子病等蚕座内传染非常严重的蚕病,其有病个体出现的时间往往决定了对生产的影响程度。发病越早,危害越大;发病越迟,危害越小。小蚕期蚕病的发生往往会导致对产量的严重影响。所以,养蚕前的蚕室蚕具消毒是蚕业消毒中最为基本的消毒,同时对消毒效果的要求也最高。养蚕期中的消毒,因消毒环境中同时有蚕体的存在,而有局限性。

(2)杀灭对象病原微生物的抵抗性强　在预防医学中,根据消毒目的及对象等的不同将消毒剂分成各种类型,如杀(-cidal)、抑(-static)菌(芽孢和病毒)剂等专用消毒剂,或者按消毒效果分高、中和低水平消毒剂等。预防医学中对杀灭对象病原微生物有着严格的要求。杀菌剂要求能有效杀灭大肠杆菌(Escherichia coli)和肺炎克雷白氏菌(Klebsiella pnenmoniae)等;杀芽孢剂要求能有效杀灭蜡状杆菌(Bacillus cereus)芽孢、枯草杆菌(Trichophyton mentagrophytes)芽孢和皮炎芽生菌(Blastomyces dermatitidis)等,杀病毒剂要求能有效杀灭疱疹性口角炎病毒(vesicular stomatitis virus)和猪霍乱病毒(Hog cholera virus)等等。

养蚕消毒中主要病原微生物有 BmNPV 的多角体病毒、BmCPV 的多角体病毒、苏云金杆菌(Bacillus thuringiensis,Bt;或称猝倒菌)芽孢、曲霉菌(Aspergillus)分生孢子、白僵菌(Beauveria bassiana)分生孢子和家蚕微粒子虫(Nosema bombycis,Nb)孢子。因此,蚕业消毒必须针对这些病原微生物而进行。在预防医学中细菌芽孢是较难杀灭的病原微生物之一。许多非强碱性的消毒剂(液)都能有效地杀灭细菌芽孢。预防医学中对消毒剂所配成的消毒液酸碱度一般没有特别的要求(Stonehill 等,1963;Gorman 和 Scott,1977)。蚕业主要病原微生物中,不但有形成芽孢的细菌(Bt),还有包埋于多角体蛋白之内的 BmNPV 和 BmCPV,这种现象也是昆虫病毒所特有的(吕鸿声,1982)。结晶状的多角体蛋白质能非常有效地保护 BmNPV 和 BmCPV,使其自然生存力和对外界理化因子的冲击抵御能力大大提高,但强碱性的溶液可以比较容易地将其溶解(Hukuhara 和 Hashimoto,1966)。从蚕业主要病原微生物对理化因子和环境的抵抗性来看,蚕业消毒灭杀对象病原微生物的面更广,或者说对达到彻底消毒目的的难度更大,要求更高。用于蚕室蚕具的消毒剂(液),必须具备强碱性的特点或其他有效地打开多角体的性能,使其中的 BmNPV 或 BmCPV 充分暴露,同时也能有效地杀灭其他病原微生物。

(3)消毒环境复杂　蚕室(包括小蚕室、大蚕室、贮桑室、调桑室和上蔟室等)和蚕具的结构往往比较复杂。一些经济相对不发达的地区蚕农使用的蚕室比较简陋,泥地、泥墙和草屋顶等都给消毒的有效性带来困难。生产和生活用房的兼用,以及蚕室套用等都会给消毒工作的进行带来不便。养蚕中蚕体、桑叶(饲料)和蚕粪同在一个蚕匾中,使蚕期中蚕体蚕座消毒的效果十分有限。所以,对蚕业环境消毒的要求也比较高。

5.3.1.2　消毒效果的评价

消毒效果的评价可以了解某种消毒方法或消毒剂所能达到的消毒或灭菌的能力。通过消毒效果的评价,有利于蚕业生产的管理人员、技术人员和蚕农科学地选择和使用消毒方法和消毒药剂。

1. 养蚕消毒的广谱性、高效性和消毒效果的安全性

(1)广谱性　养蚕消毒的广谱性是指消毒剂或消毒法,对主要蚕业病原微生物都具有杀灭作用的特性。广谱性的养蚕消毒法或消毒剂必须能有效地杀灭多角体内的 BmNPV 和 BmCPV、苏云金杆菌芽孢(包括毒素)、曲霉菌和白僵菌的分生孢子,以及家蚕微粒子虫的孢子。蚕室蚕具的消毒必须采用广谱性的消毒方法和消毒药剂。蚕期中和蚕体蚕座等的消毒可采用针对某种蚕病或单一病原微生物的专用消毒法。

目前蚕业生产上常用的煮沸消毒法、蒸汽灶消毒法和焚烧消毒法等都能杀灭全部的蚕业病原微生物。漂白粉和"消特灵"等都属广谱性的消毒剂。

(2)高效性　养蚕消毒的高效性是指消毒法或消毒剂在较短的时间内,或以较低的浓度杀灭全部蚕业病原微生物的特性。

用于蚕室蚕具等消毒的液体消毒剂对病原微生物杀灭的高效性可用杀灭临界浓度(minimum sterilizing concentration,MSC)和杀灭临界时间(minimum sterilizing time,MST)来表示。"蚕季安"和"蚕康宁"在较高稀释倍数(2000×)的情况下仍能杀灭白僵菌分生孢子(浙江省农科院蚕桑所蚕病组,1983;陆雪芳等,1985),与其他养蚕消毒剂相比,在针对白僵菌的杀灭作用上具有较好的高效性。实用浓度下的"消特灵"消毒液杀灭猝倒菌芽孢的 MST 为 1 min,杀灭曲霉菌分生孢子的 MST 为 4 min;而含 1% 有效氯的漂白粉消毒液杀灭猝倒菌芽孢和曲霉菌分生孢子的 MST 分别为 15 min 和 14 min,说明"消特灵"在消毒时间上比漂白粉更高效(金伟等,1990)。

(3)消毒效果的安全性　消毒效果的安全性是指消毒法中的消毒因子在不断增加负荷的情况下,仍保持足够杀菌能力的特性。

热力消毒法杀灭病原微生物时,热作为消毒的主要作用因子是否能有效地作用于病原微

生物,是能否达到目的消毒效果的关键。如煮沸消毒法消毒有机物(小蚕网)时,随着有机物与水之间的比例增加,消毒因子的负荷增加,要达到相同的消毒效果,必须增加时间,或者增加压力等,以利热有效地作用于病原微生物。

同样,利用化学因子进行消毒时,化学因子与病原微生物能否有效的接触,是达到目的消毒效果的关键。许多化学消毒剂在低浓度时就能杀灭病原微生物,但在一些有机物的影响下或病原体包埋在有机物中时,杀灭效果大大下降。如:不论是有机的含氯消毒剂(二氯异氰尿酸钠等),还是无机的含氯消毒剂(次氯酸钙等),对家蚕微粒子虫孢子都有很好的杀灭作用,在室温、有效氯为 10 mg/L 和 5 min 的条件下,就能有效地杀灭悬浮在液体中的孢子。但是当这些孢子包埋在蚕粪或病死蚕的尸体内时,要达到良好消毒效果的有效氯含量将大大提高,将微粒子病蚕排泄的蚕粪进行浸渍消毒时(蚕粪:消毒液=1/600),1%有效氯漂白粉溶液需要60 min 才能完全杀灭(三谷,1929;鲁兴萌和金伟,1998)(表5.3)。

表 5.3　蚕粪载体法的消毒效果

处　　理		桑蚕微粒子病感染率/%	
消　毒　剂	时间/min	开放	密闭
1%有效氯漂白粉溶液	20	92.5	77.5
	40	51.7	45.0
	60	3.3	0.0
0.3%有效氯消特灵溶液	20	71.7	68.3
	40	30.0	25.0
	60	6.7	4.2
0.3%有效氯"XDJ"	20	76.7	47.5
	40	53.3	19.2
	60	15.8	5.0
0.3%有效氯"QLA"	20	100.0	100.0
	40	85.0	34.2
	60	57.5	11.7
毒对	60	100.0	100.0

2. 评价消毒效果的实验室试验

评价养蚕消毒中的物理消毒法和化学消毒剂消毒效果的试验内容和方法很多,包括实验室的消毒效果评价试验、模拟试验和农村实际应用试验等。其中实验室试验是消毒方法是否可行的基础。

根据消毒的方法和消毒的目的等,实验室消毒效果评价的方法可采用不同的系列试验来进行。养蚕消毒法和消毒剂研究的方法(胡鸿均,1957;曹诒孙等,1965;陈难先和金伟,1985;卢亦愚,1986;贡成良等,1994;鲁兴萌和金伟,1998;Kobayashi 等,1968;Furuta,1981)、卫生部的《消毒技术规范》(1991)、美国 AOAC(Association of Officical Agricultral Chemists 和 Association of Officical Analytical Chemists)、德国 DGHM(Deutsche Gesellschaft fur Hygiene and Mikrobiologie)、英国的 Kelsey-Sykes 试验等评价系统中的方法都可借鉴(Bass 和 Stuart,1986;Kelsey 和 Maurer,1974)。养蚕消毒法消毒效果评价的常用方法有悬浮试验

和载体试验。

（1）悬浮试验　悬浮试验（suspension tests）也称单体法，是在病原微生物呈分散状的病原液中，加入一定量（浓度）的消毒液，在一定温度下，作用一定时间，去除消毒液的消毒作用，通过检测病原微生物的存活数，衡量消毒液的消毒能力。

应用该方法可测定一种消毒剂杀灭病原微生物的 MSC 和一定浓度下的 MST。高水平的消毒剂，可直接用 MSC 和 MST 为指标衡量杀灭病原微生物的能力。低水平的消毒剂可用杀菌效果（germicidal effect，简称 GE；GE＝lgNc－lgNd，Nc 为对照组生长菌数，Nd 为消毒组生长菌数）和杀菌率等为指标。Bt、白僵菌和曲霉菌等杀灭对象，可用微生物培养试验进行。BmNPV、BmCPV 和 Nb 等杀灭对象菌可用蚕体生物试验进行。

（2）载体试验　载体试验（carrier tests）是将杀灭对象病原微生物附着在载体（载玻片、竹片、丝线、布条和滤纸等）上，然后将染菌载体暴露于消毒剂（液或气）或物理消毒因子中，作用一定时间后，去除消毒剂的消毒作用，通过检测病原微生物的存活数，衡量消毒剂的消毒能力。

载体试验的应用范围更广，既可应用于物理消毒法，也可应用于化学消毒法中的液体消毒剂和熏蒸剂的消毒效果评价，而悬浮试验更多地用于液体消毒剂的消毒效果评价。载体试验的消毒能力评价指标与悬浮试验相同（曹诒孙等，1965）。

（3）残余消毒剂的去除　悬浮试验和载体试验都是定量的消毒试验，消毒液消毒作用的去除是试验正确的重要保证。比较和评价消毒剂的杀灭能力时，准确控制消毒时间必须依赖可靠的去除残余消毒剂方法。在去除残余消毒剂时，因消毒目的和病原微生物对象等的不同而采用不同的方法。最为常用、可靠和有效的方法是化学中和法（Croshaw，1977）和吸附法（Gelinas 和 Goulet，1983），另外还有离心沉淀法、水洗法和过滤法（李达山等，1986；黄可威等，1992）等等。离心沉淀法、水洗法和过滤法等因时间控制上的滞后，而造成在评价消毒剂的时间高效性上的缺陷相对较大，而没有使用任何去除残余消毒剂方法的消毒剂高效性和消毒能力的评价都是缺乏科学性的评价。阳离子季铵盐对苏云金杆菌与大杆菌芽孢的消毒作用的试验，就是很好的一个例子（卢亦愚，1986）。

在应用化学中和法时所用的中和剂（单方或复方）应具有两方面的特性。一方面，对相应的消毒剂具有切实可靠的中和作用；另一方面，中和剂本身或与消毒剂反应的产物，对试验用病原微生物没有任何的杀灭和抑制作用。实验中所用中和剂应得到这两方面的验证。连二亚硫酸钠和亚硫酸钠曾被作为戊二醛的中和剂，用于消毒剂消毒能力的评价。但是，后来二者都被证实具有抗菌（antibacterial effect）和杀菌（potent bactericide）的作用（Bergan 和 Lysted，1971，1972；Munton 和 Russel，1970）。Cheung 和 Brown（1982）也指出了消毒剂和中和剂之间的浓度具有密切关系的现象。

因此，养蚕消毒剂的研究和评价中，中和方法的研究和论证也是一个非常值得引起重视和探讨的问题。在养蚕消毒剂中和方法的研究中，可以将可培养蚕业病原微生物为材料，培养计数与显微镜观察相结合；而化学中和剂对病原微生物的杀菌或抑菌作用的论证，可选用对化学药剂较为敏感的白僵菌分生孢子和细菌繁殖体（如灵菌）。

悬浮试验和载体试验是蚕业消毒法消毒效果评价中常用的方法，其他还有表面消毒试验、空气消毒试验和酚系数测定法等。

3. 化学消毒剂的评价内容

化学消毒剂，特别是蚕室蚕具消毒剂是蚕业生产中使用最多和最为主要的消毒法。化学消毒剂的评价内容可分为:实验室消毒效果评价、使用性能试验和农村试验。

(1) 实验室消毒效果评价 实验室消毒效果评价包括消毒剂消毒能力的测试、消毒作用影响因子的测试和消毒效果安全性的测试。

消毒剂消毒能力的测试和消毒作用影响因子的测试方法,可采用上述的悬浮试验和载体试验的方法。在测定代表消毒剂本身消毒能力的 MSC 和 MST(高效性和广谱性等)的基础上,测试有机物、pH、温度和湿度等对消毒效果的影响。用悬浮试验或载体试验测定的 MSC 和 MST,是在实验条件被基本控制的情况下所得到的结果。因此,它反映了消毒剂本身(该种化合物或该种化合物组合)对病原微生物的杀灭能力。但是,在此基础上进行消毒剂消毒效果的安全性评价也是必不可少的内容之一。

消毒效果的安全性作为一种实验室可评价特性,更能体现消毒剂的消毒液应用稀释度的安全性和科学性。Kelsey-Sykes 试验、应用稀释度试验(use-dilution test)和将杀灭对象病原微生物在血清或琼脂糖等有机物保护下的玻片载体法或脱脂棉白布片法模拟载体试验(carrier test)等方法都是值得参考的评价方法(Kelsey 和 Sykes,1969;Loreyz 和 Jann,1964;鲁兴萌和金伟,1998;徐庆华和袁朝森,1996;Kruse 等,1963)。在衡量指标上,可以将常用或公认的消毒剂作为对照组进行比较,或者通过对 T/E 值或综合 D 值等的测定加以比较评定(高东旗和刘育京,1995;袁朝森等,1995)。通过消毒效果安全性的评价可较为科学地把握和确定实用浓度。

(2) 使用性能试验 使用性能试验包括稳定性试验、对物品的损害试验和毒理学评价等试验。

稳定性试验包括原药的稳定性和实用浓度下配制药的稳定性。原药的稳定性要考虑运输、销售和储藏等因素的影响。消毒剂在配制成实用浓度消毒液后,其有效成分的含量和杀灭病原微生物的能力在半天以内应没有明显变化。测试方法可根据化学药剂的有效成分测定法和测定实用浓度下的 MST 为指标(鲁兴萌等,1991)。

对物品的损害试验包括对织物损害作用的试验、对金属的腐蚀性试验和对橡胶制品损坏试验等。将织物、金属和橡胶制品在实用浓度消毒液中处理一定时间后,通过对织物的退色性的观察和断裂强度降低率(%)的测定,对金属的腐蚀速率(R)和重量增减的测定,对橡胶的膨胀性、硬化度、弹性、发粘与变色观察,以及断裂强度(kg)、断裂伸长率(%)和拉断变形率(%)等的测定,综合分析消毒剂对物品的损害性。物品损害试验虽然没有不能使用的指标,但却是指导正确使用消毒剂的参考指标。

毒理学评价是针对消毒剂对人体是否有害而进行的测试。毒理学评价包括生物毒理学和环境毒理学等内容,其测试的内容非常多。考虑到消毒剂的使用对人的安全性,对一些新的化学药物的要求很高。养蚕使用的消毒剂多数为现有化学药剂的应用,养蚕消毒本身是一种环境消毒,相对而言在毒理学评价上的要求较低。

(3) 农村试验 农村试验是检验一种消毒剂是否在农村或蚕种场等养蚕生产单位使用后,能达到稳产和高产的目的,以及消毒剂的价格和使用方法(使用是否方便)、消毒液的刺激性与对物品的腐蚀性等是否能被蚕种场和蚕农等生产单位和个人所接受。

农村试验可在 2~3 个蚕区,分别选择 2~3 个养蚕生产单位,以常用消毒剂为对照进行比较试验。通过记录蚕期的发病情况和蚕茧产量等进行评价。

国家已经制定《蚕用消毒剂药效评价试验指导原则》,但目前只对蚕室蚕具消毒剂进行了较为详细的要求和规范,而传统使用的一些蚕体蚕座消毒剂和熏烟剂等尚未作出明确的规范。但根据国家的有关政策法规和原则、消毒学的基本理论和养蚕的特点,同样可以研发和为制定相关规则提供科学依据。

5.3.1.3 影响化学消毒法杀菌作用的因素

养蚕用消毒剂的主要成分有:次氯酸钙(calcium hypochlorite,漂白粉和漂粉精等)、二氯异氰尿酸钠(sodium dichloroisocyanurate)、三氯异氰脲酸(trichloroisocyanuric acid)、含氯石灰(chlorinated lime)、甲醛(formaldehyde solution),或聚甲醛(paraformaldehyde)及中草药型蚕体蚕座消毒剂-仁香散等。有些消毒剂通过在主要消毒成分中增加表面活性剂、或碱性物、或稳定剂等复配而成,这些复配可以达到增效、或互补的作用。消毒剂的不同在用途和用法上也有不同,有些可多用途(如次氯酸钙配成溶液后即可由于蚕室蚕具,也可用于蚕体蚕座或蚕卵消毒等)。影响不同化学成分消毒剂和消毒方法的因素也有所不同。

1. 病原微生物的种类、数量和所处的环境

不同病原微生物对不同化学消毒剂的抵抗性不同。蚕室蚕具的消毒必须采用高效广谱的化学消毒法和消毒剂。病原微生物在呈堆集状或被覆盖时,将大大影响消毒的效果。例如,在病蚕尸体内或蚕粪中的病原体,因被大量有机物所覆盖,含氯消毒剂、甲醛消毒剂等消毒因子难以穿透这些有机物而影响消毒效果。另外,化学消毒因子在穿透这些有机物时,将大大消耗有效成分而达不到消毒的效果。因此,在蚕室蚕具消毒之前必须打扫和清洗干净,使病原微生物的数量大大减少的同时,使病原微生物充分暴露,便于消毒时消毒因子直接和快速地与病原微生物作用,并杀灭这些病原微生物。

2. 消毒方法和消毒药剂

根据不同的消毒要求和具体情况可采用不同的消毒方法和消毒药剂。例如,蚕室蚕具的消毒要求是彻底全面,所以,选择的消毒方法或消毒药剂必须能有效地杀灭所有蚕业病原微生物,尤其是生产蚕种的蚕种场和原蚕区,在全年的养蚕中必须采用对微粒子虫孢子十分有效的消毒方法和消毒药剂进行消毒。而蚕体蚕座消毒的作用往往是预防病原体在蚕座内的扩散,或针对某一种蚕病的发生或曾经发生过此种蚕病而使用,所以不要求(也难以达到)消毒彻底全面,而强调要有针对性,如在发生核型多角体病毒病和质型多角体病毒病时强调要用新鲜石灰粉对蚕体蚕座进行撒粉消毒。在蚕室密闭条件较好的情况下,可采用甲醛类消毒剂和其他熏烟剂进行消毒。在密闭条件较差的蚕室、外走廊和蚕室周围环境等,可采用含氯消毒剂喷雾消毒。

3. 消毒药剂的配制

蚕用消毒剂都是由一种或多种成分组成。消毒剂运输或贮藏的不当,都会引起有效成分的严重损失,有些消毒剂在贮藏过程中也会自然散失有效成分,特别是漂白粉有效成分很容易散失。因此,在认真做好消毒剂的运输和贮藏工作外,在配制前还要确认贮藏的有效期,对超过贮藏的有效期和容易散失有效成分的漂白粉等消毒剂,一定要测定其有效成分后才能使用。

配制消毒剂的用水以自来水为好,没有自来水的情况下也可用深井水。池塘水的有机物含量较高,而有机物能消耗消毒剂的有效成分,特别是对含氯消毒剂有效氯的影响。池塘水中的微小生物、糖类、蛋白质和氨基酸等都会大大消耗含氯消毒剂溶液中的有效氯。

4. 消毒液的浓度和作用时间

一种消毒剂可能有一种或多种消毒范围、消毒形式和消毒方法,但不论哪一种消毒剂,适

用于那一种消毒范围、采用哪一种消毒形式和消毒方法都有其特定的消毒浓度和消毒时间等的要求。如漂白粉,在用于蚕室蚕具消毒时要求有效氯的浓度是 1‰,浓度过高对蚕室蚕具的腐蚀过重,浓度过低达不到彻底消毒的要求;而用于蚕种的散卵消毒时要求有效氯的浓度是 0.3%,浓度过高会伤害蚕卵,浓度过低达不到消毒效果。同样在消毒作用时间上也有要求,前者要求喷湿或浸湿后保湿 30 min,后者要求接触 10 min。一般来说,在一定浓度时消毒时间越长,消毒效果越好。但也要考虑使用时对人和蚕等的影响。

5. 消毒温度和湿度

消毒时的温度越高,消毒效果越好。温度对含氯消毒剂(漂白粉和消特灵等)消毒效果的影响较小,一般在 15℃以上没有明显影响。甲醛类消毒剂(福尔马林和毒消散等)受温度和湿度的影响较大。温度和湿度越高,甲醛类消毒剂的消毒效果越好,当温度低于 24℃ 或相对湿度低于 70% 时,甲醛的消毒效果就大大下降。因此,在春蚕期或晚秋蚕期等气温较低或湿度较低时,要用甲醛类消毒剂消毒的话,必须注意加温和补湿,否则达不到预期的消毒效果。

消毒效果受多种因素的影响,了解这些因素的影响有利于提高消毒效果。应用各种消毒方法和消毒剂进行消毒时,应该切实地贯彻各种消毒方法和消毒剂所要求的操作规程,只有这样才能达到杀灭病原微生物和有效切断病原体扩散途径的目的。

5.3.2　抗生素类药物的临床试验与评价

抗菌药(抗生素类药物)是养蚕生产中较为常用的兽药,主要用于大蚕期减少细菌性败血病和猝倒病的发生和流行,对减缓病毒性疾病的发病过程也有一定的作用。常用的抗菌药、作用机理和用途如下。

1. 红霉素

红霉素(erythromycin)主要通过抑制细菌细胞壁黏肽的合成,使生长期分裂旺盛的细菌合成黏肽受阻,不能形成细胞壁,并在渗透压的作用下致使细胞膜破裂而死亡。主要对 $Gram^+$ 细菌和少量 $Gram^-$ 细菌有效。用于防治家蚕黑胸败血病。

2. 盐酸诺氟沙星

盐酸诺氟沙星(norfloxacin hydrochloride)主要作用于细菌细胞的 DNA 解旋酶,干扰细菌 DNA 的复制、转录和修复重组,细菌不能正常生长繁殖而死亡。对 $Gram^+$ 细菌和 $Gram^-$ 细菌有良好的抗菌作用。用于防治家蚕黑胸败血病。

3. 盐酸环丙沙星

盐酸环丙沙星(ciprofloxacin hydrochloride)主要作用和作用菌同盐酸诺氟沙星。用于防治家蚕细菌性败血病。

4. 恩诺沙星

恩诺沙星(enrofloxacin)主要作用于细菌的 DNA 螺旋酶,使细菌 DNA 不能形成超螺旋,染色体受损,从而产生杀菌作用,对 $Gram^-$ 、$Gram^+$ 细菌等均有效。用于防治家蚕细菌性败血病。

我国目前已经制定了《蚕用抗菌药物药效评价试验指导原则》,但抗菌药物应用于养蚕败血病的防治理论尚有诸多问题有待研究。养蚕用抗菌药主要是应用兽药和根据抗菌药的微生物培养试验结果而研发。缺乏药理学和药物代谢动力学的研究,由于家蚕生理和解剖结构与畜禽动物或人的差异太大,并不能简单地适用靶动物改变的原则。

养蚕用抗菌药物的药效评价中建立稳定的人工感染模式是相对比较方便的工作,有利于通过较大规模的系统临床试验对其药效作出科学的评价。畜禽类抗菌药物药效评价中的分级(无效、微效、有效和显效)概念也是值得借鉴的方法。

在抗菌药物使用方面,应避免因药物使用而造成蚕座内湿度过大。

从蚕茧生产防控病害的需要而言,养蚕抗菌药物的安全性问题不是很复杂,但在产品用途涉及饲料、食品或医药则会变得非常复杂。养蚕的副产物如蚕蛹等,除少量加工供人鲜食外,也有用作畜、禽、鱼的饲料,家蚕从停止食桑(或食下抗菌药)至化蛹的时间仅为 3 d(25℃),所以凡是有关法规禁止使用的兽药,在养蚕生产上也不得使用。此外,是否可以使用或是否需要休药期等问题都应根据所应用领域的要求进行研究和规范。

5.3.3 抗寄生虫药物和激素等其他药物的临床试验与评价

1. 杀虫剂

蚕的寄生虫主要有寄生蝇和柞蚕的寄生性线虫。养蚕生产上使用的杀虫剂其有效成分为昆虫神经毒剂,对蝇蛆的胆碱酯酶有强烈的不可恢复抑制作用,导致蚕蝇蛆死亡,通过控制药剂的剂量差可选择性地杀灭寄生于蚕体的蝇蛆和卵。通过对蚕喷体或将药液喷洒于桑叶叶面对蚕喂饲而发生药效。

柞蚕寄生性线虫的防治是柞蚕饲养中保证产量的一项重要工作,目前主要是通过在柞树叶上喷施苯并咪唑类药物进行防治。杀线虫剂是一类低毒药物,在防治柞蚕线虫病的危害中主要通过喷施柞树叶而发挥作用,但部分地区有食用柞蚕蛹的习惯,因此在使用杀线虫剂时必须严格按照使用规程进行。

我国目前已经制定了《蚕用抗寄生虫药物药效评价试验指导原则》,但研发的品种很少。

2. 激素类

养蚕上使用的激素类兽药有蜕皮激素和保幼激素,其化学成分为植物性甾体类物质和萜烯类物质。主要用于家蚕大蚕期的生长发育调控。通过延长幼虫龄期增加食桑量,增加张种蚕茧产量;通过加速将熟蚕的发育,达到上蔟齐一简化操作的目的。

3. 其他药物

在现有国家注册蚕用兽药中虽然已有一个家蚕微粒子病的治疗药物,但在药效和安全性等方面存在一定的争议。在药效方面:①主要存在食下病原量的局限性,即在较高浓度病原食下量后药效不能体现;②用药时间的局限性,即在病原食下后较短的时间内用药才能有效;③用药浓度的局限性,即在高剂量使用后不仅当代家蚕受到影响,常常导致次代孵化率的下降等不良影响(鲁兴萌等,2000)。在化学成分方面,由于其主要化学成分的性质属于农药而给使用安全性带来问题。该问题也同样存在于被公认在防控家蚕蝇蛆病中具有良好药效的"灭蚕蝇"。

家蚕微粒子病防治药物有效性的评价还存在有效性评价的量化标准方面,在现有 0.5% 风险病蛾率的概念下,似乎只有达到该指标才可认为实用有效,显然该指标对一般药物而言是十分困难的事情。如果将其定位辅助用药,则从考虑生产成本而言难以实用。

此外,至今尚无对防治病毒病的蚕用兽药。

养蚕中病害控制的基础是控制病原微生物的基础,消毒是重要的途径,治疗可以在一定程度上减少养蚕病害引起的损失。加强家蚕病原微生物入侵家蚕的机制研究和家蚕抵御病原微生物入侵机理的基础研究,充分利用基础研究的成果,将是蚕用兽药快速发展的重要途径。

鲁兴萌

参 考 文 献

[1] 丁杰,宿桂梅,问锦曾. 中国柞蚕微粒子病病原的研究. 蚕业科学,1992,18(2):88-92.

[2] 万国富. 对从剑纹夜蛾亚科的一种昆虫分离到的微孢子虫的研究. 广东蚕业. 1995,29(4):46-51.

[3] 万永继,敖明军,等. 家蚕病原性微孢子虫SCM7(*Endoreticulatus* sp.)的分离和研究. 蚕业科学,1995,21(3):168-172.

[4] 王瀛,V. Shyam Kumar,汪方炜,等. 诺氟沙星对家蚕病毒性软化病发病过程的影响. 蚕桑通报,2005,36(1):20-24.

[5] 刘仕贤. 蓖麻蚕微粒子病与野外昆虫的关系. 蚕业科学,1964,2(1):53-58.

[6] 刘仕贤. 昆虫微孢子虫孢子的生存力和感受性. 广东蚕业,1998,32(2):45-52.

[7] 刘挺等. 一种新家蚕病原性微孢子虫的研究. 中国蚕业,1998(2):11-12.

[8] 冯真珍,曹翠平,邱海洪,等. 粉纹夜蛾(*Trichoplusia ni*)培养细胞对家蚕微孢子虫(*Nosema bombycis*)的吞噬过程观察. 蚕业科学,1999,2009,35(2):333-339.

[9] 卢亦愚. 常用国产阳离子季铵盐在蚕业消毒中的性能与应用. 蚕业科学,1986,12(2):161-167.

[10] 华南农业大学. 蚕病学. 2版. 北京:农业出版社,1989.

[11] 李达山,陈长乐,畅建民,等. 几种养蚕消毒剂对蚕微粒子(*N. bombycis*)的消毒力试验. 江苏蚕业,1986,(1):6-9.

[12] 李树英. 樗蚕蛹血淋巴的血凝活性物质. 蚕业科学,1994,20(4):247-248.

[13] 李明乾,茼娜娜,蔡顺风,等. 家蚕传染性软化病病毒(桐乡株)5′端非编码区基因的克隆及序列分析. 蚕业科学,2009,35(1):84-89.

[14] 吕鸿声. 昆虫病毒与昆虫病毒病. 科学出版社,北京,1982.

[15] 吕鸿声. 昆虫病毒分子生物学. 中国农业科技出版社,北京,1998.

[16] 吕鸿声. 昆虫免疫学原理. 上海科学技术出版社,2008.

[17] 沈中元,徐莉,等. 桑尺蠖和丝棉木金星尺蠖的微孢子虫对家蚕病原性和胚种传染性研究. 蚕业科学,1996,22(1):36-41.

[18] 汪方炜,鲁兴萌,颜海燕. 家蚕体液性防御因子-凝集素. 中国蚕业,2001,22(4):55-56.

[19] 汪方炜,鲁兴萌. 微孢子虫发芽机理. 科技通报,2001,17(4):16-19.

[20] 汪方炜,鲁兴萌,黄少康. 家蚕肠球菌体外抑制微孢子发芽的动力学研究. 蚕业科学,2003,29(2):157-161.

[21] 何芳青,陈琳,姚慧鹏,等. 家蚕类免疫球蛋白(hemoline)基因的克隆及表达特征和抗菌活性研究. 蚕业科学,2010,36(1):40-45.

[22] 吴福泉,吴鹏拓. 不同饲育温度对五龄家蚕ASP抗菌活性的影响. 蚕业科学,1986,12

（1）:21-23.

[23] 吴友良,孙曙光,贡成良. 关于家蚕对 CPV 感染抵抗性的研究. 蚕业科学,1986,12(1):95-99.

[24] 贡成良,早坂昭二. 微孢子虫的发育及对细胞的感染性. 蚕业科学,1989,15(3):135-138.

[25] 贡成良,潘中华,李达山. 家蚕微粒子虫原虫的增殖观察. 蚕业科学,1994,20(3):158-160.

[26] 贡成良,朱军贞,潘中华. 养蚕熏烟消毒剂熏毒威的研究. 蚕业科学,1994,20(1):35-38.

[27] 陆雪芳,李荣琪,马德和. "蚕康宁"蚕室蚕具消毒剂的研究. 蚕业科学,1985,11(1):36-41.

[28] 陆奇能,朱宏杰,洪健,等. 一株传染性软化病病毒的分离和鉴定. 病毒学报,2007,23(2):143-147.

[29] 陈难先,金伟. 蚕期"毒消散"熏烟防僵消毒试验. 蚕业科学,1985,11(2):163-166.

[30] 郑祥明,杨琼等. 家蚕分离的微孢子虫 *Vairimorpha* sp. MG4 的研究. 蚕业科学,1999,25(4):226-229.

[31] 金伟,陈难先,鲁兴萌,等. 新型蚕室蚕具消毒剂-消特灵. 蚕桑通报,1990,21(4):1-5.

[32] 金伟,鲁兴萌. 痛定思痛,吃堑长智. 蚕桑通报,1996,27(3):1-5.

[33] 苘娜娜,陆奇能,洪健,等. 传染性软化病病毒感染感染家蚕中肠上皮细胞的免疫电镜观察. 蚕业科学,2007,33(4):602-609.

[34] 苘娜娜,陆奇能,金伟,等. 家蚕传染性软化病病毒(桐乡株)VP1 基因片段的克隆及序列分析. 昆虫学报,2007,50(10):1016-1021.

[35] 张志芳,沈中元,何家禄. 微孢子虫研究进展. 蚕业科学,2000,26(1):38-44.

[36] 张远能,刘仕贤,霍用梅,等. 若干家蚕品种对六种主要蚕病的抗性鉴定. 蚕业科学,1982,8(1):94-97.

[37] 张海燕,万淼,费晨,等. 家蚕微孢子虫(浙江株)α 微管蛋白基因部分片段的克隆及系统发育分析. 蚕业科学,2007,33(1):49-56.

[38] 张凡,鲁兴萌. 微孢子虫入侵细胞的机制研究进展. 蚕业科学,2005,26(增刊):68-72.

[39] 屈铭贤,李士云,吴克佐,等. 大肠杆菌及聚肌核苷酸对柞蚕、家蚕蛹诱导产生溶菌酶、抗菌肽及凝集素的动力学. 昆虫学报,1985,28:1-7.

[40] 郭锡杰,黄可威,等. 不同来源微孢子孢子间血清学关系比较. 蚕业科学,1994,20(3):154-157.

[41] 郭锡杰,黄可威,等. 家蚕几种病原微孢子虫的比较研究. 蚕业科学,1995,21(2):96-100.

[42] 郭锡杰,黄可威,等. 家蚕病原性微孢子虫孢子表面蛋白的选择性分离与总蛋白比较分析. 蚕业科学,1995,21(4):238-242.

[43] 胡鸿均. 介绍新防僵粉"二氯萘醌"的药效和性状. 蚕丝通报,1957,3(3):25-26.

[44] 费晨,张海燕,钱永华,等. 家蚕消化道来源蒙氏肠球菌的鉴定. 蚕业科学,2006,32(3):350-356.

[45] 浙江省农科院蚕桑所蚕病组. 蚕室蚕具新型消毒剂"蚕季安 1 号"和"蚕季安 2 号"简介.

蚕桑通报,1983,14(4):32-34.

[46] 浙江大学. 家蚕病理学. 中国农业出版社,北京,2000.

[47] 高永珍,黄可威. 家蚕病原性微孢子虫超微结构研究. 蚕业科学,1999,25(3):163-169.

[48] 高东旗,刘育京. 新洁尔等四因子复合杀灭芽孢方法的研究. 中国消毒学杂志,1995,12:71-75.

[49] 钱永华,鲁兴萌,李敏侠,等. 家蚕微孢子虫孢子人工发芽的研究. 浙江农业大学学报,1996,22(4):381-385.

[50] 钱永华,金伟. 家蚕微孢子虫生殖圈的研究进展. 蚕业科学,1997,23(2):114-119.

[51] 钱永华. 家蚕微孢子虫生殖圈的研究以及理化因子对其体外发育、增殖的影响。浙江农业大学博士论文,1997.

[52] 钱永华,黄金山,王建芳,等. 胎牛血清及热处理家蚕体液对家蚕微孢子虫体外增殖的影响. 蚕业科学,2001,27(1):72-74.

[53] 钱永华,鲁兴萌,金伟,等. 几种化学药物对家蚕微粒子病的治疗效果. 北方蚕业,2001,22:14-16.

[54] 钱永华,鲁兴萌,金伟,等. 家蚕微孢子虫(*Nosema bombycis*)向家蚕 BmN 细胞接种与增殖的观察. 蚕业科学,2003,29(3):260-264.

[55] 徐杰,陈灵方,林宝义,等. 不同感染时期和感染量对家蚕微粒子病胚种传染率的影响. 蚕桑通报,2004,35(1):18-21.

[56] 徐庆华,袁朝森. 远红外线与新洁尔灭协同杀灭细菌芽孢作用的研究. 中国消毒学杂志,1996,13:6-11.

[57] 龚舒聪,孙远挺,盛思佳,等. 家蚕微孢子虫感染家蚕对其中肠和血液蛋白酶活性影响. 蚕桑通报,2008,39(3):11-15.

[58] 梅玲玲,金伟. 家蚕微孢子虫和桑尺蠖微孢子虫的研究. 蚕业科学,1994,20(3):154-157.

[59] 梅玲玲,金伟. 家蚕微孢子虫与桑尺蠖微孢子虫的研究. 蚕业科学,1989,15(3):135-138.

[60] 曹诒孙,李荣琪,陆雪芳. "毒消散"蚕室蚕具消毒法的研究. 蚕业科学,1965,3(1):1-8.

[61] 黄可威,陆有华,覃光星,等. 全杀威对蚕的病原体消毒效果研究. 蚕业科学,1992,18(3):232-236.

[62] 黄少康,鲁兴萌. 家蚕微粒子虫(*Nosema bombycis*)与其形态变异株的侵染性及孢子表面蛋白的比较研究. 中国农业科学,2004,37(11):1682-1687.

[63] 黄少康,鲁兴萌,汪方炜,等. 两种微孢子虫孢子表面蛋白及对家蚕侵染性的比较研究. 蚕业科学,2004,30(2):157-163.

[64] 鲁兴萌,金伟. 家蚕消化液中抗链球菌蛋白质含量和抑菌活性的研究. 蚕业科学,1990,16(1):33-38.

[65] 鲁兴萌,吴国桢,金伟,等. 消特灵和漂白粉消毒液的稳定性. 蚕桑通报,1991,22(2):5-7.

[66] 鲁兴萌,金伟. 蚕室蚕具消毒剂的实验室评价. 蚕桑通报,1996,27(4):6-8.

[67] 鲁兴萌,金伟. 桑蚕细菌性肠道病研究. 蚕桑通报,1996,27(2):1-3.

[68] 鲁兴萌,钱永华,金伟,等. 桑蚕消化道中肠球菌的部分特性的研究. 浙江农业大学学报, 1997,23(2):184-188.

[69] 鲁兴萌. 桑蚕微粒子病的研究-分类、检测和防治。浙江农业大学博士后研究工作报告,1997.

[70] 鲁兴萌,金伟. 含氯制剂对家蚕微粒子虫孢子消毒效果评价的研究. 蚕业科学,1998,24(2):191-192.

[71] 鲁兴萌,金伟,钱永华,等. 肠球菌在家蚕消化道中的分布. 蚕业科学,1999,25(3):158-162.

[72] 鲁兴萌,金伟,吴一舟,等. 丙硫苯咪唑等药剂对家蚕微粒子病的治疗作用. 中国蚕业,2000,21(1):19-21.

[73] 鲁兴萌,吴忠长. 家蚕微粒子虫感染家蚕的病理学研究. 浙江大学学报(农业与生命科学版),2000,26(5):547-550.

[74] 鲁兴萌,汪方炜,金伟. 昆虫抗细菌蛋白质的研究进展. 科技通报,2000,16(3):188-193.

[75] 鲁兴萌. 多酚氧化酶的研究进展. 中国蚕业,2000,21(2):49-50.

[76] 鲁兴萌,吴海平,李奕仁. 家蚕微粒子病流行因子的分析. 蚕业科学,2000,26(3):165-171.

[77] 鲁兴萌,吴海平. 桑蚕微粒子病的胚种传染率. 蚕桑通报,2001,32(3):7-10.

[78] 鲁兴萌,汪方炜. 家蚕肠球菌对微孢子虫体外发芽的抑制作用. 蚕业科学,2002,28(2):126-129.

[79] 鲁兴萌,黄少康,汪方炜,等. 微粒子病家蚕消化道内肠球菌的分布. 蚕业科学,2003,29(2):151-156.

[80] 鲁兴萌. 蚕用兽药的现状与应用. 蚕桑通报,2009,40(2):1-5.

[81] 鲁兴萌,桂文君,冯真珍,等. "灭蚕蝇"临床效果的测定. 蚕桑通报,2009,40(2):1-5.

[82] 廖森泰,方定坚,郑祥明. 蓝叶甲微孢子虫的特征及其对家蚕的病原性研究. 华南农业大学学报,1992,13(4):150-153.

[83] Abe Y and Kawarabala T. On the microsporidian isolates derived from the cabbage worm, *Pieris rapae* crucivora, *J Seric Sci Jpn*,1988,57(2):147-150.

[84] Adams T R, Goldwin R H and Wilcox T A. Electron microscopic investigations on invasion and replication of insect Baculovirus *in vivo* and *in vitro*. *Biol Cellulaire*,1977,28:261-268.

[85] Ashida M and Brey P T. Role of the integument in insect defense: Pro-phenoloxidase in the cuticular matrix. *PNAS USA*,1995,92:10698-10702.

[86] Bass G K and Stuart L S. Methods of testing disinfectants. In disinfection,sterilization and Preserration. Eds Lawrence C A and Block S S Philadelphia: Lea & Febiger,1986.

[87] Bergan T and Lysted A. Disinfectant evaluation by a capacity use-dilution test. *J Appl Bacteriol*,1971,34:751-756.

[88] Bergan T and Lysted A. Evaluation of non-phenolics by a quantitative technique. *Acta Pathol Microbiol Scand* (B),1972,80:507-510.

[89] Bigliardi E and Sacchi L. Cell biology and invasion of the microsporidia. *Microbes and*

Infection,2001,3: 373-379.

[90] Brey P T,Lee W J,Yamakawa M.,et al. Role of the integument in insect immunity: Epicuticular abrasion and induction of cecropin synthesis in cuticular epithelial cells. PNAS USA,1993,90:6275-6279.

[91] Cheng T,Zhao P,Liu C,et al. Structures regulatory regions and inductive expression patterns of antimicrobial peptide genes in the silkworm Bombyx mori. Genomics,2006, 87:356-365.

[92] Cheung H Y and Brown M R W. Evaluation of glycine as an inactivator of glutaraldehyde. J Pharmaceutical Pharmacol,1982,34:211-214.

[93] Choi H K,Taniai K,Kato Y,et al. Induction of activity of proteinkinase C and A by bacterial lipopolysaccharide in insolated hemocytes from the silkworm, Bombyx mori. Appl Entomol Zool,1995,31:135-143.

[94] Christian P V,Manolo G,Fabienne T,et al. Functional and evolutionary analysis of a eukaryotic parasitic genome. Current Opinion in Microbiology,2002,5:499-505.

[95] Clem R J,Marcus F and Miller L K. Prevention of apoptosis by a baculovirus gene during infection of insect cells. Science,1991,254:1388-1390.

[96] Couzinet S,Cejas E,Schittny J,et al.,. Phagocytic uptake of Encephalitozoon cuniculi by nonprofessional phagocytes. Infection and Immunity,2000,68: 6939-6945.

[97] Croshaw B. Pharmaceutical Microbiology(in Hugo,W. B. ,Russel,A. D. eds). Oxford: Blackwell Scientifific Publication,1977,185-201.

[98] Dall D J. A theory for the mechanism of polar filament extrusion in the Microspora. J Theoret Biol,1983,105: 647- 659.

[99] Derksen A C G and Granados R R. Altercation of a lepidopteran peritrophic membrane by baculoviruses and enhancement of viral infectivity. Virology,1988,167:242-250.

[100] Dyall S D and Johnson P J. Origins of hydrogenosomes and mitochondria: evolution and organelle biogenesis. Curr Opin Microbiol,2000,3:404-411.

[101] Eguchi M and Furukawa S. Protease in the pupal midgut of the silkworm,Bombyx mori L. J Sericult Sci Japan,1970,39:387-392.

[102] Eguchi M,Matsui Y and Matsumoto T. Developmental change and hormonal control of chymotrypsin inhibitor in the haemolymph of the silkworm,Bombyx mori. Comp Biochem Physiol,1986,84B:327-332.

[103] Eguchi M,Ito M,Chou L Y,et al. Purification and characterization of a fungal protease specific protein inhibitor (FPI-F) in the silkworm haemolymph. Comp Biochem Physiol,1993,104B:537-543.

[104] Eguchi M,Itoh M,Nishino K,et al. Amino acid sequence of an inhibitor from the silkworm(Bombyx mori) hemolymph against fungal protease. J Biochem,1994,115: 881-884.

[105] Engelhard E K,Kam-Morgan L N,Washburn J O,et al. The insect tracheal system: a conduit for the systemic spread of Autographa californica M nuclear polyfedrosis

virus. *PNAS USA*,1994,91:3224-3227.

[106] Enriquez F J,Wagner G,Fragoso M,*et al*. Effects of an anti-exospore monoclonal antibody on microsporidial development *in vitro*. *Parasitology*, 1998, 117 (6): 515-520.

[107] Frixione E,Ruiz L,Santillan M,*et al*. Dynamics of polar filament discharge and sporoplasm expulsion by microsporidian spores. *Cell Motility Cytoskel*, 1992, 22: 38-50.

[108] Fujii H,Aratake H,Deng L R,*et al*. Purification and characterization of a novel chymotrypsin inhibitor controlled by the chymotrypsin inhibitor A(*Ict-A*) gene from the larval hemolymph of the silkworm,*Bombyx mori*. *Comp Biochem Physiol*,1989, 94B:145-155.

[109] Fujiwara T. Microsporidia from silk moths in egg production sericulture. *J Seric Sci Jpn*,1985,54(2):108-111.

[110] Furukawa S,Taniai K,Ishibashi J,*et al*. A novel member of lebocin gene family from the silkworm,*Bombyx mori*. *Biochem Biophys Res Comm*,1997,769-774.

[111] Furuta Y. Pathogenicity and solubility of silkworm nuclear and cytoplasmic polyhedra treated with formaldehyde. *J Sericult Sci Japan*,1981,50:379-386.

[112] Gelinas P and Goulet J. Neutralization of the activity of eight disinfectants by organic matter. *J Appl Bacteriol*,1983,54: 243-247.

[113] Ghosh K,Cappiello C D,McBride S M,*et al*. Functional characterization of a putative aquaporin from *Encephalitozoon cuniculi*, a microsporidia pathogenic to humans. *International Journal for Parasitology*,2006,36: 57-62.

[114] Gorman S P and Scott E M. A quantitative evaluation of the antifungal properties of glutaraldehyde. *J Appl Bacteriol*,1977,43:93-89.

[115] Hadley T,Aikawa M and Miller L H. *Plasmodium knowlesi*: studies on invasion of rhesus erythrocytes by merozoites in the presence of protease inhibitors. *Experimental Parasitology*,1983,55: 306-311.

[116] Hayashiya K,Nishida J and Matsubara F. Inactivation of nuclear polyhedrosis virus in the digestive juice of silkworm larvae,*Bombyx mori* L. I. Comprarison of anti-viral activities in the digestive juices of larvae reared between on natural and artificial diets. *Jap Appl Ent Zool*,1968,12:189-193.

[117] Hayashiya K,Nishida J and Kawamoto F. On the biosynthesis of the red fluorescent protein is the digestive juice of the silkworm larvae. *Jap J Appl Ent Zool*,1971,15: 109-114.

[118] Hayashiya K, Nshida J and Uchida Y. The mechanism of formation of the red fluorescent protein in the digestive juice of silkworm larvae-The formation of chlorophyllide-a. *Jap J Appl Ent Zool*,1976,20:37-43.

[119] Hayashiya K, Uchida Y and Nishida J. Comparison of anti-viral activities of the silkworm larvae reared in light and in darkness in relation to the formation of red

242

fluorescent protein(RFP). *Jap J Appl Ent Zool*,1976,20:139-143.

[120] Hayashiya K，Uchida J and Himeno M. Mechanism of anti-viral action of red fluorescent protein（RFP）on nuclear-polyhedrosis virus（NPV）in silkworm larvae. *Jap J Appl Ent Zool*,1978,22:238-242.

[121] Hukuhara T and Hashimoto Y. Studies of two strains of cytoplasmic polyhedrosis virus. *J Invertebr Pathol*,1966,8:184-192.

[122] Huang S K and Lu X M. Comparative Study on the Infectivity and Spore Surface Protein of *Nosema bombycis* and Its Morphological Variant Strain. *Agricultural Sciences in China*,2005,4(6):475-480.

[123] Iizuka T，Koike S and Mizutani J. Isolation and identification of caffeic acid and 3-hydroxyanthranilic acid from feces of silkworm larvae reared on the artificial diet. *J Sericult Sci Japan*,1976,45:321-327.

[124] Iizuka T，Koike S and Mizutani J. Anitibacterial activity of some low molecular substances in the digestive juice of silkworm larvae,*Bombyx mori* L. . *J Sericult Sci Jpn*,1979,48:96-100.

[125] Ishihara R. The life cycle of *Nosema bombycis* as revealed in tissue culture cells of *Bombyx mori*. *J Inverteb Pathol*,1969,14: 316-320.

[126] Ishihara R. Some observations on the fine structure of sporoplasm discharged from spores of a microsporidian,*Nosema bombycis*. *J Invertebr Pathol*,1968,12:245-258.

[127] Itoh M,Takenaka T,Ashikari T,*et al*. cDNA cloning and expression of a novel type protease inhibitor(FPI-F)from the silkworm,*Bombyx mori*. *J Sericult Sci Jpn*,1996,65:326-333.

[128] Iwano H,Shimizu N,Kawkami Y,*et al*. Spore dimorphism and some other biological features of a *Nosema* sp. isolated from the lawn grass cutworm,*Spodotera depravata* Bulter. *App Entomo and Zoo*,1994,29(2): 219-227.

[129] Iwano H and Ishihara R. Dimorphism of *Nosema* spp. in cultured cell. *J Inverteb Patho*,1991,57: 211-219.

[130] Li M Q,LU Qi-neng,Wu X F *et al*. Analysis of RNA-Dependent RNA Polymerase Sequence of I nfectious Flacherie Virus Isolated in China and Its Expression in BmN Cells. *Agricultural Sciences in China*,2009,8(7):872-879.

[131] Li M Q,Chen X X,Wu X X,*et al*. Genome Analysis of the *Bombyx mori* Infectious Flacherie Virus Isolated in China. *Agricultural Sciences in China*, 2010, 9（2）: 299-305.

[132] Kato Y,Nakayama S and Takeuchi T. Characterization of glycoprotein in haemolymph albumin fraction of the silkworm,*Bombyx mori*. *J Sericult Sci Jpn*, 1982,51: 337-340.

[133] Kato Y,Nakayama S and Takeuchi T. Changes in the haemagglutinating activity of glycoprotein in haemolymph of the silkworm,*Bombyx mori*. *J Sericult Sci Jpn*,1983, 52:247-248.

［134］Kato Y,Nakamura T and Takeuchi T. Comparison of the haemagglutinating activity of haemolymph among silkworm races. *J Sericult Sci Jpn*,1985a,54:323-324.

［135］Kato Y,Nakamura T and Takeuchi T. Chemical composition of active and inactive haemagglutination glycoproteins in the haemolymph of the silkworm,*Bombyx mori*,*J Sericult Sci Jpn*,1985b,54:400-405.

［136］Kato Y,Nakayama S and Takeuchi T. Comparison of haemagglutinating activity of haemolymph in females and males of *Bombyx mori*. *J Sericult Sci Jpn*,1988,57:179-183.

［137］Kato Y,Nakamura T and Takeuchi T. Haemagglutinating activity of haemolymph of *Bombyx mori* treated with terpenoid imidazole. *J Sericult Sci Jpn*,1991,60:208-213.

［138］Kato Y,Motoi Y,Taniai K,*et al*. Clearance of lipopolysaccharide in hemolymph of the silkworm,*Bombyx mori*. *Insect Biochem Molec Biol*,1994a,24:539-545.

［139］Kato Y,Motoi Y,Taniai K,*et al*. Lipopolysaccharide-lipophorin complex formation in insect homolymph: A commonpathway of lipopolysaccharide detoxification both in insect and mammals. *Insect Biochem Molec Biol*,1994b,24:547-555.

［140］Kato Y,Nakamura T and Takeuchi T. Production and activation of humoral lectin protein in *Bombyx mori*. *J Sericult Sci Jpn*,1998,67:319-326.

［141］Kawabata T and Yasuhala Y. Molecular cloning of insect pro-phenoloxidase:A copper-containing protein homologous to arthropod hemocyanin. *PNAS USA*, 1995, 92:7774-7778.

［142］Kawarabata T and Ishihara R. Infection and development of *Nosema bombycis* (Microsporidia:Protozoa) in cell line of *Antheraea eucalypti*. *J Invertebr Pathol*,1984,44:52-62.

［143］Kelsey J C and Maurer I M. An improved Kelsey-Sykes test for disinfectants. *Pharm J*,1974,231:528-530.

［144］Kelsey J C and Sykes G.. A new test for the assessment of disinfectants with particular reference to their use in hospitals. *Pharm J*,1969,202:607-612.

［145］Kobayashi H,Sato F and Ayuzawa C. On the disinfecting ability of the mixture of bleaching powder and formalin. *J Sericult Sci Japan*,1968,37:311-318.

［146］Koizumi N,Morozumi A,Imamura M,*et al*. Lipopolysaccharide-binding proteins and their involvement in the bacterial clearance from the hemolymph of the silkworm,*Bombyx mori*. *Eur J Biochem*,1997,248:217-224.

［147］Kruse R H,Green T D,Chambers C,*et al*. Disinfection of aerosolized pathogenic fungi on laboratory surface I Tissue Phase. *Appl Microbiol*,1963,11:436-445.

［148］Lee W J,Lee J D,Kravchenko V V,*et al*. Purification and molecular cloning of an inducibale Gram-negative bacteria-binding protein from the silkworm, *Bombyx mori*. *PNAS USA*,1996,93:7888-7893.

［149］Leger R J St,Durrands P K,Charnley A K,*et al*. Role of extracellular chymoelastase in the virulance of *Metarhizium anisopliae* for *Manduca sexta*. *J Invertebr Pathol*,1988,

52:285-293.

[150] Loreyz D E and Jann G J. Use-Dilution test and newcastle disease Virus. *Appl Microbiol*, 1964, 12:24-26.

[151] Maehay M L. Occurrence of *Nosema bombycis* Naegeli among wild lepidoptera. *Foila EntomoL Hungarica*, 1957, 10: 359-363.

[152] Malone L A. Factors Controlling in Vitro Hatching of *Vairimorpha plodiae* (Microspora) Spores and Their Infectivity to *Plodia interpunctella*, *Heliothis virescens*, and *Pieris brassicae*. *J Invertebr Pathol*, 1984, 44:192-197.

[153] Millership J J, Chappell C, Okhuysen P C, *et al*. Characterization of Aminopeptidase activity from three species of microsporidia *Encephalitozoon cuniculi*, *Encephalitozoon hellem* and *Vittaforma corneae*. *J Parasitol*, 2002, 88(5): 843-848.

[154] Morishima I, Yamano Y, Inoue K, *et al*. Eicosanoids mediate induction of immune genes in the fat body of the silkworm, *Bombyx mori*. *FEBS Lett*, 1997, 419:83-86.

[155] Munton T J and Russel A D. Aspects of the action of glutaraldehyde on *Escherichia coli*. *J Appl Bacteriol*, 1970, 33:410 -419.

[156] Nakazawa H, Tsuneishi E, Ponnuvel K M, *et al*, Antiviral activity of a serine protease from the digestive juice of *Bombyx mori* larvae against nucleopolyhedrovirus. *Virology*, 2004, 321: 154-162.

[157] Nishida J. On the mechanism of the formation of red fluorescent protein in the digestive juice of the silkworm larvae. *Jap J Appl Ent Zool*, 1974, 18:126-132.

[158] Ohshima K. On the autogamy of nuclei and the spore formation of *Nosema bombycis* Nageli. *Annot Zool Jap*, 1973, 46:30-44.

[159] Olsen P E and Liu T U. *In Vitro* Germination of *Nosema Apis* Spores under Conditions Favorable for the Germination and Maintenance of Sporoplasms. *J Invertebr Pathol*, 1985, 47:65-73.

[160] Ochiai M, Niki T and Ashida M. Immunocytochemical localization of beta-1, 3-glucan recognition in the silkworm, *Bombyx mori*. *Cell tissue Res*, 1992, 268:431-437.

[161] Pham T N, Hayashi K, Takano R, *et al*. A new family of serine protease inhibitors (*Bombyx* family) as established from the unique topological relation between the positions of disulfide bridges and reactive site. *J Biochem*, 1996, 119:428-434.

[162] Ponnuvel K M, Nakazawa H, Furukawa S, *et al*. A lipase isolated from the silkworm *Bombyx mori* shows antial activity against nucleoplyhedrovirus. *J Virol*, 2003, 77: 10725-10729.

[163] Rohrmann G. F. Baculovirus structural proteins. *J Gen Virol*, 1992, 73:749-761.

[164] Sak B, Saková K and Ditrich O. Effects of a novel anti-exospore monoclonal antibody on microsporidial development *in vitro*. *Parasitol Res*, 2004, 92: 74-80.

[165] Samsinakova A, Misikova S and Leopold J. Action of enzymatic systems of *Beauveria bassiana* on the cuticle of the greater wax moth larvae (*Galleria mellonella*). *J Invertebr Pathol*, 1971, 18:322-330.

[166] Sasaki T and Kobayashi K. Isolation of two novel proteinase inhibitors from hemolymph of silkworm larva, *Bombyx mori*. Comparison with human serum proteinase inhibitors. *J Biochem*, 1984, 95: 1009-1017.

[167] Sato R and Watanabe H. In vitro infection with spores of Microsporideae contained in diseased silkworm. *J Sericult Sci Jpn*, 1986, 55: 28-32.

[168] Shimabukuro M, Xu J, Sugiyama M, *et al*. Signal transduction for cecropin B gene expression in hemocytes of the silkworm, *Bombyx mori*. *Appl Entomol Zool*, 1996, 31: 135-143.

[169] Shimizu S, Tsuchitani Y and Matsumoto T. Purification and properties an extracellar protease from *Besuveria bassiana*. *J Sericult Sci Jpn*, 1992, 61: 421-428.

[170] Sironmani T A. Biochemical characterization of the Microsporidian *Nosema bombycis* spore protein. *World Journal Microbiology and Biotechnology*, 1999, 15(2): 239-248.

[171] Smith R J, Pekrul S and Grula E A. Requirement for sequential enzymatic activities for penetration of the integument of the corn earworm (*Heliothis zea*). *J Invertebr Pathol*, 1981, 38: 335-344.

[172] Southern T R, Jolly C E, Lester M E, *et al*. Identification of a microsporidia protein potentially involved in spore adherence to host cells. *Journal of Eukaryotic Microbiology*, 2006, 53(1): S68-69.

[173] Southern T R, Jolly C E, Melissa E L, *et al*. EnP1, a microsporidia spore wall protein that enables spores to adhere to and infect host cells *in vitro*. *Eukaryotic Cell*, 2007, 1535-9778.

[174] Stonehill A, Krop S and Borick P M. Buffered glutaraldehyde, a new chemical steridizing solution. *American Journal of Hospital Pharmacy*, 1963, 20: 458-465.

[175] Taniai K, Kato Y, Hirochika H, *et al*. Isolation and nucleotide sequence of cecropin B cDNA clones from the silkworm, *Bombyx mori*. *Biochemi Bioghys Acta*, 1992, 1132: 203-206.

[176] Taniai K, Kadono-Okuda K, Kato Y, *et al*. Structure of two cecropin B-encoding genes and bacteria-inducible DNA-binding proteins which bind to the 5'-upstream regulatory region in the silkworm, *Bombyx mori*. *Gene*, 1995, 163: 215-219.

[177] Tiago P V, Fungaro M H P and Furlaneto M C. Cuticle-degrading proteases from the entomopathogen *metarhizium flavoviride* and their distribution in secreted and intracellular fractions. *Letters in Appl Microbiol*, 2002, 34(2): 91-94.

[178] Uchida Y and Hayashiya K. Biosynthesis of a red fluorescent protein(RFP) in the digestive juice of the silkworm larvae, *Bombyx mori* L. (Lepidoptera: Bombycidae). Fomation of a chlorophyllide-a-midgut protein complex. *Jap J Appl Ent Zool*, 1981, 25: 94-100.

[179] Undeen A H. *In vivo* germination and host specificity of *Nosema algerae* in mosquitoes. *J Invertebr Pathol*, 1976, 27: 343-347.

[180] Undeen A H and Avery S W. Germination of Experimentally Nontransmissible Mirosporidia. *J Invertebr Pathol*, 1985, 43: 299-301.

[181] Undeen A H. A Trehalose levels and Trehalase Activity in Germinated and Ungerminated Spores of *Nosema algerae* (Microspora: Nosematidae). *J Invertebr Pathol*, 1987, 50: 230-237.

[182] Undeen A H and Avery S W. Ammonium chloride inhibition of the germination of spores of *Nosema algerae* (Microspora: Nosematidae). *J Invertebr Pathol*, 1988, 52: 326-334.

[183] Undeen A H and Avery S W. Effect of Anions on the Germination of *Nosema algerae* algerae(Microspora: Nosematidae) Spores. *J Invertebr Pathol*, 1988, 52: 84-89.

[184] Undeen A H and Frixione E. The role of osmotic pressure in the germination of *Nosema algerae* spores. *J Protozool*, 1990, 37: 561-567.

[185] Undeen A H. A proposed Mechanism for the Germination of Microsprodian (Protozoa: Microspora) Spores. *J Theor Biol*, 1990, 142: 223-235.

[186] Undeen A H and Vander M R K. The effect of ultraviolet radiation on the germination of *Nosema algerae* (Protozoa: Microspora) spores. *J Protozool*, 1990, 37: 194-199.

[187] Undeen A H, Johnson M A and Becnel J J. The effects of temperature on the surival of *Edhazardia aedis* (Microspora: Amblyosporidae), a pathogen of *Aedis aegypti*. *J Invertebr Pathol*, 1993, 61: 303-307.

[188] Undeen A H and Vander M R K. Conversion of intrasporal trehalose into reducing sugars during germination of *Nosema algerae* (Protista : Microspora) spores: a quantitative study. *Journal of Eukaryotic Microbiology*, 1994, 41: 129-132.

[189] Undeen A H and Solter L F. The sugar content and density of living and dead microsporidian (Protozoa: Microspora) spores. *J Invertebr Pathol*, 1996, 67: 80-91.

[190] Undeen A H. Sugar Acquisition during the Development of Microsporidian (Microspora: Nosematidae) Spores. *J Invertebr Pathol*, 1997, 70: 106-112.

[191] Undeen A H and Vandermeer J W. Microsporidian Intrasporal Sugars and Their Role in Germination. *J Invertebr Pathol*, 1999, 73: 294-302.

[192] Utsumi S and Nishimura T. On the anti-*Streptococcus* protein(ASP) in the digestive juice of silkworm larvae, *Bombyx mori*. *J Sericult Sci Jpn*, 1982, 51: 84-92.

[193] Utsumi S. Effect of food condition on the anti-*Streptococcus* activity in the digestive juice of the silkworm larva, *Bombyx mori*. *J Sericult Sci Jpn*, 1983, 52: 537-544.

[194] Utsumi S and Okada T. Purification and amino acid composition of anti-*Enterococcus* protein(ASP)in the digestive juice of the silkworm larvae, *Bombyx mori*. *J Sericult Sci Jpn*, 1989, 58: 468-473.

[195] Vandermeer J W and Gochnauer T A. Trehalase Activity Associated with Spores of *Nosema apis*. *J Invertebr Pathol*, 1971, 17: 38-41.

[196] Verkman A S and Mitra A K. Structure and function of aquaporin water channels. *American Journal of Physiology Renal Physiotherapy*, 2000, 278, F13-F28.

[197] Vivares C P, Gouy M, Thomarat F, *et al*. Functional and evolutionary analysis of a eukaryotic parasitic genome. *Current Opinion in Microbiology*, 2002, 5: 499-505.

[198] Weidner E. Ultrastructural study of microsporidian invasion into cells. *Parasitol Res*,

1972,40：227-242.

[199] Weidner E and Byrd W. The microsporidian spore invasion tube II. Role of calcium in the activation of invasion tube discharge. *Journal of Cell Biology*,1982,93（3）：970-975.

[200] Weidner E,Byrd W,Searberough A,*et al.* Microsporidian spore discharge and the transfer of polaroplast organelle membrane into plasma membrane. *Journal of Protozoology*,1984,31：208-213.

[201] Xu J,Nishijima M,Kono Y,*et al.* Identification of a hemocyte membrane protein of the silkworm,*Bombyx mori*,which specifically binds to bacterial lipopolysaecharide. *Insect Biocheam Molec Biol*,1995,25：921-928.

[202] Yamakawa M. Insect antibacterial proteins：Regulatory mechanisms of their synthesis and a possibilyty as new antibiotics. *J Seric Sci Jpn*,1998,67：163-182.

[203] Yamashita M and Eguchi M. Comparison of six genetically defined inhibitors from the silkworm haemolymph against fungal protease. *Comp Biochem Physiol*,1987,86b：201-208.

[204] Yang B,Fukuda N,Hoek A V,*et al.* Carbon dioxide permeability of aquaporin-1 measured in erythrocytes and lung of aquaporin-1 null mice and in reconstituted proteoliposomes. *Jounral of Biological Chemistry*,2000,275(4)：2686- 2692.

[205] Yasui H and Shirata A. Detection of anitibacterial substances in insect gut. *J Seric Sci Jpn*,1995,64：246-253.

[206] Yoshida S,Yamashita M,Yonehara S,*et al.* Properties of fungal protease inhibitors from the integument and haemolymph of the silkworm and effect of an inhibitor on the fungal growth. *Comp Biochem Physiol*,1990,95B：559-564.

[207] Zhang F,Lu X M,Kumar V S,*et al.* Effects of a novel anti-exospore monoclonal antibody on microsporidial *Nosema bombycis* germination and reproduction *in vitro*. *Parasitol*,2007,134：1551-1558.

[208] Zoog S J,Schiller J J,Wetter J A,*et al.* Baculovirus apoptotic suppressor P49 is a substrate inhibitor of initiator caspases resistant to P35 *in vivo*. *The EMBO Journal*,2002,21(19)：5130-5140.

[209] 广濑安春. 关于寄生在昆虫的微孢子虫类. 蚕丝研究,1979,111：118-123.

[210] 广濑安春. 野外昆虫成虫翅部寄生的微粒子原虫对家蚕的传染作用. 蚕丝研究,1979,110：111-115.

[211] 广濑安春. 水稻二化螟来源微孢子虫对桑蚕和其他昆虫的交叉感染性. 蚕丝研究,1979,112：275-279.

[222] 广濑安春,上田金时. 柞蚕微粒子原虫经不同宿主继代后感染性的变化. 蚕丝研究,1979,110：105-110.

[223] 三谷贤三郎. 最近蚕病学(中卷). 东京明文堂,1929,76-77.

[224] 岩下嘉光. 我的丝绸之路. 岩下嘉光论文集,2001.

[225] 岩花秀典. 昆虫与病原微生物对防御反应. 化学と生物,1982,20：580-588.

第6章

家蚕病害诊断与检测技术

蚕病的及时和正确诊断是控制蚕病流行、蔓延和减少损失,以及做好以后消毒防病工作的重要依据。家蚕病害的诊断与检测技术是指对家蚕个体或群体出现异常后的主要诱因(致病因素)的判断技术。家蚕病害诊断与检测的主要目的不是为治疗提供依据,而是为隔离或剔除发病个体,保护健康群体正常生长发育等饲养技术的实施、或杜绝主要致病因素继续对养蚕造成影响提供依据。家蚕病害的诊断与检测技术在控制疫病和病害暴发中具有十分重要的作用。

家蚕病害的诊断与检测技术可分为:肉眼诊断(包括生物试验)、光学显微镜检查、免疫学和分子生物学诊断技术,以及其他仪器检测技术。

肉眼诊断技术主要基于家蚕的病征、病变和病情等进行,其特点是可确诊的病害种类较少;可诊断的时期往往是发病的晚期;需要较为丰富的经验和病理学知识,而不需要仪器设备;可快速得出诊断结果。肉眼诊断技术具有很多局限性,但是一种最为常用的技术,也可为其他诊断技术应用提供重要的参考依据。在其他实用化诊断和检测技术尚未建立或完善的前提下,也是唯一的诊断技术。基于生物试验的诊断技术主要根据肉眼诊断进行。

光学显微镜诊断技术主要基于家蚕病原微生物或寄生性害虫的形态而进行,其特点是可确诊除非包涵体病毒以外的家蚕病原微生物引起的传染病和部分寄生性病害;可在家蚕发病的较早时期进行诊断;需要不太昂贵的光学显微镜和一定的病原形态学判断经验;可较快得出诊断结果。丰富的肉眼诊断经验可以为光学显微镜检查确定具体检查病变组织,提高诊断速度提供依据。

免疫学和分子生物学诊断技术主要是基于抗原与抗体特异性反应的基本原理和聚合酶链反应(polymerase chain reaction,PCR)能有效扩增家蚕病原微生物核酸的放大作用而进行,其特点是可进行早期诊断,且特异性和灵敏度非常高;需要较为昂贵的仪器设备与生化试剂等;诊断所需时间较长。

有害物的仪器检测技术在家蚕病害诊断与检测中是一种间接检测技术,主要应用于家蚕发生环境污染物影响而发生病害时,通过对桑叶、农药原药和空气等的检测,诊断家蚕发生病害的种类和原因。需要相关的技术方法(提取方法)、昂贵的仪器设备和标准品等。

不同诊断与检测技术都有其特点,根据不同病害种类、发生病害的现场情况和诊断要求,灵活应用不同的诊断与检测技术,以及充分利用不同诊断与检测技术的特点,是有效诊断的重要基础。由于免疫学和分子生物学诊断技术在灵敏度和特异性方面所具有的优势,使其越来越受到科技工作者的关注,并随着生物技术和仪器科学的发展而得到更为广泛的应用。

6.1 个体诊断与群体分析的肉眼诊断技术

家蚕是高度密集饲养的一种小动物,病害的发生与流行往往是从部分个体开始,及时发现患病个体可以为病害流行的控制提供科学依据和宝贵的时间。在个体诊断基础上的群体分析,对判断和确定养蚕病害发生和流行的主要原因更为重要。

蚕病的个体诊断与群体分析主要根据蚕发病的病情、病征(sign)、病变(lesion)、病原和生产实际情况等,结合发病因素进行综合分析,正确诊断蚕病和分析发病原因,为及时采取防病措施控制蚕病流行提供有效依据。蚕病的个体诊断与群体分析的基本要求是注意养蚕过程中家蚕出现的各种异常现象。可重点选取发育迟缓或出现可疑症状者进行检查。如青头蚕,迟眠、迟起蚕,半蜕皮、不蜕皮蚕;次茧内的死蛹、裸蛹、秃蛾及拳翅蛾等。

6.1.1 基于病征和病变的肉眼诊断技术

家蚕在受到侵害性因子(致病因素)通过各种方式侵害后,能够与之相抵抗,当侵害性因子扰乱了家蚕生理功能的平衡(即偏离健康状态)时,家蚕就会在形态、行为、摄食、排泄、蜕皮、营茧、变态、交尾、产卵和孵化等生命活动方面表现异常。当家蚕被病原微生物感染或受其他致病因素影响后,在外观(外部)形态和机能上的变化称之为病征或症状(symptom),如:行动失常、发育受阻、食欲不振、体色异常、吐液、泻痢和出现病斑等;当家蚕在生理功能和内部(细胞、组织和器官等)形态上发生的变化称之为病变。基于病征和病变的诊断主要是指专家或技术人员利用肉眼和其知识与经验而进行的诊断。

家蚕受不同病原微生物感染或不同致病因素影响后,往往出现不同的病征(症状)。如:发生细菌性败血病蚕的尸体会在胸腹部出现大块的病斑(黑胸败血病或青头败血病),而有机磷农药中毒的蚕则表现头部紧缩、胸部膨大、痉挛和吐液等病征(症状)。但也有家蚕受不同病原微生物或致病因素影响后,出现相同病征(症状)的情况。如:家蚕质型多角体病毒(*Bombyx mori* cytoplasmic polyhedrosis virus,BmCPV)、家蚕病毒性软化病病毒(*Bombyx mori* infectious flacherie vrius,BmIFV)和家蚕浓核病病毒(*Bombyx mori* densovirus,BmDNV)引起的蚕病都会表现"空头"的病征(症状)。有些致病因素影响家蚕后蚕体会出现典型病征(症状),即有这种致病因素影响必然会出现这种病征(症状),有这种病征(症状)出现必然有这种致病因素的影响。如家蚕核型多角体病病毒(*Bombyx mori* nuclear polyhedrosis virus,BmNPV)感染家蚕后,蚕体会出现体色乳白、体躯肿胀、狂躁爬行、体壁易破的典型病征(症状)。有些致病因素影响家蚕后蚕体会出现典型病变,即有这种致病因素影响必然会出现这种病变,有这种病变出现必然有这种致病因素的影响。如幼龄家蚕被家蚕微粒子虫(*Nosema* bombycis)感染后,在大蚕期丝腺会出现不透明的乳白色肿胀的病变。

同一致病因素影响家蚕后,不同的幼虫龄期和发育阶段(卵、蛹和蛾)其发病的病征(症状)可能也不相同。如:曲霉菌(*Aspergillus*)感染家蚕,在小蚕期发病其尸体整体硬化,而大蚕期发病则表现为感染部位局部硬化。

家蚕受病原微生物感染或不同致病因素影响后,在生理生化的代谢方面和细胞(包括细胞器)形态等方面发生变化而出现病变,这些病变有些在发病后期肉眼可以观察到而成为病害诊断的依据,但大部分情况下需要组织化学、免疫或放射标记以及电子显微镜等技术手段的介入才能发现,而不适于一般的病害诊断。

了解和掌握各种病原微生物或各种致病因素影响家蚕后蚕体所出现的病征(症状)和病变,并识别它们的共同和不同之处是蚕病诊断的重要基础。病征(症状)和病变也是蚕病诊断中最为直观的依据。

根据家蚕在受到侵害性因子(致病因素)影响后出现的病征(症状)和病变可分为五大类型,即群体发育不齐、明显病斑或体色异常、死亡后尸体硬化、死亡后尸体软化和行动异常。

6.1.1.1　群体发育不齐

群体发育是指养蚕过程中所饲养家蚕个体的大小不一和眠起不齐。群体发育不齐是养蚕过程中极为常见的现象,也是家蚕患病后最早出现异常的现象,用肉眼较易发现,如群体发育不齐病种有:家蚕的氟化物中毒(fluoride toxicosis of silkworm)、质型多角体病(cytoplasmic polyhedrosis)、浓核病(densonucleosis)、病毒性软化病(flacherie)、微粒子病(peberine)、细菌性肠道病(bacterial intestinal disease)和微量污染物(农药等和工业"三废"等)中毒(poisoning by microdosagepPollutant)等多种可能,因此,群体发育不齐也是一个病害诊断和检测中非常基础的信息和依据。眠起阶段也是群体发育不齐最易观察和发现的时期。

多数致病因素都可导致家蚕饲养群体的发育不齐,在饲养管理不佳时也会出现,大部分情况下肉眼难于确认病种和致病的主要因素。

6.1.1.2　明显病斑或体色异常

病斑或体色异常大部分是直接可视的现象,部分病变通过简单的解剖也可观察到其异常。病斑(病变)或体色异常可通过与健康家蚕(大多数)的比较而发现。

家蚕发病后出现病斑或体色异常的种类繁多,大部分情况下只能作为进一步诊断和检测的基础依据。如"空头"(逆光条件下观察家蚕胸部,呈半透明状的一种病征)和体色不清白(盛食期),在生产上也是较为常见的病症,可以作为质型多角体病、浓核病、病毒性软化病、细菌性肠道病和微量污染物中毒的初步依据;2龄起蚕胸部皱褶部位的褐色病斑可作为曲霉病的重要依据;发现体色不清白个体后,剪去尾角或腹足观察血液,血液呈混浊或乳白色(病变),可作为真菌病(fungal disease)、核型多角体病(nuclear polyhedrosis)或微粒子病的重要依据。

部分病斑(或病变)可以用于病害的确诊或基本确诊。在病斑方面,如家蚕幼虫在环节间出现环形黑斑和环节间肿胀,可基本确诊为家蚕氟化物中毒;5龄蚕体壁上出现的褐色三角形病斑,可基本确诊为蝇蛆病;在发现"空头"或体色不清白个体后,撕开其幼虫体皮,中肠后部呈乳白色皱褶状或整个中肠呈乳白色皱褶状则可确诊为质型多角体病(典型病变),丝腺有乳白色脓疱状突起则可确诊为微粒子病。

大蚕期起蚕体色迟迟不能转青,可推测为:质型多角体病、浓核病、病毒性软化病和微量污染物累积性中毒等。

6.1.1.3　死亡后尸体硬化

家蚕死亡后尸体硬化可基本确诊为真菌病,具体为何种真菌病,可将病蚕放于较高湿度的容器内数天后,再观察尸体表面长出白色绒毛状气生菌丝和粉状分生孢子的颜色来确诊。白色为白僵病、绿色为绿僵病、褐色为曲霉病、灰色为灰僵病。蛹期诊断也可同样判断。

秋期养蚕经常会出现身体部分硬化的情况,并在硬化部位长出绒毛状菌丝和有色粉状分生孢子;蛹期硬化后在环节间出现绒毛状菌丝和有色粉状分生孢子。

此外,在小蚕期发现减蚕率明显时,可检查蚕座下层是否有死蚕存在,如有死蚕可将其放于较高湿度的容器内数天后,如死蚕呈黄褐色小花状,则可确诊为曲霉病;如在蚕座下发现已有黄褐色小花状死蚕,则直接可确诊为曲霉病。

6.1.1.4　死亡后尸体软化

家蚕患病死亡后的尸体大部分都会软化,但不同病种间会存在较大差异,在肉眼诊断上主要根据软化的程度、尸体颜色和气味等进行诊断。

尸体软化病蚕的出现一般在 5 龄期。进入具有较高饲养(或防病)水平农户的蚕室内,一般闻到的是清香和"莎莎"的食桑声;如扑鼻而至的是一股臭味,则往往表明已有大量的软化病等病蚕或死蚕的存在。

尸体完全软化而仅剩体皮(或蛹期的蛹皮),并散发恶臭者可确诊为细菌性败血病;在死亡的早期,如果在胸腹部环节出现黑斑者为黑胸败血病;黑斑下可见微小白点(气泡状)者为青头败血病;全身布满黑褐色小点并呈红褐色者为灵菌败血病。挂于蚕室墙壁或蚕架等非蚕座场所而软化死亡者,可能为核型多角体病或质型多角体病。死亡后尸体呈干瘪状,而无恶臭者可能为微量污染物累积性中毒或微粒子病。

许多家蚕在受到致病因子侵害死亡后,由于其体内(中肠)细菌的快速繁殖而呈现尸体软化状,该种情况用肉眼往往难于确诊。

6.1.1.5　行动异常

家蚕的行动异常主要包括食桑、眠起、爬行和吐丝结茧等的异常。在盛食期食桑的缓慢(残桑较多,或 5 龄期蚕室内没有明显的食桑声)往往是病害发生的先兆,需要对群体进行仔细观察,通过发现个体情况,判断可能出现的病害。眠起的不齐和入眠推迟也属类似情况,迟迟不能入眠,可以推测为家蚕的氟化物中毒、微量污染物中毒或微粒子病。

正常家蚕往往是头胸昂起静伏于蚕座内,食桑时的爬行和活动都较为缓慢。家蚕群体如出现乱爬,则可能为核型多角体病、农药中毒和污染物中毒;如乱爬加之头胸摆动,则可能为农药或污染物中毒;如出现吐水、蜷曲、翻身打滚等更为极端的行动异常,可初步诊断为农药或污染物中毒。由于农药和污染物的种类无以计数,大部分有害物质与家蚕行动异常间没有完全一致的对应性,因此就难于根据家蚕的行动异常确诊由何种有害物引起。但有些大类具有十分明显的特征,如上蔟期间家蚕吐平板丝,往往由有机氮类农药所引起;翻身打滚、身体蜷曲、大量吐水,则往往是菊酯类农药所引起;乱爬、大量吐水、头胸膨大,则往往是有机磷农药所引起。

由于家蚕对农药和部分污染物十分敏感,无法用其他借助于仪器的检测技术进行确诊,实际应用中主要还是依靠肉眼诊断技术或结合生物试验和情况的分析进行诊断。乐果(dimethoate)、敌敌畏(dimethyl-dichloro-vinyl-phosphate)、辛硫磷(phoxim)和毒死蜱(chlorpyrifos)等有机磷农药由于对家蚕的毒性相对较低,在桑叶(树)上的残留期较短,所以是养蚕桑园治虫常用的农药。在这些农药中混入菊酯类农药后极易对养蚕造成严重中毒,这种农药用于桑园后,往往在低龄幼虫期未出现中毒(使用上位的桑叶为未接触农药的新生桑叶),随着龄期增大和使用桑叶叶位的下降(曾经接触过农药的桑叶)开始出现中毒个体,如症状为菊酯类农药中毒,可初步确诊为桑叶来源的菊酯类农药中毒。如该农药中的菊酯类农药是其中的有效成分(含量较高)则可通过仪器检测原药检出;如该农药中的菊酯类农药为乳化或分装等工艺过程中污染,则含量很低,很难通过仪器检测原药检出,但可通过生物学试验检出。

有机磷农药中微量菊酯类农药的检测:将原药进行阶段稀释,将不同稀释倍数的溶液涂于桑叶叶背,喂饲 2 龄起蚕,观察中毒症状。由于两者导致家蚕出现中毒症状的最低浓度差异极为显著,所以在低稀释倍数时,家蚕出现有机磷农药中毒的症状(头胸膨大、吐水和身体缩短等),菊酯类农药的中毒症状被掩盖;随着稀释倍数的增加,在同一批家蚕中出现两种症状并存的情况;在高稀释倍数时,有机磷农药对家蚕的毒性减弱而不出现相应症状,而菊酯类农药因其对家蚕的剧毒性,个别家蚕出现菊酯类农药的中毒症状(身体蜷曲)。40％乐果中混有(微量)菊酯类农药的试验表明:在稀释 1 000 倍及以下时,以有机磷农药中毒症状为主;在 1 万倍和 10 万倍之间两者并存,但菊酯类农药中毒症状的个体比例增加;在稀释 100 万倍时,仅有菊酯类农药中毒症状的个体。具体稀释倍数下家蚕两种中毒症状的出现情况和个体数量比例变化与混入菊酯类农药的量有关,但通过生物试验后两者的变化趋势可作出有效的判断。该方法不仅可以用于对污染源的确定,也可用于桑园治虫用药是否含有菊酯类农药的事前检测方法。

在实际生产中,家蚕病害发生中往往会出现多种类型的病征和病变,进行有效的组合和综合分析是作出正确判断的重要基础。如蚕室内家蚕出现中毒后,发现所用桑园内的野外鳞翅目昆虫也有类似症状,即可初步判断为:有毒物来源于桑叶。

生物试验也是基于初步判断后进行的一种重演,通过生物试验可以验证现场的判断而确诊。在确定有毒物来源时,将需要检测的对象物(如用于制作蜈蚣簇的稻草)放于无毒的塑料袋内,在放入数片桑叶,阴凉处放置半天或过夜后喂饲 2 龄起蚕,观察是否出现中毒个体即可判断是否有毒。在分析有毒物排放点(工厂或区域等)时,可在推测污染点的 4 个不同方向,采集距离(远近)不同地点的桑叶喂饲健康家蚕(以 2 龄起蚕为佳),如不同方向和距离采集的桑叶喂饲家蚕后,其中毒的症状和严重程度与实际发生养蚕中毒的情况相吻合,则可确定该推测污染点为实际污染源。如推测污染点内存在多个可能的污染源(不同产品生产车间、或产品生产不同环节等),则可在其内放入盆栽桑数天后,用盆栽桑的桑叶喂饲健康家蚕,观察家蚕中毒情况即可确定;也可将健康家蚕放在其内,采集洁净桑叶喂饲,观察家蚕中毒情况同样可以作出确诊判断。

基于病征和病变的诊断技术是对物质条件的依赖性最小的一种技术,也是最为常用的技术,但是对诊断者的要求较高,在多数情况下需要扎实的理论基础和丰富的实践经验。

基于病征和病变的肉眼诊断技术与其他技术相比,在确诊能力和可确诊病种方面虽然会有其局限性,但它可以为其他诊断技术的有效实施提供重要的依据。

在应用基于病征和病变的肉眼诊断技术中,对于专业技术人员或饲养人员图片等的对照也是一种有效的方法,学习该类诊断技术可以通过系统的理论学习与实践相结合,也可通过图片对照和简要的文字描述快速掌握基本的方法。随着网络技术的发展远程诊断等也将为基层技术人员和试验者提供极大的方便(www.lxm3s.com)。

6.1.2　基于光学显微镜的诊断

光学显微镜可以确诊除浓核病和病毒性软化病以外的传染性蚕病。光学显微镜诊断所需条件为光学显微镜和一些普通的检查用具(载玻片、盖玻片、镊子和解剖剪等)即可,所用显微镜以具位相差(相衬)功能者为佳。一般使用的物镜为 40 倍,目镜为 15 或 16 倍。诊断者需要具备一定的家蚕病理学知识和对病原微生物形态(包括不同发育阶段)的识别能力。基于病征和病变的肉眼诊断技术所作出的判断可以为显微镜诊断中病变组织和器官的确定提供重要依据,两者的有机结合是提高检出效率和诊断准确性的重要保证。

基于光学显微镜的诊断可分为直接检测、染色检测和简单处理后检测,虽然利用光学显微镜和组织化学相结合或免疫标记技术等相结合,可以更多或更早地检测和诊断蚕病,如用组织化学法可以通过吡咯宁甲基绿染色中肠上皮细胞后,观察有吡咯宁嗜染的球状体即可诊断为家蚕病毒性软化病,但操作较为繁琐并需要丰富的技术经验,近期还较难成为实用化的检测和诊断技术。

6.1.2.1　直接检测

直接检测是将患病组织或器官放于载玻片后盖上盖玻片,制成临时标本进行观察,根据病原微生物的形态作出诊断。

光学显微镜的直接检测一般是在基于病征和病变的肉眼诊断技术基础上,对最早或繁殖最为严重的病变组织和器官进行判断后取其病变组织和器官进行光学显微镜的检测。

如推测为核型多角体病、或真菌病、或微粒子病,则剪去家蚕幼虫的尾角或腹足,将血液滴于载玻片并盖上盖玻片即可观察。如观察到核型多角体(*Bombyx mori* nuclear polyhedrosis virus,BmNPV)则确诊为核型多角体病,如观察到豆荚状芽生孢子(短菌丝,blastospores of *Nomuraea rileyi*)则确诊为绿僵病,如观察到圆筒形芽生孢子(短菌丝,blastospores of *Beauveria* sp.)则确诊为白僵病,如观察到椭圆形微粒子虫(*Nosema bombycis*)孢子则确诊为微粒子病。

对死亡不久的蚕也可用镊子撕破体皮,用镊子蘸取或用载玻片在口子上轻轻靠取少量血液,盖上盖玻片,进行显微镜检查。如观察到大量杆状细菌(*Bacillus* sp.)则确诊为黑胸败血病,如观察到大量点状并不断游动的细菌(*Serratia marcescens*)则确诊为灵菌病。

如推测为质型多角体病、或微粒子病等中肠感染的病害时,可解剖中肠或直接撕开体皮,用镊子取少量中肠组织,放于载玻片(或滴上一小滴水),盖上盖玻片,轻轻揉压后显微镜检查。如观察到质型多角体(BmCPV)则确诊为质型多角体病,如观察到椭圆形微粒子虫孢子则确诊为微粒子病,如仅观察到大量球状细菌(enterococci)则可推测为细菌性肠道病、浓核病、病毒性软化病等。肌肉、脂肪体和器官等都可采用同样方法进行检查。蚁蚕和蚕卵可在载玻片上滴一小滴水,整体放于水上,盖上盖玻片,轻轻碾压后显微镜检查。蚕卵较硬,盖上盖玻片碾压时不注意就会使盖玻片碎裂,不便观察,所以也可将蚕卵浸于 1‰的氢氧化钠溶液中 3 min 后再压片观察。

在发现病斑推测为曲霉病是也可用镊子取一小块体皮,放于滴有一小滴水的载玻片上,用镊子充分捣碎病斑后,盖上盖玻片显微镜观察,如观察到束状菌丝则可确诊为曲霉病。

6.1.2.2 **染色检测**

在光学显微镜观察时，初学者有时难于区别各种病原微生物形态间的差异，更难于区别样本中来自环境中一些微生物或杂物，采用简单的染色有助于区别所要观察的病原微生物。

如多角体易与脂肪体混淆，将样本（血液或涂碎物）干燥（自然干燥或在酒精灯下快速过火3～5次）后，加苏丹Ⅲ染色剂（0.5 g 苏丹Ⅲ溶于 100 mL，95％的乙醇中，加入少许甘油）一滴，加盖玻片镜检。在视野中多角体不着色，脂肪球呈红色或橙黄色。

如在检测家蚕微粒子虫孢子时，为了避免花粉的干扰，可在样本中加入碘液后观察，花粉呈紫色，微粒子虫孢子无色，可资鉴别。

在推测家蚕患细菌性中毒症（猝倒病）时，取病蚕消化道内容物制成临时玻片标本，镜检可观察到大量大型杆菌及芽孢，但无法观察到伴孢晶体而不能确诊。遇病蚕急性中毒在短时间内死亡，不易检到芽孢及晶体时，可将病蚕尸体放置一定时间后再行观察。检查方法是：将临时标本涂片后作热固定，用1％结晶紫或苯酚复红染色，在油镜下可看到营养菌体着色较深，而芽孢及伴孢晶体则不易着色，可资鉴别。

6.1.2.3 **简单处理后检测**

在家蚕患病后期或死亡后，可诊断的蚕病用显微镜较易观察到病原微生物而确诊，但在患病的较早时期，由于病原微生物数量较少而难于被检测到，但通过离心（浓缩）和过滤（去杂质）等简单处理的组合可以有效提高检出率。

在检测样本中加入不同的化学试剂也可有利显微镜观察中的鉴别。如在诊断家蚕微粒子病时，在临时标本中加入 30％盐酸或硝酸，27℃放置 10 min，微粒子虫孢子变形消失，真菌孢子的纤维素细胞壁则能因抵抗酸的腐蚀而保持原来形态，可资鉴别。在做样（对卵和蛾等整体样本进行离心和过滤处理）时，加入 0.3％～1.0％的碳酸氢钠等碱性溶液，可帮助去除脂肪球而有利于观察与鉴别。

在检查血液等脂肪含量较高的样本时，也可将样本涂抹于载玻片上，干燥后，加一滴乙醇乙醚的等量混合液。放置片刻，待混合液蒸发后，加水一滴。盖上盖玻片镜检。视野中脂肪球因被溶解而消失。多角体和微粒子虫孢子则依然存在。

6.1.3 基于化学分析与测试的诊断

家蚕对农药和部分环境污染物非常敏感，极易受到其影响或中毒死亡。很低剂量的污染物即可导致家蚕的中毒，因此往往难于通过直接测定家蚕体内（或组织器官）某些有毒物而进行诊断。所以基于化学分析与测试的诊断主要是指家蚕受化学污染物侵害后对桑叶和空气等的检测而实施的间接诊断技术。基于化学分析与测试的检测技术，其灵敏度往往达不到直接检测家蚕的要求。

不同化学性质的农药或污染物对家蚕的毒性不同（蚕对不同化学物质的解毒能力也不同）。杀虫双食下和接触的致死中量（LD_{50}）分别为 0.329 $\mu g/g$ 蚕和 1.275 $\mu g/g$ 蚕。吡虫啉对 4 龄起蚕的致死中浓度（LC_{50}）和 LD_{50} 分别为 2.71 mg/L（ppm）和 0.034 $\mu g/$头。阿维菌素和依维菌素对家蚕的 LC_{50} 在 10～0.1 $\mu g/L$（ppb）之间，10～0.1 $\mu g/L$ 的阿维菌素连续添食 4 龄家蚕，将导致死亡蚕数的增加，并且 10 $\mu g/L$ 和 1 $\mu g/L$ 的阿维菌素对入眠眠蚕体重的影响存在显著差异。吡虫啉（或称大功臣、一遍净等）对 4 龄起蚕的 LC_{50} 为 2.71 mg/L，LD_{50} 为

0.034 μg /头。氧化乐果的 LD_{50} 为 37.11 μg/g 蚕(浙江大学,2000;鲁兴萌和吴勇军,2000;鲁兴萌等,2003;张海燕等,2006)。

桑叶氟化物含量的上限标准为 30 mg/kg(ppm,GB 9137—88);桑叶中二氧化硫含量超过 0.65% 后家蚕才出现明显症状。蚕在食下微量的农药或被氟化物等工业废气污染的桑叶时,虽然当时并不表现出异常,但在多次接触并在蚕体内积累到一定程度后,蚕就会表现出中毒或不结茧等异常现象。家蚕的氟化物中毒,可以通过测定桑叶中氟化物的含量而得到确诊。桑叶氟化物含量的测定可采用高氯酸浸出法,也可采用硝酸-氢氧化钾浸出法。两种方法都可称为氟离子电极法。

菊酯类农药是一类对家蚕剧毒的农药,在极低浓度下即可引起家蚕中毒,喷施桑园后的残毒期极长。杀灭菊酯对 4 龄起蚕的 LD_{50} 为 0.033 2 μg/g 蚕;用 1.08 μg/L(ppb)氯氰菊酯喷施桑园 63 d 后的桑叶依然能对家蚕有急性毒性;氯氰菊酯连续喂饲 3 龄起蚕,0.11 ng/L 可使幼虫死亡率的显著上升和眠蚕体重的显著下降($p<0.05$),1.08 ng/L 将引起幼虫死亡率的极显著上升以及眠蚕体重和全茧量的极显著下降($p<0.01$);10.80 ng/L 将引起茧层率的极显著($p<0.01$)下降。目前采用气相色谱-电子捕获检测法对蔬菜和板蓝根的溴氰菊酯检测限分别为 40 μg/kg 和 2 μg/kg,采用气相色谱-质谱测定茶叶中拟除虫菊酯的最低检测浓度在 10 μg/kg(联苯菊酯和甲氰菊酯)和 200 μg/kg(溴氰菊酯)。由此可见,可引起家蚕中毒的菊酯类农药剂量大大低于目前的仪器检测能力。在大多数情况下,从桑叶和家蚕中尚无法检测到农药成分的存在。特别是在农药慢性中毒的情况下,仪器检测更是无法实现(鲁兴萌,2008)。

该类诊断一般是在肉眼诊断和病情分析的基础上而实施,初步确定农药或污染物和主要污染途径后,确定被检测物(桑叶、农药原液或其他材料)和检测用标准物后才能进行检测。现有污染物的检测主要是针对人的污染物检测,能够检测的污染物种类和灵敏度十分有限,家蚕对部分污染物的高度敏感以及可引起家蚕的污染物无限之多,大多数情况下无法用基于化学分析与测试的诊断技术,而更多的是依赖基于肉眼诊断、病情分析和生物试验。

6.2　免疫学诊断技术

动物具有防止病原微生物和其他侵害性因子作用的防卫系统而有利于其自身种族的生存与繁衍。在免疫学功能方面具有较高进化程度的动物中,当病原微生物(或异物)进入机体后,B 淋巴细胞或记忆细胞增殖分化成的浆细胞能够产生与相应病原微生物(抗原或其表位)发生特异性结合的免疫球蛋白。这种能在体内、外与抗原(antigen)都能特异性发生结合反应的免疫球蛋白被称之为抗体(antibody);抗原与相应抗体之间所发生的特异性结合反应称之为抗原抗体反应(antigen-antibody reaction)。人类根据其特点发展了免疫学诊断技术,利用已知的抗体检测未知的抗原而诊断病害,并正在不断扩大其应用的领域。

抗原抗体反应应用于免疫学诊断技术中可根据抗原的物理性状、抗体的类型(多克隆抗体与单克隆抗体)及参与反应的介质(电解质和固相载体等)等的不同,免疫学诊断技术分为众多的类型。特别是随着抗体标记技术的发展,免疫学诊断技术的特异性和灵敏度得到明显提高,方法更为丰富。

抗体分为两种类别,一种方法是将纯化的抗原注射到动物体内,刺激动物有机体免疫活性细胞产生抗体,达到一定的效价后,取血并使血清析出而制备。这种方法制备的抗血清是多种免疫球蛋白的混合物,故称之为多克隆抗体(针对多种抗原决定簇)。另一种方法是通过细胞融合和细胞培养的方法制备出均一(针对单一抗原决定簇)的抗体,这种抗体具有极高的特异性,这种抗体又称为单克隆抗体(monoclonal antibody,McAb)。

用于免疫学诊断技术的抗体制备主要包括抗原的纯化、免疫和抗体提取。不同的免疫学诊断技术对抗体制备的要求也有所不同。

6.2.1　抗原的纯化

抗原对免疫细胞的分子识别、活化和效应等免疫系统的诱导作用,使其产生抗体和效应细胞等。抗原应具备免疫原性(immunogenic)和抗原性(anitigenicity)两个特性,免疫原性是指引起机体免疫反应的能力,包括特异免疫球蛋白的形成和(或)特异效应淋巴细胞的产生两方面。抗原性(免疫反应性)是指抗原诱导免疫应答以及与特异免疫球蛋白和(或)特异效应淋巴细胞受体结合和反应的能力。

不同抗原需要不同的纯化程序与方法,不同的纯化程序与方法对获取抗体的效价等都有明显的影响。

6.2.1.1　家蚕浓核病病毒的纯化

浓核病(densovirus)是在大蜡螟(*Galleria mellonella*)成虫中首先发现的一种传染性非常强的昆虫病毒病,感染后的大蜡螟成虫几乎所有组织都发生病变。用孚尔根氏反应可使感染细胞的细胞核染色很浓,故得此名。引起家蚕浓核病(densonucleosis)的病原为家蚕浓核病毒(*Bombyx mori* Densovirus,BmDNV)属细小病毒科(Parvoviridae),浓核病毒亚科(Densovirinae),相同病毒属(*Iteravirus*)。该病原最早由日本学者清水(1975)从日本长野县伊那收集病蚕中分离的一株使蚕表现软化症状的病毒,并称之为伊那株,与大蜡螟浓核病病毒相似。其后,分别在中国和日本发现和分离了中国株(Iwashita 和 Chao,1982)、山梨株(关和岩下,1983)和佐久株(Kurihara 等,1984)等。

1. BmDNV 的基本特性

根据家蚕浓核病毒伊那株、中国株、山梨株、佐久株病毒的物理化学性状、品种感受性、血清学特性方面的差异,把伊那株称为家蚕浓核病毒Ⅰ型(BmDNV-Ⅰ),其他 3 种称为家蚕浓核病毒Ⅱ型(BmDNV-Ⅱ)(Watanabe,1988)。病毒粒子为球状粒子。BmDNV-Ⅰ 的直径为22 nm,BmDNV-Ⅱ约为 24 nm。BmDNV-Ⅰ的病毒粒子具有2. 3. 5 度对称轴,其超微结构符合十二壳粒的正二十面体模型;病毒粒子的沉降系数为 102 S,浮密度为 1.40。

家蚕浓核病病毒的结构蛋白因各株系的不同而有差异,伊那株有 4 种多肽构成(VP1、VP2、VP3 和 VP4),分别为 50 000 ku、56 000 ku、70 000 ku 和 77 000 ku(Nakagaki,1980),其中主要为 VP1,占全部结构蛋白的 65%,这 4 种结构蛋白的相对分子质量合计约为 2.5×10^5,超过病毒基因组编码能力。用分子作图(peptide mapping)、氨基酸分析、免疫扩散、酶联免疫吸附(ELISA)分析表明这些结构蛋白之间存在同源序列,VP1 与 VP2,VP3 与 VP4 非常相似,所有的结构蛋白都能与 VP1 的抗血清进行反应。佐久株的多肽为 50 000 ku、53 000 ku、116 000 ku 和 121 000 ku,山梨株有 6 种多肽,分别为 46 000 ku、49 000 ku、51 000 ku、53 000 ku、118 000 ku 和 120 000 ku,中国株有 5 种多肽,分别为 41 000 ku、43 000 ku、

48 000 ku、51 000 ku 和 100 000 ku(岩下,1993)。

2. BmDNV 的纯化程序

家蚕浓核病病毒的纯化主要采用差速离心、密度梯度离心、超速离心、硫酸铵盐析和分子筛技术等组合实施(川濑,1976;钱元骏等,1981;金伟和陈难先,1982)。

(1)病毒的繁殖 将感染 BmDNV 后出现较为明显症状的家蚕解剖取中肠组织,干燥制成粉末状,5℃冰箱保存。繁殖病毒时,称取 0.1 g 病蚕中肠组织干粉,研磨,再加少量磷酸盐缓冲液(1/15 mol/L,pH＝7.2)研磨,加缓冲液至 3 mL 左右,加 1 mol/L 的 HCl 至 pH 3.0,室温放置 30 min 后用 1 mol/L 的 NaOH 调节 pH 至 7.0,用磷酸盐缓冲液加至 10 mL,3 000 r/min 离心 10 min,取上清液用作添食病毒液。

将添食病毒液涂布新鲜桑叶叶背,喂饲 5 龄起蚕,连续添食两次(约食桑 16 h)。饲养 4～6 d 后,收集具有较为明显病征的病蚕,解剖取中肠组织,将其保存于－20℃冰箱以备病毒纯化。

(2)初步纯化 取收集的家蚕(感染病毒蚕)的中肠组织约 50 g(置于－20℃保存),加 150 mL 磷酸盐缓冲液(1/15 mol/L,pH＝7.2),在高速组织捣碎机中破碎匀浆。

捣碎液 3 000 r/min 离心 15 min,取上清液。

加等体积冷 Daiflon 搅拌 5 min,3 000 r/min 离心 10 min,取上清重复 3 次。或加等体积冷氯仿,在 500 mL 的螺口瓶中振摇 5～10 min 后,2 000 r/min 离心 5 min,取上清重复 4～5 次(以水层与氯仿层间的浮游层消失为标准)。

取上清,用 40％饱和度的硫酸铵(在每 100 mL 上清液中缓慢加入 24.3 g 固体硫酸铵,边加边搅拌),5℃盐析过夜,12 000×g 离心 30 min,弃上清;在沉淀中加入 10 mmol/L EDTA,0.05 mol/L Tris-HCl 缓冲液(pH＝7.2),充分悬浮后 12 000×g 离心 20 min,取上清。

在采用低速离心法时,盐析物用 3 000 r/min 离心 15 min,取沉淀,用相当于盐析液一半体积的 1/15 mol/L 磷酸盐缓冲液(pH＝7.2)充分悬浮溶解;再加硫酸铵使其饱和度达到40％,5℃盐析数小时后,用 3 000 r/min 离心 30 min,取沉淀;用 1/15 mol/L 磷酸盐缓冲液(pH＝7.2)充分悬浮和透析。透析后样本也可用 3 000 r/min 离心 60 min,去除少量聚合物沉淀。低速离心法的设备要求较低,但病毒得率和纯度也不高。

病毒液需要较长时间保存,也可在病毒液中加 0.1％ NaN₃ 防腐。

(3)超速离心纯化 将上清液用 123 000×g 离心 2 h,取沉淀;10 mmol/L EDTA,0.05 mol/L Tris-HCl 缓冲液(pH＝7.2)充分悬浮后 12 000×g 离心 20 min,取上清;将 15 mL 上清加入 10 mL 30％的蔗糖溶液,123 000×g 离心 5 h,取沉淀;用 10 mmol/L EDTA,0.05 mol/L Tris-HCl 缓冲液(pH＝7.2)充分悬浮后 12 000×g 离心 20 min,取上清;在 10％～40％(自上而下 40％、30％、20％和 10％蔗糖)的蔗糖密度梯度中,55 000×g 离心 2 h,用长针头从离心管底部穿刺分别收集不同密度区带的悬液。

采用氯化铯(CsCl)密度梯度离心可使病毒纯度更高。根据 BmDNV 的密度为 1.40 g/mL,而 10％、20％、30％、40％和 50％的 CsCl 密度,分别为 1.079、1.174、1.286、1.420 和 1.582,采用预铺梯度法或非预铺梯度法。预铺梯度法是在分别制备 20％、30％、40％和 50％的 CsCl后,用长针头注射器将低浓度到高浓度的 CsCl 溶液(每个浓度 1 mL)依次加入到离心管(每次加液时,针头都要插入离心管底,缓慢加入),加入 1 mL 粗提病毒液,123 000×g 离心 24 h。非预铺梯度法是将 4 mL 60％的 CsCl 溶液直接加入离心管,再加入 1 mL 粗提病毒液,

123 000×*g* 离心 24 h。

病毒纯化的效果可通过电子显微镜（2％磷钨酸负染）或紫外分光光度计扫描（220～300 nm）检测。

6.2.1.2　家蚕病毒性软化病病毒的纯化

家蚕软化病是一种严重影响蚕业生产的疾病,曾被认为是细菌感染和生理不适。1926 年法国学者 Paillot 最早提出软化病是由病毒所引起,而病蚕肠内的各种链球菌及杆状菌不过是二次侵袭的结果。1972 年 Ayuzawa 运用 CsCl 密度梯度超速离心技术得到了较纯的家蚕病毒性软化病病毒（*Bombyx mori* infectious flacherie vrius,BmIFV）坂城株病毒。我国学者在 2002 年从浙江桐乡蚕区分离到一株家蚕病毒性软化病病毒（BmIFV-CHN01）（陆奇能等,2007）。

1958 年在我国蚕茧主产区江浙一带大量发生食桑减少,行动迟缓,体躯消瘦,渐至完全停止取食,肠腔前端无桑叶,消化液变成红褐色,胸部呈半透明的空头性软化病。1959 年各蚕季,继续发病,造成早秋蚕 85％ 的损失。在日本,软化病已被认为是日本养蚕生产中造成损失的一个主要因素,因而被进行了大量的研究（Kawase 等,1980）。2007 年朱宏杰等报道用多抗血清和双向扩散的方法对浙江省 BmIFV 的流行病调查显示疑似病蚕的感染率为 22.79％ 和 51.02％,这些结果暗示了 BmIFV 可能在浙江省蚕区普遍存在。

不论在中国还是日本,有关 BmIFV 流行实态调查、记录、分析等资料中往往都出现较复杂的情况。因为 BmIFV 常与 BmDNV 混合感染,同时流行。所以 BmIFV 流行学调查资料受到 BmDNV 的干扰与影响。

1. BmIFV 的基本特性

在国际病毒分类委员会（The International Committee on Taxonomy of Viruses,ICTV）发表的病毒分类第八次报告中（Mayo 和 Ball,2006）,以 BmIFV 为代表,创立了一个未指定科目的新属传染性软化病病毒属（*Iflavirus*）。*Iflavirus* 现在明确的成员有 3 个,分别为 BmIFV（Isawa 等,1998）、蜜蜂囊雏病毒病病毒（Sacbrood virus,SBV）（Ghosh 等,1999）和榕透翅毒蛾小 RNA 病毒（*Perina nuda* picorna-like virus,PnPV）（Wu 等,2002）。此外,还有很多潜在的 *Iflavirus* 属病毒,如 Kakugo 病毒（KV）（Fujiyuki 等,2004）、狄斯瓦螨病毒（*Varroa destructor* virus,VDV）（Ongus 等,2004）、茶尺蠖小 RNA 病毒（*Ectropis obliqua* picorna-like virus,EoPV）（Wang 等,2004）、*Venturia canescens* picorna-like virus（VcPLV）（Reineke 和 Asgari,2005）、蜜蜂畸翅病毒（deformed wing virus,DWV）（Gaetana 等,2006）和甘蓝蚜虫病毒（*Brevicoryne brassicase* virus,BrBV）（Eugene,2007）。

BmIFV 病毒粒子特征与小 RNA 病毒属病毒相似,病毒粒子呈二十面体（球状）,病毒表面结构较为简单（Xie 等,2009）（图 6.1）,直径 26 nm,沉降系数 S_{20w}＝ 183 S,氯化铯中的浮力密度为 1.375 g/cm³（Ayuzawa,1972）。但一般脊椎动物小 RNA 病毒由 32 个壳粒构成,而 BmIFV 坂城株具有 42 个壳粒（Martinez-Salas 和 Fernandez-Miragall,2004）。BmIFV 研磨液与提纯的病毒粒子,其稳定性明显不同。后者对各种物理更敏感。病毒研磨液－20℃冻结与 30℃融解,重复处理 50 次感染性下降极少,而纯化的 BmIFV 如此处理 10 次以上活性便急剧下降。纯化的 BmIFV 和 BmDNV 相比,BmIFV 对热、福尔马林等抵抗性较低,但 BmIFV 在 pH 3 的条件下仍很稳定,被认为是耐酸性病毒。借此特点,在 BmIFV 分离纯化时,为避免 BmCPV 混入的影响,可用 pH 3 的酸性溶液处理样品,以除去 BmCPV。

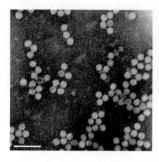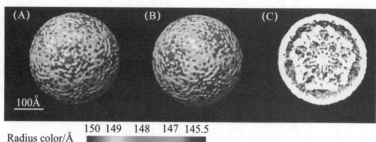

图 6.1　**BmIFV 的超微结构**（XIE Li 等，2009）

左：样品经过 2% 磷钨酸（pH 6.7）负染色的照片，标尺为 120 nm。右：BmIFV 衣壳三维重构的密度图。
(A) 从 5 次对称轴处观察的粒子；(B) 从 3 次对称轴处观察的粒子；(C) BmIFV 衣壳的截面图。为单
层衣壳，无孔洞贯穿。所有结构的渲染和三维显示均使用 Chimera 程序完成。分辨率为 18 Å，密度阈
值＝2.96。

日本株家蚕传染性软化病病毒（BmIFV-JAP）粒子包括 4 种结构蛋白，依据分子质量大小
降序命名 VP1(35 ku)、VP2(33 ku)、VP3(31 ku)和 VP4(11.6 ku)，每个病毒粒子中含这 4 种
蛋白分子的数目分别为 62、57、54 和 31(Hashimoto 和 Kawase，1983)。对 4 种蛋白的等电点
分析发现：VP1 为碱性最强的蛋白而 VP3 为酸性最强的蛋白。在双向电泳图谱上，除了 4 个
主要的衣壳蛋白外，还有 7 个次要蛋白，其中等电点为 6.6 和 6.5 的两个多肽推测为 VP0，
VP1 和 VP4 的抗血清能与 VP0 及其同源结构多肽反应，氨基酸序列分析表明 VP0 与 VP4 具
有共同的 N 端氨基酸序列，证明 VP1 和 VP4 是由 VP0 产生，且 VP4 占有 VP0 的 N 端部分
(Choi 等，1992)。

Isawa 等(1998)依据 BmIFV-JAP 全基因组序列和 BmIFV-JAP 结构蛋白的 N 测序(Choi
等，1992)确定了 4 种结构蛋白的排列顺序为 VP3、VP4、VP1 和 VP2(N 端到 C 端)。同时假
设一个蛋白的 C 端为下一个蛋白的 N 端，通过基因序列推导计算出 VP3、VP4 和 VP1 的相对
分子质量分别为 26 481，8 186 和 32 840，由于缺乏 VP2 后一个蛋白的 N 端序列，所以 VP2
的相对分子质量无法计算，但这些推导出的相对分子质量比之前的报道要小。

VP3-VP4-VP1-VP2 编码区的起始位点在 149 位的氨基酸处，说明在 VP3 的前端还存在
一个相对分子质量为 16 745 的蛋白，这个潜在的前导蛋白在小 RNA 病毒科标记为 L。口蹄
疫病毒(foot and mouth disease virus，FMDV)和马鼻病毒(equine rhinopneumonitis virus，
ERV)的 L 蛋白能切割宿主细胞因子 eIF4G，L 的蛋白酶活性需要一个保守的"半胱氨酸-色氨
酸"残基对以及一个组氨酸残基，但是，BmIFV 以及 SBV 的 L 编码区内并不能找到这个残基
对，因此 BmIFV 和 SBV 的 L 蛋白可能没有蛋白酶活性(Ghosh 等，1999)。

Isawa 等(1998)通过一个点矩阵(dot-matrix)来寻找 BmIFV 和其他小 RNA 病毒或昆虫
小 RNA 病毒之间的同源序列，结果 BmIFV 和蟋蟀麻痹病毒(cricket paralysis virus，CrPV)
的 C 端多聚蛋白序列之间没有发现明显的同源性。但与一些哺乳动物小 RNA 病毒科和植物
小 RNA 样病毒的比较显示出了 3 个同源编码区。第一个是 BmIFV 多聚蛋白从 1376 到 1445
位和哺乳动物小 RNA 病毒科的 2C 蛋白、豇豆花叶病毒(cowpea mosaic virus，CPMV)的
58 K 蛋白和欧防风黄点病毒(parsnip yellow fleck virus，PYFV)的推测的 NTP 结合蛋白
(NTP-binding protein)具有同源性。这个同源区包含一个 GxxGxGKS 的氨基酸序列，被认为

是哺乳动物和植物病毒的 NTP 结合位点。第二个是 BmIFV 2396～2416 号氨基酸之间的序列,和哺乳动物小 RNA 病毒科的 3C 蛋白酶、CPMV 的 24 K 蛋白,以及 PYFV 推测的半胱氨酸蛋白酶存在着同源性,后 3 个序列已被认为是加工病毒成熟蛋白过程中所需的。第三个是 BmIFV 的 2 621 到 2 813 位氨基酸序列和哺乳动物小 RNA 病毒科及植物小 RNA 样病毒的 RdRp 之间显示了相当显著的同源性,这个同源序列包含一个"谷氨酸—天门冬氨酸—天门冬氨酸"(GDD)的肽段,而且这个肽段两侧都是疏水残基。此外,在小 RNA 科病毒 RNA 聚合酶中非常保守的位于 GDD 上游 20～30 个保守氨基酸的 T/SGxxxTxxxNT/S 序列,在 BmIFV-JAP 氨基酸序列中也可以找到(2766～2776 号氨基酸),不过这段序列的第一个氨基酸丝氨酸或苏氨酸在 BmIFV 中被丙氨酸所替代。RNA 聚合酶上的另一段保守序列 FLKR(哺乳动物小 RNA 病毒科和 CPMV)或 FLSR(野田病毒科的黑甲壳虫病毒)也可以在 BmIFV 的 GDD 序列附近找到(2 861～2 864 位)。

2. BmIFV 的纯化程序

同 6.2.1.1 节 2 项中"BmDNV 的纯化程序"。

6.2.1.3　家蚕微粒子虫孢子的纯化

家蚕微粒子病早在元代的《农桑辑要》中已有记载,但病原性微孢子虫首先由 Nägeli 在 1857 年从家蚕中发现,并命名为 *Nosema bombycis*。19 世纪中叶,法国主要农业产业-养蚕业遭受病原家蚕微粒子虫(当时认为是一种酵母)的毁灭性侵袭,经微生物学创始人巴斯德(Louis Pasteur)等人的潜心研究,发现其病原为家蚕微粒子虫,它不仅能水平传播而且能垂直传播,首次证实了昆虫疾病经卵巢垂直传播的现象,并据此建立了通过检查家蚕母蛾是否患有微粒子病而确定是否淘汰其所产蚕种(蚕卵)的检疫技术和管理制度,成为沿用至今的淘汰"有毒"(即感染微粒子虫的)母蛾,制造"无毒"(即未感染微粒子虫的)蚕种的技术原理。

1. 家蚕微粒子虫的基本特性

家蚕微粒子病的病原是原生动物中的家蚕微粒子虫,分类地位属于微孢子虫门,双单倍期纲(Dihaplophasea),离异双单倍期目(Dissociodihaplophasida),微孢子虫总科(Nosematoidea),微孢子虫科(Nosematidae),微孢子虫属(*Nosema*),学名为家蚕微粒子虫(*Nosema bombycis* Naegeli,1857)。家蚕微粒子虫也是微孢子虫属的典型种(Sprague 等,1992;鲁兴萌和金伟,1999)。

家蚕微粒子虫的孢子一般为卵圆形[(2.9～4.1)μm×(1.7～2.1)μm](梅玲玲和金伟,1989),由于寄生发育阶段和寄生部位的不同其大小略有差异。自然标本用光学显微镜观察,孢子往往在标本底层(孢子比重为 1.30～1.35),呈上下摆动状。在明视野下,具有很强的折光,并呈淡绿色。相差(衬)镜下,孢子为一明显的光滑黑线围成的卵圆形(光学显微镜检测的重要依据)。

在家蚕中也相继发现了具褶孢虫(*Pleistophora*)、泰罗汉孢虫(*Thelohania*)、讷卡变态孢虫(*Vairimorpha*)和内网虫(*Endoreticulatus*)属等对家蚕没有胚种传染性或致病性相对较弱的微孢子虫,对养蚕业未造成明显的危害。但这些微孢子虫孢子以及部分真菌分生孢子,由于在形态上与家蚕微粒子虫的类似,难于借助光学显微镜给予确诊,在生产上给蚕种母蛾检验造成一定的干扰和困难(鲁兴萌和金伟,1999)。

孢子由孢子壁(spore wall)、极膜层(polaroplast,PL)、极丝(polar filament,PF)、孢原质(sporoplasm)和后极泡(posterior vacuole,PV)等组成(Sato 等,1982)。孢子壁由蛋白性的外

壁（exospore，EX）、几丁质的内壁（endospore，EN）和原生质膜（plasm membrane，或cytoplasmic membrane，CM）构成，位于中间的内壁较厚。孢子长轴的一端孢子壁较薄，在此部位内侧有一称之为极帽（polar cap）的锚状结构，上为固定板（anchoring disc，AD），下为极丝柄（manubroid，M），M连着的PF在孢子中心直行至孢子长轴方向1/3的部位后，以49°的倾斜角贴着CM的内侧，盘绕孢原质12圈，后端与孢原质相连（图6.2）（Sato等，1982；Vavra，1976）。

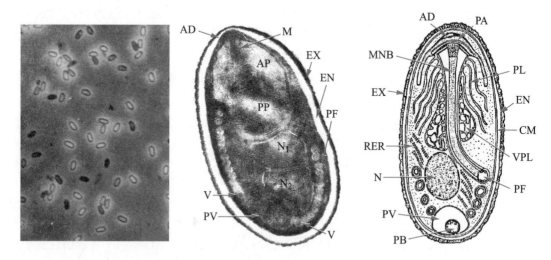

图 6.2　**家蚕微粒子虫孢子**（Sato等，1982；Vavra，1976）

左：位相差显微镜下的微粒子虫孢子。右：模式图（Vavra，1976）。中：透射电子显微镜下的超微结构图（Sato等，1982）。EX，孢子外壁；EN，孢子内壁；CM，原生质膜；AD，固定板；M，极丝柄；PF，极丝；PL，极膜层；N，细胞核；RER，糙面内质网；PV，后极泡；V，小泡囊。

电子显微镜的透射观察显示，PF是一个4层芯状的同心圆管状物；芯状部分电子透明度高，有由16个小颗粒体组成的亚结构；次层和最外层呈半透明，与极膜层的膜结构同质；两层之间为电子致密层。以极帽为前端，孢原质的前部是由平滑的薄膜层叠成的极膜层，极膜层可分为紧密和疏松叠成的两个形态不同的前后部分。孢原质的后部，有沿孢子短轴方向稍伸长的两个核，糙面内质网（rough endoplasmic reticulum，RER），由两层或两层以上膜围成的后极泡（PV），此外在PV内或附近有小泡囊（posterosome，PS）等（Sato等，1982；梅玲玲和金伟，1989）。

从感染昆虫（家蚕）中提纯微粒子虫孢子的一般方法是，先将感染昆虫粉碎，再用过滤、离心等方法进一步提纯。只不过使用的离心介质和方法不同，对所获得孢子的纯度有影响。Undeen等（1971）用连续梯度的Ludox（0%～40%）于16 300×g，离心20 min提纯了按蚊微孢子虫（*Nosema algerae*），并将成熟与不成熟孢子分开。用Percoll以73 000×g，离心30 min，提纯的家蚕微粒子虫孢子比50%～60%不连续蔗糖梯度的效果好（Sato和Watanabe，1980）。Yashunaga等（1991）对Sato等（1980）的方法稍加修改，提纯了*Nosema* sp. NIS M11孢子。他用Spin co60Ti转头，80% Percoll以22 000 r/min，6℃离心20 min，纯化孢子可用于细胞系感染。Gatehouse等（1998）用不连续梯度的Percoll（25%、50%、75%和100%，体积分数），10 000×g，20 min，纯化了*Nosema apis*，这种方法也适用于Nb孢子的纯化（周成等，2002）。尽管50%～60%（质量分数）不连续蔗糖/甘油梯度（Sato和Watanabe，

1980)和酒石酸钾钠梯度(20%~60%)(Moore 和 Brooks,1993)也可用于分离纯化,由于纯度相对较低等原因,而逐渐被以上两种介质进行的连续密度梯度离心法替代。

2. 家蚕微粒子虫孢子的纯化程序

国内有些学者将离心粗提的孢子,用胰蛋白酶(终浓度质量为 0.05%),37℃水浴 30 min处理孢子,再用缓冲液离心洗涤除去残余蛋白酶与杂蛋白,以获得纯化孢子(郭锡杰等,1995;高永珍等,1999),但这种方法对孢子表面蛋白可能有一定的洗脱作用,且外加蛋白酶也可能对后继研究有影响。经多次差速离心后的孢子粗提物再用 Percoll 或 Ludox 介质进行等密度梯度离心分离得到的微粒子虫孢子可以较好地剔除杂质,是目前较理想的分离提纯方法。

在具体的离心方法上,不同研究者所使用的具体试验参数不完全相同。从理论上讲,只要待分离的微粒子虫孢子的密度介于 Percoll 离心后形成密度梯度的范围(1.0~1.14 g/mL),就能用 Percoll 纯化,当然必须在适当的离心场下。根据 Percoll 说明书可知,在 10 000×g(0.15 mol/L NaCl)或 25 000×g(0.25 mol/L 蔗糖)的离心力下,用固定转头离心 15 min 就可形成连续密度梯度。这样待分离样品能稳定分布在 Percoll 液相同的密度层上。Streett 等(1984)曾用 20 000×g,20 min 的 Ludox-water 梯度离心法纯化了钝孢虫属微孢子虫(*Amblyospora* sp.)孢子,孢子的 SDS-PAGE 图谱具重复性,说明离心法可行。

(1)**家蚕微粒子虫孢子的繁殖** 将 Nb 孢子调制成 $10^{4\sim5}$ 孢子/mL 浓度,取镊子用脱脂棉蘸取后,均匀涂布于桑叶背面,饲喂 5 龄起蚕,12 h 后用普通桑叶常规饲养至化蛾。收集蛾子常温保存(保存 10 d 后可放入 5℃冰箱密封冷藏保存)。

(2)**粗提物的制备** 取 40 只感染 Nb 的蛾,加蒸馏水,用组织粉碎机 8 000 r/min 高速匀浆,间歇 30 s 共运行约 5 min。匀浆液经 50 目铁纱过滤后,滤液分别用 100、200 目尼龙纱网过滤。取滤液约 40 mL 装入 50 mL 的离心管中,用玻棒搅匀后,于低速离心机(水平转头)上以≤500 r/min,离心 2 min,弃沉淀,将上清吸入另管,以 2 500 r/min,10 min 离心,快速倒去上清(沉淀不结实,防止倾出)。此时可见沉淀粗分 3 层,最上层为小的组织碎片,灰白色中层为孢子层,底部为较粗大的组织碎片。小心沿管壁加入蒸馏水,用吸管打散上两层,转至另一离心管,将底部沉淀弃去。将上步骤的上清孢子液,振荡均匀后,继续进行差速离心(≤500 r/min,2 min→2 500 r/min,10 min),同时如上所述加以手工分离操作,离心 3 个循环以上,至上清澄清为止。最后可得 Nb 孢子粗提物。

将上步所得粗提孢子液分装入 15 mL 的 Corning 离心管(尖底)中,振荡均匀后,于低速离心机上以 2 500 r/min 速度,离心 10 min,此时若见管底分层的沉淀,将最上层的不成熟孢子层及最底层少量颜色较深的沉淀弃去,合并留置的孢子层,如此操作 2~3 次。将沉淀悬浮后转移至 1.5 mL 的 eppendorf 管中,以 3 000 r/min,8 min 离心,若沉淀分 3 层,仍以手工方法操作,除去最上层不成熟孢子层及最底层的粗颗粒,保留中层成熟孢子层,直至管底无肉眼可见的粗颗粒或杂质。即得较纯的 Nb 孢子,可用于 Percoll 纯化。

(3)**离心纯化** 可采用高速离心和超速离心两种方法(图 6.3)。

①高速离心法:在离心前约 30 min 打开高速冷冻离心机(himac CR22G)电源,让机器预冷至 4℃。取与离心机 R2A22 转子相配的离心管 2 支(管容量为 50 mL,有盖),在每只管中各加入 30 mL Percoll(pH 7.0)液,再分别吸取上述较纯的 Nb 孢子液约 2.5 mL,轻轻加于两管的 Percoll 液面上。将两离心管放在台式天平上,用蒸馏水调节至平衡,放入高速冷冻离心机(himac CR22G)的 R2A22 转子中。以 46 000×g(=21 000 r/min),4℃,离心 90 min。

②超速离心法:在离心前约 30 min 打开超速冷冻离心机电源,使机器预冷到 4℃。取与离心机 T880 转子相配的离心管 2 支(管容量为 11.5 mL)。沿管壁缓慢加入 10 mL 的 Percoll (pH 7.0)液。注意加液时速度不宜太快,加完液时,若管壁上有气泡,则用手指弹击管壁以消除气泡。再吸取约 1 mL 上述较纯的 Nb 孢子液于 Percoll 液面上层。用封口机封口,放入 T880 转子中,经 75 000×g,4℃,离心 30 min。

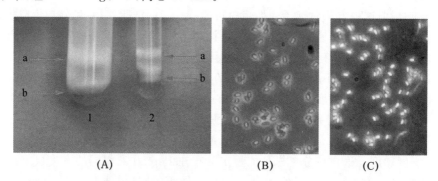

图 6.3　用 Percoll 经两种离心法的孢子分层结果与光学显微镜观察

(A) 1 为高速离心(46 000×g,90 min,4℃)后的分离效果;2 为超速离心(75 000×g,30 min,4℃)后的分离效果。a 为未成熟孢子层;b 为成熟孢子层。(B) 未成熟孢子(折光性较差)。(C) 成熟孢子(折光性较强)。

(4) 纯化孢子的吸取与洗涤　高速或超速离心结束后,小心取出离心管。打开管盖(封闭的 11.5 mL 离心管用锋利的剪刀剪开管口),操作过程中要尽量避免过分倾斜或振动管子,以保持管中已分层的液面不被弄混。用干净的枪头从顶部逐渐吸弃管中不成熟的孢子或杂质层。当接近管子底部的纯孢子层时,换新枪头吸取,并单独存放于新的离心管中。用蒸馏水离心洗涤带 Percoll 液的成熟孢子 3～4 遍,即得纯而成熟的 Nb 孢子,吸取少量待检。其余暂存于 4℃。

6.2.2　多克隆抗体的制备

多克隆抗体(polyclonal antibody,PcAb,即免疫血清)的制备质量直接影响病害检测或诊断的特异性和敏感性。因此,制备高质量的多克隆抗体是病害检测或诊断的技术基础。多克隆抗体的质量,除了制备高纯度的抗原外,还需要选择适宜的动物和设计有效可行的免疫方案。抗原的剂量、剂型、注射途径、注射次数、注射间隔和接种动物的年龄与免疫效果有十分重要的关系。

6.2.2.1　多克隆抗体制备的基本原理与程序

抗原注射(免疫)动物后,动物血液内抗体产生的过程,一般可以观察到 4 个阶段。静止期(大约 2 d,这时血液内没有抗体,只有抗原)、指数期(大约 4 d,在这个时间内,血清内抗体水平迅速上升,先出现 IgM 后再出现 IgG,总量大约在第 6 天达高峰)、稳定期(2～4 周,在这期间血清中抗体水平或多或少地保持在一个稳定的水平)和下降期(几个月到 2 年,这期间抗体单位缓慢而平稳下降)。

免疫动物一般选择哺乳类和禽类。常用的有兔、绵羊、豚鼠和鸡,有时根据需要也可采用山羊和马,偶尔也用猴、鼠、鸭等。挑选合适的动物进行免疫极为重要,选择动物时要考虑抗原与动物种属的关系(抗原与免疫动物种属的差异越远越好)、动物个体的选择(必须是适龄、健壮、雄性、无感染的正常动物,体重合乎要求)、抗原性质与动物种类(不同动物种类对同一免疫原有不同的免疫应答表现)、多抗制备量和免疫血清的要求(R型或H型)。

抗原注射剂量(免疫剂量)应考虑抗原的免疫原性强弱、分子质量大小、动物的个体状态和免疫时间。如想得到高效价的抗体,免疫剂量可适当加大,时间间隔可延长。一般第一次免疫(首免)剂量宜小,随后可增大抗原剂量。通常家兔首次免疫抗原剂量为100~200 μg,或由半抗原合成的免疫原2 mg(半抗原20~200 μg)。加强注射剂量,依据抗原的性质不同而不同。有的抗原用量与首次剂量相同或增加1倍,有的则减少至一半。加强免疫通常用不完全佐剂乳化,用半抗原免疫时,使用的载体必须始终相同,以免影响淋巴细胞的识别功能。

免疫途径有时对免疫的成功与否有明显的影响,如用合成的血管紧张素Ⅱ的免疫,当它与福氏完全佐剂一起给动物皮下或肌肉注射时,引起迟发型超敏反应,皮内直接免疫则引起抗体反应。因此必须注意不同免疫途径的效果。免疫途径通常有静脉、腹腔、肌肉、皮下、皮内、淋巴结、脚掌等,依不同的免疫方案而异。

免疫时一般采用多点注射,如足掌、腘窝淋巴结周围、背部两侧和颌下皮内或皮下、耳沿后静脉等。皮内易引起细胞免疫反应,对提高抗体的产生很有利。通常认为半抗原宜采用皮肤多点注射(一般注射40点左右)。但皮内注射较困难,特别是天冷时更难注入。静脉或腹腔注射后抗原能很快进入血流,一半多用于颗粒性抗原的免疫和加强注射。如抗原宝贵可采用淋巴结内微量注射法,只需10~100 μg抗原即可获得较好的免疫效果。

动物产生有效抗体的过程(免疫应答反应)有一定的时间规律,一般在首次接触抗原的7~10 d后,动物血清中才有抗体出现,并在14~21 d内达到高峰值,这段时期称为初次反应(primary response)。此后一定时间内,如再次接触同一抗原,则特异抗体的生成量将会超过初次反应的许多倍,称为二次反应(secondary response)。鉴于这样的规律,在设计免疫方案时应合理安排免疫的次数和间隔时间。通常在首次免疫(基础免疫)后4周进行加强免疫,加强免疫至少2次,必要时需3~5次,每次间隔2周。根据设计的目的要求、抗原性质、佐剂的种类来制订免疫方案。

以家兔为例,免疫方案包括以下几种。

①全量免疫法:首次于家兔脚掌皮下注射福氏完全佐剂1~10 mg,1周或2周后在皮下多点(背部皮下6~8点,每点0.1~0.2 mL)注射福氏不完全佐剂抗原1~10 mg,以后每隔1周皮下多点注射1~10 mg,共4~5周,5周后试血,如合格即可放血。

②微量免疫法:于家兔两足掌皮下注射活卡介苗,每只约10 mg。7~10 d后与腘窝淋巴结注入完全佐剂抗原100~200 μg,1个月后再注入抗原400~600 μg,8~10 d试血,如合格即放血。

③淋巴结免疫法:主要为腘窝淋巴结。为了使淋巴结肿大,可在其临近注射活卡介苗。如家兔可预先在双后足掌,每侧注入或卡介苗(75 mg/mL)0.3 mL。1~2周后淋巴结可肿大如黄豆或蚕豆大。用二指固定淋巴结可注入福氏完全佐剂抗原0.5 mL,2周后再重复1次。

④混合免疫法:此法综合足掌皮下、淋巴结和静脉途径进行免疫,其具有抗原用量小、产生抗体效价高的优点。其方法是先于家兔双后足掌皮下注射弗氏完全佐剂抗原混合物[羊毛脂:石蜡油:抗原(5 mg/mL)=1:4:5]各0.5 mL,2周后于双侧后肢肿大的腘窝淋巴结内各注入0.5 mL同样抗原制剂,第3周于耳静脉采血测试效价。若效价不够高,可用不加佐剂

的抗原(5 mg/mL)通过耳静脉以加强免疫,1周内注射3次,分别为0.1 mL、0.3 mL和0.5 mL,1周后再次采血测试效价。

在收获免疫血清前,应测定抗体效价。常用免疫双向扩散法测定,若效价在1∶16以上即可达到要求,应及时采血,否则抗体将会下降。

放血前动物应禁食24 h,以防血脂过高。目前常用采血方法有以下3种。

①颈动脉放血方法:这是最常用的方法,家兔、山羊、绵羊等动物采血常用此法。此法放血量较多,动物不宜中途死亡。

采血过程为:将动物仰面固定于动物固定架上,头部放低,暴露颈部;沿颈部中线用2%普鲁卡因局部麻醉(或用乙醚全身麻醉),15 min后剪开颈中部皮肤10 cm长。沿气管钝性分离皮下组织,暴露气管前的胸锁乳突肌;轻轻分开胸锁乳突肌,在肌束下面靠近气管两侧,即见淡红色搏动的颈动脉,将双侧颈动脉仔细分离(注意不要伤及紧靠的淡黄色迷走神经),于每侧动脉分别套入2根丝线,1根在远心端,1根在向心端;腹腔内注射1支肾上腺素1 mg/mL,以升高血压加快心率,避免因放血后血压降低造成凝集,影响取血量;先将一侧动脉远心端丝线结扎紧,然后在向心端用止血钳夹住(止血钳头部用细塑料管包裹,避免损伤动脉)。用小的尖头剪刀在两侧丝线中间的动脉壁上斜向剪开一小口,以便插入塑料放血管,再以向心脏端丝线固定,避免放血管从动脉内滑出;轻轻松开止血钳,使血液很快射入玻璃平皿(或直接分装入较透明的离心管,适当提高向心脏端丝线即可控制血液流、停),直至血流缓慢点滴而出时,以同法在对侧动脉内插管放血,并将动物固定架后端抬高,增加放血量。2.5 kg白兔可放血80 mL;将玻璃平皿加盖后置37℃温箱1 h,再放4℃冰箱过夜,待血块收缩后分离血清,分装干燥保存。

②心脏采血:将动物固定于仰卧位或垂直位,用食指触其胸壁探明心脏波动最明显处,用16号针头在该部位与胸腔呈45°角刺入,针头刺中心脏有明显的落空感和搏动感。待血液进入针筒后固定位置取血。本法常用于家兔、豚鼠、大白鼠、鸡等小动物,如操作不当易引起动物死亡。

③静脉采血:家兔可用耳中央静脉,山羊、绵羊、马和驴可用颈静脉。这种放血法可隔日1次,有时可采集多量血液。家兔采用耳静脉切开法可采集数毫升左右血液。绵羊采用静脉采血,一次能放300 mL。放血后立即回输100 mg/L葡萄糖生理盐水,3 d后仍可采血200~300 mL。动物休息1周,又可采血2次。如此一只山羊可取到1 500~2 000 mL血液。小白鼠取血通常用摘除眼球或断尾法,每只小鼠可获1~1.5 mL血液。马和驴一次可放500 mL或更多的血液,但必须间隔1~2个月后才可继续放血。

抗体存在于血液的血清部分,采血后一旦血清析出,应立即将血清与血细胞分离。否则细胞将溶解而释放出其他杂蛋白,包括蛋白水解酶,污染抗体并将抗体水解,降低效价。分离血清的方法主要有两种。

其一是从血液中直接分离血清:血液置室温中凝固约1 h,然后置4℃过夜,使血块收缩。将血块自容器壁分离,将血清全部倾入离心管,在4℃下2 500×g离心血块30 min,取上清液(即血清部分)与前面的血清混合。4℃ 1 500×g离心全部分离的血清,去沉淀。将血清分装存于−20℃或−70℃冰箱,也可加抑菌剂存于4℃。但鸡血清不宜冻存。大鼠和小鼠的免疫球蛋白与其他动物相比较不稳定,因此当血液凝固后应立即分离血清。

其二是由血浆分离血清,如果血液中加了抗凝剂分离到血浆,可将血浆脱纤维以制备血清。这样可以去除一些污染物,如凝血因子,并且在操作过程中标本不会凝固。但脱纤维过程中一些蛋白可被内源性蛋白酶降解。具体方法:从酸性枸橼酸盐-葡萄糖抗凝血浆中分离血清,将血浆温育到 37℃,加 1/100 体积的凝血酶溶液(凝血酶溶于 1 mol/L 的氯化钙中,100 mol/mL)。用力搅拌促使凝块形成,置 37℃温育 10 min,然后置室温 1 h 使凝块形成完全。40 000×g 离心 15 min,按前述方法保存血清;肝素抗凝血浆的血清分离,与酸性枸橼酸盐-葡萄糖抗凝血浆中分离血清基本相同。但所加 1/100 体积的凝血酶溶液中含 5 mg/mL 鱼精蛋白硫酸盐。如果凝块形成不快,再加一些鱼精蛋白硫酸盐直至凝块很快形成。

分离抗血清(多克隆抗体)可于 56℃水浴处理 30 min(以破坏血清中的补体),无菌分装后于 4℃保存;也可急速冷冻后于−20℃保存,也可冷冻干燥后于 4℃保存或滤纸吸附干燥保存。也可在水浴处理后加入硫柳汞或叠氮钠至终浓度为 0.02% 或 0.1%,再保存。

6.2.2.2 家蚕浓核病病毒的多抗血清制备

1. 抗原的准备

纯化的病毒可用分光光度计对病毒量进行间接测定,根据 270 nm 的 OD 值,或转换成蛋白质浓度后,确定每次免疫的剂量。

2. 免疫程序

选用兔龄 9～24 个月,体重 2～3 kg,健康自然抗体阴性的雄性家兔。

首免采用耳静脉注射 OD_{270} 为 3.0(或 1.0 mg)的病毒液 0.3 mL,间隔 3～4 周后,进行耳静脉注射二免,剂量同上或加倍。再间隔 3～4 周后,第三次加强免疫,剂量上再加倍,方式上可耳静脉配合臀部肌肉注射。每次免疫的同时也可腿肌注射 1 000 U 的庆大霉素。

在三免后可耳静脉取少量血测定效价,如效价不佳,可再加强免疫一次。

3. 采血与抗血清制备

参见前述"颈动脉放血方法"。

6.2.2.3 家蚕病毒性软化病病毒的多抗血清制备

同 6.2.2.2 节"家蚕浓核病病毒的多抗血清准备"。

采用的琼脂双扩散法检测疑似病蚕样本:利用制备的 BmIFV 多抗血清建立的琼脂双扩散法对浙江桐乡采集的呈病毒症状的病蚕样本进行检测。先制作 1% 的琼脂板,然后将琼脂板置于湿盒中,待其凝固,次日取出打孔(梅花形)。加样,中间孔加病毒多抗血清,周围各孔分别加待测样本,并作标记(图 6.4)。加样后的琼脂板置于湿盒中 25℃至少 24 h。观察记录结果,待测样本与多抗孔之间是否产生沉淀线。

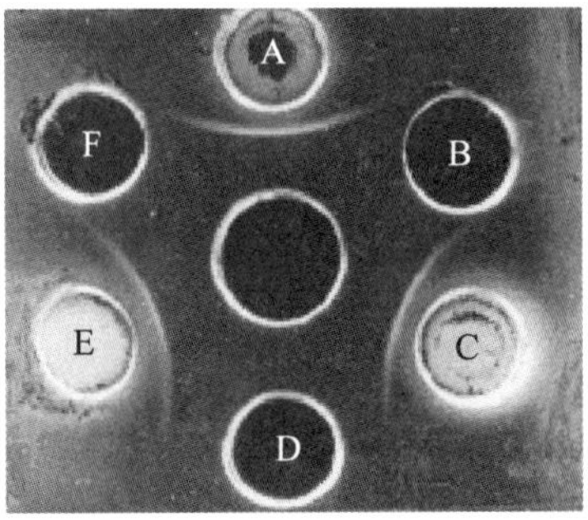

根据多抗血清琼扩检测结果可知 135 个病蚕样本中产生沉淀线的样本为 87 个,阳性率为 64.4%。从样本的检出率可发现该病感染流行较为普遍。

图 6.4　BmIFV 多抗血清与 BmDNV 的交叉反应

注:中间孔为 BmIFV-CHN001 抗血清,A 为 BmIFV,B、D、F 为缓冲液,C、E 为 BmDNV。

6.2.2.4 家蚕微粒子虫孢子的多抗血清制备

用上述纯化的 Nb 孢子液(10^{6-8} spores/mL),进行免疫,其他同 6.2.2.2 节"家蚕浓核病病毒的多抗血清制备"。

6.2.3 单克隆抗体的制备

1975 年英国科学家 Kohler 和 Milstern 将杂交瘤技术应用于抗体的制备,创建了单克隆抗体(monoclonal antibody,McAb)制备技术,使人们用不纯的抗原即可制备针对单个抗原决定簇,高度同质而又能保证无限量供应的单克隆抗体,从而开创了免疫学和分子生物学研究,以及病害检测等领域可广泛应用的新技术和新领域,他们因此获得了 1984 年的诺贝尔医学奖。

单克隆抗体技术自问世以来经过无数研究者的不断改进,现在已发展成为一门相当成熟的技术。虽然单抗隆抗体技术的内容丰富多彩,各个实验室使用的程序也不尽相同,但它的基本技术路线却是极其相似的。其主要步骤包括:动物的免疫、细胞融合、抗体的检测、抗体阳性细胞的克隆化培养与冻存、单克隆抗体的生产及单克隆抗体的鉴定等。

6.2.3.1 单克隆抗体制备的基本原理

Burnet 的抗体选择学说认为:每个 B 淋巴细胞只能产生一种针对它能够识别的特异性抗原决定簇的抗体。从一个祖先 B 细胞分裂繁殖而形成的纯细胞系称为克隆(又称无性繁殖细胞系或克隆系)。来自克隆系的细胞基因是完全相同的,产生的抗体也完全相同。这种从一株克隆系产生的抗体叫做单克隆抗体(McAb)。它们具有完全相同的分子结构和性状,针对同一抗原决定簇。然而,B 淋巴细胞难以在体外长期存活,不能长期稳定地制备或生产单克隆抗体。杂交瘤技术利用肿瘤细胞容易体外培养和长期生存的性质,将分泌特异性抗体的 B 淋巴细胞与肿瘤细胞融合制备杂交瘤细胞,制备的杂交瘤细胞继承了 B 淋巴细胞和肿瘤细胞的性质,既能分泌特异的单克隆抗体,又能长期生存。这样,人们可以方便使用杂交瘤细胞制备和生产大量的单克隆抗体。

杂交瘤技术建立在杂交瘤细胞的选择培养系统上。普遍采用的 HAT 选择性培养系统是在普通细胞培养液中加入次黄嘌呤(hypoxanthine,H)、氨基蝶呤(aminopterin,A)和胸腺嘧啶核苷(thymidine,T),它是根据细胞内嘌呤核苷酸和嘧啶苷酸的生物合成途径设计的,用于分离杂交瘤细胞的特殊培养液。

肿瘤细胞的 DNA 生物合成有两条途径,一条是生物合成的主要途径,即由氨基酸及其他小分子化合物合成核苷酸,进而合成 DNA。在此合成途径中,核苷酸衍生物是必不可少的媒介物,因为它参与嘌呤环和胸腺嘧啶甲基的生物合成。另一条途径是应急途径或称补救途径,它是利用外源性的核苷酸的"前体",如次黄嘌呤和胸腺嘧啶核苷,在相应酶的催化下合成核苷酸,所需要的酶就是次黄嘌呤磷酸核糖转移酶(hypoxanthine-guanine phosphoribosyl transferase,HGPRT)和胸腺嘧啶核苷激酶(thymidine kinase,TK),缺乏其中一种酶,该途径便不能进行。

HAT 培养液中的氨基蝶呤是一种叶酸拮抗物。它可阻断细胞内 DNA 生物合成的主要途径,但该培养液同时提供了核苷酸的"前体"——次黄嘌呤和胸腺嘧啶核苷。目前杂交瘤技术中常用的小鼠骨髓瘤细胞系,如 X63-Ag8、NS-1 和 SP2/0 均是用毒性药物 8-杂氮鸟嘌呤选择出来的缺乏 HGPPT 的细胞株。当细胞融合后,细胞混合物在 HAT 培养液中培养时,其中的骨髓细胞及其相互融合形成的同核体细胞的 DNA 合成的主要途径被氨基蝶呤阻断,同时又缺少 HGPPT,不能利用培养液中的次黄嘌呤,虽然有 TK 可利用胸腺嘧啶核苷,但不能完成完整的 DNA 合成过程。因此,它们在 HAT 培养液中便不能增殖而很快死亡;小鼠脾细胞及其相互融合形成的同核体细胞虽有 HGPRT,但缺乏在组织培养液中的增殖的能力,一般在 5～7 d 内也会死亡;唯有骨髓瘤细胞与脾细胞相互融合形成的杂交瘤细胞由于具有两种亲代细胞的染色体(基因组),从而即可产生原来脾细胞所有的 HGPRT(和/或 TK),又从骨骼瘤细胞中获得了在组织培养中长期生长繁殖的特性,因此能在 HAT 培养液中选择性存活下来,并不断增殖。

6.2.3.2　单克隆抗体制备的基本程序

单克隆抗体制备实验周期长,影响因素多,所以,应该制订一个周密的计划。这样即可以做到有条不紊,又能够使多个工作同时进行,节省时间(图 6.5)。

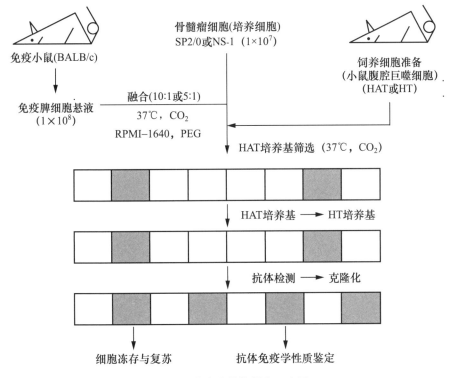

图 6.5　单克隆抗体制备示意图

1. 抗原制备

就杂交瘤技术本身而言,可以不需要高纯度的免疫原和抗原。但理论上,免疫原和抗原纯度越高越好。因为高纯的免疫原相对可获得较多的分泌特性抗体的目的杂交瘤,纯的抗原还使单克隆抗体的筛选和检定较为方便。在许多数情况下,由于抗原来源及稳定性等因素而难以纯化。制备单克隆抗体过程中,免疫动物的免疫原和筛选、检定单克隆抗体的抗原纯度可根据抗原情况综合选择决定。原则是在保证能够获得一定数量分泌特异性单克隆抗体杂交瘤和筛选方法的实验能够实施的前提下,减少抗原纯化的工作量。可以预先根据免疫原在混杂物中所占比例及其免疫原性强弱,估算免疫原在某一纯度时可能获得的分泌抗目标抗原的 B 淋巴细胞比例,再根据免疫来源的方便程度、纯化的难度和工作量决定免疫原合适的及"合算的"纯度。一般来说,用于筛选和检定的抗原纯度要高于免疫原纯度。但有时用两种或两种以上的筛选方法可以方便、准确地确定单克隆抗体的特异性,因此应以筛选方法能够实施,并能够确定单克隆抗体特异性为原则决定抗原的纯度。

2. 动物选择和动物免疫

如没有特殊需要和要求,一般均选用 6～8 周龄雌性 Balb/C 小鼠。当该品系小鼠对抗原没有应答时,可考虑其他品系小鼠。

为获得分泌抗目标抗原抗体的 B 淋巴细胞制备杂交瘤,必须免疫动物。免疫方案应该考虑抗原的性质和纯度、免疫原性强弱、抗原分子量和剂量、免疫的途径、次数及间隔时间、佐剂的应用及动物对该抗原的免疫应答等,达成获得足量致敏 B 淋巴细胞的目的。

良好的免疫方案往往耗时数月,制备单克隆抗体时,多数抗原采用常规免疫方案(二次基础免疫,一次加强免疫,约 35 d)能够满足制备杂交瘤需要。

(1) 常规免疫方案 0 d,初次免疫;15 d,基础免疫;30 d,静脉加强或脾内注射加强;72～90 h,杀死小鼠,取脾制备脾细胞悬液。

细胞、细菌和病毒等颗粒性抗原一般具有较强的免疫原性,可不加佐剂。例如可直接经脾腔注射 $1 \times 10^7 \sim 2 \times 10^7$ 个细胞进行初次免疫、二次免疫和加强免疫。可溶性的蛋白质抗原免疫时需加用佐剂。一般初次基础免疫每只小鼠 10～100 μg 抗原＋福氏完全佐剂,注射于小鼠的颈背部皮下(多点)或腹腔内,二次基础免疫取同量抗原＋福氏不完全佐剂注射于小鼠的颈背部皮下(多点)或腹腔内,加强免疫取同量抗原下加佐剂静脉、腹腔注射或脾内注射。基础免疫最好同时免疫几只小鼠。

(2) 脾内免疫方案 0 d,初次免疫;15 d,脾内免疫;72～96 h,杀死小鼠,取脾制备脾细胞悬液。或 0 d,脾内免疫;72～96 h,杀死小鼠,取脾制备脾细胞悬液。

脾内免疫方案效果不如常规免疫方案,无基础免疫的脾内免疫方案效果更差。其优点是时间短,抗原用量少(2～10 μg 可溶性抗原或 1×10^5 个细胞)。

脾内免疫操作方法:将小鼠用乙醚麻醉,右侧卧位置于台面,暴露左肋部及部分脊背部消毒后无菌操作剪开皮肤,透过腹膜可清楚地看到脾脏。取已吸有抗原的注射器(4 号针头),沿脾脏纵轴方向由一端刺入至另一端。注意应使针头尽量刺于脾脏深部,切勿穿透.然后边出针,边注入抗原(≤0.2 mL),至出口处稍停片刻,以防抗原渗出。注射完毕后将切口缝合。也可用血管钳固定两边切口,然后涂抹医用黏合剂或万能胶水,待黏合剂干燥后松开血管钳。

或一人用手固定小鼠并使脾脏部分充分暴露,操作者用乙醇湿润脾脏部位后,用眼科手术剪剪干净脾脏部位绒毛。再用乙醇湿润后,脾脏已经非常清楚,沿脾脏纵轴方向由一端刺入直至另一端。边出针,边注入抗原,但不能连贯完成,应退一点,推入少量抗原,再退一点,推入少量抗原,当针头在脾内时,推入抗原可感觉到阻力和看到脾脏凸起。亦可用采多点注射完成脾内免疫。该法很安全。

在抗原量少时脾内免疫要小心谨慎,以免小鼠死亡造成抗原和时间损失。

(3) 弱免疫原免疫方案 0 d,初次免疫;30 d,基础免疫;45 d,二次基础免疫;60 d,三次基础免疫;75 d,四次基础免疫;……,(6 个月以内)至抗体产生;72～96 h,杀死小鼠,取脾制备脾细胞悬液。

该免疫方案耗时过长且小鼠易死亡,故极少采用。抗原的免疫原性极弱或可供使用的抗原极微量是非常棘手的问题。可以通过一些方法提高小鼠对弱免疫应答或减少抗原的数量。将可溶性抗原颗粒化或固相化,以改变抗原在体内的药物动力学和免疫原性。如将抗原结合到离子交换介质或亲和层析介质,然后直接脾内注射免疫;或采用脾内免疫法,使抗原直接与免疫器官作用;或使用新佐剂、特别是一些生物活性因子,以提高机体的免疫反应能力。

(4) 体外免疫方案 分离小鼠脾细胞(或淋巴细胞),置于 $10\%\sim20\%$ 的胎牛血清(fetal calf serum,FCS)RPMI-1640 倍养液中,加适量饲养(滋养)细胞与抗原(可溶性抗原 $0.5\sim5\ \mu g/mL$;细胞性抗原 $10^5\sim10^6$ 个/mL),$37℃$,5% 的 CO_2 培养 3 d,再分离淋巴细胞与骨髓瘤细胞,融合。

体外免疫方案免疫效果远不如其他免疫方案。制备鼠源性单克隆抗体时,仅用于抗原量极少、抗原免疫原性极弱或一些可引起免疫抑制、耐受的抗原,如"自身"抗原体内免疫时不能产生相应抗体。近年来抗原呈递、抗原呈递细胞、T 细胞受体、B 细胞的活化、细胞因子等研究有了一些进展,这些理论与因子的运用可能提高体外免疫的效果。

3. 饲养细胞制备

在杂交瘤细胞的培养过程中,大量骨髓瘤细胞和脾细胞在 HAT 培养液中相继死亡,此时单个或少数分散的融合杂交瘤细胞不易存活,必须加入其他细胞方使能之生存,这种被加入的活细胞称为饲养细胞。饲养细胞促进其他细胞增殖的机制不十分明了,一般认为可能在这类细胞在培养液中释放一种(或几种)非种属特异性的生长刺激因子,为其他细胞(如杂交瘤细胞)提供必要的生长条件,也可能是为了满足新生杂交瘤细胞对细胞密度的依赖性,因为有的新生杂交瘤细胞不耐稀释。因此,在杂交瘤细胞选择性培养及克隆化等过程中,均需加入饲养细胞。

可用作饲养细胞的主要有小鼠腹腔巨噬细胞、小鼠脾细胞、小鼠或大鼠胸腺细胞等。这些细胞在组织培养条件下本身都不能繁殖,尤其适用于液体培养的杂交瘤细胞。

(1) 小鼠腹腔巨噬细胞制备饲养细胞 小鼠拉颈处死-用自来水冲洗小鼠,浸泡于 75% 乙醇或 1% 新洁尔灭溶液中 5 min,放入超净工作台,使小鼠腹部朝上,用注射针头固定小鼠四肢于解剖台板。用镊子提起小鼠腹部皮肤,剪一小口,然后从两边向小鼠背部方向剪开(注意切勿剪破腹膜),用大镊子向上下方向撕拉皮肤,充分显露腹部。用无菌眼科镊子提起腹膜,换一把剪刀将腹膜中央处剪一小口,然后用 1 mL 可调移液器通过小口向腹腔内注入适量培养液(培养液勿过多以免液体溢出),用移液器小心在腹腔内搅动,最后吸出培养液于离心管中,反复 $2\sim3$。洗细胞 2 次(1 000 r/min×10 min),悬浮细胞计数。配制 HAT 培养液或 HT 培养液,使巨噬细胞浓度 $2\times10^5/mL$。备用,或加入 96 孔细胞培养板,每孔 0.1 mL,置培养箱培养。

(2) 小鼠脾细胞制备饲养细胞 小鼠摘除眼球放血致小鼠死亡,自来水冲洗,浸泡于 75% 乙醇或 0.4% 新洁尔灭溶液中 5 min;放入超净工作台,使小鼠腹部朝上,用注射针头固定小鼠四肢于解剖台板。用镊子提起小鼠腹部皮肤,剪一小口,然后从两边向小鼠背部方向剪开(注意切勿剪存腹膜),用在镊子向上下方向撒拉开皮肤,换一把剪头腹膜。用无菌眼科镊子提起腹膜,换一把剪刀剪开腹膜。换一套眼科镊子,剪刀,分离取出脾脏,用剪刀剪成小块(5~7 段)放于圆底管中或注射器中(预先加 $2\sim3$ mL 的 RPMI-1640 培养液),再用研磨棒(注射器内芯)研磨、挤压出脾细胞。补加适量 RPMI-1640 培养液,静置 $3\sim5$ min,取上 2/3 部分悬液移入 50 mL 塑料离心管中。上述过程反复 $2\sim3$ 次。用 RPMI-1640 培养液洗细胞 2 次(1 000 r/min×5 min)。用 HAT 培养液 HT 培养液重悬细胞,计数,备用。

(3) 注意问题

①饲养细胞需达到一定深度才有饲养作用,96 孔细胞培养板每孔需加 2×10^6 个细胞,一

般一只小鼠可供制备两块 96 孔细胞培养板的饲养细胞。

②小鼠腹腔巨噬细胞有吞噬清除死亡细胞及其碎片的作用,可能其分泌的细胞因子也较其他细胞多,用小鼠腹腔巨噬细胞作饲养细胞时,孔底干净,杂交瘤细胞活性更好。但是,有时用小鼠腹腔巨噬细胞作饲养细胞会造成融合或克隆化失败,直接原因是巨噬细胞过多。当巨噬细胞长满孔底,而杂交瘤细胞克隆尚小时,杂交瘤细胞很难生存。因此,用小鼠腹腔巨噬细胞作饲养细胞最好于融合或克隆前 2 d 铺 96 孔细胞培养板。这样,即可观察巨噬细胞数量,又可观察巨噬细胞活性,过多巨噬细胞或巨噬细胞活性差(极少梭状细胞),不能作饲养细胞。有时前 2~3 d 观察巨噬细胞量适中,4~5 d 后巨噬细胞突然长满孔底,导致融合或克隆失败。对于巨噬细胞作饲养细胞出现的这种情况不能预见。可采用一种折中的办法,具体做法为融合当天同时摘除眼球放血杀死 2 只小鼠,同时置超净工作台,固定于小鼠解剖台板,如前述方法先取巨噬细胞,再取脾脏制备脾细胞,混合脾细胞与巨噬细胞,洗涤 2 次,即可作饲养细胞。融合时,2 只小鼠的混合细胞可供 12 块 96 细胞培养板作饲养细胞用。洗过的混合细胞加入 240 mL 含 HAT 培养液的盐水瓶中备用。

③抗体质量好时,用小鼠脾细胞作饲养细胞已经足够(96 孔板每孔 5×10^4 个细胞),甚至可不用饲养细胞。

4. 骨髓瘤细胞的准备

SP2/0-Ag14(SP2/0)、P3-NS-1-Ag4.1(NS-1)和 P3-X63-Ag8.653(P3.653)是常用的小鼠骨髓瘤细胞。P3.653 和 SP2/0 细胞易培养,融合率高,是目前最理想的融合细胞,但 SP2/0 杂交瘤细胞系对培养条件的变化比 NS-1 敏感,过度稀释(密度低于 3×10^5 mL)和 pH 碱性(pH 高于 7.3)时生长不良;NS-1 细胞同样融合率高,更易培养,但自身分泌少量无活性的 IgG1 也是理想的融合细胞。

骨髓瘤细胞的状况直接影响融合结果。生长良好的细胞透亮,边缘光滑清晰。

(1)培养的骨髓瘤细胞　选择对数生长期的细胞进行融合。因此处于相似分裂期的两个亲代细胞易于融合。而免疫脾细胞中参与融合的主要是处于分化、增殖状态中的浆母细胞,因此骨髓细胞也必须是处于分裂的对数生长期。用 20% 的 FCSR PMI-1640 培养液培养骨髓瘤为好。一般认为,如细胞数低于 10^4/mL 时,细胞生长较慢,而在 14^4~10^6/mL 时,细胞呈对数生长,此时细胞浑圆透亮、大小均一,边缘清晰、排列整齐、呈半致密分布。当细胞密度超过 10^6/mL 时,细胞分裂逐渐停止。因此一般在细胞处于对数生长中期时(1×10^5~5×10^5/mL),即可按 1:(5~10)的比例进行稀释传代。然后视细胞的生长情况每 2 d 或 3 d 传代一次或进行扩大培养,并选处于生长旺盛、形态良好的对数生长期细胞供融合用。融合用骨髓瘤细胞的活细胞数应达 95% 以上。

(2)活体内生长的骨髓瘤细胞　培养的骨髓瘤细胞皮下注射于小鼠背部两侧。为保证融合当天有骨髓瘤细胞,融合前 12 d 可分别注射 1×10^5、1×10^6 和 1×10^7 个细胞,12 d 左右肿瘤可生长至直径 1~3 cm。无菌摘除肿瘤,用剪刀剪成直径 2 mm 左右小块,加入圆底中管或注射器中(预先加 2~3 mL 的 RPMI-1640 培养液),再用研磨棒(注射器内芯)研磨、挤压出脾细胞。补加适量 RPMI-1640 培养液,静置 3~5 min。用比重为 1.077 的淋巴细胞分层液分离细胞(1 800 r/min,离心 15 min)。收集界面层的骨髓细胞,用 RPMI-1640 培养液洗涤 2 次。

RPMI-1640 培养液重悬细胞计数后,即可用于融合。

（3）注意问题

①活体内生长的骨髓瘤细胞进行融合的优点是保证了骨髓瘤细胞质量,其细胞活性好,融合成功率高。而且,免除了因培养造成细胞生长不良、细胞密度控制、细菌及支原体污染等后顾之忧。

②一般认为要定期用 20 μg/mL 的 8-氮鸟嘌呤(8-azaguanine,8-AG)处理骨髓瘤细胞,防止缺乏 HGPRT 酶的骨髓瘤细胞发生逆转,失去对 HAT 的敏感性。此举似乎没有必要。但为保险起见,融合前用 HAT 培养液检定骨髓瘤细胞的敏感性是有必要的,发现较多骨髓瘤细胞逆转,再用 8-AG 处理。

③当融合率低而又找不到原因时,应该考虑骨髓瘤细胞的质量。引自不同实验室,甚至同一实验室不同时期的同一骨髓细胞融合率都可能相差很大。可换一株骨髓细胞试一试。

5. 免疫脾细胞悬液的制备

①取免疫的 Balb/C 小鼠,摘除眼球放血致小鼠死亡(收集血液并制备血清,供检测抗体和作实验的阳性对照)。

②自来水洗后浸泡于 75% 乙醇中 5 min 随即放入超净台小鼠解剖板上,左侧卧位,用 7 号针头固定 4 肢。

③无菌手术开腹取出脾脏(剪开毛皮后换一副剪子、镊子),用剪刀剪成小块(5~7 段)放于圆底管中或注射器中(预先加 2~3 mL 的 RPMI-1640 培养液),再用研磨棒(注射器内芯)研磨挤压出脾细胞。

④补加适量 PRMI-1640 培养液,静置 3~5 min,取上 2/3 部分悬液移入 50 mL 塑料离心管中。上述过程反复 2~3 次。

⑤用 RPMI-1640 培养液洗细胞 2 次(1 000 r/min×10 min)。

⑥用 RPMI-1640 培养液重悬细胞,计数。

6. 细胞融合

①将制备的骨髓瘤与脾细胞混合于 50 mL 离心管内(1×10^8 脾细胞＋1×10^7 骨髓瘤细胞)。使用 SP2/0 骨髓瘤细胞时,脾细胞与骨髓细胞之比以 10:1 为好;使用 NS-1 骨骼瘤细胞时,脾细胞与骨髓细胞之比可以 5:1。

②用 RPMI-1640 培养液洗细胞 2 次(1 500 r/min×10 min)。

③第 2 次离收后,倾去上清液,保持管口向下,此时最好用接负压的毛细吸管或移液器尽可能的吸尽残留液体。然后轻轻弹击管底,使细胞松成糊状。第 2 次离心完成前,应于超净工作台内准备好 37℃水浴,并将聚乙二醇(polyethylene glycol,PEG)和 10 mL 的 RPMI-1640 培养液预温至 37℃。

④将含骨髓瘤与脾细胞的离心管置 37℃水浴中,用 1 mL 移液器取 0.8 mL PEG(按 1×10^8 脾细胞＋0.8 mL PEG)加入离心管内,边加边轻轻搅拌,PEG 平均 60 s 内加完。继续轻轻搅拌 1.5 min。5 min 内加入 10 mL 预温至 37℃的 RPMI-1640 培养液,搅拌要温和。具体加法 1 min,1 mL;2 min,1 mL;3 min,1.5 mL;4 min,1.5 mL;5 min,加完剩下的 5 mL RPMI-1640 培养液。最后补加 RPMI-1640 培养液至 40 mL,离心(1 000 r/min×5 min)。

⑤移出上清液,取少量 HAT 培养液将细胞小心吹散,将细胞移入准备的 HAT 培养液瓶中(按 96 孔板每孔 2×10^5 个免疫脾细胞计算 HAT 培养液需要量)。

⑥加入 96 孔细胞培养板,每孔 0.1 mL(预先制备 96 孔饲养细胞培养板)或 0.2 mL(已加入融合当天制备的饲养细胞)。放入 CO_2 孵育箱中培养。

⑦注意问题:一只小鼠免疫脾细胞最好能够接种 10～12 块以上的 96 孔板,这样 80% 以上的杂交瘤生长孔为单克隆,可减少克隆化次数,大大减少了工作量和节约了时间,阳性克隆也不易丢失。

7. 融合细胞观察及换液

融合后应每日观察细胞生长情况。骨髓瘤细胞多在融合后 2～3 d 内明显退化,细胞缩小,核浓缩、碎裂。巨噬细胞增生、肥大,并吞噬细胞碎片。第 4～5 天可见克隆状的小堆杂交瘤细胞生长。此时应观察判断每孔细胞克隆情况(融合后 5～7 d),用移液器吸出 0.1～0.15 mL 的 HAT 培养液,换成同量 HT 培养液。

8. 杂交瘤抗体检测

当杂交瘤细胞生长孔颜色变黄(与非杂交瘤细胞生长孔或较小细胞克隆生长孔比较非常明显)或杂交瘤细胞占孔底面积 1/4,细胞生长良好时,可检测上清液中的抗体。因为非分泌性杂交瘤比分泌性杂交瘤的生长速度快,所以应尽早检测抗体,及时进行克隆化,以免目的杂交瘤株被非目的杂交瘤竞争排挤掉。

检测抗体一般在第 2 次换液的 3 d 之后,即融合后第 10～15 天进行。过早检测由于杂交瘤细胞少、抗体分泌少而出现假阴性,过迟检测杂交瘤细胞容易死亡。

抗体检测的方法很多,免疫酶技术、免疫荧光、放射免疫测定、化学免疫发光分析、间接血凝试验和免疫转印等等。检测方法应具备以下条件:①灵敏度高:因为培养上清液中单抗水平在早期很低,检样量小,不敏感的方法用途不大;②特异性高:检测方法应能确定杂瘤分泌的单克隆抗体的特异性,必要时可用两种方法,此时如不能确定单克隆抗体的特异性,将造成难以胜任的工作量;③简便快捷:由于样品量大,方法应该操作简便,反应速度快,当天出结果,否则要补加培养液。应该在融合后和检测前阶段用免疫小鼠血清进行预试验以稳定检测方法。

检测的阳性孔杂交瘤细胞立即全部转入 24 孔细胞培养板培养。1 d 后观察细胞生长良好即可用于克隆化。

9. 克隆化

克隆化的方法有很多种:软琼脂法、有限稀释法、显微操作法和荧光激活细胞分离仪技术等,其中以有限稀释法应用最广,该法无需特殊设备、操作简便,并且克隆化校率高。

①按前述方法准备饲养细胞,用 HT 培养液接种到 96 板,每孔 0.1 mL,或克隆当天制备饲养细胞。

②向 24 孔细胞培养板每孔加入 0.9 mL 的 HT 培养液,一般每个待克隆的杂交瘤需 3～4 孔。

③用 1 mL 的移液器将待克隆的杂交瘤细胞吹散,取适量细胞加入含 0.9 mL 的 HT 培养液 24 孔细胞培养板第 1 孔,混匀后吸取 0.1 mL 加入第 2 孔,同法稀释第 3 孔、第 4 孔。

④混匀第 1 孔细胞,计数。

⑤计算后相应孔中取 100 个细胞,(假设 24 孔细胞培养板第 3 孔细胞计数为 1.2×10^3,则从第 3 孔取 $100/1.2 \times 10^3 \approx 0.083$ mL)加入 10 mL 的 HT 培养液中,接种 96 孔细胞培养板,每孔 0.1 mL,即每孔约 1 个细胞。24 孔及 96 孔板均置 CO_2 培养箱培养。如不预先制备饲养细胞,则可将 100 个细胞加入 20 mL 含饲养细胞的 HT 培养液中,接种 96 孔细胞培养板,每

孔 0.2 mL。

⑥克隆后 9～10 d 可进行检测,挑选阳性的克隆孔转入 24 孔板,1～3 d 后做第 2 次克隆、第 3 次克隆。

⑦注意问题。一般认为,对于融合后的杂交瘤应用 3 次以上的克隆化。但关键在于克隆后检测杂交瘤上清的阳性率,因为理论上来说,单克隆的杂交瘤克隆化后上清的阳性率是100%。如果每个小鼠脾融合后接种 12 块以上的 96 孔细胞培养板,融合后 4～7 d 观察杂交瘤生长孔是否为单克隆,并做好记号。由于融合后接种 96 孔细胞培养板多,大多数杂交瘤已为单克隆,第 1 次克隆化后检测上清的阳性率多为 100%,结合融合后和克隆化后观察结果,一般 1 次克隆化就能够确定杂交瘤是否已单克隆化。

确定克隆化完成后,挑选克隆化培养板上生长良好的阳性杂交瘤细胞孔,用移液器轻轻吸出细胞,移入 24 孔板的一个孔中。如果细胞生长良好,再分入 2～4 个孔。最后转入细胞培养瓶,进而分瓶扩大培养。然后可冻存一批细胞、收集上清或制备小鼠腹水供进一步实验用。

确定克隆化完成后,可以将 HT 培养液逐渐换为普通 RPMI-1640 培养液,牛血清的浓度亦可同时降低,但二者均应逐渐减少,不可突然大量减少。如 HT 的浓度可以 1/2 的速度递减,每减一个滴度都要让杂交瘤细胞有 7 d 左右的时间适应,并检测杂交瘤抗体分泌情况,直到 HT 浓度为 0;牛血清的浓度可同时以 5% 的梯度减少,但大多数杂交瘤只能减至 10%～15%,少数可减至 5%～8%。

10. 细胞冻存与复苏

(1)细胞冻存　将待冻存细胞液计数后离心(1 000 r/min×5 min),用冻存液(含 10% DMSO 的胎牛血清)将细胞悬浮($1×10^6$/mL),移入细胞冷冻管。将冷冻管放入小盒内,置 70℃低温冰柜或液氮罐蒸气室内过夜,次日(1 周内)将冷冻管移入液氮中。

(2)细胞复苏　将冷冻管从液氮中取出,立即放在准备好的 38～40℃水浴中,使之迅速融化。然后将细胞移至离心管中,用培养液离心洗涤 1 次,补充上清,加入培养液,移入细胞培养瓶 CO_2 孵箱培养。

(3)注意问题　细胞冻存应尽量使细胞缓慢降温,理想的降温速度是 1℃/h;细胞复苏应使细胞快速升温。

对于融合后和克隆产生的阳性孔,应尽早冻存细胞。当杂交瘤细胞生长良好时,从 24 孔板孔中再分出 1 孔,待 2 孔细胞生长良好,布满孔底时,可收集 2 孔细胞冻存。

建株后每株细胞应该冻存 5～8 支管。

细胞冻存前活性很重要,除非特殊情况发生,否则应待生长不良杂交瘤细胞恢复后再冻存。

对于多次复苏失败、冻存时细菌、真菌、支原体严重污染或库存少的珍贵细胞株,下面的方法可提高复苏的成功系数。

方法一:准备 96 孔细胞培养板饲养细胞;从液氮罐化冻待复苏细胞;按每孔 100 个复苏细胞加入准备的含饲养细胞的 96 孔细胞培养板培养;观察细胞生长情况,如生长良好,几天后转入 24 孔细胞培养板培养。

方法二:从液氮罐化冻待复苏细胞,用 RPMI-1640 培养液将复苏细胞洗 2 遍;按脾内免疫方法操作,将细胞注入小鼠脾内;7～10 d 在脾区可触及小包块,按活体瘤制备骨髓细胞方法制备复苏杂交瘤细胞,24 孔细胞培养板或细胞培养瓶继续培养,同时应检测复苏杂交瘤分泌抗体情况,必要时再次克隆化。

11. 单克隆抗体免疫学性质鉴定

为了更好地运用和纯化获得的克隆抗体,在完成单克隆抗体杂交细胞系的建立之后或建系工作初步完成后,通常要对获得的单克隆抗体作一些鉴定,以了解其性质。

(1) 单克隆抗体鼠 Ig 亚类测定 单克隆抗体鼠 Ig 亚类测定用抗鼠类 IgG1、IgG2a、IgG2b、IgG3、IgM 和 IgA 的抗体。常用的方法是 ELISA 和免疫扩散。ELISA 方法简单方便,但容易出现假阳性。保险的方法是免疫扩散。免疫扩散操作方法:10~30 mL 杂交瘤培养上清离心去细胞及碎片;将培养上清移入透析袋中,置相对分子质量 20 000 的 PEG 中,使培养上清浓缩 10 倍以上;分别将浓缩的培养上清和抗鼠 Ig 亚类抗体加入制备 1‰~2‰琼脂糖凝胶板梅花孔中,湿盒中 12~48 h 观察结果。少数单克隆抗体不能形成沉淀带,向琼脂糖凝胶中加入 1‰~3‰相对分子质量 6 000 的 PEG 有时可以使其形成沉淀带,极少数单克隆抗体不能形成沉淀带。

(2) 单克隆抗体识别的对抗原及抗原位测定 除免疫学方法检定单克隆抗体的特异性外,测定单克隆抗体作用抗原的分子量是非常重要的鉴定手段,常用的方法是免疫沉淀、亲和层析和免疫转印。免疫沉淀方法是将抗原用放射性同位素标记,然后与单克隆抗体反应,分离单克隆抗体(亲和层析)后电泳,根据电泳迁移率测算抗原分子质量。亲和层析是制备单克隆抗体的亲和层析柱,分离抗原,电泳测定抗原的分子质量。免疫转印方法可以直接测定抗原分子质量,但一些单克隆抗体不能用免疫转印进行实验,实验失败的原因与抗原无关,由单克隆抗体的性质决定。

(3) 单克隆抗体等电点测定 当需要大量制备和纯化单克隆抗体时,应该测定单克隆抗体的等电点,可用等电聚集电泳等方法测定。

(4) 其他 单克隆抗体的分子量测定、Ig 链测定、亲和力测定、杂交瘤细胞染色体测定等,实际应用的指导意义不大,可根据需要决定是否测定。

6.2.3.3 家蚕病毒性软化病病毒单克隆抗体的制备

1. 主要材料与仪器设备

(1) 实验动物 Balb/C 小白鼠,雌性,6~8 周龄(购自中国科学院上海实验动物中心)。健康雄性家兔,2~3 kg。

(2) 主要试剂 RPMI-1640 Medium(Gibco BRL);二甲亚枫(Dimethy Sulfoxide,DMSO。Sigma)Hybri-Mex;HAT Medium Supplement(Gibco BRL);HT Medium Supplement(Gibco BRL);辣根过氧化酶(horse radish peroxidase,HRP)标记的羊抗鼠 IgG(上海华美生物工程公司);福氏完全佐剂及福氏不完全佐剂(Sigma);羊抗鼠 IgG1、IgG2a、IgG2b、IgG3、IgA、IgM 标准抗血清(Sigma);聚乙二醇 1500(PEG1500,Roche);邻苯二胺(diaminobenzene,OPD);降植烷(Sigma);新生牛血清(杭州四季青生物工程材料研究所)等。

(3) 骨髓瘤细胞系 SP2/0 骨髓瘤细胞(浙江大学生物技术研究所提供)。

(4) 主要仪器与设备 二氧化碳培养箱(Tabai Espec);倒置显微镜(Kogaku K K Nikon);超净工作台(上海力申公司);酶标仪(Bio-Rad);96 孔酶标板;液氮灌;超低温冰箱;恒温箱和普通冰箱等。

2. BmIFV 单克隆抗体的制备程序

制备单克隆抗体包括动物免疫、细胞融合、选择杂交瘤、检测抗体、杂交瘤细胞的克隆化、冻存以及单克隆抗体的腹水制备及纯化等步骤。

（1）动物免疫　将已经纯化过的家蚕软化病毒(BmIFV-CHN001)用磷酸盐缓冲液(pH＝7.2)稀释成 1 mg/mL 的病毒悬液,作为免疫原准备免疫小鼠。

选择体重 18～20 g Balb/C 雌性小鼠,进行免疫。50～100 μg 病毒/只与等体积福氏完全佐剂混合,充分乳化后,经腹腔注射,间隔 3 周,取与一免等量抗原和等体积的福氏不完全佐剂充分乳化后,第二次腹腔注射,过 3 周后用加倍剂量的抗原进行腹腔注射,3 d 后取脾细胞进行融合。

（2）细胞融合

①免疫脾细胞悬液的制备:将免疫 Balb/C 小鼠摘除眼球取血,收集血清作为阳性对照及抗体检测,冰箱保存备用。放血后的小鼠拉颈处死,自来水冲洗后浸泡于 75% 酒精,消毒30 min。消毒后,将小鼠放入超净工作台内的解剖板上,采用左侧卧位,用 7 号针头固定 4 肢。用无菌剪刀剪开小鼠皮肤,暴露腹膜,换一副剪刀打开小鼠腹腔,取出脾脏放入无菌小平皿中。用剪刀将脾脏剪成小块放入圆底管或注射器中,预先加 2～3 mL 的 RPMI-1640 培养液,再用研磨棒或注射器内芯研磨挤压出脾细胞。补加适量 RPMI-1640 培养液静置3～5 min,洗细胞两次,每次 5 min,低速离心 1 000 r/min,用 RPMI-1640 培养液重悬脾细胞重复操作 2 次。

②骨髓瘤细胞的准备:在准备融合前几天就应及时换 RPMI-1640 培养液,保证骨髓瘤细胞处于对数生长期,具有良好的形态。融合前,用弯头滴管轻轻吹打即悬起骨髓瘤细胞,将骨髓瘤细胞悬液转入离心管中离心收集细胞备用。

③细胞融合:将制备的骨髓瘤细胞与脾细胞混合于 50 mL 离心管内,脾细胞与骨髓瘤细胞之比以 10:1 为好。用 RPMI-1640 培养液(无血清)培养液洗细胞 2 次,第 2 次离心后,倾倒掉上清液或用吸管尽可能吸尽残留液体。然后,轻轻弹击管底,使细胞疏松成糊状,在1 min 内加入 50% PEG 0.5 mL,勿吹打,静置 1 min。沿管壁缓慢加入无血清 RPMI-1640 洗液,加至 40 mL 终止反应,离心 4 min,弃上清,再加洗液 30 mL 离心 4 min,弃上清,加无血清HAT 培养液至 10 mL 吹打混匀。取一支已处理的细胞培养瓶,加入无血清的 HAT,约占瓶体积的 2/3,再加入新生牛血清 3 吸管和 1 吸管细胞液均匀混合后,点入 96 孔细胞板,大约铺3 个板,37℃、5% CO_2 的细胞培养器皿中培养。

（3）杂交瘤的筛选与克隆　细胞悬液(HAT 培养液)分铺培养板后,立即转入 37℃、5%CO_2、相对湿度 95% 的培养箱进行培养。以后每两天观察一次细胞的生长情况并作记录。培养 3～5 d 后,用 HAT 培养基再换液一次,第 10 天换成 HT 培养基培养,以后需根据实际情况更换新的培养基。等到融合细胞覆盖孔底 10%～ 50% 时,常规间接 ELISA 方法筛选阳性孔。

阳性孔的特异性鉴定采用间接 ELISA 方法。用包被液包被抗原(BmIFV 悬液),37℃过夜;PBST 洗涤 3 次后,用 5% 的脱脂奶粉封闭 30 min;加入阳性孔培养上清 100 μL/孔,37℃,1 h;PBST 洗涤 3 次后加入经脱脂奶粉稀释 5 000 倍的 HRP 标记羊抗鼠 IgG 二抗(Sigma)100 μL/孔,37℃,1h,PBST 洗涤 3 次后,用 OPD-H_2O_2 底物显色,15 min 后 2 mol/L H_2SO_4终止反应,用酶标仪读取 OD_{490} 的值,与阴性 OD 值比值大于 2.1 为阳性。筛选到针对 BmIFV的特异性细胞株,筛选出的特异性阳性孔用常规的有限稀释法克隆。

有限稀释法克隆阳性孔,克隆步骤如下:取一块干净的 96 孔细胞板,在第一列孔中各加 3滴 HT 培养液。取出要克隆的细胞板,用干净的巴氏管吹打,多吹几次吸出 1～2 cm 长吸管的细胞悬液,在第一列中倍比稀释,每次吸出如上同量,如此形成细胞液浓度梯度。倒置显微镜下观察挑选合适细胞数的孔,第一次克隆挑 60～120 个细胞/孔,第二次挑 60～80 个/孔。克隆后 2～3 h,等细胞沉下来,即可铺板,每孔 2 滴,然后每孔再加 100 μL 培养液,封口膜封口。将目标孔中剩余液全部转移至扩大培养基中,并将目标孔同培养基重新加液。铺板后,第 2 天或第 3 天开始看板,挑选单克隆细胞孔,进行抗体阳性检测。获得的单克隆细胞株进一步扩大培养,用于制备单抗腹水和液氮冻存。

(4)单克隆抗体腹水制备及纯化　取 8 周龄左右 BALB/C 小鼠,腹腔注射 0.3～0.5 mL 降植烷(Sigma),7～10 d 后腹腔注入 5×10^5～1×10^6 个杂交瘤细胞,注射后 7～10 d 可见小鼠腹部明显膨大,采取腹水,2 000 r/min 离心 3 min,收集上清液,即为单克隆抗体腹水。取 1 倍体积腹水加 2 倍体积 0.06 mol/L pH 4.8 醋酸缓冲液稀释,加辛酸(30 μL/mL 腹水),室温下边加边搅拌,4℃澄清 1 h,12 000 r/min 离心 20 min,收集上清,再用 50%饱和硫酸铵沉淀免疫球蛋白,4℃放置 2 h,3 000 r/min 离心 20 min,沉淀用 2 倍体积的 PBS 溶液溶解,在 4℃流动透析 24 h 后即获纯化的腹水抗体,-70℃保存。

采用饱和硫酸铵盐析法对单抗进行纯化步骤:取 1 mL 单克隆抗体加入 1 mL 0.01 mol/L pH 7.2 PBS 缓冲液,混匀后,边搅拌边逐滴加入 2 mL 饱和硫酸铵溶液,充分混匀后在 4℃下放置 30 min,以 3 500 r/min 离心 15 min。弃上清液,用 0.01 mol/L pH 7.2 PBS 缓冲液沉淀,使其体积恢复为 2 mL,再边搅拌边逐滴加入 1 mL 饱和硫酸铵溶液,充分混匀后在 4℃下放置 30 min,以 3 500 r/min 离心 15 min。重复前一步骤一次。将沉淀用 1 mL PBS 缓冲液溶解后,移入处理好的透析袋中,对 PBS 缓冲液 4℃下流动透析过夜,然后分装于小管中冷冻保存。取少量经提纯后的抗体,用紫外分光光度仪测定 200～300 nm 的紫外吸收值,并用下列公式估算 IgG 含量:

$$IgG 含量(mg/mL) = (1.45 \times OD_{280} \sim 0.74 \times OD_{260}) \times 稀释倍数$$

结果:免疫的 BALB/C 小鼠脾细胞和 SP2/0 小鼠骨髓瘤细胞在 50% PEG 下融合,用 HAT 培养基筛选,3 块 96 孔细胞板的融合率为 90%。融合 10 d 后换用 HT 培养基,当每孔杂交瘤细胞覆盖孔底 5%～30%时,采用间接 ELISA 方法检测细胞培养上清中抗体的分泌情况,有 25 孔表现阳性反应,阳性率为 10%。选择其中 2 个呈强阳性反应的细胞孔进行有限稀释法克隆,最终获得 4D12、3G3 两株单抗细胞株。

(5)杂交瘤细胞的冻存与复苏　及时冻存原始孔的杂交瘤细胞、每次克隆化得到的亚克隆细胞是十分重要的。因为在没有建立一个稳定分泌抗体的细胞系的时候,细胞的培养过程中随时可能发生细胞的污染、分泌抗体能力的丧失等。如果没有原始细胞的冻存,则因为上述的意外而前功尽弃。

杂交瘤细胞的冻存方法同其他细胞系的冻存方法一样,原则上细胞应在每支冻存管中含 1×10^6 以上,本实验采用的冻存方法如下:收集对数生长期的待冻存的杂交瘤细胞、阳性克隆孔细胞,调整细胞密度为 1×10^6 以上。向每支冻存管(2 mL)中加入经用新鲜 HT 培养液悬浮的杂交瘤细胞 1.8 mL,然后加入 0.2 mL DMSO(二甲亚砜)(使用前在 4℃冰箱中预冷),轻轻摇动冻存管以混匀细胞。封口后,依次将冻存管放入 4℃冰箱中 10～30 min,-20℃冰箱中 30 min～2 h,-80℃冰箱中 2 h 以上或过夜。从 -80℃冰箱中取出冻存管,立即放入液氮罐中保存。短期内要用可直接放在 -80℃冰箱中保存。

杂交瘤细胞的复苏方法:从液氮罐或低温冰箱中取出冻存的细胞管,立即放入 38～40℃

的水浴锅中水浴。在 50 mL 的离心管中加入 10 mL 的不完全培养液,再加入解冻的细胞悬液,轻轻混匀,800 r/min 离心 5 min 收集细胞。弃去上清后,加入 HT 培养基 5 mL 重悬细胞并转入 96 孔板或培养瓶中。1 d 后,要及时换新培养液,以减少 DMSO 的毒性。

3. 单克隆抗体的初步鉴定

(1)单克隆抗体腹水效价测定　间接 ELISA 方法检测单抗腹水效价。将 1 mg/mL 提纯 BmIFV 抗原用包被液稀释,100 μL/孔包被 ELISA 板,4℃过夜,使其吸附于聚苯乙烯板孔;PBST 洗涤 3 次后用 5％的脱脂奶粉封闭 30 min;将单克隆抗体腹水作倍比稀释加入包被孔 100 μL/孔,37℃,1 h;PBST 洗涤 3 次后加入按说明书稀释 10 000 倍的辣根过氧化物酶标记兔抗鼠 IgG 二抗(Sigma 公司)100 μL/孔,37℃,1 h,PBST 洗涤 4 次后,用 OPD-H_2O_2 底物显色,2 mol/L H_2SO_4 终止反应后,用酶标仪读取 OD_{490} 的值,以与阴性 OD 值比值大于 2.1 为阳性测定单抗腹水效价。

结果:注射单克隆杂交瘤细胞的 Balb/C 小鼠,7～10 d 后腹部膨大,采集腹水,以后每天取一次,每只小鼠可取 10～20 mL 腹水。用辛酸-硫酸铵方法纯化的单克隆抗体腹水蛋白质浓度分别为 4E12＝2.252 mg/mL、3G3＝2.438 mg/mL。

(2)单克隆抗体类型及亚类鉴定　将单抗腹水与 Sigma 公司的标准抗 Balb/C 小鼠 IgG、IgG_1、IgG_{2a}、IgG_{2b}、IgG_3 和 IgM 抗体,作双向琼脂扩散试验以鉴定抗体类型。

琼扩试验步骤如下:称取琼脂糖 1 g 加入 50 mL 蒸馏水中,于沸水浴中加热溶解,然后加入 50 mL 的 0.05 mol/L 巴比妥缓冲液(pH＝8.6),配制成 1％的琼脂,分装备用。将融化的 1％琼脂冷至 50℃左右,量取 4 mL,倒在 7.5 cm×2.5 cm 预先洗净、干燥、水平放置的载玻片。待凝固后,用孔径 3～4 mm 的打孔器按梅花状打孔。孔距为 4 mm,再用注射器针头或镊子挑去孔内琼脂。在梅花孔的中央孔中滴加适当稀释的单抗腹水,四周孔中分别滴加标准抗 Balb/C 小鼠 IgG、IgG_1、IgG_{2a}、IgG_{2b}、IgG_3 和 IgM 抗体。将琼脂平板放入带盖的玻璃皿中,下面垫 3～4 层湿纱布,保持一定的湿度,并将玻璃皿放在 37℃恒温箱中,18～20 h 取出观察沉淀线,判断单抗的抗体类型及亚类。

抗体类型及亚类鉴定结果表明,4E12 和 3G3 的抗体类型及亚类均为 IgG1;2 株单克隆抗体腹水的间接 ELISA 效价均达 10^{-6} 以上。

(3)单抗的特异性反应试验　与感染家蚕病毒性软化病病毒(BmIFV)特异性反应采用三抗体夹心 ELISA(TAS-ELISA)方法,测定 4E12,3G3 两株单抗腹水与提纯病毒 BmIFV 的特异性反应,以免疫抗原作阳性对照,以相应的健蚕中肠液作阴性对照。

TAS-ELISA 实验步骤:第一步,BmIFV 兔抗血清 IgG1,5 000 稀释,包被 ELISA 板,37℃,2 h。第二步,用含 5％ BSA 的 PBST 封闭液封闭,37℃,30 min。第三步,加入用 PBST 稀释的提纯病毒 BmIFV 及阳性、阴性对照。第四步,用 PBST 洗 3 次,每次 3 min。第五步,加入用 PBST 稀释 5 000 倍的单抗腹水,37℃,1 h。第六步,重复第四步一次。第七步,加入 3 000 倍稀释的酶标羊抗鼠 IgG 结合物,37℃,1 h。第八步,重复第四步一次。第九步,加底物溶液,37℃,15 min。最后,加 2 mol/L H_2SO_4 50 mL 终止反应,测 OD_{490nm} 值,以 P/N＞2.1 为阳性判断标准。

TAS-ELISA 测定表明,2 株单抗 4E12,3G3 仅对 BmIFV 有特异性反应,而与 BmDNV 无特异性反应,说明用这 2 株单抗建立的 TAS-ELISA 方法对 BmIFV 有很好的特异性(表 6.1)。

表 6.1　单克隆抗体的特异性鉴定

病　　毒	MAbs	
	4E12	3G3
BmIFV	1.423	1.392
BmDNV	0.024	0.028
健康对照	0.026	0.031

（4）Western blotting 鉴定两株单抗的靶蛋白

缓冲液的配制：需称取 2.9 g 甘氨酸（29 mmol/L）、5.8 g Tris 碱（58 mmol/L）、0.37 g SDS（0.037% SDS），并加入 200 mL 甲醇，加水至总量为 1 L。

磷酸盐缓冲液的配制（0.01 mol/L PBS pH 7.2）：NaCl，40 g；KCl，1 g；KH_2PO_4，1 g；$Na_2HPO_4 \cdot 12H_2O$，15 g；H_2O，5 000 mL；

PBST 洗涤液：PBS（pH 7.2），5 000 mL；吐温-20，2.5 mL。

Western blotting 试验步骤：

①根据前述实验方法对 BmIFV 病毒衣壳蛋白进行 SDS-PAGE，电泳结束后取胶。剪取与需转移的胶大小相同（或略小于胶）的滤纸 4 张，用转移缓冲液湿润；剪取与需转移的胶大小相同的硝酸纤维素膜（nitrocellose membrane，NC 膜）1 张，用甲醇湿润，然后浸泡在转移缓冲液中平衡；将两张滤纸铺在石墨板上，再依次铺上 NC 膜、胶和另外两张滤纸（注意不能让上下两层滤纸直接接触，以免短路；每层之间不能留有气泡）。在 4℃下用湿式电转仪 45 V 电压转移 1~2 h。

②转移完毕后，将 NC 膜放在 5% 脱脂奶粉中 37℃封闭 1 h。

③一抗用封闭液稀释至适当浓度（抗 BmIFV-4E12、3G3），NC 膜浸在其中，37℃温育（慢慢摇）1.5 h。

④反应完毕用 PBST 清洗 3 次，每次 37℃慢摇 5 min。

⑤二抗用封闭液稀释 5 000 倍，将 NC 膜浸在其中 37℃慢摇温育 1.5 h。

⑥反应完毕用 PBST 清洗 3 次，每次 37℃慢摇 5 min。

⑦将适量显色底物四甲基联苯胺（tetramethylbenzidine，TMB）倒入一洁净平皿，再将 NC 膜浸入 TMB 中反应（可静置，可慢摇），待出现明显条带或底色时用水冲洗 NC 膜终止反应。

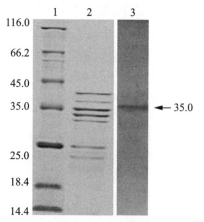

图 6.6　**Western-blot 分析家蚕软化病毒衣壳蛋白**
1. 标准分子蛋白；2. BmIFV 衣壳蛋白；
3. Western blotting 条带。

BmIFV 的结构蛋白主要有 4 种，即 VP1（35.2）、VP2（33.0）、VP3（31.2）和 VP4（11.6）。每个病毒粒子中含这 4 种蛋白分子的数目分别是 62，57，54，31。除上述 4 个结构蛋白是 BmIFV 的主要衣壳蛋白外，还有 7 个次要蛋白。Choi 等 1992 年报道 BmIFV 有 5 个主要多肽，分别是 VP0（42 ku）、VP1（36 ku）、VP2（33 ku）、VP3（32 ku）和 VP4（11.6 ku）。

Western 杂交的结果表明，两株单抗的靶蛋白都是 VP1，都不与 BmIFV 的其他结构蛋白发生反应（图 6.6）。

4. BmIFV多抗血清的制备及与BmDNV的交叉反应

将提纯的家蚕软化病毒悬浮液免疫2～3 kg健康雄性家兔,初次免疫,1 mg病毒液耳静脉注射。间隔3周后,第二次免疫,剂量同上,耳静脉注射。间隔3周后,第三次加强免疫,耳静脉同时配合臀部肌肉注射。最后一次注射7 d后,耳静脉采血测定抗体效价,采用琼脂双扩散法测定效价。颈动脉采血。收集抗血清,加入0.1%叠氮化钠,-70℃保存(详细参见6.2.2节"多克隆抗体的制备")。

BmIFV多抗血清与BmDNV的交叉反应采用琼脂双扩散法。中间孔滴加BmIFV多抗血清,周围孔分别滴加BmIFV、BmDNV病毒悬液、阴性对照、阳性对照,18～20 h取出观察沉淀线。

琼脂双扩散法测定BmIFV多抗血清效价达1:(32～64),BmIFV多抗血清与BmDNV之间产生沉淀线,存在交叉反应(见图6.4)。

5. 间接ELISA检测BmIFV的初步应用

(1)多抗血清建立的琼脂双扩散法检测病蚕样本 利用制备的BmIFV多抗血清建立的琼脂双扩散法对浙江桐乡采集的呈病毒症状的病蚕样本进行检测。先制作1%的琼脂板,然后将琼脂板置于湿盒中,待其凝固,次日取出打孔(梅花形)。加样,中间孔加病毒多抗血清,周围各孔分别加待测样本,并作标记。加样后的琼脂板置于湿盒中25℃至少24 h。观察记录结果,待测样本与多抗孔之间是否产生沉淀线(见表6.1)。

(2)单抗建立的间接ELISA法检测病蚕样本 利用制备的BmIFV单抗建立的间接ELISA(ACP-ELISA)方法对浙江桐乡采集的呈病毒症状的病蚕样本进行检测。将病蚕样本的中肠磨碎液12 000 r/min离心20 min取上清100 μL/孔加入ELISA板,BmIFV提纯病毒为阳性对照,相应健康蚕为阴性对照,5 000～10 000倍稀释单抗腹水为一抗,8 000倍稀释的AP标记的羊抗鼠IgG结合物为二抗,硝基磷酸盐(PNPP)为底物,用680酶联免疫检测仪(BIO-RAD)测OD_{405}值,以P/N>2.1作为阳性判断标准。

利用制备的单抗和建立的间接ELISA方法对浙江省桐乡共135个病蚕样品进行了检测。检测结果发现,135个病蚕样本中阳性样本为68个,阳性率为50.37%。从样本的阳性率明确了家蚕软化病毒在该蚕区感染流行的主要病毒种类。间接ELISA检测结果见表6.2。

表6.2 **BmIFV单克隆抗体间接ELISA检测病蚕样本**

1	2	3	4	5	6	7	8	9	10
1.185	1.327	1.332	1.224	1.426	1.228	1.232	1.229	1.208	1.159
11	12	13	14	15	16	22	23	24	25
1.231	1.326	1.231	1.052	1.263	1.374	1.235	1.155	1.214	1.379
27	28	33	35	36	37	38	44	45	51
1.256	1.153	1.528	1.329	1.368	1.376	1.249	1.232	1.279	1.222
53	54	60	64	68	69	70	73	76	78
1.225	1.284	1.236	1.317	1.434	1.262	1.267	1.318	1.278	1.246
80	83	84	88	90	91	92	93	101	103
1.314	1.167	1.201	1.326	1.238	1.275	1.291	1.402	1.325	1 364
104	107	110	113	114	120	123	124	127	128
1.382	1.333	1.403	1.349	1.323	1.356	1.317	1.304	1.365	1.369
133	134	135	138	140	141	143	144		健康对照
1.353	1.355	1.362	1.432	1.346	1.363	1.357	1.387		0.036

通过病毒的动物免疫、细胞融合、筛选、克隆和腹水制备,获得了 2 株 BmIFV 特异性单抗,并用这些单抗建立了对 BmIFV 有特异性反应,而与 BmDNV 无反应的间接 ELISA 检测方法。由于多抗存在非特异性高、准确性和均质性差、产量有限等缺陷而使多抗血清建立的血清学方法存在不足,本研究研制的 BmIFV 特异性单克隆抗体具有特异性强、均质性好、可无限量生产等优点,使用该单克隆抗体建立的间接 ELISA 血清学方法具有准确性强、易标准化和大规模生等特点。此方法可有效地用于 BmIFV 在养蚕生产上的检测。

6.2.3.4　BmDNV 单克隆抗体的制备

参见 6.2.3.3 节"家蚕病毒性软化病病毒单克隆抗体的制备"。

6.2.3.5　家蚕微粒子虫孢子单克隆抗体的制备

抗原(家蚕微粒子虫-*Nosema bombycis* 孢子)制备参见 6.2.1.3 节"家蚕微粒子虫孢子的纯化"。

主要试剂、细胞、仪器设备和动物等参见 6.2.3.3 节 1 项中内容。

1. 免疫程序

将已经纯化过的 Nb 孢子用磷酸盐缓冲液(pH＝7.2)稀释成 1 mg/mL 的孢子悬液,作为免疫原免疫小鼠。50～100 μg 孢子/只与等体积弗氏完全佐剂混合,充分乳化后,经腹腔注射,间隔 3 周,取与一免等量抗原和等体积的弗氏不完全佐剂充分乳化后,第二次腹腔注射,过 3 周后用加倍剂量的抗原进行腹腔注射,3 d 后取脾细胞进行融合。

2. 融合与克隆

免疫的 BALB/C 小鼠脾细胞和 SP2/0 小鼠骨髓瘤细胞在 50％ PEG 下融合,用 HAT 培养基筛选,5 块 96 孔细胞板的融合率为 80％。融合 10 d 后换用 HT 培养基,当每孔杂交瘤细胞覆盖孔底 5％～30％时,采用间接 ELISA 方法检测细胞培养上清中抗体的分泌情况,有 31 孔表现阳性反应,阳性率为 6％。选择其中 7 个呈强阳性反应的细胞孔进行有限稀释法克隆,第一次克隆后 55％～83.3％的克隆为阳性,第二次克隆后 100％为阳性。最终获得 1A6、3B1、3C1、3C2、3C3、3C4 和 3F1 七株单抗细胞株。经体外长期培养均能稳定分泌单克隆抗体。

3. 单克隆抗体腹水效价测定

间接 ELISA 方法检测单抗腹水效价。将 1 mg/mL 提纯孢子用包被液稀释,100 μL/孔包被 ELISA 板,4℃过夜,使其吸附于聚苯乙烯板孔;PBST 洗涤 3 次后用 5％的脱脂奶粉封闭 30 min;将单克隆抗体腹水作倍比稀释加入包被孔 100 μL/孔,37℃,1 h;PBST 洗涤 3 次后加入按说明书稀释 10 000 倍的 HRP 标记兔抗鼠 IgG 二抗(Sigma 公司)100 μL/孔,37℃,1 h;PBST 洗涤 4 次后,用 OPD-H_2O_2 底物显色,2 mol/L H_2SO_4 终止反应后,用酶标仪读取 OD_{490} 的值,以与阴性 OD 值比值大于 2.1 为阳性测定单抗腹水效价。

注射单克隆杂交瘤细胞的 Balb/C 小鼠,7～10 d 后腹部膨大,采集腹水,以后每天取一次,每只小鼠可取 10～20 mL 腹水。用辛酸-硫酸铵方法纯化 1A6、3B1、3C1、3C2、3C3、3C4 和 3F1 的单克隆抗体腹水,稀释 1 000 倍后测定蛋白质浓度分别为:2.294 mg /mL、2.428 mg/mL、1.938 mg/mL、1.422 mg/mL、2.852 mg/mL 和 1.168 mg/mL,以间接 ELISA 测定抗体效价的结果如图 6.7。

7 株克隆纯化好的单克隆抗体 1A6、3B1、3C1、3C2、3C3、3C4 和 3F1 在稀释 4.096×10^6 倍时,OD 值均为阴性对照的 2 倍以上(阴性对照 OD 值分别为 0.067、0.087、0.068、0.076、0.069、0.084 和 0.076),效价均达到 4.096×10^6 以上。单克隆抗体在 1.28×10^4～$2.048 \times$

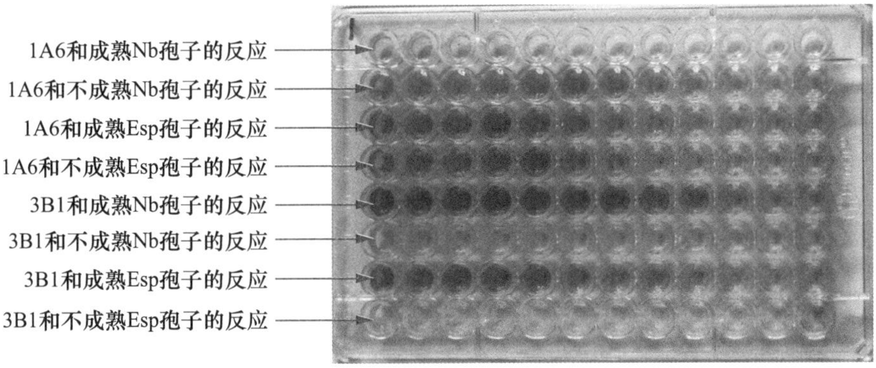

图 6.7　1A6 和 3B1 对两种微孢子虫的交叉反应

注:96 孔板,由左至右单抗 1A6 和 3B1 分别为 10^2、2×10^2、4×10^2、8×10^2、16×10^2、32×10^2、64×10^2、128×10^2、256×10^2、512×10^2、$1\,024\times10^2$ 和 $2\,048\times10^2$ 倍比稀释。

Esp 为内网虫属微孢子虫(*Endoreticulatus*-like Microsporidium)。

10^6 倍稀释的范围内,OD 值下降最明显,确定 1A6、3B1、3C1、3C2、3C3、3C4 和 3F1 分别稀释 1×10^5、5×10^5、4×10^5、3×10^5、5×10^5、5×10^5 和 1×10^6 倍为最佳检测浓度。

4. 单克隆抗体类型及亚类鉴定

将单抗腹水与 Sigma 公司的标准抗 BALB/C 小鼠 IgG、IgG$_1$、IgG$_{2a}$、IgG$_{2b}$、IgG$_3$ 和 IgM 抗体,作双向琼脂扩散试验以鉴定抗体类型。

琼扩试验步骤如下:称取琼脂糖 1 g 加入 50 mL 蒸馏水中,于沸水浴中加热溶解,然后加入 0.05 mol/L 巴比妥缓冲液(pH=8.6)50 mL,配制成 1% 的琼脂,分装备用。将融化的 1% 琼脂冷至 50 ℃ 左右,量取 4 mL,倒在 7.5 cm×2.5 cm 预先洗净、干燥、水平放置的载玻片。待凝固后,用孔径 3~4 mm 的打孔器按梅花状打孔。孔距为 4 mm,再用注射器针头或镊子挑去孔内琼脂。在梅花孔的中央孔中滴加适当稀释的单抗腹水,四周孔中分别滴加标准抗 BALB/C 小鼠 IgG、IgG$_1$、IgG$_{2a}$、IgG$_{2b}$、IgG$_3$ 和 IgM 抗体。将琼脂平板放入带盖的玻璃皿中,下面垫 3~4 层湿纱布,保持一定的湿度,并将玻璃皿放在 37 ℃ 恒温箱中,18~20 h 取出观察沉淀线,判断单抗的抗体类型及亚类。

抗体类型及亚类鉴定结果表明,7 株单抗抗体类型均为 IgG$_1$。5 种单抗(3B1、3C1、3C2、3C3 和 3F1)亚类为 IgG$_2$,而 1A6 和 3C4 的亚类为 IgG$_1$。

5. 单抗的特异性反应试验

将单抗与分离自浙江嵊州蚕区的内网虫属样小孢子(Esp),以及家蚕中肠内分离到的蒙氏肠球菌(enterococci),以及酵母进行交叉反应试验。特异性反应采用三抗体夹心 ELISA(TAS-ELISA)方法,测定 1A6、3B1、3C1、3C2、3C3、3C4 和 3F1 七株单抗腹水与 Nb 孢子的特异性反应,以免疫抗原作阳性对照,以相应的健康家蚕中肠液作阴性对照。

TAS-ELISA 实验步骤:

①Nb 兔抗血清 IgG 1∶5 000 稀释,包被 ELISA 板,37 ℃,2 h。

②用含 5% BSA 的 PBST 封闭液封闭,37 ℃,30 min。

③加入用 PBST 稀释的检测样本及阳性、阴性对照。

④用 PBST 洗 3 次,每次 3 min。

⑤加入用 PBST 稀释 5 000 倍的单抗腹水,37℃,1 h。

⑥重复④。

⑦加入 3 000 倍稀释的酶标羊抗鼠 IgG 结合物,37℃,1 h。

⑧重复④。

⑨加底物溶液,37℃,15 min。

加 2 mol/L H_2SO_4 50 mL 终止反应,测 OD_{490nm} 值,以 P/N>2.1 为阳性判断标准。

7 株单克隆抗体与多克隆抗体的特异性存在显著差异。7 株单抗和成熟微粒子虫孢子、不成熟微粒子虫孢子均发生反应;而其中 1 株单抗 1A6,与 Esp 孢子具有较强的交叉反应,甚至超过同等条件下和 Nb 孢子的反应强度(OD 值均超过空白对照的 2 倍)(见图 6.7 和图 6.8)。7 株单克隆抗体与肠球菌和多形汉逊酵母(*Hansenula polymorpha*)以及家蚕中肠蛋白无特异性反应;其他 6 株单抗则均未发现和其他抗原的交叉反应。说明用这 7 株单抗建立的 TAS-ELISA 方法对 Nb 有很好的特异性(见图 6.7 和图 6.8)。

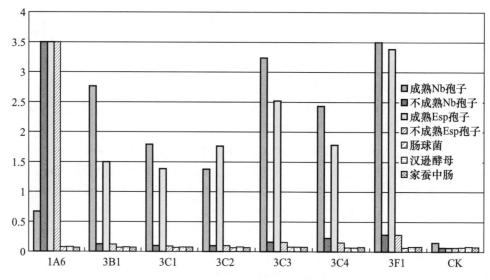

图 6.8　7 株单克隆抗体特异性检测结果

注:纵轴为 OD 值(490 nm),横轴为单抗编号。

6.2.4　主要免疫学检测技术简介

6.2.4.1　免疫扩散和免疫电泳技术

可溶性抗原与相应抗体在溶液或凝胶中接触可形成肉眼可见的抗原抗体复合物沉淀,此即免疫沉淀反应。沉淀形成的主要原因是抗原抗体分子表面的疏水基团相互接近而有效地排出它们之间的水分子。免疫复合物的形成通常分两步进行:第一步是抗原与相应抗体的特异性结合,这受抗原与抗体分子间的力,如范德华(Van der Waals)力、氢键、疏水基团与亲水基团之间的相互作用力等因素控制;第二步是形成肉眼可见的免疫复合物晶格,其决定因素包括抗原与抗体的比例、分子量大小、盐浓度、反应温度、抗原抗体的绝对浓度及抗原与抗体反应的亲和力等。利用抗原和抗体可发生沉淀反应这一特征,可用已知抗原(或抗体)检测未知抗体

(或抗原)的存在及其含量,而达到诊断疾病的目的。

琼脂在沸水中溶解,冷却至 30～45℃时成为凝胶,质量浓度 1％～2％的琼脂凝胶具有一定强度,并含有大的微孔。琼脂糖是琼脂高度纯化的产品。琼脂和琼脂糖高度亲水,但对蛋白质无亲和性。大多数蛋白质(相对分子质量<200 000)均能在琼脂和琼脂糖中扩散,当抗原和抗体以适当比例相遇时,就会形成可见的免疫沉淀(见图 6.4)。免疫沉淀是定性和定量检测抗原和抗体的简便方法之一,具有较高的敏感性。

免疫沉淀反应可在小玻璃管或毛血玻璃管及凝胶平板中进行。在用凝胶平板做试验时,常用琼脂糖(agarose)凝胶作为介质,具体方法上形式多样,方法各异但本质相同。有的加电流(如免疫电泳和免疫印迹等),有的不加电流(如免疫扩散等)。凝胶内沉淀试验可根据抗原与抗体反应的方式和特性,分为单向扩散试验和双向扩散试验。

多克隆抗体(抗血清)可与 500 个以上的不同抗原表位结合,很容易与抗原交联形成网状结构而发生沉淀。因此多克隆抗体非常适用于免疫沉淀试验。单克隆抗体仅与抗原的一个表位结合,不能形成交联,一般情况下,单克隆抗体不适合做免疫沉淀试验。但如抗原有两个以上相同的抗原表位,则单克隆抗体也可用于免疫沉淀试验。IgM 理论上有 10 个抗原结合位点,因此单克隆 IgM 可用来作免疫沉淀试验。人工混合的针对不同抗原表位的单克隆抗体可以和抗原交联,故也适用于免疫沉淀试验。在免疫沉淀试验中,抗体对抗原的亲和力(affinity)和总体亲和力(avidity)至关重要。亲和力越高越好,单克隆抗体的亲和力应大于 10^8。

1. 单向免疫扩散

单向免疫扩散(single immunodiffusion)的原理是抗原或抗体这两种成分中只有一种成分扩散的方法。根据形式可分为试管法和平板法两种。平板法是目前最常用的抗原定量技术。如果将抗体与琼脂混合,置抗原于凝胶孔中,抗原则呈辐射状扩散,在孔的周围与抗体形成可溶性的免疫复合物,它们继续向外扩散,与更多的抗体结合,直到达到抗原与抗体的等当点时,即形成一个沉淀环。由于试验过程中抗原向四周扩散,故称为单向辐射状免疫扩散(SRID)。沉淀环的直径与孔中抗原的量以及抗体在凝胶中的浓度有关。用已知量的参考品作标准曲线,根据标准曲线和样品孔沉淀环的直径,即可测得样品中相同抗原的量。如将抗原加入凝胶而将抗体加入凝胶孔中,则可用来测定抗体的浓度。

具体方法与步骤为:

①取一块玻璃板(10 cm×10 cm),用水冲洗干净后,再用少量 75％乙醇冲洗,晾干后置于水平台备用。

②将 1％琼脂糖融化(pH 8.6,0.1 mol/L 巴比妥-巴比妥钠缓冲液配制),56℃水浴中保温。

③取 15 mL 琼脂糖加到 56℃预热玻璃管中,加入适量抗血清(约 200 μL),充分混匀后铺于玻璃板上。

④待凝胶凝固后打孔(直径 3 mm)(见图 6.4)。

⑤将系列稀释的标准抗准抗原和待检抗原分别加到凝胶孔中,每孔 5 μL(加满为度)。

⑥将凝胶板置于湿盒后,室温过夜(24 h 以上)后观察结果(可用生理盐水或缓冲液洗涤后再观察)。

⑦绘制标准曲线,测出样品中相应抗原含量。

⑧也可将凝胶板进行压片、干燥和染色：将凝胶板放在一张滤纸上；在凝胶板上倒一些蒸馏水，使所有的孔充满水；在凝胶上覆盖一层滤纸（排除气泡），再在滤纸上放多层吸水纸，其上放一块厚玻璃板，上加重物，使凝胶板承受压力为 $10\sim50$ g/cm²；10 min 后将凝胶在 0.9% NaCl 或 PBS（或蒸馏水）中浸洗 15 min，使凝胶重新吸水；再吸压凝胶 $10\sim20$ min；若预计凝胶中未沉淀蛋白量较多，浸洗和吸压过程可再重复 $2\sim3$ 次；去掉吸水纸，注意保持胶片于玻板上，用热风吹干胶片；凝胶板在 0.5% 考马斯亮蓝 250（coomassie brilliant blue R250，CBB-R250）或 CBB-G250 染液中染色 $5\sim10$ min。也可用氨基黑、印度墨汁或偶氮胭脂红染液染色；凝胶板浸泡于脱色液中至背景长期保存；热风吹干胶片，染色胶片可长期保存。

在应用中应注意的事项有：本试验主要用于检查血清中 IgG、IgA 和 IgM，以及补体 C_3、C_4 等含量。由于各类免疫球蛋白的分子质量大小不等，因此同样浓度的 IgG、IgA 和 IgM 在琼脂糖中的扩散速度不同；IgG 扩散最快，形成的沉淀也大；IgM 的分子质量仅 2.2×10^4 u，故形成的沉淀环最大。由于形成的沉淀环大小与抗原或抗体浓度相关，因此临床检测时应先调整抗体和抗原各自的最适浓度，抗体最适浓度应使免疫扩散后的沉淀环边缘清晰，且能测出血清中免疫球蛋白的正常值和最大限度的异常值。若抗体浓度过高，形成的沉淀环直径小，不易检测抗原的最高限浓度。沉淀环的大小与所检测的抗原浓度成正比，抗原浓度过低时，沉淀环太小，不易测定；过高时，沉淀环太大，浪费抗血清。

2. 双向免疫扩散

双向免疫扩散（double immunodiffusion）的原理是指抗原和抗体在同一凝胶内都扩散，彼此相遇后形成特异的沉淀线。该法是将抗原与抗体分别加入同一凝胶板中的两个相隔一定间距的小孔内，使两者进行相互扩散，当抗原抗体浓度之比相适宜时，彼此相遇形成一白色弧状沉淀线。

双向免疫扩散（又称 Ouchterlony 法）包括试管法和平板法，较常用的是平板法。当 2 种抗原的决定簇相同时，则与抗体形成的沉淀线相吻合；若 2 种抗原的决定簇完全不同时，则与抗体所形成的沉淀线呈不相关的交叉线；若 2 种抗原有部分决定簇相同时，则与抗体形成呈部分吻合或部分交叉的沉淀物。从形成沉淀线的形态、清晰度及位置等可了解抗原或抗体的各种性质。若形成的沉淀线正处于 2 个孔之间，说明抗体抗原浓度适宜，扩散速度相似；反之，若抗原抗体浓度相似但扩散速度不同，或它们的浓度不同而扩散速度相似，则形成的沉淀线往往偏于扩散速度慢的或浓度低的孔。若抗原（或抗体）的浓度大大超过抗体（或抗原）时，则沉淀线不清晰或模糊，这是由于沉淀线向浓度低的一方扩散之故。

具体方法与步骤为：

①将 2 块玻璃板（10 cm×10 cm）用水洗净后用 75% 乙醇冲洗，晾干后放在水一并台上备用。

②将 1% 的琼脂糖融化（pH 8.6，0.1 mol/L 巴比妥-巴比妥钠缓冲液配制），56℃水浴中保温。

③在每块玻璃板上铺 15 mL 1% 的琼脂糖（约 1.5 mm 厚），凝固后打孔（直径 3 mm），孔间距 10 mm。

④中心孔加 5 μL 抗血清，周围孔内每孔加 5 μL 抗原样品（抗原抗体预先作系列稀释以获得适宜的抗原抗体比例）。

⑤将凝胶板置于湿盒内，室温扩散 24 h。

⑥其他同"1. 单向免疫扩散"。

应用该方法可测定抗原浓度和判定抗体效价(倍比稀释)、用已知抗血清(或抗原)检测未知抗原(或抗体)(本法特异性高,但灵敏度低,所需时间长)、检查抗血清或抗体的纯度、抗原或抗体相对分子质量的估计(相对分子质量小的抗原或抗体在琼脂内扩散快,反之则较慢。由于慢者扩散圈小,局部浓度则较大,形成的沉淀线弯向相对分子质量大的一方。若两者相对分子质量相等,则形成直线)。

应用双向免疫扩散法对家蚕病毒病进行检测诊断时,一般可以在蚕感染病毒后 24～36 h,检查出阳性反应(钱元骏,1981;金伟,1987)。琼脂柱扩散对 BmDNV 的最早检出时间为感染后 24 h,最少检出量为 0.01 OD_{260}(陈长乐,1988)。

3. 逆向免疫扩散

逆向免疫扩散(reversed immunodiffusion)的原理指将一定浓度的抗原 IgG(或其他蛋白质抗原)加入琼脂糖凝胶中(每毫升琼脂糖凝胶含 10～20 μg 抗原 IgG),打孔,加入一定体积的抗体,在一定浓度盐离子参与下,扩散中与抗原沉淀反应而成沉淀环,沉淀环大小与抗体浓度的对数成直线关系。

具体方法与步骤为:

①同 6.2.4.1 节中"1. 单向免疫扩散①"

②用 pH 8.6,0.1 mol/L 巴比妥-巴比妥钠缓冲液配制 2％琼脂糖凝胶,融化后,于 56℃水浴备用。

③取 2 mL 琼脂糖凝胶,加入 2 mL IgG 抗原(其浓度为有活性 IgG 蛋白 20 μg,用 pH 8.6 巴比妥-巴比妥钠缓冲液)于 56℃水浴中充分混匀,立即在水平板上铺成 2.5 cm×7 cm 薄胶板。

④待凝胶凝固后打孔,孔距 15 mm,孔径 3 mm。

⑤被测样品用 pH 8.6,0.05 mol/L 巴比妥-巴比妥钠缓冲液适当稀释后,每孔加 10 μL,37℃湿盒放置 24 h。

⑥样品含量测定:测定沉淀直径大小,于逆向扩散抗体标准曲线查出相应的抗体含量,即为被测样品的抗体蛋白量。

⑦抗体 IgG 逆向扩散标准曲线制作:取纯化后标定抗原量的 IgG 及亲和层析纯化的 IgG,先固定抗原量,测出不同抗体量形成沉淀环的关系后,可采取一定范围内抗体量作成沉淀环。然后以沉淀环直径为横坐标,以抗体量为纵坐标在半对数坐标上作图。

⑧染色及结果保存(见 6.2.4.1 节中"1. 单向免疫扩散⑧")。

该法主要应用于抗血清制品、荧光抗体及酶标记抗体等抗体蛋白量的测定等。

4. 对流免疫电泳

一定量可溶性的抗原物与相应抗体借用琼脂糖为载体在一定电场强度下合适的比例加速结合形成复合物,并以沉淀物(或峰)的形式表现出来,通过观察和分析沉淀线(或峰)的性质而对抗原抗体进行定性定量的方法称之为免疫电泳(immunoelectrophoresis)。免疫电泳的种类很多,有对流免疫电泳、微量免疫电泳、火箭免疫电泳、交叉免疫电泳及亲和免疫电泳等,用于诊断较多的是对流免疫电泳。

对流免疫电泳的原理是当抗原和抗体在琼脂介质中电泳时,由于抗体的 pI 比较高,在适当的 pH 下抗体带正电而抗原带负电,故在电场中抗体向阴极方向移动而抗原向阴极方向移动,直至相遇后出现沉淀线。其原理与双向免疫扩散基本相同,但具有方法简便、快速及一次电泳可以检测多个样品等特点。

具体方法与步骤为:

①同 6.2.4.1 节"1. 单向免疫扩散①和②"。

②吸取琼脂糖铺于玻璃板上(厚约 1.5 mm),制成所需大小胶板。

③待琼脂糖凝固后,用打扎器成对打扎,孔径 3 mm,孔间距 3 mm,排距 8 mm。

④在电场中电泳 30 min(5 V/cm)。

⑤观察结果:在两小孔间出现沉淀线即为阳性。

⑥可压片、干燥和染色(6.2.4.1 节"1. 单向免疫扩散⑧")。

6.2.4.2 酶联免疫检测技术

酶联免疫吸附实验(enzyme-linked immunosorbent assay,ELISA)是利用免疫反应的高度特异性和酶促反应的高度敏感性,进行对抗原或抗体的检测,是一种定性和定量的综合性技术。ELISA 具有微量、特异、高效、经济、方便和安全等特点,广泛应用于生物学和医学的许多领域,在理论研究和实际工作中都发挥了重要作用,也是临床诊断中应用最为常见一种免疫学技术。

1. 间接酶联免疫吸附实验法

间接酶联免疫吸附实验法是酶联免疫吸附实验中最常用的方法之一(图 6.9),用于对各种抗体的检测。

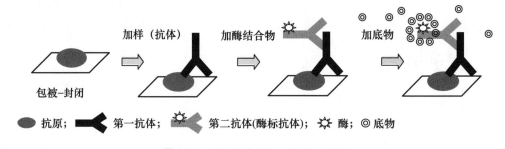

图 6.9　间接酶联免疫吸附法示意图

(1)抗原选择　对于建立稳定可靠的间接 ELISA 检测方法,抗原选择非常重要。根据抗原的纯度可分为:粗制抗原(组织、细胞或细菌等制备的全细胞或全菌抗原,也可为细胞或菌体组织匀浆处理、超声波破碎、压力破碎或冻溶破碎后的抗原成分)、部分纯化抗原(经盐析、离子交换层析、凝胶过滤和超速离心等方法纯化)和纯化抗原(亲和层析和梯度离心等方法纯化)。

(2)包被抗原　包被抗原包括包被量的选择、酶标反应板的选择和包被过程,包被效果与检测的灵敏度直接有关。包被量的选择主要决定于抗原的免疫反应性和所要检测抗体的浓度;所需包被抗原的最佳浓度可由相应棋盘滴定结果确定,对于纯化抗原一般所需抗原包被量为每孔 $20\sim200\ \mu g$,其他抗原量可据此相应调整。酶标反应板常用各种塑料反应板作为载体,如聚苯乙烯、聚乙烯、聚氯乙烯和聚丙烯等,不同塑料载体的吸附性能差别很大,目前最常用的为聚苯乙烯板。包被过程是将所用抗原用包被稀释液稀释到适当浓度后,每抗原孔加入 $100\ \mu L$,置 37℃,4 h 或 24 h,弃去孔中液体。

(3)封闭酶标反应孔　加封闭液(5%小牛血清/PBS 溶液:小牛血清 50 mL,1×PBS 950 mL)

于 37℃封闭 40 min(或 4℃过夜封闭),可达良好封闭效果;用 0.5％明胶封闭,也可满足一般实验要求。封闭时注意将封闭液加满各反应孔,并去除各孔中可能产生的贴孔壁气泡,封闭结束后用洗涤液满孔洗涤 3 遍,每遍 3 min。

(4)加样　收集的样品若 pH 过高或过低,则应在样品采集后迅速进行中和。样品在检测前可置冷冻状态保存备用,若将样品进行长期保存时,应置于-60℃或更低温度环境保存。对于血液中抗体的测定,可按常规方法分离血清或血浆,对于立即进行的检测,有时可采用末梢血全血。

在加入待测样品前,一般需对样品进行稀释,稀释比例主要根据以下情况决定:①样品种类(抗体浓度高采用高稀释倍数,反之同理);②测定抗体的种类:IgA、IgGT 和 IgM 在不同样品中的含量变化很大,测定高浓度抗体可高稀释倍数;③测定抗特定成分抗体的要求应采用较低稀释度。

在对样品进行高稀释度稀释时,由于吸取样品量很少,容易发生操作误差,应采用较大稀释体积进行,一般应保证样品吸取量大于 20 μL(样本稀释液为 PBS:8.0 g NaCl,0.2 g KH$_2$PO$_4$,2.9 g Na$_2$HPO$_4$ · 12H$_2$O,0.2 g KCl,0.1 g 硫柳汞,加双蒸水至 1 000 mL,调至 pH 7.4)。

将稀释好的样品加入酶标板反应中,每样品至少加双孔,每孔 100 μL,置于 37℃环境,40~60 min。洗涤液(PBST:8.0 g NaCl,0.2 g KH$_2$PO$_4$,2.9 g Na$_2$HPO$_4$ · 12H$_2$O,0.2 g KCl,0.1 g 硫柳汞,0.5 mL Tween-20,加双蒸水至 1 000 mL,调至 pH 7.4)洗涤 3 遍,每遍 3 min。

(5)加酶结合物　一般根据酶结合物提供的参考工作稀释度确定酶结合物量,如为自制的酶结合物,则根据标定的活性强度进行稀释使用。当酶结合物用量过少时,系统敏感性降低,易产生假阴性结果;但使用者更常忽略的是酶结合物用量过多的问题,此时不但造成了不必要的浪费,检测时往往造成显色速度过快,系统稳定性差,检测符合率明显降低。使用工作浓度可用简单方法进行粗略测定,即将酶结合物进行不同浓度稀释,各取一滴加入系统采用的 1 mL 底物液中,迅速混匀后观察颜色变化,在 1~1.5 min 间出现明显颜色变化的浓度,往往接近最佳工作稀释度。

酶结合物一般为酶标第二抗体,对于许多以测定 IgG 为目的的检测,可用酶标 SPA(葡萄球菌蛋白 A,Staphylococcal protein A)作为通用酶结合物使用,但应注意对不同种属和不同亚类的结合能力差异。

一般在 37℃,作用 30~60 min 之间,作用时间短于 30 min 往往造成结果不稳定。

常用酶结合物有:辣根过氧化物酶(horse radish peroxidase,HRP)和碱性磷酸酶(alkaline phosphatase,AP)。

HRP 是目前酶联免疫检测方法中应用最为广泛的一种酶。该酶既可用于标记抗原也可用于标记抗体。HRP 与其他酶相比,具有以下优点:①相应的标记方法简单;②酶及酶标记比较稳定,容易保存;③价格较低,商品化酶易于获得;④底物种类多,根据实验目的和具体条件进行选择的余地大。HRP 来源于植物辣根,由无色的酶蛋白和深棕色的铁卟啉结合而成,分子质量约 40 ku,等电点在 5.5~9.0 之间。HRP 具有 HRP-Ⅰ和 HRP-Ⅱ两种类型,HPR-Ⅰ不含碳水化合物或含量很低,HRP-Ⅱ约含 18％的碳水化合物,这些碳水化合物主要有甘露糖、木糖、阿拉伯糖和乙糖胺等,HRP-Ⅰ和 HRP-Ⅱ具有相同的酶活性。

酶的质量通常以纯度和活性来表示。HRP 的纯度常以 RZ 表示,用分光光度计测定时,分别在 403 nm 和 275 nm 呈现最大吸收峰,其中 OD_{403} 反映酶的含量,OD_{275} 反映总体蛋白的含量,以 OD_{403} 与 OD_{275} 的比值表示 HRP 的纯度(RZ)。RZ 值越大,酶的纯度越高。用于酶联免疫检测的 HRP 要求 RZ 应大于 3.0,目前多数市售 HRP 能达到此要求。HRP 的活性以每毫克蛋白中酶活性单位表示,可以邻联茴香胺、紫培精等法来测定。用邻联茴香胺法测定时,1 U 被定为在 25℃降解 1 $\mu mol/min$ 的 H_2O_2 所需酶量;用紫培精法测定时,1 U 被定为在 25℃ pH 6.0 条件下 20 s 催化紫培精产生 1 mg 红紫培精所需酶量,高质量的 HRP,当 RZ>3.0JF,酶活性应>250 U/mg。

AP 是一种最适 pH 约为 9.8 的磷酸酯酶,可催化磷酸酯水解。

葡萄球菌 A 蛋白(SPA)是葡萄球菌壁上的一种不含糖的蛋白质,分子质量 42 ku,具有能与多种哺乳动物 IgG 的 Fc 段结合的能力,常作为第 2 抗体的代用品用于免疫酶测定技术中,也有人称其为广泛二抗。但 SPA 与 IgG 的结合不属于抗原抗体反应,其结合能力主要决定于 IgG 的来源及其亚类,不同来源 IgG 与 SPA 亲和力的顺序为猪>人>猴>鼠>小鼠>牛。对绵羊、大鼠来源 IgG 的亲和力较差,与牛犊、马和山羊的 IgG 则不能结合。SPA 对 IgG 的不同亚类具有不同的结合能力,在使用时应特别注意,如用于单克隆抗体的筛选,不但得不到 IgA 和 IgM 类单克隆抗体的阳性克隆,对 IgG 的分泌克隆的筛选也往往集中在某些亚型。

酶结合物(酶标 SPA)的制备:①称取 2 mg HPR 溶于 1 mL 双蒸水中。②加 200 μL 新配制的 0.1 mol/L $NaIO_4$,室温中轻轻搅拌 20 min(或于 4℃,30 min)超过此时间。溶液呈棕绿色。③于 4℃,pH 4.4 的醋酸钠缓冲液(A 液:0.082 g 醋酸钠,加水至 1 000 mL;B 液 0.12 g 醋酸加水至 2 000 mL。将 A、B 液混合即成)中透析过夜。④加入 20 μL pH 9.5 的 0.2 mol/L Na_2CO_3 缓冲液(A 液:2.12 g Na_2CO_3,加水至 100 mL;B 液:1.68 g $NaHCO_3$,100 mL。A 液 6.4 mL+B 液 18.6 mL 混合即成),使溶液 pH 提高至 9~9.5。⑤立即加入 1 mL(2 mg)SPA。(用 1 mL 0.01 mol/L Na_2CO_3 缓冲液溶解。该缓冲液可用 0.2 mol/L 的 Na_2CO_3 缓冲液 1:20 稀释而成)。⑥室温放置 2 h(或 4℃过夜)。⑦加入新配制的 $NaBH_4$ 100 μL,置于 4℃ 2 h。⑧于 4℃,在 0.01 mol/L pH 7.4 的硼酸盐缓冲液(A 液:9.5 g $Na_2B_4O_7 \cdot 10H_2O$,加水至 250 mL;B 液:24.73 g 硼酸,加水至 4 000 mL。A 液 115 mL+B 液 4 000 mL 即成)中透析 24 h,其间更换缓冲液 1~2 次。⑨加入等量 60% 中性甘油(0.1 mol/L 硼酸盐缓冲液配制),于-20℃中保存。

标记率以 A403 nm/A480 nm 的比值表示。即 HRP 中的正铁血红素辅基特异吸光度(A403 nm)与总体蛋白中的色氨酸、酪氨酸等的吸光度(A480 nm)之比,用以表示酶标记物中 HRP 所占的比例。标记率与 HRP/SPA 摩尔比(E/P)呈高度正相关。标记率为 0.4 时,E/P 约为 1。当标记率>0.3 时为合格。

(6)加入底物溶液　底物的选择:首选 TMB-过氧化氢尿素溶液,也可用 $OPD-H_2O_2$ 底物液系统。底物加入量:每孔 100 μL 置 37℃蔽光显色。

TMB-过氧化氢尿素应用液:①底物液 A(3,3′,5,5′-四甲基联苯胺,TMB)-200 mg TMB,100 mL 无水乙醇(或 DMSO),加双蒸水至 1 000 mL。②底物液 B 缓冲液(0.1 mol/L 柠檬酸-0.2 mol/L 磷酸氢二钠缓冲液,pH 5.0~5.4)-14.60 g Na_2HPO_4,9.33 g 柠檬酸,6.4 mL 0.75% 过氧化氢尿素,加三蒸水至 1 000 mL,调至 pH 5.0~5.4。③将底物液 A 和底物液 B 按 1:1 混合即成 TMB-过氧化氢尿素应用液。

OPD-H₂O₂ 底物液系统:①A 液(0.1 mol/L 柠檬酸溶液),19.2 g 柠檬酸,加蒸馏水至 1 000 mL。②B 液(0.2 mol/L Na₂HPO₄ 溶液),71.7 g Na₂HPO₄12H₂O,加蒸馏水至 1 000 mL。③临用前取 A 液,4.86 mL 与 B 液 5.14 mL 混合,加入 4 mg 邻苯二胺(o-phenylenediamine,OPD),待充分溶解后加入 50 μL 30%(体积分数)的 H₂O₂,即成底物应用液。

HRP 的底物为过氧化物和供氢体(DH)。目前常用过氧化物是过氧化氢(H₂O₂)和过氧化氢尿素(urea hydrogen peroside,CH₆N₂O₂)。H₂O₂ 因应用液很不稳定,只能在用前临时配制,更不易于商品化。近年来过氧化氢尿素被普通应用,在过氧化氢尿素中 H₂O₂ 含量约 35%,可配制成保存液或应用液较长期保存,在各种商品化试验盒中广泛采用,使用经济方便。

供氢体多用无色的还原型染料,通过反应生成有色的氧化型染料(D)。供氢体的种类很多(OPD、TMB 和 3,3′,5,5′-四甲基联苯胺硫酸盐等),可根据情况进行选择。其中产生可溶性反应产物的能够用于酶联免疫检测方法,产生不溶性沉淀的则使用于免疫酶染色法或免疫印迹检测,在选择时应注意区别。OPD 和 TMB 在酶联免疫检测方法中最常应用,OPD 需避光保存,应用液往往在数小时内自然产生黄色,用时均应临时配制,反应产物为黄色,用酸碱终止反应后仍为黄色,在 492 nm 波长处有最大光吸收。TMB 对光敏感性差,可配制成应用液放置较长时间,已广泛应用于各实验室检查和商品化试剂盒中,反应产物为蓝绿色,用酸碱终止后变为金黄色,在 450 nm 波长处有最大光吸收。

因 AP 的特异性较低,其底物种类很多,常用的有对-硝基某磷酸酯(盐),对-硝基磷酸酯水解后生成对-硝基酚和磷酸。对-硝基酚在碱性条件下重新排列成醌式结构的对-硝基酚,呈现黄色,在 400 nm 波长处有最大光吸收。对-硝基磷酸酯需要低温保存(-20℃),它可自然水解成对-硝基酚,若出现黄色则不能继续使用。

(7)终止反应 当阳性对照出现明显颜色变化后,每孔加入 50 μL 终止液(2 mol/L H₂SO₄ 溶液:600 mL 双蒸水,缓慢滴加 100 mL 浓硫酸,并不断搅拌,加双蒸水至 900 mL。)终止反应,于 20 min 内测定实验结果。

(8)结果判断 结果的记录方法一般采用每孔 OD 值对实验结果进行记录,采用不同的反应底物,测定最大吸收峰所用波长不同,如 OPD 显色后采用 492 nm 波长,而 TMB 反应产物检测需要 450 nm 波长,测定结果分别记录为 OD_{492} 和 OD_{450};检测时一定要首先进行空白孔系统调零,若空白孔出现明显的颜色反应,或经空白孔调零后,系统检测出现大量的负值时,整个系统测定无效;每一样品测定双孔的测定值应基本一致,若两孔测定值差别较大时(具体数值根据不同测定系统的要求有所不同,一般指同一样本相同稀释度两孔的 OD 值超过其均值物 0.5~1.5 倍范围内),该样品本应重做。目前已有多种自动酶标仪能够根据操作者的具体要求,在测定时同时完成对测定双孔均值的计算、按已设定的判断标准要求进行各孔的阳性或阴性结果判断,或能够将所测定结果直接传输给计算机系统进行进一步处理。

结果的表示方法有:比率法、终点滴度法、标准曲线和 cut-off 值法。

①比率法用测定标本孔的吸收值与一级阴性标本测定孔平均吸收值的比值(P/N)表示,当 P/N 大于某一数值时(如 2、2.1 或 3 时)判断为阳性,数值的大小依具体检测要求而定。

②终点滴度法是在测定时对标本进行连续稀释,能出现阳性反应(即吸收值大于规定的吸收值)的最高稀释度为该标示的滴度。

③标准曲线法是在测定标本的同时,测定一组含有已知抗体含量的标准血清(通常为 3~4 个以上不同抗体含量血清),以吸收值为纵坐标,以抗体含量为横坐标,可绘制出一标准曲

线。根据待测标本的吸收值找出相应的抗体含量,再乘以待测标本的稀释倍数,即可得到待测样品的抗体含量。当抗体含量超过某一数值时判断为阳性。

④cut-off 值法是近年来应用较为广泛的方法,特别是在商品化试剂盒中,由于大量的标准判断工作已由厂商完成,简化了使用者的判断过程,提高了判断的可靠性,并使不同实验室的检测结果具有良好的可比性。

cut-off 值也可在实验室中根据具体需要建立。其基本过程是对一批特定样本(对试剂盒的应用对象有充分的代表性,并有足够的样本数)进行检测,获得各测定样本的实际 OD 值,与同一批样本的金标准检测结果(如判断是滞有相应抗体存在时用免疫印迹方法,与感染状态有关时可用细菌培养等)作比较,确定能达到最佳诊断结果(根据具体实验中对特异性的敏感性的不同要求确定)的 OD 值在本次实验中的对应血清为 cut-off 血清,此血清所含抗体浓度为系统的 cut-off 值。cut-off 值法是在每次实验中同时加入 cut-off 值血清,当待测样品的 OD 大于或等于 cut-off 值血清的 OD 值时为阳性,小于 cut-off 值血清的 OD 值为阴性;也有人将 cut-off 值上下 5%～15%范围数值作为可疑结果处理。此判断方法的优点主要有:由于 cut-off 值一般位于 ELISA 测定时标准曲线法的线性范围,测定误差对结果的影响较采用阴性对照时明显减小;应用范围明显扩大,在无酶标仪的条件下也可借助目测获得满意效果。

2. 竞争酶联免疫吸附法

竞争酶联免疫吸附法又称为竞争性抑制法(图 6.10),主要用于测定小分子抗原。

包被—封闭　加入样本和酶标抗原　加入底物

● 抗原;　　Y 第一抗体;　✿ 酶;　◎ 底物

图 6.10　竞争性酶联免疫吸附试验示意图

(1) 包被　将纯化的特异性抗体(或含有特异性抗体的抗血清)用包被稀释液(0.05 mol/L 碳酸钠-碳酸氢钠缓冲液:1.5 g NaCO$_3$,2.9 g NaHCO$_3$,0.2 g Na$_2$N$_3$,加双蒸水至 1 000 mL,调至 pH 9.6)适当稀释后包被酶标反应板,每孔 100 μL,4℃孵育过夜,用洗涤液洗 3 次,每次 3 min。

(2) 封闭酶标反应孔　每孔加入封闭液(5%小牛血清/PBS 溶液:小牛血清 50 mL,1× PBS 950 mL)200 μL,于 37℃封闭酶标反应板 1 h,用洗涤液(PBST:8.0 g NaCl,0.2 g KH$_2$PO$_4$,2.9 g Na$_2$HPO$_4$ · 12H$_2$O,0.2 g KCl,0.1 g 硫柳汞,0.5 mL 的 Tween-20,加双蒸水至 1 000 mL,调至 pH 7.4)洗 3 次,每次 3 min。

(3) 加入样本和酶标记抗原　将待测样品适当稀释(样本稀释液为 PBS:8.0 g NaCl,0.2 g KH$_2$PO$_4$,2.9 g Na$_2$HPO$_4$ · 12H$_2$O,0.2 g KCl,0.1 g 硫柳汞,加双蒸水至 1 000 mL,调至 pH 7.4)后,每样品至少加双孔用测定过程,每孔加入 50 μL,再加入一定浓度的酶标记抗原 50 μL;对照双孔各加入酶标记抗原 50 μL 和样品稀释液 50 μL;37℃孵育 40 min,用洗涤液洗 3 次,每次 3 min。

（4）加入底物溶液和终止反应　加入 100 μL 底物应用液（见"间接法"），37℃蔽光显色 10～20 min，当对照孔出现明显颜色反应时，每孔加入 50 μL 终止液（2 mol/L H_2SO_4 溶液）。

（5）结果判断　于 20 min 内，用酶标仪测定各孔 OD 值。

各测定孔显色的深度与待测液中抗原的含量成反比，对于只需判断阴性或阳性结果的测定，一般按待测孔 OD 值与对照孔 OD 值的比值表示，在试验中，当比值小于一特定数值的判断为阳性。判断标准比值的大小主要决定与对照空中加入的酶标记抗原的浓度，一般通过调整酶标记抗原的浓度使判断标准比值在 0.3～0.8 为宜。

对于需进行精确定量测定的实验，一般需对已知不同浓度的抗原样品进行检测，并根据检测结果，按各测定孔 OD 值与对照孔 OD 值的比值绘制标准曲线。正式实验中根据测定比值查找待测样品的抗原含量。

3．双夹心酶联免疫吸附法

双夹心酶联免疫吸附法主要用于测定大分子抗原（图 6.11）。与双抗体夹心法比较，其优点是避免了对特异性抗体的标记，缺点是增加了操作步骤，所用测定时间较长。

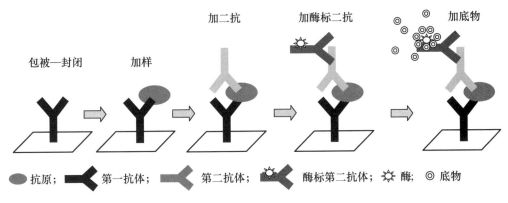

图 6.11　双夹心酶联免疫吸附试验示意图

（1）包被　取纯化的某种动物（如兔）针对待测成分的特异性抗体（或含有特异性抗体的抗血清），经包被液（0.05 mol/L 碳酸钠-碳酸氢钠缓冲液，pH 9.6）适当稀释后，包被酶标板，每孔 100 μL，4℃，孵育过夜后，用洗涤液（PBST，pH 7.4）洗涤 3 次，每次 3 min。

（2）封闭酶标反应孔　每孔加入 200 μL 封闭液（5％小牛血清/PBS 溶液），37℃孵育 1 h后，用洗涤液洗涤 3 次，每次 3 min。

（3）加样　加入适当稀释的待测样品、阴性对照、阳性对照样品，双孔加样，每孔加 100 μL。37℃孵育 40 min，用洗涤液洗 3 次，每次 3 min。

（4）加第一种二抗　加入与包被酶标板不同种动物（如鼠）来源，针对待测成分的特异性抗体，每孔加 100 μL，37℃孵育 40 min，用洗涤液洗 3 次，每次 3 min。

（5）加第二种二抗　每孔加 100 μL 第二种动物抗体的酶标抗体（如 HRP 标记的羊抗鼠免疫球蛋白抗体），37℃孵育 40 min，用洗涤液洗 3 次，每次 3 min。

（6）加底物和终止反应　每孔加入 100 μL 底物液（TMB-过氧化氢尿素溶液），37℃蔽光显色（约 15 min）。每孔加入 50 μL 终止液（2 mol/L H_2SO_4 溶液），于 20 min 内测定实验结果。

（7）用酶标仪读取各孔 OD 值　结果判断同上。

4. 免疫酶斑点技术(dot-ELISA)

免疫酶斑点技术在进行 ELISA 测定时,借用了免疫印迹技术的某些基本原理和方法,使操作更为方便、简单和经济实用;几乎各种经典的 ELISA 检测都可用本法完成,本法的优点主要体现在定性和半定量检测方法。其与经典 ELISA 检测的主要区别主要表现在:多数采用硝酸纤维膜作为载体,而不用聚苯乙烯(或其他塑料)微孔反应板;所用酶底物经分解后在局部产生不溶性产物沉淀。

本法的灵敏度与普通 ELISA 法相近,可达 ng 水平,不需要任何特殊设备,操作简单,便于处理小批量样本,目前已被广泛应用。由于在硝酸纤维膜包被中所需样品量很少,多被用于一些微量抗原的检测(将待测抗原包被)、抗体分泌细胞的筛查(用抗原包被,测定培养细胞上清和自身抗体的检测)。

(1)膜处理　取硝酸纤维膜(0.3 μm、0.45 μm 和 0.65 μm 孔径者均可),用铅笔做好加样方格(5 mm×5 mm)并作好相应标记。将膜浸入 0.01 mol/L pH 7.4 的 PBS 中 15～30 min,取出用滤纸吸干。

(2)包被与封闭　将待包被的抗原或抗体用稀释液(含 10%小牛血清/0.01 mol/L,pH 7.4 的 PBS)稀释至 1～50 μg/mL 浓度。用微量加样器加样 0.1～0.2 μL 于相应格内,室温自然干燥。将膜片放入封闭液(2%小牛血清/PBS 溶液,pH 7.4)中振荡封闭 30 min,封闭对于本测定方法至关重要,不可省略。

用滤纸吸干膜,将适当稀释的检测样测加到包被膜上,或直接将包被膜浸入适当稀释的待检样品中,室温振荡 30～40 min。

(3)洗涤　将膜片放入洗涤液(为含 0.5% Tween20/0.01 mol/L,pH 7.4 的 PBS)中振荡洗涤 3 次,每次 3 min。

(4)酶标记　将膜片放入酶标记抗体溶液(商品化试剂)中,室温振荡 30 min。将膜片放入洗涤液中振荡洗涤 4 次,每次 30 min,此步骤洗涤非常重要,不可随意缩短洗涤时间。

(5)显色　将膜片浸入底物液中,在振荡条件下显色,一般在 15 min 左右显色充分,用 3,3′-二氨基联苯胺(DAB)系统底物时显色呈棕黄色,用 4-氯-1-萘酶底物时显色呈灰蓝色。

用辣根过氧化物酶(HRP)标记时,底物最常用的有两种:4-氯-1-萘酚和 DAB,底物液的配制方法如下。①4-氯-1-萘酚底物液的配制:将 4-氯-1-萘酚 50 mg 溶于 16 mL 冷甲醇中,加 0.01 mol/L pH 7.4 的 PBS 10 mL,再加入 30%的 H_2O_2 50 μL。用前临时配制。②DAB 底物液的配制:将 4 mg DAB 溶于 0.5 mL 丙酮中,加 0.01 mol/L pH 7.4 的 PBS 10 mL,再加入 30%的 H_2O_2 50 μL。用前临时配制。

(6)终止反应和结果判断　用流水冲洗数分钟后,放入蒸馏水中终止反应。

可根据有无显色反应判断结果为阳性或阴性。对于需要作半定量判断的实验,需与同一此实验中不同浓度的标准品的呈色深度作比较判断。

5. ABC-ELISA

生物素(biotin)又称维生素 H 或辅酶 R,其相对分子质量 244.31,pI 为 3.5。生物素化的大分子蛋白、核酸和酶等特质,不仅能保持其活性不受影响,更因生物素化可形成具有多"触手"的多价试剂,使整个反应体系出现多级放大效应。

亲和素(strepavidin)主要有卵白亲和素、链亲和素、卵黄亲和素和类亲和素。由于后两种亲和素的特异性亲和力低,应用较少。卵白亲和素又称抗生物素,分子质量 68 ku,pI 为 10～

10.5,链亲和素分子质量 65 ku,两种亲和素天然情况下均由 4 个相同的亚单位构成 4 聚体,亲和素通过每一亚基上的色氨酸残基与生物素中的 Ureido 环(I 环)结合而形成多价交联。链亲和素和卵白亲和素与生物的结合常数(ka)均高达 10^{15} mol/L,比抗原抗体反应(ka 为 $10^5 \sim 10^{11}$ mol/L)高 1 万倍以上,因其亲和力极高而呈现高度专一性亲和素生物素一旦结合便很难分离,这种高特异性稳定结合经得起高度稀释,因而可明显降低或避免反应中可能存在的非特异性反应。目前与 ELISA 结合应用的具体方法很多,现就 ABC(avidinbiotin-peroxidase complex)法为例作一介绍。

(1)包被与封闭　用待检测抗体相对应的抗原包被酶标板,抗原包被量为每孔 20 ~ 200 μg,包被体积为每孔 100 μL。4℃过夜后用洗涤液(pH 7.4 的 PBST)洗 3 次,每次 3 min。

每孔加 200 μL 封闭液(5% 小牛血清/PBS 溶液),37℃封闭 1 h 后用洗涤液洗 3 次,每次 3 min。

(2)加样　加入适当稀释的待测样品,每孔 100 μL,37℃作用 40 min,用洗涤液洗 3 次,每次 3 min。

(3)加第 2 抗体　加入稀释至工作稀释度的生物素化第二抗体(商品化试剂),每孔 100 μL,37℃作用 40 min 后用洗涤液洗 3 次,每次 3 min。

(4)加 ABC 复合物　每孔加 100 μL ABC 复合物(商品化试剂),37℃作用 40 min 后用洗涤液洗 3 次,每次 3 min。

(5)加酶底物和终止反应　每孔加入 100 μL 酶底物,37℃蔽光环境下显色,当显色满意后,每孔加入 50 μL 终止液终止反应。

(6)结果判断　用酶标仪读取各孔 CD 值,判断结果(同前述 3 种方法)。

6.2.4.3　荧光免疫检测技术

荧光免疫检测技术是一种以荧光作为标记物的免疫检测技术、荧光物质的分子在特定条件下吸收激发光的能量后分子呈激发态而极不稳定,其在迅速回到基态时、以电磁辐射形式释放出所有的光能、发射出波长较照射光更长的荧光。

荧光抗体技术是将某些荧光素通过化学方法与特异性抗体结合制成荧光抗体,该抗体与被检抗原发生特异性结合,形成的免疫复合物在一定波长的激发下可产生荧光,可借助荧光显微镜检测或定位被检抗原。根据所用的方法可分为直接荧光抗体法、间接荧光抗体法和补体荧光抗体法。荧光免疫测定(fluorescenceimmunoassay,FIA)同酶联免疫吸附测定一样根据抗原抗体反应后是否需要分离结合的与游离的荧光标记物分为均相和非均相两种类型,基本反应式如下:

$$Ab^* + Ag \rightarrow Ab^* - Ag + Ab^*$$

$Ab^* - Ag$ 为结合的标记物,Ab^* 为游离的标记物。

1. 荧光抗体的制备

(1)荧光素　荧光素是指可以产生明亮荧光的染色物质,其一个分子或原子吸收了能量后即可引起发光、停止能量供给,发光也瞬时停止(一般持续 $10^{-7} \sim 10^{-8}$ s)。目前常用的荧光素有以下 3 种:

①异硫氰酸荧光素(fluorescein isothiocyanate,FITC)相对分子质量 389.4,易溶于水和乙醇。有两种异构体,其中异构体 I 型在效率、稳定性与蛋白质结合力等方面都更优良。最大吸

收光波长为 490～495 nm,最大发射光波长为 520～530 nm,呈黄绿色荧光,通常切片标本中的绿色荧光少于红色。FITC 在冷暗干燥处可保存多年。在碱性条件下,FITC 的异硫氰酸基在水溶液中与免疫球蛋白的自由氨基经碳酰氨化而成硫碳氢基键,成为标记荧光免疫球蛋白,即荧光抗体。一个 IgG 分子上最多能标记 15～20 个 FITC 分子。

②四乙基罗丹明(rhodamine,RB200)相对分子质量 580,橘红色粉末,不溶于水,易溶于乙醇和丙酮,性质稳定,可长期保存。最大吸收光波长为 570 nm,最大发射光波长为 595～600 nm,呈明亮橙色荧光。RB200 在五氯化磷(PCl_5)作用下转变成磺酰氯(SO_2Cl),在碱性条件下易与蛋白质的赖氨酸-氨基反应而标记在蛋白分子上。

③四甲基异硫氰酸罗丹明(tetramethyl rhodamine isothiocynate,TRITC)为罗丹明的衍生物,呈紫红色粉末,较稳定。最大吸收光谱 550 nm,最大发射光谱 620 nm,呈橙红色荧光。与蛋白质结合方式同 FITC。

目前使用最广泛的荧光素为 FITC,其主要优点是:人眼对黄绿色较橙红色更为敏感;一般切片等标本中绿色的自发荧光少于红色的。RB200 及 TRITC 可作为前者的补充,用作双标记或对比染色。

(2) FITC 标记抗体法

①材料和试剂:抗血清、FITC、硫酸铵、DEAE-纤维素、Sephadex G-50、琼脂糖、透析袋、层析柱、电磁搅拌器;0.01 mol/L pH 7.1 磷酸盐缓冲液(PBS),0.5 mol/L pH 9.5 碳酸盐缓冲液;0.025 mol/L pH 9.0 磷酸盐维缓冲液。

②抗体的纯化:一般提取抗血清中的丙种球蛋白或 IgG 组分,而无需纯化其特异性抗体部分,通常以盐析法提取丙种球蛋白,必要时也可作 DEAE 纤维素柱层析,提取物中不应混有白蛋白及其他阴电荷强的蛋白组分,否则经标记后易与标本发生非特异吸附,而导致非特异性荧光的产生。抗体纯化可使用商业化试剂盒。

③FITC 标记 IgG。

——直接标记法(也称热标法)

抗体溶液的制备:以 0.01 mol/L pH 7.1 的 PBS 将蛋白浓度调至 20 mg/mL 于称量瓶中。

荧光素的称取:根据计划标记的蛋白质总量,按每 mg 蛋白加 0.01 mg 荧光素称取适量瓶中,溶解于相当蛋白溶液 1/10 体积的 0.5 mol/L pH 9.5 碳酸盐溶液中;

标记:边搅拌边将 FITC 缓慢加入 IgG 溶液中,注意避免将荧光素粘于容器壁及搅拌棒上,室温,磁力搅拌 4 h。应尽量避免产生泡沫,在密闭条件下进行;

透析:标记后的球蛋白溶液离心 20 min(2 500 r/min),去除其中少量沉淀后,上清于 10～50 倍体积的 pH 8.0 的 PBS 中透析 2～4 h;

标记 IgG 的纯化:Sephadex G-50 凝胶过滤去除游离 FITC(本法主要利用葡萄糖凝胶的分子筛用,将标记蛋白大分子与游离色素小分子分开)可选用 2.5 cm×25 cm 柱子,内装充分溶胀和排气的 Sephadex G-50 凝胶,透析后的标记物上样量为柱床体积的 10%～15%,洗脱液为 0.01 mol/L pH 7.1 的 PBS,流速为 0.1～1 mL/min。洗脱第 1 峰为结合蛋白峰,第 2 峰为荧光素峰。过滤后蛋白约稀释 1 倍。DEAE-纤维素柱层析可去除标记不适当的蛋白。由于未平衡后装柱(2 cm×10 cm),加入适量的标记抗体溶液,分步洗脱,每 5 min 收集 1 管(3～5 mL),开始洗下的为淡绿色液体,渐至洗脱液为无色,这部分常为标记低或未标记的抗体,可弃去。继而分别用含 0.01 mol/L、0.05 mol/L 及 0.14 mol/L NaCl 的 0.1 mol/L 的 PBS(pH 7.6)依次洗脱,这部分各有标记抗体洗脱峰,可分别测定各管的 F/P 值(见下文),取其中 F/P 值在 1～4 的各管合并,一般这 3 部分均为荧光素标记合适的抗体部分。合并后用聚乙二醇(PEG,MW20000)浓缩至蛋白量为 5 mg/mL,4 000 r/min 离心 30 min,上清分装后保存。

——间接标记法(也称半透膜渗析低温标记法)

抗体溶液的制备:用 0.025 mol/L pH 9.5 的碳酸盐缓冲液将免疫球蛋白稀释至 10 mg/mL,装入透析袋中;荧光素的称取:称取相当蛋白量 1/20 的 FITC,溶于 10 倍于蛋白溶液量的 0.025 mol/L pH 9.5 碳酸盐缓冲液中;标记:将透析袋浸泡于 FITC 溶液中,于 4℃磁力搅拌标记 16～15 h;标记 IgG 的纯化①～③同上(直接法)。

④FITC 标记 IgG 的鉴定(以兔或羊抗人 IgG 荧光血清为例)。

抗体含量:一般以琼脂双相扩散法进行滴定,效价在 1：(16～32)者较为理想。操作方法如下:用 0.02 mol/L 巴比妥缓冲液(pH 8.6)配制 1％琼脂糖,融化后铺板,待其凝固后打成梅花瓣状六孔,孔径 3 mm,孔距 5 mm;分别于中间孔加抗原(1 mg/mL 的 IgG),周围孔加入用巴比妥缓冲液对倍稀释的标记 IgG 液,即原液,1：2、1：4、1：8 和 1：16 稀释液,每孔加样 10 μL;37℃,24 h 后观察结果,出现沉淀线的最高稀释度作为染色单位值,如抗体沉淀效价为 1：8,则每毫升含有 8 个单位。据统计,一个染色单位约相当于 0.25 mg 标记抗体蛋白,对标记抗体溶液不低于 4 个单位或抗体蛋白量 1 mg/mL 以上,最好是 16 单位。如果测定抗人 IgG 荧光抗体含量,也可用逆向免疫扩散法进行抗体定量。

荧光素和蛋白质结合比例(F/P):一般多用紫外分光光度进行检测和换算。将制备的荧光抗体作适当稀释(使其 OD_{280} 接近 1.0),先在 495 nm 下读取 OD 值(为 FITC 的特异吸收峰),再于 280 nm 下读取 OD 值(为蛋白质的特异吸收峰)。然后按下列公式计算 F/P 值:

$$F/P = 2.87 \times OD_{495} / (OD_{280} - 0.35 \times OD_{495})$$

如用罗丹明标记则按下式计算

$$F/P = OD_{515} / OD_{280}$$

F/P 值越高,表明抗体分子上结合的荧光素越多,反之则越少。用于一般固定标本以 F/P=1.5 为宜,而活细胞染色以 F/P=2.4 左右为宜。

实用效价滴定:采用 PBS 将荧光血清和已知该抗体阳性血清分别对倍稀释后进行间接法棋盘交叉染色观察,以最高稀释度能显示最清晰明亮的特异性荧光(＋＋),而非特异性荧光最弱者为其使用效价。

特异性染色试验:以鼠胃、肾、肝冷冻切片为抗原,已知该抗体与之结合,再用标记好的羊或兔抗人 IgG 荧光血清染色,结果为阳性(＋＋)者效果良好。

非特异性染色试验:用 PBS 将荧光标记 IgG 血清作系列对倍稀释代替第一血清作荧光染色,结果为阳性且背景非特异荧光较弱的稀释度作为使用的非特异性染色滴度。

标记 IgG 的纯度鉴定:采用聚丙烯酰胺圆盘电泳进行鉴定,所用凝胶为单层分离胶。标记的 IgG 蛋白为一扩散色带,有时其上有一染色较深的蛋白带。

⑤荧光抗体的保存。保存荧光抗体一要防止抗体失活,二是保持荧光素不脱落和不受激

发猝灭。一般认为 0～4℃可保存 1～2 年，−20℃可保存 3～4 年。宜小量分装，禁止反复冻融。保存前需加防腐剂［一般加入浓度 1：（5 000～10 000）的硫柳汞式 1：（1 000～5 000）叠氮钠防腐］和除菌。真空干燥后更易长期保存。

（3）四乙基罗丹标记抗体法

①取 1g RB200 及 2g PCl₅ 在通风橱中研磨 5 min，加入 20 μL 无水丙酮，不断搅拌 5 min。

②过滤，将吸附在滤纸上的 RB200 于 4℃干燥保存，滤液待用。

③用生理盐水和 0.5 mol/L 的碳酸盐缓冲液（pH 9.5），各 1 mL 稀释 1 mL 抗体。

④逐滴加入 0.1 mL RB200 溶液，边加边搅拌，4℃，12～18 h。

⑤4℃生理盐水透析 5～7 h。

⑥Sephadex G-50 层析，去除游离荧光素，分装，贮存。

（4）四甲基异硫氰酸罗丹明（TRITC）标记抗体法

①取 10 mL 的 IgG（6 mg/mL），在 0.01 mol/L 碳酸盐缓冲液（pH 9.5）中透析过夜。

②将适量 TRITC（5～20 μg/mg IgG）溶于二甲亚枫（1 mg/mL），取此溶液 300 μL 逐滴加入到蛋白质溶液中，室温，电磁搅拌 2 h，注意避光。

③结合物移入直径 3 cm 的 Bio-Gel-P-6 层析柱层析（0.01 mol/L，pH 8.0 PBS 平衡，流速 1.5 mL/min）。

④收集先流出的红色结合物，即为标记抗体，分装，贮存。

采用商品化的荧光抗体作为二抗是目前较为常用方法。

2. 荧光抗体染色方法

（1）直接法　用特异荧光抗体直接滴加于待检抗原标本上，由于标记抗原与抗体发生特异性结合，使之呈现荧光，根据荧光分布和形态确定抗原性和部位等。

具体方法如下：

①染色：切片经固定后，滴加经稀释至染色效价为 1：8 或 1：16 的荧光抗体，室温或 37℃温盒内放置 30 min。

②洗片：倾去存留的荧光抗体，将切片浸入 pH 7.4 或 7.2 的 PBS 中洗 2 次，每次 5 min，再用蒸馏水洗 1 min。

③用 50％甘油（0.5 mol/L pH 9.5 碳酸缓冲液稀释）封固，镜检。

④对照染色：正常兔荧光血清染色结果应为阴性；将荧光抗体和未标记抗体球蛋白或血清等量混合，结果为阴性（染色抑制试验）。为证明染色抑制不是由于荧光抗体被稀释所致，可用生理盐水代替未标记抗血清，染色结果为阳性；类属抗原染色试验。

⑤优缺点：操作简单，适合做细菌、螺旋体、原虫、真菌及浓度较高的蛋白抗原检查和研究。缺点是只能检查一种相应的抗体，特异性高而敏感性低。

（2）间接法　可用于检测抗原和抗体，其主要程序为用未标记的特异性抗原加在切片上，先与标本中之相应抗体（第一抗体）结合，再用针对第一抗体的抗抗体即第二抗体（荧光抗体）重叠结合其上，而间接地显示出组织和细胞中抗体的存在。

具体方法如下：

①切片或涂片固定后，置于染色湿盒内。

②滴加未标记的特异性抗体于切片，37℃作用 30 min。

③0.01 mol/L pH 7.2 的 PBS 洗 2 次，每次 5 min，吹干。

④滴加特异性荧光抗体(二抗)于切片,37℃作用 30 min。

⑤同③进行洗涤。

⑥缓冲甘油封固,镜检。

⑦对照染色:抗原对照-即类属抗原染色,结果为阴性;阳性对照。

⑧优缺点:间接法只需制备一种荧光抗体就可检出多种抗原,敏感性高,操作简单,可用于不易制备动物免疫血清的病原体等的检测,广泛用于自身抗体和感染病人血清的检验。

(3)补体法 在抗原抗体反应时加入补体(多用鼠补体),再用荧光标记的抗体抗体(如抗 C_3)进行示踪。具体方法如下:

①免疫血清和补体等的稀释:免疫血清 60℃灭活 20 min,用 Kolmers 盐水(Kolmers 盐水配法:在 0.01 mol/L pH 7.4 的磷酸缓冲液中,溶解 $MgSO_4$,使其终浓度为 0.01%)作对倍稀释成 1:2、1:4、1:8……。补体用 1:10 稀释的新鲜鼠血清,抗补体荧光抗体等,按下述的补体染色。免疫血清补体结合的效价,如为 1:30 则免疫血清应用 1:8 稀释。

补体用新鲜鼠血清一般作 1:10 稀释或按补体结合反应试管法所测定的结果,用 Kolmers 盐水按 2 单位的比例稀释备用。在免疫血清效价为 1:4,补体为 2 单位的条件下,用补体染色法测定免疫豚鼠球蛋白荧光抗体的染色效价,然后按染色效价 1:4 的浓度用 Kolmers 盐水稀释备用(抗补体荧光抗体)。

②方法:涂片或切片固定。吸收经适当稀释的免疫血清及补体之等量混合液滴于切片上,37℃湿盒内放置 30 min。用 0.01 mol/L 的 PBS(pH 7.2)洗 2 次,搅拌,每次 5 min,吸干标本周围液体。滴加经过适当稀释的抗体荧光抗体,37℃放置 30 min。同前 PBS 洗涤。蒸馏水洗 1 min,缓冲甘油封固,镜检。

③对照染色(均应为阴性)。抗原对照、抗血清对照(用正常兔血清代替免疫血清)、灭活补体对照(将补体体经 56℃处理 30 min 后,与以上补体接同样比例稀释后同免疫血清等量混合,然后进行补体染色)。

④优缺点:敏感性较高,荧光抗体不受免疫血清动物种属的限制,一种荧光抗体可作更广泛的应用。对检查形态的如立克次体、病毒颗粒等浓度较低的抗原物质时甚为理想。

(4)荧光亮度的判断标准 一般分 4 级:"－",无或可见微弱荧光;"＋",仅能见明确可见的荧光;"＋＋",可见有明亮的荧光;"＋＋＋",可见耀眼的荧光。

3. 免疫胶体金技术

氯金酸($HAuCl_4$)在还原剂作用下,可聚合成一定大小的金颗粒,并形成带负电的疏水胶溶液。由于静电作用而成为稳定的胶体状态,故称胶体金(图 6.12)。

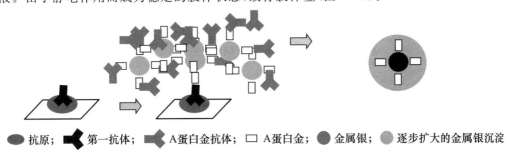

●抗原; ◆第一抗体; ◆A蛋白金抗体; □A蛋白金; ●金属银; ●逐步扩大的金属银沉淀

图 6.12 免疫胶体金原理示意图

胶体金颗粒表面负电荷与蛋白质的正电荷基团因静电吸附而形成牢固结合。胶体金对蛋白质有很强的吸附功能,蛋白质等高分子被吸附到胶体金颗粒表面,无共价键形成,标记后大分子物质活性不发生改变。

金颗粒具有高电子密度的特性。金标蛋白在相应的配体处大量聚集时,在显微镜下可见黑褐色颗粒或肉眼可见红色或粉红色斑点。

免疫金银染色:利用金颗粒可催化银离子还原成金属银这一原理,通过银颗粒的沉积,抗原抗体反应的阳性部位出现可见银的黑褐色而做出判断。

(1)胶体金的制备

胶体金制备的注意事项:玻璃容器应绝对清洁,使用前酸洗、硅化。实验用水一般用双蒸水。缓冲液要有足够大的缓冲容量,浓度不应过高,以免金溶胶自凝。

胶体金制备一般采用还原法,常用的还原剂有柠檬酸三钠、鞣酸和白磷。

柠檬酸三钠还原法是取 0.01% 氯金酸水溶液 100 mL,加热至沸,搅动下准确加入 1% 柠檬酸三钠水溶液 0.7 mL,金黄色的氯金酸水溶液在 2 min 内变为紫红色,继续煮沸 15 min,冷却后以蒸馏水恢复到原体积,如此制备的金溶胶其可见光区最高吸收峰在 535 nm(表 6.3)。

柠檬酸三钠-鞣酸混合还原剂是通过改变鞣酸的加入量,制得不同大小的胶体颗粒。

表 6.3　100 mL 氯金酸中柠檬酸三钠的加入量对金溶胶粒径的影响

1% 柠檬酸三钠/mL	金溶胶颜色	吸收峰/nm	粒径/nm
0.30	蓝灰	220	147
0.45	紫灰	240	97.5
0.70	紫红	535	71.5
1.00	红	525	41
1.50	橙红	522	24.5
2.00	橙	518	15

白磷还原法是制备直径约 6 nm 的胶体金,并有很好的均匀度,但白磷和乙醚均易燃、易爆,一般实验室不宜采用。

(2)免疫胶体金的制备　制备胶体金标记蛋白质应注意的问题:①蛋白质的预处理:蛋白质应先对低离子强度的水透析,去除盐类成分;用微孔滤膜或超速离心除去蛋白质溶液中的细小微粒。②低盐浓度的缓冲液:过量盐可使金颗粒发生凝集;pH 接近于蛋白质等电点或略偏碱性;蛋白质所处溶解状态最适合偶联,蛋白质分子在金颗粒表面的吸附量最大。③蛋白质最适用量的选择:能使胶体金稳定的最适蛋白量再加 10% 即为最佳标记蛋白量。④胶体金与蛋白质偶联后,加入稳定剂,以避免产生凝集,一般选用 PEG(相对分子质量为 20 000)和牛血清白蛋白作稳定剂。

——常见方法

用 0.1 mol/L 的 K_2CO_3 或 0.1 mol/L 的 HCl 调节金溶胶至所需 pH;加入最佳标记量的蛋白质溶液,搅拌 2～3 min;加入 5 mL 1% PEG-20000 溶液;于 10 000～100 000 r/min 离心,小心吸去上清液;将沉淀悬浮于一定的缓冲液中,离心沉淀后,再用同一缓冲液恢复,置 4℃ 保存。

(3)免疫胶体金的应用

①胶体金在光镜水平、电镜水平的应用:直径为 3～15 nm 胶体金均可用作电镜水平的标

记物。最大优点是可以通过应用不同大小的颗粒进行双重或多重标记。胶体金用于光镜水平、电镜水平的研究,主要包括:细胞悬液或单层培养中细胞表面抗原的观察、单层培养中细胞内抗原的检测、组织切片中抗原的检测。

②胶体金在流式细胞仪中的应用:应用胶体金标记的抗体,分析细胞表面抗原。胶体金可以明显地改变红激光散射角,区分不同的标记,能同时进行几种标记。

③凝集试验:单分散的免疫金溶胶清澈透明,与相应抗原或抗体发生专一性反应后出现凝聚,溶胶颗粒增大、沉降,光散射随之发生变化,溶液的颜色发生变化。

④免疫印迹技术:用聚丙烯酰胺凝胶电泳将蛋白质分离,得到的区带转移至硝酸纤维素膜,与特异性的抗体保温后,再与胶体金标记物温育,根据膜上胶体金颗粒颜色深浅可测知样品中的特异性抗原。金免疫印迹技术有相当高的灵敏度。采用免疫金银染色法,灵敏度可低至 0.1 ng。

⑤胶体金在肉眼水平的应用-胶体金免疫结合试验。

(4)胶体金免疫结合试验

根据检测装置的不同可分为胶体金免疫层析试验和胶体金免疫渗滤试验。

——胶体金免疫层析试验

①免疫层析条的组成(4 个组分):吸水纸(加样区);玻璃纤维膜,膜上吸附着干燥的金标抗体(流动带);硝酸纤维素膜,膜上包被着抗原或抗体条带和能与标记物直接起反应的质控物条带(检测带);吸水纸。以上各组分首尾互相衔接(图 6.13)。

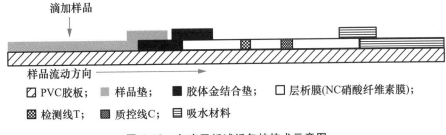

图 6.13　免疫层析试纸包被技术示意图

②胶体金免疫层析条制作中须注意的几个问题:微孔滤膜-以硝酸纤维素膜应用最广,它有两个特性,即较高的蛋白吸附容量和良好的亲水性。硝酸纤维素膜的活化-先使硝酸纤维素膜上形成氨基手臂,然后再加入戊二醛在手臂上形成自由醛基,多肽与活化膜的活性基团共价连接。受体与膜材料的结合稳定;有较高的生物活性,因而有足够的配体捕获容量;有较高的纯度,以保证检测的特异性;可流动性。标记或非标记受体以干态吸附于流动带,在流动带加入高效助溶剂,从而使受体具有快速溶解的特性。

③反应模式有夹心法、间接法和竞争法。

• 竞争法(胶体金免疫层析法检测吗啡)

吗啡是鸦片类镇痛药,抑制中枢神经系统,是可待因和海洛因的主要代谢物质。吗啡不经代谢即可排泄。测定原理是吗啡偶联物和胶体金标记的抗吗啡单克隆抗体固定于膜上测试区。通过吗啡偶联物和尿液中的吗啡竞争结合金标单克隆抗体,最小检出量 300 ng/mL。

结果判定:阳性(+):吗啡 300 ng/mL 以上,质控区出现一条紫红色条带,测试区内不出现紫红色条带。吗啡浓度高于 300 ng/mL 时,胶体金抗体与吗啡全部结合,从而不与吗啡偶联物结合而不出现紫红色条带。阴性（－）：吗啡在 300 ng/mL 以下。出现两条紫红色条带，一条在测试区内，另一条在质控区内。吗啡浓度低于 300 ng/mL 时，胶体金抗体不能与吗啡全部结合。这样，胶体金抗体在层析过程中会被固定在膜上的吗啡偶联物结合，测试区内会出现一条紫红色条带。无效：质控区未出现紫红色条带，表明不正确的操作过程或试剂盒已变质损坏。

- 夹心法（胶体金层析免疫法测定甲胎蛋白）

甲胎蛋白（AFP）是原发性肝癌的肿瘤标示物，对肝癌的早期诊断、早期治疗具有重要临床意义。AFP 单抗 A、B，羊抗鼠二抗固定于硝酸纤维素膜上，金标 AFP 单抗 C 固定于玻璃纤维素膜上。阴性 1 条带，阳性 2 条带，3 条带为强阳性，不出现有色条带为试剂失效。

- 间接法（胶体金免疫层析法检测梅毒抗体）

胶体金标记的抗人 IgG，样品中的梅毒抗体（质控带）与胶体金标记的抗人 IgG（流动带）结合，沿硝酸纤维素膜移动，在包被有基因重组的梅毒螺旋体抗原结合，出现红色反应线（阳性）。

——胶体金免疫渗滤试验

①试剂盒：渗滤装置为一充满吸水垫料的塑料小盒，在盒盖中央的小孔下面放置了一片硝酸纤维素膜，膜上预包被抗原或抗体斑点。

②反应模式：间接法、夹心法、捕获法和竞争法。

间接法：抗原固定于膜上→标本（抗体），洗涤→金标二抗。

夹心法：抗体 A 固定于膜上→标本（抗原）→金标单抗 B。

捕获法：在固相载体上包被二抗→样品（待测抗体）→抗原→金标单抗。

竞争法：在载体上包被抗体→加入待测抗原→加入标记抗原。

（5）胶体金免疫层析分析和胶体金免疫渗滤分析的比较

①相同点：检测原理相同。以微孔滤膜为载体，滤膜的毛细管作用促进抗原抗体结合反应，通过胶体金结合物达到检测目的。

②不同点：硝酸纤维素膜的种类、形式及组成方式（胶体金免疫层析分析为狭长形膜，由 4 部分组成，依次是吸水纸、玻璃纤维素膜、硝酸纤维素膜、吸水纸。胶体金免疫渗滤分析为圆形硝酸纤维素膜及底层的吸水垫料）、标记配体的形式（胶体金免疫层析分析为固相形式，胶体金免疫渗滤分析为液相形式）、液体的移动方向（胶体金免疫层析分析是通过层析作用的横向流动，胶体金免疫渗滤分析是通过垂直穿透固定有配体的硝酸纤维素膜而进行）、操作步骤（胶体金免疫层析分析大多只有加样一个步骤；胶体金免疫渗滤分析有加样、洗涤、加标记配体等）。

（6）胶体金免疫层析分析和胶体金免疫渗滤分析特点

①单份测定，试剂和样本用量极小，样本量可低至 1～2 μL。

②不需任何检测仪器，适于现场应用。

③没有诸如放射性同位素、邻苯二胺等有害物质参与。

④实验结果可以长期保存。

⑤检测速度快，几分钟即可用肉眼观察结果。

（7）胶体金免疫结合试验在临床检验中的应用　主要用于检测正常体液中不存在的抗原性物质、正常人含量极低而在特殊情况下异常升高的物质。激素、传染病病原的抗原和抗体、性病病原、细菌、寄生虫、肿瘤标记物、心血管病检测标志物、其他蛋白质。

进一步提高检测灵敏度、检测多元化、定量或半定量检测和通用试剂的应用等都是胶体金免疫结合试验的重要发展方向。

6.2.4.4　应用研究

病害的检测是医学及兽医学的临床治疗和疾病预防中十分重要的内容,通过检测病原微生物或相关物质尽早确诊致病因素,是及时采取有效措施的前提。蚕病防控中同样存在该类情况,由此许多研究人员对蚕病检测技术开展了大量的研究。家蚕传染病的检测技术研究所针对的检测对象主要为非包涵体的病毒和家蚕微粒子虫孢子。非包涵体病毒的家蚕浓核病毒(BmDNV)和家蚕病毒性软化病病毒(BmIFV),由于只有约 25 nm 大小而无法用光学显微镜进行检测;家蚕微粒子病则由于除 Nb 孢子外还有多种形态类似孢子的存在而难于用光学显微镜进行鉴别。

免疫学技术的快速发展为病害检测新技术的研发和水平的提高,提供了重要的理论与技术基础。在医学及兽医学的临床治疗和疾病预防中,大量基于免疫学技术的检测技术被建立并广泛应用。蚕病检测方面虽然开展了不少的研究,但在我国由于养蚕业的特殊性和技术实用化(熟化)程度等问题,尚未见生产中大规模应用的案例。

用于免疫学诊断技术的抗体制备主要包括抗原的纯化、免疫和抗体提取。不同的免疫学诊断技术对抗体制备的要求也有所不同。多抗和单抗都可以通过各种酶、荧光素和金银胶体等标记技术或其他凝集技术大幅提高检测灵敏度。随着新仪器和材料的出现,以及商品化试剂(标记抗体等)的日益增多,抗体与标记技术的组合日益丰富,操作流程日趋简便。

1. 凝集反应技术

凝集反应技术在蚕病检测中的应用研究是较早的一种方法,由于抗原与抗体在液体中很快就可发生肉眼可见(直接或显微镜观察)的沉淀而显得非常简便,可以将待检样本放于载玻片、试管和低浓度琼脂中加入抗体直接进行,但该方法的灵敏度十分有限。

在特异性方面,制备家蚕六角形(HC)和四角形(TC)质型多角体病毒(BmCPV)多角体的多抗血清能有效区别 2 种多角体,及核型多角体病毒(BmNPV)多角体和 BmIFV 等病毒。

在灵敏度方面,乳胶致敏是提高免疫学检测灵敏度的有效途径,用乳胶致敏 BmCPV 和 BmDNV 多抗血清后的玻片凝集反应检测灵敏度可达 0.75 μg/mL 和 0.5 μg/mL,比双向免疫扩散(double immunodiffusion)高约 30 倍。

用效价为 1∶2 048 的兔多抗(对 Nb 孢子)血清稀释后进行玻片凝集反应和显微镜观察,检测灵敏度仅为 8×10^7 孢子/mL,但能区别不同来源的微孢子虫孢子。间接凝集反应和协同凝集反应虽然在检测 Nb 孢子中可以提高灵敏度,但也十分有限(1.1×10^7 孢子/mL)。但利用单抗技术制备乳胶致敏后的玻片凝集反应,在鉴别不同种类微孢子虫中具有良好的效果,日本在 20 世纪 90 年代时曾作为蚕种检疫复检技术应用。

2. 免疫扩散技术

早期利用免疫学技术研究检测家蚕致病性非包涵体病毒技术时,主要采用的方法就是免疫扩散反应。免疫扩散是利用抗原和抗体在具有较大孔径的惰性载体(琼脂糖等)中相互扩散、相遇并发生特异性结合反应而形成肉眼可见的沉淀带,由此进行检测。由于该类方法的简便而在流行病调查等精度要求并不高的工作中应用。具体方法有单向免疫扩散(single immunodiffusion)、双向免疫扩散(double immunodiffusion test)、对流免疫扩散(reversed immunodiffusion)和免疫电泳(immuno-electrophoresis)等。

高速离心纯化 BmIFV(坂城株)制备兔多抗后采用双向免疫扩散可以从感染后 5~7 d 病蚕的完全弗氏佐剂(complete Freund's adjuvant)等量混合液中检出阳性样本,采用双向免疫扩散作为一种操作方便的技术被较多的试验所验证。对流免疫扩散和免疫电泳因通过电场对抗原和抗体的作用,加快了免疫反应的发生或检测速度的提高。通过蛋白质的染色可以提高观察灵敏度。该类技术可以在家蚕感染 BmDNV 病毒后 16 h,从中肠检测到阳性反应。利用酶标抗体在结果观察方面可以更为容易,在同比条件下灵敏度高于普通对流免疫扩散(可以在家蚕感染 BmDNV 病毒后 16 h,从中肠被检测到阳性反应,后者为 21 h)。

该类技术主要用于可溶性蛋白或较小颗粒的 BmDNV 和 BmFV(约 25 nm)的检测,由于病毒的精确计量较为困难,早期不同试验研究结果的可比性较差,灵敏度的界限不太清晰。Nb 孢子由于颗粒相对较大[(2.9~4.1) μm×(1.7~2.1) μm]而不宜使用该类技术。

3. 荧光标记技术

荧光免疫检测技术是将某些荧光素通过化学方法与特异性抗体结合制成荧光抗体,该抗体与被检抗原发生特异性结合,形成的免疫复合物在一定波长的激发下可产生荧光,可借助荧光显微镜检测或定位被检抗原。

将针对 BmCPV 的多抗血清制成荧光抗体后用于玻片检测 BmCPV 的灵敏度可达到 $2×10^{-8}$ mg/mL,较普通玻片法和试管内扩散凝集法的灵敏度($5×10^{-3}$ mg/mL 和 $6×10^{-4}$ mg/mL)更高。分别用纯化家蚕 Nb 孢子、同属的 M11 和 M12 的孢子,以及具褶孢虫属(Pleistophora)的孢子为抗原制备的抗血清,采用间接荧光抗体法检测不同孢子的试验表明:4 种抗血清可以对不同的孢子进行相互间的鉴别。

4. 酶联免疫吸附技术

酶联免疫吸附(enzyme-linked immunosorbent assay,ELISA)是利用免疫反应的高度特异性和酶促反应的高度敏感性,进行定性和定量检测的综合性技术。ELISA 具有微量、特异、高效、经济、方便和安全等特点,在诸多行业的检测领域广泛应用。

采用简单的抗体酶标记显色反应即可较对流免疫电泳法的灵敏度高约 8 倍。采用纯化多抗的直接法 ELISA 检测 BmIFV 的同时,比较其他检测技术的灵敏度(病毒 μg/mL)结果表明:ELISA(0.003)远远高于胶乳凝集反应、双扩散试验和沉淀试验的检测灵敏度(分别为:0.5、5 和 18),Shimizu 和 Arakawa 的研究获得了相近的灵敏度数据。斑点免疫结合测定法(dot immunobinding assay,DIBA)比 ELISA 更为简便,以制备多抗血清的稀释度对 BmDNV 的检测灵敏度的测定最高效价为 1∶32 768,对 BmDNV 的检测灵敏度高于对流免疫电泳和双向扩散试验 1 000 倍,但 1∶2 046 抗血清对健康家蚕中肠匀浆的 100 倍稀释液依然有假阳性。

单抗在特异性或解决假阳性方面明显优于多抗,采用单抗进行 ELISA 的间接法、直接法(腹水)和双抗夹心法检测 Nb 孢子的灵敏度分别为:$1.8×10^3$ 孢子/mL、$4×10^4$ 孢子/mL 和 $3.125×10^5$ 孢子/mL,这些方法在鉴别孢子种类方面具有良好的特异性。

5. 免疫金/银染色技术

免疫金/银染色技术(immunoglod silver staining,IGSS)是利用胶体金对蛋白质有很强的吸附功能,抗体等高分子被吸附到胶体金颗粒表面后,金颗粒可催化银离子还原成金属银,通过银颗粒的沉积,抗原抗体反应的阳性部位出现在显微镜下可见黑褐色颗粒或肉眼可见红色或粉红色斑点。也是一类放大抗原抗体反应结果的技术。采用 IGSS 技术光镜观察的方法对

Nb 孢子检测的研究表明：该技术可以检测 $1×10^5$ 孢子/mL，而其他 5 种微孢子虫呈阴性。

　　上述研究为主要的免疫学技术应用于家蚕病害检测的研究，免疫组织化学技术在鉴别病害种类方面还可利用有关病理学的理论而具有较高的准确性，但操作的烦琐而使其作为检测技术的实用性不佳。此外，利用其他免疫学技术或不同免疫学技术的组合也有探索，但资料的系统性和实用性相对不强。

　　免疫学检测技术的应用已经非常广泛，ELISA 和 dot-IGSS 的应用更为普遍。从病原学、病理学和流行病学研究领域而言，免疫学检测技术无疑是一类十分有效而常用的技术手段。已有蚕病诊断与检测技术研究和现在免疫学技术的发展相比，随着商品化标记抗体等试剂盒的发展、自动化酶标仪和金标试纸条的制作等的发展，蚕病诊断与检测技术在灵敏度、特异性和简易化等技术性问题方面还有许多可以得到提高。

　　从病害控制的角度而言，作为病害诊断与检测的根本性目的是为诊断与检测后，采取正确的技术措施（治疗、用药和扑杀等）提供科学依据。从现有的养蚕防病技术而言，蚕病诊断或检测后尚无何种针对性的有效措施或可启动的有效治疗程序。家蚕高密度的饲养方式（极易发生个体间的病害传播）、较短的生命周期（幼虫期）和对病原微生物较低等的防御能力（用药困难）等特点，决定了养蚕的病害控制主要以预防为主，与医学或兽医学病害诊断与检测的目的和要求存在较大的不同。在后续技术措施问题没有得到较好解决的前提下，诊断和检测的成本和简易化程度等问题的重要性显然是更为其次的问题。

　　在养蚕期间家蚕微粒子病的诊断与检测与上述其他蚕病的情况类似，但作为生产无 Nb 感染蚕种的检疫技术而言，有其特殊的价值和意义。在家蚕微粒子病的检测中，同样需要解决灵敏度和特异性的问题。在已有研究中灵敏度虽然 ELISA 法可达到 10^3 孢子/mL 的水平，但该法由于抗体捕获孢子的能力较弱（尤其是单抗）等问题的存在，灵敏度的稳定性较差。在特异性方面，免疫学检测技术虽然能鉴别不同的微孢子虫，但这些结果均是在某一特定实验室微孢子虫浓度（并非任何浓度）下的鉴别能力，实际检测往往是针对未知浓度样本而进行。在所获单抗针对微孢子虫孢子的抗原决定簇特异性不明和特定浓度下才可鉴别的现状下，实用化检测技术尚有待进一步深入研究。

　　在对 Nb 孢子的检测技术方面，ELISA 和 dot-IGSS 是相对值得研究和探索的技术。在 ELISA 技术中，解决 Nb 孢子个体和比重较大，包被或抗体捕获孢子效果不佳引起检测灵敏度不稳定的问题是其技术成熟的关键。而 dot-IGSS 技术中，特异性（异物干扰）和成本（规模化）等都是值得关注的问题。

6.3　分子生物学诊断技术

　　分子生物学的不断进步和分子生物学技术的快速发展，为病害的诊断提供重要的基础和有效的技术手段。病原微生物引起病害的实验室诊断技术已从常规的病原分离鉴定，以及抗原和抗体的免疫学检测技术，发展到对病原微生物基因序列和结构直接进行测定的分子生物学水平。蚕病的分子生物学诊断技术，可以包括对病原核酸（DNA 或 RNA）和蛋白质等的测定，关键在于测定这些分子的特异序列或结构。病原微生物基因组都含有特异序列，可以用分子生物学的方法予以检出，而这段序列的存在则说明了该病原的存在。常用的分子生物学诊断技术包括基因组电泳分析、DNA 酶切图谱分析、寡核苷酸指纹图、核酸杂交、聚合酶链式反应等。DNA 杂交的灵敏度已经提高到 0.05 pg/μL 水平，也就是说，只要有 $1\,000$ 个 DNA 拷贝，就可能被检测出来。而理论上，使用聚合酶链式反应可以检测出一个拷贝的 DNA 分子。因此，核酸杂交和聚合酶链式反应技术以其特异、快速、敏感、适于早期和大量样品的检测等优点，成为诊断中最具应用价值的方法。

6.3.1　聚合酶链式反应的基本原理

生物体的核酸是遗传信息储存和表达的分子物质基础，基因组是所有基因的集合。核酸有脱氧核糖核酸（deoxyribonucleic acid，DNA）和核糖核酸（ribonucleic acid，RNA）两种。1958 年，Crick 把复制、转录、翻译的基因表达（gene expression）过程总结为分子生物学的中心法则（central dogma）。其后在病毒学研究中发现了依赖 RNA 的 DNA 聚合酶能进行反转录，即反转录酶（reverse transcriptase，或称逆转录酶），能以 RNA 为模板复制 DNA，由此得到的 DNA 称 cDNA（complementary DNA，互补 DNA，或称反转录 DNA）。后来还发现了 RNA 复制 RNA，M_{13} 噬菌体的 DNA 能以单链存在，有时 DNA 还能以三链、四链体形式存在等，丰富了遗传学的中心法则。

6.3.1.1　核酸的结构

碱基（base）、脱氧核糖（deoxyribose）或核糖（ribose）和磷酸（phosphate）3 种分子组成核苷酸（nucleotide）。核苷酸之间以磷酸二酯键在纵向按一定的排列顺序组成核酸的一级结构（链状结构）。在此基础上形成二级或更高级的空间结构，方能显示其生物功能。

组成 DNA 的碱基有腺嘌呤（adenine，A）、鸟嘌呤（guanine，G）、胞嘧啶（cytosine，C）和胸腺嘧啶（thymine，T）。组成 RNA 的碱基为 A、G、C 和尿嘧啶（uracil，U）。碱基在紫外光 260 nm 波长附近有较强吸收峰，该特性常用于核酸分析。碱基（嘌呤环的 N-9 或嘧啶环的 N-1）与核糖（C-$1'$）以糖苷键结合形成核苷，核苷（C-$5'$）与磷酸以磷酸酯键结合形成核苷酸。核苷可与 1～3 个磷酸结合，如腺苷与一个磷酸结合为腺苷酸（AMP），与二个磷酸结合为二磷酸腺苷（ADP），与三个磷酸结合为三磷酸腺苷（ATP）。第一个核苷酸的 C-$3'$ 位羟基与第二个核苷酸的 C-$5'$ 位磷酸以磷酸二酯键结合，依此类推成百上万的核苷酸结合可形成一条大分子核酸单链，单链之间的碱基再以氢键结合可形成较稳定的核酸大分子双链结构（二级结构）。

核酸的简写方式为 $5'$AGCTGTAC$3'$（英语字母已不代表碱基，而是指核苷酸），或 $5'$ pAGCTGT-ACOH $3'$。核酸的书写方向与合成方向一致，都是 $5'{\rightarrow}3'$。1953 年 Watson 和 Crick 发表的 DNA 双螺旋结构认为：DNA 分子由两条核苷酸组成的单链，按右手螺旋盘旋，两条单链走向相反。两条单链之间的横向碱基 A＝T 以两个氢键配对，G≡C 以 3 个氢键配对，使 DNA 分子的双链之间有严格准确的碱基配对关系，形成 DNA 二级结构。在此基础上可形成超螺旋，即三级结构。

6.3.1.2　核酸的复制和转录

DNA 双螺旋结构在细胞分裂时解开分为两条单链。DNA 合成酶以两条链各自为模板（母链），按碱基配对原则合成与母链严格互补的互补链。子代细胞的 DNA 分子一条链来自亲代，一条是按碱基配对原则合成的新链，这一过程为复制（replication），这种复制的方式称为半保留复制。半保留复制使子代与亲代的 DNA 分子双链碱基序列完全一致。遗传信息就这样准确地传递给子代。复制过程以母链为模板,游离的脱氧三磷酸核苷(dATP、dGTP、dCTP和dTTP,总称dNTP)为合成新链的原料。催化新链合成反应的酶是以DNA为模板的DNA聚合酶(DNA-dependent DNA polymerase)。DNA聚合酶需要一段寡核苷酸作为引物(primer)引导,以母链为模板,按碱基配对原则,将dNTP逐个由5′→3′方向合成新链,合成的新链走向5′→3′与母链3′→5′走向相反。

1958年首先在大肠埃希菌发现DNA聚合酶 I(pol I),继而发现原核生物有DNA聚合酶 I、II和III。聚合酶III主要功能是复制,聚合酶 I 的主要功能是在DNA碱基配对发生错误或DNA损伤时起修复作用,聚合酶 II 的功能尚不清楚。3种聚合酶均有从5′向3′,或3′向5′逐一把核苷酸从核酸链上水解下来的核酸外切酶(exonuclease)作用。聚合酶 I 外切酶活性最强,便于切除错误和修复。用枯草菌溶素(蛋白酶)水解聚合酶 I 后产生大、小片段,其中大自然切去了3′→5′的外切酶活性,保留5′→3′方向的聚合酶和外切酶活性,称为Klenow片段(Klenow fragment),是分子生物学研究中常用的工具酶。

RNA有信使RNA(mRNA)、转运RNA(tRNA)和核糖体RNA(rRNA),结构相对简单,生物功能主要转录DNA的遗传信息,翻译DNA的遗传信息,表达DNA的遗传信息。合成RNA的过程为转录(transcription)。转录酶是依赖DNA的RNA聚合酶(DNA-dependent RNA polymerase)。转录与复制有相似之处,均需依赖DNA的聚合酶,都以DNA为模板;均需核苷酸做原料,都为5′向3′延长;且均遵从碱基配对原则。但也有明显的不同之处,复制是把作为模板的DNA两条母链均复制,而转录只转录DNA双链中的有意义链;合成原料前者利用脱氧核苷酸,且RNA中无胸腺嘧啶(T),而以尿嘧啶(U)代替T,碱基配对也由A═T转为A═U;参与复制的DNA聚合酶需引物,而用于转录的RNA聚合酶无需引物,自身有识别转录起点的功能。与复制不同的是转录只需以一条DNA链为模板。因此,把可作为转录模板的一条DNA链称为有意义链(sense strand or Watson strand),与此对应的一条不参与转录的链称为反意义链(antisense strand or Crick strand)。有意义链并不固定在DNA双链的某一条链上,而是在两条链上交替出现,使转录也是交替进行,这一现象称为不对称转录。转录的重要产物是mRNA,因为mRNA可作为肽链合成的模板,指导蛋白质合成。由此把可转录产生mRNA并指导蛋白质合成的一段DNA称为结构基因(structural gene),其余的DNA可转录tRNA和rRNA。还有许多起调节作用的调节基因,但有相当一部分的DNA功能尚不清楚,既不承担转录功能也无调节作用。

真核生物的基因往往是一种断裂基因(split gene)即一个结构基因,一条有意义链中的DNA碱基序列并不都能表达为蛋白质。可表达为蛋白质的区域称编码区,反之为非编码区,编码区与非编码区在基因中相间排列。

1978年,Gilbert把可编码蛋白质的DNA序列称外显子(exon),把非编码称内含子(intron)。真核细胞刚完成转录的mRNA含外显子和内含子,称杂化核RNA(heteroge-neous nuclear RNA,hnRNA),这种初级mRNA的分子量往往比成熟的mRNA大几倍。hnRNA在细胞核内经剪接加工,切去内含子,并在5′端加上7-甲基鸟嘌呤和三磷酸鸟苷的帽子结构(cap structure)在3′端加上多聚脱氧腺苷酸(poly A)后,进入细胞质为成熟的mRNA。

基因表达在复制、转录、翻译水平及各水平表达后加工均可进行调控。目前对原核生物的转录水平调控研究较多,较为清楚。原核生物中,功能相关的几个结构基因往往排列在一起,转录出一段较长的mRNA,称为多顺反子(polycistron),并指导合成(翻译)一套功能相关的蛋白质。这样的一组基因及调节部分称为操纵子(operon)。乳糖操纵子(Lac operon)就是由调控区的启动子(promoter,p)、操纵区(operator,o)和表达 β-半乳糖苷酶(Z)、β-半乳糖苷透性酶(Y)、β-半乳糖苷乙酰转移酶(a)3 种功能相关酶的相关基因组成。乳糖操纵子是可诱导的负调控型操纵子,在高效诱导剂异丙基硫代半乳糖苷(isopropyl-β-D-thiogalactoside,IPTG)诱导下,产生相应的酶并作用底物 5-溴-4-氯-3-吲哚-半乳糖苷(5-bromo-4-chloro-3-indolyl-β-D-galac toside,x-gal)产生蓝色,在重组基因筛选中被广泛应用。有名的操纵子还有可诱导的正调控操纵子-阿拉伯糖操纵子(Ara operon),可阻遏操纵子-色氨酸操纵子(Trp operon)。可诱导指关闭的基因在诱导剂存在下可开启表达,可阻遏指开放的基因在阻遏物存在下可关闭表达。

由转录把 DNA 上基因的信息(脱氧核苷酸序列)变为 mRNA 核苷酸序列,生物体合成 mRNA 并把转录的信息(核苷酸序列)转变为蛋白质的氨基酸序列的过程称翻译。复制、转录在细胞核完成,翻译在细胞质进行。

翻译从 mRNA5′开始,向 3′方向每 3 个碱基为一个密码(codon),称三联体密码。4 种碱基可组合 64 种密码,代表了 20 种氨基酸和翻译的起点与终止密码,如 5′-CGUGG　AUAA-3′代表精氨酸甘氨酸和终止密码。密码之间无标点符号,当多一个或少一个核苷酸时,可使密码重排列移码(frame shift),由此引起的变异称移码突变。翻译过程中以 mRNA 为模板,rRNA 为场所,tRNA 搬运与密码对应的氨基酸,自 mRNA5′端开始合成多肽链,多肽链合成从氨基(N)端开始,第一个氨基酸的羧基与第二个氨基酸的氨基形成肽键,在羧基(C)端结束。故肽链合成方向是 N→C。经翻译后加工形成有活性的蛋白质。

6.3.1.3　DNA 的变性与复性

DNA 具有在过酸、过碱或加热的溶液中,双链间氢键解离而分成单链的物理学特性(称为变性,denaturation)。DNA 的这种变性是可逆的,改变条件,解开的单链可重新按碱基配对规则(A＝T、G≡C)配对形成双链,形成的双链与变性前的结构完全相同,称为复性或退火(annealing)。解链的 DNA 溶液在 260 nm 处吸光值 A_{260} 增大,即核苷酸>单链 DNA>双链 DNA,称为高色效应,反之为低色效应。以 50 μg/mL 为例,A_{260} 分别为:双链 DNA,1.00;单链 DNA,1.34;自由碱基,1.60。或 A_{260} 为 1.00 时双链 DNA 为 50 μg/mL,单链 DNA 为 37 μg/mL,mRNA 为 40 μg/mL。一般同时在 A_{280} 测定蛋白质含量,纯化 DNA 的 $A_{260}/A_{280}\geqslant$ 1.8;纯化 mRNA 的 $A_{260}/A_{280}\geqslant2.0$,即蛋白质含量少。

实验室常用加热使 DNA 变性,因为 G≡C 之间有 3 个氢键,而 A＝T 之间只有两个氢键,解链温度取决于 DNA 分子中 G≡C 配对多少。以加热温度对 A_{260} 作图可以得到一条解链曲线,解链开始到完全解链的温度范围的中点温度称为解链温度(melting temperature,T_m),又称熔链温度。T_m 大小与 DNA 的 G+C 含量百分数成正比。虽有推算 T_m 的经验公式

$$T_m = 4(G+C) + 2(A+T)$$

但只能用于 20 个核苷酸以下的 DNA 小分子。而且实验条件可影响 T_m。如三氯醋酸钠的存在可使 T_m 变小,氯化钠的存在可使 T_m 升高。

变性的 DNA 溶液经处理后,同源 DNA 复性后的产物叫复性 DNA,不同源 DNA 复性的过程叫核酸杂交,形成的双链叫杂化双链。杂交可以发生在 DNA 分子之间,也可以发生在 DNA 与 RNA 分子之间,如 DNA-DNA′,DNA-mRNA。影响复性的因素很多,如离子强度、

温度、DNA 浓度和长度等。一般采用 0.15～0.5 mol/L NaCl 和低于 Tm 的 20～25℃（过高不利于复性,过低易发生单链内碱基随机配对或非特异性结合）。复性的开始是碰撞,因此 DNA 浓度高时,碰撞机会多,复性速度快。

6.3.1.4 聚合酶链式反应

聚合酶链式反应简称 PCR(polymerase chain reaction),又称无细胞分子克隆或特异性 DNA 序列体外引物定向酶促扩增技术。美国 PE(Perkin Elmer 珀金-埃尔默)公司遗传部的 Kary Mullis 发明,由于 PCR 技术在理论和应用上的跨时代意义,他获得了 1993 年诺贝尔化学奖。

PCR 是体外酶促合成特异 DNA 片段的一种方法,由高温变性、低温退火及适温延伸等几步反应组成一个周期,循环进行,使目的 DNA 得以迅速扩增,具有特异性强、灵敏度高、操作简便、省时等特点。它不仅可用于基因分离、克隆和核酸序列分析等基础研究,还可用于疾病的诊断或任何 DNA 或 RNA 的检出。

PCR 的工作原理就是模拟 DNA 的天然复制过程,其特异性依赖于与靶序列两端互补的寡核苷酸引物。PCR 由变性—退火—延伸 3 个基本反应步骤构成(图 6.14)。

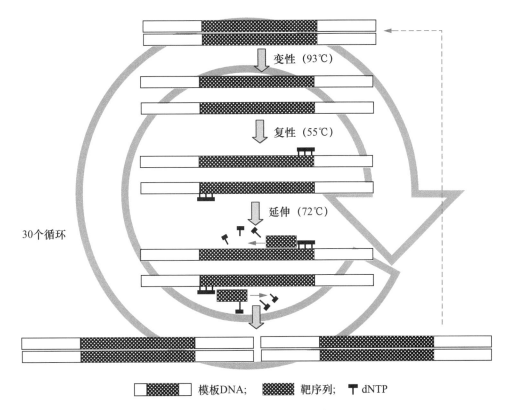

图 6.14 **PCR 的工作原理与步骤**

1. 模板 DNA 的变性

模板 DNA 经加热至 90～96℃一定时间后,使模板 DNA 双链或经 PCR 扩增形成的双链的氢键断裂,DNA 解离成为单链,以便它与引物结合,为下轮反应作准备。

2. 模板 DNA 与引物的退火（复性）

模板 DNA 经加热变性成单链后,温度降至 25～65℃（55℃）,引物与模板 DNA 单链的互补序列配对结合,形成局部双链。

3. 引物的延伸

DNA 模板-引物结合物在 TaqDNA 聚合酶（70～75℃）的作用下,以 dNTP 为反应原料,靶序列为模板,按碱基配对与半保留复制原理,合成一条新的与模板 DNA 链互补的半保留复制链。

重复循环变性—退火—延伸 3 过程,就可获得更多的"半保留复制链",而且这种新链又可成为下次循环的模板。每完成一个循环需 2～4 min,2～3 h 就能将待扩目的基因（靶序列）扩增放大几百万倍（图 6.14）。

有些 PCR 因为扩增区很短,即使 Taq 酶活性不是最佳也能在很短的时间内复制完成,因此可以改为两步法,即退火和延伸同时在 60～65℃间进行,以减少一次升降温过程,提高反应速度。

6.3.2 主要的 PCR 种类

在 1985 年美国科学家 Kary Mullis 发明 PCR 技术以后,PCR 方法被不断改进,它从一种定性的分析方法发展到定量测定;从原先只能扩增几个 kb 的基因到目前已能扩增长达几十个 kb 的 DNA 片段。到目前为止,PCR 技术已有十几种之多,例如,将 PCR 与反转录酶结合,成为反转录 PCR,将 PCR 与抗体等相结合就成为免疫 PCR 等。以下简要介绍几种与检测技术有关的 PCR 技术。

6.3.2.1 常规 PCR

参与常规 PCR 反应的物质主要有 5 种即引物、酶、dNTP、DNA 模板和 Mg^{2+}（缓冲液）。

1. 反应体系

标准的常规 PCR 反应体系:

10×扩增缓冲液 10 μL

4 种 dNTP 混合物各 200 μmol/L

引物各 10～100 pmol/L

模板 DNA 为 0.1～2 μg

TaqDNA 聚合酶 2.5 U

Mg^{2+} 1.5 mmol/L

加双或三蒸水至 100 μL

2. 常规 PCR 的特点

常规 PCR 的特点是特异性强、灵敏度高和简便快速。

(1)常规 PCR 的特异性

①引物与模板 DNA 特异正确的结合;②碱基配对原则;③Taq DNA 聚合酶合成反应的忠实性;④靶基因的特异性与保守性。

其中引物与模板的正确结合是关键。引物与模板的结合及引物链的延伸是遵循碱基配对原则的。聚合酶合成反应的忠实性及 Taq DNA 聚合酶耐高温性,使反应中模板与引物的结合(复性)可以在较高的温度下进行,结合的特异性大大增加,被扩增的靶基因片段也就能保持很高的正确度。再通过选择特异性和保守性高的靶基因区,其特异性程度就更高。

(2)常规PCR的灵敏度 常规PCR产物的生成量是以指数方式增加的,能将皮克(pg＝10^{-12})量级的起始待测模板扩增到微克($\mu g ＝ 10^{-6}$)水平。能从100万个细胞中检出一个靶细胞;在病毒的检测中,常规PCR的灵敏度可达3个RFU(空斑形成单位);在细菌学中最小检出率为3个细菌。

(3)常规PCR的简便与快速 常规PCR反应使用耐高温的Taq DNA聚合酶,一次性将反应液加好后,即在DNA扩增仪上进行变性—退火—延伸反应,一般在2～4 h完成扩增反应。扩增产物一般用电泳分析,不一定要用同位素,无放射性污染、易推广。

对标本的纯度要求低。不需要分离病毒或细菌及培养细胞,DNA粗制品及RNA均可作为扩增模板。可直接用临床标本如血液、体腔液、洗漱液、毛发、细胞、活组织等DNA扩增检测。

3. 常规PCR的循环参数

(1)预变性(initial denaturation) 模板DNA完全变性对PCR能否成功至关重要,一般95℃加热3～5 min即可。

(2)引物退火(primer annealing) 退火温度一般需要凭实验(经验)决定。退火温度对PCR的特异性有较大影响。

(3)引物延伸(primer extention) 引物延伸一般在72℃进行(Taq酶最适温度)。延伸时间随扩增片段长短而定。

(4)循环中的变性步骤 循环一般为95℃,30 s足以使各种靶DNA序列完全变性。变性时间过长损害酶活性,过短靶序列变性不彻底,易造成扩增失败。

(5)循环数 大多数PCR含25～35循环,过多易产生非特异扩增。

(6)最后延伸 在最后一个循环后,反应在72℃维持5～15 min。使引物延伸完全,并使单链产物退火成双链。

4. 影响常规PCR的主要因素

影响PCR反应的关键环节有:①模板核酸的制备;②引物的质量与特异性;③酶的质量;④Mg^{2+}浓度;⑤dNTP的质量与浓度;⑥反应体积;⑦PCR循环条件;⑧电泳检测时间等。

(1)模板核酸的制备 模板核酸的量与纯化程度是PCR成败与否的关键环节之一,传统的DNA纯化方法通常采用SDS和蛋白酶K来消化处理标本。SDS的主要功能是:溶解细胞膜上的脂类与蛋白质,因而溶解膜蛋白而破坏细胞膜,并解离细胞中的核蛋白,SDS还能与蛋白质结合而沉淀;蛋白酶K能水解消化蛋白质,特别是与DNA结合的组蛋白,再用有机溶剂酚与氯仿抽提掉蛋白质和其他细胞组分,用乙醇或异丙醇沉淀核酸。提取的核酸即可作为模板用于PCR反应。一般临床检测标本,可采用快速简便的方法溶解细胞,或裂解病原体,消化除去染色体的蛋白质,使靶基因游离,直接用于PCR扩增。RNA模板提取一般采用异硫氰酸胍或蛋白酶K法,要防止RNase降解RNA。

模板核酸常见的问题有:①模板中含有杂蛋白质;②模板中含有Taq酶抑制剂;③模板中蛋白质没有消化除净,特别是染色体中的组蛋白残存;④在提取制备模板时丢失过多,或吸入酚;⑤模板核酸变性不彻底。在酶和引物质量好时,不出现扩增带,极有可能是标本的消化处理,模板核酸提取过程出了毛病,因而要配制有效而稳定的消化处理液,其程序亦应固定不宜随意更改。如酶失活,需更换新酶,或新旧两种酶同时使用,以分析是否因酶的活性丧失或不够而导致假阴性。需注意的是有时忘加 Taq 酶或溴乙锭等。

(2) 引物　引物质量、引物的浓度、两条引物的浓度是否对称,是 PCR 失败或扩增条带不理想、容易弥散的常见原因。有些批号的引物合成质量有问题,两条引物一条浓度高,一条浓度低,造成低效率的不对称扩增。对策为:①选定一个好的引物合成单位;②引物的浓度不仅要看 OD 值,更要注重引物原液做琼脂糖凝胶电泳,一定要有引物条带出现,而且两引物带的亮度应大体一致,如一条引物有条带,一条引物无条带,此时做 PCR 有可能失败,应和引物合成单位协商解决。如一条引物亮度高,一条亮度低,在稀释引物时要平衡其浓度;③引物应高浓度小量分装保存,防止多次冻融或长期放冰箱冷藏部分,导致引物变质降解失效;④引物设计不合理,如引物长度不够,引物之间形成二聚体等。

设计引物应遵循以下原则:①引物长度:15～30 bp,常用为 20 bp 左右;②引物扩增跨度:以 200～500 bp 为宜,特定条件下可扩增长至 10 kb 的片段;③引物碱基:G＋C 含量以 40%～60% 为宜,G＋C 太少扩增效果不佳,G＋C 过多易出现非特异条带。ATGC 最好随机分布,避免 5 个以上的嘌呤或嘧啶核苷酸的成串排列;④避免引物内部出现二级结构,避免两条引物间互补,特别是 3′ 端的互补,否则会形成引物二聚体,产生非特异的扩增条带;⑤引物 3′ 端的碱基,特别是最末及倒数第二个碱基,应严格要求配对,以避免因末端碱基不配对而导致 PCR 失败;⑥引物中有或能加上合适的酶切位点,被扩增的靶序列最好有适宜的酶切位点,这对酶切分析或分子克隆很有好处;⑦引物的特异性:引物应与核酸序列数据库的其他序列无明显同源性。

引物量:每条引物的浓度 0.1～1 μmol/L,以最低引物量产生所需要的结果为好,引物浓度偏高会引起错配和非特异性扩增,且可增加引物之间形成二聚体的机会。

(3) 酶的质量　目前有两种 Taq DNA 聚合酶供应,一种是从栖热水生杆菌中提纯的天然酶,另一种为大肠菌合成的基因工程酶。催化一典型的 PCR 反应约需酶量 2.5 U(指总反应体积为 100 μL 时),浓度过高可引起非特异性扩增,浓度过低则合成产物量减少。

(4) Mg^{2+} 浓度　Mg^{2+} 离子浓度对 PCR 扩增效率影响很大,Mg^{2+} 浓度一般为 1.5～2.0 mmol/L 为宜。Mg^{2+} 浓度过高,反应特异性降低,出现非特异扩增,浓度过低会降低 Taq DNA 聚合酶的活性,使反应产物减少。

(5) dNTP 的质量与浓度　dNTP 的质量与浓度和 PCR 扩增效率有密切关系,dNTP 粉呈颗粒状,如保存不当易变性失去生物学活性。dNTP 溶液呈酸性,使用时应配成高浓度后,以 1 mol/L NaOH 或 1 mol/L Tris．HCl 的缓冲液将其 pH 调节到 7.0～7.5,小量分装,一20℃冰冻保存。多次冻融会使 dNTP 降解。在 PCR 反应中,dNTP 应为 50～200 μmol/L,尤其是注意 4 种 dNTP 的浓度要相等(等摩尔配制),如其中任何一种浓度不同于其他几种时(偏高或偏低),就会引起错配。浓度过低又会降低 PCR 产物的产量。dNTP 能与 Mg^{2+} 结合,使游离的 Mg^{2+} 浓度降低。

(6) 反应体积　通常进行 PCR 扩增采用的体积为 20 μL、30 μL、50 μL 或 100 μL。应用多大体积进行 PCR 扩增是根据科研和临床检测不同目的而设定,在做小体积如 20 μL 后,再做大体积时,一定要摸索条件,否则容易失败。

(7) PCR 循环条件　基于 PCR 原理三步骤而设置变性—退火—延伸 3 个温度点。在标准反应中采用三温度点法,双链 DNA 在 90～95℃变性,再迅速冷却至 40～60℃,引物退火并结合到靶序列上,然后快速升温至 70～75℃,在 Taq DNA 聚合酶的作用下,使引物链沿模板延伸。对于较短靶基因(长度为 100～300 bp 时)可采用二温度点法,除变性温度外、退火与延伸温度可合二为一,一般采用 94℃变性,65℃左右退火与延伸(此温度 Taq DNA 酶仍有较高的催化活性)。

①变性温度与时间:变性温度低,解链不完全是导致 PCR 失败的最主要原因。一般情况下,93～94℃,3～5 min 足以使模板 DNA 变性,若低于 93℃则需延长时间,但温度不能过高,因为高温环境对酶的活性有影响。此步若不能使靶基因模板或 PCR 产物完全变性,就会导致 PCR 失败。

②退火(复性)温度与时间:退火温度是影响 PCR 特异性的较重要因素。变性后温度快速冷却至 40～60℃,可使引物和模板发生结合。由于模板 DNA 比引物复杂得多,引物和模板之间的碰撞结合机会远远高于模板互补链之间的碰撞。退火温度与时间,取决于引物的长度、碱基组成及其浓度,还有靶基序列的长度。对于 20 个核苷酸,G+C 含量约 50%的引物,55℃为选择最适退火温度的起点较为理想。引物的复性温度可通过以下公式帮助选择合适的温度:

$$T_m(解链温度)=4(G+C)+2(A+T)$$
$$复性温度=T_m-(5～10℃)$$

在 T_m 允许范围内,选择较高的复性温度可大大减少引物和模板间的非特异性结合,提高 PCR 反应的特异性。复性时间一般为 30～60 s,足以使引物与模板之间完全结合。

③延伸温度与时间:Taq DNA 聚合酶的生物学活性:70～80℃,150 核苷酸/S/酶分子;70℃,60 核苷酸/S/酶分子;55℃,24 核苷酸/S/酶分子;高于 90℃时,DNA 合成几乎不能进行。

PCR 反应的延伸温度一般选择在 70～75℃之间,常用温度为 72℃,过高的延伸温度不利于引物和模板的结合。PCR 延伸反应的时间,可根据待扩增片段的长度而定,一般 1 kb 以内的 DNA 片段,延伸时间 1 min 是足够的。3～4 kb 的靶序列需 3～4 min;扩增 10 kb 需延伸至 15 min。延伸进间过长会导致非特异性扩增带的出现。对低浓度模板的扩增,延伸时间要稍长些。

(8)电泳检测时间　一般为 48 h 以内,有些最好于当日电泳检测,大于 48 h 后带型不规则甚至消失,易出现假阴性,或不出现扩增条带等。

5. 常规 PCR 的常见问题

(1)物理原因　变性对 PCR 扩增来说相当重要,如变性温度偏低,或变性时间过短,极有可能出现假阴性;退火温度过低,可致非特异性扩增而降低特异性扩增效率;退火温度过高影响引物与模板的结合而降低 PCR 扩增效率。有时还有必要用标准的温度计,检测一下扩增仪或水溶锅内的变性、退火和延伸温度,这也是 PCR 失败的原因之一。

(2)靶序列变异　如靶序列发生突变或缺失,影响引物与模板特异性结合,或因靶序列某段缺失使引物与模板失去互补序列,其 PCR 扩增无法实施。假阳性出现的 PCR 扩增条带与目的靶序列条带一致,有时其条带更整齐,亮度更高。

(3)引物设计不合适　选择的扩增序列与非目的扩增序列有同源性,因而在进行 PCR 扩增时,扩增出的 PCR 产物为非目的性的序列。靶序列太短或引物太短,容易出现假阳性,需重新设计引物。

（4）靶序列或扩增产物的交叉污染　　污染有两种原因：一是整个基因组或大片段的交叉污染，导致假阳性。这种假阳性可用以下方法解决：操作时应小心轻柔，防止将靶序列吸入加样枪内或溅出离心管外。除酶及不能耐高温的物质外，所有试剂或器材均应高压消毒。所用离心管及加样枪头等均应一次性使用。必要时，在加标本前，反应管和试剂用紫外线照射，以破坏存在的核酸。二是空气中的小片段核酸污染，这些小片段比靶序列短，但有一定的同源性。可互相拼接，与引物互补后，可扩增出 PCR 产物，而导致假阳性的产生，可用巢式 PCR 方法来减轻或消除。

（5）出现非特异性扩增带　　PCR 扩增后出现的条带与预计的大小不一致，或大或小，或者同时出现特异性扩增带与非特异性扩增带。非特异性条带的出现，其原因：一是引物与靶序列不完全互补、或引物聚合形成二聚体。二是 Mg^{2+} 浓度过高、退火温度过低，及 PCR 循环次数过多有关。三是酶的质和量，往往一些来源的酶易出现非特异条带而另一来源的酶则不出现，酶量过多有时也会出现非特异性扩增。其对策有：必要时重新设计引物；减低酶量或调换另一来源的酶；降低引物量，适当增加模板量，减少循环次数；适当提高退火温度或采用二温度点法（93℃变性，65℃左右退火与延伸）。

（6）出现片状拖带或涂抹带　　PCR 扩增有时出现涂抹带或片状带或地毯样带。其原因往往由于酶量过多或酶的质量差，dNTP 浓度过高，Mg^{2+} 浓度过高，退火温度过低，循环次数过多引起。其对策有：减少酶量，或调换另一来源的酶；减少 dNTP 的浓度；适当降低 Mg^{2+} 浓度；增加模板量，减少循环次数。

6. 常规 PCR 产物的检测

在建立实用的 PCR 检测技术时，检测 PCR 产物是一项十分基础的工作。如凝胶电泳分析扩增产物只有一条带，不需要用凝胶纯化，可直接送公司进行测序。如可见其他杂带，可能是积累了大量引物的二聚体。少量的引物二聚体的摩尔数也很高，这会产生高比例的带有引物二聚体的克隆，而非目的插入片段。为此需做克隆，并在克隆前做凝胶纯化。

克隆 PCR 产物的最优条件：最佳插入片段：载体比需实验确定。1∶1（插入片段：载体）常为最佳比，摩尔数比 1∶8 或 8∶1 也行。应测定比值范围。连接用 5 μL 的 2× 连接液，50 ng 质粒 DNA，1Weiss 单位的 T4 连接酶，插入片段共 10 μL。室温保温 1 h，或 4℃过夜。在这两种温度下，缺 T-凸出端的载体会自连，产生蓝斑。室温保温 1 h 能满足大多数克隆要求，为提高连接效率，需 4℃过夜。

如果没有回收到目的片段，还需要做一些对照试验。

①涂布未转化的感受态细胞。如有菌落，表明氨苄失效，或污染上带有氨苄抗性的质粒，或产生氨苄抗性的菌落。

②转化完整质粒，计算菌落生长数，测定转化效率。例如，将 1 μg/μL 质粒 1∶100 稀释，1 μL 用于 100 μL 感受态细胞转化。用 SOC 稀释到 1 000 μL 后扩大培养 1 h，用 100 μL 铺板。培养过夜，产生 1 000 个菌落。转化率为：产生菌落的总数/铺板 DNA 的总量。铺板 DNA 的总量是转化反应所用的量除以稀释倍数。具体而言转化用 10 ng DNA，用 SOC 稀释到 1 000 U 后含 10 ng DNA，用 1/10 铺板，共用 1 ng DNA。转化率为 1 000 克隆×10^3ng /铺板 1 ng DNA μg = 10^6cfu/μg，转化 pGEM-T 应用 10^8cfu/μg 感受态细胞如没有菌落或少有菌落，表明感受态细胞的转化率太低。

③如用 pGEM-T 正对照，或 PCR 产物，产生＞20～40 蓝斑（用指定步骤 10^8cfu/ μg 感受

态细胞),表明载体失去 T。可能是连接酶污染了核酸酶。T4 DNA 连接酶(M1801、M1804 和 M1794)质量标准好无核酸酶污染,不应用其他来源的 T4 DNA 连接酶替换。

④用 pGEM-T 或 pGEM-T Easy 载体,连接 pGEM-T 正对照,转化高频率感受态细胞 (10^8 cfu/μg),按照指定的实验步骤,可得 100 个菌落,其中 60% 应为白斑,如产生 >20~40 蓝斑,没有菌落或少有菌落,说明连接有问题。

若果对照实验结果好,仍没有回收到目的片段,可能存在的问题有:①连接用室温保温 1 h,能满足大多数克隆,为提高效率,需 4℃ 过夜。②插入片段带有污染,使 $3'$-T 缺失,或抑制连接,抑制转化。为此,将插入片段和 pGEM-T 正对照混合,再连接。如降低了对照的菌落数,插入片段需纯化或重新制备。如产生大量的蓝斑,插入片段污染有核酸酶,使 pGEM-T 或 pGEM-T Easy 载体 $3'$-T 缺失。③插入片段不适于连接。用凝胶纯化的插入片段,因受 UV 过度照射,时有发生。UV 过度照射会产生嘧啶二聚体,不利于连接,DNA 必须重新纯化。④带有修复功能的耐热 DNA 聚合酶的扩增产物末端无 A,后者是 pGEM-T 和/或 pGEM-T Easy 载体克隆所必需。加 Taq DNA 聚合酶和核苷酸可在末端加 A。详情查 pGEM-T 和/或 pGEM-T Easy 载体技术资料(TM042)。⑤高度重复序列可能会不稳定,在扩增中产生缺失和重排,如发现插入片段高频率地产生缺失和重排,需用重组缺陷大肠杆菌菌株,如 SURE 细胞。

6.3.2.2　巢式 PCR

巢式 PCR(nest PCR)是一种变异的聚合酶链反应,使用两对(而非一对)PCR 引物扩增完整的片段。第一对 PCR 引物扩增片段和普通 PCR 相似。第二对引物(巢式引物,在第一次 PCR 扩增片段的内部)结合在第一次 PCR 产物内部,使得第二次 PCR 扩增片段短于第一次扩增。巢式 PCR 的好处在于,如果第一次扩增产生了错误片段,则第二次能在错误片段上进行引物配对并扩增的概率极低。因此,巢式 PCR 的扩增非常特异。

巢式 PCR 通过两轮 PCR 反应,使用两套引物扩增特异性的 DNA 片段。第二对引物的功能是特异性的扩增位于首轮 PCR 产物内的一段 DNA 片段。第一轮扩增中,外引物用(out primer)以产生扩增产物,此产物在内引物(in primer)的存在下进行第二轮扩增。从而提高反应的特异性。

6.3.2.3　多重 PCR

一般 PCR 仅用一对引物,通过 PCR 扩增产生一个核酸片段,主要用于单一致病因子等的鉴定。多重 PCR(multiplex PCR),又称多重引物 PCR 或复合 PCR,它是在同一 PCR 反应体系里加上两对或以上引物,同时扩增出多个核酸片段的 PCR 反应,其反应原理,反应试剂和操作过程与一般 PCR 相同。

多重 PCR 的特点有:①高效性,在同一 PCR 反应管内同时检出多种病原微生物;②系统性,多重 PCR 很适宜于成组病原体的检测;③经济简便性,多种病原体在同一反应管内同时检出,将大大的节省时间,节省试剂,节约经费开支,为临床提供更多更准确的诊断信息。

6.3.2.4　反转录 RCR

反转录 PCR(reverse transcription PCR,RT-PCR)也称逆转录 PCR,它是先由一条 RNA 单链在依赖 RNA 的 DNA 聚合酶(反转录酶)作用下,转录为互补 DNA(cDNA),该互补 DNA 通过脱氧核苷酸引物和依赖 DNA 的 DNA 聚合酶的循环倍增,即通常的 PCR。期间原先的 RNA 模板被 RNA 酶 H 降解,留下互补 DNA。

RT-PCR 的指数扩增是一种很灵敏的技术,可以检测很低拷贝数的 RNA。RT-PCR 广泛应用于遗传病的诊断,并且可以用于定量监测某种 RNA 的含量。

RT-PCR 的关键步骤在是 RNA 的反转录,要求 RNA 模版为完整的且不含 DNA、蛋白质等杂质。

6.3.2.5　环介导等温扩增反应

环介导等温扩增反应(loop-mediated isothermal amplification,LAMP)是一种敏感的链取代核酸扩增技术,该技术可在恒温(65℃)条件下,1 h 内将靶基因从几个拷贝扩增到 10^9 个拷贝,其扩增的靶基因长度一般在 200～300 bp。

双链 DNA 复性和延伸的中间温度为 60～65℃,在 65℃左右 DNA 处于复性与延伸的动态平衡状态,利用 4 种特异性引物和高活性链置换 DNA 聚合酶,可使链置换 DNA 合成不停地自我循环而实现靶基因的扩增。

LAMP 引物设计主要是针对靶基因的 6 个不同区域(图 6.15),基于靶基因 3′端的 F3C、F2C 和 F1C 区域,以及 5′端得 B1、B2 和 B3 区域 6 个不同位点设计 4 种引物。上游内部引物(forward inner primer,FIP)由 F2 与 F1C 区域组成,F2 区域与靶基因 3′端的 F2C 区域互补,F1C 区域与靶基因 5′端的 F1C 区域序列相同;上游外部引物(forward outer primer,FOP)-F3 引物由 F3 区域组成,与靶基因的 F3C 区域互补。下游内部引物(backward inner primer,BIP)由 B1C 和 B2C 区域组成,B2 区域与靶基因 3′端的 B2C 区域互补,B1C 区域与靶基因 5′端的 B1C 区域相同;下游外部引物(backward outer primer,BOP)-B3 引物由 B3 区域组成,与靶基因的 B3C 区域互补。

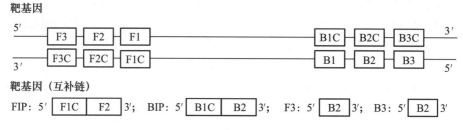

图 6.15　**LAMP 引物设计**

LAMP 的扩增过程包括扩增起始结构的形成和扩增循环两个阶段。

首先是扩增起始结构的形成:任何一个引物向 dsDNA 的互补部位进行碱基配对延伸时,另一条链就会解离成单链。FIP 的 F2 序列首先与模板 F2C 结合,在链置换型 DNA 聚合酶的作用下向前延伸启动链置换合成。外部引物 F3 与模板 F3C 结合并延伸,置换出完整的 FIP 连接的互补单链。FIP 的 F1C 与此单链的 F1 为互补结构,碱基自我配对形成环状结构;以此链为模板,下游引物 BIP 与 B3 先后启动类似于 FIP 和 F3 的合成,形成哑铃状结构的单链;以 3′端的 F1 区域为起点,自身为模板,迅速进行 DNA 合成延伸,形成颈环结构。该结构即为 LAMP 扩增的起始结构。

其后是扩增循环:以茎环状结构为模板,FIP 与茎环的 F2C 区域结合。开始链置换合成,解离出的单链核酸同理形成环状结构。迅速以 3′末端的 B1 区段为起点,以自身为模板。进行 DNA 合成延伸及链置换。形成长短不一的 2 条新茎环状结构的 DNA,BIP 引物上的 B2 与其杂交,启动新一轮扩增,产物 DNA 长度增加一倍。在反应体系中添加 2 条环状引物 LF 和

LB,它们也分别与茎环状结构结合启动链置换合成,周而复始。扩增的最后产物是具有不同个数茎环结构、不同长度 DNA 的混合物。且产物 DNA 为扩增靶序列的交替反向重复序列。

以往的核酸扩增方法相比 LAMP 的优点是:①操作简单,LAMP 核酸扩增是在等温条件下进行,只需水浴锅即可,产物检测用肉眼观察或浊度仪检测沉淀浊度即可判断。对于 RNA 的扩增只需要在反应体系中加入反转录酶就可同步进行(RT-LAMP),不需要特殊的试剂及仪器。②快速高效,因为不需要预先的 ds DNA 热变性,避免了温度循环的所耗时间。核酸扩增在 1 h 内均可完成,添加环状引物后时间可以节省一半时间,多数情况在 20~30 循环均可检测到扩增产物。且产物可以扩增至 10^9 倍,达 0.5 mg/mL。应用专门的浊度仪可以达到实时定量检测。③高特异性,由于是针对靶基因 6 个区域设计的 4 种特异性引物。6 个区域中任何区域与引物不匹配均不能进行核酸扩增,故其特异性极高。④高灵敏度,对于病毒扩增模板可达几个拷贝,比 PCR 高出数量级的差异。但其也存在缺点,主要为:由于 LAMP 扩增是链置换合成,靶基因长度最好在 300 bp 以内;>500 bp 则较难扩增,故不能进行长链 DNA 的扩增;由于灵敏度高,极易受到污染而产生假阳性结果,故要特别注意严谨操作;以及在产物的回收鉴定、克隆、单链分离方面均逊色于传统的 PCR 方法。

6.3.2.6 荧光定量 PCR

荧光定量 PCR 最早称 TaqMan PCR,后来也叫 Real-Time PCR(RT-PCR)或 Real time Quantitative PCR,是美国 PE(Perkin Elmer)公司 1995 年研制出来的一种新的核酸定量技术。该技术是在常规 PCR 基础上加入荧光标记探针或相应的荧光染料来实现其定量功能的。其原理是随着 PCR 反应的进行,PCR 反应产物的不断累计,荧光信号强度也等比例增加。每经过一个循环,收集一个荧光强度信号,这样我们就可以通过荧光强度变化监测产物量的变化,从而得到一条荧光扩增曲线图。

一般而言,荧光扩增曲线可以分成 3 个阶段:荧光背景信号阶段,荧光信号指数扩增阶段和平台期。在荧光背景信号阶段,扩增的荧光信号被荧光背景信号所掩盖,无法判断产物量的变化。而在平台期,扩增产物已不再呈指数级的增加,PCR 的终产物量与起始模板量之间没有线性关系,根据最终的 PCR 产物量也不能计算出起始 DNA 拷贝数。只有在荧光信号指数扩增阶段,PCR 产物量的对数值与起始模板量之间存在线性关系,我们可以选择在这个阶段进行定量分析。为了定量和比较的方便,在实时荧光定量 PCR 技术中引入了两个非常重要的概念:荧光阈值(threshold)和 Ct(threshold value)值(图 6.16)。

1. 荧光阈值

荧光阈值是在荧光扩增曲线上人为设定的一个值,它可以设定在荧光信号指数扩增阶段任意位置上,但一般荧光阈值的设置是基线(或称背景)荧光信号的标准偏差的 10 倍。PCR 反应前 3~15 个循环荧光信号标准偏差一般约为 10 倍,即 threshold。

2. Ct 值

Ct 值是指每个反应管内的荧光信号到达设定域值时所经历的循环数。

3. Ct 值与起始模板的关系

研究表明,每个模板的 Ct 值与该模板的起始拷贝数的对数存在线性关系,起始拷贝数越多,Ct 值越小。在指数期 Ct 值与 DNA 起始拷贝数呈线性关系($Ct = -k \ln X_0 + b$,X_0 为起始拷贝数)。利用已知起始拷贝数的标准品可作出标准曲线(图 6.17),只要获得未知样品的 Ct 值,即可从标准曲线上计算出该样品的起始拷贝数。

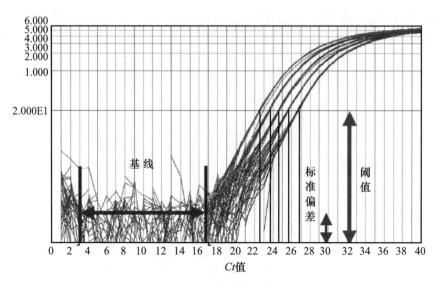

图 6.16　荧光阈值与 *Ct* 值

4. 荧光定量检测

荧光定量检测根据所使用的标记物不同可分为荧光探针和荧光染料。

荧光探针又包括 Beacon 技术（分子信标技术，以美国人 Tagyi 为代表）、TaqMan 探针（以美国 ABI 公司为代表）和 FRET 技术（以罗氏公司为代表）等；荧光染料包括饱和荧光染料和非饱和荧光

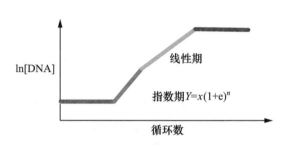

图 6.17　扩增中的荧光指数曲线示意图

染料，非饱和荧光染料的典型代表就是现在最常用的 SYBR Green I；饱和荧光染料有 EvaGreen、LC Green 等。

（1）嵌合荧光染料法　嵌合荧光染料法（SYBR Green I）是一种非特异性荧光标记法。SYBR Green I 是最常用的 DNA 结合染料，它可与 ds DNA 非特异性结合。在游离状态下，SYBR Green I 发出微弱的荧光，但一旦与 ds DNA 结合，其荧光增加 1 000 倍。所以，一个反应发出的全部荧光信号与出现的 ds DNA 量呈比例，且会随扩增产物的增加而增加。

嵌合荧光染料法的优点：实验设计简单，通用性号，适用于所有 ds DNA；仅需要 2 个引物，不需要设计探针，无需设计多个探针即可以快速检验多个基因；灵敏度高和低成本。其缺点是容易与非特异性 ds DNA 结合出现假阳性，但可以通过融解曲线的分析（单一峰为特异性检测的特征）或优化反应条件解决；对引物的特异性要求较高。

（2）荧光探针法　荧光探针法（Taqman 技术）是在 PCR 扩增时，加入一对引物的同时再加入一个特异性的荧光探针（图 6.18）。该探针为一直线型的寡核苷酸（与目标基因互补），两端分别标记一个荧光报告基因和一个荧光淬灭基因，探针完整时，报告基团发射的荧光信号被淬灭基团吸收。刚开始时，探针结合在 DNA 任一一条单链上，PCR 仪检测不到荧光信号；PCR 扩增时（在延伸阶段），Taq 酶的 $5'$-$3'$ 切酶活性将探针酶切降解，使报告荧光基团和淬灭荧光基团分离，从而荧光监测系统可接收到荧光信号，即每扩增一条 DNA 链，就有一个荧光

分子形成,实现了荧光信号的累积与 PCR 产物形成完全同步,这也是定量的基础所在。

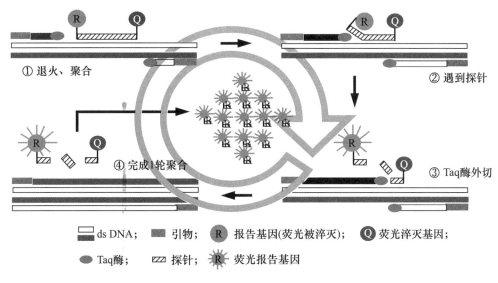

图 6.18　**TaqMan 作用机理**

实时荧光定量 PCR 技术可分为实现绝对定量(absolute quantification,AQ)和相对定量(relative quantification,RQ)。

绝对定量用于确定未知样本中某段核酸序列的绝对量值,即通常所说的拷贝数。通过已知拷贝数质粒 DNA 的系列稀释作为绝对定量的标准品而实现,标准品的种类有:含有和待测样品相同扩增片段的克隆质粒、含有和待测样品相同扩增片段的 cDNA 和 PCR 的产物等。绝对定量主要应用于:病原体检测、转基因食品检测和基因表达研究等。

相对定量用于测定一个测试样本中目标核酸序列与校正样本中同一序列表达的相对变化。校正样本可以是一个未经处理的对照或者是在一个时程研究中处于零时的样本。相对定量是通过内标(endogenous control)实现,常用的内标有:β-actin 和 GAPDH 基因等基因,这些基因在细胞中的表达量或在基因组中的拷贝数恒定,受环境因素影响小。内标定量结果代表了样本中所含细胞或基因组数量。相对定量主要应用于:基因在不同组织中的表达差异、药物疗效考核和耐药性研究等。

实时荧光定量 PCR 技术不仅实现了 PCR 从定性到定量的飞跃,而且与常规 PCR 相比,它具有特异性更强,有效解决 PCR 污染问题,自动化程度高等特点,其应用正在日趋广泛之中。

其他还有反向 PCR(inverse polymerase chain reaction,iPCR)、锚定 PCR(anchored PCR,A-PCR)、不对称 PCR(asymmetric PCR)、等位基因特异性 PCR(allele specific PCR,AS-PCR)、单链构型多态性 PCR(single-strandconformational polymorphism PCR,SSCPPCR)、低严格单链特异性引物 PCR(low stringency single specific primer PCR,LSSP-PCR)、免疫 PCR(immuno PCR,Im-PCR)、菌落 PCR(colony PCR)、交错式热不对称 PCR(thermal asymmetric interlaced PCR,TAIL-PCR)、递减 PCR(touchdown PCR,或称降落 PCR)和 RACE-PCR(rapid-amplification of cDNA ends PCR)等不同用途的 PCR 技术。

6.3.3 主要分子生物学检测技术简介

6.3.3.1 BmNPV 和 BmCPV 的 PCR 检测

1. BmNPV 和 BmCPV 的核酸提取

将纯化的 BmNPV 病毒用 TE 缓冲液(10 mmol/L Tris-HCl,1 mmol/L EDTA)悬浮,在 1 mg/mL 蛋白酶 K(或 actinase)和 1% SDS 溶液中 37℃温育 3 h;TE 饱和酚抽提 2 次;加 2.5 倍冷乙醇,15 000×g,−4℃离心 15 min,取沉淀。

将纯化的 BmCPV 用含有 100 mmol/L NaCl、15 mmol/L MgCl$_2$、0.2% SDS 和 0.5% 蛋白酶 K 的 10 mmol/L Tris-HCl(pH 7.5)悬浮,56℃温育 2 h;酚:氯仿=1:1 溶液混合, 13 000×g,−20℃离心 5 min,取水层,重复 3 次;加 2.5 倍冷乙醇,15 000×g,−4℃离心 15 min,取沉淀。

2. 引物

BmNPV 的引物为 NP1-1:GAGCG TCGTT CGACA ACGGC TATTC、NP1-4:GTCTC GTCGT TGCAC ACATC TTGAG(靶基因 844 bp);NP1-7:CGTTG CACAC ATCTT GAGAA TGAGG;NP1-8:TTTTG TGATA AACAA CAGCC CAACG(靶基因 815 bp)。

BmCPV 的引物为 CPP-4:GCGGT TGCAG AATCT GAGAG CCAAG、CPP-7:ATCTT CAGTC CTAGT GTGAA TGTGC(靶基因 306 bp);CPP-5:CCAAG TCGCA TGATT GGAAG ACGTC;CPP-7:ATCTT CAGTC CTAGT GTGAA TGTGC(靶基因 286 bp)。

3. 检测

BmNPV 的 PCR 反应液的总体积为 20 μL,其中加 50 mmol/L 的 KCl、10 mmol/L 的 Tris-HCl(pH 8.2)和分别为 1 mmol/L 的 dNTP;10 ng 的模板核酸、2.5 U 的 Taq 酶和 2.0~ 5.0 mmol/L 的 Mg^{2+}。变性:92℃,1 min;退火:46℃,1 min;延伸:72℃,1 min;45 个循环。 1.5% 琼脂糖凝胶电泳。BmNPV 的最低检测浓度为 500 fg。

BmCPV 的第一次 PCR 反应液总体积为 100 μL,其中加 50 mmol/L 的 KCl、10 mmol/L 的 Tris-HCl(pH 8.2)和分别为 0.25 mmol/L 的 dNTP,及 50 U 的 RNase 抑制剂 (TAKARA)和 5U 的 AMV 反转录酶;20 μL 的模板核酸、2.5 U 的 Taq 酶和 2.5 mmol/L 的 Mg^{2+}。变性:95℃,2 min;退火:46℃,1 min;延伸:72℃,1 min;35 个循环。第二次 PCR 反应 液总体积为 20 μL,1 μL 第一次 PCR 产物,加 50 mmol/L 的 KCl、10 mmol/L 的 Tris-HCl (pH 8.2)和分别为 0.25 mmol/L 的 dNTP,2.5 U 的 Taq 酶和 2.5 mmol/L 的 Mg^{2+},95℃, 1 min;60℃,1 min;25 个循环。1.5% 琼脂糖凝胶电泳。BmCPV 的最低检测浓度为 200 fg。

6.3.3.2 BmIFV 的检测

1. 核酸的提取

纯化 BmIFV 病毒核酸提取:将病毒用 TNE 缓冲液(10 mmol/L 的 Tris-HCl、100 mmol/L 的 NaCl、1 mmol/L 的 EDTA,pH 7.5)悬浮;加 SDS 和蛋白酶 K 至 1% 和 1 mg/mL,95℃保温 1 h;TE 饱和酚抽提 2 次;加 2.5 倍冷乙醇,15 000×g,−4℃离心 15 min,取沉淀。

直接提取法:将待检病蚕中肠(约 0.08 g)放入 EP 管,匀浆器充分捣碎;加 0.8 mL Trizol, 静置 5 min;加入 200 μL 氯仿,剧烈振摇 15 次(15 s),静置 3 min;在 4℃预冷的离心机中 12 000×g 离心 5 min,从离心机取出时避免晃动,破坏水油界面;小心吸取上层水相转入一新的 EP 管中,为避免吸到中间界面,可适量少吸取一些水相;加入和水相等体积的异丙醇(500 μL 左右),上下颠倒 10 次,静置 10 min;4℃,12 000×g 离心 10 min;小心倒去上清,用枪头吸去管底残留的液体;加入−20℃预冷的 75%乙醇,轻轻转动 EP 管数次,使乙醇浸润沉淀和管壁;4℃,7 500×g 离心 5 min;弃上清,用枪头吸去管底残留的乙醇,超净台中敞盖干燥 5 min 左右至乙醇挥发完全;加入适量 DEPC 水(10～20 μL)溶解 RNA 沉淀;取 2 μL 电泳检查,3 μL 稀释 100 倍测 OD 定量。其余分装保存于−70℃,或直接做反转录。

用于 RNA 抽提的 EP 管、PCR 管、枪头、量筒、试剂瓶,在 1%的 DEPC 中浸过夜后高压灭菌。

2. 引物

BmIFV 的引物为 IF-31A:ATCGC TTCAT TCCAA CATCT CTAT 和 FV-4:TATCT CTAAA CAGGC GGAGC(靶基因 217 bp),FV-5:GCATT CATCG ACTTT CCCAC 和 FV-10:AAAAC AGGCG GAGCA CTACC(靶基因 156 bp)。

3. 检测

首轮 PCR:用 TaKaRa 的 One Step RNA PCR Kit(AMV)进行第一轮扩增。在 DEPC 处理过的 PCR 管中配制下述反应混合液:5 μL 的 10×One Step RNA PCR Buffer、10 μL 的 25 mmol/L MgCl$_2$、5 μL 的 10 mmol/L dNTP、1 μL 的 AMV-Optimized Taq、1 μL 的 RNase Inhibitor(40 U/μL)、1 μL 的 AMV RTase XL(5 U/μL)、1 μL 的 Outer1(20 μmol/L,IF-31A)、1 μL 的 Outer2(20 μmol/L,FV-4)、1 μL 的 RNA 样本(≤1 μg Total RNA)和 24 μL 的 RNase Free dH$_2$O,总体积 50 μL。扩增条件如下:94℃预变性 2 min 后,以 94℃变性 30 s,46℃退火 1 min,72℃延伸 1 min 三步进行 35 个循环,4℃保存。

次轮 PCR:取 1 μL 首轮 PCR 产物作为模板进行次轮扩增,配制下述反应液:2.5 μL 的 10×Buffer、5 μL 的 25 mmol/L MgCl$_2$、2.5 μL 的 10 mmol/L dNTP、0.5 μL 的 TaKaRa rTaq、0.5 μL 的 Inner1(20 μmol/L,FV-5)、0.5 μL 的 Inner2(20 μmol/L,FV-10)、7.5 μL 的 MilliQ H$_2$O,总体积 25 μL。94℃预变性 2 min 后,以 94℃变性 1 min,46℃退火 1 min,72℃延伸 1 min 三步进行 35 个循环,4℃保存。

反应结束后,取两轮扩增产物电泳检查。

6.3.3.3　BmDNV 的检测

1. 核酸的提取

纯化病毒的核酸提取:用含有 100 mmol/L NaCl、15 mmol/L MgCl$_2$、0.2% SDS 和 0.5% 蛋白酶 K 的 10 mmol/L Tris-HCl(pH 7.5)悬浮病毒,56℃温育 20 min;酚:氯仿=1:1 溶液混合,13 000×g,−20℃离心 5 min,取水层;再用酚处理 2 次后,加 NaAc 至 0.3 mol/L;加 2.5 倍冷乙醇,15 000×g,−4℃离心 15 min,取沉淀。

中肠组织的病毒核酸提取:解剖获家蚕中肠,加入 PBS(pH 7.4),组织匀浆,5 000×g 离心 10 min,留上清去沉淀;利用注射器吸取上清,用 0.45 μm 的滤膜过滤;取 0.2 mL 滤液加入等体积的 DNA 抽提液(10 mmol/L Tirs-HCl pH 7.5,100 mmol/L NaCl,1% SDS,0.5 mg/mL 蛋白酶 K),56℃保温 1 h;加入等体积的酚:氯仿:异戊醇(25:24:1)振荡混匀,12 000×g 离心 5 min;取上清,加入等体积的氯仿振荡混匀,12 000×g 离心 5 min;取上清,加入等体积的无水乙醇混匀,−20℃保存 10 min,12 000×g 离心 10 min,晾干沉淀,加 ddH$_2$O 溶解。

2. 引物

纯化病毒的 PCR 引物。BmDNV-1 引物为＃7：AAGTC GAGTA GTTCT TC 和＃29：AATGC AGGTG CCTCG GG（靶基因 675 bp）；IN-2：ACAAT TTGCT GTGAC TCTTC TATGG 和 IN-3：CTATA ACACA AAATG GCCCC GATCG（靶基因 526 bp）。BmDNV-2 引物为 YII-16：TGTAC TAGAA TATAC TG 和 YII-17：TTCCT GTAATTGATC AA（靶基因 1 300 bp）；YII-KB：ATATA AACAG ATACA ATCAA TGGTC 和 YII-K：CTGGA CATCT T TGAA CTCCA A AATC TG（靶基因 1 179 bp）。

中肠组织的病毒（DNV-Z）检测用引物。根据其基因组特点利用 VD1 和 VD2 共有的末端反向重复序列（inverted terminal repeats，ITR）及 VD1 和 VD2 特异性的序列设计引物如下：DNV-Z-ITR，GTGTG TGTAT ACTGG GGCGG TAT；DNV-Z-VD1（224），CGCAT TATAA TCTTA TCTTC TCT；DNV-Z-VD2（524），TAGGT TGATA TCGAC AATCT AGC。

3. 检测

PCR 过程与条件与 BmNPV 相同，BmDNV-1 和 BmDNV-2 的最低检测浓度都为 25 fg。

中肠直接检测的 PCR 体系为：2 μL Taq Buffer、2 μL dNTP、2 μL DNV-Z-ITR、1 μL DNV-Z-VD1、1 μL DNV-Z-VD2、0.5 μL Sample DNA、11 μL ddH$_2$O、0.5 μL Taq、总体积 20 μL。扩增程序为：

92℃，2 min→（92℃，30 s → 51℃，30 s → 72℃，1 min）30 个循环→ 72℃，10 min

6.3.3.4 家蚕微粒子病的检测

家蚕微粒子病的检疫是养蚕业中一项十分重要的技术，该技术包括两方面内容，其一是抽样技术，其二是检测技术。抽样技术是基于一定检测技术基础上的样本代表性（或称安全性）确定方案，其技术的本质是在保证足够代表性基础上的检测效率提高。现行抽样技术的检测基础都是基于光学显微镜检测技术，检测对象主要为母蛾。

检测技术的两个基本问题是灵敏度和特异性。家蚕微粒子病的光学显微镜检测技术的靶标是家蚕微粒子虫（*Nosema bombycis*，Nb）孢子，该技术的灵敏度与样本制作中母蛾的干燥与保存、磨蛾、过滤和离心等有关。显微镜观察（40×15）每视野 1 粒 Nb 孢子的样本浓度约为 10^5 个/mL，现行检疫规程中要求检疫人员观察 5～6 个视野或以上，并实行双人对检加复检，简单换算其灵敏度应在 10^4 孢子/mL 以上，但实际应用中涉及时间（观察视野数）和杂质的干扰而难于全面达到该灵敏度或更高的灵敏度。光学显微镜检测技术的特异性主要依靠检测人员的经验，有效分辨出 Nb 孢子与细菌芽孢、真菌分生孢子及其他相似物等则需要熟练的技术人员。此外，非 Nb 微孢子虫孢子等的存在使鉴别工作更为复杂和困难。

随着免疫学和 PCR 检测技术的快速发展，解决光学显微镜检测技术的能力局限，以及从灵敏度和特异性方面突破或取代光学显微镜检测技术逐渐成为可能。已有众多的研究对各种免疫学检测技术进行了尝试，虽然未能在灵敏度和特异性方面取得突破性的实用化进展，但取得了诸多十分有益的资料和经验，从已有研究和技术的发展趋势而言，其中免疫学检测技术中的 ELISA 和 dot-IGSS 技术更具实用化的可能。早期曾有学者基于核酸特异性的探针法对家蚕微粒子病进行检测的研究。与免疫学检测技术不同，PCR 检测技术是基于核酸信息的检测技术，PCR 技术的快速发展使其实用化前景更为诱人。PCR 作为检测技术的主要过程包括核酸模板提取、引物设计和循环扩增等,这些过程的多个技术环节或参数都会对灵敏度和特异性产生影响。

1. 核酸模板提取

家蚕微粒子虫核酸模板的提取是 PCR 检测技术的基础,没有高效的模板核酸提取方法,就无法建立高效和实用的家蚕微粒子病 PCR 检测技术。Nb 孢子的核酸包裹在一个由几丁质和蛋白质组成的坚硬外壳之中,使其成为核酸提取的障碍。

已有家蚕微粒子病 PCR 检测技术研究中,多数采用了提取孢子后,基于孢子体外发芽的原理而实施核酸提取的方法。主要采用的元素有碱性缓冲液(TEK 和 GKK 等)、十二烷基磺酸钠(sodium dodecyl benzene sulfonate,SDS)和十六烷基三乙基溴化铵(cetyltriethylammonium bromide,CTAB)等表面活性剂和蛋白酶 K 等,或 H_2O_2、乙二胺四乙酸(ethylene diamine teraacetic acid,EDTA)、RNA 酶、冰浴和研磨等元素,通过不同元素间的不同组合破碎孢子或获取孢原质,再用常规 DNA 抽提方法达到获取模板核酸的目的。潘敏慧等分别用 KOH 法和 TEK 法,从浓度为 10^8 个/mL 的 Nb 孢子液中获得 0.34 μg 和 0.33 μg 的 DNA。

该类方法中,碱性或 H_2O_2 是有效将孢原质从孢子内释放出来的重要因素,但这些因素及其他因素过于极端时对核酸的破坏程度也加大,有效模板核酸的数量下降,将从根本上影响 PCR 检测的灵敏度。从实际样本(卵、幼虫、蛹和蛾)检测而言,如果样本不经前期简单的孢子纯化处理直接进行后期处理,释放孢原质的条件必须加剧,由此模板核酸被破坏的可能性进一步增加,影响到 PCR 检测的灵敏度;如果样本经前期简单的孢子纯化处理再进行后期处理,前期纯化过程本身就是孢子损失的过程,此外还有非孢子形态(裂殖体、母孢子和未成熟孢子等)Nb 核酸遗失的问题。通过利用物理因素处理样本或孢子,或获取孢原质后直接进行 PCR 等途径提高模板核酸收获率,从根本上提高 PCR 检测技术的灵敏度是非常值得借鉴和思考的问题。

2. 不同核酸提取方法比较

玻璃珠破碎法:取一管孢子(10^9 个/管)置珠磨式研磨器(FastPrep-24,MP BIO)中,用直径为 $425\sim600$ μm 酸洗玻璃珠(Sigma)处理孢子(5 500 r/min 20 s,6 次)。加入终浓度为 1 mg/mL 的蛋白酶 K 酶解 4 h,再用常规酚/氯仿法抽提 DNA(张海燕等,2005)。

发芽法:参照黄少康等(2004)的方法,取一管孢子(10^9 个/管)于 45 mL 的离心管,加入 1 mL 的 0.2 mol/L KOH 溶液,将管子固定在保温摇床上,在 $28\sim30℃$ 温度下,以 200 r/min 的转速振荡 30 min,此后立即加入 10 mL TEK 发芽液(含 0.17 mol/L KCl,1 mmol/L Tris-HCl,10 mmol/L EDTA,调 pH 至 8.0),继续振荡 30 min,诱使孢子发芽,以释放孢原质。处理结束后,8 000 r/min,4℃离心 20 min。同上抽提 DNA。

液氮冻融研磨法:参照刘加彬等(2002)的方法,取一管孢子(10^9 个/管)加液氮速冻 $4\sim5$ 次,孢子结成块状,转移到研钵中,加少量石英砂快速研磨。经过液氮反复冻融、研磨。同上抽提 DNA。

发芽法提取 Nb 基因组 DNA 的得率略高于液氮冻融研磨法,而玻璃珠破碎法的得率约为液氮冻融研磨法的两倍(表 6.4)。3 种方法制备的 DNA 经琼脂糖凝胶电泳后,在紫外光下均可见一均一的条带,但是玻璃珠破碎法所得的样品要明显亮于其他两种方法所得的样品(图 6.19)。此外,PCR 结果显示,以玻璃珠破碎法提取的 DNA 为模板对大片段基因(>2 000 bp)和小片段基因(<500 bp)的扩增效果均很好(图 6.19B)。

表 6.4　不同制备方法的微粒子虫孢子的 DNA 和蛋白得率

制备方法	DNA 得率/(fg/粒)	蛋白得率/(fg/粒)
破碎法	7.65±0.96	788.3±56.2
发芽法	4.73±0.73	567.4±35.1
研磨法	4.05±0.71	522.8±48.4

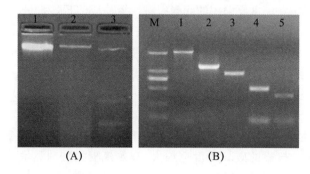

图 6.19　3 种方法制备的家蚕微粒子虫孢子 DNA(A)和以破碎法制备的 DNA 为模板扩增 Nb 基因(B)
(A) 1. 破碎法提取的 DNA；2. 发芽法提取的 DNA；3. 研磨法提取的总 DNA。(B) M 分子质量 Marker；
1. 大亚基核糖体 RNA 基因，2 108 bp；2. α-微管蛋白基因，1 202 bp；3. 延长因子，922 bp；4. 表面蛋白基
因，489 bp；5. 小亚基核糖体 RNA 基因，378 bp。

3. 引物设计

引物设计是 PCR 检测技术实现高效和特异性扩增目标基因的关键，也是 PCR 反应的决定性因素。在设计家蚕微粒子病 PCR 检测技术用引物中，可以利用 NCBI 的有关信息（已发表序列的特征、拷贝数和靶基因大小等），参照 PCR 引物设计的原则（核酸系列保守区选择、规避二级结构形成和引物碱基长度等）和采用合理的软件（Primer 5 和 Oligo 6 等）而实现。

"分子钟"是分子水平分析生物系统进化中的有效手段，SSU rRNA(16s rDNA)是微生物进化研究中常用的"分子钟"。家蚕微粒子病 PCR 检测技术研究中所设计的引物针对的靶基因多数也是 SSU rRNA(表 6.5)。

表 6.5　家蚕微粒子病 PCR 检测引物列表

引物	序列(5′→3′)	碱基位置	靶基因	大小/bp	作者
KAI01	GAATT CAAGC TTGTA GTAGA GACCC AAATA TC	1～860	N bombycis SES-Nu SSU rRNA FJ854546.1	860	Kawakami et al
KAI02	GAGCT CGCAT GCACT GTTCA GATAT GGTCC TTATC G				
VN001F	CTGCA GGTAC CACCA GGTTG ATTCT GCCTG AC	1～1 228	V necatris SSU rRNA EU267796.1	1 228	Kawakami et al
VN001R	GAGCT CGCAT GCGGT TTACC TTGTT ACGAC TT				

续表 6.5

引物	序列(5′→3′)	碱基位置	靶基因	大小/bp	作者
#1	CTGTC ATGAA TGAGT TG	293~704	*N bombycis* SES-Nu	412	陈秀等
#2	TTGTA ATATT CTTTG TAAGT AA		SSU rRNA		
			FJ854546.1		
V1F	CACCA GGTTG ATTCT GCCTG AC	11~1 214	*V necatris*	1 204	陈秀等
530R	GCAAC CATGT TACGA CTTAT		SSU rRNA		
	ATCAG A		EU267796.1		
NP1	AGTGA ATGTA GGAGG AGTAG	1~317	*N bombycis* Nb12	317	蔡平钟等
	AAAGA GGC				(Malone et al)
NP2	GCGCA ACTCA TAATG GTTCG		U28045.1		
	TCCTG TTT				
NBEF35F	TGGCG CTGTT GATAA GAGAT T	33~962	延长因子 *N bombycis*	930	Hatakeyama
NBEF957R	AATTT AGCAA CACAA GCCTT AT		AB 009600.1		et al
M11-96F	CTCGA ATTAG AAAAT TCTCT CAA	94~840	*Vairimorpha* sp. NIS	747	Hatakeyama
M11-822R	TACTT TATTT AATGT ACATT		SSU rRNA		et al
	TGAAA A		D85501.1		
V70-176F	CAAAT GACAG GGAAA GAAAT	174~1 924	*Vairimorpha* sp. NIS	1 751	Hatakeyama
	AAGTT CCA		Hsp70		et al
V70-1898R	TTAAA TATTT TGTGC TATAG		AF008215.1		
	CTTAC TC				
PSDF1	CACCA GGTTG ATTCT GCCTG ACG	1~472	*Pleistophora* sp.	472	Hatakeyama
PSDR450	GCTCC GCCTC TCTTT CCGTC TCC		Sd-Nu SSU rRNA		et al
			D85500.1		
MP1	CACCG GTTGA TTCTG CCTGA C	5~1 204	*Nosema bombycis*	1 200	刘吉平等
MP2	GCAAC CATGT TACGA CTTAT		SSU rRNA		
	ATCAG A		JF443599.1		
V1F	CACCA GGTTG ATTCT GCCTG AC	11~420	*V necatris*	410	刘吉平等
530R?	CCGCG GCTGC TGGCA C		SSU rRNA		
			EU267796.1		
Nb5	CACCA GGTTC TGCC	1~1 235	*N bombycis*	1 235	潘中华等
Nb3	TTATG ATCCT GCTAA TGG		16S rRNA		
			AY 616662.1		
NbZS004F	TGATT CTGCC TGACG	9-393	*N bombycis*	385	
NbZS004R	CGATT TGCCC TC C		SSU rRNA		
			JF443599.1		
NbZS007F	GTTGA TTCTG CCTGA C	7-384	*N bombycis*	378	
NbZS007R	CTCCG ATTTA TCTTG TA		SSU rRNA		
			EU864525.1		
NbPRO002F	GATAA AGTAG CCACA GG	121-602	*N bombycis*	482	
NbPRO002R	CCATC CGCAC CA A		hypothetical		
			Spore wall		
			protein(HSWP12)		
			EF683112.1		

续表 6.5

引物	序列(5′→3′)	碱基位置	靶基因	大小/bp	作者
NbPRO008F NbPRO008R	CAAAG CGTTC GTAAT GAGCA AATAG CACCA C	649-1133	*N bombycis* hypothetical Spore wall protein(HSWP4) EF683104.1	485	
LSR RNAF LSR RNAR	GGAGG AAAAG AAACT AAC ACCTG TCTCA CGACG GTCTA A AC	1-3660	*N bombycis* LSU rRNA JF742195.1	3660	Huang et al
α-tubulinF α-tubulinR	TCCGA ATTCA AGTTG GAATG CGTGT TGGGA TCCAA GCTTC CATAC CTTCG CCTAC GTACC A	1-1202	*N bombycis* α-tubulin gene EF051590.1	1202	张海燕等
Nbswp5F Nbswp5R	CGGGA TCCAA GAATG TGCCG GGTTC T CCGCT CGAGT TTATC CGAAG GTGCA GT	76-558	*N bombycis* Spores wall protein HQ881497.1	483	Cai et al
16s rRNAF 16s rRNAR	GTTGA TTCTG CCTGA C CTCCG ATTTA TCTTG TA	7-384	*N bombycis* SSU rRNA AB569605.1	378	Huang et al

4. 循环扩增

在模板核酸和引物确定的基础上,影响 PCR 反应的因素还有反应体系的参数:引物浓度、缓冲液组分、Mg^{2+} 和三磷酸脱氧核苷酸(dNTP)浓度、Taq DNA 聚合酶和温度循环次数(变性温度与时间、复性温度与时间、延伸温度与时间和循环数等)等。现有 PCR 仪和循环扩增反应的基本条件都较为成熟,商品化程度也非常高,实现有效扩增较为容易。当然也可采用降落PCR 和多因素正交试验等方法对各种参数进行优化。

5. 检测

(1)提取的 Nb 核酸模板稀释后检测 将用玻璃和陶瓷珠混合(3∶1)破碎法提取的 Nb(0.5 mL,10^9粒)模板 DNA 进行稀释(10、10^2、10^3、10^4、10^5、10^6、10^7、10^8 倍)后,进行 PCR 检测(25 μL 反应体系中,含 2.5 μL 的 $10×$PCR 缓冲液、2.0 μL 的 dNTPs、引物各 0.5 μL,模板DNA 各 0.5 μL,0.2 μL 的 TaqDNA 聚合酶,18.8 μL 的 ddH_2O)。PCR 反应条件为:94℃5 min 预变性后,按 94℃ 1 min、45℃ 1 min、72℃ 1 min 扩增 35 个循环,72℃延长 10 min。PCR 产物检测用 1‰琼脂糖电泳。结果如表 6.6。

(2)不同浓度 Nb 孢子提取核酸后的检测 分别取 10^9、10^8、10^7、10^6、10^5、10^4、10^3 和 10^2粒 Nb 孢子进行 DNA 提取,PCR 的检测(条件和参数同上)结果如表 6.7 所示。

表 6.6　模板稀释 PCR 检测灵敏度

引　物	可检测的稀释倍数
KAI01 和 KAI02	10^5
NBSY3F(♯1)和 NBSY3R(♯2)	10^4
NBVN4F(V1F)和 NBVN4R(530R)	10^8
NBL11F(Nb5)和 NBL11R(Nb3)	10^4
NBEF35F 和 NBEF957R	10^6
NbZBF 和 NbZBR	10^3
MP1 和 MP2	10^5
NbWYDF 和 NbWYDF	10^6
NbZS004F 和 NbZS004R	10^8
NbZS007F 和 NbZS007R	10^8
NbPRO002F 和 NbPRO002R	10^6
NbPRO008F 和 NbPRO008R	10^8

表 6.7　不同数量 Nb 孢子提取模板后的 PCR 检测灵敏度

引　物	可检测的 Nb 孢子数
NBEF35F 和 NBEF957R	1 000 000
NbZS004F 和 NbZS004R	100
NbZS007F 和 NbZS007R	10

（3）幼虫期不同剂量和时间感染后次代卵的检测　杂交蚕种（秋丰×白玉）正常饲喂至 5 龄，分别于 5 龄起蚕、食桑 48 h、食桑 96 h 和食桑 144 h 时各进行不同浓度 Nb 孢子的口腔饲喂。用 10 μL 微量注射器（1.0 mL 玻璃注射器）分别饲喂浓度为 10^4 Nb/mL、10^6 Nb/mL 和 10^8 Nb/mL 的 Nb 孢子 10 μL（即每头蚕分别饲喂 10^2 粒、10^4 粒和 10^6 粒 Nb 孢子）。即总共有 12 个处理，1 组进行空白对照。感染后的蚕，饲喂至结茧，化蛾交配产卵制种，即时浸酸（温液 46.1℃，比重 1.072 的盐酸，浸酸时间为 5 min），标准催青，浸酸卵于 25℃，相对湿度为 65%～85% 的环境下标准催青。

12 个处理样及 1 个空白对照的催青蚕卵，间隔 2 d 进行一次取样，直至孵化出蚁蚕，共进行 6 次取样。每次不同感染时间和感染浓度的蚕卵各取 30 粒进行 DNA 提取后的 PCR 检测，并取 30 粒进行光镜检测。

用引物 NbZS007F 和 NbZS007R 进行 PCR 反应，25 μL 反应体系中，2.5 μL 含 10×PCR 缓冲液，2.0 μL 的 dNTPs，引物各 0.5 μL，模板 DNA 各 0.5 μL，TaqDNA 聚合酶 0.2 μL，ddH₂O 18.8 μL。PCR 反应条件如下：94℃ 5 min 预变性后，按 94℃ 30 s、44℃ 30 s、72℃ 1 min 扩增 35 个循环，72℃ 延长 10 min。PCR 产物检测用 1% 琼脂糖电泳（表 6.8）。

表 6.8　幼虫期不同剂量和时间感染后次代卵的检测

感染时间	感染剂量 (Nb 孢子/mL)	催青天数/d					蚁蚕
		2	4	6	8	10	
5 龄起蚕	10^2	+	+	+	+	+	+
	10^4	+	+	+	−	+	+
	10^6	+	+	+	−	−	+
5 龄 2 d	10^2	+	+	+	−	+	+
	10^4	+	+	+	−	+	+
	10^6	+	+	+	−	+	+
5 龄 4 d	10^2	+	+	+	−	+	+
	10^4	+	+	+	−	+	−
	10^6	+	+	−	−	−	−
5 龄 6 d	10^2	−	−	−	−	−	+
	10^4	+	−	−	−	−	−
	10^6	+	+	−	+	−	−
健康对照		−	−	−	−	−	−

6. 实用化中 PCR 技术的主要问题

家蚕微粒子病 PCR 检测技术实用化需要解决的主要问题是灵敏度、特异性和成本。

（1）灵敏度　家蚕微粒子病光学显微镜检测技术的孢子检测灵敏度在 10^4 个/mL 左右。当然检测人员的技术熟练程度和制样中过多的杂质会影响到灵敏度。Kawakami 等（1995）根据 Nb 的 SSU rRNA 设计引物（KAI01 和 KAI02），经 PCR 从纯化 Nb 孢子（发芽法提取核酸）和感染 Nb 家蚕的蛹与蛾中均可检出。虽然 Kawakami 等未进行系统的灵敏度研究，但从文中与光学显微镜检查的对照看，所检样本中的 Nb 孢子浓度在 3×10^6 个/mL 以上，作者在讨论中认为检测能力可以达到 5×10^5 个/mL 以下浓度，但从实用化而言该灵敏度也十分有限。

从纯化 Nb 孢子获取核酸进行 PCR 检测，可检出的核酸量的灵敏度可达 1 ng。采用 CTAB 法对不同浓度 Nb 孢子进行 PCR 检测的灵敏度可达 3×10^4 个/mL，而将纯化 Nb 孢子混入卵和蛾样本后，获取核酸的检测灵敏度分别下降为 3×10^7 个/mL 和 3×10^5 个/mL，并由此认为可能卵或蛾中存在一些影响 PCR 检测灵敏度的物质。

Hatakeyama 和 Hayasake（2002）从 3 龄、4 龄和 5 龄幼虫感染 Nb 获得的蚕卵（30% KOH，20 min，0℃）进行多重 PCR 的检测灵敏度达到 5 颗卵。将 1 颗"有毒"卵加入 10 颗正常蚕卵用同样的核酸提取方法，即可用 PCR 法检出。但就光学显微镜检测技术而言，从单粒"有毒"蚕卵（催青后或死卵）检出 Nb 孢子也不是一件困难的事件。由此可见作为实用化的技术，家蚕微粒子病 PCR 检测技术在检测灵敏度方面尚有待进一步提高，提高模板核酸收获率和设计高效引物将是十分有效的途径。

（2）特异性　家蚕微粒子病 PCR 检测技术的特异性应该包括对 Nb 的特有检出和鉴别出其他物种来源核酸，其中鉴别 Nb 类似微孢子虫具有一定的难度。Kawakami 等（1995）设计的 2 对引物有效地区别了来自家蚕的 5 种微孢子虫孢子，其中包括 Nb、变形孢虫（*Vairimorpha*）和具褶孢虫（*Pleistophora*）等孢子。Hatakeyama 等采用多重 PCR 的方法一次性鉴别了 Kawakami 等试验中使用的 5 种微孢子虫孢子，不仅显示了良好的特异性，多种类检测的效率也十分高。随后,国内的研究者相继验证了采用 PCR 的方法可以有效鉴别 Nb 与其他微孢子虫。

作为一种较为全面的家蚕微粒子病 PCR 检测技术,需要对家蚕不同发育阶段或不同组织来源的样本进行检测,至少需要具备对曾经从家蚕中发现的微孢子虫的鉴别能力。但是在针对蚕卵(蚕种)进行 PCR 检测中,在目前尚未确切发现有其他微孢子虫可以胚种传染,或蚕种质量检验的本质就是杜绝胚种传染的角度考虑,只需区别蚕卵来源核酸,而鉴别非 Nb 微孢子虫等生物来源核酸的能力并非必要,由此考虑 PCR 检测技术在特异性和灵敏度方面的提高都尚有较大的潜力。

(3)成本 家蚕微粒子病 PCR 检测技术和免疫学检测技术一样,在实用化过程中都会遇到成本问题。虽然生物技术产业的快速发展,PCR 检测和免疫学检测技术相关用品的商业化程度不断提高,检测成本也在逐渐下降,关系国家安全(生物入侵等)的进出口检验检疫中也不存在明显的成本问题,但作为农业生产,现有蚕种等生产资料和蚕桑产品价格体系结构、蚕种生产单位委托省级机构统一检验和样本数量庞大(相对于蚕种生产量)状态下的蚕桑产业,成本问题依然将是家蚕微粒子病 PCR 检测技术在蚕种质量检疫中实用化的严重障碍。

改变现有蚕种检疫体系中委托检验,由间接(母蛾)检验向直接检验(卵或蚕种)的转变,既是现代质量检验体系的要求,也将为家蚕微粒子病 PCR 检测技术实用化中成本问题的解决提供机会。将现有母蛾检验体系回归蚕种生产单位,构建省级质量检验检疫机构以成品(蚕种或蚕卵)等监督检验检疫为主的体系,应该是一种发展方向。这种体系的构建在检疫重要性充分体现的同时,样本数量大幅减少。此外,近期蚕种市场中蚕种流通比率的快速增长也迫切需要更高灵敏度和特异性的检测技术代替光镜检测技术。基于检疫对象(蚕卵或蚕种)的调整,针对相对较为简单的检疫对象,通过引物设计策略的调整、实时荧光定量 PCR 等技术的应用,从技术上提升检测灵敏度和降低成本等,将有效推动家蚕微粒子病 PCR 检测技术的实用化。

鲁兴萌

参 考 文 献

[1] 万国富,卢铿明,黄自然,等. 单克隆抗体直接 ELISA 法检测家蚕微孢子虫. 广东蚕业,1994,28(4):33-36.

[2] 万森,何永强,张海燕,等. 家蚕成品卵微粒子病 McAb-ELISA 检测方法的研究. 蚕桑通报,2008,39(4):13-16.

[3] 王裕兴,曹诒孙,钱元骏,等. 酶对流免疫电泳对家蚕浓核病的早期诊断技术. 蚕业科学,1983,2:97-102.

[4] 王瀛,V. Shyam Kumar,汪方炜,等. 诺氟沙星对家蚕病毒性软化病发病过程的影响. 蚕桑通报,2005,36(1):20-24.

[5] 刘吉平,卢铿明,徐兴耀,等. 单抗免疫金银染色法诊断家蚕微孢子虫的研究. 广东蚕业,1995,29(3):30-35.

[6] 刘吉平,曹阳,Smith J E,等. 模拟感染家蚕微粒子病的 PCR 分子诊断技术研究. 中国农业科学,2004,37(12):1925-1931.

［7］刘加彬,潘国庆,周泽扬,等．一种适用于双向电泳的家蚕微孢子虫总蛋白的制备方法．蚕学通讯,2002,22(2):8-10.

［8］刘吉平,曹阳,Smith J E,等．模拟感染家蚕微粒子病的蚕卵,蚕蛾 PCR 检测的初步研究．蚕业科学,2004,30(4):367-370.

［9］孙克坊,周勤,周金钱,等．微量菊酯类农药对家蚕毒性的调查初报．蚕桑通报,2002,33(3):27-29.

［10］吕鸿声．昆虫病毒与昆虫病毒病．北京:科学出版社,1982,58,141.

［11］吕鸿声．昆虫病毒分子生物学．北京:中国农业科技出版社,1998,13,240-243,447.

［12］李达山．家蚕微粒子病血清学诊断的研究:玻片凝集反应．蚕业科学,1985,11(2):99-102.

［13］李夫涛,王彦文．微孢子虫 DNA 提取方法的比较．广东蚕业,2006,40(3):32-34.

［14］朱立平,陈学清．免疫学常用实验方法．北京:人民军医出版社,2000.

［15］朱宏杰,赵新华,戴建一,等．家蚕病毒性软化病病毒抗血清的研制及应用．蚕桑通报,2006,37(3):16-19.

［16］汪琳．多重 PCR 快速检测四种蚕微粒子病原体．检验检疫科学,2005,15(6):34-35.

［17］宋慧芝,鲁兴萌,沈海．家蚕病害诊断专家系统的设计．蚕业科学,2004,30(2):164-170.

［18］陆奇能,朱宏杰,洪健,等．一株传染性软化病毒的分离和鉴定．病毒学报,2007.23(2):143-147.

［19］陈建国,胡萃,金伟,等．家蚕微粒子孢子单克隆抗体的研制及其在检测上的初步应用．蚕业科学,1988,14(3):168-170.

［20］陈长乐．琼脂柱扩散法检测家蚕 DNV．蚕业科学,1988,14(1):39-42.

［21］陈秀,黄可威,沈中元,等．家蚕微粒子病的 PCR 诊断技术．蚕业科学,1996,22(4):229-234.

［22］金伟,陈难先．家蚕病毒性软化病毒简易提纯的研究．浙江农业大学学报,1982,8(1):39-43.

［23］周成,潘国庆,万永继,等．家蚕微孢子虫 N. bombycis 分离纯化方法的优化．蚕学通讯,2002,22(1):7-9.

［24］林宝义,吴海平,徐杰,等．不同容量母蛾样本检验微粒子灵敏度的测试．蚕桑通报,2003,34(3):17-19.

［25］张耀洲,郭锡杰,钱元骏．生物素-亲和素在家蚕病毒病研究中在应用．Ⅰ家蚕 DNV 酶标组化法检测技术的研究(简报).江苏蚕业,1988,3:11-12.

［26］张海燕,周勤,潘美良,等．阿维菌素对家蚕毒性的试验．蚕桑通报,2006,37(1):18-20.

［27］张海燕,万森,费晨,等．家蚕微孢子虫(浙江株)微管蛋白基因部分片段的克隆及系统发育分析.蚕业科学,2007,33(1):49-56.

［28］郭锡杰,钱元骏,胡雪芳．家蚕浓核病的免疫酶组化学的方法早期诊断技术.中国农业科学,1985,5:82-85.

［29］郭锡杰,钱元骏,胡雪芳,等．点免疫结合测定法检测家蚕病毒.微生物学报,1988,28(3):285-287.

［30］郭锡杰,钱元骏,胡雪芳．乳胶凝集试验在家蚕浓核病毒检测中的应用.病毒学报,1989,

5(4):388-392.

[31] 胡雪芳,郭锡杰,王红林,等.家蚕病毒病的血清学诊断法.江苏蚕业,1984,3:32-35.

[32] 费晨,张海燕,陈灵方,等.蚕种冷库相关局氨酯和乙二醇对家蚕幼虫的影响.蚕桑通报,
2006,37(1):15-17.

[33] 浙江大学.家蚕病理学.北京:中国农业出版社,2000.

[34] 高永珍,戴祝英.家蚕病原性微孢子虫的蛋白质化学性质的研究.蚕业科学,1999,25
(2):82-90.

[35] 徐兴耀,宁波,孙京臣,等.家蚕微孢子虫单抗金银染色法检测技术的研究.蚕业科学,
1998,24(1):11-14.

[36] 钱永华,鲁兴萌,李敏侠,等.家蚕微孢子虫孢子人工发芽的研究.浙江农业大学学报,
1996,22(4):381-385.

[37] 钱元骏,胡雪芳,戴仁鸣.家蚕软化病毒血清学诊断研究.蚕业科学,1981,7(2):
100-104.

[38] 钱元骏,胡雪芳,王红林.家蚕病毒病血清学诊断的实用化研究-抗血清滤纸干燥保存.
蚕业科学,1984,3:153-157.

[39] 钱元骏,郭锡杰.家蚕病毒的血清学研究进展.江苏蚕业,1988,4:1-5.

[40] 钱元骏,胡雪芳,孙玉昆,等.家蚕浓核病毒的研究.蚕业科学,1986,12(2):89-94.

[41] 章新愉,卢铿明,庄楚雄,等.家蚕微孢子虫 DNA 的提取,克隆及部分 DNA 序列分析.
蚕业科学,1995,21(2):91-95.

[42] 梅玲玲,金伟.SPA-协同凝集反应快速鉴别微孢子虫孢子的研究.蚕业科学,1988,14
(2):110-111.

[43] 梅玲玲,金伟.家蚕微孢子虫与桑尺蠖微孢子虫的研究.蚕业科学,1989,15(3):
135-138.

[44] 黄自然,郑祥明,卢蕴良.家蚕微粒子孢子荧光抗体检验技术初步研究.蚕业科学,1983,
9(1):59-60.

[45] 黄少康.两种微孢子虫的蛋白及对家蚕侵染性的比较研究.浙江大学博士学位论
文,2004.

[46] 曹广力,张志芳,贡成良,等.家蚕微粒子孢子 DNA 的制备方法.蚕业科学,1995,21(4):
260.

[47] 鲁兴萌,金伟,吴海平,等.家蚕微粒子病预知检查技术的改进研究.中国蚕业,1997,69:
16-17.

[48] 鲁兴萌,金伟,吴海平,等.机磨法补正检查家蚕微粒子虫孢子的调查.中国蚕业,1998,
75:19-20.

[49] 鲁兴萌,金伟.微孢子虫分类学研究进展.科技通报,1999,15(2):119-125.

[50] 鲁兴萌,金伟.桑蚕来源致病性微孢子虫的分类学地位.科技通报,2000,16(2):
130-137.

[51] 鲁兴萌,吴勇军.吡虫啉对家蚕的毒性.蚕业科学,2000,26(2):81-86.

[52] 鲁兴萌,周勤,周金钱,等.微量氯氰菊酯对家蚕的毒性.农药学报,2003,5(4):42-46.

[53] 鲁兴萌.养蚕中毒的原因分析和防范.蚕桑通报,2008,39(1):1-5.

[54] 蒲蛰龙. 昆虫病理学. 广州：广东科技出版社，1994.

[55] 潘中华，郑小坚，薛仁宇，等. 带毒蚕卵中的家蚕微孢子虫 DNA 提取方法研究. 蚕业科学，2005，31(4)：486-489.

[56] 潘敏慧，万永继，鲁成. 不同种类微孢子虫 DNA 制备方法的研究. 西南农业大学学报，2001，23(2)：110-112，116.

[57] 蔡平钟，徐兴耀，黄自然，等. 家蚕微孢子虫 PCR 检测的研究. 蚕业科学，1997，23(4)：207-210.

[58] Ayuzawa C. Studies on the infectious flacherie of the silkworm, *Bombyx mori* L. I. Purification of the virus and its some properties. *J Seric Sci Jpn*, 1972, 41(5)：338-344.

[59] Bartlelt J M S and Stirling D. Methods in Molecular Biology™. V226, PCR Protocols (Second Edition). Humana, Totowa NJ, 2001.

[60] Cai S F, Lu X M, Qiu H H, *et al*. Identification of a *Nosema bombycis* (Microsporidia) spore wall protein corresponding to spore phagocytosis. *Parasitol*, 2011, 138(9)：1102-1109.

[61] Choi H, Sasaki T, Tomita T, *et al*. Processing of structural polypeptides and translatable mRNA in the midgut of the silkworm, *Bombyx mori*. *J Invertebr Pathol*, 1992, 60：113-116.

[62] De Graaf D C, Raes H, Sabbe G, *et al*. Early development of *Nosema apis* (Microspora：Nosmatidae) in the midgut epithelium of the honeybee. *J Invertebr Pathol*, 1994, 63：74-81.

[63] Eugene V R. A novel virus isolated from the aphid *Brevicoryne brassicae* with similarity to Hymenpptera picorna-like viruses. *J Gen Virol*, 2007, 88：2590-2595.

[64] Fujiyuki T, Takeuchi H, Ono M, *et al*. Novel insect picorna-like virus identified in the brains of aggressive worker honeybees. *J Virol*, 2004, 78：1093-1100.

[65] Gaetana L, de Miranda J R, Maria B B, *et al*. Molecular and Biological Characterization of Deformed Wing Virusof Honeybees (*Apis mellifera* L.). *J Virol*, 2006, 80：4998-5009.

[66] Gatehouse H S and Malone L A. The ribosomal RNA gene region of *N. apis* (Microspora)：DNA sequenece for small and large subunit rRNA genes and evidence of a large tandem repeat unit size. *J Invertebr pathol*, 1998, 71：97-105.

[67] Ghosh R C, Ball B V, Willcocks M M, *et al*. The nucleotide sequence of sacbrood virus of the honey bee：an insect picorna-like virus. *J Gen Virol*, 1999, 80：1541-1549.

[68] Hashimoto Y and Kawase S. Characteristics of structural proteins of infectious flacherie virus from the silkworm, *Bombyx mori*. *J Invertebr Pathol*, 1983, 41(1)：68-76.

[69] Hatakeyama Y and Hayasaka S. Specific detection and amplification of microsporidia DNA fragments using multiprimer PCR. *JARQ*, 2002, 36(2)：97-102.

[70] Hatakeyama Y and Hayasaka S. A new method of pebrine inspection of silkworm egg using multiprimer PCR. *J Invertebr Pathol*, 2003, 82(3)：148-151.

[71] Huang W F, Tsai S J, Lo C F, *et al*. The novel organization and complete sequence of

the ribosomal RNA gene of *Nosema bombycis*. *Fungal Genet Biol*, 2004, 41(5):473-81.

[72] Isawa H, Asano S, Sahara K, *et al*. Analysis of genetic information of an insect picorna-like virus, infectious Flacherie virus of silkworm: evidence for evolutionary relationships among insect, mammalian and plant picorna(-like) viruses. *Arch Virol*, 1998, 143(1):127-143.

[73] Iwashita Y. Histo-and cyto-pathological studies on the midgut epithelium of the silkworm larvae infected with infectious flacherie. *J Sericult Sci Japan*, 1965, 34(4):263-273.

[74] Iwashita Y and Kanke E. Histopathological diagnosis of diseased larva infected with flacheric virus of the silkworm, *Bombyx mori Linnaeus*. *J Sericult Sci Japan*, 1969, 38(1):64-70.

[75] Kawakami Y, Inoue T, Ito K, *et al*. Comparison of chromosomal DNA from DNA four microsporidia pathogenic to the silkworm, *Bombyx mori*. *Appl Entomol Zool*, 1994, 29(1): 120-123.

[76] Kawakami Y, Inoue T, Uchida Y, *et al*. Specific amplification of DNA from reference strains of *Nosema bombycis*. *J Sericult Sci Jpn*, 1995, 64(2):165-172.

[77] Kawase S, Hashimoto Y and Nakagaki M. Characterization of flacherie virus of silkworm *Bombyx mori*. *J Seric Sci Jpn*, 1980, 49(6): 477-484.

[78] Kohler G and Milstein C. Continuous cultures of fused cells secreting antibody of predefined specificity. *Nature*, 1975, 256: 495-497.

[79] Malone L A and McIvor C A. DNA probes for two Microsporidia, *Nosema bombycis* and *Nosema costelytrae*. *J Invertebr Pathol*, 1995, 65:269-273.

[80] Malone L A and Gatehouse H S. Effects of *Nosema apis* infection on Honey bee (*Apis mellifera*) digestive proteolytic enzyme activity. *J Invertebr Pathol*, 1998, 71: 169-174.

[81] Martinez-Salas E and Fernandez-Miragall O. Picornavirus IRES: structure function relationship. *Curr Pharm. Des*, 2004, 10(30): 3757-3767.

[82] Mayo M A and Ball L A. ICTV in San Francisco: a report from the Plenary Session. *Arch Virol*, 2006, 151:413-422.

[83] Mike A, Ohwaki M and Fukada T. Preparation of monoclonal antibodies to the spores of the *Nosema bombycis*, M11 and M12. *J Seric Sci Jpn*, 1988, 57(3):189-195.

[84] Mike A, Ohmura H, Ohwaki M, *et al*. A practical technique of pebrine inspection by microsporidian spore specific monoclonal antibody-sensitized latex. *J Seric Sci Jpn*, 1989, 58(5):392-395.

[85] Miyajima S. Serological properties of cytoplasmic-polyhedrosis virus of the silkworm *Bombyx mori* L.. *J Sericult Sci Japan*, 1976, 45(3):245-250.

[86] Miyajima S. Measurement for titration of the cytoplasmic-polyhedrosis virus concentration by the use of some immunological methods. *J Sericult Sci Japan*, 1976, 45(4):300-304.

[87] Moore C B and Brooks W M. An evaluation of SDS-polyacrylamide gel electrophoretic analysis for the determination of intrageneric relationships of *Vairimorpha* isolates. *J*

Invertebr Pathol，1993，62(3)：285-288.

[88] Nakagaki M and Kawase S. Structural proteins of densonucleosis virus isolated from silkworm，*Bombyx mori* infected with the flacherie virus. *J Inverteb Pathol*，1980，36(2)，166-171.

[89] Ongus J R，D Peters，Bonmatin J M，*et al*. Complete sequence of a picorna-like virus of the genus *Iflavirus* replicating in the mite *Varroa destructor*. *J Gen Virol*，2004，85：3747-3755.

[90] Pei A Y，Oberdorf W E，Nossa C W，*et al*. Diversity of 16S rRNA Genes within Individual Prokaryotic Genomes. *Appl Enviro Microbiol*，2010，76(12)：3886-3897.

[91] Reineke A and Asgari S. Presence of a novel small RNA-containing virus in a laboratory culture of the endoparasitic wasp *Venturia canescens*（Hymenoptera：Ichneumonidae）. *J Insect Physiol*，2005，51：127-135.

[92] Sato R，Kobayashi M，Watanabe H，*et al*. Serological discrimination of several kinds of microsporidian spores isolated from the silkworm，*Bombyx mori*，by an indirect fluorescent antibody technique. *J Sericult Sci Japan*，1981，50(3)：180-184.

[93] Sato R，Kobayashi M and Watanabe H. Internal ultrastructure of spores of microsporidans isolated from the silkworm，*Bombyx mori*. *J Invertebr Pathol*，1982，40：260-265.

[94] Sato R and Watanabe H. Purification of mature spores by iso-density equilibrium centrifugation. *J Sericult Sci Japan*，1980，49(6)：512-516.

[95] Sekijima Y. Studies on Serological diagnosis of the infectious flacherie in the silkworm *Bombyx mori* L. 1. Demonstration of specific antigen in extract from the silkworm larvae infected with flacherie virus by precipitation reaction. *J Sericult Sci Japan*，1971，40(1)：49-55.

[96] Shimizu S and Arakawa A. Latex agglutination test for the detection of the cytoplasmic polyhedrosis virus and the densonucleosis virus of the silkworm，*Bombyx mori*. *J Seric Sci. Jpn*，1986，55(2)：153-157.

[97] Sprague V，Bencnel J J and Hazard E I. Taxonomy of phylum microsporidia. *Critical Reviews in Microbiology*，1992，18(5-6)：285-395.

[98] Streett D A and Briggs J D. Separation of spore polypepetides from an *Amblyospora* sp. infecting *Culex Salinarius*. *J Invertebr Pathol*，1984，43：128-129.

[99] Susumu S. Enzyme-linked immunosorbent assay for the detection of the flacherie virus of the silkworm，*Bombyx mori*. *J Sericult Sci Jpn*，1982，51(5)：370-373.

[100] Tsai Y C，Solter L F，Wang C Y，*et al*. Morphological and molecular studies of a microsporidium（*Nosema* sp.）isolated from the thee spot grass yellow butterfly，*Eurema blanda arsakia*（Lepidoptera：Pieridae）. *J Invertebr Pathol*，2009，100：85-93.

[101] Tsai S J，Lo C F，Soichi Y，*et al*. The characterization of microsporidian isolates（Nosematidae：*Nosema*）from five important lepidopteran pests in Taiwan. *J Invertebr Pathol*，2003，83：51-59.

［102］Undeen A H and Alger N E. A density gradient method for fractionation microsporidan spores. *J Invertebr Pathol*，1971，18：419-420.

［103］Undeen A H and Cockburn A F. The extraction of DNA from microsporidia spores. *J Invertebr Pathol*，1989，54：132-133.

［104］Verweij J J，Hove R ten，Brienen E A T *et al*. Multiplex detection of *Enterocytozoon bieneusi* and *Encephalitozoon* spp. in fecal samples using real-time PCR. *Diagnostic Microbiology and Infectious Disease*，2007，57：163-167.

［105］Vossbrinck C R，Maddox J V，Friedman S，*et al*. Ribosomal RNA sequence suggests microsporidia are extremely ancient eukaryotes. *Nature*，1987，326：411-414.

［106］Wang X C，Zhang J M，Lu J，*et al*. Sequence analysis and genomic organization of a new insect picorna-like virus，*Ectropis obliqua* picorna-like virus，isolated from *Ectropis obliqua*. *J Gen Virol*，2004，85：1145-1151.

［107］Watanabe H. Infectious flacherie virus，pp. 515-523，1991，*In*（J. R. Adams and J. R. Bonami，eds.），Atlas of Invertebrate Viruses. CRC Press，Inc. Boca Raton，FL.

［108］Watanabe H and Kurihara Y. Comparative histopathology of two densonucleoses in the silkworm，*Bombyx mori*. *J Invertebr Pathol*，1988，51：287-290.

［109］Wu C Y，Lo C F，Huang C J，*et al*. The complete genome sequence of *Perina nuda* picorna-like virus，an insect-infecting RNA virus with a genome organization similar to that of the mammalian picornaviruses. *Virology*，2002，294：312-323.

［110］Xie L，Zhang Q F，Lu X M，*et al*. The three-dimensional structure of *Infectious flacherie virus* capsid determined by cryo-electron microscopy. *Sci China Ser C-Life Sci*，2009，52(12)：1186-1191.

［111］Yasunaga C，Funakoshi M，Kawarabata T，*et al*. Infection and development of *Nosema sp*. NIS M11(Microsporida：Protozoa)in a leppidopteran cell line. *J Sericul Sci Japan*，1991，60(6)：450-456.

［112］Zhang F，Lu X M，Kumar V S，*et al*. Effects of a novel anti-exospore monoclonal antibody on microsporidial *Nosema bombycis* germination and reproduction in vitro. *Parasitol*，2007，134 1551-1558.

［113］Kawase Shigemi. Viruses and Insect. 南江堂,东京-京都,1976.

［114］松井正春. ウィルス性軟化病蚕に見出された从来より小型の球形ウィルス粒子について. 日本応用動物昆虫学会杂志,1973,11:113-115.

［115］三毛明人,大村浩,大脇真,深田哲夫. 应用单克隆抗体致敏乳胶进行蚕微粒子病的诊断试验. 日本蚕丝学杂志,1989,58(5):392 -395.

［116］清水进. 使用酶联吸附法检出家蚕软化病病毒. 国外农学-蚕业,蚕病专辑,1984,60-63.

［117］清水孝夫. 伊那市の农家の病蚕から分离した软化病ウイルスの病原性. 日本蚕丝学杂志,1975,44(1):45-48.

［118］岩下嘉光. 核多角体病ウィルス変異株の増殖相と抗原の分析.1993,宇都宫大学研究成果报告,02454055 号.

第7章

家蚕杆状病毒表达系统与
重组蛋白生产技术

7.1 昆虫杆状病毒生物学

7.1.1 昆虫杆状病毒一般概述

杆状病毒是一类专门寄生于节肢动物门的病毒,在感染寄主的细胞核内复制,病毒形状因呈杆状而得名。大多数杆状病毒感染鳞翅目、双翅目和膜翅目昆虫,大约 600 种昆虫被发现有杆状病毒侵染的报道。由于大部分报道只是关于病毒的早期描述,而缺少深入的分子生物学特征鉴定,因此同一种病毒可能存在不同的名称(Lange 等,2004)。迄今为止,仅有有限的杆状病毒被深入研究,它们主要来自于重要的农业害虫。

已有 41 种杆状病毒完成了基因组序列的测定。其中研究最详细的是苜蓿银纹夜蛾核型多角体病毒,英文名为 *Autographa californica* nucleopolyhedrovirus(AcMNPV)。它的多角体基因是所有杆状病毒基因中第一个被测序的基因,同时 AcMNPV 也是第一个通过酶解、部分片段测序和转录图谱等阐明其物理图谱和基因组结构的杆状病毒(Kool 和 Vlak,1993)。AcMNPV 分离株 C6 是第一个被完全测序的杆状病毒(Ayres 等,1994)。

虽然杆状病毒的发现起因于蚕业遭受脓病侵染引起巨大损失之时,但杆状病毒仍被认为对于人类是有益的(Miller,1997)。在自然界中杆状病毒控制昆虫数量的规模,这也是它们作为许多农业害虫生物杀虫剂的主要原因(Moscardi,1999)。随着杆状病毒分子生物学研究的不断深入,它被开发作为表达外源基因生产重组蛋白的重要载体(Hodgson 等,2003)。目前杆状病毒-昆虫(及其细胞)表达系统已成为许多实验室一个常用的工具,表达和生产具有生物学活性和免疫原性的蛋白质,应用于科学研究、兽医和医学等领域,包括工程疫苗开发和医学诊断等(van Oers,2006;Kost 和 Condreay,1999)。最近更多的研究是将工程杆状病毒用作于哺乳动物基因转移载体(Kost 和 Condreay,2002;Kost 等,2005)。

7.1.1.1 杆状病毒侵染周期和基因表达

典型的杆状病毒具有双相的(两个阶段)感染过程,产生遗传上完全一致但表型不同的两种病毒粒子(图 7.1)。在侵染的第一阶段,子代病毒首先在侵染细胞的表面形成出芽型病毒粒子(BV),以便在昆虫体内传播病毒(或在培养的细胞中);在侵染的第二阶段,形成的病毒核衣壳仍留在被感染的细胞核内,并被包埋进入包涵体(OB)内部。这些包涵体会因昆虫死亡而释放,但仍可保护内部的病毒粒子(包涵体衍生型病毒,ODV)避免被昆虫体内蛋白酶降解或外部环境中各种不利因素的破坏。当这些包涵体被其他昆虫取食时,会引起病毒的感染,从而传播到其他昆虫(这一过程称为垂直传播)。包涵体在昆虫碱性的消化液中分解,当包涵体病毒粒子侵染细胞时,新的一轮侵染即已开始(Federici,1997)。BV 和 ODV 形态差异很大,主要的原因在于它们的蛋白质组成不同。BV 只包含一个核衣壳(nucleocapsid),而 ODV 却可能含有一个或多个核衣壳。BV 还有一个来源于细胞膜形成的囊膜(envelope),而 ODV 在细胞核内形成外膜。

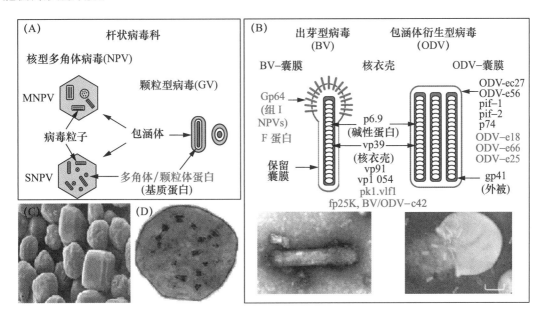

图 7.1 杆状病毒的形态学特征和表型

(A) 对 NPV 和 GV 进行包涵体比较可分为内含单个(S)和多个(M)病毒粒子。(B) BV 和 ODV 的电镜照片和示意图,杆状病毒核心基因编码的结构蛋白指示为黑色。另外,鳞翅目核心基因编码的标记绿色表示,GP64,组 I NPV 中 BV 的结合蛋白的位置也已经标出。(C) 一种 NPV 的扫描电镜照片。(D) OB 的横截面电镜照片,显示一种 MNPV 的表型。

杆状病毒基因表达受到调控而呈现级联式转录,按时期大致可分为 4 类基因,即极早期(IEs)基因、滞后早期或迟早期(DE)基因、晚期(L)基因和极晚期(VL)基因。极早期基因表达早于 DNA 复制,不受 DNA 合成抑制剂的影响。滞后早期基因受极早基因产物如 IE-1 的影响而被激活。早期基因编码病毒 DNA 复制所需的全部蛋白质。在 AcMNPV 中有 18 个基因对晚期基因的高效表达是必需的,这些基因被称为晚期必需因子(LEFs)(Todd 等,1995;Todd 等,1996)。晚期基因主要编码 BV 和 ODV 的结构蛋白。杆状病毒的两个重要基因,即多角体蛋白基因和p10 基因,与 OB 的形成和释放有关,它们属于极晚期基因,其表达需要极晚期因子(*vlf-1*)的参与。

7.1.1.2 分类和命名

杆状病毒是一类杆状、侵染无脊椎动物的病毒,它们拥有较大的双链共价闭合环状 DNA 基因组,这一家族可分为两个属,包括核型多角体病毒(NPV)和颗粒型病毒(GV),其区别在于在形态学上有无包涵体(OB)以及它们在细胞病理学上导致的结果不同(Theilmann 等,2005)。NPV 产生大量的多角体(典型直径为 1~5 μm),其内有许多病毒粒子或包涵体来源病毒(ODV),然而颗粒型病毒产生更小的包涵体或带有一个病毒粒子的颗粒(直径 150 nm,长度 400~600 nm)(图 7.2)(分别是 MNPV 和 SNPV)和颗粒型病毒(GV)。对鳞翅目昆虫致病的 NPV,根据遗传关系又可分为两组,即 Group Ⅰ 和 GroupⅡ(Herniou 等,2001),GroupⅡ的 NPV 比 Group Ⅰ 表现出更大的差异(或变化)(Kool 和 Vlak,1993)。这样,NPV 一般也被分为单一(S)和多型(M),这取决于 ODV 内的病毒粒子数量。虽然这些特性无属性价值,但却方便实际描述,因此在命名或术语中有所体现。典型的 NPV 代表种是 AcMNPV,而 *Cydia pomonella*(Cp)GV 是最典型的 GV。

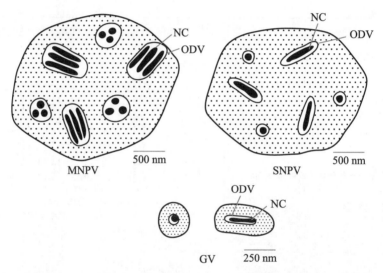

图 7.2　多粒包埋核型多角体病毒和单粒包埋核型多角体病毒

注:这幅图分别阐述了包涵体来源病毒(ODV)内 MNPV 和 SNPV 的多个或单个杆状核衣壳(NC)的包膜。每个 GV 颗粒的单个核衣壳中包含一个病毒粒子。GV 和 NPV 的相对尺寸在上面有显示。

杆状病毒以首次从中分离病毒的昆虫名加以命名,后面冠以 GV 或 NPV。但是这种方法有时会造成混淆,如若一种病毒有多种宿主,或某一特定的宿主对多种病毒均表现出易感性。最近的一个例子就是这样,从欧洲一种名为柳毒蛾(*Leucoma salicis*)的昆虫中分离得 SeNPV 被认为是 *Orggia pseudtsugate* NPV 的一个变种(Jakubowska 等,2005)。杆状病毒分离株的分子鉴定对于区分病毒的种类和确定分离到的病毒究竟属于哪一种是十分必需的。利用分子学工具对物理图谱中的一些保守的基因序列进行序列分析,发展成为确定病毒种类的有效途径(Herniou 等,2004)。

对鳞翅目杆状病毒而言,NPV(Group Ⅰ 和 GroupⅡ)和 GV 的特性差异因基因序列信息的增加得以清晰,通过对侵染叶蜂(*Neooliprion*)和蚊子(*Culcx*)NPV 种类进行基因测序,结果显示鳞翅目昆虫的 NPV,GV 的亲缘性要比源于膜翅目(Afonso 等,2001;Moser 等,2001)和双翅目的 NPV(Duffy 等,2006)的亲缘性更近一些。因此,以进化过程中亲缘性相近的宿主提出了一种新的分类方法,将杆状病毒家族分为以下几类:α-杆状病毒,鳞翅目 NPVs;β-杆状病毒,鳞翅目 GV;Gamma-baculovirus,膜翅目 NPV;Delta-baculovirus, dipteran NPV。

7.1.2　家蚕核型多角体病毒(BmNPV)生物学和分子生物学

家蚕核型多角体病毒 *Bombyx mori* nucleopolyhedrovirus (BmNPV)是家蚕的主要病原之一,由它引起的蚕病损失占蚕病全部损失的较大比例。与 AcMNPV 相比,BmNPV 寄主域较为狭窄,它比较专一地以家蚕作为寄主。因为在基因组水平与模式杆状病毒的苜蓿银纹夜蛾多粒包埋核型多角体病毒(AcMNPV)同源性较高,因此在分类上认为与 AcMNPV 有非常近的亲缘关系。BmNPV 的大部分信息主要由研究得比较深入的 AcMNPV 推断而来。与 AcMNPV 不同的是 BmNPV 包涵体内仅包裹单个的病毒粒子。BmNPV 基因组为长 128 413 bp 的共价闭环 DNA,G+C 含量约为 40%,编码 136 个 ORF。

7.1.2.1　家蚕 BmNPV 生活史

与 AcMNPV 相同,家蚕核型多角体病毒感染后期产生蛋白晶体结构产物-多角体,其内包埋有多个病毒粒子,因此可保护病毒免受环境因子如紫外线、干燥、蛋白酶和核酸酶等的破坏。BmNPV 是 NPV 的两个形态亚群中每个囊膜仅含一个病毒粒子的单粒包埋型 NPV 的模式种。杆状病毒在感染的细胞核中复制(所以被称为核型多角体病毒)。病毒生活周期由两种在结构和形态上截然不同的病毒粒子,即包涵体或多角体型病毒粒子(ODV)和胞外或芽生型病毒粒子(BV)所划分。ODV 负责自然感染过程,昆虫幼虫随着食物摄入 OB,在昆虫中肠碱性环境下多角体裂解,病毒粒子被释放出来。释放出来的 ODV 通过受体介导的膜融合作用感染中肠上皮细胞,但关于 ODV 的感染详细过程和分子机制尚未完全明确。BV 感染许多幼虫组织包括脂肪体、卵巢和大部分的内皮细胞。然而有些组织可逃过感染,比如,热带家蚕品种的幼虫组织器官-丝腺就不太容易被感染(Sriram 等,1997;Sehgal 和 Gopinathan,1998),这是非常有趣的现象。BV 通过受体介导的细胞内吞作用进入细胞。穿过质膜后,病毒粒子移向细胞核,这个过程需要肌动蛋白微丝参与。病毒粒子在核内脱去衣壳释放 DNA,随后细胞核变大,并形成一个明显的高电子密度颗粒结构,称为病毒发生基质(virogenic stroma)。这个结构与核基质结合形成病毒装配位点。病毒转录和复制就发生在这个区域。图 7.3 所示为一典型的被 BmNPV 感染的 BmN 细胞电子显微照片。

一旦进入寄主的细胞核,病毒就开始复制,大约感染 12 h 后(12 hpi)子代 BV 产生并被释放到细胞外。之后不久,成熟的 ODV(为囊膜包被)包裹入包涵体。大量的 OB 是多角体(*polh*)基因高表达的产物。被感染的幼虫会继续采食直到大量的 OB 积聚。最后它们停止采食并经历几次生理上的变化,表皮黑化、肌肉组织变软,然后幼虫液化。幼虫的瓦解导致多角体释放到环境中,随后引起病毒的传播。

包涵体能让病毒在环境中长期保持活性,从而使病毒很稳定。除了杆状病毒外,来自呼肠孤病毒科(如细胞质型多角体病毒)和痘病毒科(如痘病毒)的昆虫病毒也包裹它们的病毒粒子。这些病毒的包涵体也和杆状病毒相似,包涵体蛋白基因是高表达的,并且包被的病毒粒子在易感昆虫中肠内遇到的高 pH 环境释放出来。然而,这些不同病毒家族来源的包涵体蛋白间其氨基酸序列和功能的同一性并不高。

根据病毒在体外培养细胞内的感染分析,杆状病毒生活史可分为 3 个时期,即早期、晚期

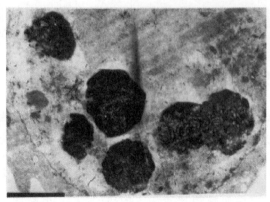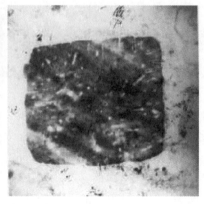

图 7.3　BmN 细胞的 BmNPV 感染图

注:图为感染了 BmNPV 的 BmN 细胞(感染后 60 h)透射电子显微照片。左图表示被感染细胞内的杆状病毒一般特征。包含有多角体型病毒(ODV)的包涵体(OB)出现于细胞核内。病毒核衣壳的复制和装配发生在细胞核内,与病毒发生基质相关。芽生型病毒在细胞核中产生,并穿过质膜出芽。ODV 在被包被入 OB 之前需要一层内膜。右图表示 BmNPV 的包涵体。

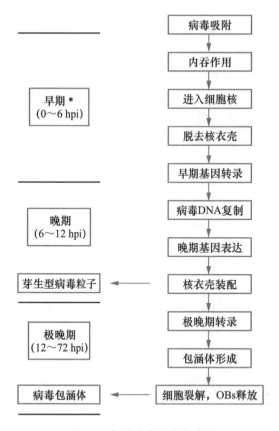

图 7.4　杆状病毒的感染过程

* 此时间是根据 AcMNPV 的感染,BmNPV 感染的动力学要慢一点。hpi,感染后时间/h;OB,包涵体。

和极晚期(图 7.4)。其感染过程动力学已使用 AcMNPV 和来自 *Spodoptera frugiperda* 的宿主细胞株 IPLB-*Sf* 21 进行了深入的研究,BmNPV 基本遵循相同的模式,不过生长动力学相对较慢。

7.1.2.2　家蚕 BmNPV 的基因组 DNA 序列

家蚕 BmNPV 和 AcMNPV 基因组有较高同源性,然而与黄杉毒蛾(*Orgyia pseudotsugata*)多粒包埋核型多角体病毒(OpMNPV)和舞毒蛾(*Lymantria dispar*)多粒包埋核型多角体病毒(LdMNPV)基因组序列差异显著。对 BmNPV DNA 序列和 AcMNPV 进行共线性分析,以预测潜在的蛋白编码区域,基因结构,病毒 DNA 复制起始位点和调控元件。BmNPV 基因组比 AcMNPV 短 5 481 bp(Gomi 等,1999),图 7.5 所示为 BmNPV 的基因组详细结构。

BmNPV 基因组为长 128 413 bp 的共价闭环 DNA。所示为 *Pst*I 和 *Xho*I 限制性酶切图谱(分别为深绿色和浅绿色环),各字母(大写)标志不同的片段。作为晚期基因复制和/或增强子的可能区域的 7 个 *hr* 序列的大致位置(*hr*1、*hr*2L、*hr*2R、*hr*3、*hr*4L、 *hr*4R 和 *hr*5)以浅绿色标出。与晚期基因转录相关的晚期基因表达因子(The late gene expression factors *lefs*)以深绿色标出,被广泛开发用来高水平表达重组蛋白的 *polyhedrin* 和 *p*10 基因以深灰色标出。所有其他遗传标记用带前缀 Bm 的 ORF 数字(如 *Bm*4,*Bm*5)或用它们的 AcMNPV 对应序列标志。5 个 *bro* 基因(杆状病毒相关 ORF)也以浅灰色字标出。

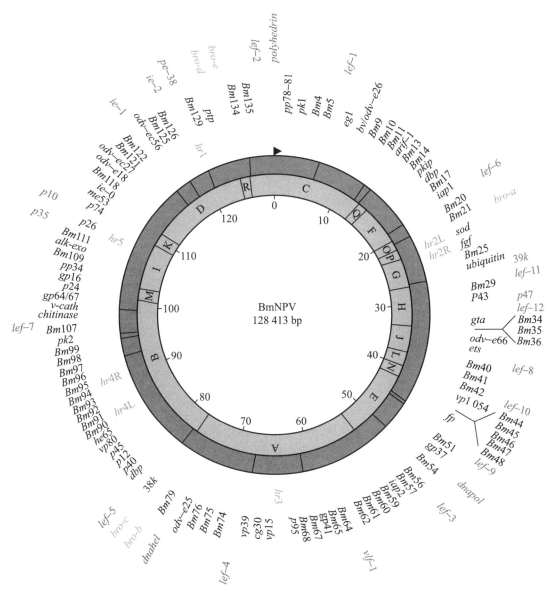

图 7.5　**BmNPV 基因组结构**

BmNPV 的大部分 ORF 和 AcMPNV 基因组在类似位置上,并享有 90% 的同源性,但序列的微细变化造成它们在形态、感染动力学和宿主域上的明显差异。比如,AcMNPV 感染的种特异性已被归因于 *dnahel*(Maeda 等,1993;Argaud 等,1998)。AcMNPV 原不能在源于家蚕的培养细胞 Bm5 或 BmN 中复制,但当 AcMNPV ORF95(编码病毒 DNA 解旋酶,p143)中的一小段序列被 BmNPV 的同源区域替代,它就获得了在家蚕细胞或幼虫内复制的能力。在位置 567(Ser 变为

Asp)和577(Phe变为Leu)的氨基酸变化足以扩大其宿主域(Argaud等,1998)。AcMNPV和BmNPV的重组可以通过病毒共转染易感宿主细胞系实现,以产生双宿主域病毒。

BmNPV基因组序列的一个显著特点是在基因组的5个位置上存在*Eco*RI位点簇。这些区域包含2~8个不完全的回文重复,在每个回文中心是一个*Eco*RI位点。这些彼此相似的区域被叫做同源重复区(*hr*)。在AcMNPV中有9个这样的同源区:*hr*1、*hr*1a、*hr*2、*hr*2a、*hr*3、*hr*4a、*hr*4b、*hr*4c和*hr*5。它们长200~1 000 bp,分布在全长134 kb的基因组内,彼此隔开15~55 kb。每个重复单位通常为75 bp,其核心*Eco*R I位点与侧旁的序列相接形成一个长29 bp的回文基序。AcMNPV的*hr*4被再分为左半和右半。

BmNPV基因组和AcMNPV在相似的位置上也找到了7个*hrs*(*hr*1、*hr*2L、*hr*2R、*hr*3、*hr*4L、*hr*4R和*hr*5)。BmNPV *hrs*的保守序列与AcMNPV的有95%的同源性。BmNPV *hr*2被再分为左半和右半,其核苷序列分析显示它可能由AcMNPV同源祖先序列经过倒置、断裂、连接进化而来。除了*hr*4L外,BmNPV和AcMNPV *hrs*的极性(polarities)都很保守(Majima等,1993)。杆状病毒*hrs*涉及到病毒基因表达和复制。瞬时表达试验表明,当*hrs*无论位于杆状病毒早期基因38*K*、*ie*-2和*p*35的上游或下游,都能激活这些基因表达。相似地,*hr*5可以激活宿主启动子,如肌动蛋白5C的基因表达。基因表达的增强与病毒感染是相互独立的,但病毒编码的蛋白IE-1可刺激超过1 000倍的表达。*Hr*1被报道可增强*polh*基因表达,*Hrs*同时可以作为DNA复制起始区域。

BmNPV缺少某些出现在AcMNPV上的ORF,像*polh*位点上的ORF 603和来自*lef*8区域的*pcna*;然而其他一些ORF,像*bro*(*baculovirus related* ORF)被更频繁地重复。*Bro*组成一个唯一且高度保守的多基因家族,最早的报道来自于LdMNPV基因组(具16拷贝)分析,其与AcMNPV的单拷贝ORF2同源。在BmNPV中有5份拷贝,OpMNPV有3份。它们通常相邻成簇出现。*Ac*-*bro*(ORF2),*Bm*-*bro* d和*Ld*-*bro* n是最高度保守的(82%的氨基酸序列相同),并且许多在感染周期中有相似的功能。5个*Bm*-*bro*基因(*bro* a, b, c, d和e)全部作为迟早期基因表达,并且*bro*-d和*bro*-e位于相邻的位置,彼此头尾相接(Kang等,1999)。缺失*bro* a,b,c或e的BmNPV突变体具有复制能力,然而缺失*bro* d的突变体却不能。推测*bro* a和c的产物可能行使DNA结合蛋白的功能,影响DNA复制和/或转录(Zemskov等,2000)。BmNPV *bro* c启动子的激活需要反式调节因子IE-1(Suzuki等,2001)。

尽管在BmNPV上有将近136个基因(ORFs),到目前被定位的(表7.1)只有有限的数量。但大部分的功能已由AcMNPV相应部分推断出来。

对病毒极晚期基因*polh*和*p*10已进行了详细的研究,两者的强启动子主要被用来表达重组蛋白。一个显著的差别是由于在3′区域发生的一个"A"残基缺失而出现无义突变致使BmNPV *p*10编码7.5 kDa蛋白。

除上述外,还鉴定了部分新基因。BmNPV ORF68编码一种BV的结构蛋白,删除该基因虽然没有降低病毒的感染力,但延长了使家蚕死亡的时间(Iwanaga等,2002)。后期表达因子4(LEF4)被证明为早期基因,感染6 h后开始转录,18~24 h达到高峰,基因沉默实验发现当该基因失活后,polh启动子的活性很低,表明它对晚期基因的转录非常重要(Sehrawat和Gopinathan,2002)。BmNPV含有6个Ring finger蛋白:IAP1,ORF35,IAP2,CG30,IE2和PE38,初步研究表明,其中的IAP1,IE2和PE38在病毒感染中具有泛素-连接酶E3(ubiquitin-ligase)的作用(Imai等,2003)。BmNPV ORF105的产物为gp64,是一种囊膜融合糖蛋白,

表 7.1　已鉴定的部分 BmNPV 基因

BmNPV 基因	生物学功能	参 考 文 献
p143/dnahel	宿主域决定因子	Maeda 等,1993
hr5	病毒复制非必需的	Majima 等,1993
hr3	转录增强子	Majima 等,1991; Chen 等,2004
bro-a,b,c,d,e	DNA 结合蛋白	Suzuki 等,2001
p10	病毒包涵体蛋白形成,纤维状结构	Palhan 和 Gopinathan,2000
p39	结构多肽	Lu 和 Iatrou,1996
cg30	推定的转录调控子(有一个基序样 Ring 指,亮氨酸拉链和一个酸性区)	Lu 和 Iatrou,1996
p35	凋亡抑制蛋白	Kamita 等,1993
p40	病毒特异性包涵体多肽	Nagamine 等,1991
lef-3	ss-DNA 结合和破坏螺旋稳定性	Mikhailov,2000
dnapol	DNA 聚合酶	Chaeychomsri 等,1995
lef-8	体内和体外的病毒复制	Shikata 等,1998
lef-2	病毒复制和晚期基因表达	Sriram 和 Gopinathan,1998
dbp	ss-DNA 结合蛋白在病毒复制中与 IE-1 和 LEF-3 共位	Okano 等,1999
fp25	造成减少的多角体表型,并牵连到宿主死亡后的降解	Katsuma 等,1999;Katsuma 和 Shimada,2004
p95	转录调控子(有两个 Zn 指基序和一个脯氨酸富集区)	Lu,1998
ie-1	启动病毒 DNA 复制、bro 启动子转录的必需反式激活蛋白	Suzuki 等,2001; Imai 等,2004
v-cath	编码半胱氨酸蛋白酶,阻断宿主蛋白合成,感染的水平传播,加速寄主组织降解	Imai 等,1994
p6.9	基本的 DNA 结合蛋白	Maeda 等,1994

该基因在感染 6～72 h 都有转录,有趣的是该基因早期的转录起始于 CAGT,晚期转录却起始于保守的 TAAG 基序;当 Gp64 的糖基化受到抑制时将显著降低 BV 病毒的形成数量(Rahman 等,2003)。BmNPV 还发现了一个类似于哺乳动物的 FGF 基因,将其命名为 vFGF,它是一个早期基因,5′-RACE 分析表明它转录起始于起始密码子前-10nt,蛋白质分析表明它被糖基化(Katsuma 和 Shimada,2004)。BmNPV ORF8 为早期基因,编码一个核酸结合蛋白,该蛋白在感染 4～24 h 在核内保持恒定水平,并发现在感染过程中与 IE-1 共同位于核区,已被鉴定为与病毒 DNA 复制或转录有关(Imai 等,2004)。BmNPV 中的 Chitinase 基因被删除后,感染症状与野生型病毒感染不同,血液清澈,细胞裂解和死后降解都得到延缓,说明

该基因与感染后寄主的降解有关（Wang 等,2005）。增强运动活力（enhanced locomotory activity,ELA）是鳞翅目昆虫幼虫最后一个阶段常见的现象,如家蚕幼虫成熟后吐丝前来回游动。BmNPV 感染能诱导 ELA 的产生,并在 BmNPV 中发现了酪氨酸磷酸酶（PTP）与之相关,认为这种现象能促进病毒的传播,寄主内也存在这种基因,两者氨基酸相似性达 80.7%,推测病毒的 PTP 基因可能从寄主中获得（Kamita 等,2005）。

7.1.2.3 家蚕 BmNPV 基因表达模式

杆状病毒感染后的基因表达模式表现为一个级联形式,每一套基因的激活都依靠前一级基因蛋白的合成。根据这个时序规则,如前所述,杆状病毒基因可分为 3 类:早期、晚期和极晚期。尽管大部分杆状病毒基因可被归到以上的其中一类,但有些基因不只在一个时期转录。早期基因转录先于病毒 DNA 复制,并可进一步分为极早期和迟早期,而晚期和极晚期基因在病毒复制期间或之后被激活。晚期基因在 12～24 hpi 期间最活跃。极晚期基因在晚期基因活化后被高表达,并且在晚期基因表达减弱后很久依然活跃。早期基因通常编码具调控、转录、复制和修饰宿主过程的蛋白。晚期蛋白包括那些与晚期和极晚期基因表达调控有关的蛋白以及病毒结构蛋白。极晚期蛋白是那些涉及包涵体形成和细胞裂解的蛋白。

早期基因是由宿主 RNA 聚合酶 II 转录的。许多早期启动子含有一个有功能的 TATA 框,这是绝大多数高等真核细胞的 RNA 聚合酶 II 启动子的典型结构。极早期基因启动子可被未感染的宿主细胞核提取物准确地启动。除了 TATA 框外,很多杆状病毒早期启动子在其转录起始位点或其附近含有一段保守的 CAGT 序列。但是 BmNPV 和 AcMNPV 的 DNA *pol* 转录却是从一段富含 G/C 的序列（5′-GCGTG CT-3′和 5′-AGAGCGT-3′）开始,在其附近没有明显的 TATA 框。同样的 AcMNPV *lef* 4 从一段富含 G/C 的序列开始转录,Ac-*iap* 从 GAGTTGT 序列开始转录。除了基本的启动子元件外,在早期启动子内还识别出很多增强子元件。

早期基因又被分为极早期（*ie*）和迟早期（*de*）两组。前者没有病毒因子存在即可表现完全活性,然而 *de* 启动子需要一个或更多的 IE 蛋白来完全活化。大部分的 IE 蛋白涉及病毒转录的调控。BmNPV 的 *ie*-2 缺失使病毒 DNA 在 BmN 细胞内的复制减少 2 倍（Gomi 等,1997）。IE2 的寡聚化和泛素连接酶活性功能结构域调节它的核定位（Imai 和 Matsumoto,2005）。BmNPV IE1 和 hr 能协调促进 ORF8 专一性的核定位（Kang 等,2005）。

病毒感染会触发宿主细胞死亡程序,即凋亡。然而,AcMNPV 通过编码凋亡抑制因子 p35 逃避了该过程,p35 是宿主半胱氨酸蛋白酶家族抑制因子。BmNPV 的 p35 同源物已被确认,其与 AcMNPV 的对应物同源性达 90%（氨基酸水平）。这两种蛋白在它们抑制的凋亡行为上似乎不同。

晚期和极晚期基因转录依赖于早期病毒基因表达和病毒 DNA 复制。晚期和极晚期启动子的结构和位置与普通的不同。它们和大多数的 RNA 聚合酶 II 启动子不同,不包含像 TATA 框这样的 DNA 元件。晚期和极晚期启动子活性的主要决定性因素是位于所有已知的晚期和极晚期基因转录起始位点的 5 个核苷酸 A/G/TTAAG。晚期和极晚期启动子区别在晚期和极晚期的相对活性。*Polh* 和 *p*10 启动子属于极晚期类,它们在晚期（6～18 hpi）表现很低的活性,但在 18 hpi 变得高度活跃。到 24～48 hpi,细胞内高达 20% 的多聚腺苷酸 RNA 均为 *polh* mRNA。各亲缘关系较远的杆状病毒 *polh* 启动子仍有相对良好的保守性,且以跨越转录起始位点长 12 nt 的保守序列（A/T）（A/G）TAAGNA（T/A/C）（T/A）T 为标记。这个序列也存在于极晚期 p10 基因启动子。

通过删除和 linker-scan 突变分析对 AcMNPV polh 启动子进行了详细的研究，其转录起始位点在高度保守序列 TAAATAAGTATT 内。能在极晚期高表达的最小基本 polh 启动子被界定为 69 bp 长（＋1 ATG 上游－1 nt 到－69 nt）。这一序列的 TAAG 部分对转录起始的发生是绝对必需的，因为通过接头扫描置换（linker scan substitutions）影响到 TAAG 位点的研究表明，它使报告基因的表达减少近 2 000 倍，而且使 RNA 水平降低至无法检测程度。在 TAAG 和起始密码子间的前导区序列对 polh 转录也有很强的影响。Polh ATG 上游的前导序列缺失不利报告基因的表达。BmNPV polh 5′上游序列中也存在增强 polh 启动子表达的转录增强子元件（Acharya 和 Gopinathan，2001）。

Polh 起始密码子的邻近序列（直至＋35 nt）可能通过提高 mRNA 稳定性而充分增加了 AcMNPV 重组杆状病毒载体上的报告基因表达水平。在 BmNPV 中，从最初的 ATG 至＋5 nt 的多角体序列足以指导克隆的外源基因达到最高表达量。

通过利用能够激活晚期和极晚期启动子的杆状病毒基因组连续小片段混合物的瞬时表达系统已鉴定出编码负责调节晚期基因转录的病毒基因。19 种基因被确定为晚期基因表达因子（lefs），它们能调节和充分保证这些晚期和极晚期基因启动子的转录和表达。这些基因可能直接激活晚期/极晚期基因转录或者通过刺激早期基因转录或调节 DNA 复制呈现间接的作用。其中 9 个（ie-1、ie-2、lef-1、lef-2、lef-3、lef-7、p143、dnapol 和 p35）和基于 hr2 的 DNA 复制有关，而另外 9 个基因（lef-4、lef-5、lef-6、lef-8、lef-9、lef-10、lef-11、39k 和 p47）的产物影响报告基因转录的稳定状态水平，因此有可能和转录的某些方面，转录过程或稳定性有关。然而近年来也有来源于 AcMNPV 的一个由 lef-4，lef-8，lef-9 和 p47 编码的蛋白联合体可在体外启动 polh 启动子转录的报道（Guarino 等，1998）。

多数 lefs 都只是通过瞬时表达研究被鉴定，但它们单独的作用还未得到详细的阐述。关于 lef 功能的研究我们归纳总结在表 7.2 中。BmNPV lefs 在体内病毒复制和晚期基因表达中的作用已通过删除基因组中的各个 lef 同源物进行研究（Gomi 等，1997）。在 19 个 lefs 中，只分离到 4 个缺失突变株（39k，ie-2，lef-7 和 p35）。其他 15 个缺失突变株无法产生获得，可能因为它们对病毒复制是必需的。来自 BmNPV 的 lef2 编码-23 ku 具双重功能的蛋白，作用于病毒 DNA 复制和晚期基因表达。在晚期基因表达中的作用可能是作为一个转录共激活体。

一个与极晚期基因转录"爆发"有关的病毒基因，极晚期基因表达因子-1（vlf-1）也已在 AcMNPV 中被鉴定，这个基因内的突变可造成 polh 和 p10 mRNA 水平的显著下降。vlf-1 编码的蛋白与 λ 噬菌体整合酶家族有相当大的同源性，保守氨基酸残基的任何突变均会对病毒产物造成不利影响。BmNPV 中也存在 vlf-1 类似物。

最近在 BmN 细胞中进行了 BmNPV 感染后基因表达模式的比较分析。病毒感染后在不同时段产生的表达序列标签 EST 数据证实了这种预测的模式。比如，在 2 hpi 内可检测到 ie-0 和 ie-2 的转录，而与病毒复制有关的几个基因和 lefs 以及结构基因如 gp64 到 6 hpi 时才检测到它们的转录。而新发展的采用 NPV DNA 基因芯片技术检测、分析杆状病毒的基因表达，将有利于 BmNPV 新的功能基因的快速鉴定（Yamagishi 和 Isobe，2003）。

表 7.2　**BmNPV 晚期基因表达因子**

基因	ORF /bp	分子质量 /ku	同源性* (aa)/%	启动子	同源物/基序	功　能
lef-2	630	23.6	96	E/L	半胱氨酸富集	复制/转录
lef-1	810	31.0	96	E/L	引物酶	复制
lef-6	519	20.2	93	—	—	LEF
39k	831	31.3	92	E/L	基本的,DNA 结合	LEF,磷蛋白(ne)
lef-11	336	13.0	97	e	—	LEF
p47	1 197	47.1	98	e/E	—	DNA 结合,LEF
lef-8	2 631	101.6	98	—	RNApolβ	转录
lef-10	417	16.7	96	L	—	LEF
lef-9	1 470	56.2	98	—	RNApolβ	转录
dnapol	2 958	114.3	96	e/E	DNA pol	复制
lef-3	1 155	44.7	92	E	SSB	复制
vlf-1	1 137	44.2	98	L	整合酶	极晚期表达
lef-4	1 395	53.8	97	E	酸性区	转录
dnahel	3 666	143.5	96	E	解旋酶	复制,宿主特异性
lef-5	795	31.0	97	—	—	LEF
lef-7	636	24.9	88	E	SSB,UL 29(HSV)	复制(ne)
p35	897	34.8	91	E/L	—	阻断凋亡(ne)
ie-1	1 752	66.8	96	E	—	反式激活子
ie-2	1 266	48.7	73	E/L	锌指	反式激活子(ne)

注:E,早期;L,晚期;e,上游区域附近的增强子;ne,非必需的。LEF,lef 基因编码的晚期基因表达因子蛋白;* 和 AcMNPV 对应序列的同源性。

7.2　家蚕杆状病毒表达系统与重组蛋白生产

7.2.1　家蚕杆状病毒表达系统一般原理

家蚕杆状病毒表达系统的一般原理,简单地说,就是将外源目的基因重组入 BmNPV 基因组,获得重组的 BmNPV 病毒,然后以此作为载体感染家蚕幼虫(或蛹)或其培养细胞。病毒在寄主细胞内大量复制繁殖过程中,将目的基因进行转录和表达,从而产生我们需要的重组目的蛋白。

外源基因通常被放在病毒的多角体蛋白启动子或 P10 基因启动子后。多角体蛋白基因(polh)和 p10 基因对于病毒在培养细胞中的复制和成熟并不是必须的,且在感染的极晚期被大量的转录。因此删除它们并不影响病毒的复制,利用其启动子可以驱使外源基因的表达(图7.6),这是杆状病毒表达系统原理的基础。目前除 AcMNPV 表达系统外,最常用的就是家蚕 BmNPV 表达系统。多数情况下,重组蛋白质被加工、修饰并运送到细胞中合适的位置,获得期望的生物学性质。

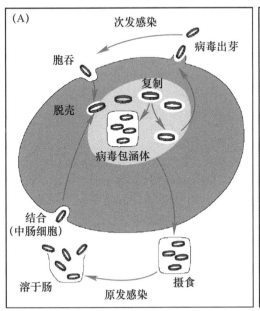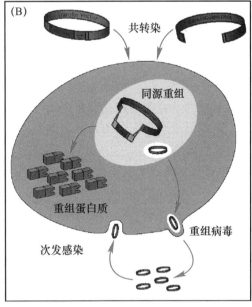

图 7.6　杆状病毒表达系统原理示意图

(A) 野生型病毒的生活史;(B) 重组病毒在细胞内表达产生重组蛋白质。

相对于其他表达系统,杆状病毒感染的昆虫细胞表达重组蛋白质的优越性在于:

1. 重组蛋白质的功能性较好

杆状病毒表达系统能够使大量表达的重组蛋白进行正确的折叠,形成二硫键,进行寡聚化,另外该系统能够正确地完成大部分的翻译后加工修饰。所有这些保证了生成一个最接近它真正对应物质的产物,不仅在结构上而且在功能上也非常类似。但是,如果原来的蛋白质是以杂二聚体的形式发挥功能或者修饰加工具有组织或种的特异性,杆状病毒表达的重组蛋白将会没有功能活性,除非与该重组蛋白相结合的部分或修饰酶也被克隆进同一个系统一起表达。与细菌及其他系统形成鲜明对比的是,杆状病毒表达系统不必表达融合蛋白。

2. 转录后加工修饰较为完善

据报道,杆状病毒系统能够正确地完成大部分的转录后加工修饰,包括 N-糖基化、O-糖基化、磷酸化、酰基化、酰胺化、羧甲基化、异戊烯化、单肽剪切和蛋白酶剪切。这些修饰的位点通常与在其天然环境中的蛋白质的修饰位点一样。然而,杆状病毒表达系统以极高的速度表达外源基因,这可能超过了细胞修饰蛋白产物的能力。导致了糖基化和磷酸化水平比原来细胞系中的水平低。而且,如果修饰酶没有一起表达,杆状病毒表达系统不能完成组织或种特异性的转录后修饰。

3. 表达水平高

与其他高级的真核表达系统相比,杆状病毒表达系统最显著的特征是它具有实现克隆基因高水平表达的潜力。报道过的最高表达水平是感染的昆虫细胞总蛋白的 50%，相当于每 10^9 个细胞大约生产 1 g 重组蛋白。然而，很多重组蛋白达不到这么高的表达量，而且蛋白的表达量也很难预测。遵循一些指导方针能够优化蛋白生产。最重要的是要有一个设计很好的重组杆状病毒转移质粒。

4. 能够插入大片段

杆状病毒衣壳结构的可膨胀性允许包装和表达非常大的基因。目前还不知道杆状病毒基因组中所能插入的外源序列的上限。

5. 可以表达非剪接基因

杆状病毒能够完成内含子/外显子剪接。然而，由于在昆虫细胞中没有某些特定的剪接因子，该系统中不存在某些病毒特异性、组织特异性或种特异性的剪接形式。另外，为了使蛋白质高水平表达，建议插入 cDNA 而不是基因组 DNA。

6. 技术简单

目前的技术使产生重组病毒变得非常容易，表达重组蛋白因此变得同在细菌表达系统中一样快速。与细菌表达系统形成对照的是，杆状病毒表达系统不需要将重组蛋白融合表达。因此，在差不多同样长的时间中，杆状病毒表达系统能够高水平表达活性蛋白质。

7. 可以同时表达多个基因

杆状病毒表达系统能够在一个特殊的感染细胞中同时表达两个甚至三个基因。这就可以表达以二聚体或多聚体形式行使功能的重要蛋白质，并能够正确组装。大家都知道的一个例子就是，杆状病毒表达系统中多种病毒通过共表达核衣壳亚基进而组装成完整的病毒核衣壳。为达到此目的构建了一些多重启动子质粒。

除上述优点外，家蚕杆状病毒表达系统还有其他一些优势，主要体现在：①家蚕容易饲养，已有非常成熟的技术和产业，比较容易扩大规模进行产业化开发。②家蚕个体大而且容易操作，生命周期（约 7 周）相对较短。③家蚕遗传学和生物学特性背景非常清楚，特别是其基因组已被测定，更有利于被有效利用。④已有研究证明，家蚕活体内表达重组蛋白的效率显著高于培养细胞内的表达。⑤家蚕经过长期驯化后丧失飞行能力，有利于实施重组 DNA 技术操作严格的管理，生物安全性得以保证。⑥家蚕已有较为成熟的人工饲料及其饲养技术，能够实现全年自动无菌饲养，为大规模生产重组蛋白过程实施程序化管理和执行严格的技术标准成为可能。

7.2.2 构建重组病毒的一般技术

家蚕 BmNPV 基因组为双链、环状大分子 DNA（128 kb），具有丰富的限制性内切酶位点，因此不能像质粒一样直接对其进行酶切、连接等操作。因此，构建含有外源基因的重组杆状病毒传统的方式一般需要分两步进行。首先，外源基因插入杆状病毒转移载体病毒启动子的下游，启动子的两侧是杆状病毒 DNA 的非必须位点，通常是多角体蛋白基因或者是 $p10$ 基因。然后，杆状病毒转移载体和野生型病毒 DNA 共同转入昆虫细胞，在细胞内发生同源重组，产生含有整合的外源基因拷贝的病毒（图 7.7 和图 7.8）。重组病毒一般通过空斑形态的分析来鉴定，野生型病毒感染昆虫细胞会有多角体产生，这些不透明的具有折光性的颗粒在光学显微镜下很容易识别，而重组病毒不产生多角体（通常利用 polh 启动子）。通过几轮空斑分析来纯化,最终获得纯的重组病毒。

通常有两种方法可以把杆状病毒 DNA 和质粒转染进昆虫细胞。磷酸钙沉淀 DNA 的方法,由于试剂便宜,能得到可靠的结果,应用比较广泛。然而,阳离子脂质体,如脂质体转染法(GIBCO/BRL),现在越来越受欢迎,因为这种试剂的转染效率能提高 10 倍。

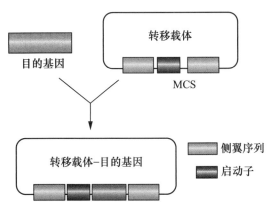

图 7.7　重组杆状病毒转移载体的构建第一步

注:将外源基因插入转移载体多克隆位点,该位点前面有杆状病毒启动子。MCS,多克隆位点。

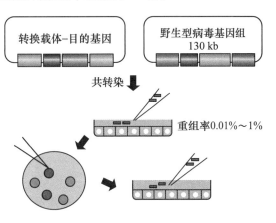

图 7.8　重组杆状病毒的构建第二步

注:将含有外源基因的重组转移载体与野生型病毒基因组共转染入培养细胞,在细胞内发生同源重组,产生重组病毒。通过空斑分析筛选获得纯的重组病毒。

空斑分析用于从含有非重组病毒的转染混合液中纯化重组病毒和确定病毒储存液的滴度(单位:pfu/mL)。连续稀释浓度的病毒溶液与低密度接种的未感染细胞一块孵育大约 1 h,然后换成一层含有琼脂糖的半固体状培养基。5 d 后,可以看到低密度的噬菌斑,噬菌斑随着细胞的裂解变得更明显,与稠密的未感染细胞相比,感染细胞变大了。在多角体蛋白基因位置有插入的重组病毒在感染的细胞核内不产生包涵体,可以在立体解剖显微镜下从未感染的细胞和野生型病毒感染的细胞中区分开来。

空斑分析中,用一些病毒染料可以使未感染细胞背景上的空斑看得更清楚。最常用的染料是 MTT,它能增加未感染细胞和噬菌斑中的死亡细胞的对比度。染料通常加在铺在细胞上面的凝胶中,它在凝胶中慢慢扩散,由活细胞产生代谢变化形成紫色沉淀。在深紫色背景上,噬菌斑呈黄色或透明。但是,这种染料不能区分包涵体病毒形成的噬菌斑和非包涵体形成的噬菌斑。

利用传统的转染和空斑分析技术来构建重组病毒要 4~6 周,为此,已经试用了很多方法加速这个过程,包括有限稀释、挑出空斑和细胞亲和技术。也有通过检测与显色底物反应或者与抗体结合的表达产物简化纯化重组病毒的过程。用于鉴定重组的方法不仅包括噬菌斑形态鉴定,还有通过 DNA 斑点杂交、Southern 印记法和病毒特异片断的 PCR 扩增来进行病毒基因组分析。

7.2.3　重组杆状病毒构建与筛选技术进展

昆虫杆状病毒作为高效的真核表达载体,现已广泛地用于各种外源目的基因的表达。继 Smith 和 Summers 首次将空斑纯化技术用于筛选重组昆虫杆状病毒之后,空斑技术在病毒基因工程中得到了广泛的应用。但由于重组病毒产生的比例很低(通常只有 0.1%~1%),利用空斑技术筛选重组病毒费时费力，即使技术熟练的技术人员也要花 1～2 个月的时间才能完成。近年来，重组病毒的构建和筛选方法有很大的改进，发展了一批新技术，如线性化技术、利用大肠杆菌-昆虫细胞穿梭载体的技术以及利用酵母-昆虫细胞穿梭载体的筛选纯化技术、利用 *tk* 基因、P35 蛋白筛选标记的技术、体外 Cre 酶促定位重组的技术，以及利用基因敲除技术和用 PCR 产物直接构建重组病毒的技术等。

20 世纪 80 年代以后发展起来的杆状病毒表达系统是高效的真核表达系统之一，可以表达经济价值很高的外源基因，因此重组杆状病毒表达系统近年来备受重视，有关重组杆状病毒构建和筛选技术的研究也取得了很大的发展。自 Dulbecco 建立空斑技术纯化西方马脑炎病毒以来，就一直采用常规的空斑技术纯化动物病毒。继 Smith 和 Summers 首次将空斑技术用于筛选重组昆虫杆状病毒之后(Simth 和 Summers,1983)，空斑技术在昆虫病毒基因工程中得到广泛应用(King 和 Possee,1992)。由于重组病毒产生的比例很低(通常只有 0.1%～1%)，利用空斑技术筛选重组病毒费时费力，即使技术熟练的研究者也需 1～2 个月才能完成(王福山等,1995;Luckow,1993;Davies,1994;Luckow,1995)。近年来，在空斑分析技术的基础上发展了一些新技术，大大简化了重组病毒构建和筛选的过程(程家安等,2001)。

7.2.3.1 空斑纯化技术

传统的空斑纯化重组病毒的技术是将共转染后的含有重组病毒和野生型病毒的溶液作梯度稀释后，用不同浓度的病毒感染单层昆虫培养细胞，温育 1 h 后用低熔点琼脂糖凝胶覆盖，27℃ 培养 4～6 d 后进行空斑鉴定。重组病毒产生的空斑借助光学显微镜检查加以筛选，并用消毒玻璃毛细管挑取吸出。吸出的含有重组病毒的琼脂块置于少量细胞培养液溶解稀释并用于下次空斑筛选。如此反复 3～5 轮筛选，即可得到纯化的重组病毒。从共转染样本中分离重组病毒也可以在 96 孔塑料板上进行，但是无论哪种方法，由于重组病毒产生的比例很低，往往是重组病毒和野生型病毒混合在一起，区分野生型有包涵体表型和重组病毒无包涵体表型非常困难，需要训练有素的观察能力和实际经验(吕鸿声,1998)。

在空斑测定基础上发展的蓝白筛选技术显得简便易行。蓝白筛选即 β-半乳糖苷酶筛选，通过插入失活 *lacZ* 基因，破坏重组子与宿主之间的 α-互补作用，是携带 *lacZ* 基因的许多载体的筛选优势。载体上携带一段细菌的基因 *lacZ*，它编码 β-半乳糖苷酶的一段 146 个氨基酸的 α-肽(N 端)，载体转化的宿主细胞可编码 β-半乳糖苷酶 C 端部分的序列，虽然宿主和质粒编码的片段各自都没有酶活性，但是二者可互补形成具有酶活性的蛋白质。由 α-互补产生的半乳糖苷酶分解 X-gal 而形成蓝色菌落；而外源 DNA 片段插入到质粒中的多克隆位点(在 *lacZ* 中)后，几乎不可避免的导致无 α-互补能力的氨基酸片段，因此，带重组质粒的细菌形成白色菌落(孙树汉等,2001;Sambrook 等,1989)。这一简单的颜色实验大大简化了这种质粒载体中鉴定重组体的工作。这一蓝白现象后来也用到了重组病毒的筛选中，并成为一种很重要的方法。如目前美国 Invitrogen 公司开发成功的 pBlueBacHisA、B、C 系列转移载体。PblueBacHis 带有两个启动子，一个来自 ETL，另一个来自 AcMNPV 多角体蛋白基因。ETL 启动子指导合成 β-半乳糖苷酶，多角体蛋白基因启动子控制合成外源目的基因产物。插入外源基因的重组转移载体与野生型病毒 DNA 重组产生重组体，从而表达产生了 β-半乳糖苷酶，因此在进行空斑分析时若在覆盖的琼脂糖中加入底物半乳糖苷 X-gal 或者它的衍生物就能够形成蓝色空斑，肉眼即可观察，从而使重组病毒的筛选变得准确且简便易行。

7.2.3.2　线性化技术

在酵母细胞和哺乳动物细胞中,含有双链切断点的 DNA 比一般环状分子更易发生重组。这一现象在昆虫细胞内同样存在。虽然线性化的杆状病毒基因组 DNA 对昆虫细胞的感染力比环状 DNA 要低 5～150 倍,却仍具有和引入细胞内的同源序列进行重组的能力。如果同源序列位于线性化杆状病毒的两端,则基因组就可以通过同源重组环化而恢复完整的感染性(程家安等,2001;吕鸿声,1998)。

DNA 序列分析表明,AcMNPV 上没有 Bsu36 I 切点。1990 年 Kitts 等将人工合成含 Bsu36 I 位点的寡聚核苷酸引入到转移载体 pAcRP6 多角体蛋白基因中多接头的 BamH I 位点,构建成载体 pAcRP6-SC,然后将它和野生型 AcMNPV 共转染 Sf 细胞,得到含有 Bsu36 I 单一切点的转移质粒 ACRP6-SC,用 Bsu36 I 酶切线性化后和含 lacZ 的转移载体 pACRP23-lacZ 共转染,子代病毒在 X-gal 存在下进行空斑测定,发现有 6%～32% 的空斑呈蓝色,阳性重组率大大提高(Kitts 等,1990)。后来,Kitts 和 Possee 进一步构建了一种修饰病毒 BacPAK6,使之有效的将肉眼选择(LacZ-based)及复制选择(replication-based)两种方法相结合。用 polh 基因启动子驱动 lacZ 基因,lacZ 基因内部有一个 Bsu36 I 位点,再分别将 2 个 Bsu36 I 位点引入原 polh 基因的上游和下游两侧区域,位于下游的 Bsu36 I 位点处于 ORF1629 内部。ORF1629 的编码产物参与核衣壳的装配或病毒 RNA 聚合酶的加工修饰,是病毒复制的必需基因。用 Bsu36 I 酶切修饰后的病毒 BacPAK6 DNA,可产生 2 个小片段和一个大片段,这个大片段就是缺失了部分 ORF1629 的线性化病毒 DNA,若是自我连接,会因为必需基因 ORF1629 不完整而不能产生活的病毒。将线性化病毒 DNA 与转移载体 DNA 共转染 Sf 培养细胞,只有经同源重组后修复了 ORF1629 才能形成存活病毒(复制选择),重组效率大大提高,重组病毒在总病毒中的比例高达 85%～99%,而且重组病毒无 lacZ 基因,在 X-gal 存在时呈无色表现型(肉眼选择),但线性化不全的少量 BacPAK6 呈蓝色表型,占总病毒比例很小,重组病毒极易筛选(Kitts 和 Possee,1993;Kitts,1995)。在借鉴国外技术的基础上,胡建新等(1994)也构建了适用于我国特色昆虫家蚕的 BmNPV 修饰病毒 Bm-BacPak,可线性化,在家蚕系统中可以大大提高重组病毒筛选效率。

美国的 Clontech 公司在 1999 年利用 BacPAK 系列载体构建了 BacPAKTM 杆状病毒表达系统(Novagen 2002-2003 Catalog,2002:116-125)。在 AcMNPV DNA 的多角体蛋白基因表达位点两侧分别引进了一个 Bsu36 I 位点,构建了修饰病毒 BacPAK6,用 Bsu36 I 酶切 BacPAK6 成一大一小两个片段,导致线性化后的病毒 DNA(大片段)缺少病毒复制必需的 ORF1629 基因的一部分,自身连接后病毒不能成活。另一方面,转移载体含有病毒缺少的 ORF1629 片段,病毒基因组的大片段只有和转移载体重组才能够复制。双重组修复了病毒的必需基因并把目的基因转移到了病毒基因组。利用 Bsu36 I 线性化的 BacPAK6 病毒 DNA 和重组转移载体共转染,产生重组病毒的频率接近 100%。德国的 Novagen 公司也利用昆虫杆状病毒线性化技术构建了 BacVector® 杆状病毒表达系统(BacPAKTM Baculovirus Expression System User Manual. Clontech,1999)。其中表达载体中引入了 3 个酶切位点,分别位于必需基因 ORF1629 内、lacZ 基因和 polh 启动子上游以及 lacZ 基因内部。限制性酶切后,不仅切去了与目的蛋白质竞争表达的一些非必需基因、v-cath 和几丁质酶基因,重要的是降低了重组背景,重组空斑比例接近 100%。其中几丁质酶基因的删除又增加了初裂解液中蛋白表达的稳定性。最近,Invitrogen 公司又开发了 Bac-N-Blue 线性化 AcMNPV DNA 系统。其在转移载体中引入 ETL 启动子控制 lacZ 基因,多角体蛋白基因启动子控制外源目的基因的表达。将其与 *Bsu*36 I 酶切线性化的 AcMNPV DNA 同源重组,通过筛选蓝斑来纯化重组病毒,不仅使重组效率大大提高,而且使纯化更为方便(Invitrogen 2003 Catalog,2003:217-244)(图 7.9)。

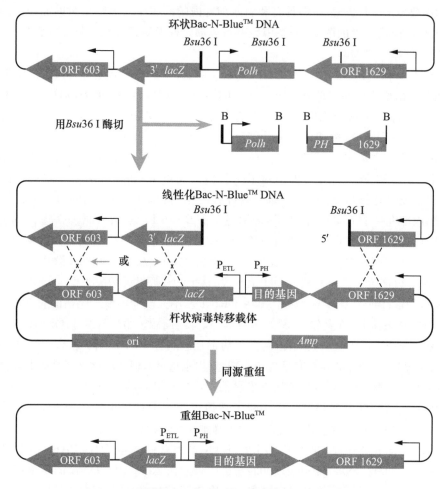

图 7.9 线性化 Bac-N-Blue™ 同源重组产生重组病毒

7.2.3.3 大肠杆菌-昆虫细胞穿梭载体("Bac-to-Bac"系统)技术

美国的孟山都(MONSANTO)公司成功开发了一种快速、高效产生重组 AcMNPV 病毒的技术(Luckow 等,1998),利用细菌转座子原理,在大肠杆菌内就能完成重组病毒的构建,取名为 Bac-to-Bac 表达系统,意即从细菌(bacterium)到杆状病毒(baculovirus),革命性地改变了重组昆虫杆状病毒地构建方法。其基本原理为:将一个改造后的 AcMNPV 基因组转化入大肠杆菌,使它像普通质粒一样能在细菌内复制(由于太大,只限单拷贝),将其称之为杆状病毒穿梭载体(baculovirus shuttle vector,又称病毒质粒 baculovirus plasmid,将其首尾合写而成为 Bacmid),通过位点特异性转座,在大肠杆菌内完成病毒基因组的重组。杆状病毒穿梭载体(Bacmid)含有细菌单拷贝数 mini-F 复制子、卡那霉素抗性选择标记基因及编码 β-半乳糖苷酶 α 肽的部分 DNA 片段。在 *lacZα* 基因的 N 氨基末端插入一小段含有细菌转座子 Tn7(mini-att Tn7)整合所需的靶位点(attachment site),但它的插入不影响 *lacZα* 基因的表达阅读框。将杆状病毒穿梭载体 Bacmid(130 kb)转化入大肠杆菌 DH10β,获得转化子将其命名为 DH10Bac™。因此 Bacmid 像一个大质粒一样,可以在大肠杆菌中增殖并使细菌细胞获得卡那霉素抗性(Kan^R),且与存在于受体菌染色体上的 $lacZα$ 缺失产生互补,在 IPTG 诱导和 X-gal 或 Blue-gal 生色底物存在下转化体产生蓝斑($lacZ^+$)。

重组 Bacmid 通过供体质粒(donor plasmid)上的 mini-Tn7 转座子,在另一个辅助质粒(helper plasmid,13.2 kb)的功能作用下将外源目的基因插入到 Bacmid 中来完成。Helper plasmid 表达转座酶并含有四环素(tetracycline)抗性基因。供体质粒具有共同的特征:每个质粒都含有杆状病毒启动子(polyhedrin 或 $p10$ 启动子),在 mini-Tn7 左右臂间含有一个完整的表达 cassette,包括庆大霉素(gentamcin)抗性基因、杆状病毒启动子、多克隆位点及 SV40 poly(A)。外源基因插入到杆状病毒启动子下游的多克隆位点,将此重组的供体质粒转化入含有 helper plasmid 和 Bacmid 的 DH10BacTM 中,由 mini-Tn7 转座子将表达 cassette 插入到 Bacmid 的靶位点从而破坏了 $lacZα$ 基因的表达,使得 $lacZα^+$ 变为 $lacZα^-$。在含有卡那霉素、庆大霉素、四环素和 X-gal 的培养板进行筛选,重组的 Bacmid(即重组病毒基因组)转化体菌落呈白色。而非重组 Bacmid 转化菌落依然为蓝色。因此,可以通过菌落的颜色进行重组病毒的筛选。通过单菌斑的培养,抽提得到重组 Bacmid 基因,随后转染入昆虫培养细胞获得重组病毒,即可进行重组蛋白的表达生产。

利用位点特异性转座作用将外源基因插入到能在大肠杆菌增殖的穿梭载体 Bacmid,实现重组病毒的构建,此方法的优点在于:①由于重组病毒的分离是通过蓝白斑筛选,不存在野生型和非重组型病毒污染的问题,因此不需要传统繁琐的空斑分析来纯化重组病毒;②大大地缩短了重组病毒构建所需要的时间,可以由原来的 4～6 周或更长减少到仅 7～10 d。因此此技术允许快速、同时分离多种重组病毒。这是一种目前最快速简捷的生产重组病毒的方法。目前,Invitrogen 公司有 AcMNPV 表达系统的 Bac-to-Bac 系列产品。

7.2.3.4　其他重组昆虫杆状病毒筛选技术

1. 酵母-昆虫细胞穿梭载体

Patel 等构建了含有酵母的自我复制序列(ARS)、着丝粒(CEN)和选择标记基因 URA3 的穿梭 AcMNPV,修饰后的病毒能够在酵母中稳定扩增并保留了对昆虫细胞的感染性。为了便于在酵母中筛选重组病毒,还在病毒 DNA 中插入了 SUP4-o 基因,作为筛选标记。SUP4-o 是 tRNATyr 基因赭石突变型的校正等位基因,它编码 tRNATyr 的赭石抑制 tRNA,用于在 ADE2 和 CAN1 基因中含有赭石突变的酵母株中的筛选。ADE2 中的突变使酵母集落成粉红色,CAN-突变则使细胞有刀豆氨酸抗性。在这个带有赭石突变的宿主中,SUP4-o 基因的表达抑制该突变,集落为白色且无刀豆氨酸抗性,当 SUP4-o 中因插入外源基因而失活时,宿主的赭石突变不被抑制,菌落成红色,具有刀豆氨酸抗性。它们同时构建了能在酵母中自我复制、含外源基因的载体质粒。将构建的亲本毒株 DNA 和转移载体质粒 DNA 共同转化酵母的原生质体,同源重组后导致缺失 SUP4-o,直接选择刀豆氨酸抗性的粉红色集落即获得重组病毒 DNA。用重组病毒 DNA 转染昆虫细胞,即可获得重组病毒(Patel 等,1991)。

2. tk 基因标记技术

单纯疱疹病毒Ⅰ型(HSV1)的 tk 基因产物胸苷激酶(HSV1-TK),能催化核苷酸类似物,将核苷酸类似物转变为有毒的中间体,从而抑制病毒 DNA 的复制,在核苷酸类似物 9-(1,3-二羟基-2-丙氧甲基)鸟嘌呤(ganciclovir,GCV)存在下,细胞呈现条件致死表型(程家安等,

2001）。Godeau 等（1992）利用 tk 基因的上述特征，开发出一种新的重组病毒构建和筛选方法。他们将 HSV1-TK 基因置于转移载体中 AcMNPV 极早期基因 *ie*-1(0)启动子控制之下，再同源重组到 AcMNPV 的 *Polh* 基因位点上，构建成重组 AcMNPV IE-1-TK，该重组病毒在感染极早期即表达 HSV1-TK。研究表明 GCV 浓度直到 100 μmol/L 也不能影响 Sf-9 细胞活力、野生型 AcMNPV 复制以及重组 AcMNPV 中 β-半乳糖苷酶表达。将连接有外源目的基因的转移载体和 AcMNPV IE-1-TK 病毒 DNA 进行共转染，再将子代病毒接种到用含有 50 μmol/L GCV 的培养基培养的细胞上进行连续培养。由于只有 tk 基因已经被目的基因替换的病毒才能复制，因此只需一轮纯化即可获得重组病毒，重组率在 85% 以上。

3. P35 蛋白筛选标记技术

利用 P35 蛋白基因作为筛选标记也是一种新的方法。它可以直接或间接地抑制成熟前细胞凋亡（apoptosis），即一种由宿主介导的细胞裂解和宿主细胞 DNA 降解的过程。将 *p*35 基因插入到含 LacZ 的 polh 型转移载体中，和 *p*35 缺失的病毒共转染 Sf21 细胞，转染上清有 15%～30% 的子代病毒带有外源基因，是普遍方法（0.1%～1%）的 15～300 倍。如果将 *p*35 基因缺失的病毒线性化，重组病毒的比率可达 82%～96%。该方法经一次空斑纯化即可获得高纯度的子代病毒，缺点是 P35 的辅助病毒只能在 TN368 细胞中才能大量复制，故必需引入新的细胞系（Griffiths 等，1999）。

4. 体外 *Cre* 酶促定位重组技术

P1 噬菌体编码 *Cre* 重组酶，是交换体 P1 的基因座（*lox*P1）位点。*Lox*P1 序列由 34 个核苷酸组成，其两端为 13 bp 的反转重复序列，中间的 8 bp 非回文序列为：ATAACTTCGTATAATGTAT GCTATACGAAGTTATTATTGAAGCATATTACATACGATATGCGTCAATA。*Lox*P1 可指导 *Cre* 重组酶使两个基质 DNA 分子转变成拓扑学上不连接的重组产物。外源基因的转移是借单一酶促交换反应完成。这个酶促反应是化学定量地进行的，其效率约 70%（程家安 等，2001）。

Peakman 等将 *lox*P 序列分别引入 AcMNPV（获得 vAclox）和转移载体中，并在转移载体中引入由 *p*10 启动子控制的 *lacZ* 基因以供筛选。重组病毒的构建可在细胞外定点进行。将重组后的杆状病毒 DNA 转染昆虫细胞，通过挑选蓝色空斑而纯化出重组病毒，高达 50% 的子代病毒为重组病毒（Peakman 等，1991）。但重组病毒往往是转移载体多次插入亲代病毒的结果，重组病毒须经多轮空斑纯化（程家安 等，2001）。

5. 利用基因敲除技术

2001 年，Yuguang 等（2003）将基因敲除技术应用到构建重组病毒的构建中来。他们将含有细菌单拷贝复制子的 AcMNPV 质粒 BAC10 转化进具有卡那霉素抗性的 ET 宿主菌 HS996(KanR)，将转化子命名为 HS996：BAC10。随后将 pBAD$\alpha\beta\gamma$（ApR）转化进 HS996：BAC10，得到能进行 ET 克隆的感受态菌株 HS996：BAC10：pBAD$\alpha\beta\gamma$。他们将氯霉素乙酰转移酶（chloramphenicol acetyl transferase，CAT）基因作为基因敲除的标记基因。在 ORF1629 内两个邻近但不相连的位点，分别由 CAT 基因 5′端开始扩增了约 50 bp 的与 AcMNPV 同源的序列，并在其中一个序列中引入一个 *Bsu*36 I 酶切位点。随后，利用 ET 克隆技术将扩增片段克隆进 HS996：BAC10：pBAD$\alpha\beta\gamma$。利用 ORF1629 插入失活和氯霉素抗性筛选出 HS996：BAC10(CmR KanR) d 的菌株将其命名为 BAC10：KO1629。大量抽提杆状病毒 DNA，用 *Bsu*36 I 酶切后用于共转染。这个方法利用了必需基因 ORF1629 的插入失活原理和 ET 克隆技术,减少了重组病毒的构建时间,而且重组比例达到 100%,省去了筛选的过程,是真正的一步到位的重组技术。

6. 以 PCR 产物直接构建重组杆状病毒

近来,侯松旺等发展了一种在不构建转移载体的前提下,以 PCR 产物直接构建同源重组杆状病毒的方法(侯松旺等,2003)。依据 λ 噬菌体 Red 重组系统能介导 36 bp 以上的同源片段产生同源重组的原理,他们成功地用氯霉素抗性基因(CmR)置换了棉铃虫单粒包埋型核多角体病毒(HaSNPV)基因组中的 ORF135。首先人工合成一对长 60 bp 左右的引物,其中 40 bp 与 HaSNPV ORF135 的头部和尾部序列同源,另外 20 bp 分别为氯霉素抗性基因的尾部和头部序列,以含有 CmR 的质粒 pKD3 为模板,利用这对引物 PCR 合成了两侧各有 40 bp ORF135 同源臂的 CmR 基因,将此线性片段转化含有 HaSNPV 人工染色体(Bacmid)且能表达 λ 噬菌体 Red 重组酶的菌株中,获得了缺失 ORF135 并对氯霉素具有抗性的重组转化子。由于整个过程无需构建转移载体,重组过程在大肠杆菌中完成,大大缩短了重组病毒的构建过程。该方法可以广泛适用于其他具有较大基因组的病毒的基因置换和基因缺失。

目前,昆虫杆状病毒表达系统主要包括两大类:AcMNPV 表达系统和 BmNPV 表达系统(Simth 和 Summers,1983;Maeda 等,1985)。重组杆状病毒的构建和筛选新方法也是层出不穷,空斑纯化技术仍是最经典的筛选重组病毒的技术,但目前应用最广泛、最有效的是线性化技术和"Bac-to-Bac"技术。Invitrogen 公司利用线性化技术开发了 Bac-N-Blue 线性化 AcMNPV 表达系统,Novagen 公司利用线性化技术开发了 BacVector® 杆状病毒表达系统,Clontech 公司开发了 BacPAKTM 杆状病毒表达系统,Inxitrogen 公司利用"Bac-to-Bac"技术开发了适用于 AcMNPV 的 Bac-to-Bac® 杆状病毒表达系统。但是目前该领域国外开发的相关基因工程产品(包括质粒载体等)大都是面向 AcMNPV 表达系统,AcMNPV 表达系统主要使用昆虫培养细胞进行表达,而 BmNPV 表达系统由于可以利用家蚕作为表达载体,具有成本低、适合产业规模化生产的特点,非常具有我国特色(Wu 等,2001)。AcMNPV 和 BmNPV 两者相似,均具有 130 kb 大小的双链环状 DNA 基因组,且高度同源(大于 90%),但寄主范围有各自的专一性,两者不能交叉感染。我们对 Invitrogen 公司的"Bac-to-Bac"系列产品进行适当改造,构建了适用于家蚕的 Bac-to-Bac 表达系统,这可以成为拥有我国自主知识产权的基因工程产品。详见 7.3。

(曹翠平,吴小锋,2006)

7.2.4　重组病毒构建等操作指南

7.2.4.1　目的基因插入杆状病毒转移载体
①在全部 50 μL 反应液中,用限制性内切酶消化 1~5 μg 转移载体。

②为了提高外源基因的插入效率,用细菌碱性磷酸酶或牛小肠磷酸酶处理已消化的转移载体,然后用等量的酚氯仿和氯仿各提取一次。

③连接各 1 μL(0.01~0.1 μg)已酶切的转移质粒和目的基因,使总反应体积为 12:1。

④用 5 μL 连接后的 DNA 转化入 40 μL 感受态大肠杆菌(在冰上冷却 10 min,在 42℃水浴中热击 30 s,加入 100 μL 不含 AMP 的培养基在 37℃培养 30 min),再在一个含 Amp 的

LB-agar 板上培养。

⑤单菌斑培养抽提质粒,用限制性内切酶鉴定单菌斑是否携带目的基因。

⑥用碱性裂解的方法制备高质量的重组 DNA 质粒。

7.2.4.2 转染和重组病毒的分离

1. 用转移质粒和野生型 BmNPV DNA 共转染 BmN 细胞

通常用磷酸钙 DNA 沉淀物或脂质体转染的方法将重组质粒 DNA 和野生病毒基因组共转染入培养细胞。所有共转染步骤都必须用无菌技术在生物安全柜中进行,所有贮存液都要灭菌处理。所用的巴氏管、移液管、水等都要严格高压灭菌。细胞在 27℃培养箱中培养。

①在一个 60 mm 的组织培养皿中,加入含 $2×10^4$～$3×10^4$ BmN 细胞和 4 mL TC-100 完全培养基培养,至少培养 2 h 后使用(最好过夜)。然后用 1 mL 无血清培养基对细胞进行清洗 3 次,最后加入无血清培养基。

②按一定比例将两种 DNA 和转染试剂混合,在室温下培养共转染混合液 30 min。

③将共转染混合液加到上面的 BmN 细胞中,在 27℃培养细胞 6～16 h。

④用含有 10%FBS 的新鲜 TC-100 代替原来的培养基继续培养。

⑤在确定病毒感染后 5～7 d 收集培养基,低速离心后将上清液回收。用空斑分析法纯化重组病毒。

2. 重组病毒通过空斑分析法分离纯化

共转染后的培养液通常含 10^6～10^8 pfu/mL 浓度的病毒液。其中 0.1%～2%可能为重组 BmNPVs。对转染后的培养液进行 10^2～10^4 系列稀释,大约可形成 500 空斑/60 mm 培养皿。用稀释后的培养液分别感染细胞,感染 1 h 后将病毒液吸掉,为了固定重组病毒和方便筛选,在培养基中加入琼脂糖,轻轻覆盖在感染细胞的表面。5～7 d 后用光学显微镜鉴别重组空斑。所有步骤应该在无菌条件下处理。

①对于空斑分析,最好是单层培养细胞,有利于筛选,并设置重复。

②把共转染上清液连续稀释 10 倍。通常采用不含 FCS 的 TC-100 培养基进行 10^2～10^4 稀释。用 100 μL 稀释液分别去感染一个培养皿,在室温下培养 1 h,每 15 min 轻轻前后左右摇动培养皿。

③在倒置显微镜观察空斑,看到细胞受到病毒明显感染但缺乏多角体,而在野生空斑中的细胞可见大量多角体。在低倍显微镜下将缺乏多角体的空斑进行标记,确定位置。

④用移液管对准上述空斑位置,小心将凝固的琼脂糖培养基吸出,放入装有含 1%FCS TC-100 培养基的无菌管中,放置过夜。采用同样方法,再将此含有重组病毒的培养液感染新的细胞,进行第 2 轮筛选。如果还无法分离获得纯的重组病毒,那么需要进行第 3 次或甚至更多,直到获得纯的重组病毒。

⑤将得到的含纯重组病毒的空斑溶液感染细胞,最终获得大约 10^8 pfu/mL 的病毒溶液。

3. 在培养细胞中增殖 NPVs

贮藏的病毒溶液至少应该包含 10^8 pfu/mL(最好为 $4×10^8$ pfu/mL),基于 BmNPV 的重组病毒只能保存在 −80℃或 5℃,而不是 −20℃。

①感染前至少 2 h 准备单层的 BmN 细胞 ($4×10^6$ 细胞/60 mm 或 $3×10^7$ 细胞/150 mm)。用含 5 pfu/cell 病毒感染 BmN 细胞 1 h,期间每 15 min 摇动一次。然后加入 100%完全 TC-100 培养基,27℃培养。

②72 h 收集培养基到无菌离心管中,在 4℃用 1 000 r/min 离心 10 min,收集上清液,作为重组病毒的 Stock solution。

7.2.4.3　外源基因在家蚕细胞中表达

①细胞的准备。接种大约 $3×10^7$ 细胞到 150 mm 培养皿,静置培养 1 h(最好过夜)。

②吸去培养液,用 5 pfu/病毒液感染细胞(375 μL,$4×10^8$ 病毒贮存液),在室温下培养 60 min,每 15 min 摇动一次。

③加入含有 10% FCS 的 TC-100 15 mL,放于 27℃的培养箱中培养。

④在纯化过程中为了尽量减小因为培养基中蛋白质的干扰,感染 36 h 后吸去 TC-100 培养基,用 15 mL 不含 FCS 的培养基替换。

⑤对于分泌性蛋白质,感染 60～72 h 后,1 000 r/min 离心 10 min,收集培养上清。

⑥对于非分泌性蛋白质,则刮下细胞,将细胞和培养基的混合液转移至 50 mL 离心管,200～500 r/min 离心 5 min,收集细胞,必要时加入冰冷的 PBS 洗涤细胞,离心后收集细胞。

7.2.4.4　重组病毒感染家蚕幼虫生产外源蛋白

为了防止病毒污染,在下列步骤前戴上处理过的乳胶手套,在实验台上铺一张吸水纸。

①让一批大约 5 龄的蚕饥饿 3～12 h。

②准备病毒液,用含 6 mg/mL kanamycin 而没有 FBS 的 TC-100 培养基以 1∶10 的比例稀释,最后的病毒混合液含有 10^4～10^5 pfu/10 μL(例:100 μL 病毒贮存液＋800 μL TC-100＋100 μL 1 000×kanamycin)。注射用的病毒贮存液能在－80℃中放置数月。

③将蚕在冰水中浸 5～20 min,使其麻醉,以便注射操作。建议一次处理 10～20 条蚕。用带 30 号针的 1 mL 针筒给每条蚕注射 10 μL 病毒悬浮液,注意要从背外皮纵向注入,小心不要刺到中肠。

④25℃饲养 3～4 d。在蚕表现出因严重病毒感染而出现的症状时(如食欲减退,行动迟缓等)收集样品,注意要在蚕死以前收集。

⑤分泌性蛋白质建议收集血液。把蚕沿着后背弯曲,用一只手捏住蚕的头和尾,使蚕的肚子和腹足向外伸。把蚕置于 1.5 mL 的离心管上,用带 25 号针刺入蚕的腹足,使蚕的血液流入离心管。为了防止血液变质,必须在离心管中预先加入 1/10 体积的 10～100 mmol/L DTT 混合液(最终浓度 1～10 mmol/L)。样品用 300 r/min 离心 1 min,把上清液转入新的离心管,－80℃贮藏。

⑥对于细胞结合性的非分泌型蛋白质,虽然大多数蚕组织支持病毒复制,并且可以表达外源基因产物,但主要从脂肪体中回收和纯化蛋白质产物。把蚕背向上放置在解剖板,拉直,在头尾处各插一根解剖针。从尾到头纵向切开。用钳状骨针从头部或尾部挑掉中肠和所有的中肠内容物。用解剖镊子等将脂肪体收集到离心管中。

7.2.5　家蚕中表达外源目的产物的纯化

下面谈到提到的是从感染蚕的血液、脂肪体或整条蚕中纯化外源基因产物的一般应遵循的原则,纯化方法与生化实验中从一些组织中提纯蛋白质相似,主要是根据重组蛋白的理化学性质制订切实可行的方案。近年,使用融合 Tag,如 6 Histidine 等技术发展很快,能够快速高效地获得重组蛋白,但也不是所有实验都能获得理想的效果。从家蚕中分离目的蛋白,首先要考虑的是必须防止血液样品的氧化,不能让蛋白质凝聚而干扰纯化过程。一旦发生凝聚,可能无法进一步纯化。用 DTT,phenylthioures 或热处理可以较好地防止凝聚发生。当然也可通过快速色谱分离法将目的基因表达产物从和黑变(melanization)有关的成分中分开,从而避免了黑变。

7.2.5.1　从血液中纯化分泌性重组蛋白质

①融化冷冻样品,搅拌,立即以 8 000 r/min 低温离心 1 min。

②取上清液,根据目的重组蛋白理化学特性,纯化重组蛋白质可以用分子筛、离子交换或亲和柱层析的方法。最好一次处理所有的上清液,如果没有 DTT 或 phenylthioures,那么多余的样品必须纯化或者冷冻。

7.2.5.2　从脂肪体中纯化细胞结合性重组蛋白质

①从感染蚕中取脂肪体,放入加入缓冲液的玻璃匀浆器进行匀浆。通常缓冲液中含有蛋白酶抑制剂 phenylmethsulfony1 flourid,leupeptin 和 pepstatin A。

②匀浆过的蛋白质在 1 000～10 000 r/min 的速度下离心 2～10 min,分离获取上清液。利用表达蛋白质的特性,通过分子筛选、离子交换、亲和层析等方法进行纯化。

7.2.5.3　用蚕生产纯化的重组蛋白质的例子

用蚕来表达外源基因的最大好处是相对于培养细胞表达,表达水平较高。通常,通过蚕表达能够得到的产量比细胞表达多 50～1 000 倍。例如,日本科学家曾报道,鼠 IL-3 在蚕中生产所得就是细胞中生产的 500 倍。一般情况下,在蚕体中表达蛋白质降解的情况较少,可能因为蚕体内含有分泌性蛋白质,在蚕的体内有丰富的血液,而其中包括各种各样的蛋白酶抑制剂。

一般而言,在蚕体内细胞结合性蛋白质的表达就远没有分泌性蛋白质的表达水平高。这些蛋白质在蚕中的生产量大概是其他确定细胞中表达的 10 倍。但是,肝炎 B 的表面抗原在蚕中的产量是其他细胞系统中的 1 000 倍。然而,在脂肪体中发生蛋白质降解的几率远比在细胞株中来得高,但大多数外源基因在蚕体中表达后翻译后修饰等比在细胞中表达的蛋白质更加完善。

实例　在蚕中生产重组鼠 IL-3

①重组病毒液皮下注射 5 龄第 2～3 天蚕。

②收集感染 4～5 d 后的血液,并置冰上,并在每个管中加入大约 1/10 体积的 50 mmol/L DTT,轻轻搅拌,然后在 3 000 r/min 下离心 2 min。把上清液收集到 15 mL 的离心管中,然后贮藏在 -80℃直至纯化。

③将冷冻血清融化,5℃下用 1 000 r/min 离心 5 min 。

④用含 ACA54 的凝胶排阻柱处理上清液,再用含 100 mmol/L NaCl 的 A 缓冲剂平衡。洗脱液收集于玻管中,通过 MIL-3 抗体免疫反应或 SDS 电泳分析,将含有 MIL-3 的各管合并,用 80% 的硫酸铵沉淀,再对缓冲剂 A 进行透析。

⑤将上述透析液加到 OAE-Sephadex 柱中(预先缓冲剂 A 做平衡)。

⑥用加入 Amicon 滤纸浓缩和 C8 反向柱。纯的 MIL-3 被 35% 的 acetonitrile 和 0.1% 三氟乙酸洗脱。

⑦还有一种替代的方法,直接用大量的 C8 反向柱处理血液样品。然后,用 35% 的 acetonitrile 和 0.1% 三氟乙酸洗脱。收集 MIL-3 活性组分。

⑧分析 SDS-PAGE 电泳结果,看到 3 条蛋白质带,代表不同糖基化的 MIL-3。

7.3　家蚕杆状病毒表达系统的改进

7.3.1　家蚕 Bac-to-Bac 快速表达系统的构建

昆虫杆状病毒基因表达系统是表达重组蛋白的有力工具（Fernandea 和 Hoeffle，1999；Mathavan 等，1995；吕鸿声，1998）。我们应用家蚕杆状病毒表达系统已在家蚕体内成功表达生产了人 FGF（Wu 等，2001）、人 VEGF（Wu 等，2004）等，并对该表达系统在扩大宿主域、提高表达水平等方面进行了改进（吴小锋等，2004；Wu 等，2004）。传统的重组病毒构建方法需要分两步进行：首先将目的基因插入到杆状病毒转移质粒中；然后将这样构建的重组转移质粒与野生型 BmNPV 基因组共转染入家蚕培养细胞。在细胞内通过同源重组发生基因替换，通常产生 0.1%～1% 比例的含目的基因的重组病毒。随后采用空斑分析的方法分离出完全不含多角体的纯重组病毒。在上述过程中由于 99% 以上为野生型病毒，而重组病毒不到 1%，两者混合在一起，分离困难，这在一定程度上限制了它的应用。通过对病毒基因组的线性化，重组病毒产生的比例可以提高到近 30%（Hartig 和 Cardon，1992；Luchow，1995）。使用删除了多角体下游部分必需基因的病毒基因组，重组病毒产生的比例甚至可提高到 80%（Kitts 和 Possee，1993）。但不管哪种方法，在共转染后为了除去各种可能的非重组病毒，还必须采用空斑纯化的方法来获得纯的重组病毒。这样至少花费 4 周甚至更长（Luckow 等，1993；Davies，1994；Luckow 等，1995）。因此，目前家蚕杆状病毒表达系统仍存在着技术繁琐、花费时间长这一突出的瓶颈问题。

为了解决这个问题，国外已成功开发了一种快速高效产生重组 AcNPV 病毒的新技术（Luckow 等，1993）（详细参考 *Invitrogen* 产品目录）。原理是利用细菌转座子的基因转座作用，在大肠杆菌内完成病毒基因组的重组。该系统取名为 Bac-to-Bac，意即从细菌（bacterium）到杆状病毒（baculovirus）。这一技术的优点在于：①由于重组病毒 DNA 在细菌内产生，可根据菌斑颜色筛选，不存在野生型和非重组型病毒交叉污染的问题，因此不需要传统繁琐的空斑分析来纯化重组病毒；②大大地缩短了重组病毒构建所需时间。然而该系统不能用于家蚕，因为家蚕 BmNPV 与 AcNPV 的寄主范围有各自的专一性，两者不能交叉感染（吴小锋等，2004）。我们通过对家蚕 BmNPV 基因组进行改造，将含有细菌转座子整合靶位点等的 DNA 大片段重组入家蚕 BmNPV 基因组，替换多角体蛋白基因。利用供体质粒上的表达盒和转座子及辅助质粒，在细菌体内实现外源目的基因向家蚕 BmNPV 基因组上的转移整合，从而实现家蚕 BmNPV 病毒基因组的重组。

7.3.1.1　AcNPV Bac-to-Bac 系统工作原理

在 AcNPV 病毒基因组多角体基因位点处插入一个图 7.10 所示重组基因片段，它包含细菌单拷贝数 mini-F 复制子、抗性选择标记基因及编码 *LacZα* 肽的部分 DNA 片段，并在 *LacZα* 基因的氨基末端插入一小段含有细菌转座子 Tn7 整合所需的靶位点 mini-attTn7。将这样改造后的病毒基因组转化入大肠杆菌，它能像普通质粒一样在菌内复制，因此将其称之为杆状病毒穿梭载体（Bacmid）。Bacmid 可以在 *E. coli* 中增殖并使细菌获得抗性，且与存在于受体菌染色体上的 *LacZα* 缺失产生互补，在 IPTG 诱导和 X-gal 或 Bluo-gal 生色底物存在下转化体产生蓝斑（lacZ⁺）。

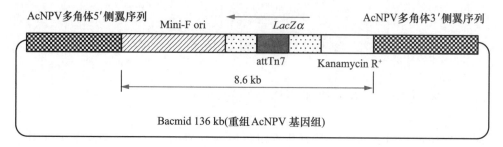

图 7.10 Bacmid 结构图

注:将含有 F 单拷贝复制子、插入细菌转座子整合靶位点的 *LacZα* 基因及卡那霉素抗性(Kan^R)基因的 8.6 kb 片段重组入 AcNPV 基因组而得到 Bacmid。

通过向含有 Bacmid 的菌内导入一个含有细菌转座子 mini-Tn7 和目的基因等元件的供体质粒(图 7.11A),通过细菌位点特异性转座子转座作用,在大肠杆菌内完成病毒基因组的重组。外源基因首先被插入到供体质粒 Ph 启动子下游的 MCS,然后转化入含有辅助质粒和 Bacmid 的转化菌株中,由 mini-Tn7 转座子将表达盒定点插入到 Bacmid 的靶位点,从而破坏了 *LacZα* 基因的表达,使得 *LacZα* 变为 *LacZα$^-$*。在含有相应抗生素和 X-gal 的培养板进行筛选,重组的 Bacmid 转化体菌落呈现白色,而非重组 Bacmid 转化菌落依然为蓝色,根据菌落的颜色进行重组病毒的筛选。通过单菌斑的培养,抽提得到重组 Bacmid 基因,亦即重组病毒基因组,随后转染入昆虫培养细胞即获得重组病毒。

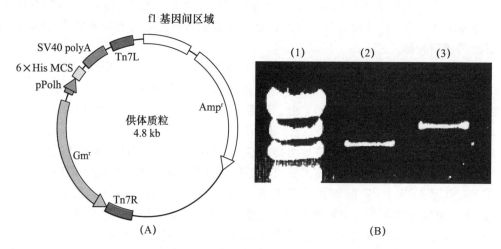

图 7.11 供体质粒示意图和分离的 8.6 kb 片段和辅助质粒

(A) 供体质粒示意图。转座子 mini-Tn7 的左右臂 Tn7L 和 Tn7R 之间含有一个完整的表达盒。(B) 分离获得的 8.6 kb 片段(2)和 13.2 kb 的辅助质粒(3)。左侧为 DNA Marker,自上而下分别为 23、9.4、6.6 和 4.4 kb。pPolh,多角体启动子;MCS,多克隆位点;SV40 polyA,SV40 多聚腺苷酸序列。

7.3.1.2 重组 BmBacmid 以及家蚕 Bac-to-Bac 系统的构建

1. AcNPV Bac-to-Bac 表达系统中 Bacmid DNA、辅助质粒 Helper 的分离以及 8.6 kb 基因片段的克隆

将 AcNPV Bac-to-Bac 系统提供的感受态细胞 DH10Bac 在添加卡那霉素(50 μg/mL)的 LB 培养基过夜培养,根据大质粒 DNA 抽提方法(参考 *Invitrogen* Bac-to-Bac 手册 p8-10),从

细胞中分离获得大小约 136 kb 的 Bacmid,该 DNA 随后用作克隆 8.6 kb 基因片段的模板。为了克隆获得 Bacmid 中 8.6 kb 片段,设计了特殊 PCR 引物。PCR 克隆产物通过电泳鉴定确认(图 7.11B)。从添加了四环素的 DH10Bac 培养菌中用普通质粒抽提方法分离获得大小为 13.2 kb 的辅助质粒,用 1% 琼脂糖凝胶电泳割胶纯化,溶解于灭菌水中备用。

2. 家蚕 BmNPV 多角体启动子左右侧翼基因序列的克隆

以家蚕野生型 BmNPV 基因组 DNA 为模板,用 PCR 技术克隆获得多角体启动子左右侧翼序列(各约 2 kb),并在左侧翼序列 3′端和右侧翼序列 5′端加上与上述约 8.6 kb 片段两端相同的酶切位点。

3. 重组 BmBacmid 的构建

操作流程图用图 7.12 表示。对获得的 8.6 kb PCR 产物(含有单拷贝数 F 复制子、细菌转座子整合靶位点 attTn7、卡那霉素抗性选择标记基因以及编码 LacZα 肽的部分 DNA 片段),以及家蚕 BmNPV 多角体基因左右侧翼序列片段进行酶切处理,并在体外进行连接,使之成为一个大小约 12.6 kb 的线性片段;然后与家蚕 BmNPV 基因组 DNA 在脂质体介导下共同转染入家蚕单层培养细胞,用无血清培养基培养 24 h 后更换含有 10% 胎牛血清的培养基,连续培养 120 h;收集上述细胞并从感染的细胞中分离出病毒基因组(BmNPV 和重组的 BmNPV 基因组的混合物)。然后将其转化入大肠杆菌 DH10β 感受态细胞,并在含卡那霉素及半乳糖苷 X-gal 的 LB 固体培养基上生长,48 h 后观察结果。野生型 BmNPV 基因组的转化子因不含有抗性基因不能在培养基上生长,而被转化了重组 BmNPV 基因组的转化子因含有卡那霉素和 LacZ 基因,不仅能在含有相应抗生素的培养板上生长,而且表达产生半乳糖苷酶分解 X-gal 从而产生蓝斑。因此能很容易地分辨出含有重组 BmNPV DNA 的转化子,即蓝色菌斑。进一步挑取蓝斑在添加卡那霉素的 LB 培养基过夜培养,用分离大分子 DNA 的方法(Luckow 等,1993),获得重组的 BmNPV 基因组 DNA,将其命名为 BmBacmid,意即家蚕 BmNPV 杆状病毒穿梭载体。另外,采用同样技术以杂交杆状病毒 HyNPV(吴小锋等,2004)替代 BmNPV 构建了 HyBacmid。

4. 供体质粒的构建

为了使重组蛋白能有效地分泌出胞外,构建了具有强分泌能力特性的供体质粒(图 7.13)。杆状病毒转移质粒 pAcGP67(BD Biosciences)在多角体启动子 Ph 下游带有强分泌信号肽 gp67 序列,该序列赋予重组蛋白具有很强的分泌胞外的能力。对 pAcGP67a,b,c 进行 EcoRV 和 Hind Ⅲ 双酶切处理,分离获得带有 Ph 启动子、gp67 信号肽序列和多克隆位点的基因片段;并对供体质粒 pFastBacHT 进行 SnaB Ⅰ 和 Hind Ⅲ 酶切处理,切除原有的 Ph 启动子及其多克隆位点。由于 EcoRV 和 SnaB Ⅰ 均为平末端,因此可以将上述两片段相连,产生一个新的供体质粒,将其命名为 pBacGP67a、b、c。

5. 家蚕 Bac-to-Bac 系统的构建

将上述构建完成的家蚕 BmBacmid 转化入 DH10β 细胞,并随后制备感受态细胞;然后将分离得到的辅助质粒转化入其中,在含有四环素和卡那霉素的培养基上进行筛选,获得同时含 BmBacmid 和辅助质粒的转化子,并制备成感受态细胞,我们将其命名为 DH10BmBac。这样,使用供体质粒 pBacGP67a、b、c 和 DH10BmBac,即可快速构建家蚕 BmNPV 重组病毒。上述 DH10BmBac、供体质粒及家蚕培养细胞等,即组合成适用于家蚕的 Bac-to-Bac 快速基因表达系统。

7.3.1.3 家蚕 Bac-to-Bac 系统的应用研究

为了验证构建的系统工作运行情况,将最近从中国野桑蚕中克隆获得的 2 个抗病毒蛋白

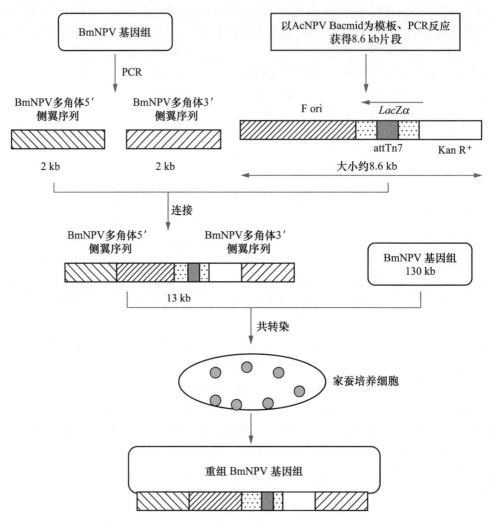

图 7.12 家蚕 BmBacmid 构建技术路线图

基因 *Lipase* 和 *BmSP*2(基因登录号:AY945212,AY945210)作为目的基因进行重组病毒的构建和蛋白质表达研究。*Lipase* 和 *BmSP*2 大小分别为 885 bp 和 855 bp,编码 294 和 284 个氨基酸,预测分子量为 31.7 ku 和 29.6 ku。首先将两端带有 *Eco*R I 位点的 *Lipase* 和 *BmSP*2 基因插入事先用同种酶处理过的 pBacGP67b,并用不同酶切和电泳鉴定方法确认插入方向的正确性;然后分别将其转化入 DH10BmBac,在 LB 液体培养基上震荡培养 4 h,然后取部分稀释菌液涂板,在含有 Kanamycin、X-gal 的 LB 上生长 48 h。根据菌落的颜色进行筛选。挑取白斑进行单菌斑培养,抽提得到重组 BmBacmid 基因。随后分别转染入家蚕培养细胞获得重组病毒。按常规方法进行表达蛋白质分析。

7.3.1.4 构建的 BmBacmid 及其对家蚕和培养细胞的感染

构建成功家蚕 BmBacmid 是构建家蚕 Bac-to-Bac 快速表达系统的关键。通过基因同源重组以及抗生素筛选,成功获得了重组的家蚕 BmBacmid。为了证明该大分子 DNA 确实由 BmNPV 由来,将 BmBacmid DNA 转染家蚕 BmN 培养细胞,96 h 后观察细胞的感染情况,结果(图 7.14A)

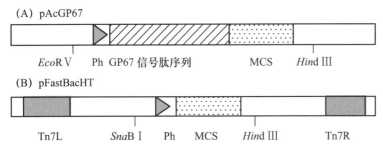

(A) pAcGP67

*Eco*R V　Ph GP67 信号肽序列　MCS　*Hin*dⅢ

(B) pFastBacHT

Tn7L　*Sna*BⅠ　Ph　MCS　*Hin*dⅢ　Tn7R

(C) Tn7L/Tn7R sequences

Tn7L(166bp)

AACCAGATAAGTGAAATCTAGTTCCAAACTATTTTGTCATTTTTAATTTTCGTATTAGCTTACG
ACGCTACACCCAGTTCCCATCTATTTTGTCACTCTTCCCTAAATAATCCTTAAAAACTCCATTT
CCACCCCTCCCAGTTCCCAACTATTTTGTCCGCCCACAG

Tn7R (225bp)

TGTGGGCGGACAATAAAGTCTTAAACTGAACAAAATAGATCTAAACTATGACAATAAAGTCT
TAAACTAGACAGAATAGTTGTAAACTGAAATCAGTCCAGTTATGCTGTGAAAAAGCATACTG
GACTTTTGTTATGGCTAAAGCAAACTCTTCATTTTCTGAAGTGCAAATTGCCCGTCGTATTAA
AGAGGGGCGTGGCCAAGGGCATGGTAAAGACTATATTC

图 7.13　供体质粒构建示意图

（A）杆状病毒转移载体 pAcGP67；（B）供体质粒 pFastBacHT（*Invitrogen*）；（C）细菌转座子 mini-Tn7 左右臂 Tn7L、Tn7R 基因序列。图中 MCS（multiple cloning sites）表示多克隆位点。

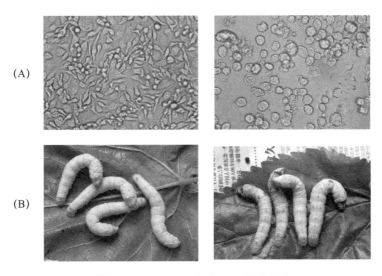

(A)

(B)

**图 7.14　BmBacmid 转染 BmN 培养细胞
和感染家蚕的情况**

（A）BmBacmid 转染 BmN 培养细胞。左边为未感染的正常细胞，右边为 BmBacmid
转染后 96 h 的感染情况；（B）BmBacmid 转染 BmN 细胞获得的病毒液接种家蚕幼虫。
左边为对照，右边为接种 120 h 后出现症状的病蚕。

表明 BmBacmid 转染后使细胞出现了与家蚕野生型病毒 BmNPV 感染相似的症状，感染后期
细胞裂解；而且在显微镜下观察不到多角体，说明多角体基因已被 8.6 kb 基因片段替换；随后

的细菌转化实验出现蓝斑的事实更加证明了这一点。进一步用 BmBacmid 的转染上清液接种家蚕 5 龄幼虫,120 h 后观察到了明显的类似核型多角体病毒感染的症状(图 7.14B)。上述事实说明该 BmBacmid 确实由 BmNPV 重组而来,并保持了 BmNPV 相同的感染能力。

7.3.1.5　家蚕 Bac-to-Bac 系统的应用分析

使用上述构建完成的家蚕 Bac-to-Bac 快速表达系统,构建了含有两个抗病毒基因 Lipase 和 BmSP2 的重组病毒。从基因克隆入供体质粒后算起,整个重组病毒构建过程仅需要的如下时间:第 1 天,转化入 DH10BmBac;第 2～3 天在含有抗生素板上培养、生长,直至长出蓝色菌斑;第 4 天挑斑培养,抽提大分子重组 BmBacmid;第 5～7 天将重组 BmBacmid 转染入家蚕培养细胞,形成重组病毒。整个过程约花费 5～7 d。通过在培养细胞中的表达研究,从 SDS-PAGE 电泳图中肉眼即可观察到重组蛋白(图 7.15),表明两种基因都得到了较高水平的表达。从上述重组病毒的构建到蛋白质表达的结果表明,我们构建完成的家蚕 Bac-to-Bac 系统具有快速、高效的优点。

通过与传统的重组病毒构建方法(空斑分析法)在重组病毒产生的场所、重组效率、花费时间等进行比较分析(表 7.3),发现本研究构建的适用于家蚕 Bac-to-Bac 系统具有明显的优势。

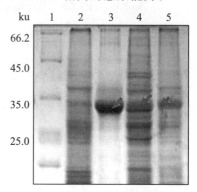

图 7.15　**重组蛋白的 SDS-PGAG**

采用家蚕 Bac-to-Bac 快速系统构建含有 Lipase 和 BmSP2 基因的重组病毒,并接种家蚕培养细胞,接种 96 h 后收集细胞,裂解后用 SDS-PAGE 进行蛋白质分析。图中 1 为蛋白质标准分子量;2 为对照,即未感染的正常细胞;3 为野生型 BmNPV 病毒感染,箭头所示为多角体蛋白,分子质量约为 29 ku;4,5 分别为含有 BmSP2 和 Lipase 基因的重组病毒感染的细胞,表达产物预测分子质量,分别为 29.6 和 31.7 ku,箭头所示与预测的结果相吻合。

表 7.3　**传统的重组昆虫杆状病毒构建和利用转座子产生重组病毒的方法特点比较**

技术特点	传统的构建方法	Bac-to-Bac 快速表达系统
重组病毒产生的场所	昆虫细胞内	大肠杆菌内
重组病毒产生的比例	0.01%～1%	100%
是否需要空斑分析	需空斑筛选	不需空斑筛选
花费时间	2～4 个月	5～7 d

构建家蚕 BmNPV Bac-to-Bac 快速表达系统的科学意义在于:①在理论上,突破了家蚕 BmNPV 表达系统中传统的重组病毒必须在昆虫细胞或昆虫活体内产生的思路,利用细菌转座子的位点特异性转座作用原理,在细菌内即可完成家蚕 BmNPV 重组病毒的构建,不仅在技术上有创新,而且丰富了家蚕杆状病毒表达系统的理论。②在应用上,提供了一个全新的技术平台,由于本研究建立的技术具有快速简便这一突出优点,很好地解决了目前家蚕杆状病毒表达系统应用中存在的技术繁琐、花费时间长这一长期困扰的关键问题,因此具有广阔的应用前景。

构建的适用于家蚕的 Bac-to-Bac 快速基因表达系统,不仅在表达生产具有重要应用价值的药物蛋白、工程疫苗等方面具有重要应用价值,对进一步建立利用家蚕作为"生物工厂"发展我国生物技术产业具有重要意义;而且在现在的后基因组(蛋白质组学)时代,在蛋白质的结构、功能分析以及基因和相关蛋白质、蛋白质之间相互作用等研究领域,该表达系统能充分发挥它的快速、高通量(能同时表达几个目的基因)的优势,为家蚕"生物工厂"提供一个强有力的技术支撑。

7.3.2　家蚕 Polh⁺ Bac-to-Bac 快速表达系统的构建

家蚕是我国饲养量最大的经济资源昆虫,随着现代生物技术的发展,开发家蚕作为新型生物反应器取得了很大进步(Park 等,2008;Lee 等,2006;曹翠平和吴小锋,2004;Wang 等,2005;Motohashi 等,2005;Zhao 等,2008)。利用家蚕杆状病毒表达系统表达生产重组蛋白质的成本低,质量能够满足一般要求,因此具有较好的市场开发前景(程家安等,2001;Choudary 等,1995)。

昆虫杆状病毒在其生活史中存在两种在结构和形态上截然不同的病毒粒子,即芽生型病毒(BV)和多角体型病毒(ODV)。ODV 病毒主要在感染晚期被大量包涵入多角体蛋白结晶。两种表型的病毒在形态、蛋白质组成和病毒囊膜的来源上都有所不同,导致了它们在感染组织特异性以及病毒入侵宿主细胞的方式上的差异。BV 对昆虫体腔内各组织以及体外培养细胞表现出良好的感染性,但对中肠上皮细胞的感染性较低。而包涵了 ODV 的多角体被昆虫幼虫摄食后,由于中肠肠液的强碱性而使多角体溶解,从而释放出病毒粒子。ODV 对中肠上皮细胞具有很高的感染性,而对体腔组织和培养细胞的感染性较低。关于 BV 和 ODV 感染差异的机理已基本清楚,主要是病毒衣壳和囊膜蛋白的特异性决定了它们感染方式的不同(Faulkner 等,1997;Haas-Stapleton 等,2004;Gutiérrez 等,2005),如 P74 蛋白为 ODV 所特有,在经口感染中发挥重要作用。

目前,在开发杆状病毒作为表达载体时,应用最多的是将多角体蛋白基因删除,由外源目的基因替代,利用多角体强启动子带动外源基因的表达。由此产生的重组病毒不能形成多角体,重组病毒必须通过经皮注射的方式接种家蚕,才能实现病毒的有效感染和外源目的基因的表达。家蚕皮下注射技术要求高,需技术熟练,而且必须预防细菌感染(蒋正枝和孙丽珍,2002)。如针尖插入角度过大,容易刺伤家蚕内部器官;操作不当,细菌从伤口进入血液引起败血病。更重要的是经皮接种工作强度大,效率低下,即使操作熟练的人员也很难在短时间内完成大规模的接种,往往会错过病毒接种的最佳时机。这已成为家蚕生物反应器规模化应用中急需解决的一个瓶颈问题。

我们成功开发了适用于家蚕的 BmNPV Bac-to-Bac 快速表达系统,和兼备了 BmNPV 和 AcMNPV 双重感染性的杂交病毒 HyNPV Bac-to-Bac(为了表述方便,将多角体缺失的病毒标记为 polh⁻)表达系统(Wu 等,2004;吴小锋等,2006;Cao 等,2006)。利用 Bac-to-Bac 表达系统,可以非常快捷地获得重组家蚕病毒,有效解决了重组病毒构建和筛选繁琐的难题。我们在此基础上,利用同源重组技术将多角体 polh 基因导入 BmNPV Bacmid 基因组中的 p10 位点,构建了能产生多角体的 Bac-to-Bac 系统(文中以 Polh⁺ Bac-to-Bac 表示)。这样,利用细菌转座子位点特异性转座原理构建能形成多角体的重组家蚕病毒,这样的重组病毒可以以多角体和芽生型病毒两种形式存在,既能方便地在培养细胞内进行小规模表达,又能利用多角体直接经口感染幼虫实现大规模的生产,为家蚕生物反应器产业化提供有力技术支撑。

7.3.2.1　重组转移载体的构建

以家蚕野生型 BmNPV 基因组 DNA 为模板,分别以 P10-upF/P10-upB 和 P10-downF/

P10-downB 为引物(表 7.4)PCR 获得 $p10$ 基因上下游各约 2 kb 的侧翼序列 p10-up(包含 $p10$ 启动子)和 p10-down。引物所设计的酶切位点在表中用下划线标记。PCR 扩增条件为:94℃ 变性 3 min;以下进行 30 个循环,94℃变性 45 s,55℃退火 45 s,72℃延伸 2 min;最后 72℃延伸 7 min。乙醇沉淀、纯化处理后,将扩增得到的 p10-up 和 p10-down 片段分别用 $Hind$Ⅲ/ PstⅠ和 PstⅠ/BamHⅠ酶切处理并先后插入 pUC19 中的 BamHⅠ-PstⅠ-$Hind$Ⅲ位点,得到含有 $p10$ 基因侧翼序列头尾相连的重组质粒 pUC19-p10-up-down。

表 7.4 实验涉及的引物

引物	序列(5'-3')	大小/ bp
P10-upF	AAAGTCTATTGAAGCTTACGAG (*Hind* Ⅲ)	
P10-upB	GTAACTGCAGTGTAATTTACAG (*Pst* Ⅰ)	1894
P10-downF	ATCAATTGTTCTGCAGTATTCG (*Pst* Ⅰ)	
P10-downB	ACAGGATCCGATTTAACTAATG (*Bam*H Ⅰ)	1998
PolhB	TAACTGCAGCTATAAATATGCC (*Pst* Ⅰ)	
PolhF	ATGTACTGCAGACAATGTATAG (*Pst* Ⅰ)	780

以家蚕野生型 BmNPV 基因组 DNA 为模板,以 PolhF/PolhB 为引物 PCR 获得多角体基因片段。PCR 反应条件与上述基本相同,但 72℃延伸 1 min。克隆获得的片段用 PstⅠ酶切处理后连接入 pUC19-p10-up-down 的 PstⅠ位点,将其中正向插入的质粒命名为 pUC19-p10-up-polh-down,其结构如图 7.16 所示。

7.3.2.2 Polh⁺ BmBacmid 的产生与筛选

在透明的聚丙烯灭菌管中加入 10 μL pUC19-p10-up-polh-down(1 μg/μL)、1 μL BmNPV bacmid DNA(1 μg/μL)、14 μL 脂质体 lipofectin 和 15 μL 灭菌的 MilliQ H_2O(总计 40 μL),轻轻混匀,常温下放置 15 min。期间将 d = 35 mm 培养皿中的处于对数生长期的 BmN 细胞用无血清 TC-100 培养基洗 3 次,最后加入 2 mL 无血清

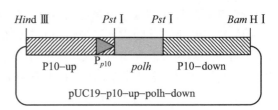

图 7.16 正向插入质粒
pUC19-p10-up-polh-down 的结构图

TC-100 培养基。然后将上述 DNA-Lipofectin 混合液均匀加入细胞中,27℃培养过夜,吸去上清,加入 2 mL 新鲜的含血清 TC-100 培养基,27℃培养 5 d。

收集转染后细胞上清,随后接种 BmN 细胞,回收多角体。从收集的多角体中抽提病毒 DNA。然后将 DNA 电转化 DH10β 感受态细胞,在含有卡那霉素、X-gal 和 IPTG 的培养板上筛选蓝斑。培养 48 h 后,挑斑进行 PCR 鉴定,分析多角体基因是否存在。PCR 阳性的菌斑过夜培养后抽提其中的大分子 DNA,进一步电泳鉴定观察其中有没有转移质粒的存在,然后将获得的大分子 DNA 转染入 BmN 细胞,观察是否感染并产生多角体。将纯化的多角体添食家蚕观察产生的重组病毒是否具有经口感染性。Polh⁺ BmBacmid 构建流程如图 7.17 所示。

7.3.2.3 BmNPV Polh⁺ Bac-to-Bac 表达系统的构建

从 AcMNPV Bac-to-Bac(*Invitrogen*)的 DH10Bac 培养菌(添加四环素)中用普通质粒抽提方法分离获得大小为 13.2 kb 的辅助质粒。将其转化入含有 Polh⁺ BmBacmid 的 *E. coli*

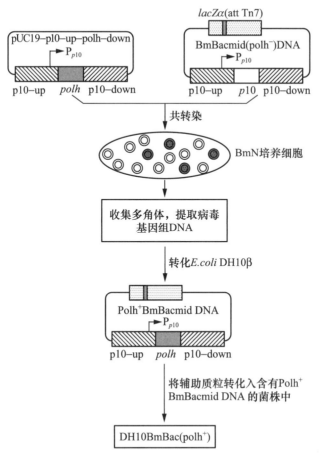

图 7.17 DH10BmBac(polh⁺)构建流程图

DH10β中,在含有卡那霉素和四环素的培养板上筛选同时含有 Polh⁺ BmBacmid 和 helper 质粒的 DH10β 菌株。

7.3.2.4 BmNPV Polh⁺ Bac-to-Bac 表达系统的应用研究

1. vBmBac(polh⁺)-EGFP 重组病毒的构建

为了验证新构建系统的运行情况,构建了表达绿色荧光蛋白 EGFP 的重组病毒。首先将报告基因 EGFP(720 bp,两端带有 *Eco*R Ⅰ位点)插入供体质粒 pFastBacHT 中的 *Eco*R Ⅰ位点,测序验证插入方向。按照 Bac-to-Bac 构建重组病毒的方法,转化同时含有上述构建的 Polh⁺ BmBacmid 和 helper 质粒的 DH10β 感受态细胞,在 LB 液体培养基上震荡培养 4 h(该过程发生基因转座),然后取部分稀释菌液涂板,利用卡那霉素、庆大霉素、四环素、X-gal 和 IPTG 筛选得到 Polh⁺ BmBacmid 基因组中含有 EGFP 的菌株(白色菌斑)。

2. 重组病毒的产生和表达

挑白斑培养并提取其中的 Bacmid 基因组,转染 BmN 细胞。在 $d=35$ mm 培养皿上接种约 9×10^5 的 BmN 培养细胞,27℃放置 1 h 使细胞贴壁。在 12 mm×75 mm 的无菌管子中准备下面的溶液:溶液 A,5 μL 小量制备的杆状病毒 DNA 溶解到 100 μL 的无血清 TC-100 培养基;溶液 B,6 μL Cellfectin 试剂溶解到 100 μL 无血清 TC-100 培养基。将 A、B 溶液混匀,室温放置 30 min。期间将贴壁的 BmN 细胞用 2 mL 无血清培养基洗 1 次,再加入 1 mL 无血清培养基。然后加入上述脂质-DNA 复合物。5 h 后移去转染混合物,加入 2 mL 含有 10% FBS 的 TC-100。27℃ 培养箱中培养 96 h 后收获病毒。这样就得到了能同时表达多角体蛋白和 EGFP 的重组病毒。收集转染上清,得到的芽生型病毒可以用来感染 BmN 细胞。

3. 表达蛋白的 SDS-PAGE 和 Western blot 分析

表达蛋白进行 SDS-PAGE(浓度 10%)分析,随后将蛋白转移到 PVDF 膜,进行 Western blot 检测。使用的一抗为鼠抗 His 单抗,二抗为 HRP 标记的山羊抗鼠 IgG 抗体,最后使用 TMB 显色。

4. 病毒经口感染家蚕幼虫情况调查

用感染后的上清液感染 BmN 细胞,收集、纯化多角体。将纯化的多角体悬浮在 PBS 缓冲液中,用血球计数板测定多角体浓度,并用 PBS 缓冲液稀释至浓度为 3.0×10^{10} NPB/mL。添食方法为:将桑叶切成 2 cm 见方的小片,在每片叶上均匀涂抹 30 μL 的病毒液,稍干后饲喂 4 龄起蚕,每条蚕饲喂 1 片带毒叶片,待蚕将带毒叶取食完毕后,按常规方法饲育。以相同体积的无菌 PBS 涂抹叶片作为空白对照。同时以野生型 BmNPV 作为阳性对照。4~5 d 后观察家蚕感染情况。

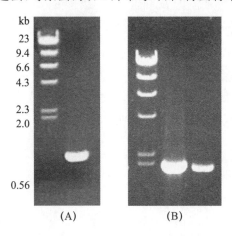

图 7.18　BmNPV *polh*、*p*10 基因上下游片段的 PCR 克隆

(A) *polh* 基因;(B) *p*10 基因侧翼序列。DNA marker 均为 *λ-Hind* Ⅲ 消化片段。

7.3.2.5　重组转移载体的构建结果

以 BmNPV 基因组 DNA 为模板克隆得到 *p*10 基因的上下游片段和多角体基因片段 (图 7.18)。首先将扩增得到的 p10-up 用 *Hind* Ⅲ/*Pst* Ⅰ 酶切处理后插入到 pUC19 中的 *Pst* Ⅰ-*Hind* Ⅲ 位点,挑取白斑,得到 pUC19-p10-up。然后将 *Pst* Ⅰ/*BamH* Ⅰ 处理过的 p10-down 插入 pUC19-p10-up 中的 *Pst* Ⅰ-*BamH* Ⅰ 位点,得到含有 *p*10 基因侧翼序列头尾相连的重组质粒 pUC19-p10-up-down。最后将用 *Pst* Ⅰ 酶切处理的多角体基因片段插入 *p*10 上下游片段中间,得到重组转移质粒 pUC19-p10-up-polh-down。

7.3.2.6　Polh⁺ BmBacmid 的构建、筛选和鉴定

将 pUC19-p10-up-polh-down 与 BmNPV Bacmid(polh⁻)DNA 共转染后获得的病毒感染家蚕细胞,产生的多角体表明 *polh* 基因已经重组入 BmBacmid *p*10 位点,因为 BmNPV Bacmid (polh⁻)不可能形成多角体。因此从多角体中提取病毒基因组 DNA 再将其转化入 DH10β 细胞,并在含有卡那霉素、X-gal 和 IPTG 的 LB 固体培养基上挑取蓝斑,筛选获得 *polh*⁺ 的 BmBacmid。转染 Polh⁺ BmBacmid 至 BmN 细胞,发现形成了大量多角体,通过 SDS-PAGE 分析可见多角体基因得到了表达(图 7.19)。这一结果说明,上述获得的 Bacmid 确实重组了 *polh* 基因,并且能够在 p10 启动子的驱动下表达,而且组装形成多角体。观察该病毒在家蚕细胞内的感染情况,发现接种 2 d 后就能看到细胞核增大,多角体大量形成,但有趣的是在感染 10 d 后也没有观察到细胞核的裂解和多角体的释放。

将含有 Polh⁺ BmBacmid DNA 的菌斑大量培养后制作成感受态细胞,并将大小为 13.2

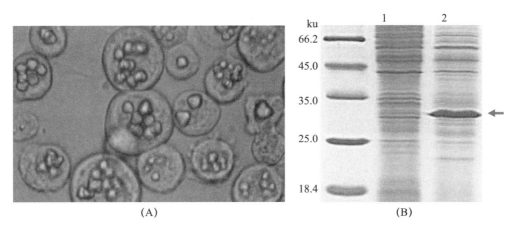

图 7.19 Polh⁺ BmBacmid DNA 转染 BmN 细胞和 SDS-PAGE 分析

（A）Polh⁺ BmBacmid DNA 转染 BmN 细胞 72 h,细胞内可观察到大量多角体。（B）感染细胞的蛋白质分析,1 为对照,即 BmBacmid（polh⁻）病毒感染,2 为 Polh⁺ BmBacmid 病毒感染,箭头所示为多角体蛋白,分子质量约为 29 ku,标准分子质量标记如图所示。

kb 的 helper 质粒转化入其中,在含有卡那霉素和四环素的培养板上筛选同时含有 Polh⁺ BmBacmid DNA 和 helper 质粒的菌斑,并制备成感受态细胞。我们将其命名为 DH10BmBac（polh⁺）。

这样,DH10BmBac（polh⁺）感受态细胞、pFastBacHT 系列供体质粒及家蚕培养细胞 BmN 和家蚕幼虫等,即组合成适用于家蚕的 BmNPV Polh⁺ Bac-to-Bac 表达系统。利用该系统能够快速、高效地构建同时表达多角体蛋白和外源目的蛋白质的重组病毒。

采用同样的技术方案,我们以杂交杆状病毒 HyNPV 的 HyBacmid 为对象,将 polh 基因插入 p10 位点,又成功构建了 HyNPV Polh⁺ Bac-to-Bac 表达系统。它既能感染常用的 Sf9、Sf21 和 Tn5 细胞,又能感染家蚕。

7.3.2.7 BmNPV Polh⁺ Bac-to-Bac 表达系统应用情况分析

利用 BmNPV Polh⁺ Bac-to-Bac 构建了含有 EGFP 的重组病毒。重组病毒构建过程与以前 Bac-to-Bac 系统完全一致,一周内即获得重组病毒 vBmBac（polh⁺）-EGFP。通过在培养细胞中的表达,不仅能够观察到大量的多角体,而且在蓝光激发后观察到很强的绿色荧光（图 7.20A、B）。SDS-PAGE 上仅在 30 ku 附近看到一条较浓的蛋白质条带,与图 7.20B 中多角体蛋白条带的位置相似,看不到单独的 EGFP 的表达条带（图 7.20C）。分析可能是因为该系统中表达的 EGFP 带有 6×His 的融合 Tag,融合 EGFP 蛋白的预测分子量约 31 ku,与多角体蛋白分子量非常相近而难以区分。Western Blot 分析进一步验证了 EGFP 在新构建系统中得到较高水平的表达（图 7.20D）。这一结果有力说明,我们构建的新系统不仅能够形成多角体,外源基因也能够得到较高水平的表达。

7.3.2.8 vBmBac（polh⁺）-EGFP 重组病毒经口感染家蚕的效果

将 vBmBac（polh⁺）-EGFP 感染细胞形成的多角体添食家蚕幼虫,发现 100% 的个体都表现出明显的感染症状,与野生型病毒感染的情况完全相同。这一结果说明,形成的多角体内部包涵了 ODV 病毒粒子,这样的重组病毒可以通过经口实现感染。

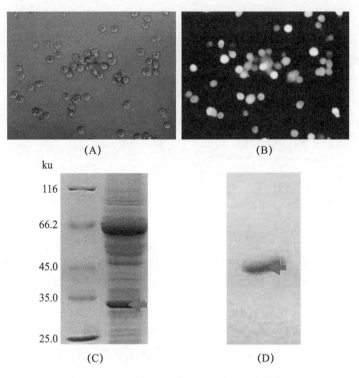

图 7.20　**BmNPV Polh⁺ Bac-to-Bac 表达 EGFP**

(A)(B)为 vBmBac(polh⁺)-EGFP 感染的 BmN 细胞在同一视场下的照片,其中(A)为
可见光拍摄,(B)为蓝光激发后的荧光照片。(C)为 vBmBac(polh⁺)-EGFP 感染的
BmN 细胞的 SDS-PAGE 图谱,箭头所示为多角体蛋白和 EGFP 蛋白(分子质量很接近,
难以区分)。(D)为 vBmBac(polh⁺)-EGFP 感染的 BmN 细胞的 Western blot 分析。

　　$p10$ 启动子是杆状病毒基因组中活性仅次于 $polh$ 启动子的一个强启动子,与 $polh$ 一样,$p10$ 基因在杆状病毒感染晚期大量表达且为病毒复制和感染非必需,缺失 $p10$ 基因不会影响多角体的形成(Vlak 等,1988)。该研究结果表明,$p10$ 启动子也能高效表达多角体基因,使携带外源基因的重组病毒在感染后既能形成芽生型病毒,又能产生多角体,从而可以使重组病毒能够经口感染家蚕幼虫,避免了皮下注射的麻烦和风险。这样,该研究构建的 BmNPV Polh⁺ Bac-to-Bac 表达系统,保持了 Bac-to-Bac 快速高效优点的同时,增添了表达多角体蛋白并形成多角体的优点。这为有效解决传统重组病毒经口接种的难题创造了条件,为家蚕生物反应器的产业化生产提供了新的技术支撑。

　　该研究中将 $polh$ 基因替换 $p10$ 基因,理论上多角体的表达不会影响原系统中外源基因的表达。研究结果也证实了这一点,EGFP 蛋白和多角体同时表达时,仍然看到了 EGFP 的高水平表达。有研究报道,P10 蛋白与多角体外膜的形成有关(Vlak 等,1988;Williams 等,1989),$p10$ 基因的缺失使多角体直接暴露于外界环境中,从而使多角体变得相对不稳定,对外界不利环境的抵抗能力减小,但是裸露的多角体的感染性反而提高了 2 倍(Vlak 等,1988)。从这一点来看,$p10$ 基因缺失的重组病毒安全性更好,加上对宿主的感染能力增加,更有利于家蚕生物反应器的产业化应用。

7.3.3　提高杆状病毒表达效率的技术

相对其他表达系统而言,昆虫细胞表达系统(包括杆状病毒表达系统和稳定转化细胞系统)所需时间较短,效率更高,特别是昆虫杆状病毒表达系统已被广泛地应用于高等真核生物蛋白的生产,它是利用携带有外源目的基因的重组病毒作载体在昆虫体内或培养细胞内进行表达的一个生产系统。因为昆虫细胞与哺乳动物细胞翻译和翻译后蛋白修饰的模式与能力相似,包括糖基化、磷酸化和蛋白其他后加工等。在杆状病毒表达系统中,培养的细胞和昆虫幼虫或蛹都可用于重组蛋白的生产,多数情况下,重组蛋白被加工、修饰并运送到细胞中合适的位置,获得所期望的生物学活性。

在传统的杆状病毒表达系统中为了构建重组杆状病毒,必须用杆状病毒和转移质粒转染培养细胞,并且获得的病毒滴度较低。为了改善传统昆虫杆状病毒的重组效率低,耗时长且麻烦的缺点,Luckow 等(1993)成功开发了一种快速、高效产生重组 AcMNPV 病毒的技术。即利用细菌转座子原理,在大肠杆菌内就能完成重组病毒的构建,取名为 Bac-to-Bac 表达系统(Luckow,1995;Kitts 和 Possee,1993;Luckow,1993),革命性地改变了重组昆虫杆状病毒地构建方法。我们在 AcMNPV Bac-to-Bac 系统的基础上,构建了能够应用于家蚕的 BmNPV Bac-to-Bac 系统(Cao 等,2006),大大减少传统昆虫杆状病毒表达系统表达重组蛋白所需时间,极大地提高了工作效率。

虽然昆虫杆状病毒表达系统已经成功表达了上千种重组蛋白,但由于各种原因目的蛋白的产量通常很难达到较高的水平。虽然多角体启动子非常强大,但驱动外源基因时往往远低于野生病毒多角体蛋白的生产效率。随着时代的发展,人类对各种有用蛋白的需求越来越大,重组蛋白的应用范围更加广泛,包括蛋白质的生物学研究、工程疫苗、医用蛋白等,这就要求杆状病毒表达系统更加完善,关键技术上不断改进,外源蛋白的表达量进一步提高。现就如何提高该系统生产效率的一些技术进行介绍。

7.3.3.1　**抑制蛋白降解提高重组蛋白表达水平**

利用 BEVS 表达的重组蛋白,常因存在着蛋白质降解而导致其产量下降的问题。这是因为 BEVS 是一个裂解性的系统,在病毒感染和表达过程中,病毒本身也表达出蛋白酶,特别是半胱氨酸蛋白酶 v-cath(Kadono-Okuda 等,1995),会对重组目的蛋白进行降解。

在 BmNPV 和 AcNPV 基因组中,均有半胱氨酸蛋白酶基因,该基因位于病毒基因组第127 个阅读框架,由 323 个氨基酸组成。由于半胱氨酸相互结合而形成的二硫键在蛋白质的高级结构中发挥着极为重要的作用,因此保护半胱氨酸不受降解是非常重要的。我们曾通过基因重组的方法使半胱氨酸蛋白酶基因失活,从而使 NPV 在感染过程中不产生该蛋白酶。在删除半胱氨酸蛋白酶基因后,我们用该载体表达了人的碱性成纤维细胞生长因子(bFGF),与未删除该基因的对照相比,表达产量提高了 56.8%,而且,即使在感染后期(120 h)家蚕幼虫的组织器官也相对较为完整,没有受到剧烈降解(Wu 等,2004),这有利于后期工作,即目的蛋白质的分离和纯化。

Suzuki 等(1997)在 BmNPV 基因组中用 β-半乳糖苷酶基因融合 hsp70 启动子来取代半胱氨酸蛋白酶,获得萤火虫荧光素酶的高效表达。Richard 等人从 AcMNPV 基因组中删除半胱氨酸组织蛋白酶和几丁质酶基因,增强分泌的重组蛋白稳定性。这些改造主要有利于重组蛋白通过细胞分泌途径的转移,防止蛋白一旦被释放于培养体系中就被降解。在此基础上他们又删除了病毒基因 P26、P10 和 P74 基因,结果发现报告基因 β-半乳糖苷酶(β-gal)和绿色荧光蛋白(EGFP)的表达水平显著提高(Richard 等,2010)。Hiyoshi 等在 BmNPV 基因组中删除半胱氨酸蛋白酶基因,获得 GFP$_{uv}$-β1,3-N-乙酰葡糖胺转移酶 2(β3GnT2)融合蛋白(GGT2)的高效表达(Hiyoshi 等,2007)。与传统 BmNPV 获得的蛋白酶活性相比,删除几丁质酶基因的 BmNPV 所感染家蚕幼虫的蛋白酶活性降低了 85%,GGT2 降解也有所降低,β3GnT 活性改善了 30%。此外,Park 指出同时删除几丁质酶与半胱氨酸蛋白酶基因的 BmNPV 中 β3GnT 活性要比未改造的 BmNPV 高 2.8 倍(Park 等,2009)。Ishikiriyama 等人用删除几丁质酶基因和删除几丁质酶与半胱氨酸蛋白酶基因的 BmNPV 在血淋巴中高效表达人类抗牛血清蛋白(BSA)单链 Fv(scFv)片段,比用未改造的 BmNPV 高 3.8~4.3 倍(Ishikiriyama 等,2009),因为 BmNPV 半胱氨酸蛋白酶所引起降解受到了明显抑制。

蛋白降解一直以来是影响蛋白表达水平的主要问题,虽然是 BEVS 系统自身固有的问题,但并非不能解决。通过改造杆状病毒基因组,删除导致重组蛋白降解的蛋白酶基因,减轻和降低重组蛋白的降解,保证了外源基因表达产物的稳定,有效提高了 BEVS 系统的表达效率。

7.3.3.2　合理调控目的基因的转录

根据目前的研究,BEVS 中多角体启动子控制下外源基因的表达水平通常远不如多角体蛋白的表达水平。针对这个课题国内外进行了很多研究。已有的研究表明,紧靠多角体基因上游的序列对基因的转录调节极为重要。当外源基因 5′端加有 1~58 个多角体蛋白的氨基酸编码序列以融合蛋白形式表达时,效果最好。Possee 等(1987)报道起始密码子 ATG 上游 69 bp 是启动子发挥最大活性所必需的,但是减少至 56 bp 时活性降低为 90%。但 Johnson 等(1993)报道带有启动子和 ATG 后 5 个碱基的多角体序列融合外源基因时,其表达水平可相当于野生型多角体基因水平。Luckow 和 Summers 等(1988)对多角体基因 5′端进行突变,构建了一系列融合外源基因(氯霉素乙酰转移酶、β-半乳糖、组织血浆酶原激活因子)的表达载体,用 SDS-PAGE 和 RNA 斑点分析外源目的基因转录的 mRNA 和表达蛋白的水平,结果表明当多角体基因编码序列的一部分与外源基因融合时,可观察到最高的外源基因表达量和多角体基因相关 mRNA 水平。这些研究结果表明多角体基因启动子上游序列对外源蛋白的基因转录非常重要,转录效率的提高会增加蛋白质的翻译水平,虽然详细机理目前尚不清楚。

我们的研究也发现保留完整的多角体基因启动子序列及原始的 ATG 起始位点,其后紧接不同长度的多角体基因序列,融合外源基因,外源蛋白的表达量可达到较高水平,可以相当于野生型多角体蛋白的表达水平(数据未发表),但与所要表达的蛋白质种类和大小有密切关系。此外,多角体基因的下游序列也会对外源基因的表达产生影响。改变外源基因的终止子密码,会对目的基因的转录效率产生影响,另外在目前开发的杆状病毒转移载体中,为提高表达效率在 3′端常添加真核增强因子如 SV40 序列等。

7.3.3.3　启动子类型的影响

目前,BEVS 中最常用的启动子有多角体 *polh*(polyhedrin)启动子和 *p*10 启动子,此外还有碱性启动子以及少数早期启动子。同一外源基因在不同启动子控制下,表达水平有很大差异。研究发现,分泌类蛋白使用 *p*10 启动子或碱性启动子的效果较好。*p*10 启动子的活性仅次

于 *polh* 启动子,在核内多角体形成的过程中,P10 蛋白参与了细胞核和细胞质中大量纤维状结构的形成。虽然 P10 和 POLH 都在感染晚期大量表达,但并非同时进行。P10 蛋白的最高表达水平比多角体蛋白稍低一些,但表达却早一些。*p10* 启动子的转录、翻译都要比 *polh* 提前 12~24 h,可以让重组蛋白得到更好的转录后加工修饰。然而 *p10* 基因缺失不能产生可识别的表型差异,不利于筛选重组病毒,所以 *p10* 启动子在表达外源蛋白方面的应用并不广泛。

杆状病毒的感染过程可分为 3 个阶段:早期、晚期和极晚期。杆状病毒基因表达是在转录水平上调节的,每个阶段基因复制和表达依赖于前一阶段基因的表达。早期基因拥有能被宿主识别的启动子功能序列,其表达产物参与或调控病毒基因的复制和晚期基因的表达。昆虫体内早期基因表达产物增多或大量积累晚期和极晚期基因表达所需的相关蛋白和 RNA,重组蛋白的表达水平也会显著提高。王厚伟指出向家蚕体表喷射昆虫保幼激素可促进外源基因的表达(王厚伟等,2001)。这是因为保幼激素能抑制淀粉酶及蛋白分解酶的活性,也能抑制家蚕后部丝腺细胞内自噬体和溶酶体的产生及数量,延迟细胞液化,这与杆状病毒感染晚期对细胞的裂解作用相抗衡,由于病毒表达时间延长,在蚕体内积累了大量的病毒复制和外源基因表达所需的相关蛋白和 RNA。也有研究报道,向病毒基因组中添加病毒 DNA 元件也可以显著增加蛋白的表达水平。加入同源区 1(hr1)和同源区 3(hr3)(Chen 等,2004)序列区域可使荧光素酶的产量增加。同样,在重组病毒基因组中掺入一个来自龙虾原肌球蛋白 cDNA 的 5′非翻译前导序列的 21 bp 元件,使原肌球蛋白和荧光素酶的产量分别提高了 20 倍和 7 倍,该 5′非翻译前导序列包含 Kozak 序列和发现于多角体前导序列的富含 A 序列。杆状病毒同源重复区(hr1)序列是分散在杆状病毒基因组中的重复序列,已有研究证明 hr1 既是杆状病毒复制原点,又具有增强子的作用(Viswanathan 等,2003)。增强作用尽管在感染初期不明显,但在感染后期,变得比较显著。从机理上说,这些序列都有利于 RNA 聚合酶与启动子的结合,从而提高外源基因的转录。

7.3.3.4 利用活体昆虫进行目的基因的表达

与昆虫培养细胞相比,利用昆虫幼虫或蛹能够显著提高目的基因的表达水平。家蚕幼虫中已高效表达了许多真核生物蛋白。Maeda 等第一次用 BmNPV 在家蚕幼虫的血淋巴中生产出人类 α-干扰素(Maeda 等,1985)。曾有报道,家蚕幼虫血淋巴中小鼠白介素-3 的活性分别比家蚕卵巢细胞(BmN)和非洲绿猴肾细胞(COS)中高 20 倍和 10 000 倍(Miyajima 等,1987)。感染家蚕的血淋巴中的丁酰胆碱酯酶活性分别比 BmN 细胞和中国大鼠卵巢细胞(CHO)中的高 23 和 280 倍(Wei 等,2000)。通过杆状病毒表达系统可利用昆虫活体大规模生产各种重组蛋白。目前的研究已经表明,家蚕血液内存在能够显著促进病毒感染和表达的特殊蛋白质,如 Promoting 蛋白。

尽管昆虫杆状病毒表达系统存在一些不足之处,但它在农业、基础分子生物学以及医学领域都具有极其重要的应用价值。随着对这一表达系统的基础理论研究的不断深入,其调控机理也将越来越清晰明了,新的调控因子及强的增强子也可能被发现。根据目前的研究,产生了许多能够提高外源基因表达水平的技术,如抑制目的蛋白降解、合理调控目的基因的转录、优化启动子类型以及利用活体昆虫而非培养细胞,如家蚕幼虫或蛹进行表达等。利用不断发展的技术将昆虫改造为高效蛋白表达的技术平台具有极其诱人的前景。

7.4 杆状病毒在其他领域的应用

杆状病毒是一种形态为杆状、含有双链 DNA 病毒,该病毒只感染节肢动物,但主要寄主是蛾蝶类昆虫。20 世纪 80 年代中期,杆状病毒被成功开发作为外源基因的表达载体,随后的研究证明该系统确实是一个高效的真核基因表达系统。利用该系统已在蛋白药物研发、工程疫苗生产和应用于生物杀虫剂上进行了大量的研究。在随后的 20 多年,对该系统进行大量技术改良,也包括家蚕 BmNPV 表达系统(曹翠平等,2004;吴小锋等,2006;Cao 等,2006)。近年来,除应用于表达载体系统外,杆状病毒的研究和应用出现了一些新的变化和发展动向,主要包括应用于蛋白表面展示系统、作为哺乳动物的基因转运载体以及作为生物纳米材料等。这些研究极大丰富了昆虫杆状病毒的应用基础理论,同时扩大了它的应用领域。

7.4.1 杆状病毒应用于表面展示系统

最早开发的噬菌体展示系统有其缺陷,这是由于该展示系统利用的是原核表达系统,不具有真核蛋白充分折叠所需的折叠酶、分子伴侣和内质网等加工场所,不能展示需糖基化、二硫键异构化等翻译后修饰才表现功能活性的复杂真核糖蛋白,因而其应用受到限制;而酵母展示系统由于展示的糖蛋白其糖基化及磷酸化水平较低,且酵母的生长温度范围较窄,重组酵母无选择标记等缺陷,应用也受到限制(Boublik 等,1995)。

昆虫杆状病毒表面展示系统是近几年发展起来的一种新的真核展示系统,通过在病毒核衣壳表面蛋白内插入外源肽,二者融合表达或与特异性的锚定部位结合,在病毒表面进行融合表达而筛选出目的活性肽或蛋白质。可用来展示需糖基化、二硫键异构化等翻译后需经过较为复杂修饰后才表现功能活性的真核蛋白以及构建多肽文库、抗体库等(Rahman 和 Gopinathan,2003)。

Boublik 等(1995)首先提出杆状病毒表面展示系统设想,其基本原理是以杆状病毒为载体,将外源基因插入到病毒核衣壳蛋白的信号肽与成熟蛋白之间,通过融合表达或与特异性的锚定部位结合,蛋白加工后信号肽被切除形成的 N 端融合蛋白或多肽借助杆状病毒稳定表达并展示于感染细胞或病毒粒子表面。他们将 GST(glutathione-S-transferase)与 AcMNPV 的囊膜糖蛋白 GP64 的不同区段相融合,用免疫金技术筛选病毒表面表达的 GST 病毒,确定了 GST-GP64 蛋白表面表达的融合方式,即外源蛋白在 GP64 信号肽和 GP64 成熟蛋白之间融合表达。

HIV-1(human immunodeficiency virus)表面糖蛋白 GP120 须经过严格折叠才具有生物活性,将 GP120 按正确方式插入,结果在病毒表面检测到了 GP120-GP64 融合蛋白,CD4 结合反应证明融合的 GP120 具有生物活性。Mottershead 在此基础上通过信号肽 C 端添加"FLAG"表位(选择重组病毒)和两个 RE 位点(克隆外源片段)改进了融和蛋白的表达载体,并成功表达了 GFP(green fluorescence protein)及风疹病毒外壳蛋白 E2(Boublik 等,1995)。

Rahman 和 Gopinathan(2003)在利用家蚕 BmNPV 开发表面展示系统方面做了非常出色的工作。他们构建了两种重组病毒,即将报告基因 GFP 融合到成熟的 GP64 信号肽与编码序列之间或其编码信号肽的 C-末端，构建成重组病毒 vBmGP64GFP 和 vBmGP64NGFP，并处于多角体启动子控制下。感染家蚕细胞后发现，用 vBmGP64GFP 感染的细胞在细胞及病毒粒子表面都具有重组蛋白，而 vBmGP64NGFP 仅具有 N-端信号肽序列而缺乏 C-端跨膜序列，GFP 的表达产物不能分泌到培养基中，因而认为仅有信号肽序列不能导致外源蛋白的分泌性表达，外源蛋白只有与完整的 GP64 融合才能展示在病毒粒子或感染细胞的表面。此研究成功地在将外源目的蛋白展示于家蚕细胞和病毒粒子表面，证明家蚕 BmNPV 能够开发作为表面展示系统，该研究拓宽了 BmNPV 的应用领域。

表面展示系统技术极有应用价值，近年发展很快，而杆状病毒展示系统也在不断的改进和完善，如最近已将禽流感病毒红细胞凝聚素展示于杆状病毒囊膜表面（Yang 等，2007）。目前杆状病毒表面展示系统已在新受体及天然配体结合结构域的识别和鉴定、药物筛选、设计和制备等方面显示了重要的应用价值。通过目的肽的展示，可实现生物分子的固定化，已在重组疫苗的建立、酶的固定化和再生等领域得到广泛的研究和应用。

7.4.2　杆状病毒作为哺乳动物细胞基因转运载体

现代医学上的基因治疗，需要将目的基因通过与载体的结合导入人体特定靶组织和细胞中，并使之有效表达从而起到治疗的作用。临床上介导基因投送的方法主要有非病毒法（脂质体转导、磷酸钙沉淀和电穿孔）和病毒法（反转录病毒、腺病毒和杆状病毒）。由于非病毒法需要的 DNA 量大且不便于体内运用而应用较少，目前使用最多的是反转录病毒和腺病毒载体等与人类相关的病毒介导的基因投送方式，但这些方法存在一些明显缺陷，如人体可能预先存在有针对该病毒的抗体、潜在的致病性、只能感染分裂期细胞以及缺乏足够的靶细胞特异性等。

昆虫杆状病毒不能在哺乳动物细胞中复制，但近年的研究发现表明，存在哺乳动物细胞内具有活性的启动子，在其控制下，外源目的基因能够被高效转录和稳定表达（曹翠平等，2006）。这一特性为杆状病毒应用于哺乳动物细胞创造了条件，而且相对于传统的哺乳动物细胞表达载体，如上述腺病毒载体等，杆状病毒载体具有下列特点：①对外源目的基因的容量较大；②生物安全性好；③可获得高滴度病毒粒子，感染效率高；④具有很高的靶细胞/组织特异性；⑤可感染非分裂期细胞。这些特点决定了杆状病毒在哺乳动物细胞内能够实现特定外源基因的有效和稳定的表达。

Hofmann 等（1995）首次利用 AcMNPV 作载体，在 CMV-ie1 启动子下，使外源基因在肝细胞中表达；Boyce（Hofmann 等，1995）构建了包含劳氏肉瘤病毒（Rous sarcoma virus，RSV）启动子驱动的 lacZ 基因和 SV 转录终止信号的重组病毒 AcMNPV，转导后得到有效表达；Shoji（Hofmann 等，1995）利用强复合启动子 CAG（包含 CMV-ie 增强子、鸡 β-肌动蛋白启动子和兔 β-珠蛋白转录终止信号）重组至 AcMNPV，得到高效表达；除此之外，在重组杆状病毒转染细胞时加入丁酸盐，发现转导效率大大提高。

最近，实验肯定了用含有白喉毒素基因的杆状病毒对于神经胶质瘤治疗的效果（Wang 等，2006）；通过杆状病毒介导在人胚胎干细胞内也获得了瞬间和稳定的基因表达（Zeng 等，2007），并且研究表明杆状病毒能够作为用于干细胞和骨组织工程中的新新型基因转移载体（Chuang 等，2007）。另外，为了更好地发挥杆状病毒在哺乳细胞中的应用，对杆状病毒载体进行了改良(Fornwald 等,2007;Hofmann 等,2007)。

由此可见,杆状病毒经过适当改造后可作为一种对哺乳动物细胞简便高效的基因转运载体,在基因治疗、疫苗开发、药物筛选等医学领域显示出良好的应用前景。

7.4.3 杆状病毒多角体晶体用于固定外源蛋白质

许多昆虫杆状病毒能够在感染后期产生大量的多角体。多角体为一个超大分子,主要成分是多角体蛋白,多角体主要起到保护内部的病毒粒子的作用。最近 Fasseli 和 Elaine(2007)揭示了家蚕质型多角体病毒(BmCPV)多角体的内部结构。研究结果表明多角体内部组织结构非常致密,与其他蛋白质相比多角体内水分含量极少,它由 N 个多角体蛋白三聚体(氨基酸的 α 螺旋)以非共价键结合形成。质型多角体结构的致密性使得它能够保护内部的病毒粒子抵御外部的恶劣环境,如高温、干燥、强酸等长久地保持其生物活性。由此,Ikeda 和 Nakazawa(2006)利用 BmCPV 衣壳蛋白 VP3 的 N 端固定信号,通过基因融合共表达的方式,将报告基因 EGFP 以及 50 种人类 cDNA 编码的蛋白质成功地固定入多角体分子内部。随后的研究证明固定入内部的蛋白质非常稳定,并且具有生物学活性,如 Mori 和 Shukunami(2007)利用 BmCPV 将人成纤维细胞生长因子Ⅱ(FGF-2)固定入家蚕质型多角体并检测到了其稳定性和促进细胞分裂和增殖的生物活性,并由此开发了蛋白质芯片技术(protein microarray)。

家蚕核型多角体病毒 BmNPV 与 BmCPV 相似,在感染后期也产生大量的多角体。虽然家蚕 BmNPV 已经被广泛应用于重组蛋白的表达,估计也能够被利用作为固定外源蛋白质的工具。通过蛋白质的固定,就像为蛋白质找到了临时存放的贮藏仓库,很好地解决了蛋白质容易被降解和变性的问题。另外,随着蛋白质芯片技术的发展,对于蛋白质的稳定性和功能活性要求也越来越高,能够保持蛋白质结构和功能活性是研究蛋白质芯片技术的核心。

除稳定有用蛋白质作为“蛋白质仓库”外,在开发新型生物杀虫剂、固定毒素蛋白,提高杀虫效率等方面都可能产生突破性的进展。

7.4.4 杆状病毒应用于生物纳米材料

最近几年的研究越来越致力于将生物学的工具用于纳米科技领域的应用,即将生物学应用于纳米科技,从而产生了生物纳米技术。生物学材料可能是仿生纳米级物体的独特工具,有序的纳米级生物分子是仿生无机纳米结构很好的模板。生物学的建筑材料包括蛋白质、多肽、核酸(DNA 和 RNA)、噬菌体(感染细菌的病毒)以及植物病毒,这些生物学模板的纳米结构可能将应用于电子学、电信和材料工程等各种领域(Ehud,2007;Mao 等,2003;Nam 等,2006)。利用生物病毒开发纳米生物技术是近年引人瞩目、迅速发展的一个领域。美国科学家 Angela 利用细菌病毒,即噬菌体 M13,开发制作纳米导线,让病毒成为纳米电路加工厂(Khalil 等,2007)。噬菌体 M13 宽约 6 nm,长 1 μm,有一条单链 DNA 封装在蛋白质外壳中,整个丝状外壳由大约 2 700 个同一种蛋白质组成,两端有几个其他蛋白质。通过改变端部的蛋白质,理论上就可以制造出数十亿种有各种特殊化学功能的噬菌体。噬菌体的侧面和两端可以粘接上不同的材料。为了得到能结合特定分子的噬菌体,他们进行了被称为定向进化的试验,将上亿个噬菌体投入到含有某种物质中,然后增加溶液的酸性,洗去不能与该材料特定结合的噬菌体,再将用剩下的噬菌体通过感染细菌的方式进行繁殖。然后将这些噬菌体接受新一轮定向进化,使它们与目标材料结合。最后把对金有高度吸附能力的噬菌体投入到金离子溶液中,结果噬菌体全身镀金,成为 1 条 1 μm 长的导线,可被用来制作微型电路。这些噬菌体甚至还可以相互连接形成长数厘米的金线,从而可以被织入布料中。美国加州大学洛杉矶分校的科学家将无机的铂纳米微粒嵌入烟草镶嵌病毒(TMV)中,创造出一种新型的数字记忆装置(Ricky 等,2006)。研究人员宣称这项成果可望应用在具有生物兼容性的电子装置中。美国印第安纳大学的研究团队正在进行一项将病毒变成"纳米间谍"用于描绘细胞清晰图像,将载有黄金粒子的病毒输入细胞内,由此获得描绘细胞化学和物理活动的、前所未有的清晰图像(Chen 等,2005)。

从上述研究得到启发,利用昆虫杆状病毒在生物纳米领域也大有作为。杆状病毒是一类大型病毒,基因组 DNA 呈双链闭合环状,基因组大小 88~160 kb,杆状病毒因其病毒粒子呈杆状而得名。病毒粒子外被两层膜——囊膜和衣壳,衣壳里面是髓核,髓核含 DNA,呈螺旋状,衣壳与髓核共同构成核衣壳,完整的病毒粒子(具囊膜)其大小为(250~400)nm×(40~70)nm。杆状病毒这些独特的纳米级结构使之可以成为生物纳米技术领域中非常诱人的建筑材料。目前虽然有关利用昆虫杆状病毒应用于纳米领域的报道还不多,但已出现一些新的动向,如应用杆状病毒表达系统在昆虫细胞内生产 SV40 核衣壳蛋白,使之进行自我组装,成为一个能够输送生物活性物质的纳米胶囊(Inoue 等,2008),有望应用于基因治疗领域。利用杆状病毒产生类似于犬细小病毒新的纳米材料,应用于肿瘤的治疗(Singh 等,2006)。

昆虫杆状病毒的研究已经比较深入,在基础研究和应用基础研究方面已取得了较好的成果,对于其他相关研究具有很好的参考价值。同时,杆状病毒也是一类很有应用价值的病毒,除被成功开发作为基因表达载体生产重组药物蛋白、工程疫苗和生物杀虫剂等外,近年国外对于该类病毒在哺乳动物细胞内的生物学表现进行了深入研究,极有可能开发成功作为人类基因治疗的新型载体。另外,利用该类病毒在蛋白质芯片、生物纳米技术等领域也有可能取得突破性的进展。

7.5　家蚕杆状病毒 BmNPV Bac-to-Bac 表达载体系统操作指南

重组杆状病毒作为载体广泛应用于在昆虫培养细胞和昆虫幼虫中表达外源基因。杆状病毒强大的多角体蛋白启动子用来启动外源基因的表达,一般在感染晚期外源蛋白的表达量达到最大。多数情况下,重组蛋白经过加工、修饰后被运送到细胞内正确的位置,其功能和对应的天然蛋白质类似。

为了构建含有目的基因的重组病毒,通常首先将要表达的基因克隆进一个转移质粒载体的杆状病毒启动子下游,启动子两侧为杆状病毒非必需基因(一般为多角体蛋白基因)的侧翼 DNA。然后,将重组质粒 DNA 和野生型病毒的基因组 DNA 共同导入昆虫细胞。外源基因通过基因同源重组可以插入到亲本病毒的基因组中,重组病毒的比例为 0.1%~1%。由于野生型亲代病毒的比例在 99% 以上,因此,重组病毒的筛选和纯化对于没有经验的研究者来说非常困难。

如果在外源基因插入位点附近用一个或两个单一位点将杆状病毒基因组线性化,重组病毒的比例能提高到近30%。如果线性化的杆状病毒基因组缺失多角体蛋白基因位点下游的一段必需序列,重组病毒的比例能达到80%或更高。所有这些方法都需要在将质粒和病毒DNA转染进昆虫细胞后进行空斑分析,将混在非重组亲代病毒中的重组病毒纯化出来。用空斑分析纯化重组病毒并确认它的DNA结构或用免疫学的方法来判断重组病毒是否表达目的蛋白往往花费几个月甚至更多的时间。

为此,美国孟山都(Monsanto)公司成功开发了一种快速高效产生重组杆状病毒的技术,取名为Bac-to-Bac技术,目前已在世界各个实验室得到广泛的应用。但该技术是以AcMNPV作为亲本病毒,由于寄住域的限制无法在家蚕上应用。我们参照AcMNPV的Bac-to-Bac系统的工作原理(图7.21),开发了专门的家蚕BmNPV Bac-to-Bac表达系统(详见7.3节)。

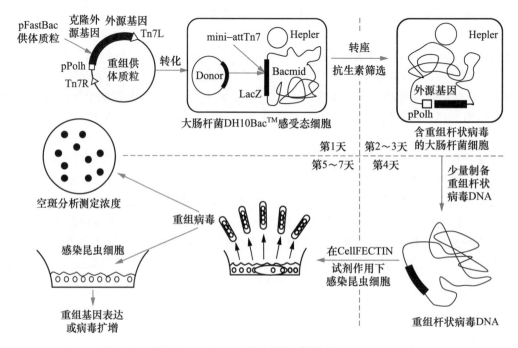

图7.21 利用Bac-to-Bac系统构建重组病毒并进行蛋白质表达

注:将外源基因克隆进pFastBac供体质粒,得到的重组质粒转化进含有Bacmid和辅助质粒的DH10Bac感受态细胞中。在辅助质粒提供的转座酶的作用下,供体质粒中的mini-Tn7序列转座插入到Bacmid中的mini-attTn7靶位点。外源基因的插入破坏了Bacmid中的LacZ阅读框,使得含有重组Bacmid的菌落呈白色。挑取白色菌斑培养后抽提得到高分子质量Bacmid DNA,该DNA即可用于转染家蚕细胞而产生重组病毒。

与在昆虫细胞中用同源重组的方法产生重组病毒的方法相比,该方法是利用位点特异性转座将外源基因转入在大肠杆菌中繁殖的Bacmid中。其产生重组病毒的原理与传统的方法显然不同,从挑取的菌斑中分离到的重组病毒DNA很纯,没有混杂亲本病毒和非重组病毒,不需要反复的空斑纯化,因此大大减少了分离纯化重组病毒的时间,优点非常明显。

7.5.1 方法

7.5.1.1 Bac-to-Bac系统的主要成分

Bac-to-Bac杆状病毒表达系统的组成如下(表7.5):

表 7.5　**Bac-to-Bac 杆状病毒表达系统的组成**

组　　成	保存条件/℃
pFastBac 供体质粒	−20
对照用质粒(pFASTBacT M-Gus 或者 pFASTBacT M HT-CAT)	−20
MAX Efficiency DH10BmBac 感受态细胞	−70
CellFECTIN 试剂	4

7.5.1.2　需要准备的实验仪器和材料

仪器:微量离心机、37℃ 培养箱、水浴锅、离心机。

试剂:限制性内切酶、T4 DNA 连接酶、$E. coli$ 感受态细胞、氨苄西林、庆大霉素、卡那霉素、四环素、Bluo-gal、IPTG、Rnase A、NaOH、SDS、KAc、异丙醇、70% 乙醇、Luria Agar、LB 培养基、LB 琼脂糖培养板、S.O.C. 培养基、Tris-HCl(pH 8.0)。

一般的材料和溶液:高压灭菌的微量离心管、15 mL 离心管、高压灭菌的去离子水、TE 缓冲液细胞培养需要的材料:BmN 细胞、Sf-900 Ⅱ 无血清培养基(SFM)、塑料器皿(6 孔和 24 孔的组织培养板)。

7.5.1.3　外源基因克隆入供体质粒 pFastBac(系列)

图 7.22 是家蚕 Bac-to-Bac 的具体工作步骤。该系统的第一步操作就是将目的基因克隆进供体质粒 pFastBac(Invitrogen 有售)。为了保证克隆成功,要认真选择合适的内切酶位点。

一般情况下,在合适的条件下用选好的内切酶消化 500 ng~1 μg pFastBac 供体质粒和外源片段 DNA 就能得到足够使用的 DNA。如果载体上只选择了一个内切酶位点作为克隆位点,必须对载体去磷酸化,并从琼脂糖凝胶电泳中回收 DNA 片段。将制备好的载体和插入片段在适当的条件下连接。连接产物转化入 DH5α 或 DH10β 感受态细胞,随后涂布到含有 100 μg/mL 氨苄西林的 LB 琼脂板上。

若是定向克隆,建议挑取 6 个菌落,而非定向克隆则需要 12 个或更多的菌落。挑取的菌斑过夜培养后用质粒 DNA 制备方法进行抽提,用限制性内切酶消化或者 PCR 方法分析、确认目的基因的正确插入。

鉴定重组 pFastBac 供体质粒含有正确插入后,将其 DNA 转化进 DH10BmBac 细胞,并与其中的杆粒发生转座。转座和以下的转染步骤对所有的载体都是一样的。

7.5.1.4　转座

(1) 制备含有以下试剂的 Luria 琼脂糖培养板:

卡那霉素　　　　50 μg/mL

庆大霉素　　　　7 μg/mL

四环素　　　　　10 μg/mL

Bluo-gal　　　　100 μg/mL

IPTG　　　　　　40 μg/mL

(2) 取出 DH10BmBac 感受态细胞置于冰上。

(3) 将 100 μL 感受态细胞加入到 15 mL 的圆底聚丙烯管中。

(4) 细胞中加入 5 μL(约 1 ng)重组供体质粒 DNA,轻轻敲击管子的侧壁混匀。

(5) 冰上放置 30 min。

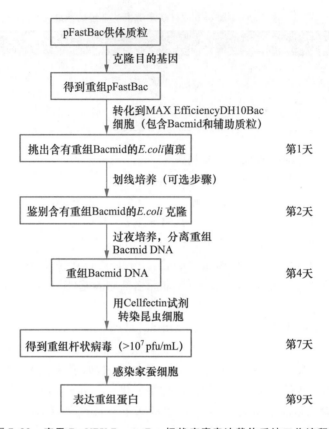

图 7.22 家蚕 BmNPV Bac-to-Bac 杆状病毒表达载体系统工作流程图

（6）42℃水浴热击 45 s。

（7）冰上放置 2 min。

（8）加入 900 μL S.O.C. 培养基。

（9）放在摇床上 37℃振荡培养 4 h(225 r/min)。

（10）用 S.O.C. 培养基将细胞做 10 倍梯度稀释,稀释成 10^{-1},10^{-2} 和 10^{-3} 倍的细胞悬浮液。

（11）各稀释液取 100 μL 均匀涂布在培养板的表面。

（12）37℃培养 24～48 h(24 h 前菌落很小且蓝斑不易辨别)。

注:用 Lennox L(LB)琼脂糖代替 Luria 琼脂糖会降低颜色深度,减少菌斑数目,X-gal 代替 Bluo-gal 也会降低颜色深度。

7.5.1.5 抽提重组杆状病毒 DNA

白色菌落含有重组杆状病毒 DNA(Bacmid),因此,要挑取白色菌斑抽提重组杆状病毒 DNA。在抽提之前,要将挑选的菌落划线培养以确定是纯的白斑。

（1）在含有 100～200 个菌斑的培养板上挑选白色菌落。

注:这个数目菌斑的培养板上比较容易辨别白斑和蓝斑。

（2）挑取约 10 个白斑在新的培养板上划线确认它们的表型是否单一,37℃培养过夜。

（3）从表型单一的培养板(含有 Bluo-gal 和 IPTG)上挑取一个独立的菌落,在含有抗生素

(卡那霉素、庆大霉素和四环素)的液体培养基中培养抽提重组杆状病毒 DNA。

注意:真正纯的白斑往往较大,因此选择最大的菌落可以避免选中假阳性菌落,选择最分散的菌落可以避免可能的交叉污染。将培养板先后放在深色和浅色的背景上更容易辨别蓝白斑(深色背景上容易辨别白斑而浅色背景上容易辨别蓝斑)。

下面是用来抽提大于 100 kb 的质粒的方案,适合用来抽提杆状病毒 DNA。

①用一无菌牙签挑取一个分散的单菌落,于 2 mL LB 培养基中培养。培养基中加入有卡那霉素 50 $\mu g/mL$,庆大霉素 7 $\mu g/mL$ 和四环素 10 $\mu g/mL$。培养容器为 15 mL 带盖的聚丙烯试管。250~300 r/min,37℃振荡培养 24 h 至平台生长期。

②将 1.5 mL 培养液转移到 1.5 mL 微量离心管中,14 000×g 离心 1 min。

③用真空抽吸器吸弃上清,加入 0.3 mL 溶液Ⅰ(15 mM Tris-HCl(pH 8.0),10 mM EDTA,100 $\mu g/mL$ RNase A)。

重悬沉淀(必要时可以用漩涡振荡器振荡或用枪头吹打)。加入 0.3 mL 溶液Ⅱ(0.2 M NaOH,1% SDS)轻轻混匀。室温放置 5 min。

注:在此过程中,重悬液应该由浑浊变为半透明。溶液Ⅰ和溶液Ⅱ需要过滤灭菌,溶液Ⅰ在 4℃保存。3 M KAc 高压灭菌后保存在 4℃。

①慢慢加入 0.3 mL KAc(pH 5.5),边加边混合。此时,蛋白质和 *E.coli* 基因组 DNA 形成很厚的白色沉淀,样品在冰上放置 5~10 min。

②14 000×g 离心 10 min。离心时标记另一个离心管并加入 0.8 mL 纯的异丙醇。

③将上清轻轻转移到含有异丙醇的离心管中,注意不要吸到任何白色沉淀。轻轻颠倒离心管数次混匀并放在冰上 5~10 min。这一步骤,样品可以在 −20℃放置过夜。

④14 000×g 室温离心 15 min。

⑤吸弃上清,加入 0.5 mL 70%乙醇,颠倒离心管数次冲洗沉淀,14 000×g 室温离心 5 min(此步骤可以重复一次)。

⑥尽可能吸弃上清。注:此时沉淀可能离开了离心管的底部,最好轻轻吸出上清,而不是将上清倒出。

⑦将沉淀在室温下干燥 5~10 min,溶解在 40 μL TE 中。将溶液加到离心管的底部并偶尔轻轻敲击管底,只要 DNA 沉淀没有干透,可以在 10 min 内溶解。

注:为了避免剪切力,不要机械地重悬 DNA。

⑧将 DNA 样品放在 −20℃保存。为了避免转染效率下降,应该避免反复冻融 DNA 样品。制备的 DNA 可以用琼脂糖电泳分析是否含有高分子质量 DNA。另外,建议用 PCR 方法来确认杆状病毒中是否含有正确的转座(图 7.23),使用 M13 引物进行 PCR 可以鉴定是否发生了正确的插入。

7.5.1.6 重组杆状病毒 DNA 转染 BmN 细胞

(1) 在 35 mm 培养皿或 6 孔培养板上接种 2 mL Sf-900 Ⅱ SFM 悬浮的昆虫细胞(约 9×10^5),培养基中添加一半终浓度(青霉素 50 U/mL,链霉素 50 $\mu g/mL$)的抗生素。只能使用培养 3~4 d,处于对数生长中期,生存能力在 97%以上的细胞。

注:如果使用其他培养基,为了利于转染过程中 DNA-脂质体复合物的形成,要使用不含血清和其他补充物质或抗生素的培养基。

(2) 27℃放置 1 h 让细胞贴壁。

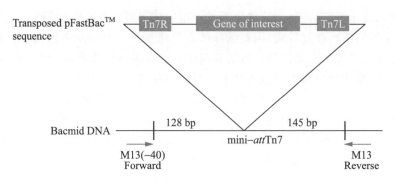

图 7.23　转座发生位点和 M13 引物位置示意图

（3）在 12 mm×75 mm 的无菌管中准备下面的溶液：

溶液 A：对于每一个转染，将 5 μL 小量制备的杆状病毒 DNA 溶解到 100 μL 无抗生素的 Sf-900 Ⅱ SFM 中。

溶液 B：对于每一个转染，将 6 μL CellFECTIN 试剂溶解到 100 μL 无抗生素的 Sf-900 Ⅱ SFM 中。

注：CellFECTIN 试剂是脂质体悬浮液，时间长了可能会沉淀，转染取试剂前将管子颠倒 5～10 次使试剂均一。

（3）将两种溶液混合，轻轻混匀，室温放置 15～45 min。

（4）细胞用 2 mL 无抗生素的 Sf-900 Ⅱ SFM 洗一次。

（5）对每个转染，每个装有脂质-DNA 复合物的管子中加入 0.8 mL Sf-900 Ⅱ SFM。轻轻混匀。吸出细胞上的培养基，覆盖上脂质-DNA 复合物。

（6）27℃ 培养箱中培养 5 h。

（7）移去转染混合物，加入 2 mL 含有抗生素的 Sf-900 Ⅱ SFM。27℃ 培养箱中培养 72 h。

（8）转染 72 h 后从细胞培养基中收获病毒。

7.5.1.7　收获和保存重组杆状病毒

（1）转染后收获病毒时，将上清（约 2 mL）转移到带盖的无菌管子中。$500 \times g$ 离心 5 min，将澄清的含病毒上清转移到另一个新管中。

（2）第一次转染后病毒的滴度可达 $2 \times 10^7 \sim 4 \times 10^7$ pfu/mL。

（3）将病毒放在 4℃，避光保存。若要长期保存，建议至少加入 2% 的胎牛血清（FBS）。另外建议在 −70℃ 保存一份病毒备用。

（4）病毒扩增或进行蛋白表达分析前要测定病毒的滴度。

（5）病毒扩增时，可以感染悬浮细胞或单层培养细胞，感染复数（MOI）在 0.01～0.1。利用下面的公式计算：

$$接种量（mL）=\frac{扩增后\ MOI（pfu/mL）\times 细胞总数}{接种病毒\ MOI（pfu/mL）}$$

例如，感染后 48 h 收获病毒，病毒约扩增了 100 倍。若在 48 h 后收获会降低病毒储存液的质量。

7.5.1.8　重组杆状病毒感染昆虫细胞

起始感染复数在 5～10 之间。建议对每个蛋白的表达都要做一组试验。

MOI 优化：改变 MOI(如 1,2,5,10)，收获细胞(若为分泌蛋白则收获培养基)检测蛋白表达情况。

时相分析：确定 MOI 后，每隔 24 h 收获细胞或培养基检测蛋白质表达。

7.5.2　常见问题、原因及解决方法

常见问题、原因及解决方法见表 7.6。

表 7.6　常见问题、原因及解决方法

出现的问题	可能的原因	建议解决方法
外源基因克隆入供体质粒的过程：重组供体质粒中没有插入	供体质粒或插入 DNA 酶切不完全	(1) 选择另外的限制性内切酶；(2) 对要插入 DNA 进行纯化
	供体质粒磷酸酶处理不完全或处理过头	按照生产厂家的要求调整磷酸酶反应条件
	供体质粒或要插入 DNA 的凝胶回收率低	选择其他可靠的胶回收试剂盒
	连接效率不高	(1) 根据厂家说明，采用连接酶的最佳条件；(2) 按照连接说明书优化连接反应中载体：插入的比例(如,1:3,1:1,3:1)
	插入 DNA 中含有不稳定 DNA 序列，如 LTR 序列和反向重复序列	转化后在较低的温度下培养(30℃)；选择更稳定的感受态细胞，如 MAX Efficiency® Stbl2
转化后没有或仅极少的菌斑出现	E. coli 转化效率低	使用转化效率高的感受态细胞
	DNA 不纯	除去 DNA 溶液中的酚、蛋白质、去垢剂和乙醇
	过量 DNA 被转化	每 100 μL 感受态细胞加入 1～10 ng DNA,加入体积不超过 5 μL
	连接效率不高	优化连接反应。检测方法是：将载体用一种内切酶酶切并自连接后转化，电泳检查连接效率。连接产物的转化效率比超螺旋 DNA 低 10 倍，线性 DNA 的转化效率比超螺旋 DNA 低 100～1 000 倍
	连接反应混合物抑制转化	减少用于转化的连接混合物；转化前将连接体系用 TE 缓冲液稀释 5 倍
	可能是抗生素的问题	确认使用了正确的抗生素及浓度，使用新鲜的抗生素溶液；确认抗生素溶液没有被降解(如颜色的变化或出现沉淀表明抗生素的降解)
	感受态细胞储存不当	−70℃ 保存。不能保存在液氮中
	感受态细胞处理不当	将感受态细胞置于冰上融化，融化后立即使用，不能振荡
	转化过程中未被热击或培养时间不足不当	严格按照标准的转化步骤

续表7.6

出现的问题	可能的原因	建议解决方法
构建重组杆状病毒DNA的过程:没有白色菌斑出现	培养时间不够颜色形成	至少培养24 h才能鉴定菌斑颜色
	琼脂培养板上使用了X-gal,而不是Bluo-gal	使用Bluo-gal能够增强蓝/白色的对照
	转座后培养时间不够	涂板前用SOC培养基至少培养4 h
	用于转化DH10Bac的重组供体质粒质量差	用琼脂糖凝胶检查DNA是否被降解
	培养板上菌斑太多	将转化培养物稀释后涂板
	培养板上庆大霉素和/或四环素丢失	制作新的培养板
	培养板放置时间太长或在亮处保存	制作新的培养板
所有的菌斑都是蓝斑	转座用的供体质粒质量差	使用纯化后的质粒进行转化;检查质粒质量,保证未被降解
	培养板中未加庆大霉素	制备新鲜的培养板,保证含有正确的抗生素浓度(50 μg/mL kanamycin, 7 μg/mL gentamicin, 10 μg/mL tetracycline, 100 μg/mL Bluo-gal, and 40 μg/mL IPTG.)
菌斑太少	转化后采用LB培养基进行培养	转化后用SOC培养基培养
	转化DH10Bac后培养时间太短	增加37℃培养时间4 h以上,或30℃培养6 h,然后进行涂板
蓝白斑的比例不当	琼脂的pH不正确	调节pH在7.0
	蓝斑颜色强度太弱	不使用X-gal;Bluo-gal的浓度增加至300 μg/mL;在较暗的背景下观察
	IPTG浓度不当	20～60 μg/mL IPTG一般能够产生最理想的颜色
	培养时间太短或温度太低	37℃下培养48 h
	菌斑太多或太少	通过稀释调整涂板浓度,获得适当的菌斑数目
分离Bacmid DNA:DNA被降解	储存条件不对	制备的Bacmid DNA分成小份储存在-20℃;避免反复冻/融
	处理大分子量DNA的方式不当	不要振荡DNA样品;溶解DNA沉淀时动作要轻
Bacmid产量低	抗生素浓度不当	确认过夜培养时液体培养基中抗生素的浓度

续表7.6

出现的问题	可能的原因	建议解决方法
转染昆虫细胞：病毒产量低	所用细胞的密度低	用推荐的细胞密度做转染
	所用的脂质体太多或太少	优化脂质体的用量
	脂质体-DNA 与细胞的孵育时间太短或太长	优化孵育时间（如 3～8 h）
	DNA 被降解	转染前电泳检查 DNA 的完整性
感染昆虫细胞：蛋白质产量低	病毒滴度太低或太高	优化用于感染的病毒滴度
	收获细胞的时间不合适	选择最佳时间以达到最高的蛋白质产量
	细胞系不适合	选择其他细胞系
	细胞生长条件和培养基不合适	优化细胞生长条件；用 Sf-900 Ⅱ SFM 促进细胞生长和蛋白质表达
	病毒不是重组病毒	用 M13 引物做 PCR 鉴定 Bacmid 中是否有转座发生

7.5.3　其他参考信息

7.5.3.1　Luria Agar 培养板制备
成分与用量为：

Peptone 140	10 g
Yeast Extract	5 g
Sodium chloride	10 g
Agar	12 g
蒸馏水	加至 1 L

高压灭菌后冷却至 55℃。再加入表 7.7 所列的冰冷溶液：

表 7.7　冰冷溶液组成

成分	终浓度/(μg/mL)	储存条件/℃
卡那霉素	50	−20
庆大霉素	07	−20
四环素	10	−20
IPTG	40	−20
Bluo-gal	100～300	−20

7.5.3.2　各种贮存液
抗生素可购买干粉，也可购买稳定、灭菌、预混好的溶液，并按照生产商家的说明书保存。溶解在水中的抗生素溶液必须用 0.22-micron 的过滤器过滤灭菌。若溶解在乙醇中则无需灭菌。储存液应放在密闭、避光的容器中保存。四环素忌避 Mg^{2+}。筛选抗四环素细菌的培养基要杜绝 Mg^{2+}。

将 Bluo-gal 干粉溶解在二甲基甲酰胺(dimethylformamide,DMF)或二甲基亚砜(dimethyl sulphoxide,DMSO),配制成浓度为 20 mg/mL 的储存液。使用 DMF 需要注意,分装溶液必须在通风橱中操作。必须使用玻璃或聚丙烯管子。储存 Bluo-gal 溶液的管子要用锡箔纸包裹,放在 −20℃,避免见光分解。无需过滤灭菌。

IPTG 储存液的浓度为 200 mg/mL。称取 2 g IPTG,溶解在 8 mL 水中,用水将体积调至 10 mL,用 0.22-micron 的过滤器过滤灭菌。按每份 1 mL 分装后保存在 −20℃。

注:含抗生素的培养板要保存在 4℃,能稳定保存 4 周。四环素和 Bluo-gal 对光敏感,含上述成分的培养板要在 4℃避光保存。

7.5.3.3 杆状病毒 DNA 检测

1. 琼脂糖凝胶电泳

①用 TAE 缓冲液配制 0.5% 的琼脂糖凝胶,胶中含有 0.5 μg/mL 的 EB。

②取 5 μL 小量制备的杆状病毒 DNA 上样。

③若用 6 cm×8 cm 的胶,则 23 V 恒压电泳 12 h。

④凝胶拍照。杆状病毒 DNA 的条带比 λ DNA/Hind Ⅲ Marker 中的 23.1 kb 条带移动更慢一些。

2. 重组杆状病毒的 PCR 检测

BmNPV DNA 大约 128 kb。利用传统的限制性内切酶酶切的方法很难确认目的基因的插入。最好使用 PCR 的方法确认转座的发生。PUC/M13 引物是根据杆状病毒 lacZα 的互补基因中 mini-attTn7 位点的侧翼序列设计的。如果转座成功,PCR 产物的长度应为 2 300 bp 加目的基因的长度。另外,也可以使用目的基因的引物和 PUC/M13 的其中一个引物做 PCR。若两个引物都是根据目的基因设计的,无论转座发生与否,都会有 PCR 产物。

①标记适量的 0.5 mL 微量离心管,置于冰上。

②每管所加试剂为:

10×PCR buffer	5 μL
10 mmol/L dNTP mix	1 μL
50 mmol/L MgCl₂	1.5 μL
10 μmol/L primer mix	2.5 μL
template	1 μL
Taq Polymerase	0.5 μL (2.5 U)
蒸馏水	
总体积	50 μL

③轻轻敲击离心管混匀。

④加上 20 μL 硅酮油封顶。

⑤93℃处理 3 min 后,按照下面的条件反应 25～35 个循环:

94℃	45 s
55℃	45 s
72℃	5 min

⑥若是菌斑或病毒的 DNA 扩增,只需向反应管中挑取菌斑或病毒,进行 40 个循环即可。

⑦在 0.7%的琼脂糖凝胶上电泳,100 V 电泳 90 min。

⑧菌斑或病毒的 PCR 产物,每个样品的加样 10～15 μL,小量制备病毒 DNA 的扩增产物加样 5 μL。

⑨PCR 产物情况如图 7.24 所示。

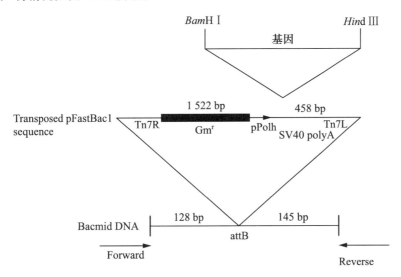

图 7.24　转座发生区域示意图

7.5.3.4　重组病毒表达检测

感染后 72 h 收集重组病毒,用 24 孔板进行蛋白表达检测。步骤如下:

(1)在 24 孔板中每孔加入 $6×10^5$ 个 Sf 9 细胞,孵育至少 30 min,让细胞贴壁。

(2)用新鲜的培养基漂洗细胞,并换上 300 μL 新鲜培养基。

(3)每孔接种 200 μL 病毒溶液,留几个孔作为未感染、野生病毒感染,最好还有已经鉴定过的重组杆状病毒感染,作为对照。

(4)27℃培养 48 h。

(5)如果需要可以收集病毒上清,并用无血清培养基漂洗细胞。加入 400 μL 1×SDS-PAGE 蛋白破碎缓冲液[62.5 mmol/L Tris-HCl(pH 6.8),2%SDS]裂解细胞。这是可以将样品放在 −20℃冻存。煮沸 3 min 以上,进行 SDS-PAGE 电泳分析。

(6)重复上述试验,测定蛋白的时相表达确定获得最高表达量的最佳收获时间。

7.5.3.5　原位检测 β-葡萄糖甘酸酶表达

溶液:20 mg/mL X-glucuronide,溶解在 DMSO 或 DMF,储存在聚丙烯管中,−20℃避光保存。

固定剂:含有 2%甲醛(formaldehyde),0.05%戊二醛(glutaraldehyde)的 PBS 溶液。4℃保存。配制方法如下:

水	85 mL
10×PBS	10 mL
福尔马林(37%的甲醛溶液)	5 mL

戊二醛(25％的溶液)   0.2 mL

染色液:含有 5 mmol/L potassium ferricyanide(铁氰酸钾),5 mmol/L potassium ferrocyanide(亚铁氰酸钾)和 2 mmol/L $MgCl_2$ 的 PBS 溶液。4℃保存。配制方法如下:

水   70 mL

10×PBS   10 mL

50 mmol/L potassium ferricyanide   10 mL

50 mmol/L potassium ferrocyanide   10 mL

1 mol/L $MgCl_2$ 0.2 mL

Substrate/Stain solution:含 1 mg/mL X-glucuronide 的染色液,即用即配:

染色液   20 mL

X-glucuronide (20 mg/mL in DMF) 1 mL

(1)用 2 mL 含有 Ca^{2+} 和 Mg^{2+} 的 PBS 溶液漂洗孔中细胞。

(2)每孔加入 1 mL 固定剂室温固定 5 min。

(3)每孔细胞用 2 mL PBS 漂洗两次。

(4)每孔加入 1 mL 底物/染色液,37℃孵育 2 h 以上或过夜。

(5)每孔用 2 mL PBS 漂洗。置倒置显微镜下观察,记录蓝色细胞的数目。

(6)若要保存培养板,每孔加入 1 mL 含 10％甲醛的 PBS 溶液,室温孵育 10 min。

(7)PBS 漂洗后加入 PBS 于 4℃保存。

7.5.3.6　氯霉素乙酰转移酶(CAT)活性检测

溶液:1 mol/L Tris-HCl(pH 8.0)

0.1 mol/L Tris-HCl(pH 8.0)

0.1 mol/L Tris-HCl(pH 8.0),含 0.1％ Triton X-100。4℃保存。

250 mmol/L 氯霉素的乙醇(100％)溶液。分装后保存在-20℃。

CAT 酶标准品:在 CAT 稀释缓冲液[0.1 mol/L Tris-HCl(pH 8.0),50％甘油,0.2％ BSA]中分别溶解 0.2 U/mL、1 U/mL、2 U/mL、4 U/mL、10 U/mL 的氯霉素配成标准溶液。4℃保存。

(1)6 孔、35 mm 板的操作程序　细胞在感染或转染后 24～72 h 进行如下操作:

①用 PBS 漂洗一次。

②将培养板放在冰上。每孔加入 1 mL 含 0.1％ Triton X-100 的 0.1 mol/L Tris-HCl (pH 8.0)。-70℃冷冻 2 h。

③将培养板转移到 37℃融合,然后置冰上冷却,将细胞裂解物转移到微量离心管中于 12 000×g 离心 5 min。

④将上清转移到另一管中,65℃加热 10 min 灭活脱乙酰基酶和 CAT 反应的其他抑制因子。12 000×g 离心 3 min 后将上清转移至另一新管中。这些上清称为细胞抽提物(cell extract),-70℃保存。

(2)CAT 酶活测定

①每个样品按照下面的比例加入到 3.5 mL polyproplene scintillation vial 中:

cell extract   1～10 μL

0.1 mol/L Tris-HCl(pH 8.0)   至 150 μL

②阴性对照:150 μL 0.1 mol/L Tris-HCl(pH 8.0)。

③阳性对照:在 5 个管中分别加入 150 μL 0.1 mol/L Tris-HCl(pH 8.0)。将 CAT 标准溶液分别加入作出 1 miliunit、5 miliunit、10 miliunit、20 miliunit 和 50 miliunit 的标准曲线。

④所有的样品和对照都加入 100 μL 下面的混合物:

dd water	84 μL
1 mol/L Tris-HCl(pH 8.0)	10 μL
250 m mol/L 氯霉素乙醇溶液	1 μL
(50 nCi)[^{14}C]-butyryl Xoenzyme A (0.010 μCi/μL)	5 μL

⑤盖上盖子在 37℃水浴或培养箱中孵育 2 h。

⑥每个管子中加入 3 mL Econofluor 溶液,盖紧盖子,颠倒一次。

⑦室温孵育 2 h。

⑧每个样品在液体闪烁计数仪上计数 0.5 min。

7.5.3.7　昆虫细胞培养基

昆虫细胞培养对环境因素非常敏感。除了化学和营养因子外,物理因子对昆虫细胞的生长也有影响,需要找到体外细胞培养的最佳条件。主要包括以下几个方面:

温度:培养的昆虫细胞生长和感染的最佳温度范围是 27~30℃。

pH:对多数培养体系来说,pH 的范围要保持在 6.1~6.4。在普通空气和开盖培养时,Sf-900 Ⅱ SFM 的 pH 能维持在该范围之内。

渗透压:鳞翅目细胞系培养基的最佳渗透压处于 345~380 mOsm/kg。

透气性:昆虫细胞的繁殖和重组蛋白表达依赖于培养基中的消极溶氧。积极的或者可调的充氧系统必须保持溶氧 10%~50%的空气。

剪切力:细胞悬浮培养技术产生机械剪切力。含 5%~20%血清的培养基能够给细胞提供足够的保护。无血清条件下,培养基中必须加入剪切力保护剂如 Pluronic F-68。

(1) 血清培养基　虽然很多昆虫细胞系都已经成功的适应了 BEVS 技术,这一部分仍要强调最常用的细胞系——Sf 细胞系。IPL-41 培养基中若含有 2.6 g/L tryptose phosphate 和 5%~10%的热灭活胎牛血清(HI-FBS)或者 4 g/L yeastolate 和 5%~10%的 HI-FBS,Sf 细胞的倍增时间为 20~30 h。另外 Sf 细胞也可以培养在含有 3.3 g/L yeastolate,3.3 g/L lactalbumin hydrolysate 和 5%~10%的 HI-FBS 的 Grace's Insect cell culture 或者含 5%~10%的 FBS 的 TC-100 昆虫培养基。

(2) 无血清培养基(SFM)　细胞的无血清培养推荐使用 Sf-900 Ⅱ SFM,这种培养基能够维持细胞生长良好,使蛋白表达产量最高,这是一种完全培养基,不需添加任何其他东西。

7.5.3.8　昆虫细胞培养技术

• 常规的仪器设备:培养箱,能将温度维持在 28℃±0.5℃,并且能够容纳培养设备。倒置光学显微镜用来观察细胞培养形态。血球计数仪。低速离心机。细胞培养用的层流罩超净台。

• 其他特殊的材料和设备:

单层细胞培养:细胞培养用 T 形瓶,25 cm^2 和 75 cm^2 规格。

摇瓶培养:100~500 mL 锥形瓶适用的定轨摇床。

125 mL、250 mL、500 mL 一次性锥形瓶。

1. 单层细胞培养步骤

在不更换培养基的情况下,单层培养细胞在 2~4 d 内就能够长成一片。在添加血清的单层细胞培养中,贴壁的细胞常常与周围浮动的细胞保持松散的接触。很多已建立的昆虫细胞系并不是必须要贴壁培养的,可以在贴壁培养和悬浮培养两种形式间转换,而不影响细胞活力、形态及生长速度。一些细胞受到继代次数的限制,因此要周期性(如每三个月一次)的从冷冻的种子储备中复苏新鲜的培养细胞。SFM 培养不提倡使用抗生素和抗真菌物质。使用血清培养基使抗菌物质的添加浓度一般为每 mL 加入 0.25 μg 两性霉素 B、100 U 青霉素和100 g 链霉素。

①单层培养细胞长成一片后,吸弃培养基和悬浮细胞。

②25 cm^2 培养瓶中加入 4 mL 室温的完全培养基(75 cm^2 培养瓶加 12 mL)。

③用巴斯德吸管吹吸培养基悬浮细胞。最好不要使用酶消化。

④放在倒置显微镜下观察确认细胞全部脱离瓶壁。

⑤收获的细胞进行活细胞计数(可以用台盼蓝染色排除法)。

⑥按照每毫升 2×10^5 个活细胞的密度接种进细胞瓶中。

⑦在(28±0.5)℃培养,盖子要松以利于气体交换。

⑧植入细胞后的第 4 天,从细胞层的一边吸弃培养液,按照上面的方法继代。

⑨对于生长较慢的细胞系,要在细胞植入后的 3~4 d 换液,从细胞层一遍吸弃培养液并重新加入新鲜的培养基。

⑩细胞密度达到瓶底的 80%~100% 时继代,通常需要 2~4 d;若是细胞需要中间换液,继代时间可延长至 7 d。

2. 适应悬浮培养的步骤

昆虫细胞也可以适应悬浮培养模式。下面的方案能够使多数昆虫细胞很好地适应悬浮培养,并在短期内减少和避免细胞聚集。

①要做 100 mL 悬浮培养,需要细胞数量达到 6 成以上的 75 cm^2 单层培养细胞。

②用上面介绍的方法悬浮细胞。

③收集悬浮液并对活细胞计数。

④用室温的完全血清培养基或无血清生长培养基将活细胞浓度稀释至 5×10^5 个细胞/mL。

⑤在(28±0.5)℃培养,转速恒定在 100 r/min。

⑥当活细胞密度达到 1×10^6~2×10^6 个细胞/mL 时继代(一般为细胞植入后 3~7 d),将转速增加 5 r/min。如果活细胞数目降到原来的 75% 以下,将转速降低 5 r/min 直到细胞活力恢复(>80%)。

⑦重复步骤⑥,直到将转速固定在 130~140 r/min。此时继代时的接种密度可以降低到 3×10^5 个细胞/mL。

⑧如果出现比较大的细胞团(每个细胞团多于 10 个细胞),继代前让摇瓶静置 2~3 min,让大的细胞团沉积到瓶的底部。取样计数,并从培养物的上部 1/3 取种继代。这主要是为了选择单细胞生长的细胞群。

⑨如果有必要可以将步骤⑧重复 2~3 次直到细胞团消失。

⑩冷藏一定量的悬浮培养细胞备用。

3. 振荡培养步骤

用 250 mL 松口摇瓶振荡培养 50~125 mL(表 7.8),细胞氧气密度不会成为细胞生长的限制因素。根据需要,可以在血清培养基中加入 0.1% Pluronic F-68。

表 7.8　可用的培养体积　　　　　　　　　　　　　　　　　　　　mL

培养瓶规格	振荡培养物的体积
125	25~50
250	50~125
500	125~200
1 000	200~400

①定轨摇床能够容纳 50~500 mL 的锥形瓶,转速最高可达 140 r/min。

②标准的摇瓶是 250 mL 的一次性无菌锥形瓶,培养体积为 100 mL。也可以使用光滑的玻璃瓶,每次用完要彻底的清洗。

③定轨摇床的温度要维持在(27±0.5)℃,空气干燥,或者放在暖和的房间里面。

④拧松瓶盖通风。在这些条件下,细胞的生长不受氧气的限制,并能够达到最佳倍增时间和密度。

⑤100 mL 完全培养基中接种 $3×10^5$ 活细胞/mL,于 250 mL 锥形瓶中培养。

⑥将摇床调到 135 r/min 进行振荡培养。

⑦培养至细胞密度达到 $2×10^6$~$3×10^6$ 个细胞/mL 时继代,接种 $3×10^5$ 个细胞/mL。如果细胞一直生长良好,继代时细胞应该处于对数生长的中期。任何时候都不要让细胞生长到平台期(Sf-900 Ⅱ SFM 培养细胞平台期密度为 $5×10^6$ 个细胞/mL)。若要让细胞持续生长,必须在对数生长中期继代。

⑧每隔 3 周,收集悬浮培养细胞轻轻离心(100×g)5 min,用新鲜培养基重悬,以减少细胞碎片和代谢副产物。

7.5.3.9　适应 SFM 的方法

同时使用下面的两种方法使细胞适应 SFM,如果其中一种方法行不通可以节省时间。

1. 直接适应 SFM

①将生长在添加 5%~10% FBS 培养基的细胞直接转移到预热到(28±0.5)℃的 SFM 中,接种后细胞密度 $5×10^5$ 个细胞/mL。

②当细胞密度达到 $2×10^6$~$3×10^6$ 个细胞/mL(需 4~7 d)时继代,继代的细胞密度为 $5×10^5$ 个细胞/mL。

③细胞完全适应无血清培养基后,生长到最大密度和群体倍增时间应该与血清培养时的指标相当。

④SFM 储存培养时,当细胞数量达到 $2×10^6$~$3×10^6$ 个细胞/mL,细胞活力不低于 80% 时需要继代,正常情况下每周继代 1~2 次。

2. 断续地适应 SFM

①细胞继代后用 SFM 和原来地血清培养基比例为 1:1 的血清培养基培养。

②培养至细胞数量超过 $1×10^6$ 个细胞/mL(约为一个倍增时间),将细胞适应的培养基和

SFM 按 1：1 的比例混合后继代。

③按照这个方法继续稀释培养基中的血清,直到血清含量低于 0.1％,细胞活力高于 80％,活细胞密度高于 1×10^6 个细胞/mL。

④在继代后 4～7 d,当活细胞密度达到 2×10^6～3×10^6 个细胞/mL 时继代。

⑤经过几次传代,在继代后 4～7 d 大部分昆虫细胞系的活细胞数量能够达到 2×10^6～4×10^6 个细胞/mL,细胞活力高于 85％。此时细胞已适应了 SFM,应该考虑冻存备用。

7.5.3.10 昆虫细胞的冻存

(1)用旋转培养或振荡培养的方法培养一定量的悬浮细胞,在细胞活力高于 90％的对数生长中期收集细胞。

(2)进行活细胞计数,计算冷藏时需要的培养基的量,使细胞的最终密度为 1×10^7～2×10^7 个细胞/mL。

(3)准备冻存需要的培养基。对于无血清培养,将细胞适应的培养基(用于冻存的细胞在其中生长了 2～3 d 的培养基过滤灭菌)与 SFM 1：1 混合加入 7.5％ DMSO。另外,也可以使用添加 10％ BSA 和 7.5％ DMSO 的 SFM。若细胞使用血清培养基培养,需要准备添加 10％ FBS 和 7.5％ DMSO 的新鲜培养基作为冻存培养基。将准备好的冻存培养基预冷,放在 4℃备用。

(4)收集悬浮培养细胞或贴壁培养细胞在 $100 \times g$ 离心 5 min。加入适量的预冷的冻存培养基重悬细胞。

(5)将混匀的细胞分装在冷冻管中。

(6)将冷冻管放在 0～4℃冷却 30 min。

(7)按照标准的程序适应手动或自动的变速冷冻设备冷藏,每分钟温度降低 1℃。

7.5.3.11 冻存细胞的复苏

(1)冻存的细胞取出后立即放入 (37 ± 0.5)℃水浴。

(2)用 70％乙醇擦拭冷冻管的外周。

(3)将冷冻管中的细胞全部转移到振荡培养瓶或者旋动培养瓶中,加入预热完全、平衡培养基培养。一定要保证低活力的细胞密度维持在 3×10^5～5×10^5 个细胞/mL。

(4)复苏后最初两次继代细胞密度维持在 0.3×10^6～1×10^6 个细胞/mL,然后转入常规的培养。

7.5.3.12 病毒扩增

扩增病毒时,按照 MOI：0.01～0.1 接种单层培养细胞,接种量按照下面的公式计算：

$$病毒接种量(mL) = \frac{期望的\ MOI(pfu/cell) \times 细胞总数}{接种用病毒的滴度(pfu/mL)}$$

例如:若将接种的 MOI 定为 0.1,即对 1×10^8 个细胞接种 0.5 mL 滴度为 2×10^7 pfu/mL 的病毒,48 h 后收获病毒的量是原来的 2-log 倍。

7.5.3.13 空斑分析

病毒的感染力通过在固定细胞上做空斑分析来确定。

设备:无菌工作台,40℃和 70℃水浴,27℃湿度可调的培养箱,倒置显微镜。

材料:30 mL 处于对数生长期的 BmN 细胞;

密度为 5×10^5 cell/mL,6 孔板(每排 2 个);

1 瓶 4% 琼脂糖;

1 瓶 Sf-900(1.3×)或 Grace's 昆虫细胞空斑分析培养基(2×);

一瓶细胞培养级别的无菌蒸馏水;

100 mL 规格的无菌玻璃瓶;

0.5 mL 澄清、无菌、没有细胞的杆状病毒上清液;

100 mL Sf-900 Ⅱ SFM;

20 mL 热灭活的高品质 FBS。

(1) 在无菌条件下,每孔加 2 mL 细胞悬浮液。

(2) 让细胞沉到培养板底部,加盖,室温放置 1 h。

(3) 将琼脂糖凝胶放于 70℃ 水浴中。空的 100 mL 玻璃瓶和装有 Sf-900(1.3×)或 Grace's 昆虫细胞空斑分析培养基(2×)的瓶子放在 40℃ 水浴中。

(4) 细胞在室温放置 1 h 后,倒置显微镜观察细胞确认已贴壁并占板底面积的 50%。

(5) 将病毒上清液做 8 个梯度稀释,方法是将 0.5 mL 加入到 4.5 mL 的 Sf-900 SFM(或 Grace's 昆虫细胞空斑分析无血清培养基),容器采用 12 mL 的一次性管子。依次做 8 次稀释,总共得到标有 $10^{-1} \sim 10^{-8}$ 的 8 管病毒稀释溶液。

(6) 将 6 孔培养板和梯度稀释的病毒溶液移到无菌工作台中。在培养板的两排孔上分别做如下标记:"10^{-3}、10^{-4}、10^{-5}、10^{-6}、10^{-7}、10^{-8}"。

(7) 依次吸弃细胞上清,立即加入相对应的病毒稀释液。室温放置 1 h。

若使用 Sf-900 培养基:

(8a) 待琼脂糖凝胶融化后(20~30 min),将步骤(3)的瓶子从水浴中取出,移至工作台中。取 30 mL 的 Sf-900 昆虫细胞空斑分析培养基(1.3×)立即加入到盛有 4% 琼脂糖的瓶子中,轻轻混匀,放回到 40℃ 水浴中备用。

若使用 Grace's 昆虫细胞空斑分析培养基:

(8b) 待琼脂糖凝胶融化后(20~30 min),将步骤(3)的瓶子从水浴中取出,移至工作台中。在无菌条件下,将 20 mL 热灭活的高品质 FBS 加入到 Grace's 昆虫细胞空斑分析培养基(2×)中,混匀。将上述培养基 25 mL 和 12.5 mL 细胞培养用无菌蒸馏水以及 12.5 mL 融化的 4% 琼脂糖加入到无菌空瓶中,混匀,放回到 40℃ 水浴中备用。

继续进行以下操作:

(9) 细胞放置 1 h 后,将稀释后的琼脂糖和培养板放回工作台中。

(10) 按照病毒浓度从高到低的顺序移弃接种的病毒,每孔加入 2 mL 稀释的琼脂糖溶液。操作要快,以免细胞干掉。将巴斯德吸管连到真空泵上更容易将接种的病毒吸干净。

(11) 将培养板静置 10~20 min 便于凝胶凝固。

(12) 将培养板移至 27℃ 湿度可调的培养箱中,培养 4~10 d。

(13) 若没有染色或其他鉴定方法,在肉眼能看到重组病毒形成淡淡的乳白色或灰色的空斑。

(14) 每天观察,直到空斑的数目连续两天不再变化。

(15) 为了确定接种病毒的滴度,6 孔板中每个孔的空斑数最好在 3~20 个。病毒的滴度(pfu/mL)可以按照下面的公式计算:

$$病毒原液的滴度(pfu/mL)＝\frac{空斑的数目}{稀释因子×每个培养板接种病毒的体积(mL)}$$

- **病毒空斑中性红染色**

如果空斑能够保持 6～7 d,可以很容易的观察到空斑,然而,用中性红染色可以在空斑形成的初期鉴别。最好不要使用其他染料,如结晶紫,这些染料含有原生质体融解成分,可以杀死宿主细胞。

材料:细胞培养用蒸馏水;中性红染色液(3.3 g/L)、已形成空斑的培养板。

①用细胞培养用蒸馏水配制质量浓度为 0.1% 的新鲜的中性红液。

②若每个孔有 2 mL 空斑覆盖层,加入 0.5 mL 上述新鲜染液,室温静置 1～2 h。

③用吸管或吸水纸轻轻吸去剩余的染液。

④可以很清晰的看到几乎透明的红色凝胶上的空斑。

7.5.3.14　重组杆状病毒的保存

(1) 收获病毒时,将 1.5～2 mL 转染或感染上清转移至无菌、带盖的管子中,500×g 离心 5 min 使上清变澄清,然后转移到新的管中。

也可以用 0.2 μm、低蛋白结合滤膜过滤灭菌,病毒滴度的损失低于 10%。

(2) 第一次转染后的病毒滴度在 $2×10^7$～$4×10^7$ pfu/mL。

(3) 病毒溶液在 4℃ 避光保存。若要长期保存,最好添加 2% 的 FBS。也可以保存在 −70℃。

7.5.3.15　病毒扩增和重组蛋白质的表达

(1) 不论是野生型病毒还是重组病毒,要得到好的感染效果,首先要确保细胞的培养不能受到营养成分(如氨基酸或碳水化合物的利用)和培养条件(如溶氧、pH、温度)的限制。要在细胞处于对数生长期时以确定的 MOI 感染。

(2) 不同的细胞系最佳感染指数(MOI)不同,野生型病毒或重组病毒的感染动力学也不尽相同。对于每种病毒、培养基、反应器、细胞系都应该确立各自的剂量效应(或 MOI)。这有助于确定增殖病毒或表达重组蛋白时的最佳感染参数。

(3) 增殖非包涵体病毒,无论野生型病毒或重组病毒,感染用的细胞密度最好在 $1×10^6$～$2×10^6$ 个细胞/mL,MOI 在 0.01～0.1。若要表达重组基因产物,常用的 MOI 是 0.5～10。

(4) BEVS 表达的重组基因产物可能是分泌性的,也可能是非分泌性的。分泌性蛋白质表达峰一般出现在感染后 30～72 h,而非分泌性蛋白质表达峰一般出现在感染后 48～96 h。由于外源蛋白可能会被细胞内蛋白酶降解,必须要确定每种重组蛋白的表达动力学。

(5) 虽然很多昆虫细胞系都能够适应无血清培养,细胞感染后有必要添加 0.1%～0.5% FBS 或 BSA 来保护病毒或重组蛋白免受蛋白质水解酶的侵害。蛋白质性质的蛋白酶抑制剂通常比合成的蛋白酶抑制剂便宜且更有效。

7.5.4　供体质粒 MCS 图谱

供体质粒 MCS 图谱如图 7.25 所示。

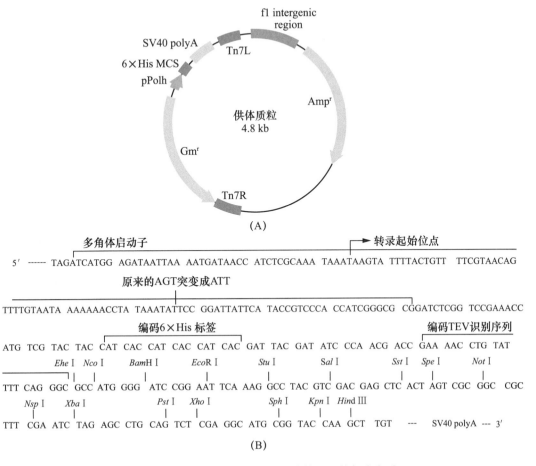

图 7.25　供体质粒 pFastBacHT 结构图及其部分序列

(A)pFastBacHT 的结构示意图;(B)该质粒的启动子和多克隆位点序列,具体每个供体质粒的多克隆位点会有差异。

吴小锋

参 考 文 献

[1] 王福山,杨远征,齐义鹏 . 单细胞克隆法快速筛选重组昆虫杆状病毒 . 武汉大学学报(自然科学版),1995,41(2):229-233.

[2] 王厚伟,张志芳,等 . 昆虫保幼激素促进家蚕杆状病毒表达系统的基因表达 . 生物工程学报,2001,17:590-593.

[3] 孙树汉,张平武,戴建新,等 . 基因工程原理与方法 . 北京:人民军医出版社,2001,92-100.

[4] 吕鸿声,等 . 昆虫病毒分子生物学 . 北京:中国农业科技出版社,1998,506-508.

[5] 吴小锋,曹翠平,许雅香,等 . BmNPV 和 AcNPV 扩大寄主域杂交重组病毒表达载体的构

建和改进．中国科学(C 辑)，2004，34(2)：156-164.

[6] 吴小锋，曹翠平，鲁兴萌．利用细菌转座子构建适用于家蚕的 Bac-to-Bac 快速基因表达系统．蚕业科学，2006，32(2)：183-188.

[7] 侯松旺，陈新文，王汉中，等．一种以 PCR 产物直接构建同源重组杆状病毒的方法．中国科学(C 辑)，2003，33(2)：169-174.

[8] 曹翠平，吴小锋．重组昆虫杆状病毒构建和筛选技术进展．昆虫学报，2004，47(6)：837-843.

[9] 曹翠平，吴小锋．昆虫杆状病毒应用于哺乳动物基因治疗的研究进展．微生物学报，2006，46(4)：668-672.

[10] 程家安，唐振华，张传溪，等．昆虫分子生物学．北京:科学出版社，2001，249-292.

[11] 蒋正枝，孙丽珍．家蚕杆状病毒(BmNPV)生物反应器规模化生产技术．中国蚕业，2002，23(4)：36-37.

[12] Acharya A and Gopinathan K P. Identification of an enhancer-like element in the polyhedrin gene upstream region of BmNPV. *Gen Virol*, 2001, 82: 2811-2819.

[13] Afonso C L, Tulman E R, Lu Z, *et al*. Genome Sequence of a Baculovirus Pathogenic for *Culex nigripalpus*. *J Viro.*, 2001, 75:11157-11165.

[14] Boublik Y, Bonito P D and Jones I M. Eukaryotic virus display: Engineering the major surface glycoprotein of the AcMNPV for the presentation of foreign protein on the virus surface. *Bio Technol*, 1995, 13: 1079-1084.

[15] Argaud O, Croizier L, *et al*. Two key mutations in the host-range specificity domain of the p143 gene of AcNPV are required to kill silkworm larvae. *Gen Virol*, 1998, 79: 931-935.

[16] Ayres M D, Howard S C, Kuzio J, *et al*. The complete DNA sequence of *Autographa californica* nuclear polyhedrosis virus. *Virology*, 1994,202:586-605.

[17] Cao C P, Lu X M, Zhao N, *et al*. Development of a rapid and efficient BmNPV Baculovirus expression system for application in mulberry silkworm, *Bombyx mori*. *Current Science*, 2006, 91(12): 1692-1697.

[18] Chaeychomsri S, Ikeda M, *et al*. Nucleotide sequence and transcriptional analysis of the DNA polymerase gene of BmNPV. *Virol*, 1995, 206: 435-447.

[19] Chen Y, Yao B, *et al*. A constitutive super-enhancer homologous region 3 of BmNPV. *Bio chem Biophy Res Commun*, 2004, 318: 1039-1044.

[20] Chen Chao, Kwak Eun-Soo, Stein B, *et al*. Packaging of gold particles in viral capsids. *Journal of Nanoscience and Nanotechnology*, 2005, 5(12): 2029-2033.

[21] Choudary P V, Kamita S G and Maeda S. Expression of foreign genes in *Bombyx mori* larvae using baculovirus vectors. *Methods Mol Biol*, 1995, 39: 243-264.

[22] Chuang C K, Sung L Y, Hwang S M, *et al*. Baculovirus as a new gene delivery vector for stem cell engineering and bone tissue engineering. *Gene Therapy*, 2007, 14(19): 1417-1424.

[23] Davies A H. Current methods for manipulating baculoviruses. *Bitechnology* (*N Y*),

1994，12(1)：47-50.

[24] Duffy S P，Young A M，Morin B，*et al*. Sequence Analysis and Organization of the *Neodiprion abietis* Nucleopolyhedrovirus Genome. *J Virol*，2006，80：6952-6963.

[25] Ehud G. Use of biomolecular templates for the fabrication of metal nanowires. *FEBS Journal*，2007，274：317-322.

[26] Fasseli C and Elaine C. The molecular organization of cypovirus polyhedra . *Nature*，2007，446：97-101.

[27] Faulkner P，Kuzio J，Williams G V，*et al*. Analysis of p74，a PDV envelope protein of *Autographa californica* nucleopolyhedrovirus required for occlusion body infectivity in vivo. *J Gen Virol*，1997，78(12)：3091-3100.

[28] Federici B A. In *The Baculoviruses*. (Miller，L. K.，Ed.)，Plenum Press，1997，New York：pp. 33-59.

[29] Fernandea J M and Hoeffler J P. Gene expression systems using nature for the art of expression. Academic press(USA)，section 3，chapter 12：Baculovirus expression vector system，1999，331-363.

[30] Fornwald J A，Lu Q，Wang D，*et al*. Gene expression in mammalian cells using BacMam，a modified baculovirus system. *Methods of Molecular Biology*，2007，388：95-114.

[31] Godeau F，Saucier C and Kourilsky P. tk gene screening used in baculovirus expression system. *Nucl Acids Res*，1992，20(23)：6239-6246.

[32] Gomi S，Zhou C，*et al*. Deletion analysis of four of eighteen late gene expression factor gene homologues of BmNPV. *Virol*，1997，230：35-47.

[33] Gomi S，Majima K，*et al*. Sequence analysis of the genome of BmNPV. *Gen Virol*，1999，80：1323-1337.

[34] Griffiths C M，Barnett A L，Ayres M D，*et al*. In vitro host range of *Autographa californica* nucleopolyhedrovirus recombinants lacking functional. *J Gener Virol*，1999，80：1055-1066.

[35] Guarino L A，Xu B，*et al*. A virus-encoded RNA polymerase purified from baculovirus-infected cells. *J Virol*，1998，72：7985-7991.

[36] Gutiérrez S，Mutuel D，Grard N，*et al*. The deletion of the pif gene improves the biosafety of the baculovirus-based technologies. *J Biotechnol*，2005，116(2)：135-143.

[37] Hartig P C and Cardon M C. Rapid efficient production of baculovirus expression vectors. *J Virol Methods*，1992，38(1)：61-70.

[38] Haas-Stapleton E J，Washburn J O and Volkman L E. P74 mediates specific binding of *Autographa californica* M nucleopolyhedrovirus occlusion-derived virus to primary cellular targets in the midgut epithelia of *Heliothis virescens* Larvae. *J Virol*，2004，78 (13)：6786-6789.

[39] Herniou E A，Luque T，Chen X，*et al*. Use of Whole Genome Sequence Data To Infer Baculovirus Phylogeny. *J Virol*，2001，75：8117-8126.

[40] Herniou E A, Olszewski J A, O'-Reilly D R, et al. Ancient Coevolution of Baculoviruses and Their Insect Hosts. *J Virol*,2004,78:3244-3251.

[41] Hiyoshi M, Kageshima A, Kato T, et al. Construction of a cysteine protease deficient *Bombyx mori* multiple nucleopolyhe-drovirus bacmid and its application to improve expression of a fusion protein. *J Virol Methods*, 2007, 144: 91-97.

[42] Hodgson D J, Hitchman R B, Vanbergen A J, et al. In '*Genes in the Environment*' *the Fifteenth Special Symposium of the British Ecological Society*, *Oxford*, *Uk*, 17 19 *September* 2001 (Hails R S; Beringer J E and Godfray H C J, Ed), 2003,Blackwell Publishing. , Oxford, UK: pp. 258-280.

[43] Hofmann C, Sandig V, Jennings G, et al. Efficient gene transfer into human hepatocytes by baculovirus vectors. *PNAS USA*, 1995, 92(22): 10099-10103.

[44] Hofmann C. Generation of envelope-modified baculoviruses for gene delivery into mammalian cells. *Metho of Mol Biol*, 2007, 388: 447-460.

[45] Ikeda K and Nakazawa H. Immobilization of diverse foreign proteins in viral polyhedra and potential application for protein microarrays. *Proteomics*, 2006, 6: 54-66.

[46] Imai N, Matsuda N, et al. Ubiquitin ligase activities of BmNPV Ring finger proteins. *Virol*, 2003, 77(2): 923-930.

[47] Imai N, Kurihara M, et al. BmNPV orf8 encodes a nucleic acid binding protein that colocalizes with IE1 during infection. *Arch Virol*, 2004, 149(8): 1581-1594.

[48] Imai N and Matsumoto S. Formation of BmNPV IE2 nuclear foci is regulated by the functional domains for oligomerization and ubiquitin ligase activity. *Gen Virol*, 2005, 86: 637-644.

[49] Inoue T, Kawano M A, Takahashi R U, et al. Engineering of SV40-based nano-capsules for delivery of heterologous proteins as fusions with the minor capsid proteins VP2/3. *J Biotechnol*, 2008, 134(1-2): 181-92.

[50] Ishikiriyama M, Nishina T, Kato T, et al. Human single-chain antibody expression in the hemolymph and fat body of silkworm larvae and pupae using BmNPV bacmids. *J Biosci Bioeng*, 2009, 107: 67-72.

[51] Iwanaga M, Kurihara M, et al. Characterization of BmNPV orf68 gene that encodes a novel structural protein of budded virus. *Virol*, 2002, 297(1): 39-47.

[52] Jakubowska A, Oers M M v, Cory J S, et al. European Leucoma salicis NPV is closely related to North American *Orgyia pseudotsugata* MNPV. *J Inv Path*, 2005, 88: 100-107.

[53] Johnson R R, Schmiel D, Iatrou K, et al. Transfer vectors for maximal expression of passenger genes in the *Bombyx mori* nuclear polyhedrosis virus expression system. *Biotechnology and Bioengineering*, 1993, 42: 1293-1300.

[54] Kadono-Okuda K, Yamamoto M, Higashino Y, et al. Baculovirus-mediated production of the human growth hormone in larvae of the silkworm, *Bombyx mori*. *Biochem Biophys Res Commun*, 1995, 213: 389-396.

［55］ Kamita S G，Majima K，*et al*. Identification and characterization of the p35 gene of BmNPV that prevents virus-induced apoptosis. *Virol*，1993，67：455-463.

［56］ Kamita S G，Nagasaka K，*et al*. A baculovirus-encoded protein tyrosine phosphatase gene induces enhanced locomotory activity in a lepidopteran host. *PNAS*，2005，102 (7)：2584-2589.

［57］ Kang W，Suzuki M *et al*. Characterization of baculovirus repeated open reading frames (bro) in BmNPV. *Virol*，1999，73：10339-19345.

［58］ Kang W，Imai N，*et al*. IE1 and hr facilitate the localization of BmNPV ORF8 to specific nuclear sites. *Gen Virol*，2005，86：3031-3038.

［59］ Katsuma S，Noguchi Y，*et al*. Characterization of the 25K FP gene of the baculovirus BmNPV：implications for post-mortem host degradation. *Gen Virol*，1999，80：783-791.

［60］ Katsuma S，Tanaka S，*et al*. Reduced cysteine protease activity of the hemolymph of Bm larvae infected with fp25K-inactivated BmNPV results in the reduced postmortem host degradation. *Arch Virol*，2004，149(9)：1773-1782.

［61］ Katsuma S and Shimada T. Characterization of BmNPV gene homologous to the mammalian FGF gene family. *Virus Genes*，2004，29(2)：211-217.

［62］ Kawasaki Y and Matsumoto S. Analysis of baculovirus IE1 in living cells：dynamics and spatial relationships to viral structural proteins. *Gen Virol*，2004，85：3575-3583.

［63］ Khalil A S，Ferrer J M，Brau R R，*et al*. Single M13 bacteriophage tethering and stretching. *PNAS USA*，2007，104 (12)：4892-4897.

［64］ King L A and Possee R D. The Baculovirus Expression Vector. London：Champan Hall，1992.

［65］ Kitts P A，Ayres M D and Possee R D. Linearization of baculovirus DNA enhances the recovery of recombinant virus expression vectors. *Nucl Acids Res*，1990，189(19)：5667-5672.

［66］ Kitts P A and Possee R D. A method for producing recombinant baculovirus expression vectors at high frequency. *Biotechnoiques*，1993，14(5)：810-817.

［67］ Kitts P A. Production of recombinant baculoviruses using linearized viral DNA methods. *Mol Bio*，1995，39：129-142.

［68］ Kool M and Vlak J M. The structural and functional organization of the *Autographa californica* nuclear polyhedrosis virus genome. *Arch Virol.*，1993，130：1-16.

［69］ Kost T A and Condreay J P. Recombinant baculovirus as expression vectors for insect and mammalian cells. *Curr. Opin. Biotechnol.*，1999，10：428-433.

［70］ Kost T A and Condreay J P. Recombinant baculoviruses as mammalian cell gene-delivery vectors. *Trends Biotechnol.*，2002，20：173-180.

［71］ Kost T A，Condreay J P and Jarvis D L. Baculovirus as versatile vectors for protein expression in insect and mammalian cells. *Nat. Biotechnol*，2005，23：567-575.

［72］ Lange M，Wang H，Hu Z H，*et al*. Towards a molecular identification and classification system of lepidopteran-specific baculoviruses. *Virology*, 2004, 325: 36-47.

[73] Lee K S, Je Y H, Woo S D, *et al*. Production of a cellulase in silkworm larvae using a recombinant *Bombyx mori* nucleopolyhedrovirus lacking the virus-encoded chitinase and cathepsin genes. *Biotechnol Let*, 2006, 28(9): 645-650.

[74] Lu M and Iatrou K. The genes encoding the P39 and CG30 proteins of BmNPV. *Gen Virol*, 1996, 77: 3135-3143.

[75] Lu M, Swevers L, *et al*. The p95 gene of BmNPV: temporal expression and functional properties. *J Virol*, 1998, 72: 4789-4797.

[76] Luckow V A and Summerss M D. Signals important for high-level expression of forein gene in *Autographa californica* nuclear polyhedrosis virus. *Virol*, 1988, 167: 56-71.

[77] Luckow V A. Baculovirus systems for the expression of human gene products. *Curr Opin Biotechnol*, 1993, 4(5): 564-572.

[78] Luckow V A, Lee S C, Barry G F, *et al*. Efficient generation of infectious recombinant baculoviruses by site-specific transponson-mediated insertion of foreign genes into a baculovirus genome propagated in *Escherichia coli*. *J Virol*, 1993, 67(8): 456-459.

[79] Luckow V A. Baculovirus expression systems and Biopesticides. Shuler M L, Wood H A, Granados R R, *et al*, 1995, Widey-Liss, Inc. New York.

[80] Luckow V A. Principle and Practice of protein engineering, cleland. New York: John Wiley and Sons, 1995.

[81] Luckow V A, Lee S C, Barry G F, *et al*. Efficient genration of infectious recombinant baculoviruses by site-specific transposon-mediated insertion of foreign genes into a baculovirus genome progated in *Escherichia coli*. *J Virol*, 1998, 67(8): 4566-4579.

[82] Maeda S, Kawai T, Obinata M, *et al*. Production of human α-interferon in silkworm using a baculovirus vector. *Nature*, 1985, 315: 592-594.

[83] Maeda S, Kamita, *et al*. The basic DNA-binding protein of BmNPV: the existence of an additional arginine repeat. *J Virol*, 1991, 180: 807-810.

[84] Maeda S, Kamita S G, *et al*. Host range expansion of AcNPV following recombination of a 0.6-kilobase-pair DNA fragment originating from Bm NPV. *Virol*, 1993, 67: 6234-6238.

[85] Majima K, Kobara R, *et al*. Divergence and evolution of homologous regions of BmNPV. *J Viol*, 1993, 67: 7513-7521.

[86] Mao C, Flynn C E, Hayhurst A, *et al*. Viral assembly of oriented quantum dot nanowires. *PNAS USA*, 2003, 100(12): 6946-6951.

[87] Mathavan S, Gautvik V T, Rokkones E, *et al*. High-level production of human parathyroid hormone in *Bombyx mori* larvae and BmN cells using recombinant baculovirus. *Gene*, 1995, 167: 33-39.

[88] Mikhailov V S. Helix-destabilizing properties of the baculovirus single-stranded DNA-binding protein (LEF-3). *Virol*, 2000, 270: 180-189.

[89] Miller L K. In Ed., Plenum Publishing Corporation., New York, USA, 1997,

Biological Control Information System: References, pp. xvii + 447.

[90] Miyajima A, Schreurs J, Otsu K, et al. Use of the silkworm, *Bombyx mori*, and an insect baculovirus vector for high-level of expression and secretion of biologically active mouse inteleukin-3. *Gene*, 1987, 58: 273-281.

[91] Mori H and Shukunami C. Immobilization of bioactive FGF-2 into cubic proteinous microcrystals (*Bombyx mori* cypovirus polyhedra) that are insoluble in a physiological cellular environment. *J Biological Che*, 2007, 282: 17289-17296.

[92] Moscardi F. Assessment of the application of baculovirus for control of cepidptera. *Annu. Rev Entomol*, 1999, 44: 257-289.

[93] Moser B A, Becnel J J, White S E, et al. Morphological and molecular evidence that *Culex nigripalpus* baculovirus is an unusual member of the family *Baculoviridae*. *J Gen Virol*, 2001, 82:283-297.

[94] Motohashi T, Shimojima T, Fukagawa T, et al. Efficient large-scale protein production of larvae and pupae of silkworm by *Bombyx mori* nuclear polyhedrosis virus bacmid system. *Biochem Biophys Res Commun*, 2005, 326(3): 564-569.

[95] Nagamine T, Sugimori H, et al. Nucleotide sequence of the gene coding for p40, an occluded virion-specific polypeptide of BmNPV. *Inverte Pathol*, 1991, 58: 290-293.

[96] Nagamine T, Kawasaki Y, et al. Focal distribution of baculovirus IE1 triggered by its binding to the hr DNA elements. *J Virol*, 2005, 79(1): 39-46.

[97] Nam K T, Kim D W, Yoo P J, et al. Virus-enabled synthesis and assembly of nanowires for lithium ion battery electrodes. *Science*, 2006, 312(5775): 885-888.

[98] Ohkawa T, Majima K, et al. A cysteine protease encoded by the baculovirus BmNPV. *Virol*, 1994, 68: 6619-6625.

[99] Okano K, Mikhailov V, et al. Colocalization of baculovirus IE-1 and two DNA-binding proteins, DBP and LEF-3, to viral replication factories. *Virol*, 1999, 73: 110-119.

[100] Okano K, Shimada T, et al. Comparative expressed-sequence-tag analysis of differential gene expression profiles in BmNPV-infected BmN cells. *Virol*, 2001, 282: 348-356.

[101] Palhan V B and Gopinathan K P. The *p*10 gene of BmNPV encodes a 7.5-kDa protein and is hypertranscribed from a TAAG motif. *Genet*, 2000, 79: 33-40.

[102] Park E Y, Abe T and Kato T. Improved expression of fusion protein using a cysteine-protease-and chitinase-deficient *Bombyx mori* nucleopolyhedrovirus bacmid in silkworm larvae. *Biotechnol Appl Biochem*, 2008, 49: 135-140.

[103] Park E Y, Ishikiriyama M, Nishina T, et al. Human IgG1 expression in silkworm larval hemolymph using BmNPV bacmid and its N-linked glycan structure. *J Biotechnol*, 2009, 139: 108-114.

[104] Patel G, Nasmyth K and Jones N. A new method for the isolation of recombinant baculovirus. *Nucl Acids Res*, 1991, 20(1): 97-104.

[105] Peakman T C, Harris R A and Gewert D R. High efficient generation of recombinant

baculoviruses by enzymatically mediated site-specific in vitro recombination. *Nucl Acids Res*，1991，20(3)：495-500.

[106] Possee R D and Howard S C. Analysis of the polyhedrin gene promoter of the *Autographa californica* nuclear polyhedrosis virus. *Nucleic Acids Research*，1987，15：10233-10248.

[107] Rahman M M and Gopinathan K P. Characterization of the gene encoding the envelope fusion glycoprotein GP64 from BmNPV. *Virus Res*，2003，94(1)：45-57.

[108] Rahman M M and Gopinathan K P. *Bombyx mori* nucleopolyhedrovirus-based surface display system for recombinant proteins. *Journal of General Virology*，2003，84：2023-2031.

[109] Richard B，Hitchman，Robert D，*et al*. Genetic modification of a baculovirus vector for increased expression in insect cells. *Cell Biol Toxico*，2010，26(1)：57-68.

[110] Ricky J，Tseng C T，Ma L P，*et al*. Digital memory device based on tobacco mosaic virus conjugated with nanoparticles. *Nature Nanotechnology*，2006，1：72.

[111] Sambrook J，Fritsch E F and Maniatis T. Molecular Cloning：*A Laboratory Manual*. 2nd ed，Cold Spring Harbor Laboratory Press，1989,56-68.

[112] Sehgal D and Gopinathan K P. Recombinant BmNPV harboring green fluorescent protein. *BioTechnique*，1998，25：997-1006.

[113] Sehrawat S and Gopinathan K P. Temporal expression profile of late gene expression factor 4 from BmNPV. *Gene*，2002，294(1-2)：67-75.

[114] Shikata M，Sano Y，*et al*. Isolation and characterization of a temperature-sensitive mutant of BmNPV for a putative RNA polymerase gene. *Gen Virol*，1998，79：2071-2078.

[115] Simth G E and Summers M D. Production of human belta interferon in insect cells infected with a Baculovirus expression vector. *Mol Cell Biol*，1983，3：183-192.

[116] Singh P，Destito G，Schneemann A，*et al*. Canine parvovirus-like particles，a novel nanomaterial for tumor targeting. *Journal of Nanobiotechnology*，2006，4：2.

[117] Sriram S，Palhan V B，*et al*. Heterologous promoter recognition leading to high-level expression of cloned foreign genes in Bm cell lines and larvae. *Gene*，1997，190：181-189.

[118] Sriram S and Gopinathan K P. The potential role of a late gene expression factor，lef2, from BmNPV in very late gene transcription and DNA replication. *Virol*，1998，251:108-122.

[119] Suzuki M G，Kang *et al*. An element downstream of the transcription start site is required for activation of BmNPV bro-c promoter. *Arch Virol*，2001，146：495-506.

[120] Suzuki T，Kanaya T，Okazaki H，*et al*. Efficient protein production using a *Bombyx mori* nuclear polyhedrosis virus lacking the cysteine proteinase gene. *J Gen Virol*，1997，78：3073-3080.

[121] Theilmann D A，Blissard G W，Bonning B，*et al*. In *Virus Taxonomy*，*Classification and Nomenclature of Viruses*. Elsevier Academic Press，2005，San Diego，USA：pp.

177-185.

[122] Todd J W，Passarelli A L and Miller L K．The roles of eighteen baculovirus late expression factor genes in transcription and DNA replication．*J Virol*，1995，69：968-974.

[123] Todd J W，Passarelli A L，Lu A，*et al*．Factors regulating baculovirus late and very late gene expression in transient-expression assays．*J Virol*，1996，70：2307-2317.

[124] van Oers M M．In *Adv Virus Res*．（Bonning B C，Ed.）Insect Cell Culture and Biotechnology，2006，68：193-253.

[125] Viswanathan P，Venkaiah B and Kumar M S．The homologous region sequence(hr1) of *Autographa californica* multinucleocapsid polyhedrosis virus can enhance tanscripfion from non-baculoviral promoters in mammalian cells．*J Bio Chem*，2003，278(52)：52564-52571.

[126] Vlak J M，Klinkenberg F A，Zaal K J M，*et al*．Functional studies on the p10 gene of *Autographa californica* nucleopolyhedrosis virus using a recombinant expressing a p10-galactosidase fusion gene．*J Gen Virol*，1988，69：765-777.

[127] Wang C Y，Li F，Yang Y，*et al*．Recombinant baculovirus containing the diphtheria toxin A gene for malignant glioma therapy．*Cancer Research*，2006，66（11）：5798-806.

[128] Wang F，Zhang C X，*et al*．Influences of chitinase gene deletion from BmNPV on the cell lysis and host liquefaction．*Arch Virol*，2005，150(5)：981-990.

[129] Wang Y，Wu X，Liu G，*et al*．Expression of porcine lactoferrin by using recombinant baculovirus in silkworm，*Bombyx mori* L．，and its purification and characterization．*Appl Microbiol Biotechnol*，2005，69(4)：385-389.

[130] Wei W L，Qin J C and Sun M J．High-level expression of human butyrylcholinesterase gene in *Bombyx mori* and biochemical-pharmacological characteristic study of its product．*Biochem Pharmacol*，2000，60：121-126.

[131] Williams G V，Rohel D Z，Kuzio J，*et al*．A cytopathological investigation of *Autographa californica* nucleopolyhedrosis virus p10 gene function using insertiondeletion mutants．*J Gen Virol*，1989，70：187-202.

[132] Wu X F，Kamei K，Sato H，*et al*．High-level expression of human acidic and basic fibroblast growth factors in the silkworm，*Bombyx mori* L．using recombinant baculovirus．*Protein Expression and Purification*（USA）．2001，21(1)：192-200.

[133] Wu X F，Kamei K，Takano R，*et al*．High-level expression of human acidic and basic fibroblast growth factors in the silkworm，*Bombyx mori* L．using recombinant baculovirus．*Protein Expres Purif*，2001，21(1)：192-200.

[134] Wu X F，Cao C P and Cui W Z．Expression of human VEGF165 in silkworm by using a recombinant baculovirus and its bioactivity assay．*J Biotechnol*，2004，111(3)：253-261.

[135] Wu X F，Cao C P and Cui W Z．An innovative inoculation technique for inoculating

recombinant baculovirus into silkworm, *Bombyx mori*, using lipofectin. *Res Microbiol*, 2004, 155(4): 193-197.

[136] Wu X F, Cao C P, Xu Y X, *et al*. Construction of a host range-expanded hybrid baculovirus of BmNPV and AcMNPV, and knockout of Cysteinase gene for more efficient expression. *Science in China Ser. C Life Sciences*, 2004, 47(5): 406-415.

[137] Yamagishi J and Isobe R. DNA microarrays of baculovirus genomes: differential expression of viral genes in two susceptible insect cell lines. *Arch Virol*, 2003, 148(3): 587-997.

[138] Yang D G, Chung Y C, Lai Y K, *et al*. Avian influenza virus hemagglutinin display on baculovirus envelope: Cytoplasmic domain affects virus properties and vaccine potential. *Current Opinion in Molecular Therapeutics*, 2007, 15(5): 989-996.

[139] Yuguang Zhao, Chapman D A, Jones I M, *et al*. Improving baculovirus recombination. *Nucl Acids Res*, 2003, 31(2): e6-6.

[140] Zemskov E A, *et al*. Evidence for nucleic acid binding ability and nucleosome association of BmNPV BRO protein. *Virol*, 2000, 74: 6784-6789.

[141] Zeng J, Du J, Zhao Y, *et al*. Baculoviral vector-mediated transient and stable transgene expression in human embryonic stem cells. *Stem Cells*, 2007, 25(4): 1055-1061.

[142] Zhao N, Yao H P, Lan L P, *et al*. Efficient production of canine interferon-alpha in silkworm *Bombyx mori* by use of a BmNPV/Bac-to-Bac expression system. *Appl Microbiol Biotechnol*, 2008, 78: 221-226.

第8章

蚕桑资源利用技术

蚕丝业是我国具有悠久历史和广泛社会基础的并在国内外市场上具有明显优势的传统产业。因此,我国拥有的丰富的蚕桑资源,若不加于利用,既浪费资源又在一定程度上污染环境。再加上因蚕茧价格的起落不定,在很大程度上会阻碍蚕丝业的进一步发展。为此,转变思维模式,利用现代科学技术,充分利用蚕业资源,研究开发出价值更高的蚕桑资源的新产品,将有助于蚕桑科学的进步,也有利于蚕丝业的稳定、可持续发展。

为了进一步利用蚕业资源,许多现代技术被用于蚕业资源的开发利用,比如叶绿素分离技术、氨基酸纯化技术、抗菌肽诱导、有机成分提取分离技术等。这些技术的应用极大提高了蚕业资源利用的效率,为蚕业资源的利用和新产品开发起到良好的推动作用。

8.1 蚕沙叶绿素及其衍生物的分离技术

8.1.1 叶绿素的化学结构和性质

叶绿素(chlorophyll)是高等植物进行光合作用的重要物质,同时也是绿色植物的主要色素,主要有叶绿素 a 和叶绿素 b 两种,在一些藻类中还有叶绿素 c 和叶绿素 d。

叶绿素是脂溶性色素,不溶于水,可溶于丙酮、乙醇和石油醚等有机溶剂,在颜色上,叶绿素 a 呈蓝绿色,叶绿素 b 呈黄绿色,它们的含量之比约为 3∶1。分子结构如图 8.1 所示。

叶绿素由脱镁叶绿素母环、叶绿酸、叶绿醇、甲醇、二价镁离子等部分构成,叶绿素 a 和叶绿素 b 在结构上的差别仅在于第 Ⅱ 吡咯环上的一个—CH_3 被—CHO 所取代。

叶绿素分子的卟啉环是由 4 个吡咯环通过 4 个甲烯基连接成的大环,环中心的镁离子偏于正电荷,相邻的氮原子偏于负电荷,因而具有极性与亲水性,而另一端的叶醇基是由 4 个异戊二烯基单位所组成的长链状的碳氢化合物,具有亲脂性。

叶绿素受到外界因素影响后,叶绿素会发生变化而产生几种重要的衍生物,其中脱镁叶绿

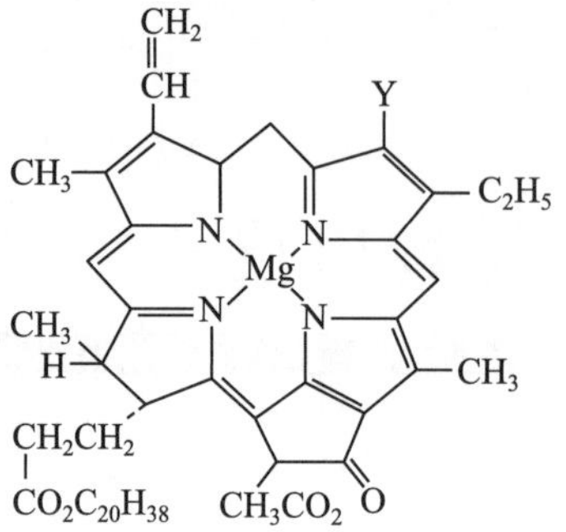

图 8.1 叶绿素结构

素就是叶绿素中心的镁离子被两个质子取代,变成了橄榄绿,但仍然是脂溶性的。脱植叶绿素,即叶绿素中的植醇被羟基取代,仍为绿色,为水溶性叶绿素衍生物。焦脱镁叶绿素是脱镁叶绿素中甲酯基被脱去,同时该环上的酮基也转换为希醇式,颜色较暗。脱镁脱植叶绿素即是无镁无植醇的叶绿素,颜色为橄榄绿,水溶性。焦脱镁脱植叶绿素是比焦脱镁叶绿素颜色更暗的水溶性色素。

叶绿素分子中的镁离子被铜、铁、钴等离子取代而成为叶绿素衍生物,这些衍生物对光、热、酸的稳定性大大提高,性质也更加为稳定。目前市售叶绿素衍生物有叶绿素铜钠盐、叶绿素镁钠盐、叶绿素钾钠盐、叶绿素铜钾钠盐、叶绿素铁钠盐、叶绿素铜钾盐、叶绿素锌钠盐等。

叶绿素 a 和叶绿素 b 及衍生物的吸收光谱表明,它们在红光区(620～700 nm)和蓝紫区(400～500 nm)出现了较深的黑带,也就是说,这些光线被叶绿素强烈吸收;而在绿光区(520～580 nm)没有黑带,即未被吸收,这也正是叶绿素是绿素的原因。采用紫外检测器和二极管阵列的三维检测器多次尝试后,最终确定叶绿素 a 的发射波长为 433 nm,激发波长为 664 nm;叶绿素 b 的发射波长为 469 nm,激发波长为 670 nm(戴荣继等,2006)。

8.1.2 蚕沙叶绿素及其衍生物的提取原理和测定方法

1. 提取

根据目前的研究进展,从蚕沙中提取叶绿素的方法主要是有机溶剂浸泡法。此外,还有超声波提取,微波辅助提取法等。

不同的提取溶剂对叶绿素的提取率及稳定性有一定的影响,目前用于叶绿素提取的溶剂主要有乙醇、丙酮、石油醚以及不同配比的混合溶剂。

2. 分离

色谱法是一种很好的分离纯化有机化合物的重要方法,尤其是在微量分析中应用的更是广泛。蚕沙中混合有各种色素,主要包括脂溶性的类胡萝卜素、叶黄素、叶绿素等。在提取实验时,可以利用相似相溶原理把水溶性的色素分离后,继而可以利用薄层色谱、柱色谱、高效液相色谱对胡萝卜素、叶黄素和叶绿素进行分离,由于这 3 种色素的极性依次减弱,可以适当地选择单一的有机溶剂或者不同配比的混合溶剂作为展开剂和洗脱剂,确定最佳的优化分离条件。

目前,叶绿素及其衍生物的分离主要以 HPLC 法为主,此外还有利用氧化铝、Sepharose 等进行分离,配合分光光度法进行监测,有研究者利用 Al_2O_3 层析柱建立了 3 种脱镁叶绿酸 a 的分离与鉴定方法(纪平雄,2001)。可利用体积比为 4∶1 的石油醚、丙酮液做洗脱剂分离出叶绿酸 a,利用酸水解制备脱镁叶绿一酸 a,碱水解制备脱镁叶绿二酸 a 和叶绿三酸 a,利用薄层层析方法对 3 种脱镁叶绿酸 a 进行分离。另有学者利用较大的 DEAE-SepharoseCL-6B 和 Sepharose CL-6 柱层析分离出大量叶绿素 a 和叶绿素 b(杨建虹,2002)。

3. 叶绿素含量的测定方法

叶绿素含量的测定方法主要有紫外分光光度法、荧光分析法、活体叶绿素仪法、光声光谱法和高效液相色谱法。不过目前应用最为广泛的还是分光光度法。

叶绿素提取液的吸收光谱表明:有两个强吸收峰,分别在红光区和蓝紫区,不同提取溶剂和原料所得的叶绿素溶液的吸收光谱比较相似。叶绿素 a、叶绿素 b 的红区最大吸收峰分别在 663 nm、645 nm 附近,在蓝紫区分别为 429 nm、453 nm 附近。由于提取溶剂和原料不同,对叶绿素提取液进行光谱扫描后,所得的最大吸收值可能有较小范围的浮动。分光光度法测定叶绿素含量主要依据 Arnon 公式,其计算方法是:分别以提取溶剂作空白,测定叶绿素提取液吸光度 A_{645}、A_{663},根据下面的公式:

叶绿素 a 浓度(mg/L):

$$c_a = 12.7A_{663} - 2.69A_{645}$$

叶绿素 b 浓度(mg/L):

$$c_b = 22.9A_{645} - 4.68A_{663}$$

叶绿素总浓度(mg/L):

$$c_{a+b} = c_a + c_b$$

上述公式可以定量地说明叶绿素提取液受不同影响因子作用后的降解率。

高效液相色谱(HPLC)定量检测叶绿素含量准确率较高,效果很好。戴荣继等(2006)采用 HPLC 测定饮用水中藻类叶绿素含量,实验表明:用甲醇和丙酮作为流动相,体积比为 80∶20 时,同时在流动相中加入质量分数为 0.1% 的冰醋酸,流速为 1.0 mL/min。利用每一种色素的色谱峰面积进行定量,叶绿素 a、叶绿素 b 的定量可通过外标法由工作曲线求得。该方法对叶绿素 a、叶绿素 b 检测限分别可达 0.010 μg/L、0.005 μg/L。

8.1.3　影响叶绿素降解的主要因素

叶绿素当存在于活体植物中时,叶绿素得到了很好的保护,既可以发挥光合作用,又不易发生降解。但离体叶绿素对光、氧气、酶、金属元素等因素都较敏感,并因此发生不同程度的反应,或发生降解等。

1. 光

光作用可导致叶绿素不可逆的分解。相关文献(陈文峻等,2001)已初步证实了叶绿素的光降解机制,在自然条件或以胶态分子团存在的水溶液中,叶绿素在有氧的条件下,可进行光氧化而产生自由基,因此一些研究人员认为叶绿素的光氧化降解必须有氧分子参与,而且其降解速率随氧分子浓度的升高而加快。单线态氧和羟基自由基是叶绿素光化学反应的活性中间体,可与叶绿素吡咯链作用而进一步产生过氧自由基和其他自由基,最终可导致卟啉环和吡咯链的分解继而造成颜色的褪去。

2. 温度

叶绿素提取液在不同受热温度下,其降解速率曲线有明显的拐点,叶绿素在 80℃ 以下,降解速度较慢,90℃ 以上降解速度急剧加快。总体而言,随着温度的升高,叶绿素降解的速率是逐渐加快的,只是较低的温度下降解速率不明显。

3. pH 值

体系的 pH 值是影响叶绿素稳定性的一个重要因子。叶绿素在中性和弱酸弱碱性条件下均较稳定,pH 值在 6～11 之间叶绿素的保存率高达 90%。但当体系的 pH 值下降到 4 时,叶绿素脱镁反应的速度比较明显,且随着酸性的增强,破坏性越大。

4. 氧气

叶绿素降解速率与氧气浓度呈正相关,也就是说随着氧气浓度的增大,整个提取液的体系褪绿现象越严重,即叶绿素的保存率越低。

5. 叶绿素酶

叶绿素酶催化叶绿素结构中的植醇键水解而生成脱植叶绿素,是叶绿素降解中的关键酶。关于叶绿素酶对叶绿素降解机理方面的研究中(陈文峻等,2001),以叶绿素 a 为例,降解的可能途径是:叶绿素 a 在叶绿素酶的作用下降解为叶绿素 a 酸酯,在脱镁螯合酶作用下再降解为脱镁叶绿素甲酯酸 a,在单加氧酶作用下,进一步降解为红色叶绿素降解物,然后在还原酶作用下生成初生荧光叶绿素降解物,最后在丙二酸单酰转移酶作用下生成非荧光叶绿素降解物。关于叶绿素的酶解途径和酶解产物仍需进一步探讨。

6. 金属离子

在酸性条件下,叶绿素分子卟啉环中的镁离子可被氢离子取代,生成黄褐色的脱镁叶绿素,脱镁叶绿素分子中的氢离子又可被其他金属离子如铜、锌、钙离子取代,而生成相应的叶绿素金属离子络合物而恢复为绿色。这种络合物对酸、光、氧、热等稳定性大大提高了,这些离子均能使叶绿素保存率提高,使叶绿素能够较长时间的保存,而且铜离子的效果优于其他金属离子。尽管叶绿素铜络合物的色泽及其稳定性比锌络合物的好,但铜离子属于重金属离子,毒害性较大,所以应该对其含量进行严格控制;而锌是人体必需的微量元素,因此,采用锌离子取代叶绿素分子中的镁离子,形成较稳定的叶绿素锌络合物,目前已经得到了产业化应用。

8.1.4　叶绿素衍生物的制备和标准

叶绿素铜钠盐是叶绿素衍生物的重要代表产物。为此,以叶绿素铜钠盐制备为例,介绍叶绿素衍生物的制备。

8.1.4.1　叶绿素铜钠盐的制备

1. 软化

蚕沙在晒干后会变硬,溶剂难于渗入。加水软化是为了使蚕沙因吸水而使蚕沙变松软,有利于溶剂的进出。软化时的加水量应视蚕沙本身的含水率而定。一般以加水至蚕沙含水量至30%～40%为宜。

计算出应加水的量后，将水均匀地洒在蚕沙上，拌匀，堆放（30 cm）4～6 h，期间翻动若干次。软化后的蚕沙以手捏之即散，又挤不出水为度。适当提高水温，能缩短时间。

2. 脱水

软化后的蚕沙含有水分，不利于汽油的渗入，因此在提取叶绿素之前，需用95%酒精脱水，脱水后的酒精浓度应在70%～75%。酒精可以回收重复使用。

3. 提取叶绿素

（1）溶剂　采用饱和乙醇汽油。将95%的乙醇注入120号溶剂汽油中，使汽油为乙醇所饱和。分层后取上层即为饱和乙醇汽油。用该溶剂的优点：①易于溶解蚕沙中的叶绿素，无机杂质、脂类等不易溶于汽油。②容易将皂化后的叶绿素钠盐从体系中分离出来。

（2）方法　将蚕沙装入容器至70%容积，加入上述溶剂浸过蚕沙10 cm，提取时间为4 h，共提取3次，放出提取液，最后用直接蒸汽加热蚕沙使蚕沙中的溶剂挥发，以便回收溶剂。提取温度40～45℃，一次提取3.5～4 h即可达到平衡。pH以控制在6.5～8.5为宜。

4. 皂化

用95%浓度的酒精配制5%氢氧化钠酒精溶液。以叶绿素提取液的皂化值为基准，略增加保险量（一般增加5%），以确保皂化完全。皂化温度为50～60℃，搅拌反应1 h，静置分层，下层为叶绿素皂化液，上层为汽油层，工业上称"黄油"，可以提取不皂化物，如植物醇、三十烷醇和类胡萝卜素等。

皂化是否完全，需要检验。其方法是：取1份下层皂化液，加入3倍量的新鲜饱和乙醇汽油，振摇，静置，分层，如上层汽油层为绿色，则为皂化不完全，需加碱继续皂化。

5. 汽油洗涤

为了去除皂化液中脂溶性杂质，需用汽油洗涤，一直洗涤至汽油为浅黄色为止。

6. 酸化置铜

（1）酸化　用1∶1 HCl调节溶液pH至5～6。

（2）置铜　先加入20%浓度硫酸铜水溶液，再用1∶1 HCl继续调酸反应液，使pH下降至2～3，加热至60℃，搅拌1 h。加铜量为理论用铜量的2倍。

置铜完成后，压滤，取滤液，去滤渣。滤液为叶绿素酮酸。滤液加1倍体积的去离子水后，叶绿素酮酸从溶液中析出。

7. 净化

叶绿素铜酸为脂溶性化合物，可以用水洗涤去除水溶性杂质。叶绿素铜酸用50℃去离子水洗至pH 5～6，真空抽干，再用50%乙醇洗至浅绿色，最后用汽油洗至无色。

8. 成盐

先计量叶绿素酮酸，按每100 g铜酸加19～20 g氢氧化钠的比例，配制一定量的5%氢氧化钠乙醇液。将叶绿素铜酸加到氢氧化钠溶液中，搅拌，溶解，皂化。反应的pH控制在11左右。随着铜酸的加入，溶液发生"稠→稀→稠"的变化。反应完成后，过滤，去离子水洗滤渣1～2次，合并滤液和洗液，在真空干燥箱内，60～80℃真空干燥，用球磨机磨碎，过筛，即为成品。

8.1.4.2　**叶绿素铜钠盐标准**

叶绿素铜钠盐是墨绿色带金属光泽的粉末，有特殊胺类气味，易溶于水，略溶于乙醇及氯仿,不溶于醚。

国家食品添加剂标准 GB 26406—2011 规定理化指标如表 8.1 所示。

表 8.1 叶绿素铜钠盐的理化指标(GB 26406—2011)

项　目	指　标
pH	9.5～10.7
吸光度 $E_{1cm}^{1\%}$ 405 nm ±53nm	≥568
吸光比值	3.2～4.0
总铜(Cu),$w/\%$	≤8
游离铜(Cu),$w/\%$	≤0.025
总砷(以 As 计)/(mg/kg)	≤2
铅(Pb)/(mg/kg)	≤5
干燥减量,$w/\%$	≤5.0*

* 干燥温度和时间分别为 105℃和 2h。

8.1.5　叶绿素衍生物的用途

叶绿素铜钠盐是水溶性叶绿素衍生物,在医药、食品及日用工业上有广泛的用途。叶绿素铜钠盐被人体吸收,对机体及细胞有赋活作用和促进新陈代谢的功效,有抑菌除臭的作用。药用方面,叶绿素铜钠盐可治疗肝炎、胃溃疡、十二指肠溃疡、急性胰腺炎、慢性肾炎,以及各种病因导致的白细胞水平下降,并能促进血红蛋白的合成。现在国内有多家药厂或保健品厂生产的产品在临床上对上述疾患有显著疗效。叶绿素铜钠盐制成外用软膏,可治疗灼伤及烫伤、水田皮炎、脉管炎、痔疮等皮肤病。美国药物目录中有 30 种以上配方有叶绿素衍生物。食品方面,叶绿素衍生物作为一种天然色素,可用于糖果、罐头、酒类及蜜饯的着色,具有鲜艳的绿色。日用化工行业在药物牙膏、香皂、发蜡及面脂中应用叶绿素铜钠盐,可起到着色的作用。

叶绿素铁钠盐和钴钠盐与叶绿素铜钠盐具有类似的药用价值。铁钠盐治疗缺铁性贫血,钴钠盐对恶性肿瘤病人因化疗、放疗导致的白细胞减少症的疗效更佳。

8.2　蚕蛹氨基酸及其纯化技术

8.2.1　氨基酸的化学结构和性质

8.2.1.1　氨基酸的化学结构

氨基酸(amino acid)是构成蛋白质(protein)的基本单位,两个或两个以上的氨基酸化学聚合成肽,是一个蛋白质的原始片段。

氨基酸广义上是指既含有一个碱性氨基又含有一个酸性羧基的有机化合物。但一般的氨基酸,则是指构成蛋白质的结构单位。

氨基酸的基本结构见图 8.2。

在生物界中,构成天然蛋白质的氨基酸具有其特定的结构特点,即其氨基直接连接在 α-碳原子上,这种氨基酸被称为 α-氨基酸。α-氨基酸是肽和蛋白质的构件分子,在自然界中共有 20 种。除脯氨酸是一种 α-亚氨基酸外,其余的都是 α-氨基酸。

构成蛋白质的氨基酸都是一类含有羧基并在与羧基相连的碳原子下连有氨基的有机化合物,目前自然界中尚未发现蛋白质中有氨基和羧基不连在同一个碳原子上的氨基酸。除甘氨酸外,其他蛋白质氨基酸的 α-碳原子均为不对称碳原子(即与 α-碳原子键合的 4 个取代基各不相同),因此氨基酸可以有立体异构体,即可以有不同的构型(D-型与 L-型两种构型)。

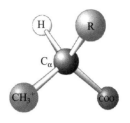

图 8.2　氨基酸结构

氨基酸名称和符号见表 8.2。

表 8.2　氨基酸名称及其符号

名称	3字母符号	单字母符号	名称	3字母符号	单字母符号
丙氨酸	Ala	A	精氨酸	Arg	R
天冬氨酸	Asp	D	半胱氨酸	Cys	C
谷氨酰胺	Gln	Q	谷氨酸	Glu	E
组氨酸	His	H	异亮氨酸	Ile	I
甘氨酸	Gly	G	天冬酰胺	Asn	N
亮氨酸	Leu	L	赖氨酸	Lys	K
甲硫氨酸	Met	M	苯丙氨酸	Phe	F
脯氨酸	Pro	P	丝氨酸	Ser	S
苏氨酸	Thr	T	色氨酸	Trp	W
酪氨酸	Tyr	Y	缬氨酸	Val	V

20 种蛋白质氨基酸在结构上的差别取决于侧链基团 R 的不同。通常根据 R 基团的化学结构或性质将 20 种氨基酸进行分类。

(1)根据侧链基团的极性分

①非极性氨基酸(疏水氨基酸)8 种:丙氨酸(Ala)、缬氨酸(Val)、亮氨酸(Leu)、异亮氨酸(Ile)、脯氨酸(Pro)、苯丙氨酸(Phe)、色氨酸(Trp)、蛋氨酸(Met)

②极性氨基酸(亲水氨基酸)12 种:甘氨酸(Gly)、丝氨酸(Ser)、苏氨酸(Thr)、半胱氨酸(Cys)、酪氨酸(Tyr)、天冬酰胺(Asn)、谷氨酰胺(Gln)、赖氨酸(Lys)、精氨酸(Arg)组氨酸(His)、天冬氨酸(Asp)、谷氨酸(Glu)。其中,赖氨酸、精氨酸和组氨酸为碱性氨基酸,天冬氨酸和谷氨酸为酸性氨基酸。

(2)根据氨基酸分子的化学结构分

①脂肪族氨基酸:丙氨酸、缬氨酸、亮氨酸、异亮氨酸、蛋氨酸、天冬氨酸、谷氨酸、赖氨酸、精氨酸、甘氨酸、丝氨酸、苏氨酸、半胱氨酸、天冬酰胺、谷氨酰胺。

②芳香族氨基酸:苯丙氨酸、酪氨酸。

③杂环族氨基酸:组氨酸、色氨酸。

④杂环亚氨基酸:脯氨酸。

8.2.1.2　氨基酸的性质

氨基酸为无色晶体,熔点极高,一般在 200℃ 以上。不同的氨基酸其味不同,有的无味,有的味甜,有的味苦,谷氨酸的单钠盐有鲜味,是味精的主要成分。各种氨基酸在水中的溶解度差别很大,并能溶解于稀酸或稀碱中,但不能溶于有机溶剂。通常酒精能把氨基酸从其溶液中沉淀析出。

1. 氨基酸的紫外吸收

氨基酸的一个重要光学性质是对光有吸收作用。20 种组成蛋白质的氨基酸在可见光区域均无光吸收,在远紫外区(<220 nm)均有光吸收,在紫外区(近紫外区)(220~300 nm)只有苯丙氨酸、酪氨酸、色氨酸有吸光能力,因为它们的 R 基含有苯环共轭双键系统。苯丙氨酸最大光吸收在 259 nm、酪氨酸在 278 nm、色氨酸在 279 nm,蛋白质一般都含有这 3 种氨基酸残基,所以其最大光吸收在大约 280 nm 波长处。

2. 两性化合物

氨基酸在水溶液或结晶内基本上均以兼性离子或偶极离子的形式存在。所谓两性离子是指在同一个氨基酸分子上带有能释放出质子的 NH_4^+ 正离子和能接受质子的 COO^- 负离子,因此氨基酸是两性电解质。

氨基酸的等电点:氨基酸的带电状况取决于所处环境的 pH 值,改变 pH 值可以使氨基酸带正电荷或负电荷,也可使它处于正负电荷数相等,即净电荷为零的两性离子状态。使氨基酸所带正负电荷数相等即净电荷为零时的溶液 pH 值称为该氨基酸的等电点。

3. 显色反应

氨基酸可以与多种化学试剂发生颜色反应,主要显色反应见表 8.3。

表 8.3　氨基酸的显色反应

显色反应	试剂	颜色	备注
茚三酮反应	茚三酮(弱酸环境加热)	紫色 (脯氨酸、羟脯氨酸为黄色)	检验 α-氨基
坂口反应	α-萘酚＋碱性次溴酸钠	红色	检验胍基,精氨酸有此反应
米隆反应	$HgNO_3＋HNO_3＋热$	红色	检验酚基,酪氨酸有此反应,未加热则为白色
酚试剂反应	磷钨酸-磷钼酸	蓝色	检验酚基,酪氨酸有此反应
黄蛋白反应	浓硝酸煮沸	黄色	检验苯环,酪氨酸、苯丙氨酸、色氨酸有此反应
乙醛酸反应	加入乙醛酸混合后徐徐加入浓硫酸	乙醛与浓硫酸接触面处产生紫红色环	检验吲哚基,色氨酸有此反应
Ehrlich 反应	P-二甲氨基苯甲醛＋浓盐酸	蓝色	检验吲哚基,色氨酸有此反应
硝普盐试验	$Na_2(NO)Fe(CN)_2*2H_2O＋$稀氨水	红色	检验巯基,半胱氨酸有此反应
Sulliwan 反应	1,2-萘醌、四磺酸钠＋Na_2SO_3	红色	检验巯基,半胱氨酸有此反应
Folin 反应	1,2-萘醌、四磺酸钠在碱性溶液	深红色	检验 α-氨基酸

8.2.2　氨基酸的制备和测定方法

8.2.2.1　氨基酸的制备方法

氨基酸的制造始于19世纪,首先是从水解液中提取氨基酸,后来发明了用化学法合成氨基酸,20世纪又出现了用微生物发酵法、酶法、化学合成法与酶法相结合、转化法等多种氨基酸生产方法。

1. 水解法

水解法是以蛋白质为原料,经酸水解后,从中提取氨基酸的方法。

我国有丰富的天然蛋白质原料,采用比较简单的水解法生产氨基酸,在我国氨基酸生产上得到了迅速发展。如利用人发、猪毛渣等为原料生产胱氨酸。

用制皮工业的下脚料、猪血、蚕蛹等原料经水解后,可以获得营养丰富的混合氨基酸。

2. 合成法

用化学合成法生产氨基酸,反应时间短、可获得高浓度产物。其操作过程可连续化,因而适合工业化生产。跟其他方法相比,合成法具有易于获得纯品,提纯方便的优点;但合成法得到的产品多是 DL 型消旋体,要得到 L 型氨基酸,还必须进行光学拆分。拆分成本较高。

除了化学拆分外,日本等国专家用微生物、固定化酶拆分 DL 型氨基酸获得成功。该技术和有机合成相结合,可使生产收率高,成本低、周期短。但该工艺复杂。

3. 酶法

酶法是用酶作催化剂生产 L 型氨基酸的方法。其特点是底物与酶相结合后能产生选择性很高的催化反应。它具有下列优点:生产工艺简单;产物能高浓度蓄积;有较高的收率;副产物少;大多数类似化合物能合成;节约能源;若将酶固定化,便可反复使用,操作可连续化。由于酶法的上述优点,使酶法生产氨基酸的研究工作有了显著进展。

4. 微生物发酵法

发酵法是利用微生物的生长和代谢活动,生产各种氨基酸的方法。

氨基酸的发酵是阻断菌体正常合成途径而将发酵中间物质引向其他途径并排出体外的异常发酵,是典型的代谢控制发酵。通过代谢调控,选育稳产高产的氨基酸菌种,便于进行工业化生产。当前,约有19种氨基酸可用发酵法生产或试生产,且产量急速增长,品种逐年增加。

发酵法与其他几种方法相比,具有下列重要特征:

①所生成的特定氨基酸以游离或盐的形式大量积累,其他氨基酸的种类及其含量都很少。

②发酸法积累的氨基酸,通常都是具有生物活性的 L 型氨基酸。不需要像合成法生产的 DL 型氨基酸那样进行 DL 拆分。

③发酵法生产氨基酸所用原料通常是以非蛋白质为原料。如淀粉、糖蜜、石油等,这些原料都廉价易得。

微生物发酸法直接制造 L 型氨基酸有很多优点,但也存在着发酵液浓度低,反应时间较长,设备规模较大,动力费用较高,有副反应,分离精制成本大等问题。

8.2.2.2　氨基酸的提取纯化

在氨基酸的工业生产中,分离纯化是一个重要环节,在总生产费用中占有很大比例。目前我国工业上常用的氨基酸分离提取方法有以下几种：

1. 沉淀法

沉淀法是最古老的分离、纯化方法，目前仍广泛应用在工业上和实验室中。它是利用某种沉淀剂使所需要提取的物质在溶液中的溶解度降低而形成沉淀的过程。该方法具有简单、方便、经济和浓缩倍数高的优点。氨基酸工业中常用的沉淀法有等电点沉淀法，特殊试剂沉淀法和有机溶剂沉淀法。

在生产中常利用各种氨基酸在水和乙醇等溶剂中溶解度的差异，将氨基酸彼此分离。如胱氨酸和酪氨酸在水中极难溶解，而其他氨基酸则比较易溶；酪氨酸在热水中溶解度大，而胱氨酸则无大差别。根据此性质，即可把它们分离出来．并且互相分开。

此外，还有利用特殊试剂进行沉淀的方法。某些氨基酸可以与一些有机或无机化合物结合，形成结晶性衍生物沉淀，利用这种性质向混合氨基酸溶液中加入特定的沉淀剂，使目标氨基酸与沉淀剂沉淀下来，达到与其他氨基酸分离的目的。

2. 离子交换法

离子交换法是利用不溶性高分子化合物，即离子交换树脂对不同氨基酸吸附能力的差异对氨基酸混合物进行分组或实现单一成分的分离。

离子交换树脂是一种具有离子交换能力的高分子化合物。它不溶于水、酸和碱，也不溶于普通的有机溶剂，化学性质稳定。离子交换树脂作为固定相，本身具有正离子或负离子基团，和这些离子相结合的不同离子是可电离的交换基团（或称功能基团）。在离子交换过程中，溶液中的离子自溶液中扩散到交换树脂的表面，然后穿过表面，又扩散到交换树脂颗粒内，这些离子与交换树脂中的离子互相交换，交换出来的离子扩散到交换树脂表面外，最后再扩散到溶液中去。这样，当溶液和树脂分离后，其组成都发生了变化，从而达到纯化的目的。

在生产中，在适当的 pH 条件下，如在 pH＝5～6 的蛋白质水解液中，碱性氨基酸解离成阳离子，酸性氨基酸就解离成阴离子，而中性氨基酸基本上呈电中性。选择适当的交换树脂，就能实现单一的或者分组的选择性吸附。然后用不同 pH 的洗脱液，可把各种氨基酸分别洗脱下来。

有学者（廖戎，2003）对采用 201×7 型阴离子交换树脂直接从发酵液中提取谷氨酸的可行性进行了试验研究。谷氨酸收率为 97.5％。日本味之素公司研究的氨基酸提纯技术采用逆流连续多级交换，可以大大减少树脂用量和洗涤树脂用水量。季浩宇（1994）研究了用阳离子树脂从胱氨酸废液中分离提取组氨酸、赖氨酸和精氨酸的工艺条件，并探讨了洗脱剂阴离子和 pH 值对洗脱分离的影响规律。

离子交换法提取氨基酸处理量大，工艺较成熟。但由于该法是利用各种氨基酸之间等电点的差异，所以只有当欲被分离的混合氨基酸之间的等电点相差较大时才能较好的分开，对于等电点相近的混合氨基酸只能部分得以分开或根本就难以分离。

3. 萃取法

萃取法是通过选择适当的萃取剂，用其解离出来的离子与氨基酸解离出来的离子发生反应，生成可以溶于有机相的萃取配合物，从而使氨基酸从水相进入有机相。由于萃取剂与不同的氨基酸反应形成性质不同的萃合物，扩大了那些性质相近的氨基酸的性质差别，从而达到彼此分离和提纯的目的。

4. 吸附法

吸附法是利用恰当的吸附剂,在一定的 pH 条件下,使混合液中氨基酸被吸附剂吸附,然后再用适当的洗脱剂将吸附的氨基酸从吸附剂上解吸下来,达到浓缩和提纯的目的。常用的吸附剂有高岭土、氧化铝、酸性白土等无机吸附剂。

8.2.2.3 氨基酸的分析测定方法

提取分离纯化后的氨基酸,需要通过分析测试以了解其纯度以及各种氨基酸的含量。氨基酸的测定主要有分光光度法、色谱法和电化学法等。

1. 分光光度法

光度法是基于物质对光的选择性吸收而建立起来的分析方法。大部分氨基酸在近紫外区无吸收,只有小部分在近紫外区有吸收,而且吸收光谱严重重叠,所以,对这一部分氨基酸不经分离而用紫外分光光度法同时测定,需要采用一定的数学方法。

潘忠孝等(1991)用目标因子分析紫外分光光度法直接对酪氨酸、色氨酸、苯丙氨酸和二羟基苯丙氨酸混合体系进行了同时测定,成功地确定了混合体系中氨基酸的种数、种类和含量。段忆翔等(1994)将卡尔曼滤波法用于色氨酸、酪氨酸和苯丙氨酸混合体系分析,并对实际样品进行了分析,取得了满意的结果。对紫外区有吸收的氨基酸的测定,有人也采用了其他方法,如双波长紫外吸收法、三波长分光光度法(曹伟等,1995)、等吸光度法等。

2. 色谱法

目前,对氨基酸的分析,大多使用大型仪器,如高效液相色谱、气相色谱(许庆琴,2002)、离子交换色谱和毛细管电泳等(周琼等,2002;侯同刚等,2004)。这些大型仪器通常所用的检测器有荧光、化学发光、紫外可见光谱吸收和质谱等,而大多数氨基酸在紫外可见光谱区吸收极弱,自身又无荧光,所以通常要对氨基酸进行衍生化处理,使之具有较强的紫外或荧光吸收,以便检测。对氨基酸进行衍生化处理包括柱后衍生化处理、柱前衍生化处理和柱内衍生化处理。

离子交换色谱分离氨基酸柱后衍生化处理具有重现性好,结果可靠,避免其他物质的干扰,可在低压条件下操作等优点,适合于大量常规样品的分析,也适合于未知复杂样品中氨基酸的分析。其缺点是操作复杂,影响因素多,费用高。用离子交换色谱分离氨基酸、柱后衍生、检测的方法,已逐步发展成为柱前衍生氨基酸反相高效液相色谱分析方法。

柱前衍生化高效液相色谱法具有方法灵活多样、灵敏度高、分析时间较短等优点。常用的柱前衍生化试剂有邻苯二甲醛(OPA)、磺酰氯二甲胺偶氮苯(DabsylC1)、2,4-二硝基氟苯(DN-FB)、异硫氰酸苯酯(PITC)、丹酰氯(Dansyl-CI)、9-芴甲基氯甲酸酯(FMOC)、6-氨基喹啉-N-羟基琥珀酰亚胺碳酸盐(AQS)和萘-2,3-二甲醛(NDA)等。这些柱前衍生化试剂用于定量测定氨基酸时,各有优缺点。OPA 法衍生步骤简单,反应速度快,剩余试剂不干扰测定,所以在柱前衍生试剂中以 OPA 的应用最为广泛(冯雷等,2003;牟德海,1997)。PITC 与氨基酸和亚氨基酸均能反应,衍生物非常稳定,因此 PITC 法是目前氨基酸分析中具有吸引力的分析方法之一(尚素芬等,1996;杨菁等,2002)。DN-FB 法(陈洪坤等,1996;张宏杰等,2000;李瑜等,2004)具有价格便宜,衍生产物稳定等优点。

柱前衍生化处理虽然克服了柱后衍生化处理的一些缺点,但仍存在一些不足,如有些衍生反应的副产物和试剂本身存在干扰,有些氨基酸衍生物不稳定等。

3. 衍生化毛细管电泳法

毛细管电泳(CE)具有微量、灵敏和柱效高的特点,适合于氨基酸手性分离和复杂样品中的氨基酸分析。用于氨基酸分析的毛细管电泳主要采用两种分离模式：毛细管区带电泳（CZE）和胶束电动毛细管电泳（MECC）。检测方式主要有紫外法和荧光法。由于检测池的体积小和光路短，紫外法的应用受到一定的限制。

用在衍生化高效液相色谱法中的多数衍生试剂也适用于衍生化毛细管电泳法。在 CE 中常用的衍生试剂有 OPA、NDA、Dansyl-C1、FMOC，以及（＋）－和（－）－1－（9-芴基）乙基氯甲酰酯（FLEC）、2-(9-蒽基)乙基氯甲酰酯（AEOC）、二氢荧光素异硫氰酸酯（FITC）、3-(4-羧基苯甲酰基)-2-喹啉羧基甲醛（CBQCA）等。此外用于激光诱导荧光法的衍生试剂有四甲基罗丹明硫代氨基甲酰（TRTC）、9-氰基-N，N，N'-三乙基-N'-（琥珀酰亚胺碳氧酰苯基）焦宁氯（CTSP）、1-甲基碳氧酰吲嗪-3,5-二醛（IDA）、3-(对-羧基苯基)喹啉-2-羧醛（CBQ）、二羧菁琥珀酰亚胺酯（DCC）等。

衍生化毛细管电泳法，除了可以进行柱前衍生化外，还可以进行柱内和柱后衍生化。

8.2.3　蚕蛹氨基酸生产技术

8.2.3.1　蚕蛹蛋白质的水解

目前，在工业上用分离法生产氨基酸的技术，主要采用酸水解工艺。在酸水解工艺中有盐酸法和硫酸法两种。盐酸法适用于较大的生产规模，但对设备的要求较高；硫酸工艺则对设备的要求较低，但生产规模较小而且劳动强度较大。

酸水解工艺中，可用 6 mol/L 盐酸，或 4～5 mol/L 硫酸，加热温度为 105～110℃，1∶（4～6）的浴比，水解 24 h。

8.2.3.2　脱酸

由于盐酸是挥发性酸，所以可以用蒸馏的方法脱除水解液中的盐酸；硫酸不是挥发性酸，所以不能用蒸馏法来脱酸，但是硫酸可以和石灰生成难溶的硫酸钙，所以可以用石灰中和的办法来脱酸。

用盐酸水解工艺的，在脱酸时采用真空方法，反复蒸馏脱酸 3 次，使 pH 达到 7 左右；硫酸工艺的，可用 15％石灰乳来中和水解液，先中和至 pH5，过滤，用去离子水充分洗涤硫酸钙沉淀，然后再中和至 pH6.8～7.0。脱酸后的氨基酸液，浓缩至原体积的 1/3～1/4，浓缩所产生的沉淀，用压滤滤去。

8.2.3.3　分离纯化

一般在分离纯化中，常采用阳离子交换树脂柱层析法。

中和后的水解液中，除了氨基酸外，还有许多杂质，为了保证氨基酸的质量，这些杂质必须从蚕蛹氨基酸中除去。

1. 离子交换树脂预处理

新买的树脂由于制造过程中混有单体和其他杂质，需要进行预处理。用自来水浸泡树脂，使树脂充分吸水膨胀，然后抽去气泡（树脂干燥后，树脂内部网络结构中会进入气泡，如果这些气泡不去除，会影响树脂的交换效率）。浸泡后离子交换树脂装柱，用去离子水冲洗，洗去杂质。用 2 体积 2 mol/LNaOH，浸 2 h，水冲去碱。再用 2 体积 2 mol/LHCl，浸 2 h，去离子水冲洗至中性，备用。

2. 上柱液预处理

首先要调节上柱液的 pH 至 2.0。其目的是上柱液中氨基酸全部带上正电荷。除了调节 pH 外,还要调节上柱液的氨基酸浓度。一般情况下氨基酸的上柱浓度以 4％ 为宜。水解脱酸后的氨基酸浓度多在 4％ 以上,所以可以通过加水的方法来调节氨基酸的浓度。

3. 上柱

上柱时应考虑离子交换树脂的交换量。即每根树脂柱可以上多少氨基酸水解液。

通常情况下 001×7(旧称 732)树脂是一种强酸性阳离子交换树脂,它的酸性相当于 1 mol/L 的强酸,即 1 L 001×7 树脂,可交换 1 mol/L 阳离子。除了考虑氨基酸将会被交换到树脂上以外,还需考虑其他阳离子,如金属离子等。

另外,还有考虑上柱的流速,如果是 $\phi 20 \times 250$ cm 的树脂柱,内装 65％ 的树脂,那么上柱流速应为 100～120 mL/min。

上柱时,在柱内会发生以下反应(R-SO$_3$H 代表阳离子交换树脂,其中 R-SO$_3^-$ 带负电荷,H$^+$ 带正电荷,为可交换离子):

$$AA^+ + R-SO_3H \longrightarrow R-SO_3AA + H^+$$
$$Me^+ + R-SO_3H \longrightarrow R-SO_3Me + H^+$$

上柱完毕后,用自来水冲洗树脂,使阴离子和不带电荷的杂质随着水流冲走。这样,氨基酸得到了第一步分离,即与阴离子及不带电荷的杂质的分离。

4. 洗脱

用 0.1％～0.5％ 氨水洗树脂柱,流速为 100～120 mL/min。

洗脱时,柱内进行以下反应:

$$R-SO_3AA + NH_4^+ \longrightarrow R-SO_3NH_4 + AA^+$$
$$R-SO_3AA + OH^- \longrightarrow R-SO_3AA \longrightarrow R-SO_3^- + AA^-$$

然而,在用 0.1％～0.5％ 氨水洗脱时,氨水不能使金属阳离子从树脂上洗脱下来,再者,金属离子也不会因为 pH 的改变而使它们所带的电荷发生变化,所以用氨水洗脱后,金属离子仍然被吸附在树脂上,这样氨基酸又与阳离子分离。

8.2.3.4 精制和干燥

经氨水洗脱后的氨基酸溶液中含有大量的氨水,所以需脱氨。一般在真空条件下,70℃,80 kPa,脱除氨水。在脱氨时,最好用稀盐酸作为吸水剂,即用盐酸吸收氨水,生成氯化铵,既可以不让氨气逸出空间,减少环境污染,又可以得到新成品氯化铵。脱氨过程同时也是浓缩过程。

脱氨浓缩后的氨基酸液,可用喷雾干燥或真空干燥。真空干燥时,将氨基酸液盛于搪瓷盘中,于 80℃,80 kPa 下干燥。干燥完成后,用球磨机粉碎,过 80 目筛。

8.2.4 氨基酸的生理活性和营养价值

8.2.4.1 氨基酸的一般营养学意义

1. 必需氨基酸

必需氨基酸(essential amino acid)是指人体(或其他脊椎动物)不能合成或合成速度远不

适应机体的需要,必须由食物蛋白供给,这些氨基酸称为必需氨基酸。成人必需氨基酸的需要量为蛋白质需要量的 20%～37%。共有 10 种,其作用分别是:

赖氨酸:促进大脑发育,是肝及胆的组成成分,能促进脂肪代谢,调节松果腺、乳腺、黄体及卵巢,防止细胞退化。

色氨酸:促进胃液及胰液的产生。

苯丙氨酸:参与消除肾及膀胱功能的损耗。

蛋氨酸(甲硫氨酸):参与组成血红蛋白、组织与血清,有促进脾脏、胰脏及淋巴的功能。

苏氨酸:有转变某些氨基酸达到平衡的功能。

异亮氨酸:参与胸腺、脾脏及脑下腺的调节以及代谢;脑下腺属总司令部作用于甲状腺、性腺。

亮氨酸:作用平衡异亮氨酸。

缬氨酸:作用于黄体、乳腺及卵巢。

精氨酸:精氨酸与脱氧胆酸制成的复合制剂(明诺芬)是主治梅毒、病毒性黄疸等病的有效药物。

组氨酸:人体虽能够合成精氨酸和组氨酸,但通常不能满足正常的需要,因此,又被称为半必需氨基酸。

2. 非必需氨基酸

非必需氨基酸(nonessential amino acid)是指人(或其他脊椎动物)自己能由简单的前体合成,不需要从食物中获得的氨基酸。如甘氨酸、丙氨酸等氨基酸。

8.2.4.2　支链氨基酸的营养学

支链氨基酸(branched chain amino acid,BCAA)是指仅 α-碳上含有分支脂肪烃链的脂肪族中性氨基酸,即亮氨酸(Leu)、异亮氨酸(Ile)、缬氨酸(Val)的总称。BCAA 不能在体内合成,必须通过食物摄取,是人和动物维持生长所必需的氨基酸。

支链氨基酸具有多种营养功能,主要包括以下几个方面:

1. 调节蛋白质代谢

BCAA 具有促进氮储留和蛋白质合成的作用,是蛋白质合成的关键因子(许宏伟等,2007)。Goldberg 等(1997)研究表明,支链氨基酸中对蛋白质代谢具有调节作用的主要是亮氨酸。亮氨酸的代谢产物 α-酮异己酸(α-Ketoisocaproate,α-KIC)能够抑制胰高血糖素的分泌和促进胰岛素的分泌,而亮氨酸的另一种代谢产物 β-羟基-β-甲基丁酸(HMB)可以抑制蛋白的降解,这两种作用均有利于蛋白质的沉积。

2. 促进糖的异生

糖异生的主要原料是丙氨酸。肝脏蛋白质分解产生的 BCAA 由肝脏经血液运往肌肉,在肌肉中与肌肉内的 BCAA 一起进行分解代谢,脱氨基以合成丙氨酸,丙氨酸再由肌肉释放入血液,运往肝脏进行糖异生。研究表明,BCAA 可以同时影响丙氨酸的生成和由肌肉的释放。Richert 等(1997)报道,哺乳母猪饲料中添加缬氨酸可使血浆中丙氨酸升高,然后降低。这表明,高浓度的缬氨酸刺激丙氨酸的产生和释放,以适应乳腺组织对葡萄糖原料的需求。赵稳兴等(1998)给运动大鼠添加 BCAA,可以促进糖异生,使肌肉中的糖原升高,说明 BCAA 是很好的替代糖原的能源物质。

3. 氧化供能作用

BCAA 是唯一的主要在肝外组织(骨骼肌内)代谢氧化的必需氨基酸,能直接氧化供能。大量的研究表明,BCAA 氧化产生 ATP 的效率显著高于其他氨基酸,特别在特殊的生理状况(如饥饿、泌乳、疾病)时,BCAA 的供能作用显得更为重要,因而是应激时的主要能源。王艳华等(2002)撰文介绍,泌乳期大鼠乳腺中 BCAA 转氨酶活性和亮氨酸氧化速率均提高;向乳腺组织培养液中添加经^{14}C 标记的亮氨酸、异亮氨酸与缬氨酸,培养 1 h 后,3 种氨基酸氧化产生二氧化碳的速率分别为 2.57%、1.86%和 4.06%。

4. 提高免疫机能

BCAA 与动物免疫机能的关系相当密切。BCAA 缺乏可使动物胸腺、脾脏萎缩,淋巴组织受损。胸腺和淋巴细胞严重耗竭是缬氨酸和含硫氨基酸缺乏的病理表现。靳继德等(2001)报道,谷氨酰胺和支链氨基酸有助于改善创伤后机体的营养代谢状况,增强免疫功能。饲料中添加缬氨酸可使雏鸡感染新城疫病毒后血凝集素滴度升高;Beyer 等(1992)和 Edmonds 等(1987)通过饲喂低蛋白质饲料发现可降低肉仔鸡的免疫功能,但补饲 0.6% 的 α-酮异己酸对肉仔鸡没有免疫作用。黄红英等(2007)试验结果表明母猪饲料中添加支链氨基酸能通过母体效应进而影响仔猪生长发育与免疫功能。

5. 对运动生理的影响

BCAA 主要在骨骼肌中代谢,其分解产物进入三羧酸循环。长时间耐力运动时,肌糖原下降,肌肉和肝脏从血液中摄取 BCAA 增加,从而导致运动后血浆中 BCAA 浓度下降。在 BCAA 中,亮氨酸的氧化性最强,长时间耐力运动时,肌糖原下降,亮氨酸是肌肉的能源之一。在短时间激烈运动时,血浆中亮氨酸下降 5%～8%,这时血浆中丙氨酸明显升高,使丙氨酸-葡萄糖循环代谢过程加强。Kingsbury 等(1998)测定了田径、柔道几项运动员的血浆氨基酸水平。12 名女子柔道运动员身体处于疲劳时,虽在次日仍能坚持训练,但安静时的血浆亮氨酸、异亮氨酸、缬氨酸和谷氨酰胺明显下降。

赵稳兴等(1998)研究发现补充 BCAA 可降低体内微量元素的变化幅度,对线粒体的稳定起到一定的作用。微量元素是构成肌细胞的重要成分,也是能量代谢中的酶的重要辅基。剧烈运动造成微量元素正常功能的紊乱,而造成线粒体肿胀、结构破坏、酶活性降低、导致肌细胞的氧化磷酸化过程障碍。

剧烈运动导致骨骼肌细胞微细损伤,出现延迟性肌肉损伤和运动后骨骼肌重建。而重建过程是以修复运动中受损的蛋白质开始的,补充 BCAA 不仅刺激肌糖原储备的恢复,而且为肌肉修复提供原料。Takeshi 等(2002)研究发现下坡跑大鼠骨骼肌蛋白质分解代谢增加是蛋白酶(Calpain)活性增加所致,而补充含 BCAA 大豆蛋白则可抑制 Calpain 活性,增加 Calpain 的抑制剂的活性,从而减轻骨骼肌的损伤。

8.2.4.3　氨基酸螯合物的动物营养学

微量元素氨基酸螯合物因为在生物体内更容易被吸收,性质更稳定,有更高的生物效价,所以受到营养学家的重视。

1. 提高抗病能力

向妊娠后期母猪和哺乳母猪饲料中添加氨基酸螯合铁,可提高仔猪抗病力,预防仔猪缺铁性贫血。丁永福(2003)的试验结果表明,按 150 mg/kg Fe 补给围产期母猪以甘氨酸铁(试验)和硫酸铁(对照),结果显示,试验组母猪初乳含铁超过对照组近 2 倍,初生仔猪的血红素量相应高 22%,21 日龄时的平均日增重也相应高出 13%。

2. 增强动物应激功能

微量元素氨基酸螯合物还可增强体内代谢酶的活性,提高蛋白质、脂肪和维生素的利用率,添加一定量的微量元素氨基酸螯合物表现出良好的应激功能,在去势、应激、接种、疾病、严苛气候和变更日粮时,喂给猪蛋氨基酸锌,有良好的作用。丁永富(2003)在母猪料中使用氨基酸螯合铁预混料,可以减少仔猪的应激。

3. 提高生产性能

众多试验表明,猪生长各阶段中使用微量元素氨基酸螯合物可以提高生产性能。李丽立等(1995)发现断奶仔猪饲喂微量元素氨基酸螯合物与无机盐添加剂相比具有明显的促进断奶猪仔生长性能的作用,其中平均日增重提高 8.3%,饲料效率提高 8.1%,单位饲料增加成本的投入产出比为 1:18。李丽立等(1998)给哺乳仔猪分别饲喂含复合氨基酸铁、硫酸亚铁加复合氨基酸日粮(日粮的铁浓度均为 150 mg/kg),结果表明,饲喂含复合氨基酸铁组仔猪在 45 日龄试验结束时的体重、日增重、血液中血红蛋白含量、血浆铁含量和转铁白含量均显著($p<$ 0.05)或极显著($p<0.01$)地高于另外 2 组;猪白痢发病率分别比饲喂硫酸亚铁日粮降低 27.78% 和 10.48%。

韩友文等(2000)在生长育肥猪日粮中添加氨基酸螯合物,结果表明,日增重提高 6.4%,饲料利用率和经济效益均有提高。用氨基酸螯合锌分别取代 $ZnSO_4$ 的 40%、60%、80% 和 100% 断奶仔猪补饲效果,对照组($ZnSO_4$)比较,试验前期平均日增重(ADG)分别提高 22.0%、38.5%、32.6%、26.2%,平均日采食量(ADFI)分别提高 24.6%、25.3%、23.5%、23.8%($p<0.05$)。

8.2.5 氨基酸产品和用途

国内外以氨基酸为主要原料生产的产品名目众多,归纳起来其主要产品有营养液、运动饮料、能量饮料、美容食品等。

1. 氨基酸营养补充剂

用于人体紧急要求时或消化吸收能力降低时必需营养的补充。以 BCAA 为主的经肠营养剂用于肝功能患者的营养补充。有以必需氨基酸为主的氨基酸混合液,还有应用于降血压的制剂和抗病毒制剂等。美国已有片剂、胶囊等各种剂型商品市售。

2. 美容食品

氨基酸丝肽是日本钟纺株式会社开发的由 8 种必需氨基酸加谷氨酸、脯氨酸、精氨酸、维生素、矿物质配合的粉末食品。经食用 8 周试验后,有改善女性睡眠不足,解除疲劳,增强食欲,增强皮肤弹性、张力、光泽、柔性,增强精力、活力等效果。老年人服用 2 个月,还能使血清白蛋白值上升,GPT、γ-GTP 下降,促进皮肤的胶原蛋白或角质蛋白等的合成,提高整体免疫能力。

3. 氨基酸能量饮料与运动员饮料

最成功的是味之素公司的氨基酸生命素,含亮氨酸、异亮氨酸、缬氨酸 3 种分支链氨基酸及谷氨酸、精氨酸为中心的 12 种氨基酸。这 3 种支链氨基酸有形成肌肉、强化肝功能、减轻肌肉疲劳等作用,运动员在激烈运动中肌肉蛋白质会被分解,运动前饮用可抑制肌肉中蛋白质的分解。国际上对此产品评价极高。美国也有很多这类产品,在健身房、运动场所用量很大。还推出经改进后的新产品"氨基酸生命饮料",含氨基酸 2 200 mg,具有提高爆发力、提高反应速度的效果。该产品在配入亮氨酸、缬氨酸、异亮氨酸、谷氨酸、精氨酸的基础上,再加入 6 种能在体内迅速转换能量的糖原性氨基酸。

4. 清凉饮料

主成分均是氨基酸,有日本麒麟公司开发的含 L-赖氨酸盐酸盐、L-异亮氨酸、L-缬氨酸、L-亮氨酸的饮料;日本味之素公司开发的含 L-缬氨酸、L-亮氨酸、L-异亮氨酸饮料;日本资生堂公司开发的含 L-天冬氨酸钠、DL-丙氨酸的饮料;日本契利公司开发的含 L-谷氨酸钠、甘氨酸、L-天冬氨酸钠、L-亮氨酸、L-丙氨酸、L-异亮氨酸、L-苯丙氨酸、L-苏氨酸饮料等。

5. 果冻饮料

有日本明治制果公司开发含 0.01% L-精氨酸的萨伯斯能量果冻;日本森永公司的含 L-天冬氨酸钠"蜂皇浆果冻"等。

8.3　蚕类抗菌肽的制备技术

抗菌肽(antimicrobial peptides,AMPs)作为生物体抵御外源微生物入侵的第一道防线,广泛存在于各类群的动物体内。1972 年,瑞典科学家 Boman 等首先在果蝇中发现抗菌肽,并证明其具有免疫功能。有学者(Zasloff M,2002)在其综述文章中报告,自 Boman 后,大量抗菌肽相继被发现、分离、纯化。迄今为止,从昆虫、鱼类、两栖类、海洋无脊椎动物、哺乳类中发现的抗菌肽已达 750 种以上。

8.3.1　抗菌肽的分类和分子结构

抗菌肽在自然界分布广泛,来源不一,种类繁多,分类也多种多样。根据抗菌肽的结构可将其分为 5 类:

①单链无半胱氨酸(Cys)的抗菌肽,或由无规则卷曲连接的两段 α-螺旋组成的肽:该类包括天蚕素 Cecropins 等。Hellers 等(1991)发现天蚕素类抗菌肽(Cecropin)由 31～39 个氨基酸残基组成,4 ku,线型,主要为螺旋构象,无 Cys,不形成二硫桥,pI8.2～9.6,N-端区高度正电荷,C-端区为疏水区。对 G^+ 菌和 G^- 菌有强的抗菌活性,且对 G^- 菌活性更强,在抗菌浓度下对真核细胞无溶胞作用。

②富含某些氨基酸残基,但不含 Cys 的抗菌肽:如富含脯氨酸(Pro)或甘氨酸(Gly)残基的抗菌肽。Zasloff 等(2002)在非洲爪蟾皮肤和胃黏膜腺体上皮细胞中分离到的小分子抗菌肽,命名为蛙皮素(Magainins)。Casteels 等(1989)在意大利蜂(*Amellifera*)中发现这种富含脯氨酸的抗菌肽,后来在蜜蜂、果蝇等昆虫中也陆续发现。这类肽带正电荷,可分为两类:一类是小分子肽类,由 15～43 个氨基酸残基组成,都含有精氨酸-脯氨酸(Arg-Pro)或赖氨酸-脯氨酸(Lys-Pro)氨基酸对结构;另一类是分子质量较大的肽,由 83 个氨基酸组成。这类抗菌肽对 G^- 菌有抗性,而对 G^+ 菌无作用。

③有两个或两个以上二硫键,具 β-折叠结构的抗菌肽:防御素是美国 Leherer 实验室首次

从兔肺巨噬细胞中分离到的两个阳离子性极强的小分子抗菌肽,命名为 defensin。大多数防御素由 38～43 个氨基酸残基组成,带有一个净正电荷,含有 6 个位置保守的半胱氨酸并构成 3 个分子内二硫键,二硫键与抗菌活性密切相关。Yamauchi(2001)指出昆虫防御素(Insect defensins)是由 29～34 个氨基酸残基组成的多种阳离子肽,4 ku 左右,均具有特征的反向平行 β-折叠结构,富含 Cys,形成 2～3 对分子内二硫桥。昆虫防御素对 G^+ 菌有强的抗菌活性,但对 G^- 菌的抗菌活性较弱。实验证明,分子中的二硫键在其抗菌作用中至关重要。

④含一个二硫键的抗菌肽,该二硫键的位置通常在肽链 C 端。

⑤由其他已知功能较大的多肽衍生而来的具有抗菌活力的肽:根据抗菌肽的来源不同又被分为两类,一类是非核糖体合成的抗菌肽,如短杆菌肽、多粘菌素、杆菌肽和糖多肽等,主要是由细菌产生,并经结构修饰而获得;另一类是由核糖体合成的天然抗菌肽,是生物机体在抵御病原微生物的防御反应过程中所产生的一类抗微生物与一些恶性细胞的短肽(antimicrobial 和 malignant-cell-toxic peptides)。

8.3.2　抗菌肽的活性和作用机理

对抗菌肽的作用机理的研究比较多,但目前尚没有一个涵盖所有抗菌肽作用机理的理论。抗菌肽的活性和作用机理一般可归纳几类。

8.3.2.1　抗菌肽抗菌作用机理

几乎所有抗菌肽都是阳离子型,大多具有亲 α-螺旋和(或)亲 β-折叠结构。大多数抗菌肽是通过膜透化这一方式发挥作用的,Lockey 等(1996)从烟芽夜蛾幼虫中分离鉴定的 cecropin,具有抗大肠杆菌 K12D31 的活性。通过电镜技术与免疫细胞化学技术,可观察到该肽与大肠杆菌 K12D31 胞膜的结合,在胞膜上可看到小的病灶,病灶直径约 9.6 nm,形成的孔洞直径约 4.2 nm。孔洞可导致胞质内容物泄漏以及使得细菌死亡。

抗菌肽对脂多糖(LPS)具有较强的亲和作用,而 LPS 是 G^- 菌外膜的主要组分。抗菌肽可通过竞争完全取代结合 LPS 的二价阳离子,从而导致外膜破坏,使抗菌肽得以通过外膜,随后与带负电荷的磷脂膜结合,并插入膜中,方向与膜平行。当肽分子达到一定浓度时,便形成非正式的跨膜通道,膜的完整性受到破坏,胞质内容物外泄,细菌死亡。

与传统的抗生素相比,抗菌肽结合 LPS 有着巨大的临床优势,因为它可以防止内毒素血症发生。Matsuzaki(1999)和 Andreu 等(1998)在抗生素诱导大量细菌溶解的过程中发现,非控制的全身性 LPS 的释放可诱导促炎细胞因子生成,并最终导致败血症性休克发生。而抗菌肽则具有一定的选择性,这种选择性主要起因于高等真核生物与微生物膜的组成不同,高等真核生物的外膜由电中性的磷脂组成,而细菌的膜则由带负电荷的磷脂酰甘油和双磷脂酰甘油组成;二者的另一区别点是细菌胞膜缺乏胆固醇,这些参数对于阐明抗菌肽的选择性是很重要的。

据大量文献报道,几乎每一种抗菌肽都有其独特的抗菌机制,归纳起来有以下几类:

①抗菌肽穿过细胞膜后与细胞内目标特异性结合所产生的破坏,包括抑制 DNA、RNA 的合成,抑制蛋白质的合成等,或者在细胞膜上打孔导致细胞膜通透性增大,从而破坏细胞膜的完整性而致靶细胞死亡。

②阻断细胞膜组分合成或者抑制呼吸等机制致靶细胞死亡。

③作用于宿主细胞,激活机体免疫功能。

不同类别的抗菌肽由于其结构不同,其抗菌机理可能不一样,因此其作用机理仍在研究中。

8.3.2.2 抗菌肽抗病毒作用

某些昆虫,如烟蚜夜蛾幼虫的抗菌肽对 DNA、RNA 病毒有明显的抑制作用,可使病毒感染力迅速降低,而且这种抗病毒活性具有广谱性。Wachinger(1992)报道的研究结果表明,蜂毒素和天蚕素可以在亚毒性浓度下抑制艾滋病毒 HIV-1 的基因表达,从而减少 HIV-1 的增殖。这表明抗菌肽对于当今人类的顽症-艾滋病也有抑制作用。对于抗菌肽的抗病毒潜能的研究,是一个值得深入探索而意义重大的课题。

8.3.2.3 抗菌肽抗寄生虫作用及机理

抗菌肽可有效杀灭人及动物寄生虫,如疟疾、锥虫病、莱什曼病等。1998 年 Shahabuddin 等(1998)研究发现,昆虫抗菌肽对感染蚊子的疟原虫发育的不同时期有不同的作用,主要对疟原虫的卵囊期和子孢子期有明显的损伤。抗菌肽对卵囊期的疟原虫的损伤有时间依赖性,抗菌肽感染 3 d 后,卵囊密度明显降低,内部形成大的空泡,子孢子的膜通透性受破坏,形态受损,流动性降低。而且该抗菌肽浓度对蚊子本身没有毒性。

8.3.3 抗菌肽的分离纯化技术

蚕经诱导产生的抗菌肽具有结构相似、品种多和量少的特点,因此抗菌肽的分离纯化较为困难。最常见的分离方法是用不同的离子交换树脂进行分离。Hulmark 等(1980,1982)用下列方法从天蚕分离得到了 Cecropin A、B、C、D、E、F 和 G。在分离过程中,所有步骤均在 4℃下进行。

第一步:用 Sephadex G-100 进行凝胶过滤。用含苯硫脲的 HAc-NH₃·H₂O 缓冲液平衡 Sephadex G-100 树脂,然后用同样的缓冲液进行洗脱,约在 75% 柱体积时出现抗菌肽峰。

第二步:CM-Sepharose CL-6B 离子交换层析。CM-Sepharose CL 层析柱用 HAc—NH₃·H₂O 缓冲液充分平衡,将从第一步得到的抗菌肽溶液用蒸馏水稀释后加入到经平衡的层析柱中,用缓冲液进行冲洗,然后用乙酸铵溶液进行梯度洗脱得到 3 个独立的峰。

第三步:Phenyl-Sepharose 疏水层析。Phenyl-Sepharose 先用甲酸铵溶液充分平衡。将固体硫酸铵在搅拌下分别加入到抗菌肽 D、E、F 组分中,直至饱和,然后离心分离。将上清液用 Phenyl-Sepharose 进行疏水层析。层析柱用甲酸铵溶液进行洗涤后,用甲酸铵溶液进行梯度洗脱(梯度减少),最后用蒸馏水进行洗脱,将活性组分收集起来,冻干,最后溶解在少量水中,对抗菌肽 D 而言,这是最后的纯化步骤。

第四步:在中性 pH 下的 CM-Sepharose 层析。从第二步中得到的 A+C、B 及 G 因子分别用蒸馏水进行稀释,这些组分连同在第三步中得到的抗菌肽 E 和 F,分别在 CM-Sepharose 中再次进行层析分离。CM-Sepharose 先用甲酸铵缓冲液进行充分平衡,并用甲酸铵溶液进行梯度洗脱,洗脱的溶液浓度与抗菌肽种类有关。

对抗菌肽 B,其纯化可通过如下步骤进行:

步骤一:制备甲酸铵缓冲液,其中含有 0.5% 的 Nonidet P40,该去污剂的存在可以减少脂质对树脂的吸附。先将 CM-Sepharose 用该甲酸铵缓冲液充分平衡,将血淋巴样品加入到层析柱中,充分吸吸附平衡后,先用甲酸铵缓冲液进行洗涤,然后用乙酸铵缓冲液洗涤,抗菌肽用乙酸铵缓冲液进行梯度洗脱。

步骤二:在第一步中收集到的抗菌肽用蒸馏水稀释后,加到经甲酸铵缓冲液平衡的另一CM-Sepharose 层析柱中。该层析柱先用甲酸铵缓冲液洗涤,然后用甲酸铵进行梯度洗脱,将活性峰收集后,冻干,溶解于少量磷酸钾或氯化钠溶液中。

这是最常见的抗菌肽纯化方式,由不同的蚕或蚕蛹诱导得到的抗菌肽,分离过程稍有差别,如屈贤铭等(1986)在分离家蚕蛹血淋巴中 6 种抗菌肽时,仅在步骤一中有所区别。他们利用抗菌肽的热稳定性,通过加热除去变性蛋白,而不是通过凝胶过滤除去杂蛋白。戴祝英等(1988)利用同样的方法从家蚕免疫血淋巴中得到了家蚕抗菌肽。

8.3.4　蚕类抗菌肽的特性

蚕类抗菌肽是存在于家蚕及蚕蛹的血淋巴内具有抗菌活性的多肽物质,在蚕的天然免疫中起到至关重要的作用。它对外源病原菌的抑制作用,降低了蚕自身的致病性,增强了蚕的天然免疫能力。1981 年,瑞典科学家 Steiner 等(1981)用 *E. coil* 诱导惜古比天蚕蛹 (*Hyatophora cecropia*)时,分离得到 1 种抗菌肽,并将其命名为 cecropin。同年,我国学者黄自然等(1981)首先从中国柞蚕(Chinese *Antheraea pernyi*)中分离到抗菌肽及溶菌酶。随后,蚕类抗菌肽才相继被分离、纯化,并且其氨基酸一级结构和基因序列得到确定。

8.3.4.1　蚕类抗菌肽的结构

目前,从蚕类昆虫中分离、纯化,已经确定的抗菌肽主要分为两大类,即 ceropin 类和富含甘氨酸(Gly)残基的 melitin 类。

1. Cecropin 类抗菌肽

Cecropin 类抗菌肽其英文翻译名称为天蚕素。1981 年,科学家首次从家蚕中发现的抗菌肽为天蚕素。随后,我国学者黄自然等(1981)、张双全等(1987)、郭华容等(1998)和日本学者 Morishima 等(1990)都先后从蚕或蚕蛹中分离出此类抗菌肽,测出其碱基序列,并推导出其氨基酸组成。

这类抗菌肽的基本结构已较明确,由 31～39 个氨基酸残基组成,分子质量约为 4 ku,含较少的甘氨酸(Cys),不能形成分子内的二硫键,有强碱性的 N 端和强疏水性的 C 端,C 末端酰胺化。在肽的许多特定位置有较保守的残基,如 2 位上的色氨酸(Trp),5、8 和 9 位有一个或两个赖氨酸(Lys),11 位是天冬氨酸(Asn),12 位是精氨酸(Arg)。有些位置尽管残基不同,但仍为保守替换。

对天蚕素二级结构的理论预测和 CD 谱及二维核磁共振数据表明,其分子结构含有两个 α-螺旋,螺旋间由 Ala-Gly-Pro 组成的铰链连接,其中 N-端的 α-螺旋具有两亲性,C-端的 α-螺旋疏水性很强。Boman 等(1991)认为这样的结构特点对保持高抗菌活性具有特殊的重要性,而酰胺化的 C 端则对其广谱作用极为重要。

2. 富含甘氨酸的抗菌肽(glycine rich peptides)

此类抗菌肽又称为蜂毒素(melitin),因其最早是从蜜蜂毒液中发现而得名。Kochnm (1984)等自免疫惜古比天蚕蛾血淋巴中分离获得该类抗菌肽,称之为樗蚕素。Carlsson 等(1991)从天蚕中分离出 6 种相似的抗菌肽,其中 4 种呈碱性,2 种呈中性或微酸性。之后,在家蚕和果蝇中也同样分离获得了樗蚕素,并构建了编码二者樗蚕素的 cDNA。

这类抗菌肽的共同特点是富含甘氨酸,有些是全序中富含甘氨酸,有些则是某一结构域富含甘氨酸,不含或含很少的半胱氨酸,不能形成分子内的二硫键,氨基酸残基上不具有修饰基团,分子质量为 20~27 ku。通常这类抗菌肽均在 N 端有 1 个富含脯氨酸的 P 结构域,C 端有 1 个富含甘氨酸的 G 结构域。P 和 G 两种结构域的存在可能与其广谱抗菌作用有关。由于其具有较强的溶血作用而限制了其作为抗菌物质的使用。

8.3.4.2　蚕类抗菌肽的性质

蚕类抗菌肽具有水溶性好,热稳定性强等特性。一般抗菌肽在 100℃下加热 10~15 min 仍能保持其活性。刘忠渊等(2003)报道了家蚕抗菌肽在 100℃下加热 8 h,抗菌活力仍然保持不变。此外,蚕类抗菌肽呈碱性,pI 大于 7,表现出较强的阳离子特征,而且其对较强的离子强度和较低或较高的 pH 值都有一定的抗性作用。Marchini 等(1993)研究认为,部分抗菌肽尚有抵抗胰蛋白酶和胃蛋白酶水解的能力。

蚕类抗菌肽除了上述一般特性外,它主要的特性表现在其抗菌、抗病毒等方面的特性。

1. 抗菌

蚕类抗菌肽对革兰氏阳性菌和革兰氏阴性菌均有较强的杀灭作用,尤其对耐药菌株有很明显的抑杀作用,对一些农作物和经济作物的病原菌也有同样的效果。Marchini 等(1993)和黄自然等(2000)的研究结果表明,柞蚕抗菌肽对 40 多种细菌有明显的杀灭效果,对绿脓杆菌(*Pseudomonas aeruginosa*)、金黄色葡萄球菌(*Staphyloccocus aureus* Rosenbach)、大肠杆菌(*Escherichia coli*)等耐药菌株都有很强的杀菌作用。

2. 抗病毒

研究表明,蚕类抗菌肽对 DNA、RNA 病毒有很强的抵抗作用。Wachinger 等(1992)报道了 Cecropin 类和 Melittin 类抗菌肽在亚毒性浓度下通过阻遏基因表达来抑制 HIV1 病毒的增殖。温刘发等(2001)报道了他们研制的蚕抗菌肽 AD 对鸭乙型肝炎 DNA 增殖有抑制作用。

3. 抗肿瘤

抗菌肽能显著性地抑制某些肿瘤细胞的生长,对肿瘤细胞有选择性的杀伤作用。戴祝英等(1995)研究表明,家蚕抗菌肽及其免疫血淋巴对 B4 转化细胞有明显的杀伤作用,能明显地抑制肿瘤细胞的生长。贾红武等(1996)从家蚕蛹血淋巴中分离纯化的抗菌肽 β 组分对体外培养的癌细胞株 U937(巨噬细胞淋巴瘤)、K562(人髓样白血病细胞)、S180(肉瘤细胞)、Hep-2(喉癌细胞)和 Hela(宫颈癌细胞)有明显的选择性杀伤作用。张卫民等(1998)报道,柞蚕抗菌肽对人肝癌细胞 BEL-7402、直肠癌细胞 HR8340 均有杀伤作用。

8.3.5　蚕类抗菌肽的用途

蚕类抗菌肽不仅具有分子质量小、热稳定强、水溶性好等特点,而且其抗菌谱广,更为重要的是蚕类抗菌肽只作用于原核细胞和发生病变的真核细胞。它的作用机制与抗生素阻断大分子生物合成的作用机理完全不同,因此显示出蚕类抗菌肽具有独特的研究和重要的应用价值。蚕类抗菌肽主要应用于以下几个方面。

8.3.5.1　在植物学上的应用

长期以来,因病菌的侵染而造成农作物生产的损失是巨大的。植物细菌和真菌病害的有效控制使科学家付出了艰辛的劳动。目前采用的防治方法主要有：①采用不同的栽培管理方式，如轮作，避免带菌土和植物材料的传播；②培育和利用抗病品种；③使用化学杀菌剂。但由于抗菌育种的周期长，病原小种的分化速度往往超过品种更新换代的速度，因此抗病育种难以对新的病原小种作出及时反应；而杀菌剂的成本较高，长期使用会导致病原菌的抗药性，引起环境污染。因此都不是理想的防治方法。

随着分子生物学的发展及植物基因工程技术的广泛应用，将蚕类抗菌肽应用到植物抗病基因工程中，通过分离并克隆蚕类抗菌肽的基因，然后将它们导入植物体内，这可能将会增强植物的抗病能力。周鹏等(1998)研究用天蚕抗菌肽 B 基因转化广藿香，以期产生抗广藿香青枯病的转基因株系通过农杆菌舟导的叶盘法将抗菌肽 B 基因转入广藿香的组织细胞。在 Kan 的筛选培养基上经过丛芽途径获得转基因植株采用 DNA Dot blot、Southern blot、RNA Dot blot 和大田攻毒试验证实抗菌肽 B 基因已整合到再生植株的基因组内，获得高水平表达，产生较强的抗病效果。

8.3.5.2 在畜牧业上的应用

抗生素作为抗菌型饲料添加剂长期添加于畜牧业中，为其发展作出了贡献，但因长期大量使用，导致了抗药菌株的产生以及药物残留等一系列问题，给人类健康带来严重威胁。蚕抗菌肽作为一种广谱、高效、无残留的新型抗微生物药物在畜牧业中使用，有明显的优势和前景。温刘发等(2001)应用抗菌肽添加于断奶仔猪料中，饲喂试验结果表明，蚕抗菌肽可减轻断奶仔猪的腹泻。黄永彤等(2004)用蚕抗菌肽 AD-酵母制剂与 5 种抗生素及 3 种中草药进行肉鸡饲喂效果比较试验，结果表明，饲料转化率、平均体重、料肉比、成活率均无差异，可见抗菌肽对于改善畜产品品质、保障畜禽产品生产效率是大有可为的。何丹林等(2004)将蚕抗菌肽 AD-酵母制剂应用到粤黄鸡饲养中，试验结果表明，蚕抗菌肽 AD-酵母制剂作饲料添加剂的应用效果显著，它明显促进了小鸡生长，减少了排泄物氮元素含量，对粤黄鸡具有促生长、保健和治疗疾病的功能。

8.3.5.3 在医学上的应用

由于传统的抗生素长期广泛使用，许多病原菌对它产生了耐药性。随着对抗菌肽结构与活性的关系、作用机制及其基因表达调控机制认识的不断深化，设计一种高效的、有利于人类健康的抗菌肽来替代抗生素是完全可行的。蚕抗菌肽因其成本低廉、易于获取正受到越来越多研究者的重视。家蚕体内自身含有大量的抗菌肽物质，同时蚕作为生物反应器可以表达出多种有用蛋白，生产出大量的蚕类抗菌肽。所以可以充分利用蚕类资源，开发出适合医学使用的抗菌肽产品。

8.3.5.4 在食品方面的利用

蚕抗菌肽分子质量小，结构高度紧密，而且具有广谱的杀菌活性，对与食品有关的多种革兰氏阴性和阳性细菌均有较强的杀灭作用。而且蚕类抗菌肽表现出良好的热稳定性，因此可用于食品的热加工。蚕抗菌肽还可用于食品发酵中的杂菌污染，除了直接添加抗菌肽以外，还可把抗性基因转入发酵菌株。抗菌肽抑制微生物的生产是非常迅速的，而且其易被体内的蛋白酶水解消化，对人体无毒副作用。蚕抗菌肽在酸性情况下活性最强，适于大多数酸性食品，尤其是饮料的防腐，有良好的溶解性和稳定性。因此，可以说蚕抗菌肽是一种对人体无毒副作用的极有前途的新型食品防腐剂。

目前，对抗菌肽的研究与应用尚处于试验研究阶段，还不能直接用于工业，但是其独特的药理功能将吸引着科研工作者不断深入。同时,蚕业也是我国非常古老的产业,拥有5 000多年的悠久历史。我国蚕业还具有蚕桑资源丰富、饲养技术成熟、成本低廉以及产业化程度高等诸多优势,利用家蚕作为生物材料进行抗菌肽的科研与生产具有其他昆虫无法比拟的优势。特别是在我国加入世界贸易组织后,制药行业生产受到了很多新规则的限制,因此,蚕抗菌肽的研究与应用对于21世纪的医药、食品防腐、畜牧养殖、生物防治等方面都具有重要的意义。

8.4　蚕丝蛋白及其产品制备技术

蚕丝,是蚕结茧时分泌丝液凝固而成的连续长纤维,它与羊毛一样,是人类最早利用的动物纤维之一。蚕丝强韧、柔软、光滑,富有弹性,又具有良好的吸湿性和透气性。由蚕丝织成的绸缎,非常轻盈,色彩鲜艳,一直以来极大部分的蚕丝都被用来作为纺织材料。由于蚕丝从栽桑养蚕至缫丝织绸的生产过程中未受到污染,因此是世界推崇的绿色产品。又因其为蛋白质纤维,属多孔性物质,透气性好,吸湿性极佳,而被世人誉为"纤维皇后"。自20世纪80年代初开始,在日本学者平林洁教授研究将蚕丝应用于非衣料服饰领域之后,开始了蚕丝新用途的研究。近几年来,由于生物化学和分子生物学向生命科学其他领域的广泛渗透,蚕丝的研究也逐渐向分子水平方向发展。应用方面也由原来的纺织原料向医药、化妆品、食品、生化用品等领域进一步延伸,蚕丝用途不断扩大,产品日益增多。目前,我国是世界上家蚕丝及柞蚕丝产量最大的国家,家蚕生丝产量约占世界一半。大力开展蚕丝综合利用的研究,开发出新技术产品,扩大蚕丝应用范围,提高蚕的自身附加价值,对蚕丝业发展具有深远的意义。对其进行详细的研究无论从基础科学还是从应用科学来看都是很有意义的。

8.4.1　蚕丝蛋白的组成及其化学成分

蚕丝由丝素蛋白和丝胶两部分组成,丝胶包在丝素蛋白的外部,约占重量的25%,蚕丝中还有5%左右的杂质,丝素蛋白是蚕丝中主要的组成部分,约占重量的70%。丝素蛋白以反平行折叠链构象为基础,形成直径为10 nm的微纤维,无数微纤维密切结合组成直径大约为1 μm的细纤维,大约100根细纤维沿长轴排列构成直径为10~18 μm的单纤维,即蚕丝蛋白纤维。

丝素蛋白中包含18种氨基酸,其中侧基较为简单的甘氨酸、丙氨酸和丝氨酸约占总组成的85%,三者的摩尔比为4:3:1,并且按一定的序列结构排列成较为规整的链段。这些链段大多位于丝素蛋白的结晶区域。而带有较大侧基的苯丙氨酸、酪氨酸、色氨酸等主要存在于非结晶区域。丝素蛋白和其他蛋白一样,除了包含C、H、O、N 4种元素以外,还含有多种其他元素,这些元素对丝素蛋白的性能及蚕吐丝的机理等有直接关系,经用质子诱导X发射光谱(PIXE)对多种丝素蛋白进行研究发现,它含有K、Ca、Si、Sr、P、Fe、Cu等元素。丝素结构较为简单,就一级结构而论,经常出现一些序列相同或相似的重复肽段,二级结构也几乎是单一的,很少有转角、环状和"无规"卷曲结构。

丝胶是一种高分子量的球晶蛋白,其分子结构的支链上亲水基含量较高,链排列不紧密,易溶于水、稀酸和稀碱,并能被蛋白酶等水解,还具有与明胶类似的凝胶、黏着等特性。

丝胶蛋白结构极为复杂。丝胶球晶蛋白带有极性残基的氨基酸含量较高,形成三级结构时,一些相对规则的 α 螺旋和 β 折叠分布到了球状蛋白质内部并压积得很紧,致使蛋白质成为致密结构,而那些连接的 α 螺旋和 β 折叠的规整性相对差一些的二级结构,转角和环状以及特定的"无规"卷曲,更多地分布在外周。同时,球状蛋白质的立体结构在 X 射线衍射分析的时候,发现在空间上肽链还可以被分为几个相对独立的部分,即结构域。阎隆飞等(2000)介绍了丝胶结构域间可由一段一定长度的肽段连接,存在一定空间的缝隙,使结构域间能做相对运动。相当多的结构域部位还具有局部而不完全的功能,多结构域蛋白质活性是不同域结构的活性总和,结构域的相互作用会导致整个蛋白质分子的变构效应,若结构域发生变化将导致整个蛋白质性能或多或少的改变。这样的结构使球状蛋白质具有独特的生物活性。丝胶即具有如此复杂的结构,表面氨基酸残基和环境的易变性。

从丝胶蛋白的组成结构来看,作为一种优质的球状蛋白质资源,其降解特性、凝胶-溶胶转化特性优于丝素蛋白,可用作特定范围的生物材料,优势明显。但丝胶绝大部分是在煮茧、缫丝以及缫丝副产品加工、绢纺制棉、丝绸精炼等工序中随着生产废水被排放的,其资源流失率在 25% 以上,为直接影响桑蚕丝绸产业生产成本的重要因素之一。含有大量丝胶蛋白质资源的废水流入河道还会造成严重的富氧化水质污染。将丝胶开发利用于生物材料领域,意义重大。

和大多数蛋白质一样,含丝胶的天然蚕丝是一种潜在的过敏源,会引发 Type I 型过敏反应。因此,作为生物材料,蚕丝在使用过程中应除去易引起过敏反应的丝胶。

8.4.2 丝胶丝素的分离技术

蚕丝是由丝素和丝胶组成,丝胶在煮茧、缫丝或精炼时,已有部分丝胶被去除了,就目前的技术水平,丝胶的利用尚存在较大的困难,因此蚕丝的利用,目前主要是指丝素的利用。

丝素作为开发研究的主要素材,它具有几个特性:①材料均匀单纯;②纯度高,蛋白质含量大于 95%;③组成和结构已基本确定;④使用加热、干燥、压缩、化学药品处理等,很容易改变它的结构;⑤能制成纤维、粉末、薄膜、溶液等多种形态。

要获得丝素,通常的做法是脱胶。主要的脱胶方法介绍如下。

8.4.2.1 碱性脱胶法

丝胶是一种球状蛋白质,含有大量的亲水基团,易溶于水,且适当的水温和 pH 值能加速丝胶溶解。而丝素在水中只能膨润,不能溶解。

将蚕丝或茧壳碎片,按一定的重量比,置于一定浓度的中性皂液脱胶,皂液温度保持在 95℃ 左右,间隙搅拌,脱胶 1 h 后,取出,用温水冲洗,再放在同量的皂液中脱胶 1 h,取出蚕丝(或茧壳),经冷水冲洗,然后用酸性液冲洗,最后再用去离子水冲洗到中性。脱胶是否完全,可以用苦味酸胭脂红溶液检验,若样品呈黄色,说明丝胶已脱净,若显示红色,则说明丝胶尚未脱净,需再重复上述过程直至丝胶脱净为止。

若大规模脱胶,通常采用碳酸钠两次脱胶的方法,第一次,250 kg 蚕丝材料,加 1 400~1 500 kg 水,900 g 碳酸钠,95~100℃,脱胶 12~16 min,用清水冲洗干净;第二次,在第一次脱胶后的蚕丝中,加 1 800 kg 水和 2 500 g 碳酸钠,750 g 雷米邦(一种表面活性剂,由脂肪酸与氨基酸化合而成),95~100℃脱胶 25~30 min,用清水冲洗至中性。

蚕丝能被开发利用,除了它能被水解成氨基酸外,还有一个非常重要的特征是,蚕丝(丝素)在某些中性盐(如溴化锂、氯化钙等)的高浓度溶液中,当溶液温度升到丝素一定程度时,蚕丝会被溶解,通过透析、超滤等处理脱除中性盐后,就能得到纯度较高的溶液。日本钟纺株式会社,采用中空纤维超滤装置(要求中空纤维的表面积与中空体积之比大于100),可在短时间里,将丝素溶液中的盐透析干净。丝素水溶液是一种准稳定溶液,能再度形成丝素结晶。因此在丝素的水溶液中加入盐类、乙醇,或干燥,或调节 pH 至微酸性等,均容易发生再结晶,析出丝素或形成凝胶,选择恰当的方法,便能制成粉末、薄膜、凝胶纤维等各种形状。

8.4.2.2 酶脱胶法

生物酶作为环境友好的生物催化剂,它用于蚕丝脱胶时所需要的条件(温度、pH 等)较温和;酶的使用量少,处理产生的废水可被生物降解,因此减少了污染,节约了能量。

用于蚕丝脱胶的生物酶主要有:209 碱性蛋白酶和 2709 碱性蛋白酶等。在用碱性蛋白酶脱胶时,先用稀碱(0.2%碳酸钠溶液)处理材料,可以提高脱胶效率,因为,用碱处理后,可以去除油脂、蜡质等,并使丝胶蓬松,有利与酶液的渗入。

各种生物酶用于蚕丝脱胶的条件见表 8.4。

表 8.4　各类酶的蚕丝脱胶工艺(李志林等,2006)

名称	温度/℃	pH	时间/min	酶浓度*	纯碱率/%
ZS724	37～40	6.5～7.2	120	20	2～2.5
2709	45	9.5～9.8	120	20	8
2709	45	9.5～9.8	120	40	19.45
2709	45	9.5～9.8	120	60	19.40
S114	45	7.5	120	40	9.75
S114	45	7.5	120	60	11.15
209	45	9.5～9.8	120	40	14.85
209	45	9.5～9.8	120	60	16.25

＊酶浓度:U/mL。

蚕丝用酶脱胶时,先经纯碱前处理,使丝胶膨润、软化,从而使酶容易发生作用,之后在酶的作用下,丝胶分解(水解)去除,而不使丝素遭到损伤,这是利用酶催化的高度专一性。尽管丝素和丝胶都是蛋白质,但组成和结构不同,前者属线状蛋白质,后者属球状蛋白质,选用的蛋白酶只能使球状蛋白质水解,不能使线状蛋白质水解,这样达到去除丝胶(脱胶)保护丝素的目的。酶处理后,要进行充分水洗,去除水解产物,最终达到脱胶的目的。

8.4.3　丝素的生物材料特性和生物医药利用

8.4.3.1 丝素的生物材料特性

丝素蛋白是天然的高分子蛋白,具有独特的分子结构、优异的机械性能、良好的吸湿和保温性能以及抗微生物性能,作为生物材料的良好原料。

丝素蛋白作为无毒、无刺激的生物材料原料,具有良好透气性和透湿性,可被蛋白酶水解降解。体内移植后因丝素蛋白引发的异体反应,主要与移植点和丝纤维的表面性能有关。丝

纤维用于临床上已经有几十年历史,如用作手术缝合线等。近年研究发现,丝素蛋白作为生物材料有以下优点:

①较其他天然纤维机械特性好,能与许多高性能的纤维媲美;

②可加工成膜支架或其他形式;

③表面易化学共价修饰黏附位点和细胞因子;

④可通过遗传工程改造丝蛋白成分来调节相对分子质量的大小、可结晶性和可溶性;

⑤可部分生物降解,在体内外降解速率缓慢,降解产物不仅对组织无毒副作用,还对周围组织有营养与修复作用。

1. 丝素蛋白的生物降解性

丝素蛋白可以被降解,但需时较长,因为蛋白质水解反应通常由一种异体反应控制,而吸收速率与移植点、机械环境、健康状况、生理特点、种类及丝素纤维直径有关。因蛋白酶作用点的不同,不同的酶对丝素蛋白的降解程度各异。Li 等(2003)使用 α-糜蛋白酶、胶原酶 IA、蛋白酶 XIV 对多孔丝素膜的体外酶降解行为研究发现,丝素膜在 37℃、1.0 U/mL 蛋白酶 XIV 作用 15 d 降解 70%,胶原酶 IA 降解 52%,α-糜蛋白酶降解 32%。降解过程中丝素膜内孔孔径逐渐扩大,至完全崩解。丝素膜经不同酶降解后平均相对分子质量由小到大依次为:蛋白酶 XIV、胶原酶 IA、α-糜蛋白酶。经蛋白酶 XIV 降解后的制品一半以上是游离氨基酸。Horan 等(2005)将蚕丝线浸入 37℃、1 mg/mL 蛋白酶 XIV 中降解,丝素肽链长度、丝纤维断裂强度和疲劳强度及质量均降低,7 d 后溶液中有游离蛋白纤维及碎片;凝胶电泳实验表明,丝素蛋白的相对分子质量由原来的 30 万降低至 2.5 万左右,表明蚕丝比较适于较长时期的缓慢降解。

2. 丝素蛋白的生物相容性

生物相容性是指材料与人体之间相互作用产生各种复杂的生物、物理及化学反应。植入人体的生物材料必须无毒、无致敏性,对组织、血液和免疫等系统不产生不良反应。去除丝胶的丝素蛋白纤维不会引起 T 细胞调节的体内应答,可以支持细胞黏附、分化和组织形成。Dal 等(2005)将三维网膜丝素蛋白支架植入大鼠皮下 6 个月后,被上皮、血管等新生组织填充,伴少量巨噬细胞和极个别多核巨细胞,但无 T 细胞免疫反应发生,也无纤维化生成。通过免疫组织化学证实有血管内皮细胞特异表达产物、血管性假血友病因子存在,显示其具有良好的生物相容性以及引导了网状连接组织生成,同时有血管生成,保证了网状连接组织的生存和持久力。但是支架未降解,与皮下组织整合在一起,有效地诱导组织修复重建和再生作用。

3. 丝素蛋白与细胞培养

通常将材料置于细胞生长环境中,观察细胞在材料表面或内部的附着速度、增殖以及细胞形态,以判断材料在细胞环境下是否适应。作为构成软骨、筋膜、细胞间质等的胶原蛋白,是人体内含量最多的蛋白质,生理性质和材料性能独特,具有较低抗原性、良好细胞适应性和增强皮肤代谢作用等,广泛存在于皮肤、骨骼与结缔组织中。丝素蛋白具有类似胶原蛋白的性质,能促进细胞生长。丝素蛋白因含有细胞结合结构域,利于细胞粘连,可作为胶原蛋白的替代品。Yamada 等(2004)研究发现丝素蛋白膜可促进人皮肤成纤维细胞生长,并在丝素蛋白的氨基末端获得两个促进皮肤成纤维细胞生长的氨基酸序列。Unger 等(2004)比较了人的内皮细胞、上皮细胞、成纤维细胞、神经胶质细胞、角化细胞和成骨细胞在丝素纤维上的生长情况,结果显示除内皮细胞外,所有细胞均能沿三维空间扩散,当细胞覆盖纤维表面后,其余细胞开始向纤维间隙伸展。细胞之间形成组织样结构,连接紧密。内皮细胞的情况不同,可能与内皮细胞本身性质有关。

丝素的这些特性,使得它可以以不同的形状在生物材料领域得到应用。

(1) 丝素纤维　用蚕丝制得的手术缝合线用于外科手术已相当成功。Norihiko 等(1995)的观察发现动物细胞在桑蚕丝上表现出较好的黏附和扩展渗透,能够看到丝状伪足,表明细胞能够牢固地固着在其表面。丝纤维已经研究用于腱组织工程。Altman 等(2002)将多根单蚕丝绞扭成股,再多股成束再绞扭,制作人工十字韧带时发现丝纤维支持成人骨细胞的生长和扩散及分化。Kardestuncer 等(2006)的研究用 RGD 三肽序列改性丝素可以增强其对细胞的吸附,同时实验证明,Ⅰ型胶原蛋白和核心蛋白多糖转录水平有所提高。Chen 等(2003)利用丝纤维制造的韧带替代材料,与人类前端十字韧带的强度相近。来自于韧带的人源间充质细胞(hMSCs)或成纤维细胞播种于这些用丝素制造的材料上能够很好地生长。

(2) 丝素膜　丝素膜可以用丝素溶液或者丝素和其他聚合物的混合溶液为原料以流延法制得。丝素膜具有一定的透氧性和透气性,Minoura 等(1990)认为这种透过性与 silk Ⅰ 和 silk Ⅱ 结构的含量相关。膜的微观形态可以通过在丝素中混入 PEO(聚氧化乙烯)调节。Jin 等(2004)用甲醇处理得到结晶结构后,将膜置于水中去除 PEO,就得到了粗糙的表面,粗糙程度与制造过程中使用的 PEO 含量直接相关。这种处理方式可以提高膜的表面粗糙度,有利于细胞的吸附。

成纤细胞在丝素膜上的黏附程度与在胶原膜上的一样高。Norihiko 等(1995)发现其他源自哺乳动物和昆虫的细胞在丝素膜上也显示出了与胶原相似的良好吸附性。龚爱华等(2009)研究发现再生丝素蛋白膜适合人嗅鞘细胞(hOECs)的贴附、增殖、生长,再生丝素蛋白膜与 hOECs 有较好的相容性,可以作为 hOECs 生长的候选组织工程支架用于修复神经损伤。Sugihara 等(2000)发现用丝素膜覆盖大鼠的皮肤缺损较深创面,完全修复期约为 7 d,比传统的基于猪皮的创口敷料要快,且炎症反应也更小。

(3) 丝素蛋白无纺网　将脱胶后的蚕丝加入到混有少量 CaCl₂ 的甲酸溶液中,振荡 30 min 使丝纤维分布均匀,溶液蒸发后再经过真空干燥可以得到无纺网。无纺网之所以被广泛研究用作生物材料是因为它增加了材料的表面积和粗糙度,有利于细胞的吸附。Dal 等(2005)将无纺网洗净后,移植到鼠的皮下,实验证明它具有良好的生物相容性,能够引导血管化网状缔结组织的形成。由上述方法可制得纤维直径为 $10 \sim 30~\mu m$,网孔的直径为 $300~\mu m$ 的丝素无纺网。Unger 等(2004)将各种各样的细胞种植在丝素无纺网上长达 7 周,没有发现无纺网。

(4) 丝素水凝胶　水凝胶是三维网状聚合物,它在水溶液中只溶胀而不会溶解。水凝胶生物材料可用作人体组织器官修复、细胞生长因子载体或敷料等。丝素水凝胶由丝素水溶液制得,具有 β-折叠结构。丝素溶液浓度越高,温度越高,pH 值越低,Ca^{2+} 浓度越高,则丝素溶液凝胶的时间就越短。水凝胶的孔径大小可通过丝素水溶液的浓度和温度来调节。

闵思佳等(2001)用丝素水溶液与二缩水甘油基乙醚反应得到的多孔丝素凝胶,成纤维细胞在其上培养显示出良好的细胞相容性。用丝素和弹性蛋白混合制得的水凝胶被称为类丝素-弹性蛋白聚合物(SELPs)。SELP 水凝胶中水的含量由凝胶的时间和聚合物的浓度来控制。而 pH 值、离子浓度、温度不会影响它的性质。SELP 水凝胶被用来释放一些小分子,比如:茶碱、维生素 B、细胞色素 C。Dinerman 等(2002)和 Megeed 等(2004)认为 SELP 水凝胶也被用来控制 DNA 的释放。水凝胶中的 DNA 的释放速率由 DNA 的大小、构象和浓度决定。使用水凝胶释放 DNA 与没有使用水凝胶时相比 DNA 转染速率要高 1～3 个数量级。

（5）丝素多孔海绵　多孔海绵支架在组织工程中的应用非常重要，它可以支持细胞的黏附、分化和迁移，也支持营养物质和排泌物的运输。基于水或其他溶剂的再生丝素溶液都可用来制备多孔海绵。制备海绵的方法有致孔剂法、气体发泡法和低压冻干法。

刘佳佳等（2006）用自制的羟基磷灰石/丝素蛋白复合粉末与 NaCl 颗粒及少量丝素蛋白溶液充分混合制成 HAP/SF 复合多孔材料，平均孔径为 61 μm，可以满足骨诱导及骨组织工程支架的要求。各种研究表明，在多孔丝素海绵中培养不同的细胞最终能产生各种各样的连接组织。Kim 等（2005）将 hMSCs 种在多孔海绵中在骨原性介质中分化 28 d 后，可以观察到类似于骨小梁的结构。Meinel 等（2004）研究在 hMSCs 接种于基于溶剂制得的丝素海绵上，在利于软骨形成的介质中培养，可以看到 II 型胶原和葡萄糖氨基聚糖的转录水平与使用胶原制得的海绵相比提高到了更高的水平。这是由于丝素海绵与迅速降解的胶原海绵相比具有结构上的完整性。Meine 等（2004）在具有 RGD 序列的丝素海绵上种上 hMSCs，放在骨原性基质中培养，在体外可以看到细胞的分化和羟基磷灰石的沉积。

8.4.3.2　丝素的生物医药利用

1. 丝素蛋白人工韧带和血管

韧带由束状致密结缔组织构成，能介导正常的关节运动及维持关节稳定。对于蚕丝的力学特性研究发现，其强度和刚度数值与人体韧带非常接近。Altman 等（2002）将多根蚕丝制成组织工程十字韧带，方法是将 30 根单纤维丝组成一小股，每 6 小股成一小束，每 3 小束成一大股，最后 6 大股成一大束，直接用作韧带基质。经扫描电镜、DNA 定量以及胶原含量等测试显示，该支架材料能支持成人 BMSCs 的生长、扩散以及分化，提示丝素蛋白是制作人工十字韧带的良好支架材料。随着纤维材料和生物医学材料的不断发展，有孔隙的人造血管不断出现，并用于动物实验和临床研究。家蚕丝素与人体角蛋白、胶原蛋白结构十分相似，具有极好的人体生物相容性。我国始于 1957 年研制蚕丝人造血管，目前上海丝绸研究所已制成多种类型和不同直径的真丝人造血管。

刘向阳等（2002）发现丝蛋白具有抗凝血的性能，利用此特性可以制造人工血管。在丝素或丝胶溶液中加入硫酸，通过一定处理制成的硫酸化丝素或丝胶具有抗血液凝固的活性。将丝素溶液干燥成膜，并加入抗凝血药物就可制成人造血管，这方面的研究已经有了突破性进展。Tamada（2004）报道将丝素蛋白硫酸化后具有阻止血凝的作用，可用于制造人工血管。丝素蛋白作为需求量很大的人造血管高新材料，已开始在日本应用。

黄福华等（2008）用丝素蛋白浸渍涂抹涤纶人工血管内外壁并使用甲醛交联固定，通过血管壁渗水率、形态学以及力学性能等体外实验评价了丝素蛋白涂层人工血管是否达到人工血管植前的标准。结果表明，未涂层丝素蛋白的人工血管在涂层了丝素蛋白后渗水率下降了99％，达到了植入时不漏血的目的，从而植入时不用预凝，节省了手术的时间，减少了输血的风险。

2. 丝素蛋白骨组织修复

骨是整个人体的主要支撑，是钙、磷离子的主要储存地。生活中，骨损伤和骨缺损非常常见。目前的骨修复方法主要有两种，即内源骨修复和外源骨修复。内源修复虽然效果好，但是骨源短缺。一般是从身体另一部位取出健康骨后再移植到损伤部位，且往往需要二次手术。

外源修复弥补了骨源不足的缺点,但修复效果远不如内源修复,而且容易引起感染,如 HIV 和肝炎等。医学领域一直以来使用的替代物是金属和有机高分子等医用材料,但其毕竟与自然骨不同,其生物相容性,与人体的亲和性、与自然骨之间的力学相容性都不甚令人满意,与理想的骨修复和骨替代材料还有一定差距。

游晓波等(2008)报道了近几年来,以羟基磷灰石(HA)为主要成分的复合生物材料以其良好的生物学特性活跃在研究领域。羟基磷灰石的化学分子式为 $Ca_{10}(PO_4)_6(OH)_2$,性脆,微溶于水,易溶于酸而难溶于碱。HA 的化学组成和结构都接近于人体骨骼中的磷灰石,钙磷摩尔比为 1.67,与天然骨很相近。HA 分子中的 Ca^{2+} 可与含有羧基的氨基酸、蛋白质、有机酸等发生交换反应,具有良好的骨传导性能和生物活性,能与骨组织形成牢固的骨性结合促进骨骼生长,并且相态比较稳定,无毒性、发炎性,是公认的性能良好的骨修复替代材料。

但 HA 也有其自身的一些缺点,如压缩强度较低,抗疲劳性差,生物可吸收性差,替代速度慢,植入体内后可能出现疏松、迁移、破坏等。目前,羟基磷灰石和蚕丝蛋白复合材料中研究最多的是羟基磷灰石和丝素蛋白的复合材料。丝素蛋白中含有较多的羧基和羟基,因此能和 Ca^{2+} 形成紧密的结合,并诱导羟基磷灰石在丝素蛋白上矿化结晶,形成自组装纳米复合物材料。李慕勤等(2008)通过低温干燥技术将丝素蛋白加入到羟基磷灰石和壳聚糖复合材料中,制成一种双天然高分子的支架材料(HA/CS-SF),在成功培养了成骨细胞的基础上将其与HA/CS-SF、HA/CS 两种支架混合,通过比较表明 HA/CS-SF 更能促进骨细胞的增殖。为进一步骨缺损修复材料的开发及后续临床试验研究提供了理论基础。苗宗宇等(2008)分离培养并定向诱导兔骨髓间充质干细胞分化为软骨细胞,并将其与丝素蛋白膜复合培养,建立兔膝关节股骨髁间软骨缺损。电镜观察细胞在材料上的生长情况,发现用丝素蛋白复合骨髓间充质干细胞可形成透明软骨修复动物膝关节全层软骨缺损,显示了丝素蛋白材料作为关节软骨组织工程支架材料的良好生物相容性。

3. 丝素蛋白神经组织

各种创伤导致的周围神经断裂和缺损,目前采用手术直接吻合和自体神经移植两种方法修复,效果均不甚理想。科学家尝试研制用于神经修复的外科植入式导管,使受损神经再生、修复。丝素蛋白材料已用于韧带和骨组织工程,为了证明其可用于神经嫁接等,Yang 等(2007)评价了丝素蛋白用于外周神经组织工程的生物相容性,观察到丝素蛋白基质与神经突和外周神经组织有良好的组织相容性,可支持大鼠背根神经细胞生长,并有利于雪旺(神经膜)细胞成活,在细胞表型和功能方面无显著的细胞毒性,该项研究为丝素蛋白应用于神经组织工程提供了实验基础。今后的研究方向是利用其制备组织工程神经用于外周神经损伤的修复重建,对其进行体内体外生物相容性评价,并寻求提高此材料生物降解性的有效方法。

4. 丝素蛋白修饰和支架材料应用

丝素蛋白结构性质决定了它是一种极具潜力的细胞生长基质材料,但其力学性质和体系结构常不能满足一些特殊应用的要求,而合成的高分子材料在这方面有其独特优势。用合成高分子材料对丝素蛋白进行表面改性,能综合利用两者优势,按不同的应用目的制备出符合不同要求的复合材料。

Gupta 等(2007)将丝素蛋白溶解于特殊的"离子溶液",将成拓扑形状的支架材料用于细胞培养,结果表明其拓扑结构对细胞生长、增殖、分化和表达有影响,但无副作用,该项研究为丝素蛋白作为生物材料提供了多元化的应用前景。Hu 等(2006)报道了重组类人胶原与丝素蛋白共混支架用于肝组织工程的研究。重组类人胶原加入丝素蛋白共混后,不但亲水性增加,而且保持了原有的机械性能。人类肝癌细胞培养发现,共混支架材料与纯丝素蛋白支架材料相比,更有利于细胞增殖。Meinel 等(2005)将丝素蛋白进行精-甘-天冬氨酸三肽(Arg-Gly-Asp,RGD)修饰,并与修饰前的丝素蛋白和胶原作比较,观察体内、体外炎性反应。研究表明,这两种丝素蛋白膜在体外培养条件下可使人 BMSCs 产生低水平 IL-1β 和前列腺素 E2,而且 RGD 修饰的丝素蛋白效果更加明显。

蚕丝由丝素蛋白和丝胶蛋白组成,去掉丝胶蛋白后会降低丝素蛋白的机械属性。Liu 等(2007)使用去甲二氢愈创木酸作为交联剂使丝素蛋白保持自然的机械属性,在体内和体外比较脱胶后的丝素蛋白和用去甲二氢愈创木酸改性后的丝素蛋白的物理性质和生物相容性,研究发现改性后其机械性能和膨胀性增加,动物实验表明改性后无免疫炎性反应。Gobin 等(2006)探讨用丝素蛋白和壳聚糖共混支架治疗豚鼠疝气的可行性。将丝素蛋白和壳聚糖共混支架及可降解人类脱细胞真皮基质和不可降解的聚丙烯网膜作比较,通过镶嵌植入技术植入豚鼠修复腹部疝气。4 周后,丝素蛋白和壳聚糖共混支架显示出组织重塑性,三维空间与邻近组织整合。由于其重新塑造腹部内壁的完整性、再生性,以及保持拉力强度性,丝素蛋白和壳聚糖共混支架是一种用于临床重建的潜在材料。

5. 蚕丝人工皮肤和医用生物敷料

人的皮肤由表皮层和真皮层构成。其中,真皮层是不可再生的。当真皮层被破坏后就必须通过移植的方法来治疗。但是异体移植的皮肤一般很难生长愈合且有排异反应。因此,人工皮肤就应运而生。医用丝素蛋白皮肤再生膜是一种由天然丝素蛋白(75%)和丝胶蛋白(25%)组成的高分子材料,主要用于不同程度损伤表面的覆盖,具有保护创面,诱导皮肤再生的作用。张幼珠等(1999)制备的丝素创面保护膜具有良好的柔韧性、透水性、与创面的黏附性以及与人体的生物相容性,可将药物从膜中先快后慢地释放出来,具有抑菌、杀菌和创面覆盖材料保护创面的作用。孙皎等(2000)对丝素蛋白皮肤再生膜的生物相容性进行了评价。他们采用细胞增殖度试验和溶血试验,对医用丝素蛋白皮肤再生膜进行了细胞毒性和溶血反应的实验研究。结果表明再生膜总的细胞毒性级别为Ⅰ级,细胞增殖率达到 94%以上,基本符合生物材料的要求,并且无溶血反应。

现代医用生物敷料是在 Winter、Hinman 及 Maibaeh 等的创伤修复"湿润愈合"理论基础上发展起来的新型创面修复及保护材料,与传统的医用敷料(如脱脂棉纱)相比,现代医用生物敷料具有加速创面愈合,降低感染,提高创面愈合质量,减轻病人痛苦,避免创面粘连以及方便医护人员操作与使用等特点。甲壳素是一种天然生物高分子聚合物,基础研究已经证实,甲壳素纤维具有止痛、止血、促进伤口愈合、减小疤痕、抑菌、良好的生物相容性和生物可降解性等优异的性能,但其吸水性较差,并且由于甲壳素纤维之间的抱合力较差,导致纯甲壳素敷料的强度低,成型困难。丝素蛋白的加入弥补了甲壳素的这些缺点,并且甲壳素也弥补了丝素蛋白在抗菌性能上的不足。侯智谋等(2008)引采用湿法成型非织造布技术制备了不同比例的甲壳素/丝素蛋白纤维复合医用生物敷料。结果表明甲壳素/丝素蛋白纤维复合医用生物敷料的透气度和抗菌性随着甲壳素含量的增加而增强,而吸水性和抗张强度则随着甲壳素含量的增加而逐渐减弱。20%甲壳素含量其敷料的抗菌率为 33%,达到标准要求,70%时其抗菌率已达 70%。而以 70%~80%甲壳素含量的复合敷料综合性能最佳,最有可能适用于临床应用。

6. 蚕丝蛋白微胶囊

微胶囊在生物医学界已有广泛的研究。微胶囊化是首先把药包敷的物料分散,然后以细粒为核心,在其表面凝结成膜材料的一项技术。在该过程中形成的微小囊体成为微胶囊。微胶囊的粒径一般在 5～200 μm。囊膜可以是单层的也可以是多层的。微胶囊膜以及微胶囊化技术是保证微胶囊质量以及控制药物释放的关键。朱正华等(2003)研制的丝素蛋白微胶囊具有很好的孔隙率和内壁结构。张世明等(2004),谢菁等(2006)和栾希英等(2006)众多研究表明丝素蛋白因具有良好的生物相容性,因此,可用于制备固定化酶和药物缓释载体等,为微胶囊的研制提供了一定的理论基础。韩龙龙等(2004)以模型动物消炎痛(吲哚美辛)做囊心,以再生丝素蛋白和海藻酸盐(FB/AG)做囊膜,采用复凝聚法制备了包药微胶囊。通过药物体外释放法测得丝素蛋白海藻酸盐微胶囊在 24 h 之内的药物释放率为 24%,低于海藻酸盐微胶囊的 42% 和药粉的 80%。张幼珠等(2002)用再生丝素蛋白和壳聚糖制成了微胶囊。对微胶囊的机械性能测定显示当丝素蛋白和壳聚糖的比例为 2∶1 时它的形态规整、粒径均匀,且强度和成囊性也最佳。另外,丝素不能做内壁材料,用量也不能太大。

7. 蚕丝蛋白修复尿道缺损

尿道先天畸形及各种原因引起的尿道狭窄缺损是泌尿外科常见病,由于尿道黏膜组织有限,给尿道的修复带来了相当的困难。目前临床上常采用自体非尿道组织(如皮肤、颊黏膜、膀胱黏膜、睾丸鞘膜和腹膜等组织)修复,并取得较好的临床效果,但仍存在感染、尿瘘、毛发生长、再狭窄、结石形成、憩室产生等并发症,常需反复治疗。刘春晓等(2008)选取了 14 只雄性比个犬,将其随机分成 3 组,其中 1.5 cm 尿道缺损组 6 只,3.0 cm 尿道缺损组 6 只,剩下 2 只作为对照。切开犬阴茎皮肤及皮下组织,游离出尿道海绵体,将海绵体分别切掉 1.5 cm 和 3.0 cm,造成缺损。然后用丝素蛋白支架修复缺损组。对照组犬进行尿道海绵体游离后即逐层缝合海绵体包膜、皮下组织及皮肤。术后 6 周、12 周对尿道进行逆行造影,并用免疫组织化学染色法观察尿道组织再生情况。结果显示:1.5 cm 尿道缺损组 6 只动物未见尿瘘及明显尿道狭窄梗阻,术后 6 周时修复区稍粗糙、不光滑,术后 12 周与对照组无明显差异;3.0 cm 尿道缺损组 6 只动物均出现尿瘘或修复区管腔狭小、部分充盈缺损,术后 6 周和 12 周无明显差异。免疫组织化学染色证实 1.5 cm 尿道缺损组修复区腔面为尿道移行细胞覆盖;3.0 cm 尿道缺损组修复区尿道外观呈苍白、致密坚硬且管腔狭小,免疫组织化学染色证实修复区腔面无尿道移行细胞覆盖。表明:单纯丝素蛋白膜能修复 1.5 cm 短距离尿道缺损,而对 3 cm 以上长距离修复效果不理想。

8. 蚕丝蛋白固定化酶

蚕丝是一种理想的酶固定化载体材料,用于医疗、生化、发酵和化学分析等领域。这种丝素固定化酶可以制成酶电极,用于检查体液中代谢物质浓度,是具有生物特异性的电极。如固定的葡萄糖氧化酶膜与氧电极组成的用于葡萄糖定量分析的酶电极,就是通过酶膜上的葡萄糖氧化酶与体液中的葡萄糖酸,再由氧电极测定氧的减少,从而测定葡萄糖的含量。此后,蚕丝固定化酶和固定化细胞的研究逐渐兴起。

邵正中(1991)、钱江红(1995)、徐新颜(1997)等以丝素蛋白为原料,固定葡萄糖氧化酶(GOD)。研究结果表明:GOD 固定在丝素膜上后,酶学性质得到改善,最适 pH 值向中性偏移,热稳定性提高,表观米氏常数降低,对底物亲和力也大于溶液酶,而且酶膜的贮存稳定性良好。这些都有利于酶促反应的进行。利用固定化葡萄糖氧化酶制成能够测定葡萄糖含量的酶电极,耐热性高,电极寿命长,同一根电极测定 400 次后,活性保持为原来的 96%,600 次后为原来的 90%,其有效寿命为 2 个月。GOD 电极是研究较早应用最广酶电极之一,其测定原理是:利用酶膜中所固定的 GOD 催化葡萄糖氧化,其中产生的过氧化氢再在铂丝电极上氧化,通过测定生成的过氧化氢量来间接的测定葡萄糖浓度。它每次测定只需要 1 min,样品只需要 20 μL。这类电极在临床诊断方面,已广泛应用于测定血液及其他体液中葡萄糖的含量。

朱祥瑞(1998)用共价胶联法将果胶酶固定成膜状、线状和粉状,增加了固定化酶的适用范围。果胶酶固定后,其 pH 范围比游离酶更宽,最适温度提高了,其中粉状、纤维状的丝素固定化酶较膜状的比活力和残活力强。果胶酶主要用于澄清果蔬汁,稳定品质,从而延长货架期。造成果蔬汁混浊的主要原因是在果蔬汁中存在原生质碎片、细胞壁碎片和其他细胞器碎片,它们强烈水合形成水合胶体,使颗粒难以沉淀。添加果胶酶后,果胶酶可能分解这些核心为正电荷的外壳,从而引起浑浊物的凝聚而使果蔬汁变澄清。目前多用于苹果、葡萄、柑橘汁等澄清。运用固定化果胶酶制成澄清柱,可方便、简单、连续地除去果汁中的混浊物。果胶酶除用于澄清果蔬汁外,它还可提高果蔬的出汁率,保持冷冻果蔬质地等作用。

朱祥瑞等(1999)用包埋法制成粉状固定化过氧化氢酶。结果表明,固定化过氧化氢酶的最适 pH 值比游离酶减少了约 0.8 个单位,适应的 pH 范围更广,最适温度比游离酶提高了约 10℃,反应温度范围比游离酶更宽,对抑制剂的抵抗性能较强。但其催化能力与游离酶相比有一定的距离。朱祥瑞等(1999)采用共价交联法分别制备了粉状和纤维状的丝素固定化糖化酶。结果表明,固定化酶的最适 pH 值比游离酶增加了 1.0~1.25,最适温度降低,操作半衰期较长,同时对底物的亲和力提高。糖化酶在食品工业中主要用于淀粉的糖化剂。过去用高压酸水解淀粉生产葡萄糖工艺,该工艺存在对设备要求高、原料需精制、淀粉投料浓度低、水解后色泽深、转化率低、易生成带苦味的低聚糖等缺点。而用糖化酶生产则可一改上述的缺点。糖化酶与淀粉一起广泛应用于谷氨酸、柠檬酸等发酵生产中,作为淀粉原料的糖化剂。

SOD 是一种广泛存在于需氧生物体内的金属酶,它是体内天然的自由基清除剂,可以除去动植物体内有害的超氧物阴离子自由基 O⁻,防止细胞膜碎脂的过氧化而损伤细胞,在抗炎、抗癌、防辐射及抗衰老等方面有广泛的应用。纪平雄等(2003)以丝素和壳聚糖为材料制备了丝素-壳聚糖合金膜,并采用吸附交联法固定 SOD。研究表明:固定化酶 pH 稳定性好,半衰期延长。将其开发成丝素面膜等化妆品时,SOD 活性可以在保存中处于长时间的抑制状态,从而发挥美容功能。

陈芳艳等(2002)以丝素为载体,采用共价交联法固定木瓜蛋白酶,并制备了丝素固定化木瓜蛋白酶反应器。研究结果表明:固定化酶对底物的亲和力较溶液酶大大增加,最适 pH 值提高,固定化酶的操作半衰期较溶液酶延长。陈芳艳等(2005)以活化丝素为载体,采用共价交联法固定木瓜蛋白酶,研究了丝素固定化木瓜蛋白酶的酶学性质。结果表明:固定化酶的表观米氏常数为 0.092%,是溶液酶的米氏常数 km 的 0.46 倍;最适 pH 为 7.5;pH 稳定性在 6.5~8.0;在 4~55℃ 范围内酶活力稳定;溶液酶的操作半衰期为 38 d,固定化酶为 54 d。固定化酶的操作半衰期较溶液酶长。

屠洁等(2010)以家蚕丝素为载体,采用交联-吸附法固定化单宁酶。正交试验结果表明,最佳的固定化条件为戊二醛浓度为 0.45%,固定化 pH 值为 5.0,给酶 15 mg/g 载体,固定化时间 9 h,固定化温度 10℃。与游离酶相比,该固定化单宁酶的热稳定性明显提高,25℃贮存 6 d 后酶活仍保持 57.5%。以没食子酸甲酯为底物,固定化单宁酶经连续 6 次酶促反应后,酶活仍保持 77.4%。单宁酶的固定化将有助于提高酶的利用率,节约生产成本。

8.4.4 蚕丝化妆品原料

蚕丝经适当的处理后制成可溶性蚕丝蛋白(如丝素肽、丝素氨基酸)可以用作化妆品原料。用于化妆品的蚕丝主要有两种形式:丝素粉和丝肽。

丝素粉保持了蚕丝蛋白的原始结构和化学组成。仍然具有蚕丝蛋白特有的柔和光泽和吸收紫外线抵御日光辐射的作用,丝素粉光滑、细腻、透气性好、附着力强,能随环境温湿度的变化而吸收和释放水分,对皮肤角质层水分有较好的保持作用,因此丝素粉是美容类化妆品如唇膏、粉饼、眼霜等的上乘基础材料。

丝肽因水解程度不同,其相对分子质量从几百到几千不等,丝肽产品依平均分子质量来分类,根据需要进行选用。丝肽可溶于水,与常用的表面活性剂都能相溶。由于丝肽分子侧链中含有较多的亲水基,使丝肽具有较好的保湿作用。丝肽分子量较小,渗透性强,可透过角质层与上皮细胞结合,参与和改善上皮细胞的代谢,营养细胞,使皮肤湿润、柔软,富有弹性和光泽。丝肽具有较好的成膜性,能在皮肤和毛发的表面形成保护膜,这种膜具有良好的柔韧性和弹性,因此作为护肤护发和洗浴用品基础材料相当合适。

丝蛋白作为化妆品基材,其主要优点是热稳定性好,防晒、保湿、营养等功能俱全,与其他化妆品原料有较好的配伍性,添加量较大,最多可达到 20%,使其功能性作用较明显,因此可广泛应用于化妆品领域。

王方林等(2006)研究了蚕丝水解液的制备工艺及水解过程中 pH、温度、反应时间对水解程度的影响。结果表明,pH 越高,蚕丝蛋白水解程度越失,收率越高。较高的温度可使蚕丝蛋白水解速度加快,但水解液颜色较深,较低的温度,水解速度较慢。反应时间越长,蚕丝蛋白水解程度越大。并介绍蚕丝水解液在化妆品中的添加方法及如何解决试验过程中存在的实际问题。

胡桂燕等(2007)利用水溶性天然蚕丝蛋白为主要原料,辅以熊果苷、甘油、维生素 E 等,研制对皮肤色斑有抑制作用的"丝露祛斑美白霜"。经理化指标和卫生指标测试,符合卫生部《化妆品卫生规范》(2002)的规定;毒理试验、皮肤过敏、刺激性试验表明,安全可靠,获得卫生部特殊用途化妆品批号。

李志林等(2010)用质量分数为 98% 的浓硫酸催化水解桑蚕茧,当茧丝质量与浓硫酸体积比为 1∶3 时,在 100℃条件下反应 6 h,之后用适量的石灰乳中和酸解液至稍偏酸性,抽滤后将所得滤液用活性炭脱色,之后将所得滤液浓缩,将浓缩液中加入适量的有机溶剂作为沉淀剂,之后静置,待固体完全沉淀之后过滤,可制得平均粒径为 150 nm 的丝粉,所得产品可添加于化妆品中,产品产率可达 95%。

蚕丝蛋白质作为一种功能独特、应用广泛的化妆品原料,已引起国内外化妆品界的普遍关注,以蚕丝蛋白为功能性成分的新型特殊用途化妆品已成为目前国际日化界的主流产品,其应用发展前景非常广阔。

8.4.5 蚕丝的食用

蚕丝的丝素蛋白由 16 种氨基酸组成(表 8.5)。从营养学和医学的角度来看,丝素蛋白中丰富的氨基酸及其构成的短肽对人体有特殊的保健作用,有可能开发具有特殊功能的保健、医疗食品。丝素蛋白有以下几种保健功能。

1. 解酒作用

丝素蛋白质中有较多含量的丙氨酸,而丙氨酸对酒精有促进分解作用。平林洁(1989)以动物实验研究丝素蛋白水解液对酒精的促进代谢作用。在给大白鼠添食酒精之前喂食一定量的蚕丝水解物,经过一段时间后其血液中的酒精浓度明显低于没有喂食水解物的大白鼠,证明蚕丝水解物确实有促进酒精代谢的效果。

丝素蛋白的解酒原理是因为丝素蛋白中的丙氨酸,人喝醉酒时,人体内酒精含量比较高,此时在肝细胞中脱氢酶的作用下,酒精可被代谢为乙醛和 NADH(还原型辅酶 I,即烟酰胺腺嘌呤二核苷酸),当肝脏中糖原贮备不足时,丙氨酸激活乙醛和 NADH 分解链,从而使酒精分解,起到保肝护肝的作用。也有实验表明,水溶性丝素蛋白粉末的解酒作用明显强于丙氨酸。因此可以推断,丝素蛋白中丙氨酸及其他氨基酸共存,起作用的是丙氨酸及其他氨基酸一起发挥的协同作用。

表 8.5　丝素氨基酸组成(桂仲争和庄大桓,2002)　　　　　%

氨基酸	英文缩写	含量	氨基酸	英文缩写	含量
天门冬氨酸	Asp	2.30	脯氨酸	Pro	0.78
丝氨酸	Ser	12.79	缬氨酸	Val	2.35
谷氨酸	Glu	2.11	苯丙氨酸	Phe	1.05
苏氨酸	Thr	0.89	异亮氨酸	Ile	0.81
甘氨酸	Gly	40.06	亮氨酸	Leu	0.58
精氨酸	Arg	0.61	组氨酸	His	0.23
丙氨酸	Ala	32.15	赖氨酸	Lys	0.24
酪氨酸	Tyr	11.13	蛋氨酸	Met	0.14

2. 降低血液胆固醇

丝素蛋白具有很强的吸附作用,尤其较大分子质量的丝素蛋白易发生凝胶化作用,通过吸附凝固胆汁酸来促进对胆固醇的分解和消除。Yin 等(1998)研究认为主要是由于丝素蛋白中含有丰富的甘氨酸和丙氨酸的作用结果。也有学者就丝素蛋白对大白鼠血液中胆固醇浓度的影响作过研究,发现当饲料中的蛋白质为酪蛋白时,大白鼠血液中的胆固醇浓度在喂食后呈急剧上升的趋势.与此相反,当饲料中的蛋白质为丝素蛋白时,胆固醇浓度的上升却被抑制,可见丝素蛋白确实有降低血液中胆固醇的作用。Park(1998)的研究发现,当甘氨酸单独存在时,其降低胆固醇的效果明显低于丝素蛋白,说明起作用的是丝素蛋白中甘氨酸和其他氨基酸及短肽的协同作用。而血液中胆固醇的降低可以防治高血压和脑血栓,因此,丝素蛋白可用作药用食物。

3. 促进胰岛素分泌

丝素蛋白可以促进胰岛素的分泌。有学者进行过实验,发现给大鼠喂食丝素蛋白后,与喂食前相比,血液中的胰岛素明显增加,可见丝素蛋白确实有促进胰岛素分泌的作用,他们认为已水解的丝素蛋白比未水解的丝素蛋白效果要好,他们分别以两种丝素蛋白喂食大白鼠,并观察其门脉中所产生的游离氨基酸浓度的变化,发现喂食已水解丝素蛋白的大白鼠门脉中游离氨基酸含量明显高于喂食未水解者,说明经水解之后,丝素蛋白被降解成低聚肽和氨基酸,易被消化吸收,极易进入血液发挥作用。

丝素蛋白促进胰岛素分泌的机理可能是由于丝素蛋白降解后,其氨基酸序列中含有与胰岛素受体蛋白结构相似的氨基酸序列。胰岛素感受器的一级结构一般被认为是按-Gly-X-Gly-X-的次序排列的,而蚕丝结晶区的氨基酸排列顺序为-Gly-Ala-Gly-Ala-,这两种结构是一致的。因此,当蚕丝肽的-Gly-Ala-Gly-Ala-结构进入胰腺后,胰岛细胞将其误认为感受器,加速胰岛素的分泌。丝素蛋白可以促进胰岛素的分泌,而胰岛素又可以促进人体内的糖分代谢。当人体内糖分含量过高时,补充丝素蛋白可以促进胰岛素对糖代谢的调节,从而达到防治糖尿病的效果。

4. 降低血压

研究认为丝素蛋白平均分子量为 3 000 的降解物中能够分离出两种多肽,其氨基酸序列分别是:-Gly-Ala-Gly-Tyr-和-Gly-Val-Gly-Ala-Gly-Tyr-。这两种多肽具有血管紧张肽转化酶(ACE)的抑制活性,ACE 可以催化血管紧张素 I 转化为血管紧张素 II,而血管紧张素 II 是已知作用最强的内源升压肽。ACE 抑制剂的存在能够阻止血管紧张素 II 的生成,从而起到降低内源血压的功能。所以,丝素蛋白可以用作降低血压的药物食用。

5. 防治帕金森氏症

丝素蛋白中含有的酪氨酸,它在酪氨酸脱氢酶的作用下可生成多巴,多巴在酶的作用下可转化成多巴胺,对帕金森氏症有防治效果。多巴胺可以抑制中枢神经系统的神经传导,帕金森氏病患者由于多巴胺的不足,神经处于兴奋状态,肌肉紧张而引起手足颤动,脸部变形,很难保持正确的姿态,因此患者需要服用多巴胺。但是,多巴胺不能通过脑血管的阀门,脑血管的前驱物多巴是能够通过这一阀门的。帕金森氏病患者由于体内酪氨酸氢化酶含量低或者缺乏,不能将酪氨酸转化为多巴,从而发病,但是没有酪氨酸也不能产生多巴,对帕金森氏病患者来讲,酪氨酸是一种必需氨基酸。所以补充含有酪氨酸的丝素蛋白可以在一定程度上防治帕金森氏症。

由上可见,蚕丝丝素可望成为新型的功能性食品,它不仅具有丰富的营养价值,而且具有特殊的药用价值。有望在某些食品,尤其是在老年和儿童的食品生产中添加蚕丝蛋白,有利于增强人们的体质。丝蛋白在改善食品的物理形态上也有一定的作用。

8.5 桑的利用技术

中国是桑树的原产地,全球约有 16 种,分布于北温带、亚洲热带和非洲热带及美洲地区,我国约有 11 种,分布于全国大部分地区,以长江流域尤其江浙一带为多。

栽桑养蚕是我国农业的传统产业,桑树在我国已有 4 000 多年的栽培历史,是当今世界上最大的桑树种植国。主要有家桑或白桑(*Morus alba*)、鸡桑(*Morus australis*)、华桑(*Morus cathayana*)、蒙桑(*Morus Mongolic*),山桑(*Morus diabolica*)等 10 多个种和变种。桑叶为桑科植物桑(*Morus alba* L.)的叶,中医又称"铁扇子",是桑树的主要产物,赵丽君等(2004)撰文认为桑叶约占桑树地上部产量的 64%,桑叶每年可摘 3～6 次,生命力很强,因此桑叶在我国有着极大的资源优势。

目前,桑叶除养蚕外,出现了大量桑叶过剩的现象,浪费了大量宝贵资源。近年来,随着人民生活水平的提高,饮食结构发生显著变化,国际食品开发热日炽,各国有关学者都在极力寻求天然、安全、保健性食品的开发。

自然资源丰富又具有保健功能的树叶被广泛地应用,其中桑叶因其不仅含有丰富的氨基酸、脂肪、碳水化合物、维生素和钙、铁、锰、锌等矿物质,且富含人体所必需多种生物活性成分,而且桑树生长快,适应性强,宜植区广,对土质要求不高,耐剪伐,叶量高,因而成为天然、价廉物美的功能性食品的理想来源之一。我国国家卫生部于 1993 年公布桑叶为药食两用品。为桑叶的合理开发利用桑叶资源提供依据。

8.5.1 桑叶的化学成分和生理活性

近年来,各国学者对桑叶进行了大量研究,发现桑叶营养价值非常高,含有多种生理活性物质。

8.5.1.1 桑叶的化学成分

1. 脂类

周永红(2004)对桑叶的研究发现桑叶所含脂类物质中,不饱和脂肪酸几乎占到脂肪酸总量的一半,不饱和脂肪酸中以亚麻酸(22.99%)、亚油酸(13.40%)、油酸(3.17%)、棕榈油酸(3.05%)、花生四烯酸(1.26%)为主,可见桑叶中亚麻酸含量很高,亚麻酸(ω-3 不饱和脂肪酸)对心血管疾病及高血脂都有很好的防治作用,特别是消退动脉粥样硬化和抗血栓形成有极好的疗效。而亚油酸是人体必需的必需脂肪酸,可促进胆固醇和胆汁酸的排出,降低血中胆固醇的含量。

2. 蛋白质

白旭华(2001)认为桑叶蛋白质的氨基酸组成大体与脱脂大豆粉接近,氨基酸模式与人体相近。人体必需的 8 种氨基酸占总氨基酸的 44.85%,有利人体吸收利用;植物蛋白第一限制氨基酸赖氨酸占 0.45%;含量最高的谷氨酸在维护脑组织功能、糖代谢及蛋白质代谢中有着重要地位,而且是 γ-氨基丁酸的前体物质。桑叶,尤其霜后桑叶氨基酸含量极为丰富。

王芳等(2005)将桑叶用 HCl 水解后,对其氨基酸分析后,得到的结果如表 8.6 所示。

表 8.6　桑叶中的氨基酸　　　　　　　　　　　　　　　　　%

氨基酸	英文缩写	含量	氨基酸	英文缩写	含量
天门冬氨酸	Asp	1.288	脯氨酸	Pro	0.607
丝氨酸	Ser	0.483	缬氨酸	Val	0.398
谷氨酸	Glu	1.295	苯丙氨酸	Phe	0.521
苏氨酸	Thr	0.465	异亮氨酸	Ile	0.206
甘氨酸	Gly	0.875	亮氨酸	Leu	0.942
精氨酸	Arg	0.716	组氨酸	His	0.169
丙氨酸	Ala	0.420	赖氨酸	Lys	0.454
酪氨酸	Tyr	0.472	蛋氨酸	Met	0.086

3. 多糖

历代中医药书籍中记载桑叶能够治疗消渴症,苏海涯等(2001)研究报道了桑叶多糖具有显著的降血糖作用,对大鼠四氧嘧啶型糖尿病有治疗效果。提取多糖成分开发降糖新药和保健食品具有重要的学术意义和实用价值。通常对多糖的提取方法是:将干桑叶用沸水提取,用三氯醋酸去除杂质,浓缩上清液后,用酒精沉淀。用水溶解沉淀后,用大孔吸附树脂分离后得到的固形物,经萘酚-硫酸试剂鉴定为多糖组分,称之为桑叶多糖。

此外,野田信三(1998)和李勇(1999)对桑叶的研究发现桑叶碳水化合物主要含葡萄糖、甘露糖、半乳糖、果糖等。其食用纤维含量达52.9%,超过蔬菜和水果。

4. 维生素

桑叶富含能维持机体免疫系统、抗氧化系统、脂肪和碳水化合物周转代谢系统正常或应激活动所需的B族维生素和维生素C,且桑叶维生素含量不受收获期的影响(表8.7)。

表 8.7　桑叶中的维生素

维生素	含量	维生素	含量
视黄醇(维生素 A 醇)/(μg/100 g)	670	维生素 B_2/(mg/100 g)	1.35
胡萝卜素/(μg/100 g)	7 440	烟酸/(mg/100 g)	4.0
维生素 A/(IU)	4 130	维生素 C/(mg/100 g)	31.6
维生素 B_1/(mg/100 g)	0.59		

5. 矿物质

桑叶中矿物质元素含量非常丰富,占12%,而且易吸收,对补充 Ca、Mg、Zn、Fe 有特殊功效。尤其 K、Ca 含量较高,Ca 含量比红虾或鱼粉中 Ca 含量还高,Ca 的含量晚秋蚕期比春蚕期高,Mg、P 含量正好相反,P 的含量不管收获期如何总是上位叶比下位叶高,Ca、Mg、Fe 含量则下位叶高,Fe 含量与收获期无关(表8.8)。

表 8.8　桑叶中矿物元素

元素	含量/(mg/kg)	元素	含量/(mg/kg)
锌	66	镁	30.35
铁	306	钙	17 220
铜	10	钾	9 875
锰	270	钠	202.2

6. 生物碱

桑叶内含有生物碱类物质,其中以 1-脱氧野尻霉素(1-deoxynojirimycin,DNJ)最引人关注。DNJ 是一种哌啶生物碱,其化学名称 3,4,5-三羟基-2-羟甲基四氢吡啶,Yoshiaki Yoshikuni(1988)从桑叶中分离出 DNJ,并测出其含量为 0.11%。日本学者 Asano 等(1994)通过改变 DNJ 的提取和纯化工艺,从桑叶中分离出多种多羟基生物碱,包括 DNJ(分子式:$C_6H_{13}NO_4$,相对分子质量:163.17)、N-甲基-1-DNJ(N-Me-DNJ)、2-氧-α-半乳糖吡喃糖苷-1-DNJ,fagomine(桑叶中的一种生物碱)、1,4-二脱氧-1,4-亚氨基-D-阿拉伯糖醇、1,4-二脱氧-1,4-亚氨基-(2-氧-β-D-吡喃葡萄糖苷)-D-阿拉伯糖醇和 1α、2β、3α、4β-四羟基-去甲莨菪烷(去甲莨菪碱)。其中 DNJ(1-deoxynojirimycin)在高等植物中,仅仅存在于桑科植物中,是糖苷酶抑制剂,能明显抑制食后血糖急剧上升现象。

7. 黄酮类化合物

黄酮类化合物占桑叶干重的 1%~3%,是所有植物茎叶中含量较高的一种(杨海霞,2003)。韩国学者 Kim(1999)从桑叶中分离出 9 种类黄酮,日本学者 Kayo 等(2001)对桑叶的丁醇提取物进行分离,得到 9 种化合物,尤其富含芸香苷,平均每 100 g 干品中,含芸香苷 470~2 670 mg。黄酮类物质是一种天然的强抗氧化剂,能够清除人体中超氧离子自由基、氧自由基、脂质过氧化物、过氧化氢及酶类所不能清除的轻自由基等,具有降血压,抗衰老,防癌,抑制血清脂质增加和抑制动脉粥样硬化形成等多种作用。

黄酮类化合物含量因桑叶品种的不同而存在较大的差异。比如,广东伦敦桑叶中黄酮类化合物只有 11.71 mg/kg,而桐乡青桑叶中黄酮类化合物含量高达 26.61 mg/kg(朱祥瑞等,2006)。

此外,桑叶中还含有甾体类化合物、三萜类类化合物、香豆素、挥发油、有机酸、Cu-Zn SOD 及叶绿素、类胡萝卜素、叶黄素等色素和香精、植物雌激素、松香油等其他功能成分。

完成于 2 世纪的世界最早的药书《神农本草经》中,已记载了桑叶的药用价值,称桑叶为"神仙草",具有补血、疏风、散热、益肝通气、降压利尿之功效。据《本草纲目》、《中草药手册》、《中药大辞典》等资料记载:桑叶性味甘、平、寒;清肝明目聪耳,镇静神经,润肺热,止咳,手足麻木,赤眼涩痛,解蛇虫毒,可代茶止渴,通关节。现代中药学大都认为桑叶性味"甘、苦、寒,入肺、肝经,具有清肺止咳、清肝明目"的作用。

正是由于具有上述多种生物活性成分,桑叶具有降血糖、抗应激、抗衰老、降血压、增强肌体耐力、调节肾上腺素、降低胆固醇、抑制血栓生成,抑制肠内有害细菌繁殖、抗氧化、抗癌、抗过敏、防止动脉硬化、抗毛细管渗透、利尿、抑制对重金属的吸收,抑菌、杀虫、抗丝虫病等多种功能,还具有治疗秃头症和减肥的药用效力。最突出的功能是防治糖尿病,所以是一种价廉物美的新型功能性食品的基料。

8.5.1.2 桑叶的生理活性

1. 降血糖

自古以来,中医就将桑叶作为治疗消渴症(相当于现代医学的糖尿病)的中药应用于临床,日本古书《吃茶养生记》也有记载桑叶有改善"饮水病"(即糖尿病)的作用。近代医家也常将桑叶配伍于中药复方中应用于临床,且有较好的治疗效果。

大量研究表明桑叶的降血糖作用是通过两个途径实现的:一是通过桑叶生物碱 DNJ 对双糖分解酶活性产生抑制作用,从而抑制小肠对双糖的吸收,降低食后血糖的高峰值;二是桑叶生物碱 fagomine 及桑叶多糖促进细胞分泌胰岛素,而胰岛素可以促进细胞对糖的利用、肝糖原合成以及改善糖代谢,最终达到降血糖的效果。

桑叶与其他食品合用时,桑叶中的生物碱到达小肠后能与小肠内的 α-葡萄糖苷酶结合,结合性比麦芽糖和蔗糖的结合性高,因而阻止了双糖水解为单糖,使大量糖质不能在小肠内消化吸收而进入血液,从而明显抑制血糖的急剧上升。国内外研究资料证实,生物碱和多糖是桑叶中主要的降血糖活性成分,Asano 等(1994)从桑叶中分离出 6 种生物碱并确定了其分子结构,Kimura 等(1995)研究了 6 种化合物对糖尿病小鼠的降糖作用,实验结果表明,N-Me-DNJ,GAL-DNJ(DNJ 半乳糖苷),fagomine 都可显著的降低血糖水平,其中 GAL-DNJ 和 fagomine

降血糖作用最强,前者降糖机制可能是抑制 α-糖苷酶的活性,后者的机制与多糖相同,增加胰岛素的释放。

其中 GAL-DNJ 在植物中唯独桑叶含有,且易溶于水,易被人体吸收,所以桑叶制品是糖尿病患者的可选功能性食品或药品。Taniguchi 等(1998)研究发现桑叶多糖可提高糖尿病小鼠的耐糖能力和糖的储存能力,增加肝糖原含量而降低肝葡萄糖含量;促进正常小鼠胰岛 B 细胞分泌胰岛素的作用,在血糖水平下降的同时,明显提高了胰岛素水平。其降血糖机理是通过促进胰岛 B 细胞分泌胰岛素而发挥作用。此外,Ito 等(1995)研究表明,桑叶总黄酮也能够抑制双糖酶活性,从而具有显著的降血糖作用,而且将类黄酮与 DNJ 结合能更有效的抑制血糖上升,表明类黄酮与桑叶 DNJ 有一定的协同作用,但其协同作用机理还需进一步研究。中南大学湘雅医学院生理学系对一种以桑叶为主要原料的降血糖保健品进行研究,也发现桑叶多糖、生物碱及产品中其他成分有一定的协同配伍作用。另一方面,桑叶总黄酮对体外蛋白糖基化有抑制作用,蛋白非酶糖化是器官老化和糖尿病慢性并发症发生、发展的重要病理基础,抗氧化剂可抑制蛋白非酶糖化起抗糖尿病及其并发症作用。应用糖基化抑制剂对减缓或阻止糖尿病并发症发展具有重要意义。同时,桑叶所含脱皮固酮能促进葡萄糖转化为糖原,亦有降血糖功能。

2. 降血脂和降血压

桑叶有抑制脂肪肝的形成、降低血清脂肪和抑制动脉粥样硬化形成的作用。杨海霞等(2003)和欧阳臻等(2003)报道了桑叶降血脂和降血压活性成分包括1-丁醇提取物,植物甾醇、黄酮类(黄芩苷、异槲皮素、东莨菪苷、茵芋苷、苯甲醇的糖苷)等。桑叶对铜离子导致的低密度脂蛋白氧化有抑制作用,低密度脂蛋白(LDL)氧化变性是动脉粥样硬化发病的重要因素之一,高志刚等(2003)研究发现桑叶的丁醇提取物具有 LDL 氧化变性抑制作用,得出桑叶提取物对高脂血症血清脂质增加和动脉粥样硬化有抑制作用;桑叶能使高脂血症大鼠血清高密度脂蛋白 C(HDL-C)明显增高($p<0.05$),胆固醇(TC)、LDL-C、甘油三酯(TG)明显降低($p<0.05$),过氧化脂(LPO)显著降低($p<0.001$),说明可降低血脂,抑制有害过氧化物的生成,从而对高脂血症血清脂质升高及动脉粥样硬化有抑制作用。

3. 清除自由基和抗衰老

氧自由基是体内重要的致病因子,也是人体衰老的重要原因。桑叶中的 SOD、黄酮类化合物、多酚类化合物,均具有清除自由基和抗衰老作用。

桑叶有促进神经细胞生长因子(NCF)的作用,还具有稳定神经系统功能的作用,可缓解老人更年期情绪激动和性情乖戾,并可增加体内超氧化物歧化酶活性,阻止体内超氧化物生成,减少或消除已产生并积滞于体内的脂褐质(即老年斑),从而有延缓衰老、延长机体寿命的作用(杨海霞等,2003)。

桑叶能使皮质激素的合成分泌增加,肾上腺皮质分泌的醛固酮是维持机体水盐代谢的主要激素,人体衰老时醛固酮分泌减少,桑叶可促进醛固酮的分泌,从而改善内分泌系统的功能,可刺激血浆肾素的活性,也使醛固酮的分泌增加,延缓内分泌系统机能的衰老(杨海霞等,2003)。

赵丽君等(2004)报道了浙江大学临床药理研究所通过 4 年的实验,证实桑叶具有类似人参的补益和抗衰老作用。人参属于热补,而桑叶属于清补,无忌限,无论老幼均可使用,且四季皆宜。高志刚等(2003)发现桑叶无中枢神经系统安定作用,对免疫力无影响,无促进增长及激素样作用,提示对老年性疾病有较大的应用价值。

Sharma 等(2001)发现桑叶可提高清除自由基酶的活力,降低组织中的质褐质来延缓衰老,桑叶的水提取液有较强的轻自由基清除活性。Jia 等(1999)认为类黄酮有显著的自由基清除作用,桑叶可提高老年鼠肝内还原型谷胱甘肽的含量,减少或消除已产生并积滞于机体皮肤或内脏中的质褐质。

4. 抗病毒

引起艾滋病的 HIV 病毒有两个富含糖基化的环合蛋白 gp120 和 gp140,其作用是介导病毒与细胞表面受体分子接触并引起细胞融合形成合体细胞,欧阳臻等(2003)发现桑叶中 DNJ 及其衍生物对糖蛋白加工均有较强的抑制作用;DNJ 具有显著的抗反转录酶病毒活性,其 IC_{50} 为 1.2~2.5 μg/mL 且随 DNJ 剂量的增加,抑制力增强。

5. 抗肿瘤

桑叶能预防癌细胞生成,提高人体免疫力,主要功能成分包括类黄酮、DNJ、桑色素、SOD、GABA 及维生素,能抑制染色体突变和基因突变。从桑叶中分离纯化的两种类黄酮:槲皮素-3-β-D-吡喃葡萄糖苷和槲皮素-3,7-二氧-β-D-吡喃葡萄糖苷对人早幼粒白血病细胞系(HL-60)的生长表现出显著的抑制效应,其中后者还诱导了 HL-60 细胞系的分化;桑叶中的桑色素具有抗癌活性,并有抑制真菌的作用;桑叶中的维生素具有抑制变异原效应(杨海霞等,2003;杨超英等,2004)。

8.5.2　桑叶的利用

目前,桑叶营养保健制品包括普通食品、保健食品、饮料、调味料等。开发的产品有桑叶茶、桑叶面、桑豆腐、桑叶火腿肠、桑叶饼干、桑叶酒、桑叶豆粉(奶粉)、桑叶醋和桑叶酱等。

1. 桑叶茶

桑叶茶中还含芳香苷、胡萝卜素、维生素、绿原酸、叶酸、胆碱、糖类、果胶等多种成分。桑叶茶中丰富的镁有减少突发性死亡效果,含钙量是镁的 3 倍,是天然食品中钙镁含量高、钙镁比例最适人需要的。桑叶茶中锌,能促进生长发育与提高与改善生殖生理功能,改善皮肤障碍、脱毛、骨异常等症状。桑叶茶中富含铁,可防贫血。桑叶茶还有解热化痰、利尿、抑制伤寒杆菌及葡萄球菌生长有显著功效。此外,因含有 DNJ,可使桑叶茶提供的热量为零,且含丰富的食物纤维,所以桑叶茶能有效减肥、改善高脂血症,同时又有预防心肌梗死和脑出血的作用。总之,桑叶茶,保健功能多,食用方便,饮食前、饮食时都可饮用(金丰秋等,1999;范涛等,2002)。

桑叶茶因其丰富的营养物质和多种生理活性成分,可以弥补红茶与绿茶的不足,给一些不适宜喝茶的人饮用。

①高血压患者:不宜大量饮茶,因为茶有强心亢奋作用,使血压增高,桑叶茶不仅无升压作用,且有安神功能,有利于调节血压至正常。

②心脏病患者:病患者有早搏及心律不齐的,饮茶更使病情加重,桑叶茶无强心作用,却具有人参同样补益和抗衰老作用。

③胃病(胃炎、界窦炎、胃溃疡)患者:不宜饮茶,而桑叶茶有抗菌消炎作用,有利于胃病康复。

④失眠患者:不宜饮茶,尤其不能饮浓茶,因茶有亢奋神经作用,使人更加难以入睡,桑叶茶有安神镇定作用,有益无害。

⑤缺钙患者:普通茶含草酸乌龙茶、红茶等均含有 2%~4% 的咖啡因,与体内钙质结合而排出体外,使人加重缺钙,桑叶茶就无此弊病。

⑥孕产妇:普通茶叶中的鞣酸影响肠道对铁的吸收,从而引起贫血。另外,茶叶中还含有咖啡因,饮用茶水后,使产妇兴奋,不易入睡,影响产妇的休息和体力的恢复,同时茶内的咖啡因可能通过乳汁带入婴幼儿体内,容易使婴儿发生肠痉挛和忽然无故啼哭现象。而饮用桑叶茶不但可帮助产妇补给各种丰富的营养成分,还可有效地消除产妇妊娠斑。

由此可见桑叶茶的功效之广,因此桑叶茶是价廉物美,安全性极高的保健饮品。

2. 桑叶粉和桑叶汁

桑叶粉有两种,一种是将桑叶直接粉碎过筛而制成的粉末;另一种是将桑叶提取的浸出物进行处理制成的粉末。桑粉叶末呈绿色,有绿茶香,可直接加入食品,制成桑叶糕点、挂面、果冻、冰淇淋等,色泽口感相当好,也可加工成商品化的混合茶、药片等。

近年来,不含防腐剂、人造色素、人造香精的饮料越来越受到人们的青睐。桑叶汁可补充能量、维持人体平衡、增进人体健康、增强免疫力,可以作为天然饮料或天然饮料的组成成分。

3. 食品添加成分

因为桑叶是我国中医药管理局批准的药食两用产品,所以可以作为食品添加到食品中。

①着色剂、脱臭剂:主要成分为叶绿素。

②抗氧化剂:主要成分为黄酮、菇类、羟基蒽醌、酚类化合物,因其具有改变氧化态或烯醇式与酮式官能团互变异构的化学特性。

微波乙醇提取物抗氧化性最强,可与 BHT 媲美,水提取物次之,乙醇提取物最小。柠檬酸有较好的协同抗氧化作用。

③营养强化剂:桑叶经清洗、切碎、120℃蒸汽灭菌灭酶、磨浆、浸提、过滤、浓缩、真空干燥等工序,便可制成营养强化剂,可用于一些需要添加的食品中。

④桑叶乳酸菌饮料:以桑叶为原料,利用嗜热链球菌、保加利亚乳杆菌、双歧杆菌,及发酵酸奶的工艺:超微桑叶粉 2%、菌种 3%、均质,白砂糖 8%、稳定剂 0.1%,18~20 MPa 的压力,均质 37℃、10~12 h 发酵,便可制成桑叶乳酸菌饮料。

我国还开发出桑叶系列保健品种及功能性饮料,桑叶速溶茶、桑叶八宝粥、桑叶晶、桑叶保健酒、桑叶口服液、桑叶珍珠粉蜜、桑叶花粉蜜、桑叶可乐、桑叶汽水、桑叶面条、桑叶糕点、桑叶膨化食品等。

8.5.3　桑葚的化学成分和生理活性

桑葚系桑科植物桑(*Morus alba* L.)的成熟果实,又名桑果、桑枣,呈椭圆形紫黑色或玉白色。属浆果类型,营养丰富,功能独特,是一种宝贵的天然资源,开发利用前景广阔。

我国桑葚资源十分丰富,其药用历史悠久,自古以来桑葚就是中医临床中常用的中药材。《本草经疏》中提到:"桑葚,甘寒益血除热,为凉血补血益阴之药。"《本草纲目》中则有"捣汁饮,解酒中毒;酿酒服,利水气,消肿"等之说。桑葚现已被国家卫生部列为"既是食品又是药品"的农产品之一,具有很高的药用价值。近年来,科技工作者对桑葚的化学成分及药理作用进行了系统深入的研究,认为桑葚是药性温和的中药材,能补肝益肾、滋阴养血、养颜乌发,具有降血糖、降血脂、降血压、抗炎、抗衰老、抗肿瘤等功效及免疫促进作用。近年来,桑葚成分的提取利用方面有了新的进展,综合利用的效率也有了进一步提高。

8.5.3.1 桑葚化学成分

桑葚含有丰富的人体必需的多种功能成分,具有较高的营养和药用价值。各种成分在不同品种的不同发育阶段有着不同的含量变化。

1. 多酚类化合物

多酚(polyphenols)又名单宁、鞣质。广义的多酚物质是羟基直接连接在苯环上的酚类及其聚合物的总称,包括有色的花青素类酚类物质和无色的非花青素酚类物质,其中大部分属于无色的非花青素类多酚。

Choi 等(2005)利用 HPLC 法测定了 7 个果桑品种的多酚含量,从桑葚乙醇提取物中分离出了 13 种非花青素类多酚化合物(3 种酚酸、7 种黄酮、3 种 2-香豆酮衍生物)。

李妍等(2008)用高效液相色谱(HPLC)法测定了 3 个果桑品种大十、选 27、苗 66 的桑葚成熟过程中 15 种非花青素酚类物质及总酚的含量变化与差异。检测条件为:色谱柱 Zorbax SB-C18 柱(250 nm×4.6 nm,5 μm),流动相 A(乙腈)、B(0.4%冰醋酸),流速 1.0 mL/min,检测波长 280 nm。梯度洗脱程序:B 泵在 0~40 min 时,由 95%降至 75%;在 40~45 min 时,由 75%降至 65%;在 45~50 min 时,由 65%降至 50%。结果表明,在 3 个品种的桑葚成熟过程中,15 种非花青素酚类物质的含量变化不尽相同,不同的非花青素酚类物质在同一品种桑葚成熟过程中的含量变化不完全相同,同一种非花青素酚类物质在不同品种桑葚成熟过程中的含量变化也不完全相同。3 个品种的成熟桑葚中,15 种非花青素酚类物质含量均依次为:儿茶素>芦丁>金丝桃苷>苯甲酸>绿原酸>龙胆酸>水杨酸>阿魏酸>香草酸>槲皮素>表儿茶素>没食子酸>丁香酸>咖啡酸>白藜芦醇;桑葚多酚物质的总含量在成熟过程中逐渐增加,其含量为选 27>大十>苗 66。

孙伟等(2007)采用高效液相色谱(HPLC)法建立了桑葚多酚的指纹图谱。检测条件为:色谱柱 Shimpack VP-ODS 柱(250 nm×4.6 nm,5 μm),流动相为 A(0.05%磷酸)和 B[乙腈:四氢呋喃=50:50(体积分数)],梯度洗脱程序:O-15-28-34-34-0(min)、100-92-72-60-60-100(A%)、0-8-28-40-40-0(B%)。流速为 0.8 mL/min,检测波长为 313 nm。可以作为科学评价桑葚及其产品质量的检测方法,为桑葚中多酚物质的研究提供依据。

通过对不同品种桑葚的总酚、花色苷、维生素 C 和总抗氧化能力的相关性进行研究分析,结果发现,不同品种桑葚的总酚、花色苷和维生素 C 含量及总抗氧化能力变幅和变异系数较大,存在显著差异;桑葚总抗氧化能力与总酚和花色苷含量之间存在显著性的相关性($p<0.01$),与维生素 C 并没有明显的相关性($p>0.05$)。韩志萍等(2005)从桑葚全果中提取抗氧化性物质,用分光光度计测定了提取物对羟基自由基和超氧阴离子的清除作用,采用碘量法研究了桑葚提取物抑制油脂氧化活性及与其他物质的协同作用。结果表明:桑葚提取物具有很强的抗氧化活性,可有效地延缓油脂氧化反应。随着桑葚提取物用量的增加,其抗氧化作用增强,并且维生素 C、维生素 E、柠檬酸对其具有一定的协同作用。多酚物质具有多种生物活性功能(抗氧化性、消除体内自由基、抑菌等)和药理作用(抗衰老、降血脂、降血压、预防心血管疾病、抗癌防癌等),在食品和医药领域具有广阔的应用前景。

2. 多糖

多糖的提取方法有碱提法、酸提法、酶提法和水提法等。用水作溶剂来提取多糖时，可以用热水浸煮提取。尽管水提法效率低，但提取的多糖多数是中性多糖，不易破坏它的结构。该法所得多糖提取液可直接或离心除去不溶物；或者利用多糖不溶于高浓度乙醇的性质，用高浓度乙醇沉淀提纯多糖。魏兆军等（2007）用热水浸提法提取桑葚多糖，并用正交试验，优化了提取工艺。结果表明，温度和料水比对桑葚多糖的提取有显著影响，温度为 80℃，料水比为 1：30，每次 4 h，浸提 2 次为佳，在此工艺下多糖的提取率为 5.71%。传统的桑葚加工方法是将采收的鲜果直接晒干或略蒸后晒干。刘朝良等（2007）的实验认为桑葚中含有 10.99% 的多糖。尹爱群等（2005）采用 3 种不同的方法干燥桑葚，比较测定各干燥样品的含糖量和 pH 值。结果表明，70℃烘干的桑葚含糖量和 pH 值较高。提取方法的优化保证了桑葚多糖的结构稳定性，有利于对多糖的分离纯化，以及结构组成和生理活性的研究。

3. 挥发性成分

挥发性成分是构成和影响水果及其加工产品质量与典型性的重要因素。果品芳香物质的种类、组成及其生物合成特性，对果实新陈代谢及贮藏条件、对果实成熟过程和果实的品质有重要影响。

张莉等（2007）采用溶剂萃取法提取桑葚果实中的挥发性成分，经气相色谱-质谱联用仪分析（GC-MS），在成熟的桑葚中共检出了 35 个峰，鉴定出了 30 种挥发性化合物，占总峰面积的 99.90%。质量分数较高的化合物依次是二十醇（28.51%），二十四烷（16.55%），二十七烷（16.39%），乙酸十八醇酯（11.88%），十九烯（8.98%），维生素（5.71%），丁酸十八醇酯（4.2%），棕榈酸（1.15%），邻苯二甲酸二异辛酯（0.84%）。

晓华等（2007）用常规的水蒸气蒸馏法提取桑葚挥发油，采用气相色谱-质谱联用仪分析其挥发油的化学成分，共分离出 61 种成分，鉴定出 38 种成分，所鉴定的组分占挥发油色谱总峰面积的 85.09%，其中主要成分为：1-甲氧基-4-(2-丙烯基)苯相对含量最高，占总峰面积 31.58%，其次为糠醛 16.31%，(n)-1,7,7-三甲基二环[2,2,1]庚-2-酮 6.45%，其他为 2-壬烯醛 3.95%，己醛 3.94%，辛醛 2.39%，苯甲醛 2.27%，苯乙醛 2.14% 等。果实香气是多种芳香物质共同作用的结果，香气浓郁与否与香气成分多少有关，还与特征香气的含量及比例有关。挥发性成分的研究为桑葚的开发利用，以及成分和质量标准研究提供了依据。

4. 白藜芦醇

白藜芦醇是一种重要的植物抗毒素，分子式为 $C_{14}H_{12}O$，化学名为 3,5,4-三羟基-二苯乙烯（3,5,4-trihydrolystilbene），英文名称为 Resveratrol，是含有芪类结构的非黄酮类多酚化合物，它有顺式与反式两种构型，后者是白藜芦醇的稳定结构，而且生物活性更加广泛。白藜芦醇存在于 12 科 72 种植物中，特别在虎杖、葡萄、桑葚、花生、苜蓿之中含量较高。

白藜芦醇是植物在恶劣环境下或遭到病原体侵害时，自身分泌的一种抗毒素，用以抵御霉菌的感染，以游离态和糖苷结合态两种形式存在，均具有抗氧化效能。白藜芦醇具有防治心血管疾病，对抗最初的细胞和亚细胞损伤，抑制肿瘤的发生、发展，从而防治癌症，以及保肝、利肝、抗过敏，调节血脂，抵抗病原微生物等对人体有益的生物化学作用，在人体保健上有极其重要的应用前景。

白藜芦醇的提取一般用乙醇作为提取剂，采用超声波辅助提取，用大孔树脂作为层析柱方法提纯，另外有用微波辅助萃取、超临界 CO_2 萃取、碱提取法、高速逆流色谱分离等方法。白藜芦醇的常用检测方法有 HPLC、GC-MS、同步荧光法、薄层扫描、紫外分光光度法。桑葚中含有丰富的白藜芦醇。陈诚(2006)建立了利用反相高效液相色谱(RP-HPLC)测定桑葚中白藜芦醇和白藜芦醇苷的含量的方法。其实验结果表明,白藜芦醇和白藜芦醇苷的平均回收率分别为 95.7％和 95.8％,经测定,未成熟的桑葚(青果)的白藜芦醇和白藜芦醇苷含量分别为 0.03％和 0.062％,成熟果(红果)分别为 0.002 7％和 0.078％,熟透果(紫果)分别为 0.001 7％和0.051％,为进一步研究提供了检测依据。

张寒俊等(2007)采用同步荧光法检测桑葚中白藜芦醇含量,将市售桑葚提取液减压浓缩后,经冷冻干燥,乙醇溶解,离心分离。该方法操作简单,成本低,准确度高,重现性好,检测结果可靠,可广泛应用于白藜芦醇实验研究和生产过程中的检测。

为充分利用桑葚经榨汁后的新鲜果皮,朱祥瑞等(2007)对鲜桑果皮中白藜芦醇的提取条件进行了优化,即提取溶剂为 80％乙醇-丙酮(1：1,体积分数),原料与溶剂的质量体积为 400 mg/mL,提取时间为 4 h。检测条件为:色谱柱 Hypersil ODS(250 nm×4.6 nm,5 μm),流动相为乙腈-水(35：65,体积分数),检测波长为 303 nm,流速 1.0 mL/min。结果显示,新鲜桑葚果皮中白藜芦醇的质量分数为 0.128 mg/g,在葡萄果皮中的质量分数为 0.024 1 mg/g,前者是后者的 5 倍,此结果为桑葚果皮的开发利用提供了新思路。

5. 微量元素及矿物质

桑葚中含有丰富的微量元素及矿物质见表 8.9。

表8.9　桑葚中的矿物质和微量元素　　　　　　　　　　　　　　　　　　mg/kg

元素	含量	元素	含量
钾	1 620	钙	223
镁	149	铁	0.45
锌	1.42	铜	0.07
锰	1.30	磷	317.0
硒	0.046		

6. 黄酮类化合物

①芦丁:芦丁又名芸香苷、紫皮苷,是桑葚黄酮中的主要成分。芦丁可以作为醛糖还原酶的阻止因子,防止老化和糖尿病过程产生的美拉德反应和胶原荧光。芦丁有凉血止血、清肝泻火、抗炎、抗病毒作用,临床上用于防治脑出血、高血压、视网膜出血、急性出血肾炎,治疗慢性气管炎,对糖尿病、白内障均有较好疗效。现代医学研究证明,芦丁可以阻止结肠癌等的形成。

②花青素:桑葚花青素属黄酮类,可溶于水、甲醇、乙醇、乙酸、丙酮等极性溶剂,不溶于或难溶于乙醚、氯仿等非极性溶剂。桑葚中的花青素对心血管病的防治起着重要作用。花青素可以通过捕获活性氧自由基及抑制胶原酶、弹性酶、透明质酸酶和 β-葡萄糖醛酸甙酶起到保护血管内皮细胞的作用;同时还可有效抗突变,降低毛细血管通透性(抗炎活性),抑制细胞中磷酸二酯酶使血管舒张,抑制血小板凝集,预防缺血性心室挛缩和缺血性心律失常;还可起到抗溃疡、抗腹泻、抗病毒和真菌、抗致癌剂等作用。

徐玉娟等(2002)报道 pH 值对桑葚色素的影响显著,在酸性条件下色素稳定;长时间高温和光照对色素有明显的破坏作用;金属离子 Na^+、Ca^{2+}、Cu^{2+}、Fe^{2+}、Mg^{2+}、Zn^{2+} 和 Mn^{2+} 对桑葚色素色泽起到一定的增色效果,但 Fe^{3+} 则有明显的不良影响;食品中常用的葡萄糖、蔗糖、苯甲酸钠和山梨酸钾对桑葚色素无明显的不良影响；维生素 C 对桑葚色素有双重作用，而 H_2O_2 和 Na_2SO_3 对色素有严重的破坏作用。

目前桑葚中花青素已经有工业化提取，一般用甲醇和 10％盐酸提取，也可以用 3％柠檬酸提取，产物作为食品添加剂使用。提取剂中的酸能防止非酰基化的花色苷的降解，甚至可以水解部分已经酰基化了的花青素，但是在蒸发浓缩时这些酸会导致色素的降解（Kong 等，2003）。陈小全等（2004）研究了超声波条件下提取桑葚花青素的工艺，结果显示，在乙醇为溶剂、温度 35℃并且在超声波（20 kHz）的作用下桑葚色素的提取效果较好。

8.5.3.2　桑葚的生理功能

传统中医认为，桑葚具有滋阴、补肝、补肾、补血、名目、乌发养颜、治疗失眠和神经衰弱、抗疲劳、防治便秘等功效。现代医学研究表明，桑葚具有增强免疫功能、促进造血细胞的生长、防止人体动脉硬化、抗诱变、降血糖、抗病毒、抗氧化及延续衰老等作用。

1. 增强机体免疫

桑葚水煎液按 10 g/kg 体重给药 10 d，可明显增加小鼠脾脏的重量，对氢化可的松所致虚证，小鼠的体重、脾脏、胸腺重量及血清碳粒廓清速率均有显著的增加作用。新鲜桑果汁可显著增强氢化可的松所致免疫低下小鼠的免疫功能，使之恢复正常。顾洪安等（2001）通过检测小鼠刀豆素 A（ConA）诱导的脾淋巴细胞增殖反应、IL-2 诱生活性、NK 细胞活性，研究了桑葚对阴虚小鼠免疫功能的影响，结果显示，桑葚悬浮液能够提高阴虚小鼠的淋巴细胞增殖能力、IL-2 诱生活性和 NK 细胞杀伤率，从而增强细胞免疫功能。

2. 延缓衰老、抗诱变

施洪飞等（2001）用桑葚水提液给老龄小鼠灌胃 45～60 d 后，测定抗氧化延缓衰老的生化指标。结果表明，桑葚提取液使肝脏过氧化脂质（LPL）明显降低；全血谷胱甘肽过氧化物酶（GSH-Px）和过氧化氢酶（CAT）活性显著提高，心肌脂褐素明显减少。桑葚提取液具有一定的抗氧化延缓衰老的作用。杨立坤等（1999）研究发现，桑葚水提液能提高老龄小鼠肝、脑、睾丸及肾脏的 SOD 活力，还能提高老龄小鼠全血和肝脏的 GSH-Px 活力，说明其有一定的抗氧化、延缓衰老的作用。

姜声扬等（1998）用小鼠骨髓细胞微核实验方法和小鼠骨髓细胞染色体畸变实验方法观察了新鲜桑葚汁对环磷酰胺诱发小鼠骨髓嗜多染红细胞微核和染色体畸变的抑制作用。研究显示，新鲜桑葚汁具有抑制环磷酰胺诱发骨髓微核率和染色体畸变率升高的作用，具有明显的剂量反应关系，说明新鲜桑葚汁具有一定的抗诱变作用。

3. 降血糖、血脂

有研究表明，利用桑葚等中药材研制功能性饮料，经动物试验表明该保健饮品能对抗四氧嘧啶和肾上腺素引起的高血糖，同时能降低异常的血清胆固醇、甘油三酯、低密度脂蛋白，而使高密度脂蛋白水平升高（胡觉民，1996）。也有研究以桑葚、茯苓、山药等为原料同时强化锌研制的同类产品，通过高脂模型动物实验和临床试验表明，该口服液具有降低血清总胆固醇、甘油三酯、低密度脂蛋白胆固醇、过氧化脂质、动脉硬化指数及升高血清锌的作用，并且有增高血清高密度脂蛋白胆固醇和红细胞中 SOD 活性的效应，具有预防动脉硬化和血管老化及一定的延缓衰老的作用。

王贤斌等（1999）以桑葚子为主要成分研制五子汤能有效改善糖尿病患者体内的高黏血症状。侯永茂等（1998）以桑葚为君药自拟糖宁方治疗Ⅱ型糖尿病，不但可以有力地控制血尿糖，对糖尿病并发手足麻疼、视物模糊、尿蛋白等并发症也有明显疗效。

杨小兰(2005)研究了桑葚对高脂血症大鼠脂质代谢的影响,用普通基础饲料加 10% 猪油、1% 胆固醇、0.5% 胆酸钠组成高脂饲料。在高脂饲料中添加 10% 的桑葚果粉饲喂 Wistar 大鼠(桑葚组),4 周后与单饲高脂饲料的大鼠(高脂组)对比血脂和肝脂水平,结果桑葚组大鼠血清和肝脏的胆固醇、甘油三酯含量均显著降低($p<0.01$),血清低密度脂蛋白胆固醇和致动脉硬化指数也明显下降($p<0.01$),而高密度脂蛋白胆固醇和抗动脉硬化指数显著升高($p<0.01$),认为黑桑葚果粉对高脂血症大鼠具有显著的降脂、抗动脉粥样硬化作用。

4. 促进造血细胞生长

Shimizu 等(1991)以体内扩散盒方法测试了桑葚对粒系祖细胞(CFu-D)的作用。结果表明:桑葚能使 CFu-D 产率明显增加,对粒系祖细胞的生长有促进作用。由桑葚等中药组成的补肾活血剂对 CFu-GM(粒单祖细胞)、CFu-E(红系祖细胞)等有明显的促进作用。

孙伟正等(1997)采用桑葚为主药的补髓生血胶囊治疗再生障碍性贫血的临床实验,发现该药品具有恢复造血干/祖细胞膜 IL-3、IL-6、L-11 受体的作用,表明以桑葚为主药的补髓生血胶囊是通过患者体内调控因子使造血干细胞膜受体改变而起到治疗作用,增加血细胞的数量。

5. 降低细胞膜上 Na^+-K^+-ATP 酶活性

操红缨(1999)给不同年龄的 BALb/c 及 IACA 两种纯系小鼠口服桑葚水抽提液 12.5 mg/kg,连续 2 周,观察其对各年龄组小鼠红细胞膜 Na^+-K^+-ATP 酶活性的影响,可见桑葚使 6 月龄及 18 月龄 BALb/cdx 鼠与 3、12 及 18 月龄 IACAdx 鼠红细胞膜 Na^+-K^+-ATP 酶活性显著下降,但对 24 月龄鼠影响不大,桑葚降低红细胞膜上 Na^+-K^+-ATP 酶活性,可能是其滋阴作用机制。

8.5.4　桑葚的利用

桑葚现已被国家卫生部列为"既是食品又是药品"的农产品之一,以桑葚为原料,可将其制成食品或功能性食品。

1. 鲜果

桑葚为多季水果,4—5 月份成熟上市,此时正是水果淡季,旅游旺季,鲜果销售量大,市场价格高,此时宾馆、饭店、旅游胜区、娱乐场所鲜果短缺,可利用桑葚弥补。

2. 桑葚罐头

新鲜桑果经原料处理、浸盐水、挑拣装罐、加热封罐、杀菌冷却等工艺流程可生产出色泽均匀一致,具有桑葚风味的桑葚罐头,可延长保存期(董雅君,1995)。

3. 桑葚饮料

以桑葚为主要原料,辅以其他食品添加剂(如糖、酸、稳定剂等)加工成果汁饮料,是一种集营养和保健功能为一体的天然果汁饮品。其加工过程为:选料、清洗、加热、榨汁、离心分离、过滤、配料、脱气、杀菌、装罐、密封。以 30% 桑葚汁,13% 砂糖,0.3% 柠檬酸和 0.1% 抗坏血酸为配方可制成浅紫红色,澄清透明的桑葚饮料(余华,2001)。

桑葚果汁饮料具有"天然、安全、有效"的特点,完全符合当今世界第三代保健饮料的发展方向。以 10% 牛乳,9% 桑葚汁,7.5% 砂糖,0.3% 柠檬酸,0.006% 乙基麦芽酚,0.004% 山梨酸钾为配方经预处理、打浆、浸提、过滤、调配、匀质、脱气等工艺可制成具有桑葚特有风味和独特复合香味的桑葚乳饮料(周建华,1998)。以桑葚浆、原料乳、奶油、脱脂奶粉和蔗糖为原料还可制成有酸奶固有风味及适口的桑葚果香味的桑葚酸乳(马金峰,1997)。根据营养、功效互补原理,将桑葚、莲子、杏仁混合,辅以白砂糖、乳化剂、羧甲基纤维素钠、黄原胶等,经科学加工,可研制成营养丰富,保健性强的高级饮品(周建华,2002)。

4. 桑葚酒

董坤明(1991)和吴继军等(2002)以成熟桑葚、白砂糖、柠檬酸、枣花蜂蜜、葡萄酒酵母为原料,经不同工艺分别加工成桑果浸泡原酒和桑果发酵原酒。按一定比例用白砂糖和适量蜂蜜调配,配制好的原液经酿制、过滤得桑葚果酒。此酒液鲜红透明,酒味芳香爽口,柔和纯正,且具有营养保健价值。用桑葚和糯米加工成的桑葚米酒,色泽紫红诱人,具有米酒固有的香气和明显的桑葚果香,酸甜适口,丰满醇厚。桑葚米酒不仅增加了米酒的色香味,而且提高了米酒的营养价值和保健功能。

5. 桑葚果茶

徐玉娟等(2002)以5％桑葚原汁,60％乌龙茶茶汤,6％蔗糖,0.2％柠檬酸为原料,经浸提、过滤、调配、灭菌等工序制成的桑葚果茶,具有茶和鲜桑果汁的香气,味感协调,酸甜适口,具有良好的保健功能。用40％桑葚汁,47％绿茶汁,0.017％APM(阿斯巴甜),0.02％柠檬酸,0.008％乙基麦芽酚配制成桑葚速溶茶,它是一种集桑葚和绿茶的保健功能于一身的风味独特的固体饮品。

6. 桑葚酱

徐玉娟等(2001)桑葚果酱是以新鲜桑葚为主要原料,添加砂糖、柠檬酸、增稠剂等辅料,经打浆、真空浓缩、灭菌等工序加工而成的低糖果酱。采用该工艺生产的桑葚果酱氨基酸种类齐全,含有多种维生素和丰富的花青素,色泽美观,酸甜适口,营养丰富,风味独特,具有较强的保健功能。以30％桑葚,20％杏,42％蔗糖,7％淀粉糖浆,0.7％琼脂,0.3％柠檬酸为原料制成的桑葚杏酱呈酱红色,口感较好,酸甜适中,软硬适度,且具有桑葚风味。

7. 桑葚脯

宋德群(2002)以色泽深红、肉质致密且较硬、汁液较少的桑葚为原料,经清选、浸洗、硬化、糖渍糖浸、烘烤、回软、检验、包装等工艺流程制成的桑葚脯色泽红润,酸甜适口,营养丰富。

8. 桑葚露

曹英超(1995)以40％桑葚原汁,14％砂糖,0.3％稳定剂,0.15％柠檬酸,0.05％抗坏血酸,0.1％糖蜜素为原料,经选料、清洗、漂烫、破碎、打浆、胶体研磨、调配、匀质、脱气、灭菌等工艺制成的桑葚露,香气协调,柔和纯正,酸甜适口,口感好。

9. 桑葚果冻

方元平等(2002)以1.2％～1.5％海藻酸钠,0.2％磷酸氢钙,40％桑葚原汁,20％金针菇提取液,15％白糖,0.15％柠檬酸,0.15％葡萄糖酸内酯,0.05％～0.1％山梨酸钾,红枣子香精适量,40％水为配料制成的桑葚益智果冻,富有弹性和韧性,具有较浓的果香味,具有较好的保健和益智功能。

10. 桑葚冰淇淋

刘焕书等(2000)以桑葚果汁、全脂淡奶粉、稀奶油、白砂糖、稳定剂、食用香精、乙基麦芽酚等原料制成的桑葚冰淇淋具有天然的桑葚颜色,有浓郁的奶香和特殊的桑葚果汁味。

11. 蜂蜜桑葚膏

孙孝龙等(2005)报道了桑葚膏的制作方法：

选取 8～9 成熟、无病虫、无损伤、无污染的桑果为原料。用流动自来水逐渐清洗,去泥杂物、去青果,精选符合加工要求的桑果,晾干备用。

将干净的桑果放入榨汁机中分离汁液或放进容器中进行人工捣碎成浆状,用 3～4 层纱布过滤,并用器具协助将汁挤出。

将过滤好的桑葚汁放入煎锅中(严禁使用金属锅,以防营养损失),适当加水,进行煎煮,先以大火烧开后,改用小火煮 30～60 min,稠密适中即停。将过滤后剩下的桑葚加适量水,同煮汁法进行煎煮,共进行两次,并将渣煮液和汁煮液混合。

在混合汁液中,加入 65% 果汁的炼蜜,继续小火熬煮,并不断搅拌,到规定浓度时停火即得清膏(以水滴落液面成球状分散或以浓液滴滤纸上四边无渗出水迹为准)。

根据使用要求,对清膏进行不停搅拌煎熬,直至达到规定的蜜膏浓度要求,一般要求蜜膏相对浓度为 1.4 左右。冷却待收。

先将容器洗净,干燥消毒,然后再将冷却的蜜膏装瓶。一般使用大口非金属容器,以取用方便。最后灭菌,抽真空密封,保存待用。

需用时,以沸水冲化饮用,每次 15 mL,每日 2～3 次。

综上所述,桑葚的营养价值较高,可作为多种食品的原料。随着人们物质生活水平的提高,营养保健食品的开发日益受到重视,以桑葚为原料的产品将越来越受到人们的青睐。桑葚的开发利用既能带动农区经济的发展,又能提高蚕桑综合效益,其前景十分广阔。

8.5.5　桑枝的成分和性质

我国地域广阔,自然生态环境复杂多样,经过长期的自然和人工选择,形成了极其丰富的桑树种质资源。目前,我国共保存桑树种质资源达 2 600 余份,分属 15 个种 4 个变种(潘一乐等,2006),是世界上桑种品种保存最多的国家。

桑树除采叶养蚕外,其枝、根、果实和桑叶均具有很高的经济开发价值。尤其是桑枝产量较高,平均每 667m² 成林桑园年产桑枝 1.2～1.5 t,全国年产桑枝总量达到 1 440 万～1 800 万 t,为蚕桑生产过程中最为丰富的副产物资源。

8.5.5.1　桑枝化学成分

1. 药用成分

桑枝含多种活性成分,主要有黄酮类化合物,江苏新医学院(2003),肖培根(2002),梁晓霞等(2002)和 Yoshiaki 等(1976)就桑枝的成分研究后发现了桑黄酮、桑色烯、环桑黄酮、环桑色烯、桑色素、柘树宁、四羟基、桑酮、二氢桑色素和二氢山萘酚等。另外,还含有桑枝生物碱、鞣质、酚性物质、葡萄糖、琥珀酸、腺嘌呤肌醇、游离糖、单宁酸、植物淄醇、乙酰胆碱、1-脱氧野尻霉素以及果胶等多种药理活性成分。

吴志平等(2005)、王蓉等(2002)、叶飞等(2002)、郭宝荣等(1999)、王国建等(1998)、成羿等(2001)以及刘明月等(2003)先后对桑枝的药理作用进行了研究,证明桑枝的多种药理活性成分具有降血脂、抗氧化、降血糖、抗菌消炎等功效。目前广泛用于糖尿病、高血脂、高血压、风湿痛、关节痛、足麻木、脚气病等症(李娜等,2006)。

2．食用成分

桑枝富含纤维素、粗蛋白等多种营养物质。据测定，桑枝韧皮部含粗蛋白5.44％，纤维素51.88％，木质素18.18％，半纤维素23.02％，灰分1.57％（黄月清，2008）。木质部含木质素19.11％，多戊糖21.76％，半纤维素78.83％，灰分2.32％（黄文亚，1998）。

桑枝富含的多种营养成分使其非常适合作为食用菌的培养基质。桑枝屑做培养基质栽培香菇（李荣刚，2006）、黑木耳（黄月清，2008）、蘑菇（韦目阔，2007）、姬菇（袁卫东，2007）等食用菌，品质好，产量高，质量上乘，深受商家喜爱，经济效益显著。同时，桑枝中富含有钾、钙、镁等16种矿质元素，硒的含量尤其高，可用于培养富硒蘑菇（梁峥等，2002）。

3．化学工业成分

桑枝从结构上分为木质部和韧皮部，其中木质部约占72％，韧皮部约占27％，髓心部约占1％。由于木质部含有大量的纤维素，桑枝的木质部分可以用作生产板材如纤维板、密度板、欧松板和粒子板等。韧皮部中桑皮纤维占桑皮的60％，此外还含有木质素和半纤维素等。桑皮纤维强力大，伸度好，是制造人造棉、人造丝的好材料。韧皮部还含有较多的果胶，利用桑皮加工人造棉、人造丝的碱煮废水，可提取果胶。果胶可作为食品添加剂，用于果酱、果冻、糖果、增稠剂、糕点软化、冰淇淋及酸牛奶稳定等，也可作为医药工业的原料（李白琼，2006）。桑枝做浆，皮相当于针叶木纤维、杆相当于阔叶木纤维，皮杆混合制浆，可生产各种高档文化、生活用纸

8.5.5.2　桑枝的生理功能

1．降血糖

天然黄酮类化合物是植物体多酚类的内信号分子及中间体或代谢物，Claudia等证实不少天然药物中黄酮类化合物具有明显的抗糖尿病作用，利用天然产物中的黄酮类化合物研究开发新药，具有广阔的应用前景。

吴志平等（2005）以春天采集的桑叶、桑白皮、桑枝（嫩枝）和桑皮4种中药材为材料，研究了桑树不同药用部位的乙醇提取物对链脲佐菌素（streptozotocin，STZ）诱导的糖尿病小鼠的降血糖效果。结果显示，这4种中药材都具有明显的降血糖作用，而其中桑枝的功效最为显著，吴志平等（2005）进一步进行了桑枝总黄酮类化合物的降血糖药效学试验研究，发现桑枝总黄酮能降低高血糖模型小鼠的血糖值，推测桑枝总黄酮是桑枝降血糖作用的有效部位。叶菲等（2002）研究发现，给四氧嘧啶高血糖大鼠连续口服桑枝提取物，高血糖大鼠空腹和非禁食血糖等指标均明显降低、血脂得到调节，糖尿病肾病得到改善。

在中药桑枝治疗糖尿病的临床应用方面，中医常选用桑枝来治疗糖尿病关节病变和周围神经病变，可显著降低血糖而缓解症状，其疗效确切，如郭宝荣等（1999）采用桑枝颗粒（纯中药制剂）对Ⅱ型糖尿病人进行了系统的临床观察，同时设立西药（拜糖平）对照组，治疗时间为2个月，发现桑枝颗粒组和西药对照组的降血糖总有效率分别为95％和80％，桑枝颗粒在改善糖尿病症状、降低血脂等方面的疗效也优于西药对照组。

2．治疗糖尿病末梢神经炎

中医认为糖尿病末梢神经炎是由于气虚血瘀所致，所谓的"气不行则麻，血不行则木"、"不通则痛，不荣则痛"。刘海燕（2003）研究报道，以桂枝和桑枝二味为主药，视患者病变部位和程度不同，自拟方剂加减治疗糖尿病末梢神经炎，既遵循了温阳化气、活血通络的中医治疗原则，也与现代药理研究的结果相符合，临床治疗糖尿病末梢神经炎患者共87例，取得了较满意的

疗效。桂枝和桑枝二味为主药，既疏通经络又作为引经药，使诸药达四末。现代药理研究证明桂枝的有效成分是桂皮醛和桂皮酸，而桑枝中的主要活性成分异槲皮苷具有扩张血管、解热、镇痛抗炎及抗过敏的作用。

3. 降血脂

吴娱明等(2005)研究了桑枝总黄酮的降血脂作用，分别用水、甲醇、95%乙醇、丙酮、乙酸乙酯、正丁醇6种溶剂对桑枝进行提取，测得提取物中的总黄酮含量分别为 0.622 mg/g、0.593 mg/g、0.693 mg/g、0.492 mg/g、0.464 mg/g、0.407 mg/g。用水和95%乙醇为溶剂的桑枝提取物给高血脂模型小鼠灌胃治疗，小鼠体重的降低率分别为8.9%和15%，血清中的总胆固醇和甘油三酯水平均有差异，其中以95%乙醇作溶剂的桑枝提取物使小鼠血清总胆固醇水平和甘油三酯水平与阳性组比较差异极显著。推测桑枝95%乙醇提取物中具有降低高脂血症甘油三酯及胆固醇水平的活性成分。

4. 抗炎

《内经》中记载："诸风掉眩，皆属于肝"，中医认为关节炎属痹症范畴，也多为肝肾亏损、湿热之邪侵袭之故，主要的病理症状为局部关节结缔组织血液循环障碍而致血脉淤滞、关节肿痛。桑枝归肝经，性平味苦，用于湿热痹症、祛风通络；用于调肝利湿；用于肝血不足、湿热之邪乘虚而入所致气血不畅而发痛麻之痹。王蓉等(2002)用不同有机溶剂萃取了桑枝的乙醇提取物，经浓缩得到石油醚提取物(Ⅰ)、乙酸乙酯提取物(Ⅱ)和正丁醇提取物(Ⅲ)3部分，分别进行定性分析，并灌胃给药进行抗炎实验。其结果表明，提取物Ⅰ和Ⅲ的0.30 g/kg组对二甲苯致小鼠耳肿胀有明显的抑制作用，提取物Ⅰ的0.15 g/kg组有明显的抑制毛细血管通透性的作用。刘明月等(2003)用浓度为100~400 mg/kg 的桑枝95%乙醇提取物乳剂，给小鼠灌胃给药，研究提取物的抗炎作用，结果表明，在二甲苯致小鼠耳肿胀、醋酸致小鼠腹腔毛细血管通透性增高，鸡蛋清性小鼠足跖肿胀及滤纸片诱导的肉芽增生等模型上具有抗炎作用。陈福君等(1995)的研究证实了桑枝提取物对巴豆油致小鼠耳肿胀、角叉菜胶致足浮肿均有较强的抑制作用，并可抑制醋酸引起的小鼠腹腔液渗出，表现出较强的抗炎活性。

在临床实践方面，王国建(1998)用白芥子配桑枝内服、外用治疗肩周炎，获得了相当好的疗效。治疗方法如下：白芥子15 g，桑枝30 g用水煎服，每日1剂；并用剩余药渣热敷肩峰部位，每日2次，每次30 min，10 d作为1个疗程。此疗法作用持久、见效快且简便易行，对于肩关节疼痛较甚者效果更佳。中医认为，肩周炎患者大多体质虚弱、又感风、寒、湿之邪，寒凝经络、气血不通而疼痛较甚。中药白芥子是治疗慢支、肺气肿咳喘痰多的良药，因它能散寒凝、利气机及消肿止痛而广泛应用于由风寒、冷湿引起的疼痛；中药桑枝侧偏于走上，善治上肢痹证，可引药直达病所，两药相配一温一通，使寒凝散、经络通而疼痛止。

5. 桑枝多糖的免疫作用

邬灏等(2005)采用水提醇沉法对桑枝中的多糖进行了分离纯化研究，用改良的苯酚-硫酸法测得桑枝中多糖含量为5.5%，提取物桑枝多糖中的含量为56.6%。经多次水溶醇沉后，桑枝多糖含量可达70%以上，另外采用碳粒廓清法和二硝基氟苯诱导小鼠迟发型变态反应试验法，观察了桑枝多糖对地塞米松所致免疫低下模型小鼠免疫功能的影响，发现桑枝多糖可显著提高免疫低下小鼠的吞噬指数 α，增强网状内皮细胞的吞噬功能和小鼠迟发型变态反应能力及增强 T 细胞活性。

8.5.6 桑枝的利用

8.5.6.1 药用

桑枝具有多种生理功能,桑枝用作药用,具有良好的功效。

桑枝的黄酮类活性成分,是开发天然抗氧化剂的良好材料。廖森泰等(2007)用比色法对广东桑不同品种及不同生长季节桑枝的总黄酮含量及体外抗氧化活性进行了测定,表明品种和生长季节对桑枝总黄酮含量和体外抗氧化活性有显著的影响,染色体倍数性对桑枝总黄酮含量和体外抗氧化活性无显著的影响,桑枝总黄酮含量与抗氧化活性间呈现显著的正相关关系。

Yoshiaki 等(1976)从桑枝和桑白皮中分离得到了 1-脱氧野尻霉素(DNJ)。研究发现 DNJ具有高效竞争性抑制 α-葡萄糖苷酶的药理活性,可用于治疗糖尿病、肥胖症和病毒感染等疾病。

春末夏初采收桑枝,去叶晒干,或趁鲜切片晒干。生用,或炒微黄用,为利关节的常用药,用于治疗肩臂关节酸痛麻木。临床应用于关节肿痛,手足麻木,风湿痹痛,瘫痪等多种疾病。外用白芥子并配桑枝内服可治疗肩周炎。

8.5.6.2 栽培食用菌

桑枝是蚕桑生产中最大量的副产物,桑枝木纤维化程度适中,富含纤维素、粗蛋白等多种营养物质,是栽培食用菌和药用菌的良好基质材料。目前,国内已初步筛选出适宜于桑枝栽培的食用菌菌种,浙江、广西、广东、山东、四川、重庆和陕西等地相继用桑枝屑做培养基质栽培香菇、黑木耳、蘑菇、姬菇、金针菇、猴头菇、平菇、榆黄菇、杏鲍菇及花菇等食用菌获得成功,完善了菌袋原料配方、建立了桑枝食用菌高产栽培技术。因此利用桑枝屑栽培食用菌技术已在我国部分蚕桑发达地区普及并推广应用。

桑枝条含氮量很高,同时含有大量的纤维素、半纤维素、酚类、黄酮类、生物碱等特殊成分,其中桑皮中的纤维素含量非常大,且强力大,是栽培食用菌的上等生产原料。据有关专家测定,桑枝不含有对香菇等食用菌生长发育有害的油脂、松脂、精油、苦味、臭味及其他异味,而富含香菇生长需要的营养成分,因此产出的香菇口感好,质量上乘,且出菇快,产量高,有其他培养料不可比拟的优越性。另据报道,桑枝屑培养食用菌还会增加食用菌子实体中黄酮类物质的含量。

1. 香菇的栽培

利用桑枝栽培香菇,江苏省睢宁县经过几年的研究实践,总结出了春栽和秋栽比较理想的配方,选用需用桑枝屑78%、麦麸20%、石灰1%、蔗糖1%,另外加营养素2袋,克氯素1袋,材料水之比是1:1,pH值在灭菌前为6~6.5为宜。其工艺流程:配料—装袋—灭菌—接种—发菌管理—出菇管理—采收。成林桑园每亩通过剪梢、夏伐,可产生桑枝条600 kg,可制菌袋300个,可生产食用菌600 kg。每 kg 鲜菇可卖4~5元,每 667m² 桑园产值2 500多元。

2. 黑木耳的栽培

黑木耳素有山珍、素中之荤的美称。桑枝韧皮部发达,富含纤维素,营养丰富,符合黑木耳生长发育中对营养的需求。浙江省嘉兴市秀洲区通过实践证明,用桑枝屑栽培黑木耳,吃料快、污染低、子实体提前发生、厚实,具有优质高产的特点,是生产黑木耳的上等原料。原料配方 1：桑枝屑 80％、麸皮 13％、棉籽壳 5％、木耳专用料 2％；原料配方 2：桑枝屑 70％、麸皮 18％、棉籽壳 10％、木耳专用料 2％。利用桑枝屑袋料栽培黑木耳，袋料 55 cm×15 cm 的总成本 2.5～2.6 元/袋，平均采干木耳 55 袋，每 hm² 收益近 15 万元；采收后的菌棒可作蔬菜等生产肥料，形成了以"桑枝条（废弃物）—黑木耳（废菌棒）—晚稻、废菌棒—蔬菜"循环式生态高效的生产模式。因此，利用桑枝屑袋料栽培黑木耳，其经济、社会和生态效益明显。

3. 秀珍菇的栽培

秀珍菇又名小平菇，属于珍稀食用菌品种，主要产自台湾。秀珍菇营养丰富，质地鲜嫩，口感好，无平菇的腥味而深受消费者青睐。广西地区反季节栽培的培养料配方为：桑枝屑 78％，麸皮 20％，石灰 1％，轻质碳酸钙 1％，培养料含水量 62％左右，采用该配方可采收菇 4～5 次，菇厚品质好，外观佳，效益高。

4. 灵芝的栽培

桑枝本身是常用的中药材，用桑枝栽培的药用菌灵芝，即桑枝灵芝，比杂木屑和段木栽培的灵芝都好。桑枝灵芝的人工栽培技术流程是：桑枝采集—切段—粉碎—配料—装袋—灭菌—接种—培育管理—采芝—晒干—包装。薛洪恩等（2005）利用桑枝条栽培灵芝，其平均生物转化率为 20.20％，用桑枝条栽培灵芝每 667m² 可增加纯收入 528 元，投入与产出比为 1：1.38，经济效益显著。

除桑枝屑外，桑枝条也可直接用于食用菌的栽培。桑枝药用成分丰富，是培养灵芝的良好基质，广东省农业科学院蚕业研究所已成功筛选出适宜于桑枝栽培的灵芝菌株，并建立了高产栽培技术。为了进一步提高桑枝灵芝的经济效益，还进行了灵芝鸡开发、桑枝灵芝盆景和桑枝灵芝深加工等试验研究。薛洪恩等（2005）利用桑枝条栽培灵芝，其平均生物转化率为 20.20％，用桑枝条栽培灵芝可增加纯收入 7 920 元/hm²，投入与产出比为 1：1.38，经济效益显著。同时因桑枝本身是中药材，桑枝灵芝比杂木或段木灵芝的主要药理成分灵芝多糖高 30％以上（李娜等，2006）。桑枝条还可用于覆土栽培木耳，使其生物转化率达到 323.28％，明显高于不覆土处理的 262.91％（郑社会等，1997）。桑枝条生产花菇，1 hm² 桑枝条可节约林地资源 1 hm² 左右，增加农民 30 000 多元收入，前景相当乐观（彭亨俊等，2007）。

桑枝除可用于栽培香菇、黑木耳、秀珍菇、灵芝外，还可用于栽培白杨树菇、金针菇、平菇、桑黄菌、猴头菌、蘑菇等多种食用菌。通过利用桑枝栽培食用菌，不仅能够把桑枝变废为宝，而且能够解决每年因食用菌生产而大量砍伐林木，造成森林覆盖率低，水土流失严重的环境问题。同时利用桑枝栽培食用菌还能够让蚕农获得更高的经济回报，对提高蚕桑综合效益，延长蚕业产业链，促进蚕桑业的可持续发展具有深远的意义。

8.5.6.3 再生木材

在蚕桑生产过程中，因为桑树的生长特性，桑枝条每年须进行剪伐，而剪伐的桑枝条一般都被作为薪材焚烧或直接废弃在田间，造成很大的浪费和污染。但是，与此同时却由于木材加工利用行业的快速扩张，造成国家森林资源的日益减少。为科学合理地开发利用废弃的桑枝条，将桑枝条加工成重组木地板及相关产品，使蚕桑生产效益在提高的同时，也为重组木生产企业提供丰富的原料资源。

1. 桑枝加工重组木地板

重组木地板是指用间伐小径木、薪炭材、枝桠材、造材木截头、梢头、废弃木制品等为原料，利用碾搓设备碾搓加工成横向不断、纵向不松散的木束絮片物，经干燥和施胶、铺装、热压、锯剖而成为成品。

桑枝条加工成重组木地板的工艺流程如下:桑枝去皮破碎—捆扎—脱脂—防虫防霉处理—烘干—浸胶—烘干—养生—压制成型—高温固化定型—模块木料养生—开片—企口—检验—油漆—包装入库。目前,国内已有厂家生产出桑枝木地板,并得到了市场的认可。2007年,浙江仕强竹木业有限公司(原安吉县慧鑫竹木业有限公司)生产的桑枝重组模块料专利产品,其甲醛释放量达到 E0 标准,符合国际环保健康要求。该厂已经建成一条年产 16 万 m^2 地板生产线,正常投产后,每年可以利用当地 1 000 hm^2 左右桑园的桑枝,这可以为社会节省 4 000 m^3 的竹木材,相当于 200 hm^2 林地 10~20 年的产出量。同时也为蚕农增加近 1 000 万元左右的经济收入。由于在加工生产过程中,主要采用物理加工处理方法,保留了桑枝的原有特性。

2. 桑枝加工成纤维板

桑枝的纤维素含量较一般木材高,是生产纤维板的优质廉价原材料。同时,根据目前市场需求来看,中密度纤维板在家居装修上存在很大的需求缺口,所以可以将桑枝作为中密度纤维板主要生产对象。

广东广西两地桑树属于矮杆密植型,所伐枝条口径小,但是条数多,所以提倡研制开发桑枝纤维板。中密度纤维板的生产工艺方法及流程包括:将桑枝条原料削片、蒸煮软化,煮软化后的桑枝条片中加入防水剂热磨分解成纤维,在热磨机纤维出口处加入胶黏剂,然后对纤维进行干燥,再将纤维铺装成型、预压、板坯锯边、板坯热压并最终制成中密度纤维板。桑枝纤维板具有强力大、韧度好、重量轻、高环保的特点,用途广泛,市场广阔,是生态环保型产品。

3. 桑枝加工成刨花板

以桑条碎料,脲醛胶为原料,并添加适当的乳化剂和固化剂采用压板工艺流程制成桑条刨花板。桑条刨花板较优的工艺条件为温度:160~180℃,时间少于 50 s/mm,压力 0.40 Mpa,平均施胶量 12%,石蜡用量 1%,氯化铵用量 1%范围内调整。采用以上工艺条件制得的桑条刨花板,可达到刨花板标准中 A 一级板的各项物理力学性能。桑条可以用来制造不同厚度的普通人造板,而且桑条刨花板成本较低,有一定的市场竞争力。

8.5.6.4 造纸和纺织

桑枝属木本科阔叶材,有较强韧的树皮部纤维,因此可作为造纸工业的原料。

赵春景等(2008)对桑枝在烧碱-蒽醌法制浆中的制浆性能进行了分析。实验结果表明,桑枝易于制浆,对烧碱-蒽醌法的蒸煮适应性好;在较简单的次氯酸盐单段漂白条件下,浆料白度可达 75%左右,说明桑枝浆的漂白性能极佳。桑枝纤维是一种较为优良的纤维,虽不及木浆但远远高于草浆,若采用桑枝浆全抄或配抄文化用纸不仅可以提高纸张质量,还可以适当减少针叶木浆用量以降低纸张成本。

桑枝做浆,桑枝皮相当于针叶木纤维、桑枝杆相当于阔叶木纤维,皮杆混合制浆,可生产各种高档文化、生活用纸。传统的桑枝制浆造纸技术有桑枝韧皮纤维碱性亚硫酸盐-蒽醌法制浆(曹云峰等,1996)、桑枝硫酸盐法制浆(王键,2003)、全杆桑枝亚铵法制浆(黄文亚,1998)等。随着造纸技术的发展与生物学技术应用范围的拓展,桑枝制浆造纸技术也登上了一个新台阶。周明佳等(2005)将生物酶技术应用于桑枝制浆造纸,利用能分解木素有色基团分子键酶的微生物,有效降解木素分子结构中连接 Cu 等元素和其他有色基团连接链,改变传统工艺碱法蒸煮而带来的排污困扰,脱掉有色基团的木素还可以与纤维素,半纤维素一起"热磨",并提高纸浆得率。佚名(2007)发明的"自偶氧化清洁制浆工艺"能把桑枝条做成高得率(＞80％)、高白度(80％ISO)、高强度全无氯纸浆。

　　桑皮纤维是一种取自桑树废枝的具有高附加值的纯天然绿色纤维,属韧皮纤维的一种。桑皮纤维制取的工艺流程:桑皮除杂—浸酸—锤洗—碱煮—水洗—漂白—酸洗—水洗—烘干—给油—甩干—烘干—预开松—开松。研究表明,桑皮纤维的强度好于棉花和桑蚕丝。断裂伸长率亦好于棉、麻,次于蚕丝,质量比电阻好于桑蚕丝、苎麻,与棉花相当,且具有丝般光泽及良好的吸湿透气性和保暖性。因其所具有的各种良好特性,使之具备了极好的混纺织品的开发利用前景,可用于制作桑棉混纺、桑麻混纺、桑纤维与桑蚕丝交织、桑麻纱与涤长丝交织。

　　由四川省丝绸进出口集团公司和四川大学联合组成的项目组已经完成了包括原材料的组织、挑选、纤维的制取、纤维结构性能研究、纺纱工艺及其专用设备的研制与开发,这项具有我国自主知识产权的研究在我国乃至世界上属于首创,率先实现了桑皮纤维从桑皮的剥取,机械化生产到商品的全过程,它标志着我国在新型天然纺织材料研发领域的一次新的突破。经过艰苦的探索和多方合作,国内企业已经研发了桑棉、桑丝棉等混纺纤维,开发了系列体恤、内衣、睡衣、围巾等服装、服饰制品50余个,受到了中外客商的广泛关注。

　　我国桑树种质资源丰富,总面积约80万hm²。桑树资源在工业,食品,畜牧开发利用的综合化不仅能提高养蚕业的经济效益,又可解决副产物的污染,有利于环保,符合可持续发展方向。建立桑树功能性成分药理作用评价和新产品开发体系,进行桑树资源进行传统医药配方、炮制等方面的研究并发掘新资源,运用现代科技对这些资源进行营养、功能成分和药理作用等方面的分析,并进行保健、治疗方面的功能和药理,以及在食品和轻化工业方面的利用研究,不断推陈出新,开发新的产品。

朱祥瑞

参 考 文 献

[1] 丁永富.氨基酸螯合铁预混料在母猪、仔猪生产中的应用.福建畜牧兽医,2003,25(2):29.

[2] 马金峰,王树刚.桑葚酸乳的研制.食品研究与开发,1997,18(4):28-29.

[3] 方元平、项俊、石章红.桑葚益智果冻的生产工艺.食品科技,2002(2):35-36.

[4] 王方林,韩艳霞,陈伟.蚕丝蛋白水解工艺及作为化妆品添加剂的应用研究.化学世界,2006,47(9):541-543,547.

[5] 王键.桑枝制浆造纸性能的研究.中国造纸,2003(12):28-29.

[6] 王艳华,许梓荣.支链氨基酸对泌乳母猪的营养研究进展.中国畜牧杂志,2002,38(1):43-45.

[7] 王芳,励建荣.桑叶的化学成分、生理功能及应用研究进展.食品科学,2005,26(增刊):111.

[8] 王蓉,卢笑从,王有为.桑枝提取物及抗炎作用研究.武汉植物学研究,2002,20(6):467-469.

[9] 王贤斌,傅赛萍.五子汤治疗阴虚阳亢型高黏血症的临床观察.微循环学杂志,1999,9(4):40-41.

[10] 王国建.白芥子配桑枝治疗肩周炎.中医研究,1998,11(4):48.

[11] 韦目阔,韦桂宾.桑枝蘑菇高产栽培技术.农村新技术,2007(11):12-13.

[12] 尹爱群,王磊,张艳华.不同干燥方法对桑葚中含糖量及 pH 值的影响.中国药师,2005,8(6):519-520.

[13] 冯雷,陈章玉,王保兴,等.柱前衍生化反相高效液相色谱法测定烟草中的游离氨基酸.云南大学学报(自然科学版),2003,25(增刊):241.

[14] 白旭华.桑叶的营养与药用价值及其开发应用.云南热作科技,2001,24(2):37-38.

[15] 刘海燕.二枝汤治疗糖尿病末梢神经炎 87 例.中国临床康复,2003,7(9):1461.

[16] 刘焕书,刘瑞,董艾能.桑葚冰淇淋的加工工艺.适用技术市场,2000,(7):41-42.

[17] 刘佳佳,李明忠,卢神州,等.羟基磷灰石/丝素蛋白复合材料的制备.高分子材料科学与工程,2006,22(5):245-248.

[18] 刘向阳,李明忠.丝素膜血液相容性研究.中国血液流变学杂志,2002,12(4):266-269.

[19] 刘朝良,孙辉,尹志亮,等.桑葚粗提取物中的有效活性物质分析.激光生物学报,2007,16(5):547-551.

[20] 刘春晓,陈伟豪,郑少波,等.丝素蛋白膜对犬不同长度尿道缺损的修复效果.中国组织工程研究与临床康复,2008,12(19):3613-3616.

[21] 刘明月,牟英,李善福,等.桑枝 95％乙醇提取物抗炎作用的实验研究.山西中医学院学报,2003,4(2):13-14.

[22] 刘忠渊,张富春,毛新芳.家蚕抗菌肽的特性与应用.生物技术,2003,13(5):48-50.

[23] 叶菲,申竹芳,乔凤霞,等.中药桑枝提取物对大鼠糖尿病并发症的实验治疗作用.药学学报,2002,37(2):108-112.

[24] 孙皎,宁丽,顾国珍,等.医用丝素蛋白皮肤再生膜的细胞相容性评价.生物医学工程学杂志,2000,17(4):393-395.

[25] 孙伟.桑葚多酚 HPLC 指纹图谱的研究.西北农林科技大学硕士学位论文.杨凌,2007.

[26] 孙伟正,王祥麒,袁斌华,等.补髓生血胶囊治疗慢性再生障碍性贫血的临床观察.中国中西医结合杂志,1997,17(8):467-469.

[27] 孙孝龙,苏玲,安国荣,等.蜂蜜桑葚膏的制作.蚕桑茶叶通讯,2005(1):5.

[28] 朱祥瑞,徐俊良,罗鹏飞.家蚕丝素固定化过氧化氢酶的制备及其理化特性的研究.农业生物技术学报,1999,7(3):277-280.

[29] 朱祥瑞,徐俊良.家蚕丝素固定化糖化酶的研究.蚕业科学,1999,25(2):113-119.

[30] 朱祥瑞,林蓉,王建瓯.家蚕丝素固定化果胶酶的研究.浙江农业大学学报,1998,24(1):74-78.

[31] 朱祥瑞,陆洪省.桑叶化学成分及其药用价值.全国桑柞茧丝新资源开发利用研讨会论文集,中国纺织出版社,2006.

[32] 朱祥瑞,费建明,杨逸文,等.桑葚和桑枝中白藜芦醇的提取及含量测定.蚕业科学,2007,33(1):110-112.

[33] 朱正华.丝素蛋白粉的理化性质及其微胶囊的制备研究.浙江大学硕士学位论文,杭州,2003.

[34] 牟德海.OPA 柱前衍生反相高效液相色谱法测定氨基酸含量.色谱,1997,15(4):319.

[35] 江苏新医学院.中药大辞典(下册).上海:上海科学技术出版社,2003,1969.

[36] 许庆琴.大孔径毛细管气相色谱法测定野生果汁中的氨基酸.山西师范大学学报(自然科学版),2002,16(1):49.

[37] 许宏伟,吕爱军,穆阿丽.家禽支链氨基酸的生物学作用及其应用.中国饲料,2007(9):36-38.

[38] 许丽,韩友文,鸭冰.甘氯酸螯合铁、蛋氨酸螯合铜预防仔猪贫血效果的研究.饲料工业,2001,22(11):38-39.

[39] 闵思佳,吕顺霖,胡智文.多孔丝素凝胶的理化性状和生物相容性.蚕业科学,2001,27(1):43-48.

[40] 邬灏,卢笑丛,王有为.桑枝多糖分离纯化及其免疫作用的初步研究.武汉植物学研究,2005,23(1):81-84.

[41] 成羿,黄海,倪飞,等.威灵桑枝姜黄汤熏洗防治Ⅱ区屈指肌腱术后粘连.中国民间疗法,2001,9(1):47-48.

[42] 李白琼.提升蚕桑副产物的药物开发利用价值.广西蚕业,2006,43(1):51-54.

[43] 李丽立,张彬,邢廷铣,等.复合氨基酸铁对哺乳仔猪生长发育及部分生理生化指标影响的研究.动物营养学报,1995,7(3):32-39.

[44] 李丽立,张彬.柠檬酸铁对哺乳仔猪生长发育及生理生化指标的影响.饲料研究,1998,(10):1-3.

[45] 李瑜,江勇,李爽.反相高效液相色谱法测定发酵液中L-精氨酸含量.工业微生物,2004,34(3):32.

[46] 李志林,袁慧勇,吴瑞红.不溶性超细蚕丝粉末的制备与表征.山东化工,2010,39(5):1-4.

[47] 李慕勤,王健平,赵莉.天然高分子/羟基磷灰石支架材料对成骨细胞增殖的影响.黑龙江医药科学,2008,31(5):1-2.

[48] 李荣刚.桑枝—香菇生态富民模式.农家致富,2006(24):47.

[49] 李娜,李全宏.桑副产品的综合利用.中国食品工业,2006(7):22-23.

[50] 李妍,刘学铭,刘吉平,等.不同果桑品种桑葚成熟过程中非花青素酚类物质的含量变化.蚕业科学,2008,34(4):711-717.

[51] 李勇,苗敬芝.桑叶的功能性成分及保健制品的开发.中国食物与营养,1999,(3):25.

[52] 纪平雄,侯珺,徐凤彩,等.丝素-壳聚糖合金膜固定化超氧化物歧化酶的研究.华南农业大学学报,2003,24(2):51-53.

[53] 纪平雄,张廿六,陈芳艳,等.三种脱镁叶绿酸a的分离与鉴定方法探讨.中国蚕业,2001,22(1):13-14.

[54] 宋德群.两种桑葚食品加工技术.农村实用科技,2002(5):31.

[55] 季浩宇.离子交换法从生产胱氨酸废液中分离提取三种碱性氨基酸.氨基酸杂志,1994(2):19-2.

[56] 佚名.桑枝条制浆环保新工艺.江苏蚕业,2007(3):22.

[57] 何丹林,温刘发,黄自然,等.蚕抗菌肽 AD-酵母制剂对粤黄鸡肠道消化酶和饲料品质的影响.中国家禽,2004,26(7):9-10.

[58] 余华.桑葚饮料的研制.杭州食品科技,2001(1):28-30.

[59] 杨立坤,施洪飞.黑桑葚对小鼠 SOD 等活力的影响.河南中医药学刊,1999,14(5):23.

[60] 杨海霞,朱祥瑞,房泽民.桑葚的药用价值与开发利用.蚕桑通报,2003,34(3):5-8.

[61] 杨海霞,朱样瑞,陆洪省.桑叶保健制品开发利用研究进展.科技通报,2003,19(1):72-76.

[62] 杨超英,董海丽.桑叶的化学成分及在食品工业中的应用.食品研究与开发,2004,24(2):8-10.

[63] 杨小兰.黑桑葚对高脂血症大鼠的降脂作用研究.食品科学,2005,26(9):509-510.

[64] 杨菁,孙黎光,白秀珍,等.异硫氰酸苯酯柱前衍生化反相高效液相色谱法同时测定 18 种氨基酸.色谱,2002,20(4):369.

[65] 杨建虹,陶恰.大量分离叶绿素 a 和 b 的方法.植物生理学通讯,2002,38(2):156-158.

[66] 肖更生,徐玉娟,刘学铭,等.桑葚的营养,保健功能及其加工利用.中药材,2001,1(1):70-77.

[67] 肖培根.新编中药志(第三卷).北京:化学工业出版社,2002,665.

[68] 苏海涯,吴跃明,刘建新.桑叶中的营养物质和生物活性物质.饲料研究,2001,9:1-3.

[69] 吴清莲,甘露.桑葚杏酱的研制.山地农业生物学报,1999,18(4):246-249.

[70] 吴祖芳,翁佩芳.桑葚的营养组分与功能特性分析.中国食品学报,2005,5(3):102-106.

[71] 吴志平,顾振纶,谈建中,等.桑枝总黄酮的降血糖作用.中草药,2005,(增刊):239-241.

[72] 吴志平,周巧霞,顾振纶,等.桑树不同药用部位的降血糖作用比较研究.蚕业科学,2005,31(2):215-217.

[73] 吴继军,肖更生,刘学铭,等.桑葚酒的研制与规模化生产.食品与发酵工业,2002,28(6):76-77.

[74] 吴娱明,邹宇晓,廖森泰,等.桑枝提取物对实验高血脂症小鼠的降血脂作用初步研究.蚕业科学,2005,31(3):348-350.

[75] 邵正中,方跃.用桑蚕丝素蛋白固定的葡萄糖氧化酶传感器.高等学校化学学报,1991,12(6):847-848.

[76] 陈洪坤,郑勇.液相色谱柱前衍生测定大曲中的氨基酸.酿酒科技,1996(1):56.

[77] 陈文峻,蒯本科.植物叶绿素降解.植物生理学通讯,2001,37(4):336-338.

[78] 陈小全,周鲁,左之利,等.超声波作用下桑葚红色素的提取及其稳定性研究.西南民族大学学报,2004,30(4):458-459.

[79] 陈诚.反相高效液相色谱法测定桑葚中自藜芦醇和白藜芦醇苷含量.中国药业,2006,15(8):25-26.

[80] 陈福君,林一星,许春泉,等.桑的药理研究(Ⅱ)桑叶、桑枝、桑白皮抗炎药理作用的初步比较研究.沈阳药科大学学报,1995,12(3):222-224.

[81] 陈芳艳,纪平雄.丝素固定化木瓜蛋白酶的特性研究.华南农业大学学报,2005,26(4):81-83.

[82] 郑社会,陈志庆.桑枝束覆土栽培木耳的试验.食用菌,1997(5):26.

[83] 金丰秋,金其荣.新型功能性饮品——桑茶.江苏食品与发酵,1999,(4):30-32.

[84] 周永红.桑叶中脂肪酸的 GC-MS 分析.广西科学,2004,11(2):116-120.

[85] 周鹏,郑学勤,陈向民.天蚕抗菌肽 B 基因在广藿香抗病育种中的应用.热带作物学报, 1998,19(2):27-31.

[86] 周琼,陈缵光,莫金垣,等.毛细管电泳在氨基酸分析中应用的进展.现代医学仪器与应用,2002,14(1):9.

[87] 周明佳,严松俊,周家华.桑产业研究开发的实践与思考.全国桑树种质资源及育种和蚕桑综合利用学术研讨会论文集.广州:中国蚕学会,2005:181-186.

[88] 周建华,刘代成.桑葚乳饮料的研制.中国乳品工业,1998,26(5):3-4,39.

[89] 周建华.桑葚、莲子、杏仁露的研制.食品研究与开发,2002,23(1):35-37.

[90] 范涛,鲍先巡,吴传华,等.灵芝桑茶的品质分析.中国农学通报,2002,18(3):87-88.

[91] 苗宗宁,潘宇红,祝建中,等.丝素蛋白支架材料复合骨髓间充质干细胞构建组织工程化软骨.中国组织工程研究与临床康复,2008,12(27):5243-5247.

[92] 尚素芬,王洪.PICO-TAG 反相色谱法测定鸡蛋中氨基酸含量.色谱,1996,14(1):47.

[93] 欧阳臻,陈钧.桑叶的化学成分及其药理作用研究进展.江苏大学学报,2003,24(6):39-44.

[94] 屈贤铭,吴克佐,邱雪贞,等.经聚肌胞核苷酸诱导家蚕血淋巴中六种抗菌肽的分离和鉴定.生物化学与生物物理学报,1986,18(6):284-291.

[95] 张寒俊,吴波.同步荧光法检测桑葚提取液中微量白藜芦醇含量.分析仪器,2007,(1):24-26.

[96] 张宏杰,周建军,李新生,等.2,4-二硝基氟苯衍生法测定游离氨基酸方法的优化.氨基酸和生物资源,2000,22(4):59.

[97] 张莉,王华,梁艳英,等.桑葚挥发性成分的气相色谱——质谱分析.蚕业科学,2007,33(2):276-279.

[98] 张世明,刘向阳,李明忠,等.丝素膜代人工硬脑膜的相容性研究.中华神经外科杂志,2004,20(4):303-306.

[99] 张双全,屈贤铭,戚正武,等.昆虫免疫应答及抗菌肽应用前景.生物化学杂志,1997,3(1):11-18.

[100] 张卫民,彭朝晖,黄自然.柞蚕杀菌肽 D 对人直肠癌细胞的杀伤作用及机制.蚕业科学,1998,234(3):144-148.

[101] 张幼珠,王晓芳,韩龙龙.再生丝素蛋白-壳聚糖微胶囊的制备及结构.丝绸,2002,11:17-19,29.

[102] 张幼珠,吴徽宇,杨晓马,等.中药丝素膜的研制及其性能.丝绸,1999,8:29-30.

[103] 施洪飞,杨立坤,曹晖,等.黑桑葚提取液对小鼠过氧化脂质含量的影响.河南中医药学刊,2001,16(2):24-25.

[104] 郭宝荣,赵泉霖,钱秋海,等.桑枝颗粒剂治疗Ⅱ型糖尿病 40 例.山东中医药大学学报,1999,23(1):46-47.

[105] 郭华荣,张士璀,孔杰,等.中国家蚕抗菌肽基因的 PCR 扩增、克隆和序列测定.山东农业大学学报,1998,29(3):351-355.

[106] 郭玉梅,戴祝英,胡云龙.家蚕抗菌肽的一些性质及抗肿瘤活性、南京师范大学学报(自然科学版),1995,18(1):62-67.

[107] 姜声扬,庄勋.桑葚对小鼠骨髓细胞诱发突变的抑制作用.癌变·畸变·突变,1998,10 (2):104-105.

[108] 侯永茂,李有厚,杨忠海,等.糖宁治疗糖尿病310例观察.内蒙古中医药,1998(2):5.

[109] 侯智谋,刘羿君,封云芳.甲壳素/丝蛋白纤维复合医用生物敷料的制备及性能.浙江理工大学学报,2008,25(2):141-144.

[110] 侯同刚,李天铎,黄淑霞.毛细管电泳在氨基酸分析中的最新进展.食品科技,2004, (2):85.

[111] 胡觉民."降糖颐寿饮"降糖、降脂及抗衰老实验研究.天津中医,1996,13(6):23.

[112] 胡桂燕,计东风,曹锦如,等.丝露祛斑美白霜的开发研究.丝绸,2007,(7):18-21.

[113] 段忆翔,郭纯孝,王雁鹏,等.卡尔曼滤波法用于混合氨基酸体系分析.化学研究与应用,1994,6(1):11.

[114] 赵稳兴,高兰兴,王先远,等.支链氨基酸对运动大鼠心肌能源物质代谢的影响.营养学报,1998,20(3):266-271.

[115] 赵春景.桑枝AP-AQ法制浆性能探索.湖南造纸,2008,2:11-12.

[116] 赵丽君,齐凤兰,瞿晓华,等.桑叶的营养保健作用及综合利用.中国食物与营养,2004, (2):22-25

[117] 梁晓霞,肖学云.浅析桑树的药用价值.中华医学丛刊杂志,2002,2(9):67.

[118] 梁峥,杨德胜,傅煌树.一种富含硒蘑菇及其培养方法.中国,CN02116566.12002-09-25.

[119] 高志刚,成晓杰.桑叶的药理研究进展.中国药业,2002,11(7):77-78.

[120] 栾希英,张学光.丝素蛋白的免疫学特性及细胞相容性研究进展.国际生物医学工程杂志,2006,29(5):296-299.

[121] 徐新颜,徐静斐,袁中一,等.丝素蛋白膜作为葡萄糖氧化酶载体的研究.蚕业科学,1997,23(3):152-157.

[122] 徐玉娟,刘学铭,吴继军,等.桑葚果茶的加工工艺.食品工业,2002,(2):25-27.

[123] 徐玉娟,肖更生,刘学铭,等.低糖桑葚果酱研制及其营养分析.食品工业,2001(4):43-45.

[124] 徐玉娟,肖更生,刘学铭,等.桑葚红色素稳定性的研究.蚕业科学,2002,28(3):265-269.

[125] 钱江红,刘永成.用再生丝素固定过氧化物酶及其传感器在有机相中的研究.高等学校化学学报,1995,16(10):1539-1540.

[126] 袁卫东,陆娜,周祖法,等.桑枝屑栽培姬菇试验初报.食用菌,2007(6):30,37.

[127] 顾洪安,胡静月.桑葚对阴虚小鼠免疫功能的影响.中国实验方剂学杂志,2001,7(4):40-41.

[128] 贾红武,张双全,戴祝英.家蚕抗菌肽对K562白血病细胞的杀伤作用及对细胞超微结构的影响.蚕业科学,1996,22(4):224-228.

[129] 晓华,李增春.桑葚挥发油化学成分的GC.MS分析.内蒙古民族大学学报(自然科学版),2007,22(1):32-35.

[130] 游晓波,傅荣,屈树新.组织工程多孔生物材料的制备及表征.实用医院临床杂志,2008, 5(1):23-25.

[131] 黄文亚.全杆桑枝制浆.四川造纸,1998,(920):62-63.

[132] 黄文亚.亚铵法全杆桑枝浆的洗选打浆.西南造纸,1998,(1):9.

[133] 黄永彤,黄自然,黄建清,等.抗菌肽与抗生素饲喂肉鸡的效果比较.广东饲料,2004,13(2):24-25.

[134] 黄福华,郑军,孙立忠.一种新的人工血管涂层及其实验研究.北京生物医学工程,2008,8(4):399-403.

[135] 黄自然,廖富苹,郑青,等.昆虫抗菌肽在医药上的应用.天然产物研究与开发,2000,13(2):79-83.

[136] 黄自然,王少颐.注射大肠杆菌诱导柞蚕蛹血淋巴产生抗菌物质.华南农学院学报,1981,2(2):65-68.

[137] 黄月清,郑社会,余建妹.循环利用蚕桑下脚资源发展食用菌生产.今日科技,2008(1):42-43.

[138] 黄红英,贺建华,范志勇,等.母猪日粮中支链氨基酸水平对仔猪血液生化指标和部分免疫指标的影响.饲料工业,2007,28(21):24-26.

[139] 阎隆飞,孙之荣.蛋白质分子结构.北京:清华大学出版社,2000:76-79,32-42.

[140] 曹伟,付佩玉,孙国良,等.三波长分光光度法测定色氨酸、酪氨酸和苯丙氨酸的研究.光谱学与光谱分析,1995,15(2):119.

[141] 曹云峰,洪启清,张晓丽,等.桑枝韧皮纤维制浆性能的研究.林产工业,1996,23(5):22-26.

[142] 曹英超.桑葚露的研制.食品工业科技,1995,(4):49-52.

[143] 屠洁,刘冠卉.家蚕丝素固定化单宁酶的研究.中国酿造,2010,(7):130-132.

[144] 温刘发,何丹林,张常明,等.抗菌肽酵母制剂作为饲料添加剂的应用前景.中国饲料,2001,23:22-23.

[145] 谢菁,徐殿胜,陆兵,等.丝素蛋白作为生物材料的基础研究.华东理工大学学报:自然科学版,2006,32(4):411-414.

[146] 韩龙龙,张幼珠,尹桂波.再生丝素蛋白/海藻酸盐包药微胶囊的结构与释药性能.精细化工,2004,21(7):521-524.

[147] 韩志萍,曹艳萍.桑葚提取物抗氧化性及其协同效应的研究.中国油脂,2005,30(8):46-49.

[148] 彭亨俊,吴志平.用桑枝条培育花菇的新技术.安徽农学通报,2007,13(2):102-103.

[149] 董坤明.桑葚酒生产技术.食品工业,1991,(3):18-19.

[150] 董雅君.桑葚保健食品的开发.农村食用工程技术,1995(3):23.

[151] 靳继德,郑子新,王钢乐,等.Ala-Gin 和 BCAA 对创伤大鼠营养支持作用的实验研究.中国临床营养杂志,2001,9(1):18-22.

[152] 廖戎.阴离子交换树脂提取谷氨酸.化学研究与应用,2003,15(4):564-566.

[153] 廖森泰,何雪梅,邹宇晓,等.广东桑桑枝总黄酮含量测定及与体外抗氧化活性的相关性研究.蚕业科学,2007,33(3):345-349.

[154] 潘一乐,刘利,张林,等.我国桑树种质资源及育种研究.广东蚕业,2006,40(1):20-26.

[155] 潘忠孝,夏四清,张懋森,等.氨基酸混合体系的目标因子分析——紫外分光光度法测

定.分析化学,1991,19(7):826.

[156] 操红缨.桑葚研究进展.时珍国医国药,1999,10(8):626-627.

[157] 薛洪恩,李明芝,莫治山.桑树枝条栽培灵芝试验初报.北方蚕业,2005,(3):42,51.

[158] 戴祝英,张双全,等.大肠杆菌诱导家蚕蛹免疫血淋巴中抗菌物质的分离、纯化与鉴定.南京师大学报(自然科学版),1988,1:88-93.

[159] 戴荣继,佟斌,黄春,等.HPLC 测定饮用水中藻类叶绿素含量.北京理工大学学报,2006,26(1):87-89.

[160] 魏兆军,胡海梅,柏晓辉,等.桑葚多糖提取工艺的优化.食品科学,2007,28(11):261-264.

[161] Altman G H,Horan R L,Lu H H,et al. Silk matrix for tissue engineered anterior cruciate ligaments. *Biomaterials*,2002,23(20):4131-4141.

[162] Andreu D,Rivas L. Animal antimicrobial peptide:all overview. *Biopolymers*,1998,47(6):415-433.

[163] Asano N,Tomioka E,Kizu H,et al. Sugars with nitrogen in the ring isolated from the leaves of Morus bombycis. *Carbohydr Res*,1994,253:235-245.

[164] Beyer R S,Jensen L S and Villegas P. Growth and tissue lipid deposition of broilers fed alpha-ketoisocaproic acid. *Poultry Science*,1992,71(5):919-927.

[165] Boman H G and Fate L. Cell-free immunity in cecropia A model system for anti-mirobiol proteins. *Euro Biochem*,1991,201:23-31.

[166] Carlsson A,Engstrom P and Bennich H. Attacin.an antibacterial protein from Hyalophyora cecropia,inhibits synthesis of outer membrane proteins in Escherichia coli by interfering with omp gene transcription. *Infect and Immunity*,1991,59:3040-3050.

[167] Casteels P R,Ampe C,Jacobs F J,et al. Apidaecins:antibacterial peptides from honeybees. *EMBO J*,1989,8:2387-2391.

[168] Chen J,Altman G H,Karageorgiou V,et al. Human bone marrow stromal cell and ligament fibrolast responses on RGD-modied silk fibers. *Biomed Mate.Res*,2003,67(2):559-570.

[169] Choi S,No H K,Shin Y,et al. Radical scavenging activity of phenolic compounds isolated from mulberry fruit. New Orleans:IFF Annual meeting,2005:702-712.

[170] Dal Pra I,Freddi G,Minic J,et al. De novo engineering of reticular connective tissue in vitro by silk fibroin nonwoven materials. *Biomaterials*,2005,26(14):1987-1999.

[171] Dinerman A A,Cappello J,Ghandehari H,et al. Solute diffusion in genetically engineered silk-elastic like protein poly-methydrogels. *Control Release*,2002,82(2-3):277-287.

[172] Edmonds M S and Baker D H. Comparative effects of individual amino acid excesses when added to a com-soybean meal diet:effects on growth and dietary choice in the chickens. *Journal of Animal Science*,1987,65(3):699-705.

[173] Gobin A S,Butler C E,Mathur A B,et al. Repair and regeneration ofthe abdominal wall musculofascial defect using silk fibroin-chitosan blend. *Tissue Eng*,2006,12(12):3383-3394.

［174］Goldberg A L and Chang T W. Regulation and significance of amino acid metabolism in skeletal muscle. *Fed Proc*,1978,37:2301.

［175］Gupta M K,Khokhar S K,Phillips D M,*et al*. Patterned silk films cast from ionic liquid solubilized fibroin as scaffolds for cell growth. *Langmuir*, 2007, 23（3）: 1315-1319.

［176］Hellers M,Gunne H,Steiner H,*et al*. Expression and post translational processing of prepro-cocropin Ausing a baculovi rus vect or. *Eur J Bio-chem*,1991,199:435-439.

［177］Horan R L,Antle K,Collette A L,*et al*. In vitro degradation of silk fibroin. *Biomaterials*, 2005,26(17):3385-3393.

［178］Hu K,L,Cui F Z,*et al*. Biocompatible fibroin blended films with recombinant human-like collagen for hepatic tissue engineering. J*ournal of Bioactive and Compatible Polymers*,2006,21(1):23-37.

［179］Hulmark D,Steiner H,Rasmuson T,*et al*. Insect:Immunity purification and properties of three inducible bactericidal proteins from Hemolymph of immunized pupae of Hyalophora Cecropia. *European Journal of Biochemistry*,1980,106(1):7-16.

［180］Hultrtlark D and Engstrom A. Insect immunity:Isolation and structure of cecropin D and four minor antibacterial components from cecropia pupae. *European Journal of Biochemistry*,1982,127:207-217.

［181］Ito M and Takiguchi T. Beverage containing deoxynojirimycin for controlling blood sugar. Japan:97140351,1995-11-21.

［182］Itoh H. Method for purification of an amino acid using ion exchange resin,US patent, 5279744,1994-01-18.

［183］Jia Z S,Tang M C and Wu J M. The determination of flavonoid contents in mulberry and their scavenging effects on superoxide radicals. *Food Chemistry*, 1999, 64（4）: 555-559.

［184］Jin H J,Park J,Valluzzi R,*et al*. Biomaterial film of B. mori silk fibroin with poly ethylene oxide. *Biomacromolecules*,2004,5(3):711-717.

［185］Kardestuncer T,McCarthy M B,Karageorigiou V,*et al*. RGD-tethered silk substrate stimulates the differentiation of human tendon cells. *Clin Orthop Relat Res*, 2006 (448):234-239.

［186］Kayo D. Studies on the Constituents of the Leaves of Morus Alba L. *Chem Pharm Bull*,2001,49(2):151-153.

［187］Kim H J,Kim U J,Vunjak-Novakovic G,*et al*. In uence of macroporous protein scaffolds on bone tissue engineering from bone marrow stem cells. *Biomaterials*,2005, 26(21):4442-4452.

［188］Kim S. Antionxiative Flavonoids from the Leaves of Morus Alba. *Arch Pharm Res*, 1999,22(1):81.

［189］Kimura M and Chen F. Antihyperglycemic effects of N-containing sugars derived from mulberry leaves is streptozocin-induced diabetic mice. *Wakan Iyakugaku Zasshi*,1995,

12(3):214-219.

[190] Kinsbery K J. Contrasting plasma free amino acid patterns inelite athletes:association with fatigue and infection. *J Sports Med*,1998,32:25-33.

[191] Kong J K,Chin L S,Goh N K,*et al*. Analysis and biological activities of anthocyanins. *Phytochemistry*,2003,64:923-933.

[192] Li M,Ogiso M and Minoura N. Enzymatic degradation behavior of porous silk fibroin sheets. *Biomaterials*,2003,24(2):357-365.

[193] Liu H,Ge Z,Wang Y,*et al*. Modification of sericin-free silk fibers for ligament tissue engineering application. *J Biomed Mater Res B Appl Biomater*,2007,82(1):129-138.

[194] Lockey T and Ourth D. Formation of pores in *E. coli* cell membranes by a cecropin isolated from hemolymph of Heliothis virescens larvae. *Eur J Biochem*,1996,236(1): 263-271.

[195] Marchini D,Giordano P C,Amons R,*et al*. Purification and primary structure of ceratoloxin A and B,two antibacterial peptides from the medfly ceratitis capitata. *Insect Bioehem Mol Biol*,1993,23(5):591-598.

[196] Matsuzaki K. Why and how are peptide-lipid interactions utilized for self-defense? Magainins and tachyplesins as archetypes. *Biochim Biophys Acta*,1999,(12):1-10.

[197] Megeed Z,Haider M,Li D,*et al*. In vitro and in vivo evaluation of recombinant silk/ elastinlike hydrogels for cancer gene therapy. *Control Release*,2004,94(2-3):433-445.

[198] Meinel L,Hofmann S,Karageorgiou V,*et al*. The inflammatory responses to silk film in vitro and in vivo. *Biomaterials*,2005,26(2):147-155.

[199] Meinel L,Karageorgiou V,Fajardo R,*et al*. Bone tissue engineering using hum an mesenchymal stem cells:effects of scaffold material and medium flow. *Ann Biomed Eng*,2004,32(1):112-122.

[200] MeinelL,Hofmann S,Karageorgiou V,*et al*. Engineering cartilage-like tissue using human mesenchymal stem cells and silk protein scaffolds. *Biotechnol Bioeng*,2004,88 (3):379-391.

[201] Michael W,Torbcn S and Volkcr E. Influence of amphipathic peptides on the HIV-1 production in persistently infected T lymphoma cells. *Journal of General Virology*, 1992,79(4):731-740.

[202] Minoura N,Tsukada M and Nagura M. Fine structure and oxygen permeability of silk fibroin membrane treated with methanol. *Polymer*,1990,31(2):265-269.

[203] Mohammed S,Iesha F,Philippe B,*et al*. Plasmodium gallinaceum:Differential Killing of Some Mosquito Stages of the Parasite by Insect Defensin. *Experimental Parasitogy*,1998,89(1):103-112.

[204] Morishima I,Surinaka S,Ueno T,*et al*. Isolation and structure of cecmpins,induible antibacterial peptide from the silk worm(*Bombyx mori*). *Comp Biochem Physical*, 1990,95(3):551-554.

[205] Norihiko M,Sei-Lchi A,Masahiro I,*et al*. Attachment and growth of fibroblast cells on

silk fibroin. *Biochemical and Biophysical Research Communications*, 1995（2）：511-516.

[206] Park Y H. A recent trend in the resource development using silk fibroin. *Korean J Seric Sci*,1998,40:203-212.

[207] Richert B T,Goodband R D,Tokach M D,*et al*. Increasing valine,isoleueine,and total branched-chain amino acids for lactating sows. *J Anim Sci*,1997,75(8):2117-2128.

[208] Sharma R,SharmaA,ShonoT, *et al*. Mulberry moracins ：scavengers of UV stress-generated free radicals. *Biosci Biotech Bioch*,2001,65(6):1402-1405.

[209] Shimizu N,Tomoda M,Kanari M,*et al*. An Acidic poly sac charide having activity on the reticuloendothelial sytem from the root at Astragalus mong lolicus. *Chem Pharm Bull*,1991,39(11):2989-2972.

[210] Steiner H D,Hultmark A,Engstrom H,*et al*. Sequence and specificity of two antibacterial proteins involved in insect inmmunity. *Nature*,1981,292:246-248.

[211] Sugihara A,Sugiura K,Morita H,*et al*. Primitive effects of a silk film on epidermal recovery from full-thickness skin wounds. *Proc Soc Exp biol Med*, 2000, 255（1）：58-64.

[212] Takeshi N I. Effects of soy protein diet on exercise induced muscle protein catabolism in rats. *Nutrition*,2002,18:490-495.

[213] Tamada Y. Sulfation of silk fibroin by chlorosulfonic acid and the anti-coagulant activity. *Biomaterials*,2004,25(3):377-383.

[214] Taniguchi S,Asano N,Tomino F, *et al*. Potentiation of glucose-induced insulin secretion by fagomine, a pseudo-sugar isolated from mulberry leaves. *Hormone &Metabolic Research*,1998,30(11):679 -683.

[215] Unger R E,Wolf M,Peters K,*et al*. Growth of human cells on a non-woven silk fibroin net:a potential for use in tissue engineering. *Biomaterials*,2004,25(6):1069-1075.

[216] Yamada H,Igarashi Y,Takasu Y, *et al*. Identification of fibroin-derived peptides enhancing the proliferation of cultured human skin fibro-blasts. *Biomaterials*,2004,25(3):467-472.

[217] Yamauchi H. Two novel insect defensins from larvae of the cupreous chafer,Anomala cuprea:purification, amino acid sequences and antibacterial activity. *Insect Biochem Mol Biol*,2001,32(1):75-84.

[218] Yang Y,Chen X,Ding F, *et al*. Biocompatibility evaluation of silk fibroin with peripheral nerve tissues and cells *in vitro*. *Biomaterials*,2007,28(9):1643-1652.

[219] Ye F,Shen Z F,Qiao F X,*et al*. Experimental treatment of complications in alloxan diabetic rats with glucosidase inhibitor from the chinese medicinal herbra mulus mori. 药学学报,2002,37(2):108-112.

[220] Yin M K,Ikejima G E,Arteel V, *et al*. Glycine accelerate recovery from alcohol-induced liver injury. *J Pharma Exp Ther*,1998,286:1014-1019.

[221] Yoshiaki A and Hivomu M. The structure of moranoline,a piperidine alkaloid from

morus species. *Nippon Nogei Kageku kaishi*,1976,50(11):571-572.

[222] Yoshiaki Y. Inhibition of α-glucosidase activity and postprandial hyperglycemia by moraline and its N-alkyl derivatives. *Agric Biol Chem*,1988,52(1):121-128.

[223] Zasloff M. Antimicrobial of multicellular organisms. *Nature*,2002,415:389-395.

[224] 平林洁. 绢の可溶化とその応用. *Bio Industry*,1989,6(10):749-754.

[225] 野田信三. 食品素材としての桑叶. 食品と科学. 1998,40(1):15.